国家科学技术学术著作出版基金资助出版

环境污染与健康风险研究丛书

丛书主编　施小明

大气污染的急性健康风险研究

主　编　施小明

科学出版社

北　京

内 容 简 介

本书全链条清晰地展示了科技部国家重点研发计划"我国大气污染的急性健康风险研究"项目的重要成果，包括大气污染对人群死亡、发病和症状的急性影响，大气污染物急性健康风险评估、预警、可视化等关键科学技术的研发，相应的工具包、技术规范和平台在全国范围内的推广应用，以及我国环境空气质量标准修订研究等内容。

本书适合公共卫生与预防医学、临床医学、基础医学、环境科学等领域从事环境健康相关工作的专家、学者，广大基层医务工作者，医学相关专业研究生和本科生阅读参考。

图书在版编目（CIP）数据

大气污染的急性健康风险研究 / 施小明主编. —北京：科学出版社，2024.9

（环境污染与健康风险研究丛书 / 施小明主编）

ISBN 978-7-03-077248-0

Ⅰ. ①大… Ⅱ. ①施… Ⅲ. ①空气污染–影响–健康–研究 Ⅳ. ①X510.31

中国国家版本馆CIP数据核字（2023）第247895号

责任编辑：马晓伟 凌 玮 / 责任校对：张小霞
责任印制：赵 博 / 封面设计：吴朝洪

科学出版社 出版
北京东黄城根北街16号
邮政编码：100717
http://www.sciencep.com

涿州市殷润文化传播有限公司印刷
科学出版社发行 各地新华书店经销

*

2024年9月第 一 版　开本：720×1000 1/16
2025年3月第二次印刷　印张：29
字数：572 000
定价：188.00元
（如有印装质量问题，我社负责调换）

"环境污染与健康风险研究丛书"编委会

总主编 施小明

副主编 徐东群　姚孝元　李湉湉

编　委（按姓氏笔画排序）

王　秦　方建龙　吕跃斌　朱　英
杜　鹏　李湉湉　张　岚　赵　峰
施小明　姚孝元　徐东群　唐　宋
曹兆进

《大气污染的急性健康风险研究》
编 者 名 单

主　编　施小明

编　者　（按姓氏笔画排序）

　　　　于　涛　首都医科大学附属北京天坛医院
　　　　王　琼　中国疾病预防控制中心环境与健康相关产品安全所
　　　　王蛟男　中国疾病预防控制中心环境与健康相关产品安全所
　　　　王黎君　中国疾病预防控制中心慢性非传染性疾病预防控制中心
　　　　牛　越　复旦大学
　　　　牛宏涛　中日友好医院　国家呼吸医学中心
　　　　乌汗娜　中日友好医院　国家呼吸医学中心
　　　　邓芙蓉　北京大学公共卫生学院
　　　　石婉荧　首都医科大学公共卫生学院
　　　　刘　苗　华中科技大学同济医学院公共卫生学院
　　　　刘　悦　中国疾病预防控制中心环境与健康相关产品安全所
　　　　刘　琼　中国医学科学院阜外医院
　　　　刘芳超　中国医学科学院阜外医院
　　　　齐金蕾　中国疾病预防控制中心慢性非传染性疾病预防控制中心
　　　　孙庆华　中国疾病预防控制中心环境与健康相关产品安全所
　　　　杜　鹏　中国疾病预防控制中心环境与健康相关产品安全所
　　　　李　萌　华中科技大学同济医学院公共卫生学院
　　　　李　晨　北京大学公共卫生学院
　　　　李湉湉　中国疾病预防控制中心环境与健康相关产品安全所

李锦粤	中国医学科学院阜外医院
杨　汀	中日友好医院 国家呼吸医学中心
杨慧花	华中科技大学同济医学院公共卫生学院
何　敏	深圳市慢性病防治中心
张　翼	中国疾病预防控制中心环境与健康相关产品安全所
张雨诗	中日友好医院 国家呼吸医学中心
张晓敏	华中科技大学同济医学院公共卫生学院
陈　晨	中国疾病预防控制中心环境与健康相关产品安全所
陈仁杰	复旦大学
周诗语	中国医学科学院阜外医院
赵　峰	中国疾病预防控制中心环境与健康相关产品安全所
赵　磊	华中科技大学同济医学院公共卫生学院
赵烨彤	北京大学公共卫生学院
郝　柯	同济大学
段瑞瑞	中日友好医院 国家呼吸医学中心
施小明	中国疾病预防控制中心
班　婕	中国疾病预防控制中心环境与健康相关产品安全所
顾东风	中国医学科学院阜外医院　南方科技大学
郭文婷	华中科技大学同济医学院公共卫生学院
郭新彪	北京大学公共卫生学院
黄建凤	中国医学科学院阜外医院
董　芬	中日友好医院 国家呼吸医学中心
董小艳	中国疾病预防控制中心环境与健康相关产品安全所
韩京秀	中国疾病预防控制中心环境与健康相关产品安全所

丛 书 序

随着我国经济的快速发展与居民健康意识的逐步提高,环境健康问题日益凸显且备受关注。定量评估环境污染的人群健康风险,进而采取行之有效的干预防护措施,已成为我国环境与健康领域亟待解决的重要科技问题。我国颁布的《中华人民共和国环境保护法》(2014年修订)首次提出国家建立健全环境健康监测、调查和风险评估制度,在立法层面上凸显了环境健康工作的重要性,后续发布的《"健康中国2030"规划纲要》、《健康中国行动(2019—2030年)》和《中共中央 国务院关于全面加强生态环境保护 坚决打好污染防治攻坚战的意见》等,均提出要加强环境健康风险评估制度建设,充分体现了在全国开展环境健康工作的必要性。

自党的十八大以来,在习近平生态文明思想科学指引下,我国以前所未有的力度推动"健康中国"和"美丽中国"建设。在此背景下,卫生健康、生态环境、气象、农业等部门组织开展了多项全国性的重要环境健康工作和科学研究,初步建成了重大环境健康监测体系,推进了环境健康前沿领域技术方法建立,实施了针对我国重点环境健康问题的专项调查,制修订了一批环境健康领域重要标准。

"环境污染与健康风险研究丛书"是"十三五"国家重点研发计划"大气污染成因与控制技术研究"重点专项、大气重污染成因与治理攻关项目(俗称总理基金项目)、国家自然科学基金项目等支持带动下的重要科研攻关成果总结,还包括一些重要的技术方法和标准修订工作的重要成果,也是全国环境健康业务工作,如空气污染、气候变化、生物监测、环境健康风险评估等关注的重要内容。本丛书系统梳理了我国环境健康领域的最新成果、方法和案例,围绕开展环境健康研究的方法,通过研究案例展现我国环境健康风险研究前沿成果,同时对环境健康研究方法在解决我国环境健康问题中的应用进行介绍,具有重要的学术价值。

希望通过本丛书的出版,推动"十三五"重要研究成果在更大的范围内共享，为相关政策、标准、规范的制订提供权威的参考资料，为我国建立健全环境健康监测、调查与风险评估制度提供有益的科学支撑，为广大卫生健康系统、大专院校和科研机构工作者提供理论和实践参考。

作为国家重点研发计划、大气重污染成因与治理攻关及国家自然科学基金等重大科研项目的重要研究成果集群，本丛书的出版是多方合作、协同努力的结果。最后，感谢科技部、国家自然科学基金委员会、国家卫生健康委员会等单位的大力支持。感谢所有参与专著编写的单位及工作人员的辛勤付出。

"环境污染与健康风险研究丛书"编写组

2022 年 9 月

前　言

大气污染是世界各国,特别是发展中国家广泛面临的重大环境和公共卫生问题。我国工业化快速发展引发了全国大气污染的高峰期。大气细颗粒物作为我国大气污染的主要污染物,其污染水平远超发达国家,以大气细颗粒物为首要污染物的重污染事件大范围频发;与此同时,大气臭氧污染呈逐年增加趋势,区域性复合污染问题突显。大气污染防治是我国生态文明建设的重要任务之一。欧美发达国家大量科学研究发现,大气污染物短期暴露会对人体健康产生一系列急性影响,包括早期生物标志物和亚临床指标的改变,机体器官功能降低、疾病发作甚至死亡。由于各个国家或区域的大气污染物特征和来源、人群健康状况及经济发展水平等存在差异,大气污染急性健康效应在国家或区域尺度呈现明显差异。因此,基于我国大气污染暴露水平高和来源复杂的特点,阐明大气污染急性健康影响的暴露-反应关系系数,识别大气复合污染中危害人体健康的关键污染物,是亟须解决的重大基础科学问题。"十三五"初期,我国大气污染对人群健康影响的研究基础相对薄弱,研究的深度和广度与国外存在较大差距,基于我国人群及我国实际大气污染暴露浓度下的健康证据缺乏,加上大气污染人群健康风险评估和预警存在技术壁垒,为全面认识和量化大气污染的急性健康风险及其特征、积极采取预警机制和应对措施等带来了困难。

2016年,在国家重点研发计划的支持下,"我国大气污染的急性健康风险研究"项目由中国疾病预防控制中心环境与健康相关产品安全所牵头,联合中国疾病预防控制中心慢性非传染性疾病预防控制中心、中国医学科学院阜外医院、中日友好医院、北京大学、复旦大学、华中科技大学、同济大学等全国公共卫生与临床医学领域的优势科研单位,集合公共卫生、环境科学、气象科学等多学科领域资源开展集中攻关,取得了一系列创新成果。本项目在我国开展大范围多中心时间序列研究,以探索大气污染物短期暴露对人群死亡的急性影响,重点评估大气细颗粒物相关的人群急性死亡风险,深入分析在不同环境下大气对人群死亡造成的急性影响及风险特征,为"十四五"期间大气污染防治行动计划及人群健康防护政策的制订提供科学依据;构建了我国首个整合典型污染地区 6 种常规大气污染物的人群暴露数据、人群死因和发病等健康资料，以及社会经济学、地理信息等数据的大气污染人群急性健康风险综合数据集成与共享平台，同时平台嵌入基于我国人群的大气污染急性健康暴露-反应关系体系，以及同步获取的大气污染典型区域人群补充调查等重要资源库，为我国开展大气污染相关研究提供了夯实的数据基础；研发了大气污染物急性健康风险评估、预警、可视化等关键科学技术，配套开发相应的工具包、技术规范和平台，并在全国范围内推广应用，以期通过面向公众的健康风险预警，有效降低我国大气复合污染对人群急性健康效应的风险，减轻大气污染造成的疾病负担。

《大气污染的急性健康风险研究》
编写组
2024 年 6 月

目 录

第一章　大气污染物对人群死亡急性效应的暴露-反应关系研究 ……………1
　1.1　大气污染对人群死亡的暴露-反应关系………………………………1
　1.2　大气污染对人群死亡急性效应的三间分布特征……………………14

第二章　大气污染物对人群呼吸系统疾病急性效应的暴露-反应关系研究……20
　2.1　大气污染对呼吸系统疾病门诊和住院人次的暴露-反应关系………20
　2.2　大气污染对呼吸系统疾病死亡急性效应的暴露-反应关系…………33
　2.3　大气污染对人群呼吸系统症状的急性健康效应……………………44
　2.4　大气细颗粒物对慢阻肺、哮喘患者亚临床指标的急性效应………52

第三章　大气污染对人群心脑血管疾病急性效应的暴露-反应关系研究………77
　3.1　大气污染对心脑血管疾病死亡急性效应的暴露-反应关系…………77
　3.2　大气污染对心脑血管疾病就诊患者急性效应的暴露-反应关系……89
　3.3　大气细颗粒物对心脑血管疾病中高危人群心脑血管健康指标的
　　　急性效应……………………………………………………………………99

第四章　大气污染对人群精神心理健康症状急性效应的调查研究……………121
　4.1　大气污染健康基础数据补充调查……………………………………121
　4.2　大气污染对焦虑和抑郁状态的影响…………………………………131
　4.3　讨论………………………………………………………………………138
　4.4　小结………………………………………………………………………139

**第五章　大气细颗粒物不同粒径和化学组分对成人急性健康效应的暴露-
　　　　反应关系研究**……………………………………………………………141
　5.1　不同粒径颗粒物与居民死亡、就诊暴露-反应关系的时间序列研究…141
　5.2　$PM_{2.5}$不同组分与居民死亡、就诊暴露-反应关系的时间序列研究…154
　5.3　不同粒径颗粒物与亚临床指标暴露-反应关系的定群研究…………185
　5.4　$PM_{2.5}$不同组分与亚临床指标暴露-反应关系的定群研究……………196

**第六章　大气颗粒物不同粒径和化学组分对儿童急性健康效应的暴露-
　　　　反应关系研究**……………………………………………………………250
　6.1　颗粒物不同粒径和化学组分对儿童呼吸系统疾病发病的暴露-
　　　　反应关系……………………………………………………………………250

6.2 不同粒径和化学组分对儿童急性健康效应指标的暴露-反应关系 …… 277

第七章 大气污染干预措施对人群急性健康效应暴露-反应关系的影响研究 …… 333
- 7.1 基于群体水平的典型城市大气污染干预措施与人群急性健康效应 …… 334
- 7.2 基于群体水平的全国大气污染干预措施与人群急性健康效应 …… 340
- 7.3 基于个体水平的我国多城市口罩干预研究 …… 346
- 7.4 基于个体水平的城市地铁环境干预研究 …… 358
- 7.5 高效过滤型空气净化器净化效果研究 …… 365
- 7.6 负离子空气净化器净化效果和心肺健康效应研究 …… 372

第八章 基于"互联网+"的个体暴露测量信息的采集及风险提示研究 …… 391
- 8.1 个体暴露测量技术的应用及信息采集支持服务 …… 391
- 8.2 基于个体暴露的风险提示研究 …… 399

第九章 基于空气质量健康指数的大气污染物急性健康风险预警研究 …… 408
- 9.1 引言 …… 408
- 9.2 数据与分析方法 …… 408
- 9.3 我国空气质量健康指数构建及验证 …… 409
- 9.4 环境空气质量健康指数应用 …… 419
- 9.5 小结 …… 422

第十章 我国大气污染急性健康风险评估及可视化 …… 423
- 10.1 引言 …… 423
- 10.2 大气污染的急性健康风险研究数据与技术集成平台 …… 423
- 10.3 大气污染与人群健康暴露-反应关系体系 …… 429
- 10.4 风险评估及可视化 …… 431
- 10.5 风险预警及可视化 …… 433
- 10.6 系统安全性管理 …… 434
- 10.7 小结 …… 435

第十一章 我国环境空气质量标准修订研究 …… 436
- 11.1 引言 …… 436
- 11.2 我国大气细颗粒物标准限值修订研究 …… 439
- 11.3 我国大气臭氧标准限值修订研究 …… 444
- 11.4 小结 …… 449

第十二章 总结与展望 …… 451

第一章 大气污染物对人群死亡急性效应的暴露-反应关系研究

1.1 大气污染对人群死亡的暴露-反应关系

1.1.1 概　　述

近年来，随着我国清洁空气政策的实施，大气细颗粒物（particulate matter 2.5，$PM_{2.5}$）污染水平逐渐减轻，但是仍然明显高于 WHO 的推荐标准，也高于大部分欧美国家。2019 年《中国生态环境状况公报》显示，全国 337 个城市中，有 47.2% 的城市 $PM_{2.5}$ 浓度超过了国家二级标准限值（35pg/m³），超标率在所有监测污染物中居首位，因此 $PM_{2.5}$ 是我国大部分城市的首要污染物，也是影响空气质量的主要因素。

大量流行病学研究表明，短期暴露于 $PM_{2.5}$ 会对人群造成严重的健康危害。20 世纪以来，欧美等发达国家开展了大量多中心时间序列研究，探索暴露于 $PM_{2.5}$ 对人群的健康效应，如 Zanobetti 和 Schwartz 对美国 112 个城市 1999~2005 年的时间序列研究显示，$PM_{2.5}$ 水平升高 10μg/m³，人群总死亡风险增加 0.98%（95%CI：0.75%~1.22%）；Evangelia 等对 12 个欧洲城市 2001~2010 年的时间序列研究显示，$PM_{2.5}$ 水平升高 10μg/m³，人群的死亡风险增加 0.55%（95%CI：0.27%~0.84%）。基于类似结果，各国政府很好地将之应用到提高当地空气质量、保护当地人群健康的相关政策制订中。

与之相比，发展中国家由于数据的可获得性、资金或其他原因很少开展 $PM_{2.5}$ 对人群健康影响的相关研究。大多数情况下，这些发展中国家的 $PM_{2.5}$ 污染水平要远高于发达国家，且 $PM_{2.5}$ 污染物成分、社会经济水平、人口学特征与发达国家存在较大的差异。所以，尽管较多发达国家已经积累了 $PM_{2.5}$ 对人群健康效应的证据，但是这些证据并不能简单外推至发展中国家，也不能直接用于发展中国家人群健康防护政策的制订。此外，短期暴露于高水平 $PM_{2.5}$ 是否会增加特定亚组人群健康风险目前尚无定论。因此，亟须在发展中国家开展相关流行病学研究来填补以上空白。目前，陈仁杰等在我国 272 个城市开展的大气 $PM_{2.5}$ 水平与人群死亡关系的研究，是现阶段仅有的全国尺度多中心急性效应研究，该研究采用的时间范围为2013～2015年,不能很好地体现"十三五"期间《大气污染防治行动计划》实施后大气细颗粒物污染对于人群健康的影响。

综上,在我国开展大气 $PM_{2.5}$ 短期暴露对人群健康影响的大范围多中心研究非常有必要。因此,本书中研究以 $PM_{2.5}$ 每日浓度数据作为短期暴露数据,以均匀分布在我国大气污染典型地区的101个区(县)为研究区域,定量分析大气 $PM_{2.5}$ 短期暴露人群急性死亡风险,深入分析非意外死亡和不同特征亚组人群的影响特点,为降低大气 $PM_{2.5}$ 污染水平,以及采取针对性健康防护措施提供科学依据。

1.1.2 研究方法

1.1.2.1 研究时间范围

研究起止时间为2013年1月1日至2018年12月31日。

1.1.2.2 研究数据收集

(1) $PM_{2.5}$ 每日浓度数据来自全国城市空气质量实时公布平台(http：//101.37.208.233：20035/),获得监测站点 $PM_{2.5}$ 浓度日均值。

(2)每日气象数据来自中国气象数据网,主要包括24小时平均温度和相对湿度数据。

(3)死因数据来自全国疾病监测系统。该系统数据来自全国605个区(县),分布在我国31个省(自治区、直辖市),覆盖3.23亿人口,占全国总人口的24.3%。报告单位通过人口死亡信息登记管理系统网络报告死亡个案,经过论证605个死因监测点除具有全国代表性外,还具有省级代表性,能产出分省的相关指标,包括死亡水平、死因模式、期望寿命等健康相关指标,为公共卫生防控工作提供基础数据。

1.1.2.3 项目点筛选原则

(1)在全国605个死因监测点中选取设有国家环境监测站点的区(县)。

(2)为了保证数据质量,减少因漏报带来的误差,选取上述区(县)中2013～2015年平均死亡率大于5‰的区(县)。

(3)为了保证数据结果的稳定性,选取上述区(县)中年死亡率波动小于20%的区(县)。

最终得到符合上述原则的区(县)共计106个(表1-1),分布在我国31个省(自治区、直辖市),其中由于西藏和海南数据报告质量相对落后,为了满足数据具有全国代表性的特点,对这两省的数据放宽筛选条件纳入。2013～2018年存在监测点变更情况,为了保证数据的连贯性,剔除中间换点的区(县),最终纳入分析的有88个主要城市的101个区(县)。

表 1-1　大气污染及死因监测区（县）名单

省级	区（县）	省级	区（县）
北京市	北京市东城区	山东省	山东省淄博市临淄区
北京市	北京市门头沟区	山东省	山东省枣庄市薛城区
北京市	北京市密云区	山东省	山东省烟台市莱州市
北京市	北京市延庆区	山东省	山东省烟台市蓬莱市
天津市	天津市河西区	山东省	山东省潍坊市寿光市
天津市	天津市南开区	山东省	山东省威海市乳山市
天津市	天津市红桥区	山东省	山东省莱芜市莱城区
河北省	河北省邢台市邢台县	山东省	山东省滨州市滨城区
河北省	河北省沧州市新华区	山东省	山东省菏泽市牡丹区
山西省	山西省太原市杏花岭区	河南省	河南省郑州市中原区
山西省	山西省晋中市榆次区	河南省	河南省安阳市安阳县
内蒙古自治区	内蒙古自治区呼和浩特市回民区	湖北省	湖北省武汉市江岸区
内蒙古自治区	内蒙古自治区巴彦淖尔市临河区	湖北省	湖北省武汉市蔡甸区
辽宁省	辽宁省沈阳市沈河区	湖北省	湖北省恩施州恩施市
辽宁省	辽宁省大连市沙河口区	湖南省	湖南省长沙市天心区
辽宁省	辽宁省鞍山市铁西区	湖南省	湖南省株洲市芦淞区
辽宁省	辽宁省本溪市明山区	湖南省	湖南省湘潭市雨湖区
辽宁省	辽宁省丹东市元宝区	湖南省	湖南省湘潭市湘潭县
辽宁省	辽宁省锦州市凌河区	湖南省	湖南省常德市武陵区
辽宁省	辽宁省阜新市海州区	湖南省	湖南省郴州市苏仙区
辽宁省	辽宁省铁岭市银州区	广东省	广东省广州市荔湾区
吉林省	吉林省吉林市丰满区	广东省	广东省广州市越秀区
吉林省	吉林省四平市铁东区	广西壮族自治区	广西壮族自治区柳州市柳北区
吉林省	吉林省延边朝鲜族自治州延吉市	广西壮族自治区	广西壮族自治区柳州市鹿寨县
吉林省	吉林省延边朝鲜族自治州龙井市	海南省	海南省海口市美兰区
黑龙江省	黑龙江省哈尔滨市南岗区	海南省	海南省三亚市市辖区
黑龙江省	黑龙江省哈尔滨市道外区	重庆市	重庆市渝中区
黑龙江省	黑龙江省大庆市大同区	重庆市	重庆市沙坪坝区
黑龙江省	黑龙江省绥化市北林区	重庆市	重庆市北碚区
上海市	上海市普陀区	四川省	四川省自贡市贡井区
江苏省	江苏省无锡市江阴市	四川省	四川省攀枝花市仁和区
江苏省	江苏省徐州市云龙区	四川省	四川省广元市利州区
江苏省	江苏省常州市溧阳市	贵州省	贵州省六盘水市水城县
江苏省	江苏省苏州市张家港市	贵州省	贵州省遵义市红花岗区
江苏省	江苏省连云港市东海县	云南省	云南省玉溪市红塔区

续表

省级	区（县）	省级	区（县）
江苏省	江苏省扬州市邗江区	云南省	云南省保山市隆阳区
江苏省	江苏省泰州市高港区	云南省	云南省丽江市玉龙纳西族自治县
浙江省	浙江省绍兴市诸暨市	西藏自治区	西藏自治区拉萨市城关区
浙江省	浙江省金华市婺城区	西藏自治区	西藏自治区山南地区乃东县
安徽省	安徽省芜湖市镜湖区	西藏自治区	西藏自治区那曲地区那曲县
安徽省	安徽省蚌埠市龙子湖区	陕西省	陕西省西安市莲湖区
安徽省	安徽省马鞍山市雨山区	陕西省	陕西省宝鸡市陈仓区
安徽省	安徽省铜陵市铜官山区	陕西省	陕西省商洛市商州区
安徽省	安徽省安庆市怀宁县	甘肃省	甘肃省金昌市金川区
安徽省	安徽省黄山市黄山区	甘肃省	甘肃省天水市麦积区
安徽省	安徽省阜阳市颍州区	甘肃省	甘肃省武威市凉州区
安徽省	安徽省宿州市埇桥区	甘肃省	甘肃省张掖市甘州区
福建省	福建省莆田市涵江区	青海省	青海省海东市平安区
福建省	福建省南平市延平区	青海省	青海省黄南藏族自治州同仁县
福建省	福建省宁德市蕉城区	宁夏回族自治区	宁夏回族自治区石嘴山市平罗县
江西省	江西省新余市渝水区	宁夏回族自治区	宁夏回族自治区中卫市沙坡头区
江西省	江西省赣州市章贡区	新疆维吾尔自治区	新疆维吾尔自治区哈密市
山东省	山东省济南市章丘市	新疆维吾尔自治区	新疆维吾尔自治区克孜勒苏柯尔克孜自治州阿图什市

1.1.2.4 死因监测内容与方法

死因编码范围：研究依据《国际疾病分类》第 10 次修订版[（International Classification of Diseases，10th Revision（ICD-10）]编码原则确定根本死亡原因，并根据 GBD160 编码映射条件确定非意外死亡编码范围（ICD-10：A00～R99），按照性别、年龄组（0～64 岁、65～74 岁、75 岁及以上）分别统计死亡人数。

1.1.2.5 死因数据收集与管理

全国死因监测系统的死亡登记对象是发生在各辖区内的所有死亡个案，包括在辖区内死亡的户籍和非户籍我国居民，以及港、澳、台同胞和外籍公民。各级各类医疗卫生机构均为死因信息报告的责任单位，其中具有执业医师资格的医疗卫生人员方可填报《死亡医学证明书》（下文简称《死亡证》）。

在各级各类医疗机构发生的死亡个案（包括到达医院时已死亡、院前急救过程中死亡、院内诊疗过程中死亡），由诊治医生做出诊断并逐项认真填写《死亡证》。在家中或其他场所死亡者，由所在地的村医（社区医生），将死亡信息定期报告至乡镇卫生院（社区卫生服务中心）；乡镇卫生院（社区卫生服务中心）的防保医生根据死者家属或其他知情人提供的死者生前病史、体征和（或）医学诊断，对其死因进行推断，填写《死亡证》。凡需公安司法部门介入的死亡个案，由公安司法部门判定死亡性质并出具死亡证明，辖区乡镇卫生院（社区卫生服务中心）负责该地区地段预防保健工作的医生根据死亡证明填报《死亡证》，详见图 1-1。

全国死因监测系统所有死亡个案均通过中国疾病预防控制中心的死因登记报告信息系统进行网络报告，中国疾病预防控制中心对各省上报的数据进行审核，针对发现的问题进行核实和修正。

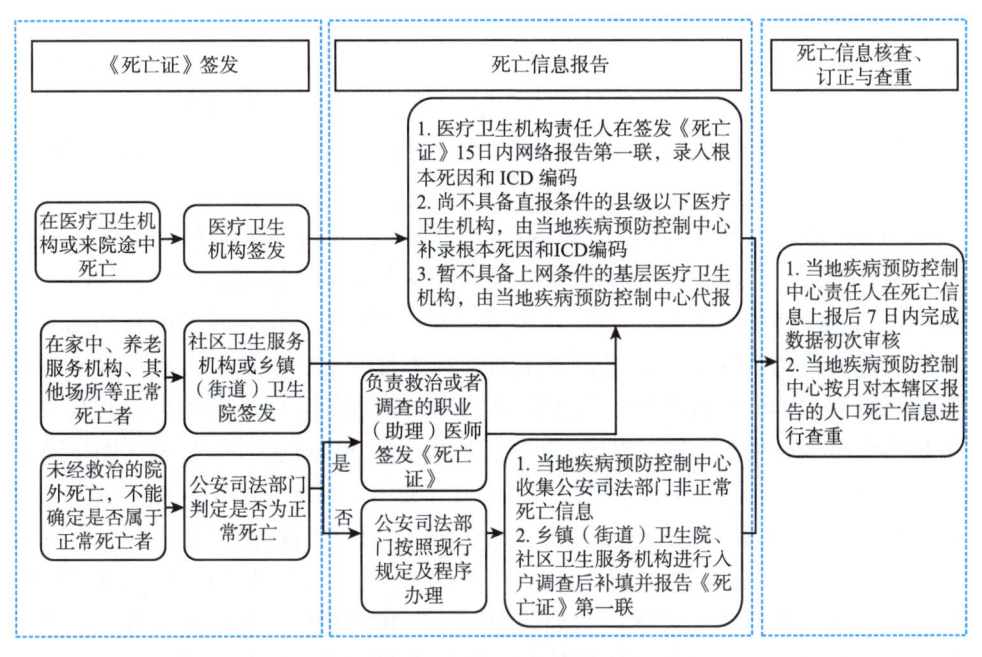

图 1-1 死因监测工作流程

1.1.2.6 死因数据质量控制

死因监测系统建立初始就严格遵循标准统一的工作规范和制度，保证了数据的质量，能够真实反映我国人群的健康模式。

（1）现场管理：为保证数据质量和监测工作的正常运转，在全国死因监测系统内形成了一整套行之有效的制度，如例会制度、疑难个案核查制度、月报与年报的报告制度、人员培训与考核制度等。每年召开全国死因监测年会及各种培训班，保证较高的工作质量。

（2）人员培训：疾病监测工作是专业性很强的信息管理和分析工作，要求从事疾病监测工作的人员具备一定的基础知识。因此，在监测系统创立初始需要对监测点内的医师和工作人员进行培训，以后还需要针对不同的需求每年开展多次培训，保证人员的素质及数据的质量。

（3）数据录入和逐级审核：收集原始数据后，需对原始数据进行复核，检查有无错填和漏填，完成核查工作后，方可录入数据。网络报告系统采取逐级审核的原则，县区、市级、省级死因监测管理人员逐级审核死亡报告卡，审核内容包括死因链填写的准确性及根本死因编码的准确性等，以确保死亡报告卡的质量。

（4）定期质量评估及督导：各级疾病预防控制中心死因监测管理部门定期开展死亡数据质量分析工作，产出质控报告并及时反馈，督促数据质量的提高；同时，针对数据质量持续较差的地区开展现场督导工作，通过现场调查，发现问题，督促整改并提高数据报告质量。

（5）漏报调查：为了使监测资料能正确、准确地反映实际情况，全国死因监测系统除了采用数据质量评价指标体系每年常规对监测资料的质量进行评价外，还通过开展死因监测数据的漏报调查来了解监测数据的报告质量，估计疾病的准确死亡水平。

（6）智能死因推断量表（Smart-VA）的应用：死因推断量表（VA）是一种适用于发展中国家进行死因推断，获取相对准确死因数据的常用工具，而Smart-VA是在传统VA量表基础上发展起来，利用现代信息技术的自动化死因推断工具，通过询问死者家属死者生前症状来收集死亡信息，比较和验证死因监测系统死因诊断的准确性。为了提高我国（特别是死因诊断能力较弱及人员不足的地区）死因监测数据质量，项目组积极引入WHO推荐的智能死因推断量表，VA项目先后共开展3轮调查，将陕西、河南、湖北、山东等地区率先作为调查地点，针对调查地区报告的院内死亡，组织专家对病例进行复核，对院外死亡人员，组织调查组实施死因推断入户调查。项目组汉化问卷供调查工作使用，制订现场调查实施方案，对如何组织开展病例复核、死因推断量表使用、死因推断量表的填写说明、质量控制、死因推断原则，以及对调查员、质控员及临床专家的调查能力培训开展大量工作（图1-1）。

1.1.2.7 统计分析

（1）数据清理情况

1）气象与大气污染物数据：部分区（县）的气象和污染物数据主要问题在于缺失值和极端值。对于缺失值，如果<5%，则直接用于分析；如果≥5%，则利用线性插入法补充缺失值以增大样本量，如缺失较多则不纳入分析。对于极端值，则将较为明显的极端值作为缺失值处理。

2）死因数据：按照根本死因ICD编码进行死因归类，将死因个案数据整理为每日死亡数据。年死亡率不低于5‰，且年波动不超过20%。

（2）描述性分析：对连续变量进行正态性检验，如果变量符合正态分布，则可用均数、标准差、范围和极差等描述；如果变量不符合正态分布，则可用中位数和百分位数来描述。分类变量采用频数和百分数来描述，频数表达了变量水平，百分数描述了在整体中的构成。

（3）模型构建

1）利用大气污染及气象数据，匹配人群死因数据，以评估大气污染对人群急性非意外总死亡、呼吸系统疾病死亡、心脑血管疾病死亡的暴露-反应关系。

分析方法：采用时间序列分析，将每日死亡、大气污染和气象资料通过日期匹配，分别在区（县）水平和全国平均水平，定量估计 $PM_{2.5}$ 对每日非意外总死亡率，呼吸系统疾病死亡率，缺血性心脏病、脑血管疾病死亡率的暴露-反应关系。通过反复观察同一研究人群暴露条件改变后的健康效应，一些在研究期间相对稳定的混杂因素，如年龄、性别、教育程度、吸烟、高血压及肥胖等，将不再构成明显的混杂作用，这是时间序列分析方法的重要优势。

第一阶段，计算各区（县）暴露-反应关系系数。由于居民每日死亡是小概率事件，基本服从泊松（Poisson）分布，且死亡和各解释性变量的关系通常呈非线性。此外，由于每日死亡数常存在"过分散"问题，因此采用半泊松分布和广义相加模型相连接的方式构建模型进行分析。在各区（县）应用时间序列模型估算 $PM_{2.5}$ 与各类疾病造成死亡的暴露-反应关系系数，本研究的分析指标为大气污染物浓度每升高 $10\mu g/m^3$，人群各类疾病死亡风险增加的百分比，即超额危险（excess risk，ER）。

A. 对大气污染及气象数据缺失值，采用缺失值差值法补全。

B. 为控制死亡数的长期和季节变化趋势，将日期的自然平滑样条函数纳入广义相加模型，用于处理每日死亡数在时间轴上的非线性趋势和序列相关性。

C. 采用偏自相关函数来确定时间平滑函数的自由度。具体来说，首先将自由度的选择范围定为每年 4~8；依次拟合广义相加模型，绘制 30 日滞后的偏相关系数（PACF）图，当 PACF 图中前 2 个滞后日的绝对数值小于 0.1 时，则表示较好地控制了序列相关性。当多个参数满足此条件时，选择 30 日累计的 PACF 绝对值之和最小者。

D. 因为颗粒物的健康影响存在滞后效应，在模型中纳入"星期几"指标变量，排除日死亡率在 1 周内的自然波动趋势。

E. 考虑到气象因素（如平均气温、相对湿度等指标）会对大气污染及死亡的暴露-反应关系产生混杂因素，采用自然平滑样条函数控制非线性混杂效应。

广义相加模型可归纳为：

$$Log[E(Y_t)]=\alpha+\beta Z_t+ns(Time_t, df)+ns(Temp_t, df)\\+ns(Humid_t, df)+dow+\varepsilon_t \qquad (1-1)$$

式中，$E(Y_t)$ 为 t 日各区（县）居民死亡人数的期望值；α 为截距；β 为回归系数，即污染物浓度每升高一个单位所导致的死亡人数增长值；Z_t 表示 t 日污染物的日平均浓度；$ns(.)$ 为自然平滑样条函数，df 为其自由度；ε_t 为残差。Time$t$ 为日期变量，用于控制日死亡数的长期和季节变化趋势，根据偏自相关函数对其自由度进行选择；Temp$t$、Humid$t$ 分别为日平均气温、相对湿度，用以控制温度和湿度对死亡的非线性混杂效应，其自由度分别为 6 和 3；dow 为"星期几效应"的指示变量，用以控制死亡在一周内的自然波动。

第二阶段，利用 Meta 分析随机效应模型合并各区（县）的效应估计值，获得 101 个区（县）的合并效应，估计全国平均水平的大气 $PM_{2.5}$ 污染急性健康效应。

2）建立多污染物模型：在单污染物模型的基础上，还建立了一个多污染物模型来评估每种空气污染物对非意外死亡影响的稳定性。在单污染物模型中确定每种污染物的最佳滞后日后，研究人员添加了其他空气污染物进行调整。考虑到污染物之间的共性，特别是 PM_{10} 和 $PM_{2.5}$ 之间的共线性，本研究仅在多污染物模型中同时纳入 2 种或 3 种污染物，即建立双污染物模型和三污染物模型，且模型中不同时纳入 PM_{10} 和 $PM_{2.5}$。

$$\text{Log}[E(Y_t)] = \alpha + \text{COV} + \lambda(X1, X2) \tag{1-2}$$

式中，（X1，X2）表示当空气污染物 X1 效应最强时，引入空气污染物 X2 后，X1 与非意外死亡之间的关系是否受到其他污染物的影响。COV 表示模型中的所有混杂因素。$E(Y_t)$ 为日各区（县）居民死亡人数的期望值；α 为截距；λ 表示引入污染物 X2 后，污染物 X1 浓度每升高一个单位所导致的死亡人数增长值。

3）敏感性分析：通过改变时间变量的自由度（df=6、8、9）、平均温度的最大滞后天数（lag$_{\max}$=14、28、36）、平均气压和相对湿度的自由度（df=4、5），检验分析结果的稳健性。df/年的变化对空气污染与非意外死亡之间的关系没有显著影响，此外修改平均温度最大滞后天数及平均气压和相对湿度的自由度也获得了类似的结果，说明模型稳定。

4）暴露-反应关系分析：大气污染物和人群死亡之间的暴露-反应关系特征对于制订大气污染防控措施至关重要。暴露-反应关系特征是指暴露-反应关系曲线的形状及是否存在阈值，曲线的形状有助于评估政策干预的收益，而是否存在阈值浓度则会对归因死亡的估计产生影响。参考既往研究方法绘制 $PM_{2.5}$ 与死亡的暴露-反应关系曲线，为充分考虑大气污染物和死亡之间的非线性关系，将大气污染物浓度的 B 样条平滑函数纳入模型，如式 1-3 所示：

$$\text{Log}[E(Y_t)] = \alpha + bs(Z_t, \text{knot}) + \text{COV} + \varepsilon_t \tag{1-3}$$

式中，bs 是 B 样条平滑函数，knot 为节点，COV 和 ε_t 为模型中的混杂变量和残差。关于节点的选择，为了第二阶段合并各区（县）的暴露-反应关系曲线，综合考虑为所有区（县）选取 2 个共同的节点，即所有区（县）污染物浓度平均值的第 25 和 75 百分位数，利用 Meta 分析的原理将各区（县）样条函数的 5 个回归系数和协方差矩阵合并，最终获得全国和地区水平的暴露-反应关系曲线。

1.1.3 主要结果

1.1.3.1 基本情况描述

（1）每日环境数据描述：2013～2018 年我国 $PM_{2.5}$ 日均浓度最高为 102.98μg/m³，最低为 12.97μg/m³，平均为（49.98±18.05）μg/m³，共存污染物 PM_{10}、SO_2、NO_2、CO 和 O_3 的日均浓度分别为（80.48±29.96）μg/m³、（24.00±14.37）μg/m³、（31.55±12.52）μg/m³、（1.02±0.32）μg/m³ 和（86.08±13.61）μg/m³，详见表 1-2。

表 1-2 我国 2013～2018 年大气污染物浓度、居民死亡及气象情况

变量	$\bar{X}$	S	Min	P_{25}	P_{50}	P_{75}	Max
$PM_{2.5}$（μg/m³）	49.98	18.05	12.97	37.93	51.08	61.21	102.98
PM_{10}（μg/m³）	80.48	29.96	24.62	60.5	79.13	95.82	181.94
SO_2（μg/m³）	24.00	14.37	3.51	15.04	20.39	28.98	70.13
NO_2（μg/m³）	31.55	12.52	9.45	22.39	30.06	39.95	59.37
CO（mg/m³）	1.02	0.32	0.34	0.79	0.97	1.22	2.19
O_3（μg/m³）	86.08	13.61	30.82	79.68	87.88	94.56	109.99
日均非意外总死亡人数（人）	9.63	5.70	0.69	5.23	8.17	13.11	25.13
平均气温（℃）	14.20	4.75	0.70	10.67	14.75	17.39	24.69
相对湿度（%）	65.31	11.02	40.74	57.9	65.05	75.19	82.44

（2）每日死亡数据描述：研究地区 2013～2018 年日均非意外总死亡、呼吸系统疾病和心脑血管疾病死亡人数趋势见图 1-2。图中显示 2013～2018 年每年非意外总死亡、呼吸系统疾病和心脑血管疾病每日死亡人数呈现相似的趋势，近似"U"形，即 1～6 月呈下降趋势，7～12 月呈上升趋势，明显的高峰出现在当年 11 月到次年 2 月，低谷则出现在 6～8 月，2018 年非意外总死亡人数的峰值比往年高，2013～2018 年日均非意外总死亡人数为（9.63±5.70）人。

（3）相关性分析：表 1-3 为我国 101 个区（县）2013～2018 年大气污染物浓度、平均气温和相对湿度两两间的相关关系。Spearman 相关性分析结果显示，$PM_{2.5}$ 浓度除和 O_3 浓度呈负相关（r=-0.015）外，和其他共存污染物 PM_{10}、SO_2、NO_2 及 CO 浓度均表现为较强的正相关，各区(县)间 $PM_{2.5}$ 和 PM_{10} 的相关系数平均为 0.811，$PM_{2.5}$ 和 SO_2 的相关系数平均为 0.577，$PM_{2.5}$ 和 NO_2 的相关系数平均为 0.638，$PM_{2.5}$ 和 CO 的相关系数平均为 0.611。$PM_{2.5}$ 浓度和平均气温及相对湿度则呈负相关。

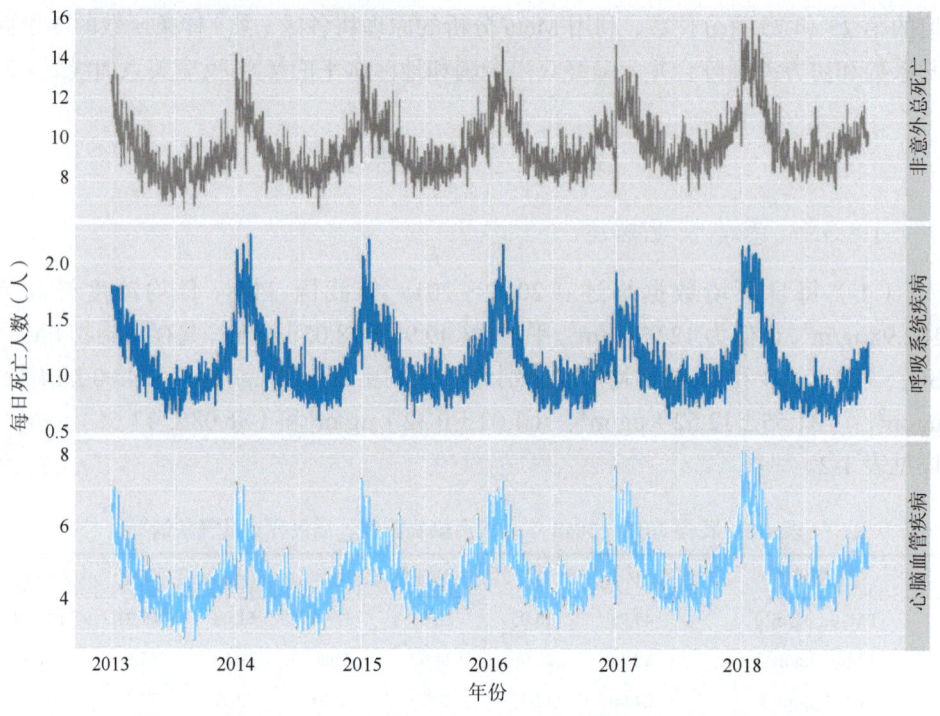

图 1-2 我国101个区（县）2013～2018年平均每日死亡人数趋势

表 1-3 大气污染物与气象因素的 Spearman 相关系数

	PM$_{2.5}$	PM$_{10}$	SO$_2$	NO$_2$	CO	O$_3$	平均气温	相对湿度
PM$_{2.5}$	1	0.811	0.577	0.638	0.611	−0.015	−0.255	−0.067
PM$_{10}$		1	0.579	0.581	0.523	0.087	−0.206	−0.298
SO$_2$			1	0.556	0.544	−0.087	−0.323	−0.22
NO$_2$				1	0.548	−0.096	−0.22	−0.073
CO					1	−0.137	−0.233	−0.02
O$_3$						1	0.507	−0.208
平均气温							1	0.251
相对湿度								1

1.1.3.2 暴露-反应关系分析

（1）全国暴露-反应关系：图 1-3 显示了滞后当日、1日、2日、3日（lag0d、lag1d、lag2d、lag3d）及累积滞后 2 日、3 日和 4 日（lag01、lag02 和 lag03）的 PM$_{2.5}$ 浓度每增加 10μg/m³ 导致的全国死亡率变化的估计。对于单天滞后模型，lag0d 和 lag1d 的非意外总死亡率与 PM$_{2.5}$ 浓度增加均存在显著相关性，但 lag2d 的非意外总死亡率与 PM$_{2.5}$ 浓度增加相关性轻微显著或不显著；lag01～lag03 的滞后模型较上述所有单天滞后模型得出明显更强的关联效应，在 lag02 达到最高值，为 0.31%（95%CI：0.20%~0.41%）。

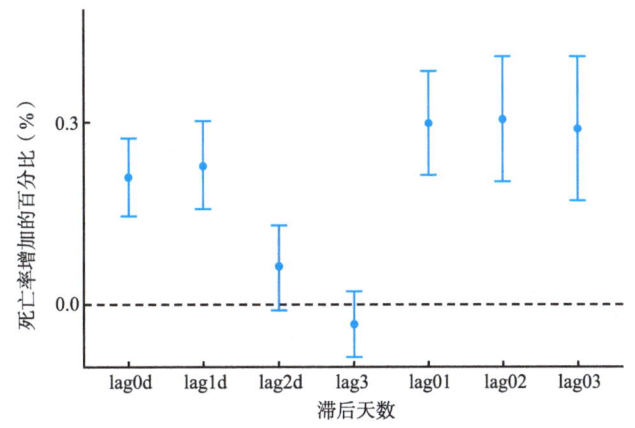

图 1-3　不同滞后时间下，PM$_{2.5}$ 浓度每升高 10μg/m³ 引起非意外总死亡率增加的百分比

lag0d~lag2d，滞后当日至滞后 2 日；lag01~lag03，累积滞后 2 日至 4 日

（2）暴露-反应关系曲线：如图 1-4 所示，PM$_{2.5}$（lag01）浓度和非意外总死亡的全国平均暴露-反应关系曲线呈非线性，在 PM$_{2.5}$ 浓度小于 50μg/m³ 时斜率较大，50~200μg/m³ 则相对平缓，而大于 250μg/m³ 时置信区间变得较大。

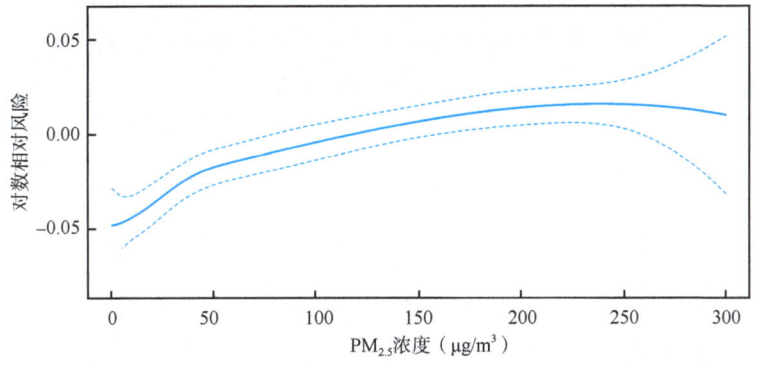

图 1-4　PM$_{2.5}$ 浓度水平（lag01，μg/m³）与每日非意外总死亡之间的暴露-反应关系曲线

注：图中实线表示效应估计值，虚线表示效应估计值的 95%CI

（3）敏感度分析：在双污染物模型中，加入共存污染物后 PM$_{2.5}$ 的效应未有很大的改变。对于非意外总死亡，在调整 SO$_2$、NO$_2$、CO 和 O$_3$ 后，PM$_{2.5}$（lag01）的效应虽然有所变化，但仍具有统计学意义，具体表现为调整后效应有所下降（图 1-5）；图 1-6 所示为时间平滑函数自由度（df/年）在 6~10 之间变化时 PM$_{2.5}$ 的效应。当时间平滑函数自由度在 6~10/年之间变化时，PM$_{2.5}$ 浓度（lag01）每升高 10μg/m³ 引起死亡率增加的百分比变化不大，基本稳健。由此可见，不同模型参数对 PM$_{2.5}$ 效应的影响不大；不同气象条件累积滞后天数会导致结果略有上升（图 1-7）。

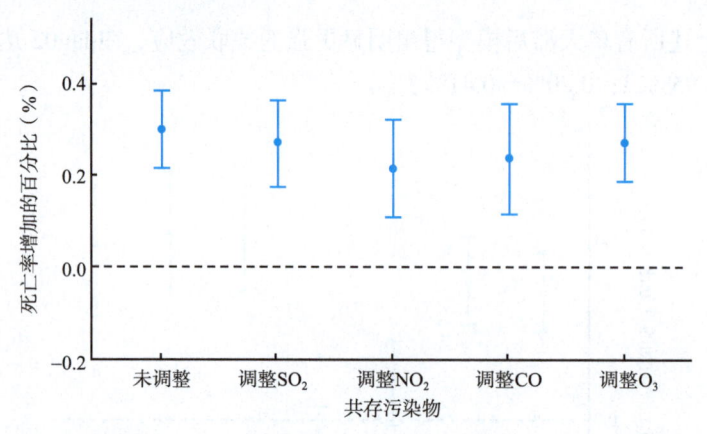

图 1-5 双污染物模型中 PM$_{2.5}$ 浓度每升高 10μg/m^3 引起非意外总死亡率增加的百分比

未调整即 PM$_{2.5}$ 浓度未升高时

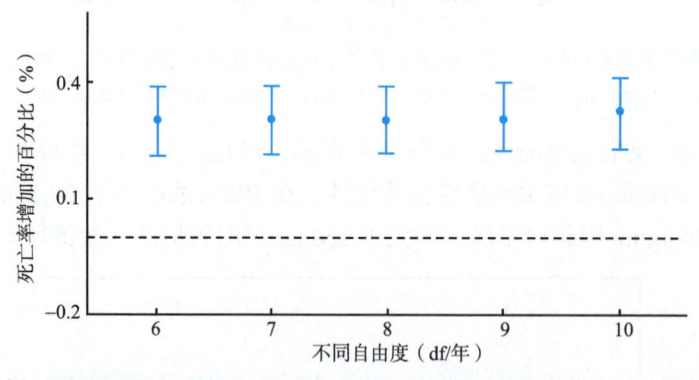

图 1-6 不同自由度（df/年）中 PM$_{2.5}$ 浓度每升高 10μg/m^3 引起非意外总死亡率增加的百分比

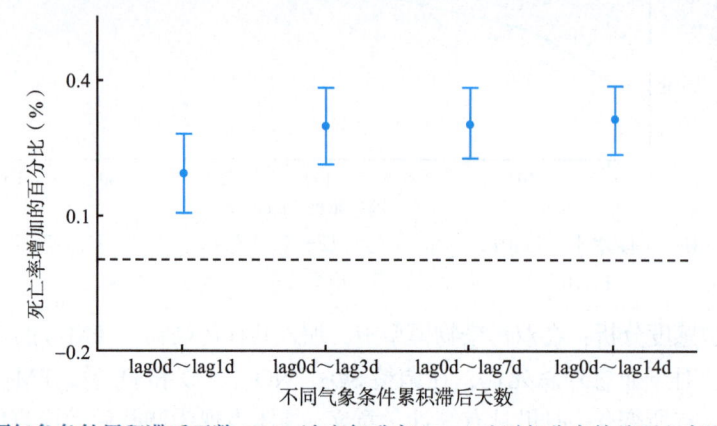

图 1-7 不同气象条件累积滞后天数，PM$_{2.5}$ 浓度每升高 10μg/m^3 引起非意外总死亡率增加的百分比

1.1.4 讨　　论

本研究数据来源于全国 31 个省份具有代表性的 101 个地区，是目前覆盖范围

较广、数据最新的研究，基本涵盖了我国大气污染的典型地区，且采用统一的研究设计和分析方法，避免了单个城市研究中常见的发表偏倚的可能性。

笔者发现短期暴露于 $PM_{2.5}$ 与全国范围内的非意外总死亡率结果之间存在显著相关性，其暴露-反应关系曲线在高浓度污染物区间的斜率为负，但系数比先前报道的大多数估计值要小。随着空气污染物浓度的增加，非意外死亡的风险也逐渐增加，并且存在滞后效应，这与之前的一些研究结果一致。空气污染物的多日滞后累积效应大于空气污染物的单日滞后效应，既往研究结果也提示研究人员使用多日滞后累积效应更为合理。

本研究 $PM_{2.5}$ 浓度每增加 $10\mu g/m^3$，非意外总死亡率增加了 0.30%，数值略低于我国近些年的多项研究，也略低于欧洲和北美其他多城市研究结果。值得注意的是，根据一项全球 Meta 分析研究，上述估计值远低于北美（0.94%）和欧洲（1.23%）的估计值，同时也略低于东亚 11 个城市（0.38%）的估计值。此外，另一项基于我国 3 个城市的研究认为，$PM_{2.5}$ 每增加 $10\mu g/m^3$（lag01），总死亡率增加 0.46%。但是，随着管控力度的加大，$PM_{2.5}$ 对于人群总死亡率的影响在近几年呈下降趋势。Kuerban 等对比 2015 年与 2018 年 $PM_{2.5}$ 对人群健康的影响时发现，与 2015 年相比，2018 年归因于总死亡、呼吸系统疾病和心血管疾病和慢性支气管炎的死亡人数总体下降了 23.4%～26.9%。

在本次分析中，$PM_{2.5}$ 造成的影响低于欧洲和北美报道的结果，可能存在以下原因。首先，如本研究的暴露-反应关系曲线和先前研究的报道一致，即在我国城市普遍存在的 $PM_{2.5}$ 高水平存在饱和效应。这种饱和效应也可能受 $PM_{2.5}$ 长期水平较高城市的日均浓度变化较小影响。此外，在较高浓度下观察到的效应下降可能是"收获效应"的结果，因为易感人群在空气污染物浓度达到相当高的水平之前可能已经死亡。

在双污染物模型中，我们可以发现，在最强滞后效应天纳入其他空气污染物，调整 SO_2、NO_2、CO 和 O_3 后，在多污染物模型中拟合结果均具有统计学差异（$P<0.05$），但均会降低效应，这与之前的一些研究结果类似。但 Michael Jerrett 等发现，O_3 单污染物模型纳入 $PM_{2.5}$ 后，O_3 对总死亡的影响的 RR 值从 1.029 变为 1.040，数据略有增加。

1.1.5 小　　结

本次研究发现短期暴露于 $PM_{2.5}$ 与全国范围内的非意外总死亡率结果之间存在显著相关性，但略低于先前报道的大多数估计值，$PM_{2.5}$ 与人群非意外总死亡率之间呈非线性关系，且发现当 $PM_{2.5}$ 浓度达到 $250\mu g/m^3$ 时，暴露-反应关系趋于平稳；调整 SO_2、NO_2、CO 和 O_3 后，效应略有下降，但仍具有统计学差异。

1.2 大气污染对人群死亡急性效应的三间分布特征

1.2.1 概　　述

越来越多的大气污染的急性健康效应研究表明，即便是暴露于单一污染物同一污染物浓度变化水平下，不同地区及不同人群中不同个体对大气污染物的反应也不尽相同。既往文献报道，大气污染对老年人影响较大，且不同地区的影响程度也不相同；已有大量流行病学研究显示，华南地区大气污染物的健康危害最强。此外，既往研究发现，居民在不同季节的暴露模式也不完全一样，因此有理由认为急性健康效应可能存在一定的季节差异，即季节可能是一个重要的效应修饰因素。

截至目前，已有几项多城市研究和单城市研究发现急性健康效应存在一定的季节性特征，即居民可能在某些特定季节比在其他季节对大气污染的健康危害更加敏感，然而文献报道的季节性特征并不一致，有一些研究发现的最强效应发生在冬季，一些研究发现最强效应在夏季，而另一些研究则发现最强效应在过渡季节包括春季和秋季。

这些研究绝大部分是在发达国家进行的，在发展中国家的研究很少。作为世界上最大的发展中国家，我国的大气污染尤为严重。目前关于我国大气污染急性健康效应季节性特征的研究较少，而且结果很不一致。例如，上海和香港的研究发现冷季比暖季效应强。与之类似，武汉的一项研究发现大气污染物健康效应在冬季最强。然而，近来研究发现，暖季效应明显强于冷季。

本次研究采用统一的分析方法，分析大气污染物健康效应的人群易感性和不同区域间的差异，厘清我国大气污染急性健康效应的季节性特征，探索大气污染物健康效应的三间分布，对深入研究大气污染健康危害机制，开展有针对性的人群预防，具有重要意义。

1.2.2 研 究 方 法

本研究根据地区、季节和人口学特征（年龄、性别）进行分层分析。

（1）为探究大气 $PM_{2.5}$ 对人群死亡的急性效应在空间上的分布特征，分为七大区域，包括华北地区（北京市、天津市、河北省、山西省、内蒙古自治区）、东北地区（辽宁省、吉林省、黑龙江省）、华东地区（上海市、江苏省、浙江省、安徽省、福建省、江西省、山东省）、华中地区（河南省、湖北省、湖南省）、华南地区（广东省、广西壮族自治区、海南省）、西南地区（重庆市、四川省、贵州省、云南省、西藏自治区）及西北地区（陕西省、甘肃省、青海省、宁夏回族自治区、新疆维吾尔自治区），分别估计各地区内大气污染物的效应。

（2）为探究大气 $PM_{2.5}$ 对人群死亡的急性效应在全国和地区水平上的季节分布特征，按照月份将一年划分为冷、暖两个季节，其中 5～10 月为暖季，11～4 月为冷季，分别估计全国和南北地区内各季节大气污染物的效应。

（3）为探究大气 $PM_{2.5}$ 对不同特征人群死亡的急性效应，将人群按照年龄（0～64 岁、64～75 岁、75 岁及以上）和性别（男、女）划分为不同的亚组，分别估计不同特征人群中大气污染物的效应。

此外，通过似然比检验计算层间差异的 P 值，判断层间差异是否具有统计学意义。分别构建纳入地区、季节、年龄或性别变量的 Meta 回归模型和不纳入这些变量的简单 Meta 分析模型，然后将两个模型的似然函数最大值进行比较，若 $P<0.05$ 则认为差异具有统计学意义。

1.2.3 主要结果

流行病学分布特征

（1）地区分布特征：$PM_{2.5}$ 与非意外总死亡率的关联显示我国不同地区间存在显著的异质性（图 1-8）。一般来说，在东北、华中、西南和西北地区，$PM_{2.5}$ 对各种疾病死亡率的影响较弱或无明显影响。在华南和华东地区，$PM_{2.5}$ 对非意外总死亡率的影响更为明显，分别为 1.09%（95%CI：0.71%～1.46%）和 0.28%（95%CI：0.17%～0.39%）。

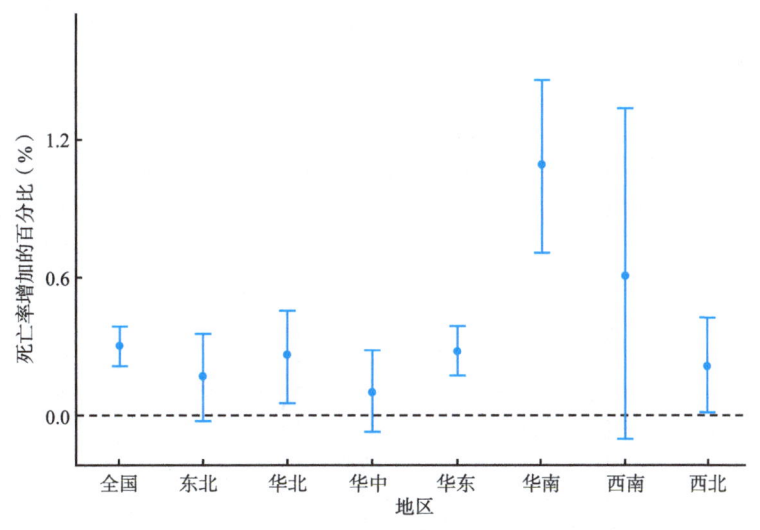

图 1-8 不同地区 $PM_{2.5}$ 浓度每升高 $10\mu g/m^3$ 引起非意外总死亡率增加的百分比

如图 1-9 所示，按照不同区域绘制 $PM_{2.5}$（lag01）和非意外总死亡率的平均 E-R 曲线呈非线性，东北和西南地区在 $PM_{2.5}$ 浓度小于 $25\mu g/m^3$ 时斜率较大，25～

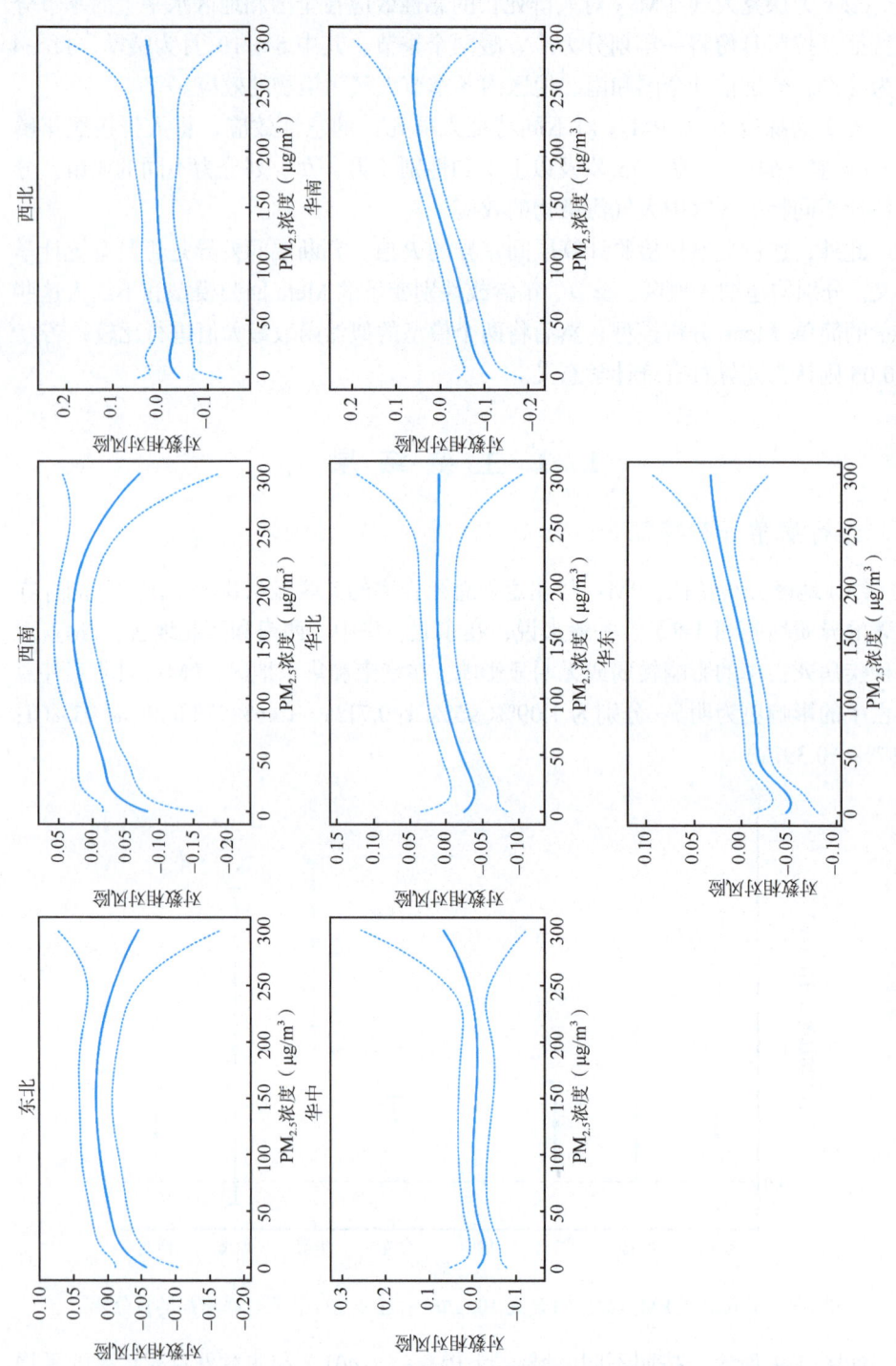

图1-9 不同地区PM$_{2.5}$浓度水平（lag01，μg/m³）与每日非意外总死亡之间的暴露-反应关系曲线

200μg/m³ 则相对平缓，而大于 250μg/m³ 时置信区间变得较大；华中、华北和华东地区 PM$_{2.5}$ 浓度小于 20μg/m³ 时相对危险度略有下降，随后呈上升趋势，PM$_{2.5}$ 大于 250μg/m³ 时置信区间变得较大。

（2）人群分布特征：PM$_{2.5}$ 与死亡率（lag01）之间的关联因年龄和性别而存在差异。64～75 岁（ER：0.25%；95%CI：0.10%～0.39%）和 75 岁以上人群（ER：0.33%；95%CI：0.23%～0.42%）的非意外总死亡率与 PM$_{2.5}$ 的暴露-反应关系强于 0～64 岁人群（ER：0.16%；95%CI：0.04%～0.29%）。此外 PM$_{2.5}$ 对男性和女性非意外总死亡率的影响无较大差异，其中男性为 0.28%（95%CI：0.17%～0.39%），女性为 0.29 %（95%CI：0.19%～0.38%）（图 1-10）。

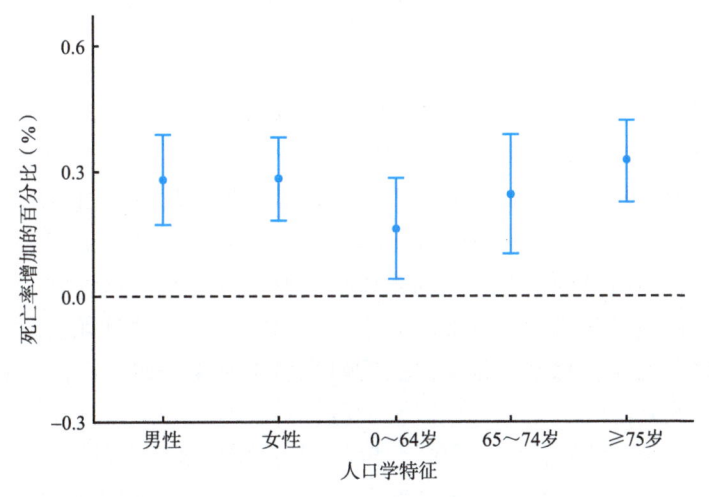

图 1-10　PM$_{2.5}$ 浓度每升高 10μg/m³ 引起不同性别、年龄人群非意外总死亡率增加的百分比

（3）季节分布特征：不同区域不同季节，大气 PM$_{2.5}$ 污染引起人群非意外总死亡率升高的效应，在全国平均水平上，大气 PM$_{2.5}$ 对人群非意外总死亡的效应在冷季较强，在暖季 PM$_{2.5}$ 对人群非意外总死亡的效应无统计学意义。PM$_{2.5}$ 浓度（lag01）每升高 10μg/m³，将使冷季和暖季的非意外总死亡率分别升高 0.17%和 0.09%。在区域平均水平上，各个地区 PM$_{2.5}$ 在冷季和暖季的效应均没有统计学意义，东北和华南地区呈现出较为明显"冷季高、暖季低"的效应模式，华东地区呈现"冷季低、暖季高"的效应模式，其他地区冷、暖季节的效应值差别很小（表 1-4）。

表 1-4　不同季节 PM$_{2.5}$ 引起非意外总死亡率增加的百分比[均值（95%CI）]

地区	冷季	暖季
全国	0.17%（0.07%～0.26%）	0.09%（−0.15%～0.33%）
东北	0.12%（−0.06%～0.30%）	0.06%（−0.39%～0.50%）
华北	0.16%（−0.07%～0.39%）	0.16%（−0.32%～0.64%）

续表

地区	冷季	暖季
华中	0.19%（−0.05%～0.43%）	0.18%（−0.33%～0.70%）
华东	0.06%（−0.06%～0.18%）	0.11%（−0.17%～0.39%）
华南	0.14%（−0.13%～0.40%）	−0.07%（−0.67%～0.55%）
西南	0.16%（−0.05%～0.36%）	0.20%（−0.25%～0.65%）
西北	0.16%（−0.07%～0.39%）	0.16%（−0.32%～0.64%）

1.2.4 讨 论

为了发现对 $PM_{2.5}$ 敏感的人群，本研究按照性别和年龄进行分层分析。对于性别亚组，研究发现 $PM_{2.5}$ 会增加男性和女性非意外死亡的风险，且差异不大（男性 ER 值为 0.28%，女性 ER 值为 0.29%）。这与陈仁杰等开展的 17 个城市的研究结果相似，但与其他研究中女性风险显著高于男性的结论略有差异。$PM_{2.5}$ 明显增加了居民非意外死亡风险，但对 75 岁以上居民的非意外死亡风险效应值更大，滞后时间更久，这与先前的研究结果一致。这可能与老年人患慢性疾病更多且免疫功能较差有关。本研究中，$PM_{2.5}$ 对非意外死亡超额风险效应值在冷季具有统计学意义，这与之前的研究结果基本一致，不同区域季节的影响存在显著差异。

本研究发现，我国七大地理区域 $PM_{2.5}$ 急性死亡风险分布不尽相同，其中以华南地区（$PM_{2.5}$ 日均浓度的 6 年平均值为 39.60μg/m^3）受到的死亡风险威胁最为严峻，暴露累积滞后 0～1 日 $PM_{2.5}$ 浓度每增加 10μg/m^3，华南地区非意外疾病死亡风险增加 1.09%（95%CI：0.71%～1.46%）。针对我国 272 个城市的多中心研究也观察到，华南地区人群短期暴露于大气 $PM_{2.5}$ 时，非意外疾病死亡风险显著增加。研究结果提示华南地区和西南地区是我国 $PM_{2.5}$ 健康危害的重点关注地区，应作为 $PM_{2.5}$ 污染水平首批调控地区，同时加强区域范围内的联防治理。

1.2.5 小 结

大气 $PM_{2.5}$ 浓度的升高增加了人群非意外总死亡、呼吸系统疾病和心脑血管疾病死亡的风险，其健康效应在 lag01 时最大；男性和 65 岁及以上老年人对 $PM_{2.5}$ 污染更为敏感，但是差异均无统计学意义；不同区域 $PM_{2.5}$ 浓度和人群死亡的关联强度存在差别，华南地区 $PM_{2.5}$ 的效应最强；$PM_{2.5}$ 浓度和人群死亡的关系存在季节分布特征，$PM_{2.5}$ 的效应在取暖地区的冷季较强。

参 考 文 献

Bell ML, Zanobetti A, Dominici F, 2013. Evidence on vulnerability and susceptibility to health risks associated with short-term exposure to particulate matter: a systematic review and meta-analysis[J]. American Journal of Epidemiology, 178（6）: 865-876.

Brauer M, Freedman G, Frostad J, et al, 2016. Ambient air pollution exposure estimation for the global burden of disease 2013[J]. Environmental Science & Technology, 50（1）: 79-88.

Chen RJ, Kan HD, Chen BH, et al, 2012. Association of particulate air pollution with daily mortality: the China Air Pollution and Health Effects Study[J]. American Journal of Epidemiology, 175(11): 1173-1181.

Chen RJ, Li Y, Ma YJ, et al, 2011. Coarse particles and mortality in three Chinese cities: the China Air Pollution and Health Effects Study（CAPES）[J]. Science of the Total Environment, 409(23): 4934-4938.

Chen RJ, Yin P, Meng X, et al, 2019. Associations between coarse particulate matter air pollution and cause-specific mortality: a nationwide analysis in 272 Chinese cities[J]. Environmental Health Perspectives, 127（1）: 17008.

Dai LZ, Zanobetti A, Koutrakis P, et al, 2014. Associations of fine particulate matter species with mortality in the United States: a multicity time-series analysis[J]. Environmental Health Perspectives, 122（8）: 837-842.

Huang W, Tan JG, Kan HD, et al, 2009. Visibility, air quality and daily mortality in Shanghai, China[J]. Science of the Total Environment, 407（10）: 3295-3300.

Kuerban M, Waili Y, Fan F, et al, 2020. Spatio-temporal patterns of air pollution in China from 2015 to 2018 and implications for health risks[J]. Environmental Pollution, 258: 113659.

Zanobetti A, Schwartz J, 2009. The effect of fine and coarse particulate air pollution on mortality: a national analysis[J]. Environmental Health Perspectives, 117（6）: 898-903.

第二章 大气污染物对人群呼吸系统疾病急性效应的暴露-反应关系研究

2.1 大气污染对呼吸系统疾病门诊和住院人次的暴露-反应关系

2.1.1 概　　述

慢性呼吸系统疾病具有患病率高、死亡率高、疾病负担重的特点，位居我国单病种死亡人数第三位，伤残调整生命年第三位。臭氧（O_3）、二氧化氮（NO_2）、一氧化碳（CO）、二氧化硫（SO_2）和颗粒物（PM_{10} 和 $PM_{2.5}$）是主要的大气污染物，已被证明对人类健康有多种不利影响，尤其是对呼吸系统，可引起急慢性健康效应。急性健康效应的影响包括急性呼吸系统疾病发病和慢性呼吸系统疾病急性加重，其中主要体现在对住院和门急诊量的影响。

既往研究表明，短期暴露于大气污染物会增加呼吸系统疾病住院、门急诊就诊的风险。O_3、NO_2、CO、SO_2、PM_{10} 和 $PM_{2.5}$ 均会导致慢性阻塞性肺疾病（简称慢阻肺）急性加重率和呼吸系统感染住院率增加。NO 和 $PM_{2.5}$ 暴露与社区获得性肺炎住院人次增加相关。另外，大气污染物的急性暴露也会增加支气管哮喘（简称哮喘）人群的住院人次和急诊就诊量。然而，也有研究发现，暴露于大气污染物对呼吸系统疾病住院率的影响并不大，甚至短期暴露于 CO 与慢阻肺急性加重和呼吸道感染住院的减少有关。大气污染物短期暴露对呼吸系统疾病门诊就诊的影响报道相对较少。研究表明，NO_2 和颗粒物暴露与慢阻肺急性加重的门诊就诊次数增加有关。

短期暴露于大气污染是否会导致慢阻肺和哮喘的发生或加重仍缺乏本土化数据。本研究选择了我国大气污染典型地区，收集主要污染物环境数据及呼吸系统疾病门诊就诊与住院数据，分析我国污染典型地区短期大气污染暴露对慢阻肺和哮喘患者门诊和住院人次的影响。

2.1.2 研　究　方　法

1. 数据收集

（1）呼吸系统疾病门诊和住院数据：由中国疾病预防控制中心慢性非传染性

疾病预防控制中心协助提供，根据 ICD-10 统计 2013 年 1 月 1 日至 2018 年 12 月 31 日研究地区每日呼吸系统疾病住院和门诊（J00~J99）的数据。

（2）环境数据：由中国环境监测总站全国城市空气质量发布平台获得研究周期内大气污染物日均浓度（O_3 暴露浓度为每日 8 小时滑动平均最大值）。

2. 统计学方法

（1）数据质量控制：按 ICD 编码分区（县）统计每日因呼吸系统疾病、慢阻肺和哮喘就诊的人数，再根据性别分组统计。对数据库中的异常值进行清理，将各污染物浓度＜0.5 百分位数或＞99.5 百分位数的观测值设为缺失。同时，剔除无暴露结局及有效数据不足 90% 的区（县）。最终纳入连续 2 年有效数据超过 95% 的区（县）进行分析。

（2）研究主要采用时间分层的病例交叉设计，时间层定义为年、月和星期几的组合。

（3）统计分析前，将整理好的门诊和住院数据与大气污染和气象数据根据行政区划代码匹配。采用基于泊松分布的广义线性回归模型（generalized linear model，GLM）进行分析。采用 R 软件中的 STATS 包进行分析，结果以与空气污染物每增加 10μg/m³（CO 为 1mg/m³）相关的每日住院或门诊就诊人次变化及 95% CI 表示。

2.1.3　主　要　结　果

1. 大气污染物浓度情况

根据数据清洗要求，研究最终纳入 5 个城市（苏州市、湘潭市、烟台市、天津市、太原市）共 6 个区（县）（南开区、小店区、常熟市、招远市、湘潭县、雨湖区）的数据进行分析，上述地区大气污染物浓度水平情况见表 2-1。

表 2-1　2013~2018 年研究地区大气污染物日均浓度（μg/m³）

大气污染物	平均值（标准差）
$PM_{2.5}$	53.0（38.0）
PM_{10}	90.7（55.9）
O_3	109.1（54.0）
SO_2	25.7（29.4）
NO_2	42.2（19.1）
CO	1.0（0.5）

2. 大气污染物对呼吸系统疾病住院的急性效应

上述研究地区日均呼吸系统疾病住院情况见表 2-2。因慢阻肺及哮喘在呼吸系统疾病住院中占比较大，故单独列出分析。

表 2-2　2013～2018 年研究地区因呼吸系统疾病住院日均人数统计[中位数（四分位数间距）]

疾病	总数（人）	男性（人）	女性（人）
呼吸系统疾病	8（20）	5（16）	4（10）
慢阻肺	2（4）	2（3）	1（1）
哮喘	1（20）	1（16）	1（1）

（1）呼吸系统疾病：如图 2-1 所示，$PM_{2.5}$（lag0d、lag1d、lag2d、lag01、lag02）、PM_{10}（lag0d、lag1d、lag2d、lag01、lag02）、O_3（lag0d、lag1d、lag2d、lag01、lag02）、SO_2（lag0d、lag1d、lag2d、lag01、lag02）、NO_2（lag0d、lag1d、lag2d、lag01、lag02）与呼吸系统疾病住院风险增加相关。

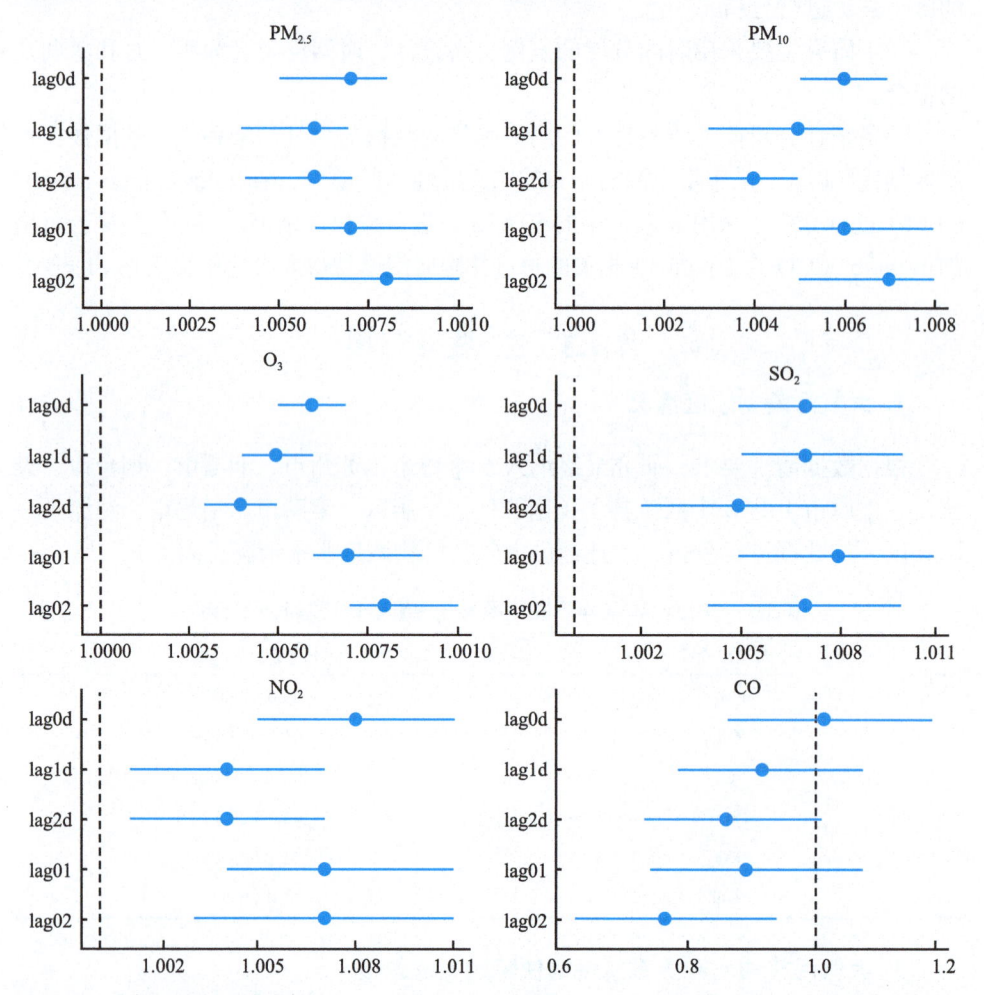

图 2-1　大气污染物浓度每增加 $10\mu g/m^3$（CO 每增加 $1mg/m^3$），呼吸系统疾病住院风险变化

横坐标为风险比（HR）

第二章 大气污染物对人群呼吸系统疾病急性效应的暴露-反应关系研究 | 23

PM$_{2.5}$、PM$_{10}$、O$_3$ 对呼吸系统疾病住院风险的急性效应均在 lag02 时最明显，PM$_{2.5}$、PM$_{10}$、O$_3$ 在 lag02 每增加 10μg/m^3，呼吸系统疾病住院风险分别增加 0.8%（95%CI：0.6%~1.0%）、0.7%（95%CI：0.5%~0.8%）、0.8%（95%CI：0.7%~1.0%）；SO$_2$ 在 lag01 时效应最明显，SO$_2$ 在 lag01 每增加 10μg/m^3，呼吸系统疾病住院风险增加 0.8%（95%CI：0.5%~1.1%）；NO$_2$ 在 lag0d 时效应最明显，NO$_2$ 在 lag0d 每增加 10μg/m^3，呼吸系统疾病住院风险增加 0.8%（95%CI：0.5%~1.1%）。

性别分层分析结果表明，针对呼吸系统疾病人群，PM$_{2.5}$、O$_3$、SO$_2$、CO 对男性患者住院风险具有更强的急性效应，NO$_2$ 对女性患者住院风险的急性效应更强，PM$_{10}$ 的急性效应在男女间未见显著差异（图 2-2）。

（2）慢阻肺：如图 2-3 所示，大气污染物对慢阻肺住院风险具有急性效应，PM$_{2.5}$（lag0d、lag1d、lag2d、lag01、lag02）、O$_3$（lag0d、lag1d、lag2d、lag01、lag02）、CO（lag0d、lag2d、lag02）与慢阻肺住院风险增加相关。PM$_{2.5}$、O$_3$、CO 对慢阻肺住院风险的急性效应均在 lag02 时最明显，在 lag02 PM$_{2.5}$、O$_3$、CO 每增加 10μg/m^3（CO 每增加 1mg/m^3），慢阻肺住院风险分别增加 1.1%（95%CI：0.6%~1.7%）、1.7%（95%CI：1.3%~2.1%）、88.2%（95%CI：6.7%~232%）。

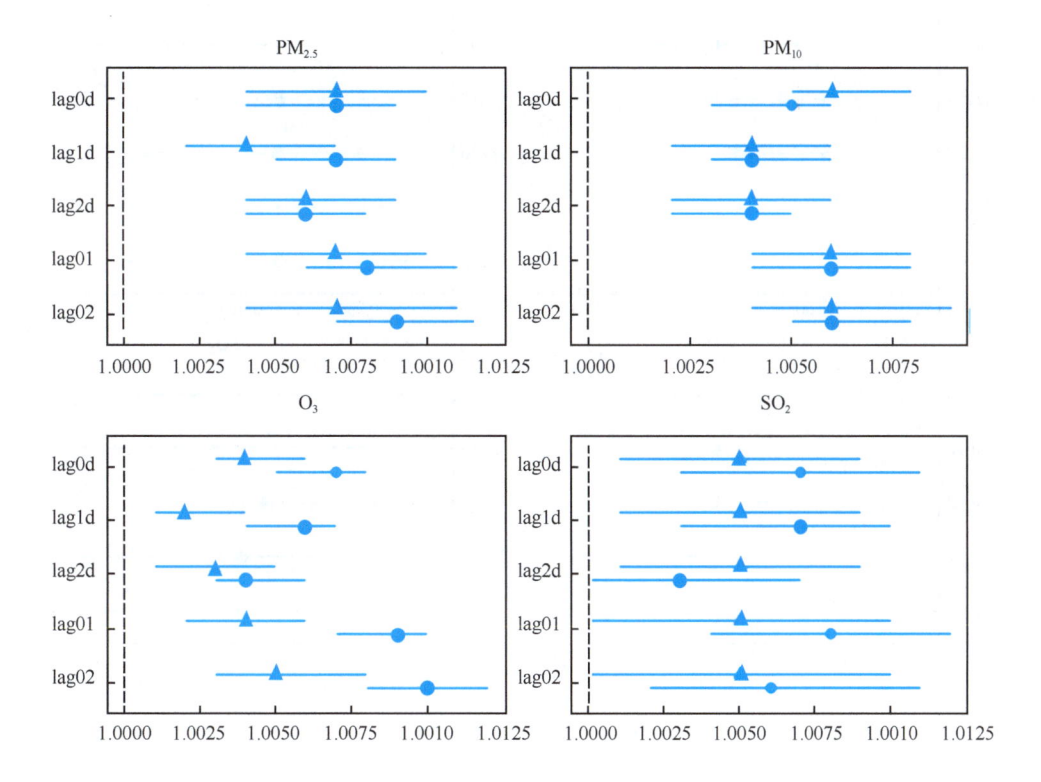

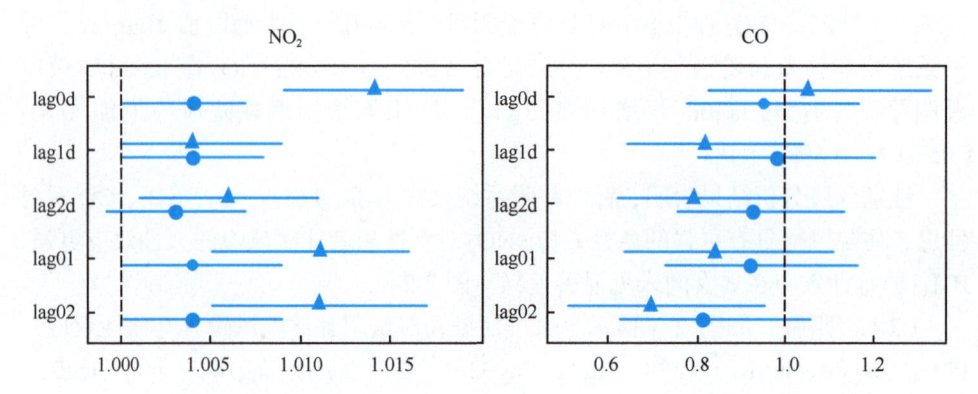

图 2-2 大气污染物浓度每增加 10μg/m³（CO 每增加 1mg/m³），不同性别呼吸系统疾病住院风险变化

▲女性；●男性；横坐标为 HR

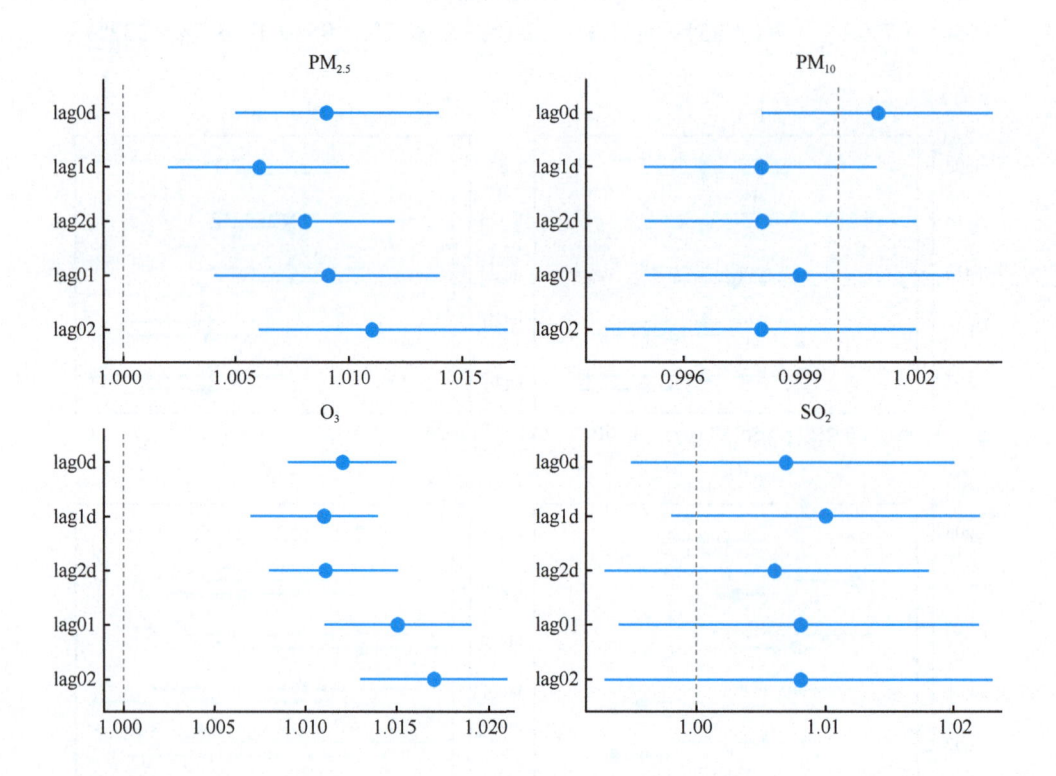

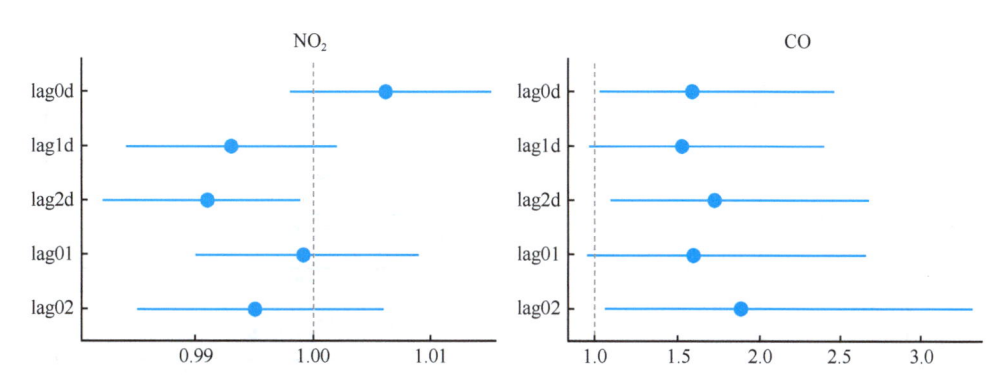

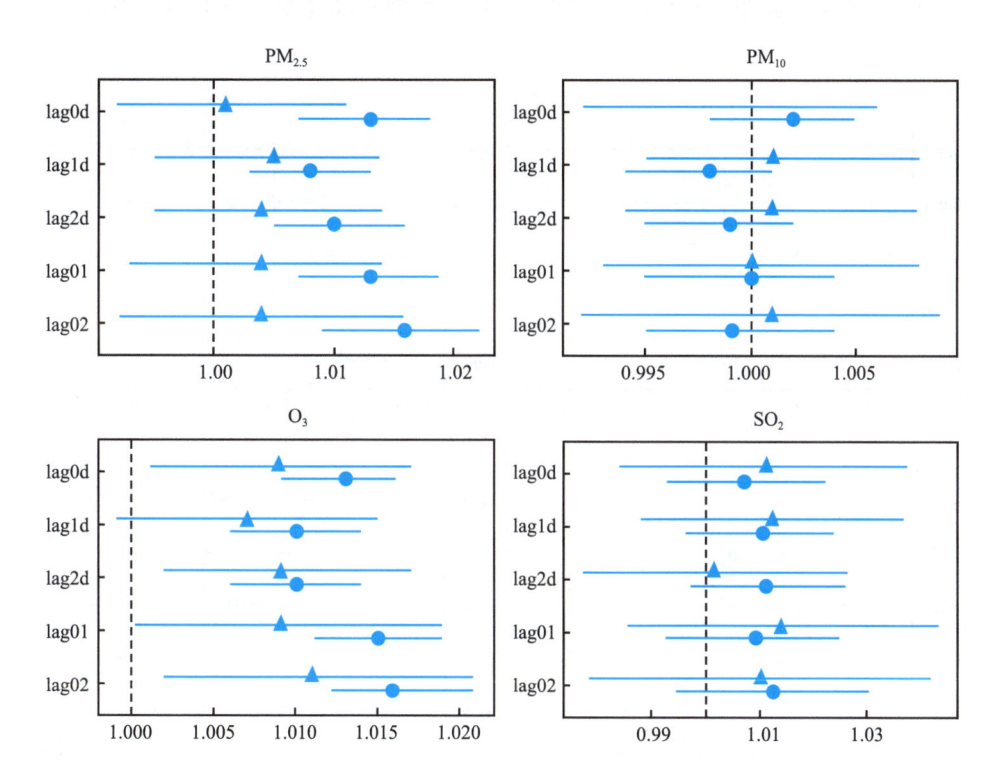

图 2-3 　大气污染物浓度每增加 10μg/m³（CO 每增加 1mg/m³），慢阻肺患者住院风险变化
横坐标为 HR

患者分层分析显示，PM$_{2.5}$、O$_3$、CO 对男性慢阻肺患者的住院风险具有更强的急性效应，PM$_{10}$、SO$_2$、NO$_2$ 的急性效应在男女间未见显著差异（图 2-4）。

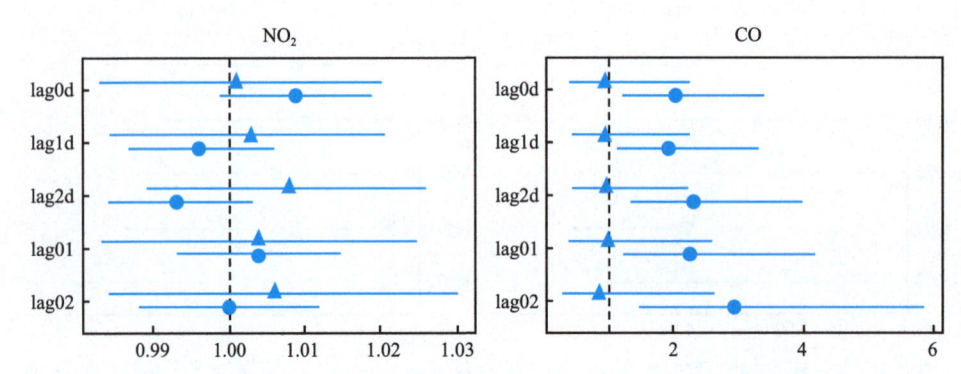

图 2-4　大气污染物浓度每增加 10μg/m³（CO 每增加 1mg/m³），不同性别慢阻肺患者住院风险变化

▲女性；●男性；横坐标为 HR

（3）哮喘：如图 2-5 所示，未见大气污染物对哮喘住院风险的急性效应。

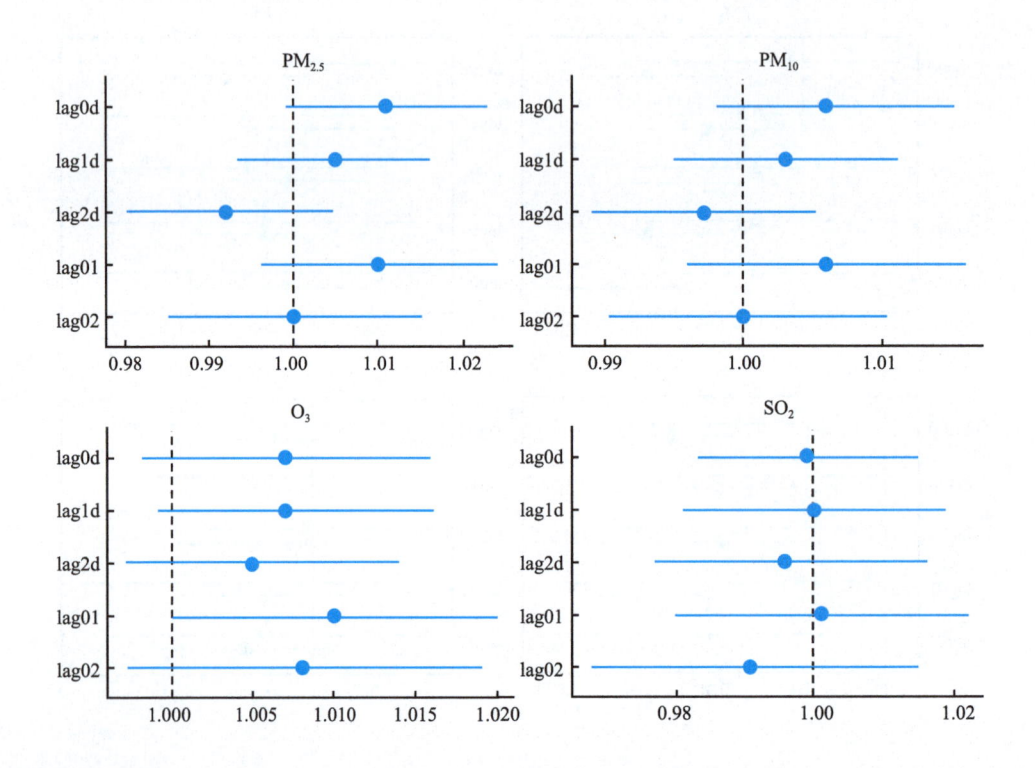

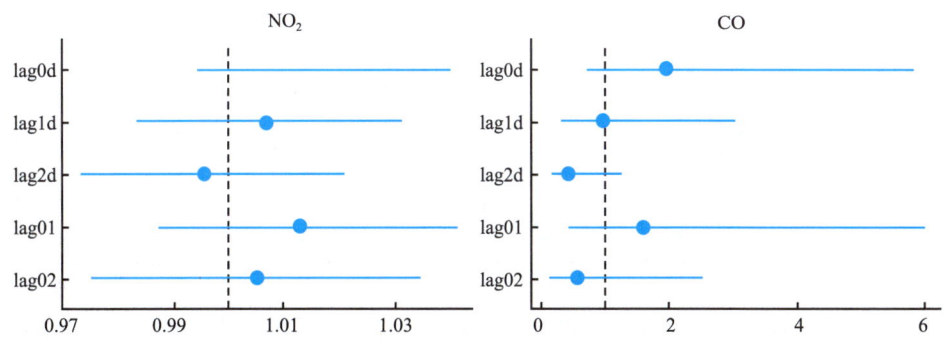

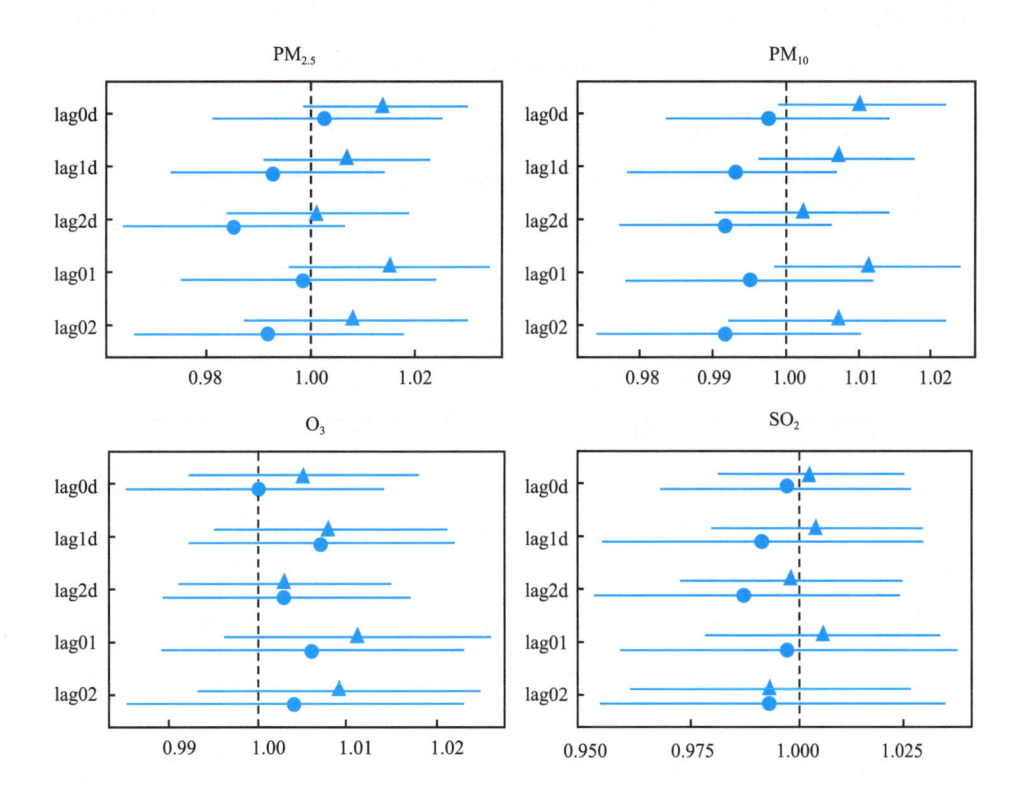

图 2-5 大气污染物浓度每增加 10μg/m³（CO 每增加 1mg/m³），哮喘患者住院风险变化
横坐标为 HR

哮喘患者分层分析显示，各污染物女性患者住院风险的关联强于男性，但组间差异均无统计学意义（图 2-6）。

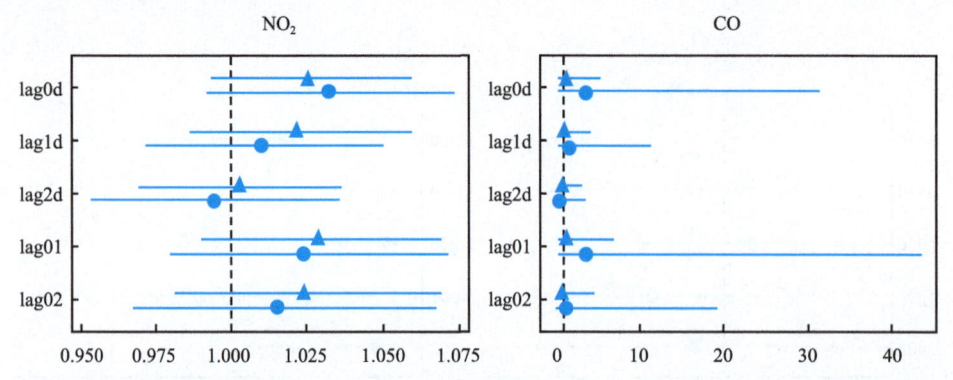

图 2-6　大气污染物浓度每增加 10μg/m³（CO 每增加 1mg/m³），不同性别哮喘患者住院风险变化
▲女性；●男性；横坐标为 HR

3. 大气污染物对呼吸系统疾病门诊就诊的急性效应

（1）慢阻肺：如图 2-7 所示，O_3（lag1d、lag2d）与慢阻肺门诊就诊风险增加呈负相关，NO_2（lag0d、lag1d、lag01、lag02）与慢阻肺门诊就诊风险增加呈正相关。NO_2 对慢阻肺患者门诊就诊的急性效应在 lag02 时最强，lag02 时的 NO_2 每增加 10μg/m³，慢阻肺患者门诊就诊风险增加 2.4%（95%CI：0.4%～4.4%）。

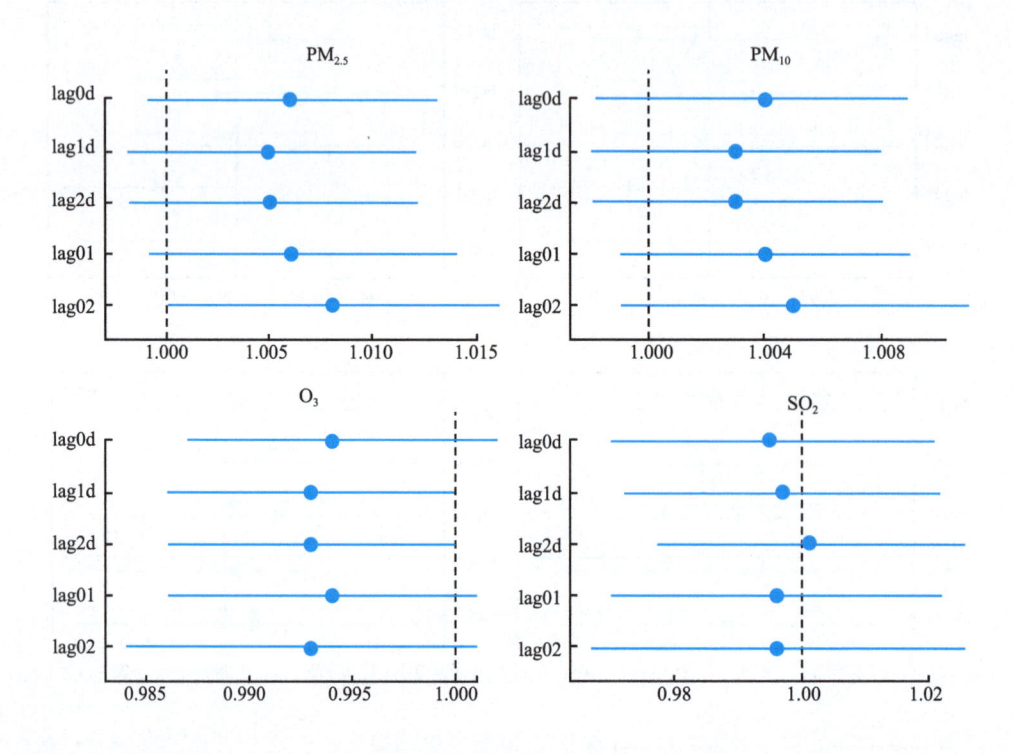

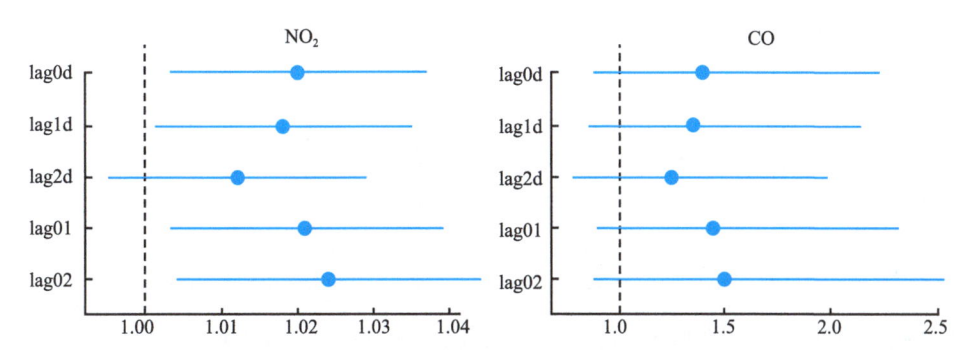

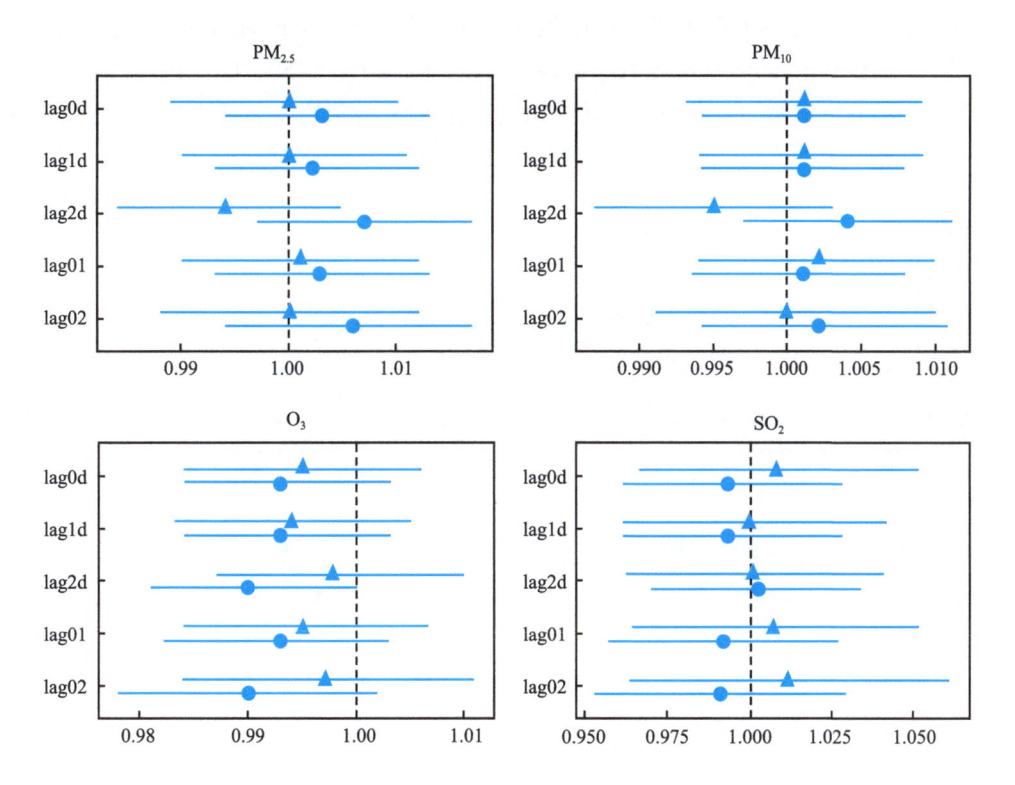

图 2-7 大气污染物浓度每增加 10μg/m³（CO 每增加 1mg/m³），慢阻肺患者门诊就诊风险变化
横坐标为 HR

性别分层分析显示，PM_{10}、SO_2、NO_2、O_3 和 CO 对男性与女性慢阻肺患者的门诊就诊风险急性效应差异无统计学意义（图 2-8）。

（2）哮喘：$PM_{2.5}$（lag0d、lag1d、lag01、lag02）、PM_{10}（lag0d、lag1d、lag01、lag02）与哮喘门诊就诊风险呈负相关，O_3（lag0d、lag1d、lag2d、lag01、lag02）、SO_2（lag2d）、NO_2（lag0d、lag1d、lag2d、lag01、lag02）与哮喘门诊就诊风险增加

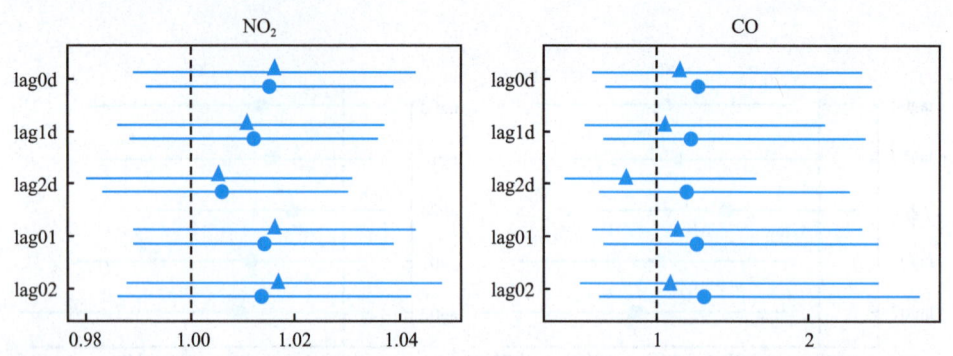

图 2-8　大气污染物浓度每增加 10μg/m³（CO 每增加 1mg/m³），不同性别慢阻肺患者门诊就诊风险变化

▲女性；●男性；横坐标为 HR

呈正相关（图 2-9）。$PM_{2.5}$ 和 PM_{10} 对哮喘患者门诊就诊的急性效应在 lag1d 时最强，lag1d 时的 $PM_{2.5}$ 和 PM_{10} 每增加 10μg/m³，哮喘患者门诊就诊风险分别减少 0.6%（95%CI：−0.9%～−0.2%）和 0.4%（95%CI：−0.7%～−0.2%）；O_3 和 NO_2 对哮喘患者门诊就诊的急性效应在 lag02 时最强，lag02 时的 O_3 和 NO_2 每增加 10μg/m³，哮喘患者门诊就诊风险分别增加 0.9%（95%CI：0.5%～1.3%）和 2.9%（95%CI：2%～3.8%）；SO_2 对哮喘患者门诊就诊的急性效应在 lag2d 时最强，lag2d 时的 SO_2 每增加 10μg/m³，哮喘患者门诊就诊风险增加 1.1%（95%CI：0.1%～2.1%）。

分层分析显示，O_3、NO_2 对男性哮喘患者门诊就诊风险有急性效应（图 2-10）。

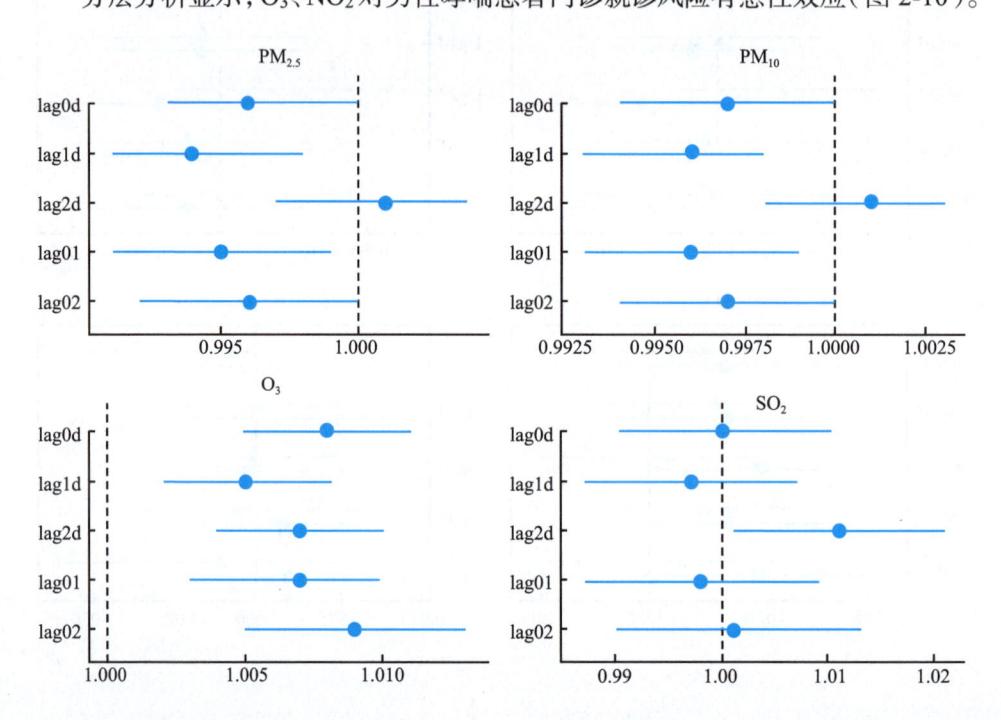

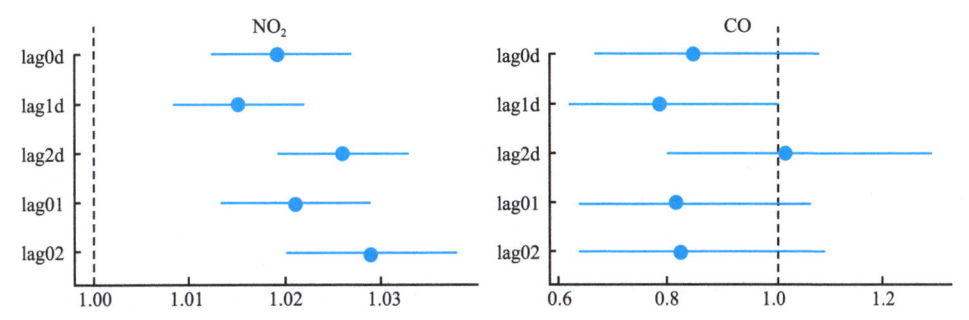

第二章 大气污染物对人群呼吸系统疾病急性效应的暴露-反应关系研究 | 31

图 2-9 大气污染物浓度每增加 10μg/m³（CO 每增加 1mg/m³），哮喘患者门诊就诊风险变化
横坐标为 HR

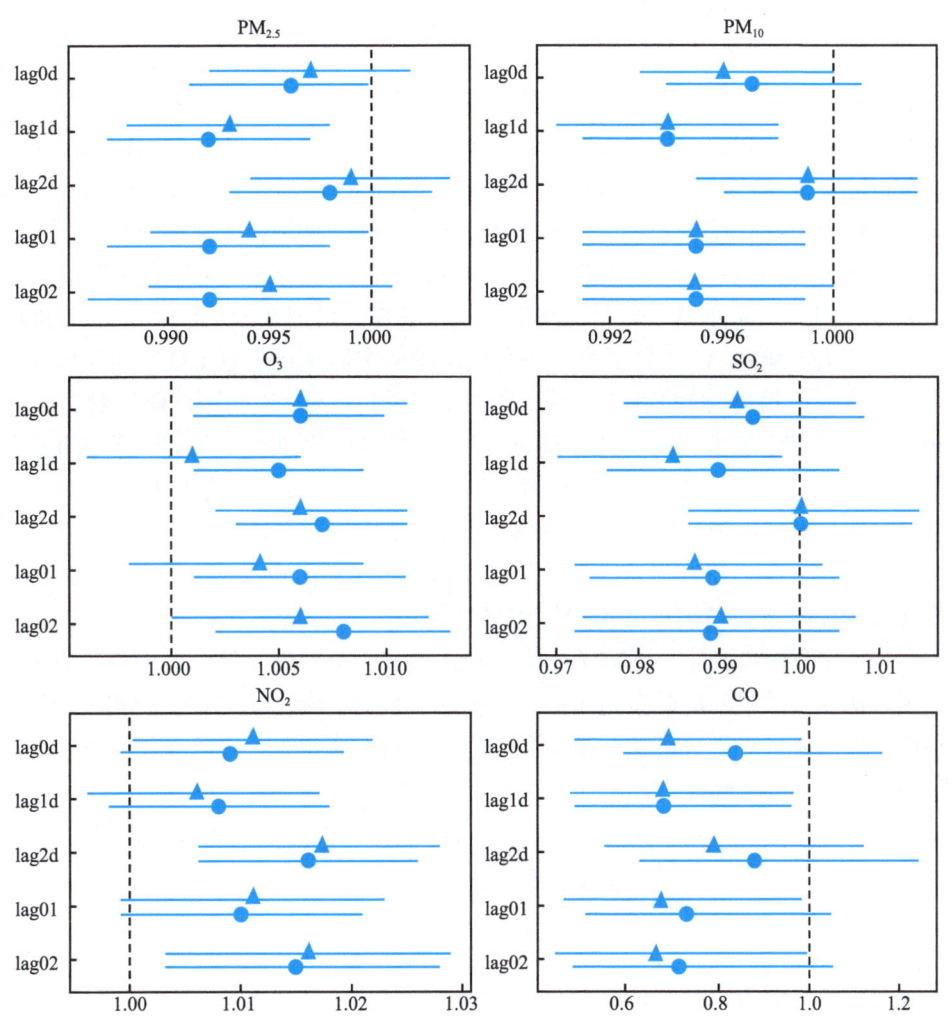

图 2-10 大气污染物浓度每增加 10μg/m³（CO 每增加 1mg/m³），不同性别哮喘患者门诊就诊风险变化
▲女性；●男性；横坐标为 HR

2.1.4 讨　　论

大量流行病学研究已证实空气污染对呼吸系统健康的不良影响，室外空气污染物浓度升高与呼吸系统疾病发病率升高存在显著关联。本研究以区（县）为单位进行分析，结果表明大气污染物（$PM_{2.5}$、PM_{10}、O_3、SO_2、NO_2）短期暴露与呼吸系统疾病的住院和门诊就诊风险增加相关。同时，按单病种分析，部分大气污染物与慢阻肺和哮喘的住院及门诊就诊风险增加也有关，上述结果提供了本土化的科学证据。近期一项研究通过分析 2016~2017 年我国 74 个城市城镇职工基本医疗保险数据，发现 $PM_{2.5}$ 短期暴露可显著增加呼吸系统疾病住院人次和相关医疗花费，增加了疾病负担。另外一项研究分析 2013~2020 年我国 153 家医院呼吸系统疾病住院数据发现，$PM_{2.5}$ 和 $PM_{2.5\text{-}10}$ 短期暴露会增加慢阻肺、哮喘、急性支气管炎和肺气肿的住院风险。欧洲和北美大气污染与健康研究（Air pollution and health: a European and North American approach，APHENA）汇集了来自加拿大 12 个城市、美国 90 个城市和欧洲 32 个城市的数据，分析大气污染对疾病死亡和住院的影响。研究发现，SO_2、O_3、NO_2、黑炭和总悬浮颗粒物的水平均与欧洲六城市每日慢阻肺住院人数有关，并且存在 1~3 天的滞后效应。中国和美国的研究亦显示短期暴露于大气污染物会增加儿童（$PM_{2.5}$、NO_2、SO_2、O_3）及成人（NO_2、O_3）哮喘急性发作的风险。本研究还发现 CO 与慢阻肺患者住院风险呈正相关，同西班牙一项回顾性研究结论一致，该回顾性研究对 2004~2013 年 162 338 名因慢阻肺急性加重入院患者数据的分析发现，CO 水平升高与入院风险增加相关。然而，也有少数流行病学研究发现，在某些情况下，低浓度 CO 暴露通过刺激体内发生非致病性抗氧化防御产生保护作用。例如，我国香港的一项时间序列研究显示，短期暴露于低浓度（3.2ppm）CO 与慢阻肺住院风险降低相关，目前还需进一步研究解释机制。

近年来我国出台了一系列关于大力控制大气污染排放、持续改善空气质量、实现碳达峰和碳中和的政策与举措，不断积极推动空气污染治理，改善人们居住环境。今后还可深入分析这些政策和举措对公众健康水平、呼吸系统疾病发病风险和医疗负担的实际深远影响。

2.1.5 小　　结

（1）$PM_{2.5}$、PM_{10}、O_3、SO_2、NO_2 与呼吸系统疾病住院风险增加相关，随着暴露窗延长，效应呈减弱趋势。

（2）$PM_{2.5}$、O_3、CO 与慢阻肺住院风险增加相关，而未见污染物与哮喘患者住院风险的急性效应。

(3) O_3 与慢阻肺门诊就诊风险呈负相关，NO_2 与慢阻肺门诊就诊风险增加呈正相关。$PM_{2.5}$、PM_{10} 与哮喘门诊就诊风险呈负相关，O_3、SO_2、NO_2 与哮喘门诊就诊风险增加呈正相关。

(4) $PM_{2.5}$、O_3、CO 与呼吸系统疾病住院风险的相关性在男性中强于女性。

2.2　大气污染对呼吸系统疾病死亡急性效应的暴露-反应关系

2.2.1　概　　述

据估计，全球有 900 万人因大气污染过早死亡，其中慢阻肺和急性下呼吸道感染患病人数各占 18%。$PM_{2.5}$ 是我国大气污染的首要污染物，短期暴露于 $PM_{2.5}$ 会明显增加我国居民非意外死亡风险，特别是呼吸系统疾病的死亡风险。大气污染对呼吸系统疾病死亡的影响与不同区域 $PM_{2.5}$ 的化学组分构成、气候特征、研究人群的健康状况和社会经济发展程度等因素有关。因此，针对我国污染典型地区开展研究，有助于为防控政策制订提供科学参考。

2.2.2　研　究　方　法

1. 数据收集

(1) 呼吸系统疾病死亡数据：由中国疾病预防控制中心慢性非传染性疾病预防控制中心协助提供，根据 ICD-10 统计 2013 年 1 月 1 日至 2018 年 12 月 31 日研究地区每日呼吸系统疾病死亡（J00～J99）数据。

(2) 环境数据：由中国环境监测总站全国城市空气质量发布平台获得研究周期内大气污染物日均浓度（O_3 暴露浓度为每日 8 小时滑动平均最大值）。

2. 统计学方法

(1) 数据质量控制：按 ICD 编码分区（县）统计每日因呼吸系统疾病、慢阻肺和哮喘（因慢阻肺和哮喘在呼吸系统疾病死亡中占比较大，故单独列出分析）死亡的人数，再根据性别、季节分组统计。对数据库中的异常值进行清理，将各污染物浓度<0.5 百分位数或>99.5 百分位数的观测值设为缺失。为保证所选研究地区代表性，研究纳入了年死亡率>4.5‰、3 年死亡波动<20%的区（县）作为研究目标地区。同时，剔除无暴露结局及有效数据不足 90%的区（县）。最终纳入连续 2 年有效数据超过 95%的区（县）进行分析。

(2) 研究主要采用时间分层的病例交叉设计，时间层定义为年、月和星期几的组合。

（3）统计分析前，将整理好的死亡数据与大气污染和气象数据根据行政区划代码匹配。采用基于泊松分布的广义线性回归模型（GLM）进行分析。采用R软件中的STATS包进行分析，结果以与空气污染物每增加10μg/m³（CO为1mg/m³）相关的每日死亡人数变化及95% CI表示。

2.2.3 主要结果

1. 大气污染浓度情况

研究地区包括天津、石家庄、太原、朔州、南京、常州、苏州、烟台、日照、武汉、湘潭、娄底、佛山、江门、肇庆、重庆、西安、商洛、兰州、济南、恩施等21个城市共25个区（县），由于恩施未能匹配大气污染数据，故剔除，实际纳入20个城市。表2-3为研究地区污染物日均浓度水平。

表2-3　2013～2018年研究地区大气污染物日均浓度（μg/m³）

大气污染物	平均值（标准差）
$PM_{2.5}$	55.0（41.5）
PM_{10}	97.8（65.5）
O_3	111.1（56.9）
SO_2	26.2（29.7）
NO_2	41.9（20.0）
CO	1.1（0.6）

2. 大气污染物对呼吸系统疾病死亡的急性效应

研究地区呼吸系统疾病日均死亡人数见表2-4。

表2-4　2013～2018年研究地区呼吸系统疾病日均死亡人数统计
［中位数（下四分位数，上四分位数）］

分类	总数（例）	男性（例）	女性（例）
呼吸系统疾病	1（0，18）	0（0，13）	0（0，12）
慢阻肺	0（0，13）	0（0，9）	0（0，9）
哮喘	0（0，4）	0（0，3）	0（0，2）
下呼吸道感染	0（0，14）	0（0，8）	0（0，8）
慢性下呼吸道感染	0（0，14）	0（0，11）	0（0，10）

（1）呼吸系统疾病：针对大气污染物对呼吸系统疾病总死亡的急性效应进行分析，如图2-11所示，$PM_{2.5}$（lag1d、lag01、lag02）、SO_2（lag0d、lag1d、lag2d、lag01、

第二章　大气污染物对人群呼吸系统疾病急性效应的暴露-反应关系研究 | 35

lag02)、NO$_2$（lag0d、lag1d、lag01、lag02）、CO（lag0d、lag01）与呼吸系统疾病死亡风险增加相关，O$_3$（lag0d、lag1d、lag2d、lag01、lag02）与呼吸系统疾病死亡风险呈负相关。PM$_{2.5}$、SO$_2$对呼吸系统疾病死亡的急性效应在lag02时最强，lag02时的PM$_{2.5}$、SO$_2$每增加10μg/m³，呼吸系统疾病死亡风险分别增加0.4%（95%CI：

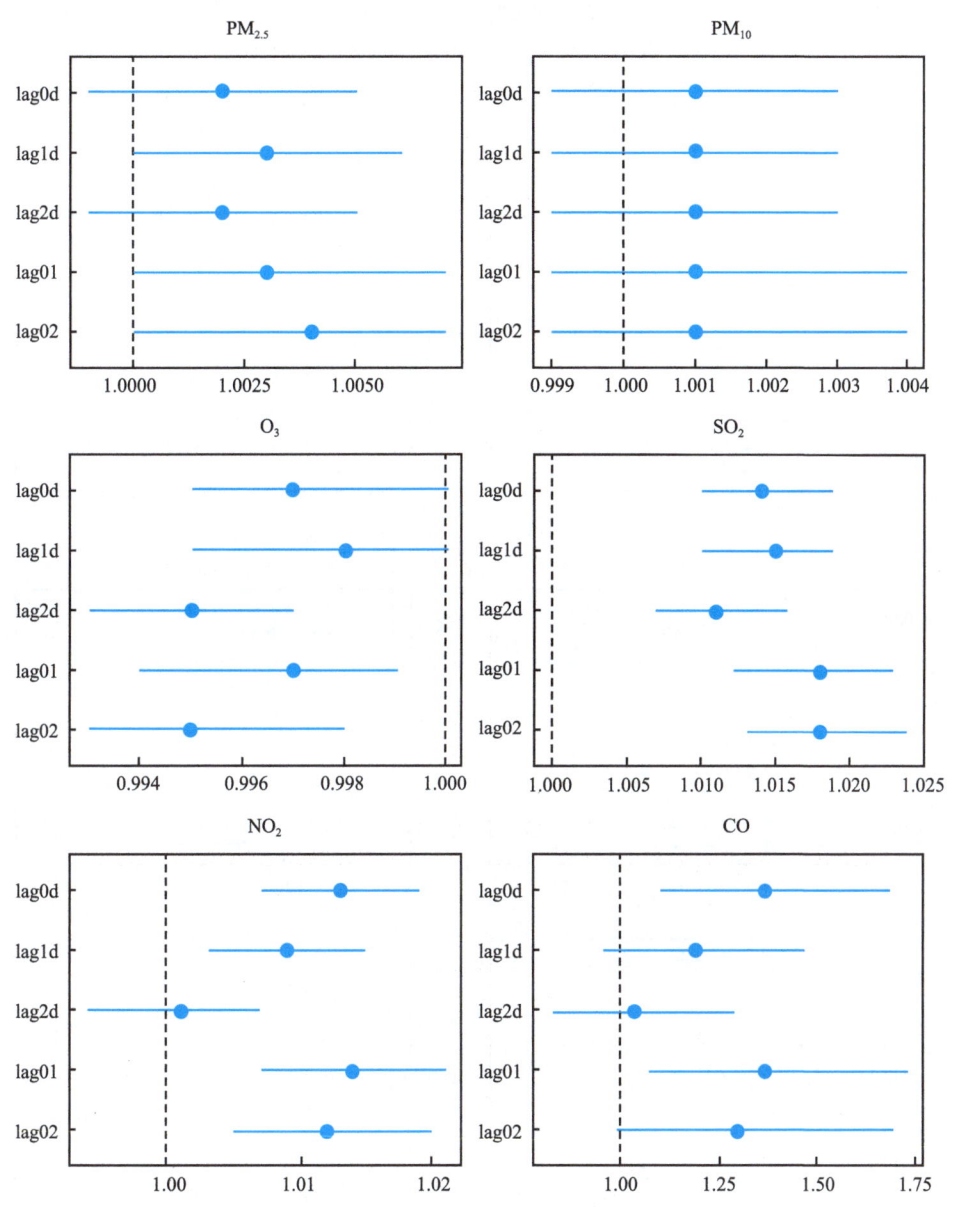

图2-11　大气污染物浓度每增加10μg/m³（CO每增加1mg/m³），呼吸系统疾病死亡风险变化

横坐标为HR

0.0~0.7%）和 1.8%（95%CI：1.3%~2.4%）；NO$_2$ 对呼吸系统疾病死亡的急性效应在 lag01 时最强，lag01 时的 NO$_2$ 每增加 10μg/m^3，呼吸系统疾病死亡风险增加 1.4%（95%CI：0.7%~2.1%）；CO 对呼吸系统疾病死亡的急性效应在 lag0d 时最强，lag0d 时的 CO 每增加 1mg/m^3，呼吸系统疾病死亡风险增加 1.36%（95%CI：0.99%~1.68%）；O$_3$ 对呼吸系统疾病死亡的急性效应在 lag02 时最强，lag02 时的 O$_3$ 每增加 10μg/m^3，呼吸系统疾病死亡风险降低 0.5%（95%CI：-0.7%~-0.2%）。

性别分层分析显示，大气污染物对女性呼吸系统疾病死亡风险的急性效应更强（图 2-12）。

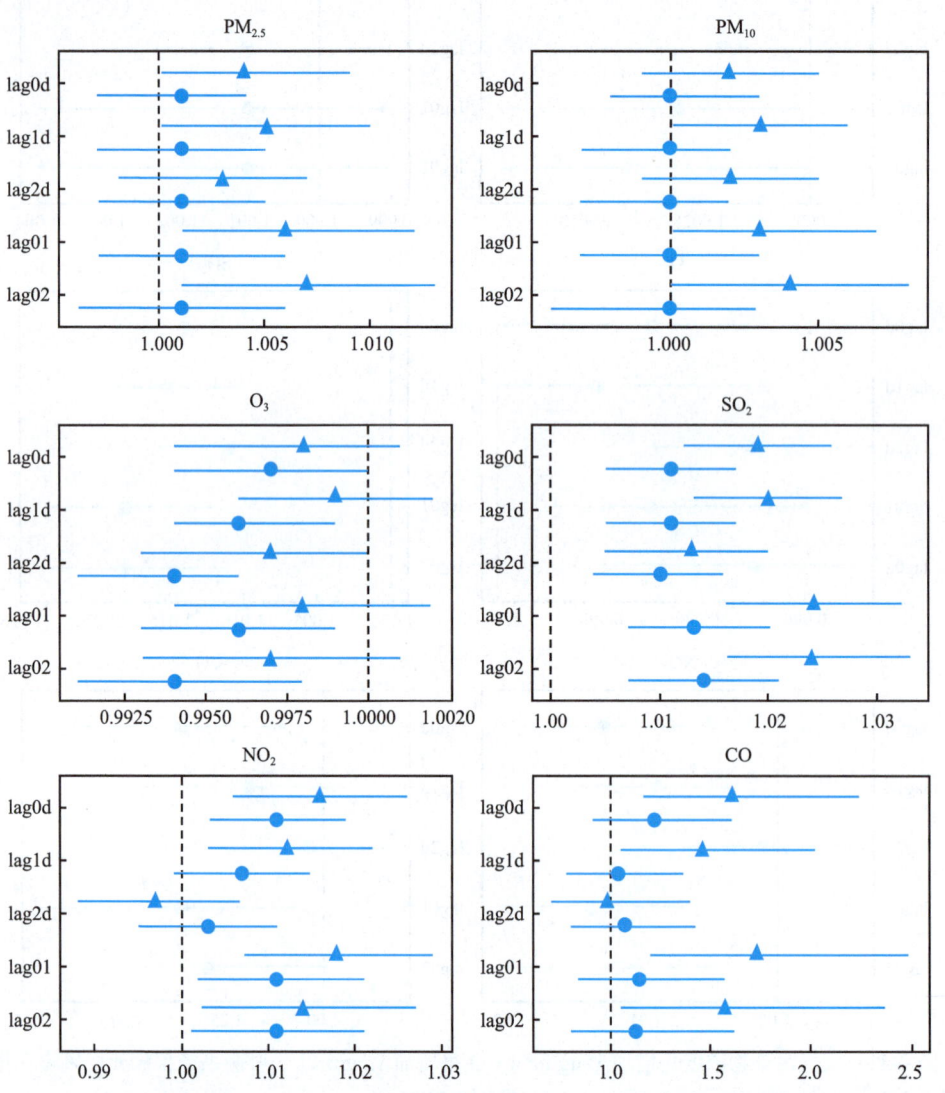

图 2-12　大气污染物浓度每增加 10μg/m^3（CO 每增加 1mg/m^3），不同性别呼吸系统疾病死亡风险变化
▲女性；●男性；横坐标为 HR

第二章　大气污染物对人群呼吸系统疾病急性效应的暴露-反应关系研究 | 37

研究将每年 4～10 月定义为非采暖季，11 月至次年 3 月定义为采暖季。按是否为采暖季分层分析显示，$PM_{2.5}$、CO、PM_{10}、SO_2、NO_2 在非采暖季的死亡效应更强（图 2-13）。

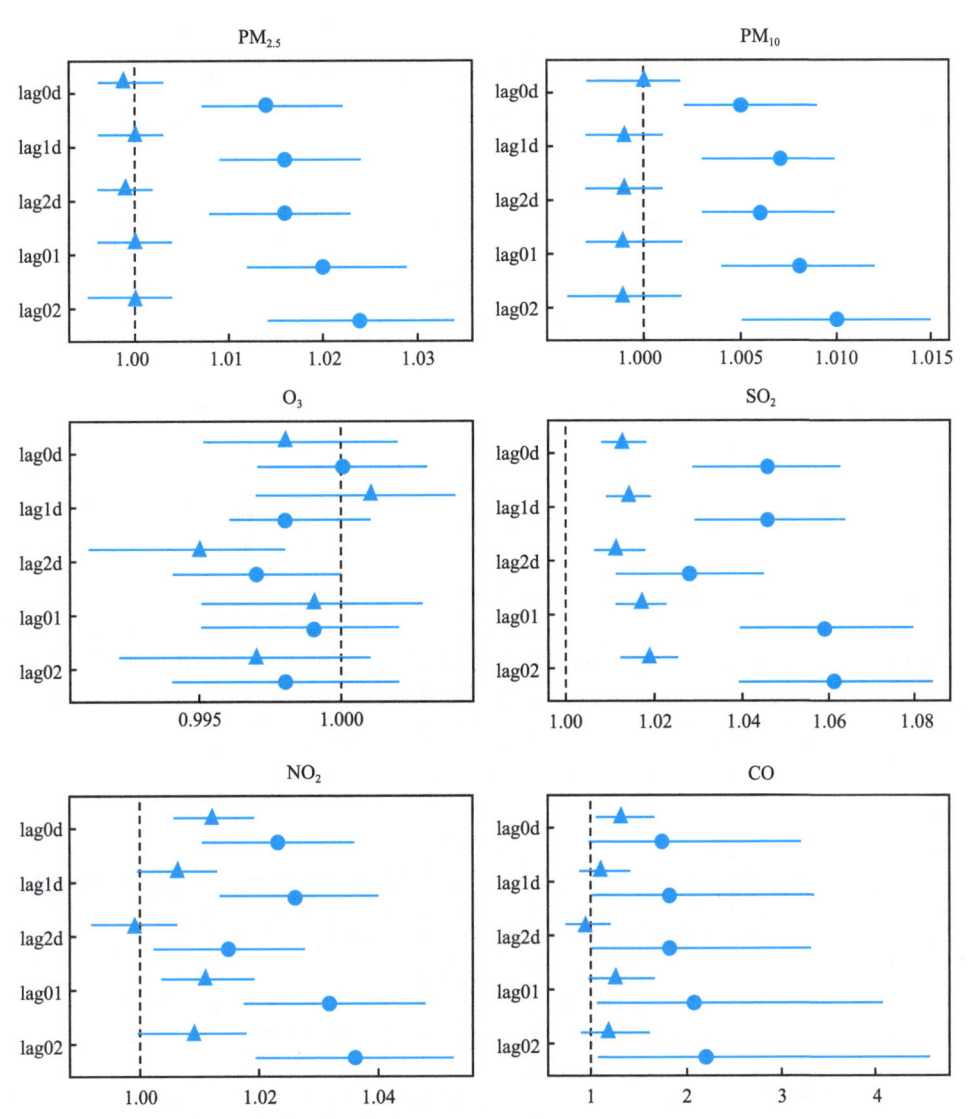

图 2-13　大气污染物浓度每增加 $10\mu g/m^3$（CO 每增加 $1mg/m^3$），呼吸系统疾病死亡风险变化（采暖季分层）
▲采暖季；●非采暖季；横坐标为 HR

（2）慢阻肺：如图 2-14 所示，$PM_{2.5}$（lag0d、lag01）、SO_2（lag0d、lag1d、lag2d、lag01、lag02）、NO_2（lag0d、lag1d、lag01、lag02）、CO（lag0d、lag1d、lag01、lag02）与慢阻肺死亡风险增加相关，O_3（lag2d）与慢阻肺死亡风险呈负

相关。PM$_{2.5}$、SO$_2$、NO$_2$对慢阻肺死亡的急性效应在lag01时最强,lag01时的PM$_{2.5}$、SO$_2$、NO$_2$每增加10μg/m^3,慢阻肺死亡风险分别增加0.5%(95%CI:0.1%~1%)、2.2%(95%CI:1.5%~2.9%)、2.1%(95%CI:1.1%~3%);CO对慢阻肺死亡的急性效应在lag0d时最强,lag0d时的CO每增加1mg/m^3,慢阻肺死亡风险增加87%(95%CI:40%~150%);O$_3$对慢阻肺死亡的急性效应在lag2d时最强,lag2d时的O$_3$每增加10μg/m^3,慢阻肺死亡风险降低0.5%(95%CI:−0.8%~−0.2%)。

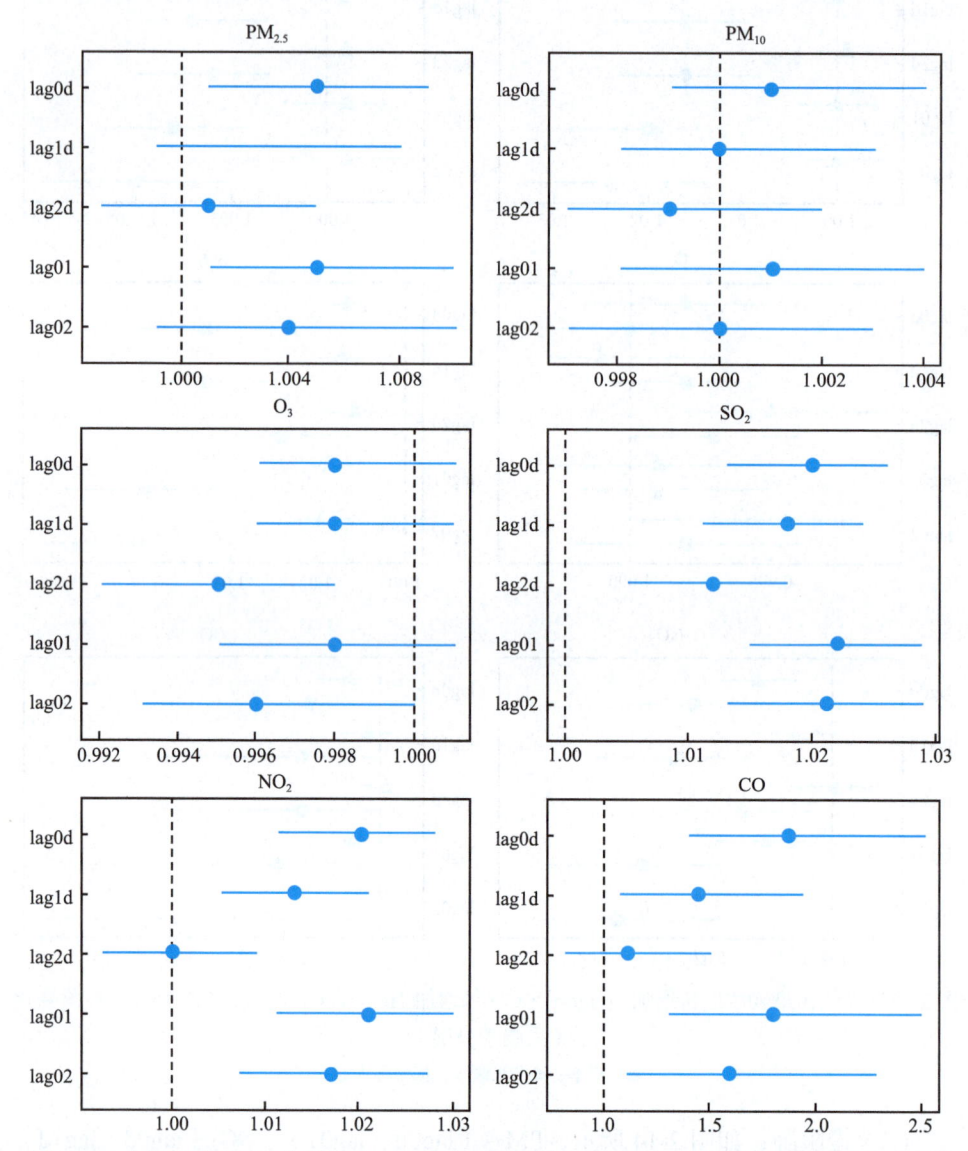

图2-14 大气污染物浓度每增加10μg/m^3(CO每增加1mg/m^3),慢阻肺患者死亡风险变化
横坐标为HR

按性别分层显示，大气污染物对女性慢阻肺患者死亡风险的急性效应更强（图 2-15）。

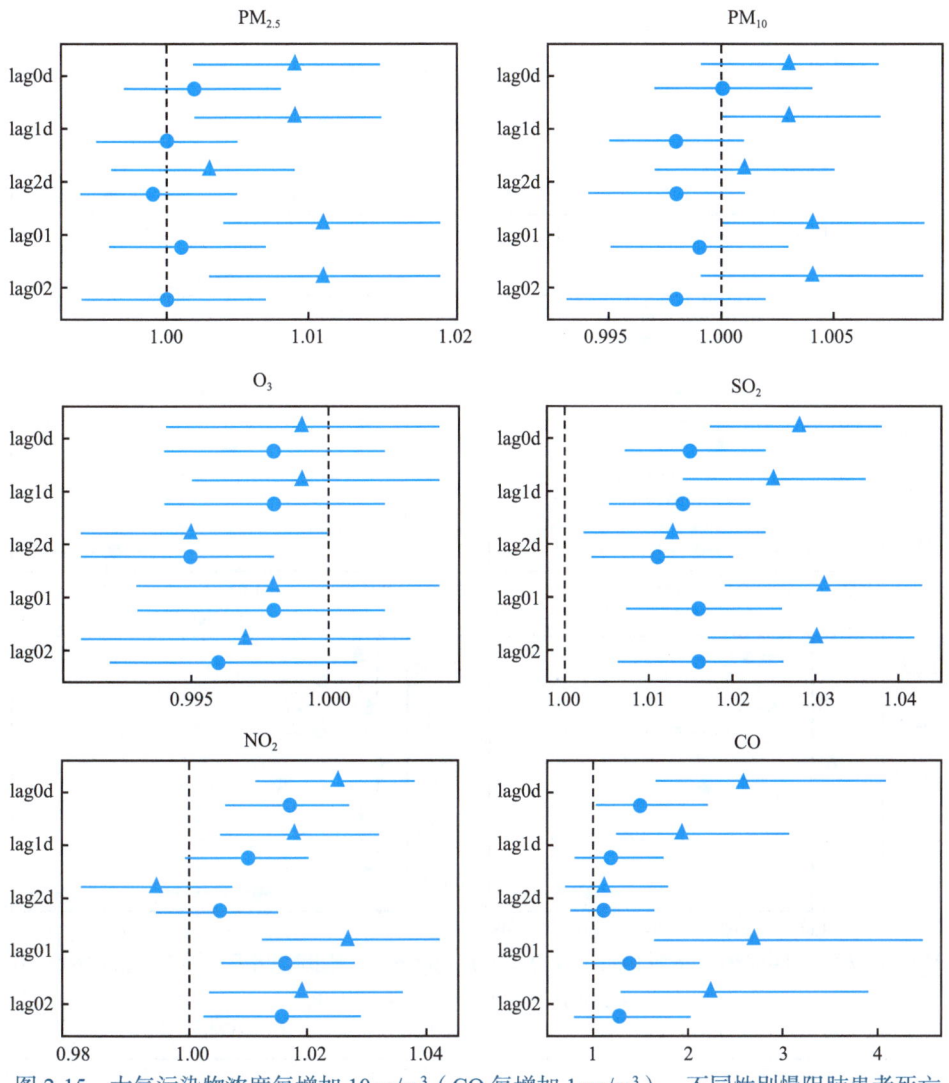

图 2-15　大气污染物浓度每增加 10μg/m³（CO 每增加 1mg/m³），不同性别慢阻肺患者死亡风险变化

▲女性；●男性；横坐标为 HR

按是否为采暖季分层分析显示，$PM_{2.5}$、CO、PM_{10}、SO_2、NO_2 在非采暖季对慢阻肺患者的死亡急性效应更强（图 2-16）。

（3）哮喘：未发现上述污染物与哮喘死亡风险相关（图 2-17）。按性别及是否为采暖季分层分析显示，大气污染物对哮喘患者死亡风险在男性及女性间、采暖季及非采暖季间均无显著统计学差异（图 2-18，图 2-19）。

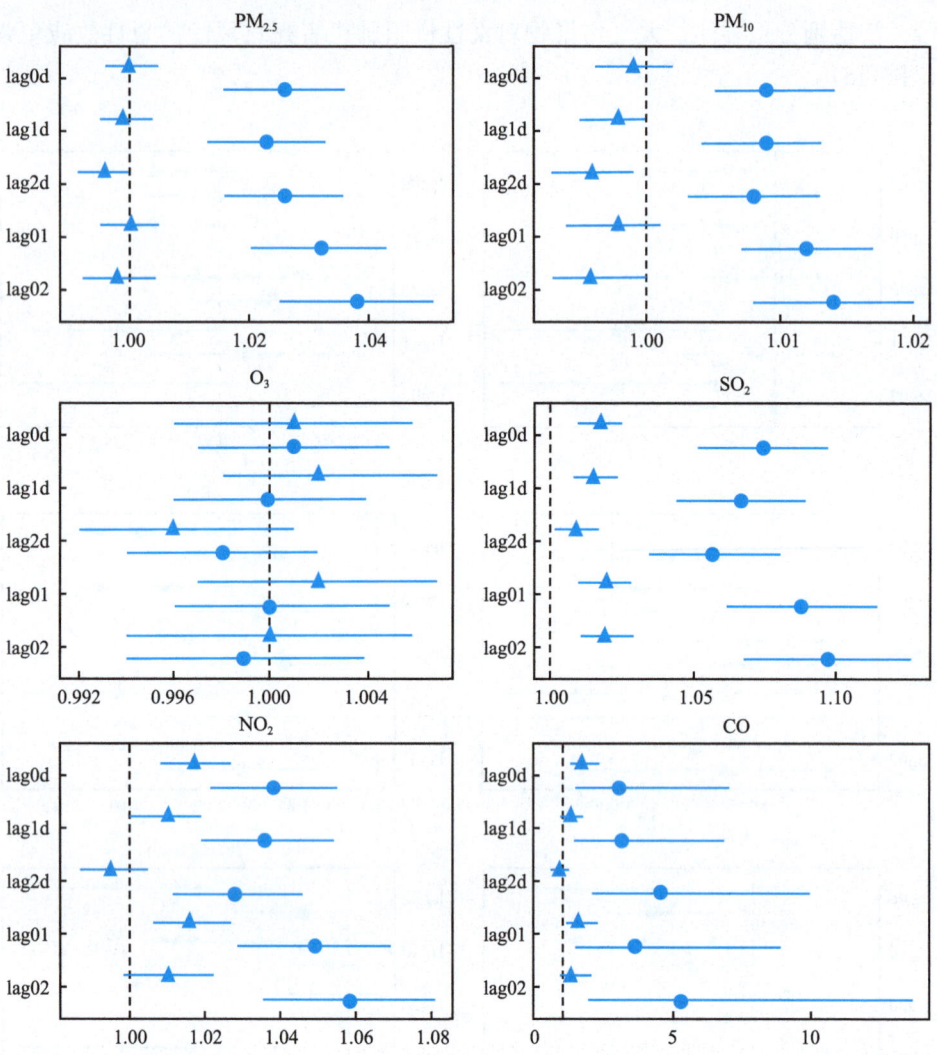

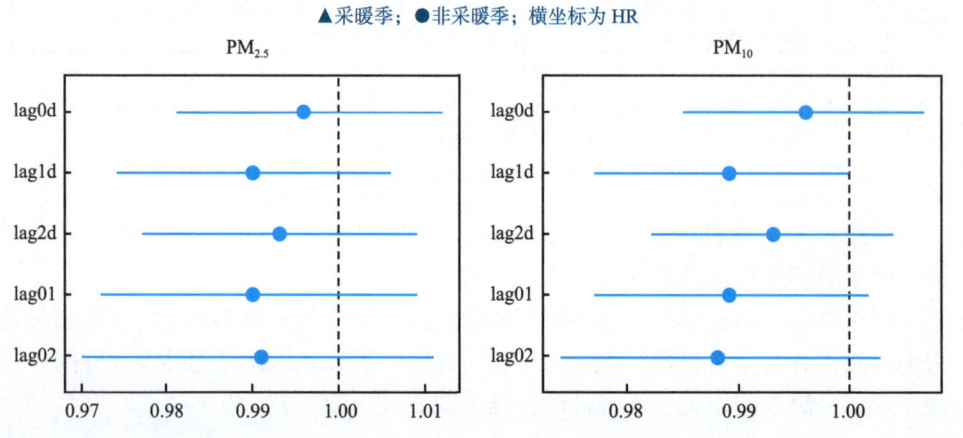

图 2-16 大气污染物浓度每增加 10μg/m³（CO 每增加 1mg/m³），慢阻肺患者死亡风险变化（采暖季分层）
▲采暖季；●非采暖季；横坐标为 HR

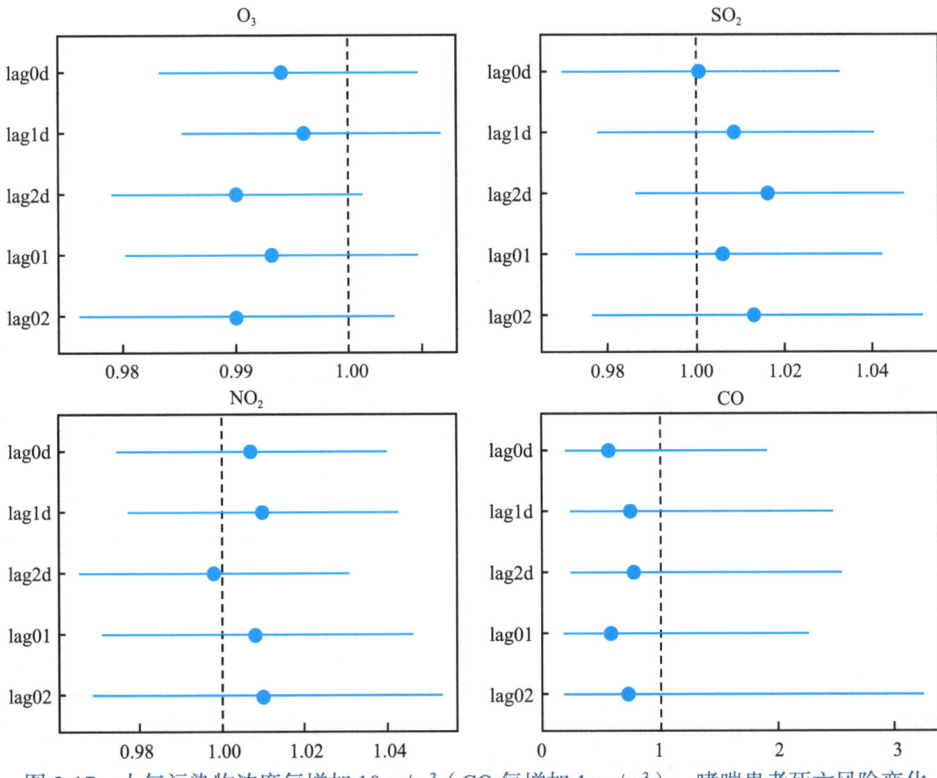

图 2-17　大气污染物浓度每增加 10μg/m³（CO 每增加 1mg/m³），哮喘患者死亡风险变化
横坐标为 HR

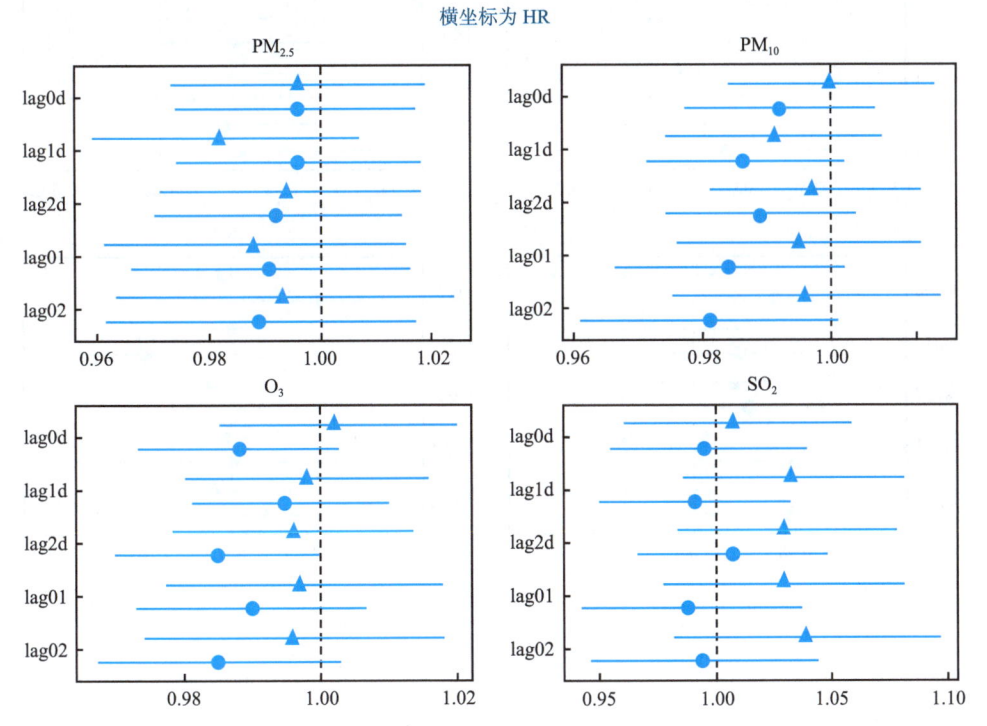

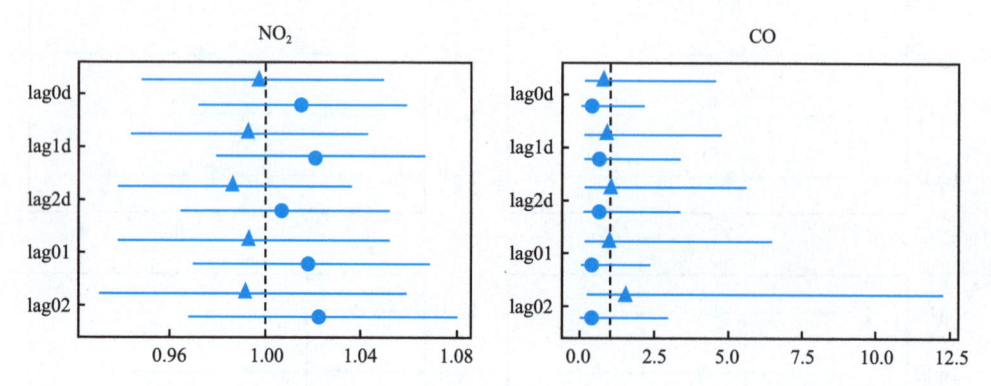

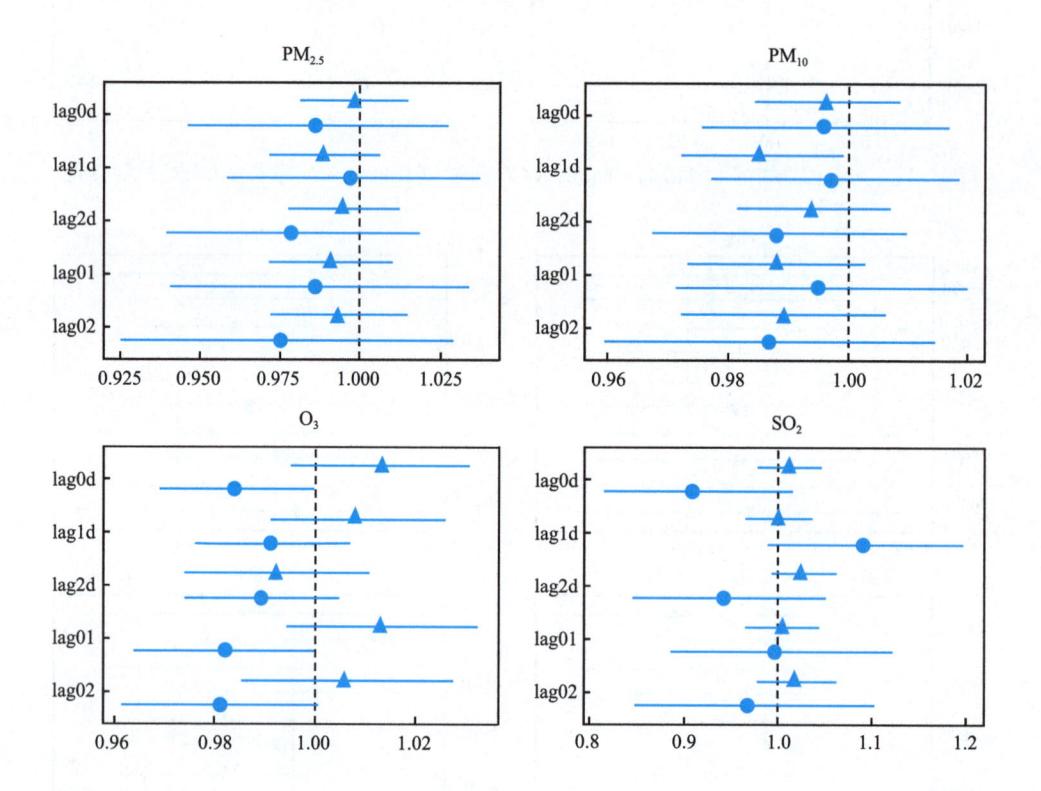

图 2-18 大气污染物浓度每增加 10μg/m³（CO 每增加 1mg/m³），不同性别哮喘患者死亡风险变化
▲女性；●男性；横坐标为 HR

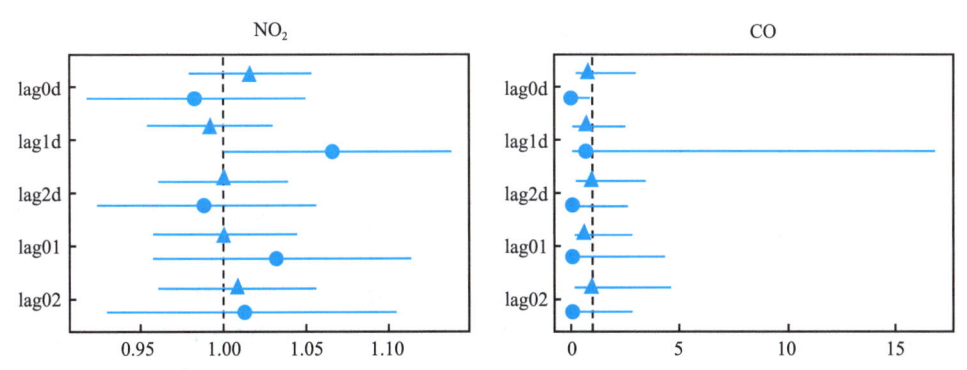

图 2-19　大气污染物浓度每增加 10μg/m³（CO 每增加 1mg/m³），哮喘患者死亡风险变化（采暖季分层）
▲采暖季；●非采暖季；横坐标为 HR

2.2.4　讨　　论

本研究分析了全国 21 个城市[25 个区（县）]2013~2018 年大气污染物对呼吸系统疾病、慢阻肺和哮喘死亡率的影响，研究地区各污染物日均浓度均超过 WHO 空气质量指南值，$PM_{2.5}$、SO_2、NO_2、CO 与呼吸系统疾病死亡风险增加相关，这与既往研究一致。既往一项荟萃分析发现，$PM_{2.5}$ 平均每增加 10μg/m³，慢阻肺死亡率增加 2.5%（95% CI：1.5%~3.5%）。另一项队列研究发现，$PM_{2.5}$ 平均每增加 11μg/m³，慢阻肺死亡风险增加 11.6%（95% CI：2.0%~22.2%）。不同城市 $PM_{2.5}$ 的来源、组分存在差异，可能是造成变化不一致的原因。另外，除颗粒物的影响外，也有研究发现气态污染物，如 NO_2、SO_2 均可增加慢阻肺或哮喘死亡风险。近年来，O_3 成为影响呼吸系统疾病死亡的主要环境污染物，全世界 8% 的死亡归因于 O_3 暴露，长期 O_3 暴露明显增加了慢阻肺死亡风险，O_3 浓度平均每增加 10ppb，死亡风险增加 1.09 倍（95%CI：1.03~1.15 倍）。城市和农村地区短期 O_3 暴露与慢阻肺、高血压死亡风险增加均相关。另外，男性和老年哮喘患者可能更容易受到臭氧污染的影响，尤其是在暖季时。

本研究未发现 O_3 与呼吸系统疾病死亡风险增加有关，这可能与采用监测站数据估测个体暴露水平，忽略了污染的空间影响，以及一些可能影响结局评价的因素，包括个人社会信息（如烟草使用和体重指数）未得到控制有关。限制氮氧化物（NO_x）和 VOC 的排放是控制 O_3 形成的重要手段。我国多年来采取控制 NO_x 排放的策略来降低 O_3，但仅控制一种前体对降低 O_3 浓度几乎没有影响。因此，NO_x 和 VOC 协同减排已经纳入我国"十四五"规划中。

本节的研究结果提示，今后通过调整能源结构将有助于减少碳排放，通过提升公共交通建设和发展水平，减少私家车的使用频率和汽车尾气排放均有助于减少室外污染物排放量。

2.2.5 小　　结

（1）$PM_{2.5}$、SO_2、NO_2、CO 与呼吸系统疾病死亡风险增加相关，O_3 与呼吸系统疾病死亡风险呈负相关。

（2）$PM_{2.5}$、SO_2、NO_2、CO 与慢阻肺死亡风险增加相关，O_3 与慢阻肺死亡风险呈负相关，未发现上述污染物与哮喘死亡风险显著相关。

（3）按性别分层显示，大气污染物所致女性呼吸系统疾病和慢阻肺患者死亡风险更高，大气污染物所致哮喘患者死亡风险在男性及女性中差异未见显著统计学意义。

（4）按是否为采暖季分层分析显示，对于呼吸系统疾病和慢阻肺单病种，除 O_3 外，$PM_{2.5}$、CO、PM_{10}、SO_2、NO_2 在非采暖季死亡急性效应更强。

2.3　大气污染对人群呼吸系统症状的急性健康效应

2.3.1 概　　述

大气污染会影响每个人的健康，可引起咳嗽、眼睛发痒，导致慢性呼吸系统疾病急性加重，甚至引发过早死亡。短期和长期暴露均可导致多种健康不良影响，尤其是对哮喘或慢阻肺（含肺气肿或慢性支气管炎）人群，容易诱发呼吸困难、喘息和咳嗽等不适症状。因此，本研究通过对污染典型地区开展一年多次的随访，评估污染物对人群呼吸系统症状的影响，有助于为今后采取紧急防护措施、早期识别急性加重患者、开展针对性的治疗研究提供参考。

2.3.2 研 究 方 法

1. 数据收集

本研究在 28 个污染典型地区，通过问卷调查采集研究对象的性别、年龄、家庭成员数、经济情况、住房面积、居住环境、暴露史（职业、吸烟、饮酒、饮食、体力活动、时间-活动模式、健康状况）及呼吸系统症状等信息，开展为期一年的三次调查。问卷信息及研究对象所处地区大气污染物浓度数据均由中国疾病预防控制中心环境与健康相关产品安全所整理提供。

呼吸系统症状主要包括打喷嚏、咳嗽和（或）咳痰、喘息（含喘息、喘鸣）、呼吸困难（含气短、气促、胸闷、呼吸困难）、胸痛、咯血、发热。

2. 统计学方法

本研究对大气污染物水平及呼吸系统症状进行暴露-反应关系分析，描述研究对象的生态学特征，使用 Spearman 秩相关检验评估污染物与温度、湿度及不同污染物的关系，使用 COX 比例风险模型评估呼吸系统症状的发病率，结果以风险比率（hazard ratio，HR）及 95%置信区间（confidence interval，CI）形式表示，取 $P<0.01$ 为显著相关。

2.3.3 主要结果

1. 描述性统计结果

（1）研究对象信息：问卷共收集来自重庆市、甘肃省、广东省、河北省、湖北省、湖南省、江苏省、山东省、山西省、陕西省、四川省、天津市、浙江省共 28 个区（县）4937 例研究对象的数据，排除缺少污染物信息、失访等的研究对象，最终共纳入 4721 例进行分析。如表 2-5 所示，男性 2326 例（49.3%），女性 2395 例（50.7%），体重指数多在正常范围，房屋类型以板楼为主，人均住房面积为 30.00m^2（20.90~44.65m^2），41.6%有房屋装修史，分别有 23.4%和 7.3%的研究对象出现过居住环境墙体和食物霉变情况，97.5%使用含烟囱的炉灶烹饪，近 10%使用生物质燃料烹饪，近 30%有被动吸烟暴露史。

表 2-5 研究对象基本特征

基本特征		合计[n（%）]	男性[n（%）]	女性[n（%）]
合计		4721（100.0）	2326（49.3）	2395（50.7）
年龄（岁）	<55	1446（30.6）	710（30.5）	736（30.7）
	[55，74）	1867（39.5）	920（39.6）	947（39.5）
	≥74	1408（29.8）	696（29.9）	712（29.7）
体重指数（kg/m^2）	<18	179（3.8）	78（3.4）	101（4.2）
	[18，25）	2982（63.2）	1435（61.7）	1547（64.6）
	[25，28）	1080（22.9）	570（24.5）	510（21.3）
	≥28	480（10.2）	243（10.4）	237（9.9）
教育程度	小学以下	638（13.5）	174（7.5）	464（19.4）
	小学	898（19.0）	418（18.0）	480（20.0）
	初中	1345（28.5）	691（29.7）	654（27.3）
	高中/高职	1022（21.6）	551（23.7）	471（19.7）
	大学/大专	791（16.8）	473（20.3）	318（13.3）
	研究生及以上	27（0.6）	19（0.8）	8（0.3）
	人均住房面积（m^2）*	30.00（20.90~44.65）	30.00（20.70~43.30）	30.20（21.00~45.30）
房屋类型	别墅	30（0.6）	16（0.7）	14（0.6）
	平房	735（15.6）	362（15.6）	373（15.6）

续表

基本特征		合计[n（%）]	男性[n（%）]	女性[n（%）]
	板楼	3072（65.1）	1505（64.7）	1567（65.5）
	塔楼	197（4.2）	98（4.2）	99（4.1）
	板塔楼结合	415（8.8）	203（8.7）	212（8.9）
	其他	269（5.7）	141（6.1）	128（5.3）
	不详	3（0.0）	1（0.0）	2（0.0）
房屋装修时间	2000年及以前	629（13.3）	308（13.2）	321（13.4）
	2001~2009年	618（13.1）	287（12.3）	331（13.8）
	2010年及以后	591（12.5）	288（12.4）	303（12.7）
	不详	2883（61.7）	1443（62.0）	1440（60.1）
房屋与交通主干道距离	<50m	545（11.5）	278（12.0）	267（11.1）
	[50m，100m）	1191（25.2）	574（24.7）	617（25.8）
	[100m，200m）	1058（22.4）	524（22.5）	534（22.3）
	[200m，300m）	519（11.0）	251（10.8）	268（11.2）
	≥300m	1308（27.7）	657（28.2）	651（27.2）
	不详	100（2.1）	42（1.8）	58（2.4）
居住环境霉变	墙体霉变	1100（23.3）	526（22.6）	574（24.0）
	食物霉变	345（7.3）	152（6.5）	193（8.0）
烹饪燃料	清洁燃料	4276（90.6）	2075（89.2）	2201（91.9）
	生物质燃料	444（9.4）	216（9.3）	228（9.5）
使用抽油烟机		3183（67.4）	1560（67.1）	1623（67.8）
饲养宠物		460（9.7）	226（9.7）	234（9.8）
粉尘暴露		500（10.6）	346（14.9）	154（6.4）
吸烟	不吸烟	1809（38.3）	609（26.2）	1200（50.1）
	已戒烟	468（10.0）	436（18.7）	32（1.3）
	被动吸烟	1341（28.4）	305（13.1）	1036（43.3）
	主动吸烟	961（20.4）	921（39.6）	40（1.7）
	不详	142（3.0）	55（2.4）	87（3.6）
饮酒		726（15.9）	656（29.1）	70（3.0）
体力活动	低强度	439（9.3）	201（8.6）	238（10.0）
	中强度	903（19.1）	423（18.2）	480（20.0）
	高强度	3271（69.3）	1644（70.7）	1627（67.9）
	不详	108（2.3）	58（2.5）	50（2.1）

*中位数（下四分位数，上四分位数）。

第二章 大气污染物对人群呼吸系统疾病急性效应的暴露-反应关系研究 | 47

呼吸系统症状分别描述为打喷嚏、咳嗽和（或）咳痰、喘息、呼吸困难、胸痛、咯血、发热。如表 2-6 所示，研究对象中 10.2% 有打喷嚏，19.5% 有咳嗽和（或）咳痰，7.4% 有喘息，13.8% 有呼吸困难，5.1% 有胸痛，0.6% 有咯血，2.8% 有发热。

表 2-6　研究对象呼吸系统症状情况

呼吸系统症状	合计[n（%）]	男性[n（%）]	女性[n（%）]
打喷嚏	482（10.2）	243（10.5）	239（10.0）
咳嗽和（或）咳痰	919（19.5）	507（21.8）	412（17.2）
喘息*	347（7.4）	163（7.0）	184（7.7）
呼吸困难**	651（13.8）	277（11.9）	374（15.6）
胸痛	242（5.1）	99（4.3）	143（6.0）
咯血	28（0.6）	14（0.6）	14（0.6）
发热	130（2.8）	61（2.6）	69（2.9）

*喘息、喘鸣；**气短、气促、胸闷、呼吸困难。

（2）大气污染情况：表 2-7 为研究地区温度、湿度及大气污染物浓度情况（滞后 7 日和滞后 1 个月）。

表 2-7　研究地区温度、湿度及大气污染物浓度情况

项目	中位数（下四分位数，上四分位数）
温度_滞后 7 日（℃）	21.42（12.56，24.41）
温度_滞后 1 个月（℃）	21.48（12.60，24.42）
湿度_滞后 7 日（%）	79.20（59.71，90.38）
湿度_滞后 1 个月（%）	78.89（59.38，90.36）
$PM_{2.5}$_滞后 7 日（μg/m³）	39.10（28.61，51.35）
$PM_{2.5}$_滞后 1 个月（μg/m³）	40.45（27.32，47.58）
PM_{10}_滞后 7 日（μg/m³）	79.73（56.09，104.7）
PM_{10}_滞后 1 个月（μg/m³）	75.40（53.78，96.99）
NO_2_滞后 7 日（μg/m³）	37.51（21.11，49.23）
NO_2_滞后 1 个月（μg/m³）	37.51（20.46，45.10）
CO_滞后 7 日（mg/m³）	0.99（0.79，1.18）
CO_滞后 1 个月（mg/m³）	0.97（0.79，1.10）
SO_2_滞后 7 日（μg/m³）	13.77（10.13，17.19）
SO_2_滞后 1 个月（μg/m³）	12.75（10.09，17.66）
O_3_滞后 7 日（μg/m³）	77.18（48.05，94.36）
O_3_滞后 1 个月（μg/m³）	81.35（47.50，93.86）

2. 统计学分析

相关性分析以年龄、性别、体重指数、教育程度、房屋与交通主干道距离、是否使用炉灶、是否使用生物质燃料、是否饲养宠物、有无粉尘暴露、体力活动水平、吸烟史、饮酒史为协变量，分析结果如表 2-8 和表 2-9 所示，温度与湿度呈正相关，$PM_{2.5}$、PM_{10}、NO_2、CO、SO_2 等污染物与温度和湿度呈负相关，O_3 与温度和湿度呈正相关。各污染物之间，$PM_{2.5}$、PM_{10}、NO_2、CO、SO_2 互相呈正相关，O_3 与其他污染物呈负相关。

表 2-8　滞后 7 日的温度、湿度、$PM_{2.5}$、PM_{10}、NO_2、CO、SO_2、O_3 的相关性

	温度	湿度	$PM_{2.5}$	PM_{10}	NO_2	CO	SO_2	O_3
温度	1	0.5096[a]	−0.6087[a]	−0.5400[a]	−0.5833[a]	−0.1827[a]	−0.3889[a]	0.6243[a]
湿度		1	−0.3962[a]	−0.4540[a]	−0.4285[a]	−0.0763[a]	−0.4924[a]	0.2209[a]
$PM_{2.5}$			1	0.8707[a]	0.7336[a]	0.4295[a]	0.5972[a]	−0.4529[a]
PM_{10}				1	0.6102[a]	0.3337[a]	0.5740[a]	−0.2183[a]
NO_2					1	0.4172[a]	0.5593[a]	−0.4656[a]
CO						1	0.2863[a]	−0.4126[a]
SO_2							1	−0.3814[a]
O_3								1

a $P<0.01$。

表 2-9　滞后 1 个月的温度、湿度、$PM_{2.5}$、PM_{10}、NO_2、CO、SO_2、O_3 的相关性

	温度	湿度	$PM_{2.5}$	PM_{10}	NO_2	CO	SO_2	O_3
温度	1	0.5022[a]	−0.5828[a]	−0.5210[a]	−0.6039[a]	−0.2688[a]	−0.3477[a]	0.6501[a]
湿度		1	−0.4033[a]	−0.4026[a]	−0.4714[a]	−0.0487[a]	−0.3040[a]	0.2066[a]
$PM_{2.5}$			1	0.8544[a]	0.6868[a]	0.4145[a]	0.4881[a]	−0.2161[a]
PM_{10}				1	0.5675[a]	0.2625[a]	0.4183[a]	−0.0785[a]
NO_2					1	0.2923[a]	0.4018[a]	−0.4207[a]
CO						1	0.1918[a]	−0.4770[a]
SO_2							1	−0.2733[a]
O_3								1

a $P<0.01$。

研究发现滞后 7 日时，O_3 浓度每升高 $10\mu g/m^3$，打喷嚏的发生风险增加 6%，喘息的发生风险增加 15%，呼吸困难的发生风险增加 9%，胸痛的发生风险增加 14%，咯血的发生风险增加 66%，发热的发生风险增加 21%。CO 浓度每升高 $1mg/m^3$，咳嗽咳痰的发生风险降低 30%（表 2-10）。

表 2-10　滞后 7 日的污染物水平与呼吸系统症状相关性

症状	污染物	参数估计	P	HR（95%CI）
打喷嚏	$PM_{2.5}$	−0.0593	0.0467	0.94（0.89～1.00）
	PM_{10}	−0.0049	0.7587	1.00（0.96～1.03）
	O_3	0.0581[a]	0.0063	1.06（1.02～1.10）
	NO_2	−0.0431	0.1233	0.96（0.91～1.01）
	CO	−0.3455	0.0270	0.71（0.52～0.96）
	SO_2	−0.1224	0.0770	0.88（0.77～1.01）
咳嗽和（或）咳痰	$PM_{2.5}$	0.0021	0.9297	1.00（0.96～1.05）
	PM_{10}	−0.0062	0.6491	0.99（0.97～1.02）
	O_3	0.0135	0.4550	1.01（0.98～1.05）
	NO_2	−0.0560	0.0200	0.95（0.90～0.99）
	CO	−0.3581[a]	0.0094	0.70（0.53～0.92）
	SO_2	−0.1129	0.0585	0.89（0.79～1.00）
喘息	$PM_{2.5}$	−0.0761	0.1080	0.93（0.84～1.02）
	PM_{10}	0.0190	0.4402	1.02（0.97～1.07）
	O_3	0.1356[a]	<0.0001	1.15（1.07～1.23）
	NO_2	−0.0344	0.4212	0.97（0.89～1.05）
	CO	−0.1618	0.4634	0.85（0.55～1.31）
	SO_2	−0.1199	0.2715	0.89（0.72～1.10）
呼吸困难	$PM_{2.5}$	−0.0391	0.2928	0.96（0.89～1.03）
	PM_{10}	0.0118	0.5602	1.01（0.97～1.05）
	O_3	0.0868[a]	0.0020	1.09（1.03～1.15）
	NO_2	−0.0579	0.1105	0.94（0.88～1.01）
	CO	−0.2206	0.2612	0.80（0.55～1.18）
	SO_2	−0.0687	0.4354	0.93（0.79～1.11）
胸痛	$PM_{2.5}$	−0.0624	0.2362	0.94（0.85～1.04）
	PM_{10}	−0.0042	0.8836	1.00（0.94～1.05）
	O_3	0.1281[a]	0.0010	1.14（1.05～1.23）
	NO_2	−0.0250	0.5984	0.98（0.89～1.07）
	CO	−0.2734	0.2838	0.76（0.46～1.25）
	SO_2	−0.0388	0.7088	0.96（0.78～1.18）
咯血	$PM_{2.5}$	−0.1545	0.1698	0.86（0.69～1.07）
	PM_{10}	0.0328	0.5140	1.03（0.94～1.14）
	O_3	0.5094[a]	<0.0001	1.66（1.36～2.04）
	NO_2	0.0143	0.8680	1.01（0.86～1.20）

续表

症状	污染物	参数估计	P	HR（95%CI）
咯血	CO	−0.9319	0.1452	0.39（0.11~1.38）
	SO_2	−0.5018	0.1365	0.61（0.31~1.17）
发热	$PM_{2.5}$	−0.1311	0.0315	0.88（0.78~0.99）
	PM_{10}	−0.0116	0.7055	0.99（0.93~1.05）
	O_3	0.1869[a]	<0.0001	1.21（1.11~1.31）
	NO_2	−0.0504	0.3426	0.95（0.86~1.06）
	CO	−0.9510	0.0159	0.39（0.18~0.84）
	SO_2	−0.2239	0.1466	0.80（0.59~1.08）

注：[a] $P<0.01$。

如表2-11所示，分析滞后1个月污染物与呼吸系统症状发生的相关性时，随着O_3水平的升高，O_3每升高$10\mu g/m^3$，打喷嚏的发生风险增加6%，喘息的发生风险增加15%，呼吸困难的发生风险增加9%，胸痛的发生风险增加12%，咯血的发生风险增加38%，发热的发生风险增加21%。PM_{10}会增加喘息的发生风险（$P<0.01$），PM_{10}水平每升高$10\mu g/m^3$，喘息的发生风险增加8%。

表2-11 滞后1个月的污染物水平与呼吸系统症状相关性

症状	污染物	参数估计	P	HR（95%CI）
打喷嚏	$PM_{2.5}$	−0.0220	0.5569	0.98（0.91~1.05）
	PM_{10}	0.0157	0.3876	1.02（0.98~1.05）
	O_3	0.0545[a]	0.0083	1.06（1.01~1.10）
	NO_2	−0.0374	0.2831	0.96（0.90~1.03）
	CO	−0.2608	0.1432	0.77（0.54~1.09）
	SO_2	−0.0411	0.5699	0.96（0.83~1.11）
咳嗽和（或）咳痰	$PM_{2.5}$	0.0215	0.4941	1.02（0.96~1.09）
	PM_{10}	−0.0056	0.7318	0.99（0.96~1.03）
	O_3	0.0152	0.3928	1.02（0.98~1.05）
	NO_2	−0.0660	0.0310	0.94（0.88~0.99）
	CO	−0.3220	0.0473	0.72（0.53~1.00）
	SO_2	0.0270	0.6450	1.03（0.92~1.15）
喘息	$PM_{2.5}$	0.0085	0.8845	1.01（0.90~1.13）
	PM_{10}	0.0756[a]	0.0069	1.08（1.02~1.14）
	O_3	0.1365[a]	<0.0001	1.15（1.07~1.22）
	NO_2	−0.0056	0.9170	0.99（0.90~1.10）
	CO	−0.2147	0.4365	0.81（0.47~1.39）
	SO_2	−0.0279	0.8020	0.97（0.78~1.21）

续表

症状	污染物	参数估计	P	HR（95%CI）
呼吸困难	$PM_{2.5}$	0.0249	0.6032	1.03（0.93～1.13）
	PM_{10}	0.0456	0.0561	1.05（1.00～1.10）
	O_3	0.0877[a]	0.0011	1.09（1.04～1.15）
	NO_2	−0.0439	0.3336	0.96（0.88～1.05）
	CO	−0.1421	0.5326	0.87（0.56～1.36）
	SO_2	0.0182	0.8446	1.02（0.85～1.22）
胸痛	$PM_{2.5}$	0.0247	0.7010	1.02（0.90～1.16）
	PM_{10}	0.0358	0.2402	1.04（0.98～1.10）
	O_3	0.1126[a]	0.0026	1.12（1.04～1.20）
	NO_2	−0.0013	0.9820	1.00（0.89～1.12）
	CO	−0.2684	0.3800	0.76（0.42～1.39）
	SO_2	−0.0129	0.9129	0.99（0.78～1.24）
咯血	$PM_{2.5}$	−0.0658	0.5889	0.94（0.74～1.19）
	PM_{10}	0.0638	0.2195	1.07（0.96～1.18）
	O_3	0.3222[a]	<0.0001	1.38（1.18～1.62）
	NO_2	0.1004	0.3269	1.11（0.90～1.35）
	CO	−2.1523	0.0303	0.12（0.02～0.81）
	SO_2	−0.5475	0.1065	0.58（0.30～1.12）
发热	$PM_{2.5}$	−0.0060	0.9331	0.99（0.86～1.14）
	PM_{10}	0.0584	0.0829	1.06（0.99～1.13）
	O_3	0.1934[a]	<0.0001	1.21（1.12～1.32）
	NO_2	−0.0035	0.9575	1.00（0.88～1.13）
	CO	−1.2659	0.0138	0.28（0.10～0.77）
	SO_2	−0.1397	0.3725	0.87（0.64～1.18）

注：[a]$P<0.01$。

2.3.4 讨论

大气污染不仅会引起慢阻肺、哮喘等患者呼吸系统症状发作风险增加，在一般人群中也有同样影响。希腊的研究显示，O_3水平升高与呼吸系统症状发生率增加有关，鼻塞、咳嗽的发生率可明显增加。但我国一项研究认为，夏季O_3水平与呼吸系统门诊就诊之间没有关系，而在冬季两者呈负相关，但O_3水平与呼吸系统症状发生的关系并不明确。本研究发现O_3在滞后7日和滞后1个月的情况下与呼吸系统症状的发生风险均呈正相关，随着O_3水平升高，打喷嚏、喘息、呼吸困难、胸痛、咯血、发热等症状的发生风险均可见升高，表现为较好相关性（$P<0.01$）。作为二次污染物，O_3与$PM_{2.5}$、NO_2、SO_2等污染物表现出相反的季节特征，夏季O_3水平升高对呼吸系统的影响可能更为明显，在本研究基础上，可进一步探究不

同季节大气污染物对呼吸系统症状发生风险的影响。

既往研究发现，$PM_{2.5}$、NO_2增加了呼吸系统症状的发生风险，但我国的一项研究中，$PM_{2.5}$并未显示出与喘息或咳嗽的相关性。$PM_{2.5}$、PM_{10}可通过氧化损伤、诱发炎症反应等可能的机制影响呼吸系统，在多项基础研究中，$PM_{2.5}$、PM_{10}对呼吸系统的影响已被证实。本研究发现，在滞后1个月的污染物水平与呼吸系统症状分析中，PM_{10}与喘息的发生风险呈正相关。在本研究中，$PM_{2.5}$未表现出与呼吸系统症状发生风险的显著相关性，可能与污染物水平仅匹配到研究对象所在地区有关，可在个体化收集污染物信息条件下进一步研究。

国外部分研究发现，暴露于CO环境中，咳嗽、喘息和呼吸困难的发生风险增加，CO可增加呼吸系统症状的发生风险。但也有部分研究表现出CO可能降低呼吸系统症状的发生风险，在我国的一项研究中，暴露于CO的研究对象发生呼吸道炎症的风险降低，这可能是因为CO为还原性气体，与$PM_{2.5}$、NO_2、SO_2等污染物通过氧化应激致呼吸系统症状发生的机制并不一致。在本研究中，滞后7日污染物水平与呼吸系统相关性分析发现，CO与咳嗽咳痰症状的发生呈负相关，随着CO水平的升高，咳嗽咳痰的发生风险下降。自然环境下CO表现出的保护倾向还需进一步讨论和研究验证。

2.3.5 小　　结

（1）PM_{10}增加了喘息症状的发生风险。
（2）O_3增加了打喷嚏、喘息、呼吸困难、胸痛、咯血、发热等症状的发生风险。
（3）CO可能降低了咳嗽咳痰症状的发生风险。

2.4　大气细颗粒物对慢阻肺、哮喘患者亚临床指标的急性效应

2.4.1 概　　述

高收入国家的污染水平在过去25年中有所下降，但同期中国和印度等中高和中低收入国家的污染水平却急剧上升。近年我国以$PM_{2.5}$为主要污染物，持续时间长，累及范围广，覆盖了京津冀、长三角及珠三角等几个重要经济带，有近6亿人受到严重$PM_{2.5}$污染影响，80%的严重污染天与$PM_{2.5}$有关，$PM_{2.5}$污染也是造成过早死亡的主要环境因素，成为我国第四大致死风险因子。

$PM_{2.5}$粒径较小，表面积较大，更易输送，毒性和有害物质可进入机体，对多个器官和系统造成不同程度的损害，最易和最早受侵犯的就是呼吸系统。$PM_{2.5}$可随着呼吸进入呼吸道或进一步沉积在肺泡，部分颗粒物组分通过肺泡的气血交换屏障直接进入血液循环，进而影响远隔器官。

第二章 大气污染物对人群呼吸系统疾病急性效应的暴露-反应关系研究 | 53

目前缺乏我国高污染水平下对呼吸系统疾病（慢阻肺、成人哮喘）易感人群的研究，尤其是关于对亚临床健康指标影响的多中心研究。此外，短期暴露于高水平 $PM_{2.5}$ 是否会增加易感人群如慢阻肺和哮喘患者的健康风险尚无定论，有必要在发展中国家开展相关流行病学研究来填补以上空白。本研究利用个体监测设备，精确测算个体大气污染物主要成分的暴露浓度，分析大气污染对慢阻肺、哮喘患者的健康影响。

本研究充分考虑气象因素、大气污染水平、地理格局、人口密度、经济学特征、医疗卫生现况等多方面因素，聚焦我国主要污染典型地区，采用多中心、前瞻性的环境流行病学研究方法，实现大样本个体暴露水平连续性动态测量，分析了个体 $PM_{2.5}$ 暴露对慢阻肺和哮喘患者的健康影响，为推进本土化环境流行病学研究提供科学参考，为进一步理解大气污染对呼吸系统疾病患者的急性健康效应机制提供证据。

2.4.2 研究方法

1. 研究方案

（1）研究时间、地区及研究人群：本课题选择 5 个污染严重地区开展研究，分别为北京市、西安市、武汉市、上海市、广州市。研究自 2018 年 1 月启动，其间受疫情影响，最终于 2020 年 12 月全部结束。各地区纳入慢阻肺和哮喘患者各 40 人（表 2-12）。

表 2-12 研究对象的纳入及排除标准

	慢阻肺	哮喘
纳入标准	①符合《慢性阻塞性肺疾病全球倡议》（GOLD-2018）诊断标准，入组时处于疾病稳定期 ②在当地连续居住 2 年以上，调查期间无长期外出计划 ③无吸烟史或已停止吸烟半年及以上 ④年龄：40～75 岁	①符合《全球哮喘防治倡议》（GINA-2017）诊断标准，目前处于慢性持续期 ②在当地连续居住 2 年以上，调查期间无长期外出计划 ③无吸烟史或已停止吸烟半年及以上 ④年龄：18～64 岁
排除标准	①有严重心脑血管疾病、肝肾功能不全、癫痫及其他神经精神性疾病、活动性肺结核等慢性疾病、肿瘤、接受抗结核治疗或合并其他影响信息收集原因的患者 ②近 3 个月接受过胸部、腹部和眼科手术者 ③妊娠及哺乳期妇女 ④未签署知情同意书	

（2）研究方法：所有患者进行为期一年至少 2 次的随访，随访间隔为 3 个月。如图 2-20 所示，患者在基线时入组（第一次访视 V1），每隔 3 个月至医院完成后续随访（V2、V3、V4），每次随访时间为 4 日。患者第 1 日 10：00am 开始佩戴个体 $PM_{2.5}$ 采样仪，第 4 日 10：00am 至医院还回装备，并完成问卷填写、肺功能检查及生物样本采集。

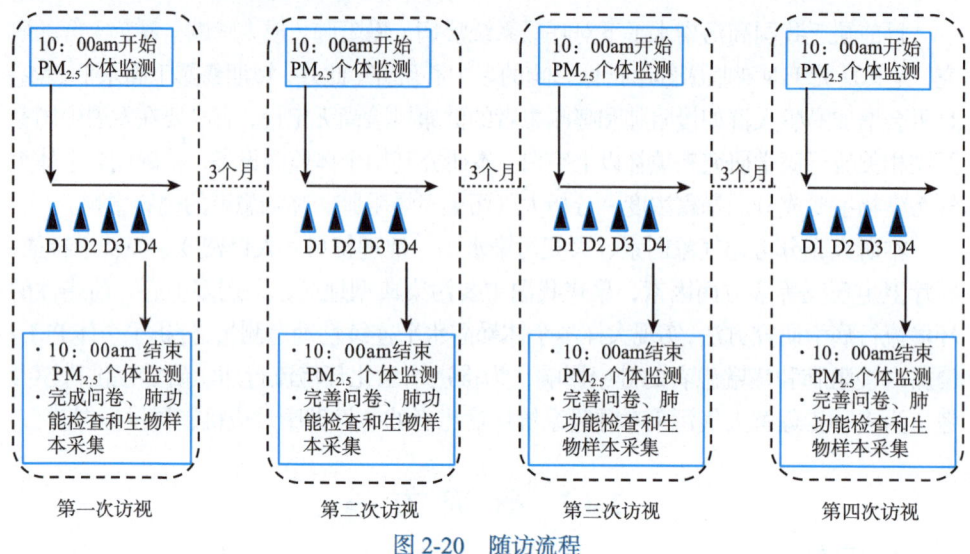

54 | 大气污染的急性健康风险研究

图 2-20 随访流程
D1~D4 为第 1 日至第 4 日

（3）环境数据采集：采用美国 RTI 实验室生产研发的 $PM_{2.5}$ 个体暴露采样仪（MicroPEM，RTI，USA）进行个体 $PM_{2.5}$ 暴露测量，该采样仪具有质量轻、噪声小、方便携带等特点，已被广泛用于个人 $PM_{2.5}$ 暴露评估以准确获取个人 $PM_{2.5}$ 暴露数据。MicroPEM 可同时以 2 种检测模式获取 $PM_{2.5}$ 浓度，第一种模式基于光学方法，其内置双重撞击台的光散射浊度计，空气经采样泵吸入后可以通过整合散射光、浊度计和三轴加速计的数据实时计算并记录 $PM_{2.5}$ 浓度，检测浓度范围在 5~10 000μg/m³；另一种模式为通过内置的 Teflon 滤膜收集沉积在其上的污染物，后续进行称重计算 $PM_{2.5}$ 质量和浓度，并可对 $PM_{2.5}$ 的成分进行分析。本研究采用基于光学方法获得的实时 $PM_{2.5}$ 数据。MicroPEM 内同时安装有温湿度传感器以获得实时的温度和湿度数据。

佩戴无尘手套后，使用专业工具打开 MicroPEM，首先更换新的电池以确保持续供电；然后使用压缩空气清理撞击板及滤垫以确保下次使用时测量的准确性；随后使用流量仪进行流量校准，流速统一设定为 0.5L/min，并调整采样零点。设定采样频率为每 30 秒记录一次暴露数据，间歇时间为 120 秒。连续测定 3 日，患者在第 1 日上午 10:00 开始佩戴，第 4 日上午 10:00 结束监测。MicroPEM 被放置在一个小背包中，需患者无论是在室内还是在室外都随身携带，夜间放置在床头处。其顶部有一根橡胶管，用于收集穿戴者呼吸区域的空气，佩戴者需尽量保持橡胶管上端距鼻腔 30cm 以内。所有佩戴者都被单独详细指导佩戴设备的注意事项。

（4）问卷填写：随访问卷由中日友好医院设计，问卷调查由经过规范培训的调查人员面对面进行，问卷内容主要包括以下几个方面。

1）基本人口学资料：年龄、性别、职业、文化程度、家庭详细住址等。

2）疾病情况：既往急性加重次数及频率、药物治疗及非药物治疗等。

3）环境危险因素：既往吸烟情况、生物质燃料使用情况及其生活环境。

4）时间-活动模式：随访期间每日体力活动情况，包括日常活动、运动或锻炼、休息等及持续时间。

5）呼吸系统症状：随访期间咳嗽、咳痰、胸闷、喘息、气短等呼吸系统症状。

6）合并症：疾病家族史及其他疾病的合并症等。

（5）肺功能检查：使用 MasterScreen 肺功能仪进行肺功能检查（Jaeger，德国），具体操作参照 2005 年美国胸科学会/欧洲呼吸学会（ATS/ERS）推荐的肺功能测定标准。测定参数如下：用力肺活量（forced vital capacity，FVC）、第 1 秒用力呼气量占预计值百分比（FEV_1% pred）、肺总量（total lung capacity，TLC）、肺一氧化碳弥散量（diffusion capacity of carbon monoxide of lung，D_LCO）、25%呼气流速（MEF25）、50%呼气流速（MEF50）、75%呼气流速（MEF75）、最大呼气中期流速（MMEF）。

（6）生物样本采集：每次随访第 4 日 10：00am 利用乙二胺四乙酸（EDTA-K2）抗凝管采集空腹静脉血 6ml，其中 2ml 全血分装在冻存管内用于后续 DNA 提取，剩余 4ml 使用离心机 3000rpm 离心 10 分钟后取上层血清储存用于细胞因子检测。所有标本均置于-80℃冰箱储存备用。

（7）甲基化检测：利用 Illumina infinium Methylation EPIC BeadChip（850K 芯片）分析血液全基因组 DNA 甲基化。850K 芯片可检测到总共 853 307 个胞嘧啶甲基化位点，覆盖人类基因组上的 CpG 岛、增强子、基因启动子和编码区，是目前最适合表观遗传全基因组关联分析研究的 DNA 甲基化芯片。

2. 数据管理及质控

本研究涉及的主要项目质量控制措施如下。

（1）调查问卷：所有调查问卷均经相关领域专家（临床、流行病学与卫生统计学、环境科学与工程等）咨询、讨论后制订，在项目开始之前由内部人员进行预调查，对问卷存在的不合理之处加以修正，确保问卷对不同年龄段、不同文化程度人群的适用性。

（2）工作人员管理：项目启动后，对各个地区的项目工作人员进行统一培训，按照技术服务规范开展工作。

（3）问卷录入与管理：所有调查问卷均统一录入到规范化的电子数据采集（EDC）系统。

2.4.3 主 要 结 果

1. 描述性分析结果

（1）研究对象的基本资料：研究共纳入 323 例受试者，其中慢阻肺患者 168 例，哮喘患者 155 例。慢阻肺组以男性居多，占 77.97%，平均年龄（63.4±7.4）岁，平均病程（7.1±1.4）年，大学以上学历占 14.29%。分析研究对象房屋结构特征可见，板楼（44.05%）为主要居住结构；常见合并症以高血压和糖尿病为主；评估大气污染对个人健康的影响时，患者认为室内和室外大气污染对健康均有较严重的影响。哮喘组以女性居多，占 69.68%，平均年龄（41.2±3.9）岁，平均病程（4.5±1.1）年，大学以上学历低于 15%。分析研究对象房屋结构特征可见，以板楼和塔楼为主要居住结构；常见合并症以消化道疾病和高血压为主；评估大气污染对个人健康的影响时，患者认为室内和室外大气污染对健康均有较严重的影响（表 2-13）。

表 2-13 研究对象的基本特征

基本特征	慢阻肺[n（%）]	哮喘[n（%）]
例数（例）	168	155
男性[人（%）]	131（77.97）	47（30.32）
年龄（岁）*	63.4±7.4	41.2±3.9
体重指数（kg/m²）*	27.2±4.6	25.4±5.1
病程（年）*	7.1±1.4	4.5±1.1
文化程度[人（%）]		
小学及以下	9（5.36）	5（3.22）
初中	74（44.05）	53（34.19）
高中及大专	61（36.31）	27（17.42）
大学及以上	24（14.29）	70（45.16）
居住房屋类型[人（%）]		
平房	30（17.86）	19（12.26）
板楼	74（44.05）	56（36.13）
塔楼	28（16.67）	43（27.74）
板塔楼结合	23（13.69）	32（20.65）
其他	13（7.74）	5（3.22）
合并症[人（%）]		
冠心病	24（14.29）	6（3.87）
高血压	62（36.9）	23（14.84）
糖尿病	43（25.6）	18（11.61）
消化道疾病	12（7.14）	36（23.23）
结缔组织疾病	7（4.17）	10（6.45）
脑血管疾病	17（10.12）	11（7.10）
周围血管病	9（5.36）	7（4.52）

* 采用平均±标准差的形式表示。

（2）随访期间个体 PM$_{2.5}$ 暴露情况：个体 PM$_{2.5}$ 仪器可同时检测研究对象所处环境的温度和相对湿度；慢阻肺组个体 PM$_{2.5}$ 暴露情况见表 2-14，PM$_{2.5}$ 均值为 48.4μg/m^3，波动范围在 3.1~467.3μg/m^3；哮喘组个体 PM$_{2.5}$ 暴露情况见表 2-15，PM$_{2.5}$ 均值为 50μg/m^3，波动范围在 4.2~941.4μg/m^3，其涵盖的浓度范围相对较宽。

表 2-14　慢阻肺组个体 PM$_{2.5}$ 暴露情况及所处环境温度、相对湿度

指标	均值	标准差	最小值	P$_{25}$	P$_{75}$	最大值
PM$_{2.5}$（μg/m^3）	48.4	55.1	3.1	16.1	60.1	467.3
温度（℃）	23.4	4.5	10.1	21	26.3	32.9
相对湿度（%）	36.8	13.8	9.2	27.8	47.3	71.5

表 2-15　哮喘组个体 PM$_{2.5}$ 暴露情况及所处环境温度、相对湿度

指标	均值	标准差	最小值	P$_{25}$	P$_{75}$	最大值
PM$_{2.5}$（μg/m^3）	50	86.3	4.2	14.1	58.7	941.4
温度（℃）	24.1	3.7	14.5	21.2	27.3	34.5
相对湿度（%）	36.8	12.5	11	27.4	45.6	70.4

2. 大气细颗粒物个体暴露对呼吸系统相关症状的急性效应

PM$_{2.5}$ 短期暴露可引起慢阻肺患者呼吸系统症状风险升高，以咳痰和喘息为主。PM$_{2.5}$ 每增加 10μg/m^3，慢阻肺患者发生咳痰和喘息的风险分别平均增加 32%（95%CI：12%~91%）和 38%（95%CI：9%~75%）；其他症状，如气短、胸闷、咳嗽的发生风险也增加，但未达到统计学意义。PM$_{2.5}$ 短期暴露可引起哮喘患者呼吸系统症状风险升高，以胸闷为主。PM$_{2.5}$ 每增加 10μg/m^3，哮喘患者发生胸闷的风险增加 21%（95%CI：1%~45%）；其他症状，如气短的发生风险也增加，但无统计学意义。另外，PM$_{2.5}$ 短期暴露与慢阻肺患者鼻塞、鼻痒和过敏症状的风险增加有关（表 2-16）。

表 2-16　PM$_{2.5}$ 对呼吸系统疾病患者呼吸系统症状的急性效应（lag02）

指标	慢阻肺[OR（95%CI）]	哮喘[OR（95%CI）]
胸闷	0.95（0.89~1.02）	1.21（1.01~1.45）*
咳嗽	0.97（0.92~1.03）	0.99（0.79~1.23）
咳痰	1.32（1.12~1.91）*	1.15（0.92~1.44）
气短	1.02（0.97~1.07）	1.03（0.96~1.11）
喘息	1.38（1.09~1.75）*	1.04（0.87~1.24）
咽喉发痒	1.01（0.94~1.08）	1.22（0.87~1.69）

续表

指标	慢阻肺[OR（95%CI）]	哮喘[OR（95%CI）]
鼻痒	1.09（1.03~1.17）*	1.01（0.84~1.21）
鼻塞	1.07（1.01~1.14）*	1.12（0.93~1.24）
过敏症状	1.06（1.01~1.12）*	1.20（0.99~1.44）

*$P<0.05$，表中数据代表 $PM_{2.5}$ 浓度每增加 $10\mu g/m^3$，相应症状增加的效应值（95%CI）。

3. 大气细颗粒物个体暴露对呼吸系统疾病肺功能的急性效应

单日滞后模型分析中，分析了滞后当日（lag0d）、滞后 1 日（lag1d）、滞后 2 日（lag2d）及滞后 3 日（lag3d）的个体 $PM_{2.5}$ 暴露与肺功能之间的效应关系，结果显示 $PM_{2.5}$ 在暴露早期对肺一氧化碳弥散量、最大呼气中期流量与预计值百分比有急性负效应。lag0d 时，$PM_{2.5}$ 每升高 $10\mu g/m^3$，肺一氧化碳弥散量下降 0.09[95% CI：-0.17~-0.01mmol/（min·kPa）]，最大呼气中期流量与预计值百分比下降 0.29%（95% CI：-0.56%~-0.02%）（图 2-21）。在累积滞后模型中，分析了累积滞后 2 日（lag01）、累积滞后 3 日（lag02）、累积滞后 4 日（lag03）个体 $PM_{2.5}$ 暴露水平与肺功能之间的效应关系，结果显示 $PM_{2.5}$ 暴露导致 lag01 时最大呼气中期流量与预计值百分比下降 1.06%（95% CI：-2.08%~-0.05%），未见 $PM_{2.5}$ 对肺一氧化碳弥散量（D_LCO）的累积滞后效应（图 2-22）。

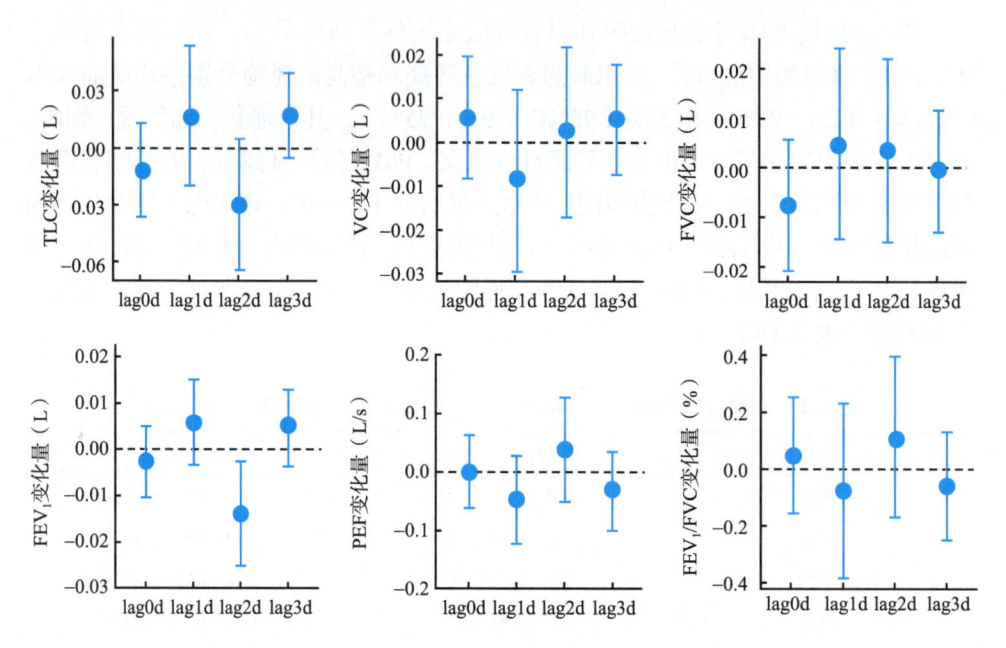

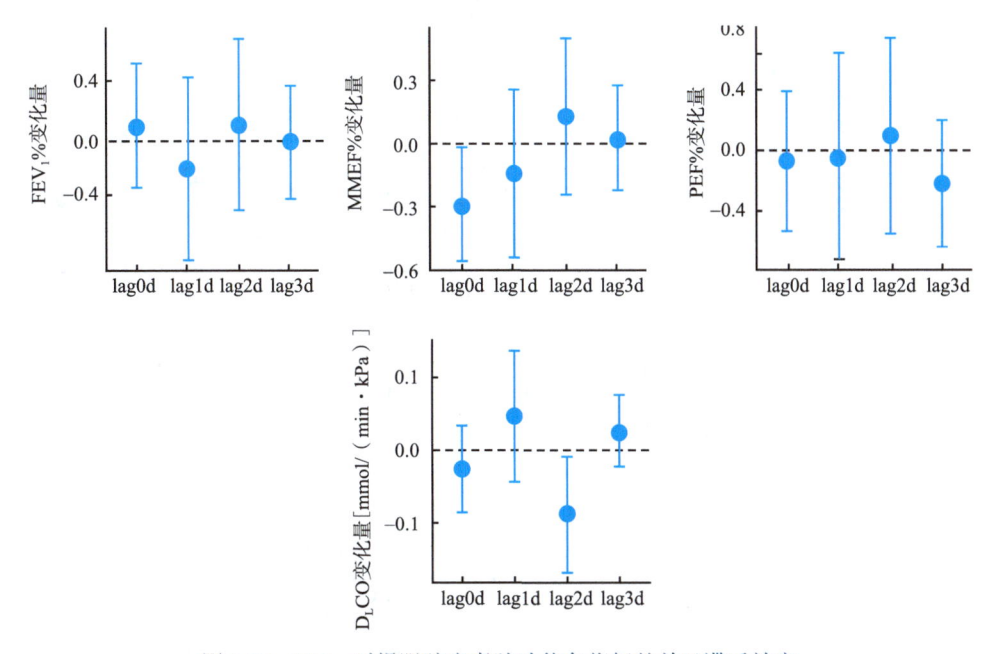

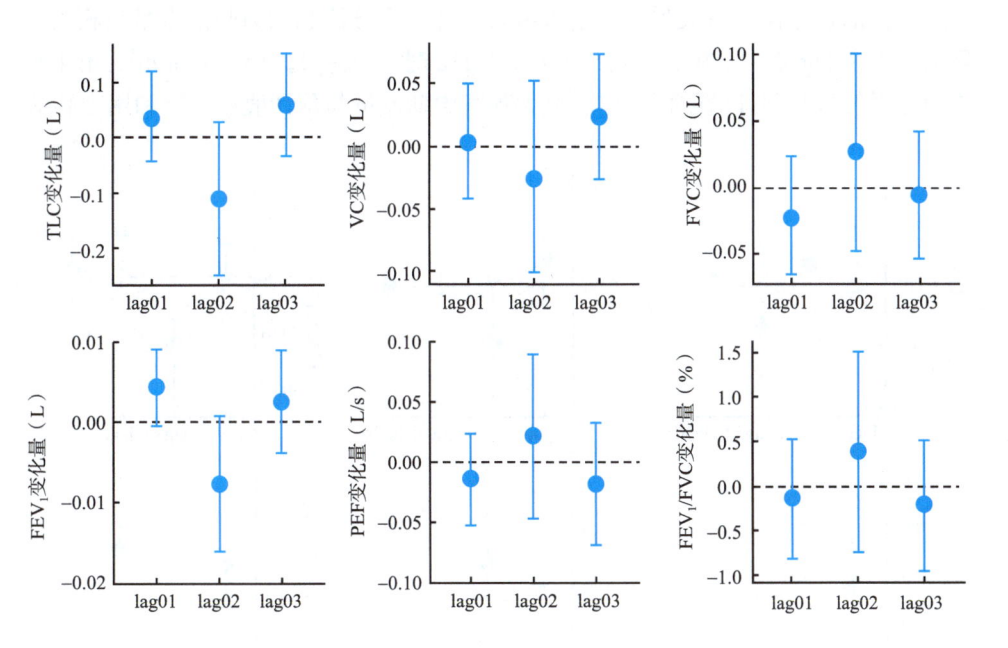

第二章　大气污染物对人群呼吸系统疾病急性效应的暴露-反应关系研究 | 59

图 2-21　PM$_{2.5}$ 对慢阻肺患者肺功能各指标的单日滞后效应
TLC，肺总量；VC，肺活量；FVC，用力肺活量；FEV$_1$，第 1 秒用力呼气量；MMEF 最大呼气中期流量；
PEF，最大呼气流量

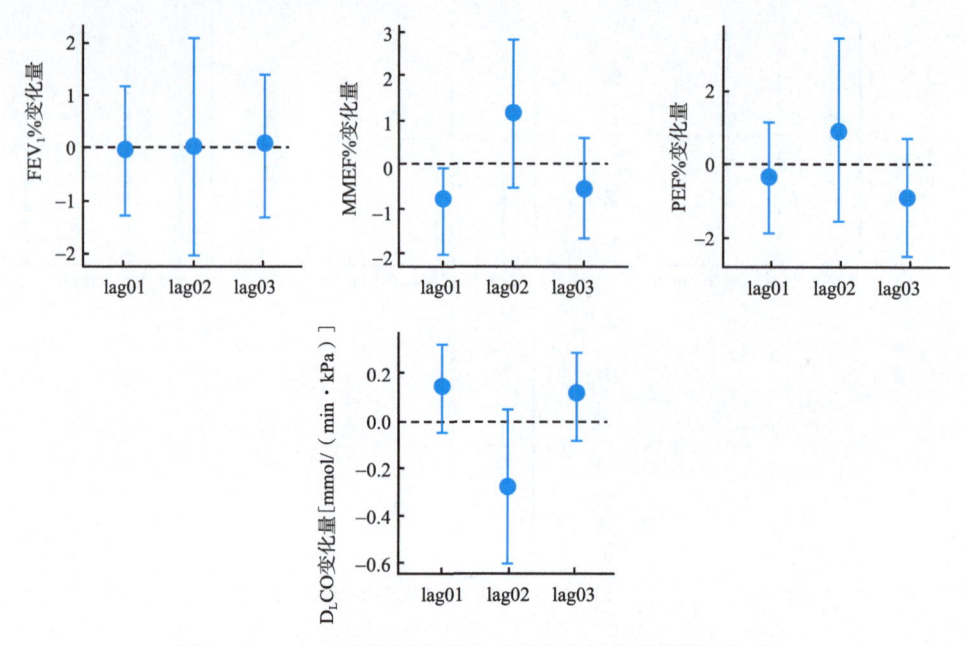

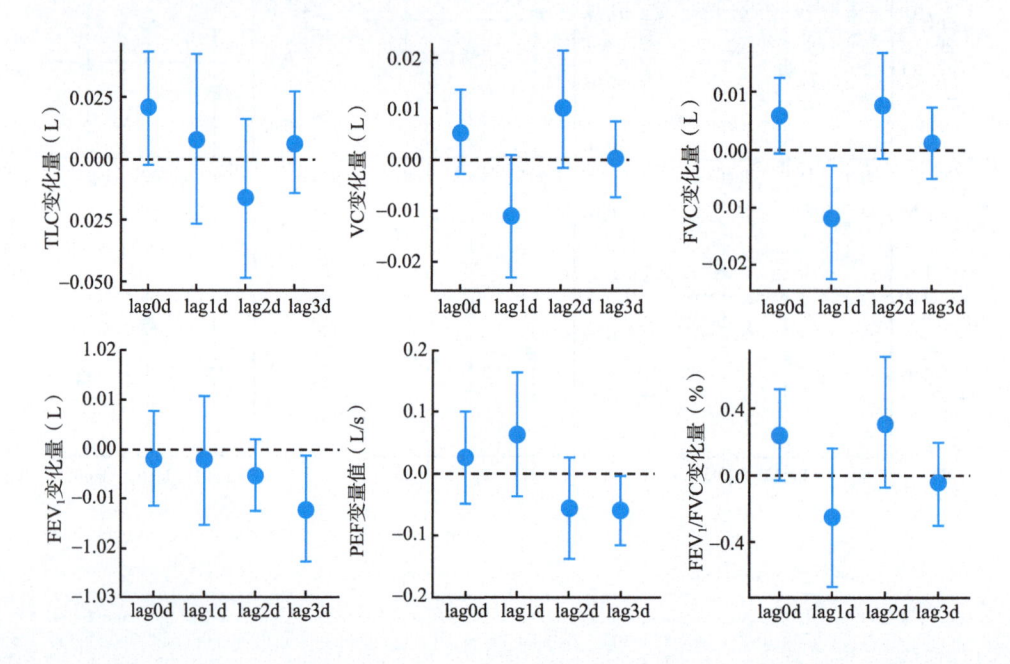

图 2-22　PM$_{2.5}$ 对慢阻肺患者肺功能各指标的累积滞后效应

对于哮喘患者，在单日滞后模型中，个体 PM$_{2.5}$ 暴露与第 1 秒末用力呼气量与预计值的百分比、最大呼气中期流量与预计值百分比和用力肺活量呈负相关，且均发生在 lag1d。从图 2-23 可以看出，lag1d 时，PM$_{2.5}$ 每升高 10μg/m^3，第 1 秒末用力呼气量与预计值的百分比、最大呼气中期流量与预计值百分比和用力肺活

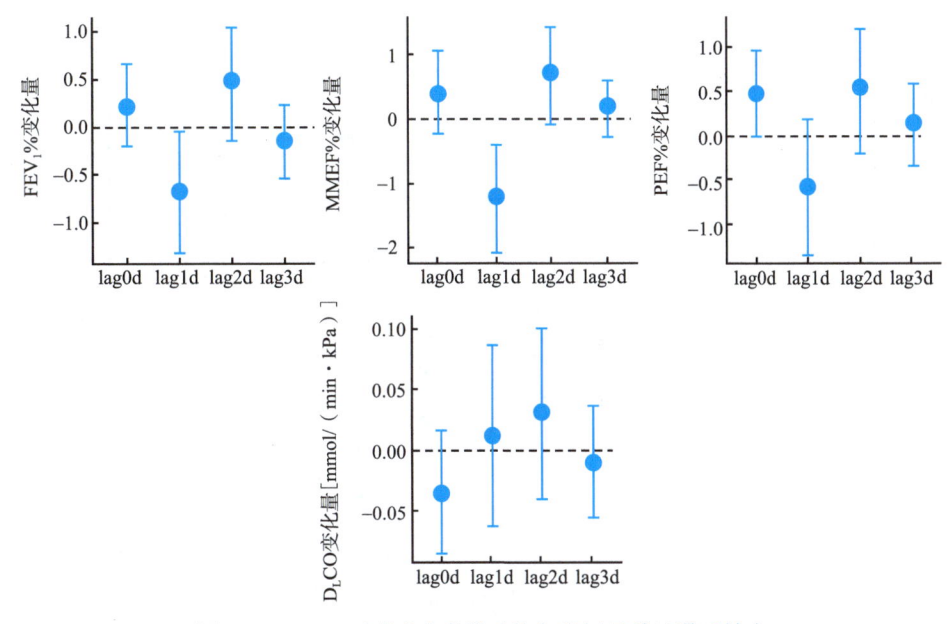

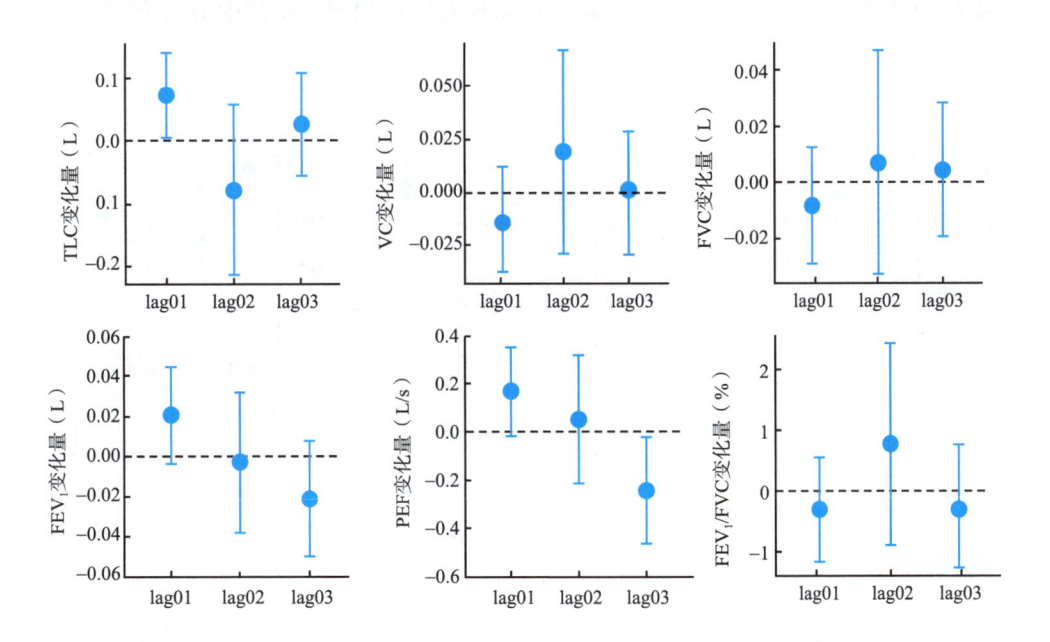

图 2-23　PM$_{2.5}$ 对哮喘患者肺功能各指标的单日滞后效应

量分别下降 0.68%（95% CI：-1.32%～-0.04%）、1.24%（95% CI：-2.09%～-0.39%）和 0.01L（95% CI：-0.02～-0.002L）。在累积滞后分析中，没有观察到 PM$_{2.5}$ 暴露与肺功能之间的累积滞后效应（图 2-24）。

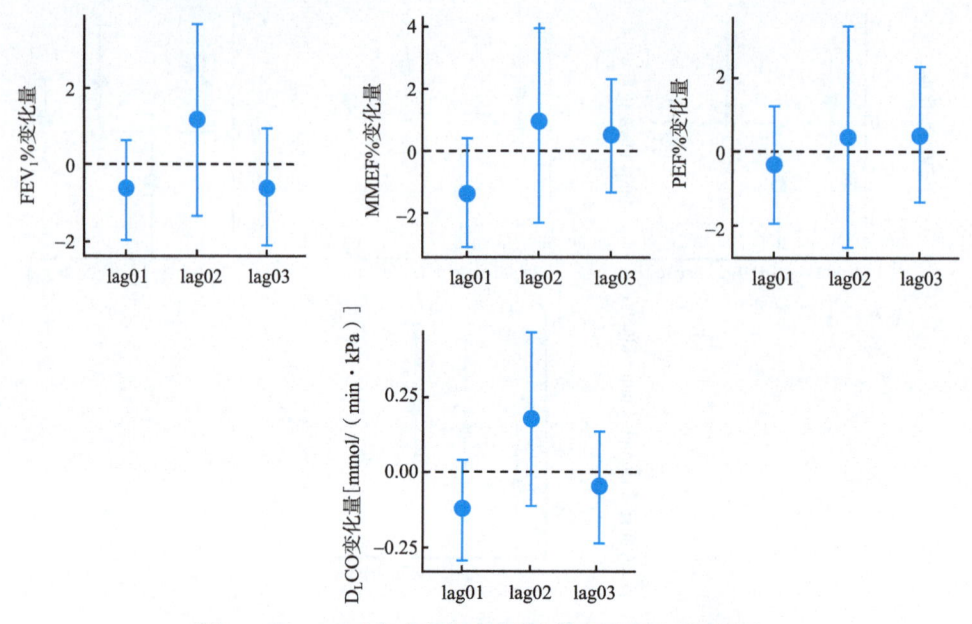

图 2-24　PM$_{2.5}$ 对哮喘患者肺功能各指标的累积滞后效应

4. 大气细颗粒物个体暴露对呼吸系统疾病炎症因子的急性效应

大气细颗粒物对慢阻肺患者炎症因子的急性效应如图 2-25、图 2-26 所示。如图 2-25 所示，在单日滞后模型中，血清中 IL-6、IL-8 及 IL-5 的表达随着 PM$_{2.5}$ 浓度的升高而增加。如图 2-26 所示，在累积滞后模型中，血清中 IL-2 的表达随着 PM$_{2.5}$ 浓度的升高而增加。

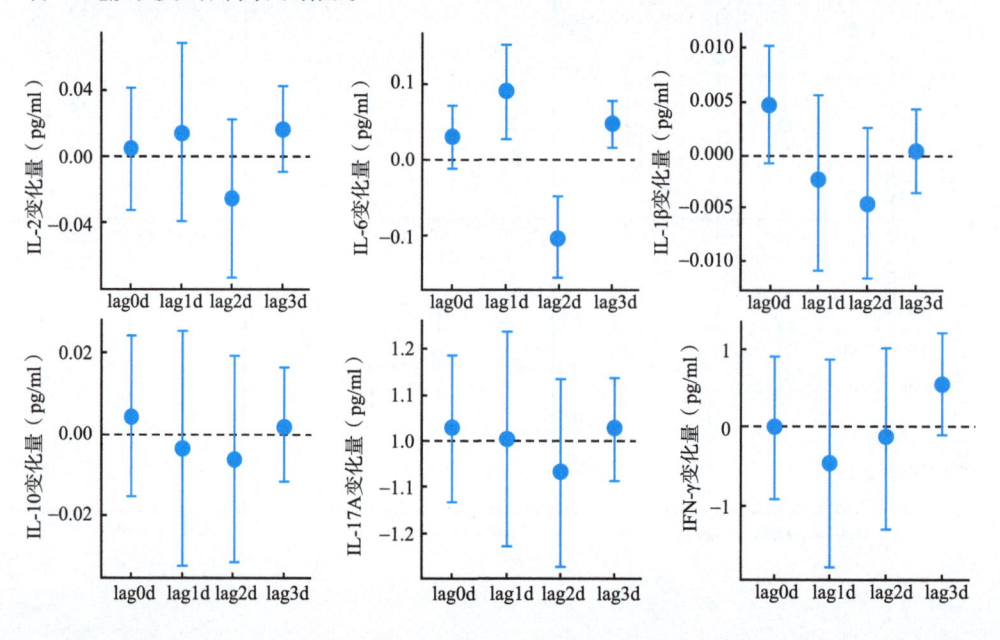

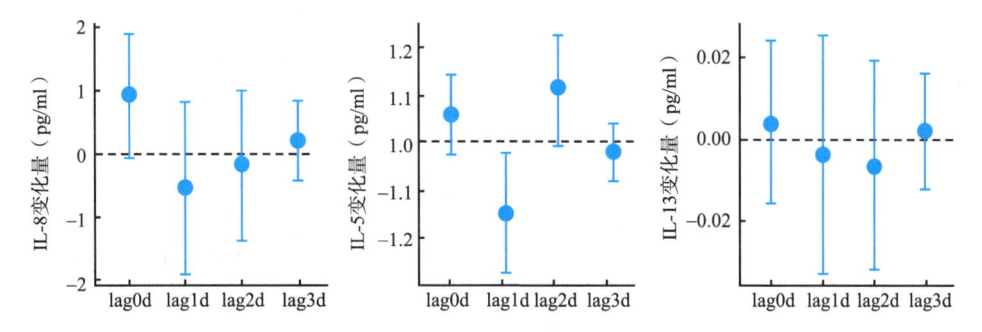

图 2-25　$PM_{2.5}$ 滞后 1~3 日对慢阻肺患者血清中炎症因子的单日滞后效应

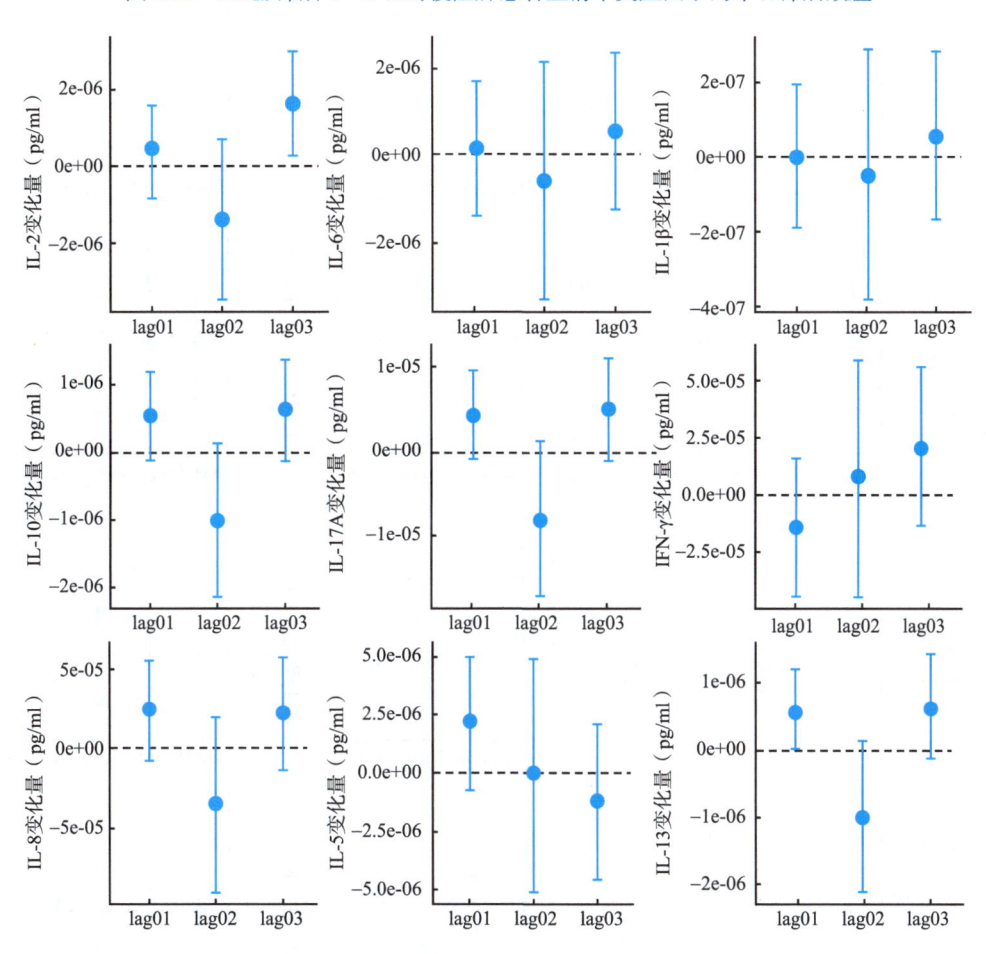

图 2-26　$PM_{2.5}$ 对慢阻肺患者血清中炎症因子的累积滞后效应

大气细颗粒物对哮喘患者炎症因子的急性效应如图 2-27 所示。在单日滞后模型中，血清中 IL-5 的表达随着 $PM_{2.5}$ 浓度的升高而增加。在累积滞后模型中，$PM_{2.5}$ 浓度的升高与血清中炎症因子的表达无明显相关性。

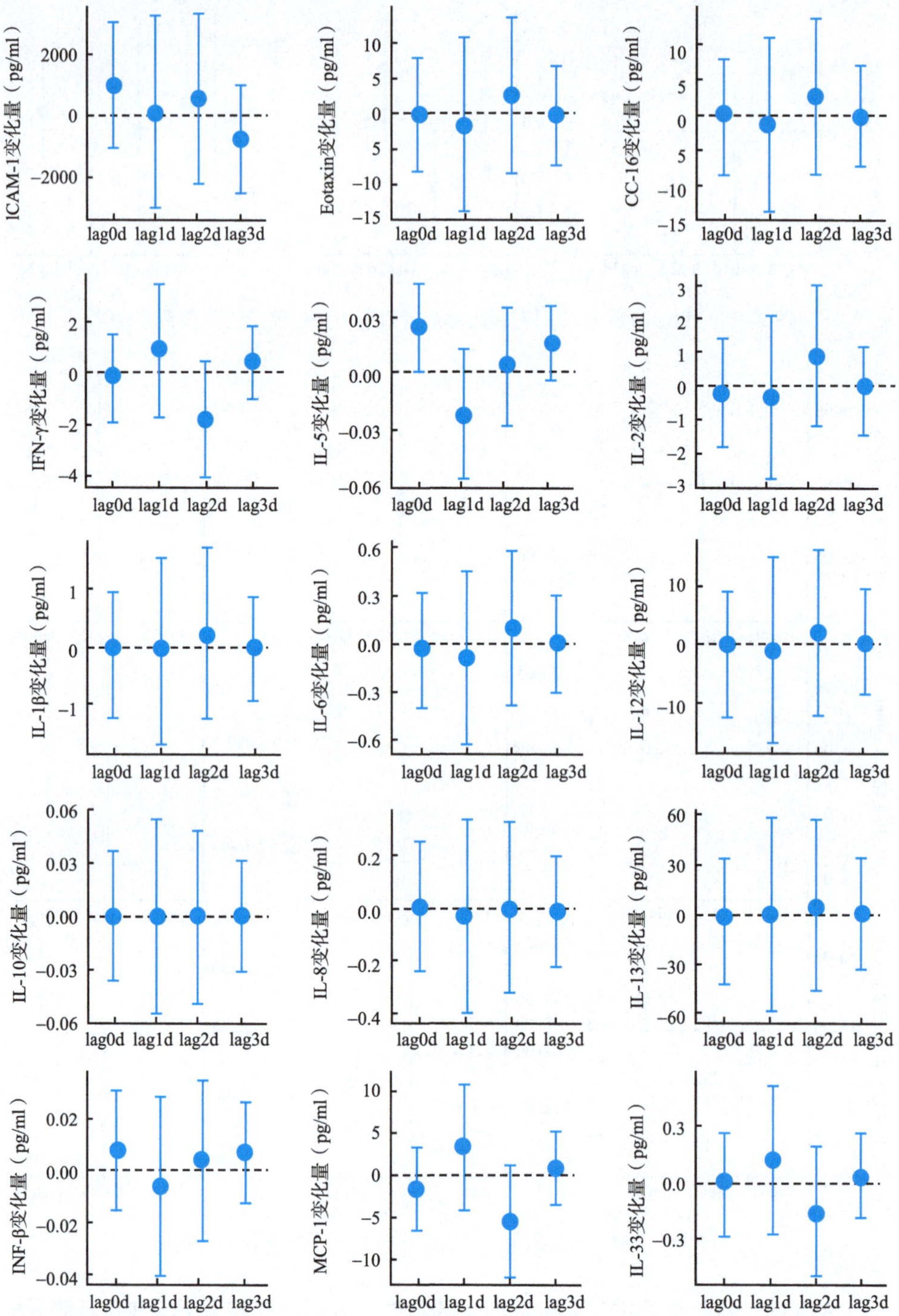
ICAM-1变化量（pg/ml）
Eotaxin变化量（pg/ml）
CC-16变化量（pg/ml）
IFN-γ变化量（pg/ml）
IL-5变化量（pg/ml）
IL-2变化量（pg/ml）
IL-1β变化量（pg/ml）
IL-6变化量（pg/ml）
IL-12变化量（pg/ml）
IL-10变化量（pg/ml）
IL-8变化量（pg/ml）
IL-13变化量（pg/ml）
INF-β变化量（pg/ml）
MCP-1变化量（pg/ml）
IL-33变化量（pg/ml）
lag0d
lag1d
lag2d
lag3d

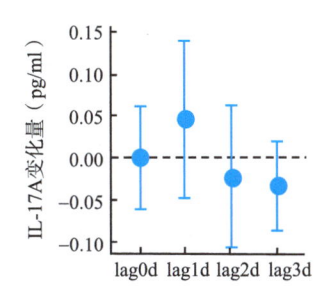

图 2-27　PM$_{2.5}$ 单日滞后 1～3 日对哮喘患者血清中炎症因子的影响

5. 大气细颗粒物个体暴露对呼吸系统疾病患者 DNA 甲基化的急性效应

在去除不符合质量控制标准的探针后，最终共有 840 157 个 CpGs 位点被纳入 LME 模型。把 PM$_{2.5}$ 作为连续性变量进行分析，发现在 FDR 小于 0.05 的条件下有 11 个 CpG 位点与 PM$_{2.5}$ 的暴露显著相关，在 FDR 小于 0.1 的情况下有 19 个位点与 PM$_{2.5}$ 暴露显著相关（图 2-28）。这 19 个位点中有 15 个位点甲基化程度与 PM$_{2.5}$ 浓度呈负相关，4 个位点甲基化程度与 PM$_{2.5}$ 浓度呈正相关。与 PM$_{2.5}$ 暴露相关甲基化位点见表 2-17。

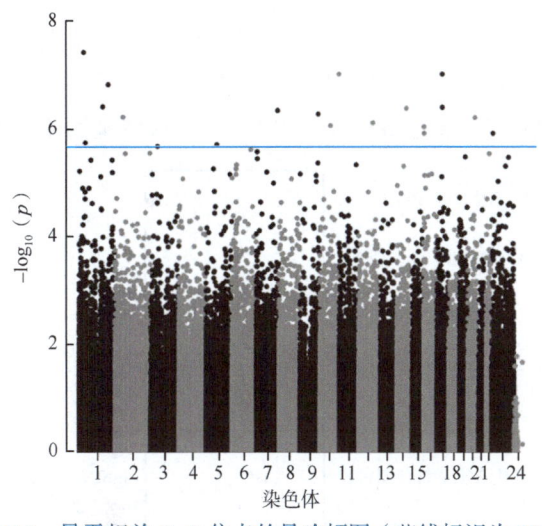

图 2-28　与 PM$_{2.5}$ 暴露相关 CpG 位点的曼哈顿图（蓝线标识为 FDR 等于 0.1）

表 2-17　与 PM$_{2.5}$ 暴露相关 CpG 位点（FDR 为 0.1）

DNAm	系数	标准误	P	FDR	基因符号	CHR	CpG_岛
cg23805785	−0.017	0.002	3.87e-08	2.72e-02	*IQCC*	1	Island
cg00805619	0.006	0.001	9.72e-08	2.72e-02	*INPP5A*	3	Island
cg00017188	−0.016	0.002	9.73e-08	2.72e-02	*WIPF2*	17	Island
cg21212494	−0.013	0.001	1.51e-07	3.18e-02	*KLHL12*	1	N_Shore
cg00348771	−0.019	0.002	3.87e-07	4.65e-02	*MGST3*	1	Island

续表

DNAm	系数	标准误	P	FDR	基因符号	CHR	CpG_岛
cg02376455	−0.010	0.001	3.95e-07	4.65e-02	*RARA*	17	Island
cg23781136	−0.017	0.002	4.10e-07	4.65e-02	*KCNK10*	14	Island
cg15447715	−0.008	0.001	4.51e-07	4.65e-02	*ABCB8*	7	Island
cg18771855	−0.014	0.002	5.20e-07	4.65e-02	*C9orf16*	9	N_Shore
cg08455916	0.001	0.000	6.00e-07	4.65e-02	*C2orf73*	2	S_Shelf
cg12977244	0.005	0.001	6.09e-07	4.65e-02	*ZFP64*	20	S_Shelf
cg05469421	0.001	0.000	7.59e-07	5.31e-02	*ARL1*	12	Island
cg27083176	−0.004	0.001	8.55e-07	5.45e-02	*IL2*	10	N_Shore
cg07655457	−0.003	0.000	9.08e-07	5.45e-02	*HN1L*	16	Island
cg16251333	−0.014	0.002	1.19e-06	6.30e-02	*TCEANC*	X	Island
cg09879727	−0.012	0.001	1.20e-06	6.30e-02	*GFER*	16	Island
cg22613799	−0.007	0.001	1.81e-06	8.92e-02	*ZNF691*	1	N_Shore
cg03666316	−0.005	0.001	1.96e-06	9.15e-02	*F2R*	5	Island
cg03555424	−0.011	0.002	2.11e-06	9.32e-02	*APEH*	3	Island

为了评估这 19 个与 $PM_{2.5}$ 暴露相关的甲基化 CpG 位点影响的潜在生物学意义，对筛选出来的 DNA 甲基化位点所在的基因进行了基因功能与通路分析，筛选出富集程度最高的 10 条通路（图 2-29）。发现这些基因主要作用于对外界物质

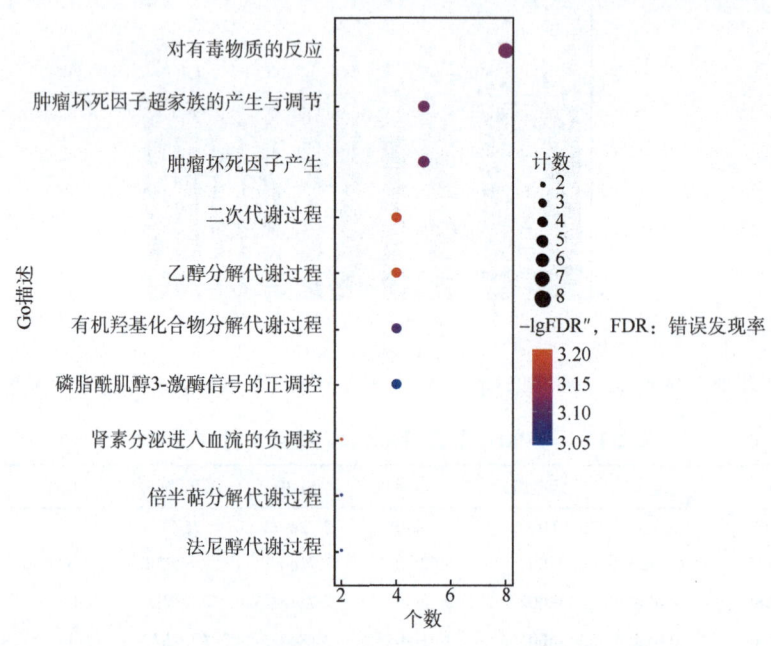

图 2-29 功能富集分析（前 10 条富集明显的 GO 通路）

的毒性反应、肿瘤坏死因子超家族的产生与调节，以及有机物代谢途径及磷脂酰肌醇代谢和有机物代谢通路上，提示 PM$_{2.5}$ 可能通过调节这些通路中相关基因的甲基化水平来参与慢阻肺的致病机制。

6. 大气细颗粒物个体暴露对呼吸系统疾病患者 RNA 调控网络的急性效应

（1）不同 PM$_{2.5}$ 暴露条件下 lncRNA 和 mRNA 的表达差异：PM$_{2.5}$ 高暴露与低暴露相比，共有 799 个 lncRNA 分子表达有差异，其中 258 个为相对高表达，541 个为相对低表达。共有 1827 个 mRNA 分子差异表达，其中 25 个 mRNA 分子相对高表达，其余为相对低表达。

（2）功能富集分析：对于上调的 mRNA，发现生物过程（biological process，BP）最重要的 GO 项主要涉及免疫反应、细胞死亡和凋亡、炎症因子激活和信号转导，这些都在慢阻肺的发生发展中起重要作用。分子功能（molecular function，MF）的 GO 项与蛋白激酶调节因子活性和趋化因子受体活性、翻译因子活性有关。在细胞组分（cellular component，CC）中，最明显的三项分别是胰岛素样生长因子结合蛋白复合物、胰岛素样生长因子三元复合物和胰岛素样生长因子三元复合物真核翻译起始因子 4F 复合物（图 2-30）。对于下调的 mRNA，BP 最重要的 GO 术语是抗原处理和呈递、T 细胞受体信号通路、T 细胞活化、RNA 剪接和 mRNA 稳定性，以及炎症信号通路的负调控，这些主要与免疫和炎症反应相关。MF 主要与转录和翻译过程的激活及各种蛋白质的结合（层粘连蛋白结合、核糖体小亚基结合、酶结合等）有关。在 CC 中，最重要的是细胞外小体和细胞成分组织（内质网膜、核膜、细胞质等）（图 2-30）。

KEGG 途径分析主要集中在 NOD 样受体信号通路、自然杀伤细胞介导的细胞毒性、Th17 细胞分化、凋亡和 T 细胞受体信号通路，这些通路都与免疫和炎症反应有关（图 2-30）。

（3）基因-基因功能相互作用网络：利用基因-基因功能相互作用网络来确定差异表达的 mRNA 中最重要的基因。表 2-18 显示了网络中排名前 20 位的核心基因。由表中可见，有 3 个基因是高表达，分别是 *NFKB1*、*IKBKB* 和 *TGF-β*，其中 *NFKB1* 是具有最高度值和中心度范围的基因（连接了最多的基因），反映了其在网络中的主要部分，提示在 PM$_{2.5}$ 暴露后 *NFKB1* 为起关键作用的基因。低表达的基因中 *PRKACB*、*PIK3CA*、*FOXO3*、*FOS*、*ENPP3*、*STAT1*、*INFG*、*PLD1*、*PLA2G4A*、*CREB1*、*JAK2* 等在基因-基因功能相互作用网络中具有重要功能。

（A）GO富集分析上调基因

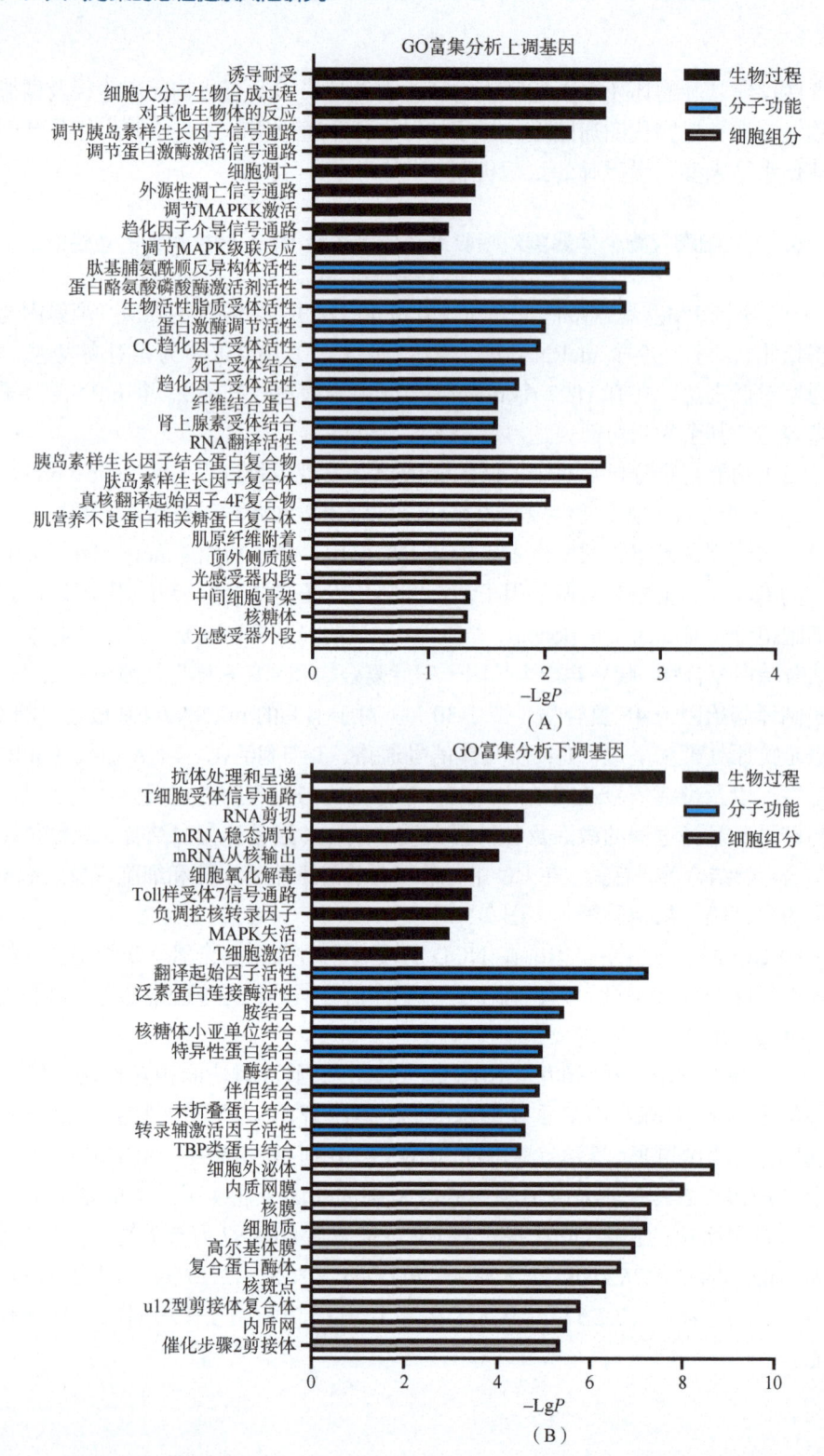

（B）GO富集分析下调基因

第二章 大气污染物对人群呼吸系统疾病急性效应的暴露-反应关系研究 | 69

下调信号通路

- NOD样受体信号通路
- 自然杀伤细胞介导的细胞毒性
- Th17细胞分化
- 凋亡
- T细胞受体信号通路
- Th1和Th2细胞分化
- 基础转录因子
- RNA降解
- DNA复制
- 抗体处理和呈递

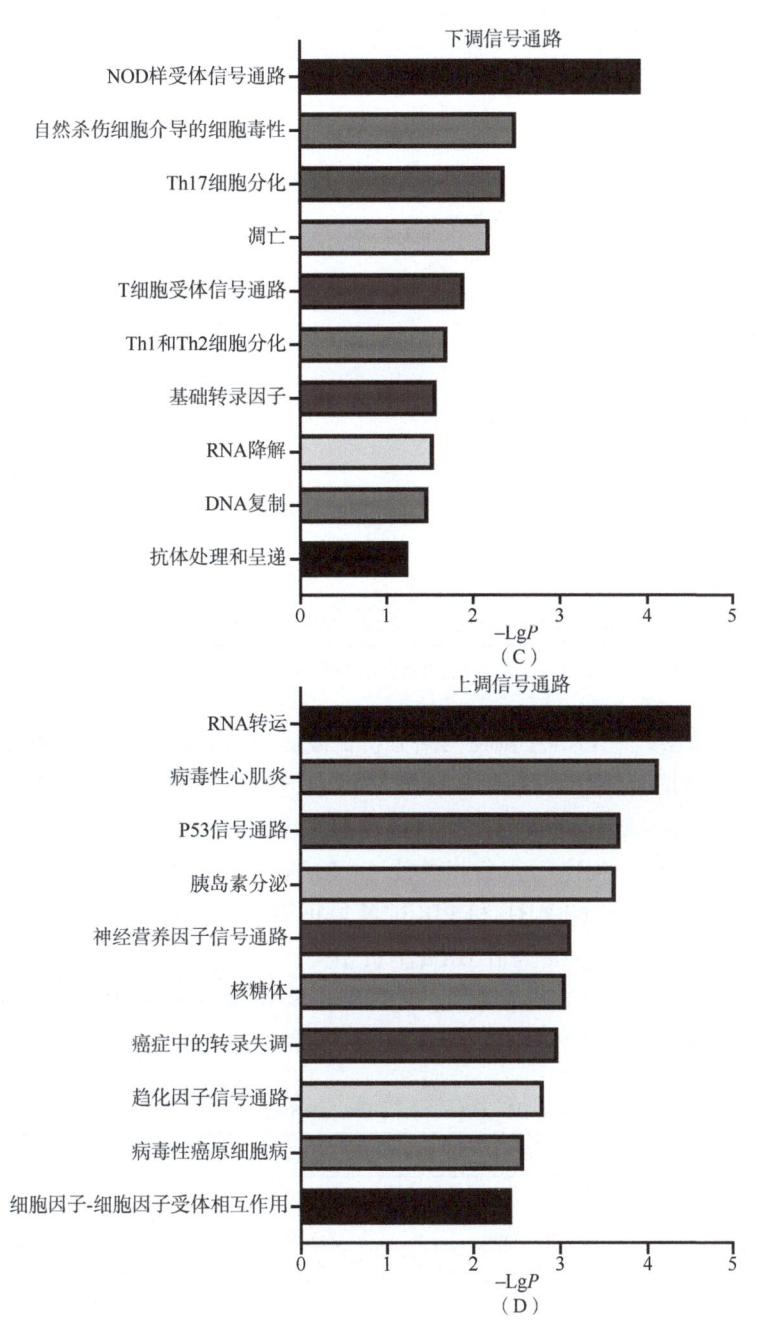

$-\lg P$
（C）

上调信号通路

- RNA转运
- 病毒性心肌炎
- P53信号通路
- 胰岛素分泌
- 神经营养因子信号通路
- 核糖体
- 癌症中的转录失调
- 趋化因子信号通路
- 病毒性癌原细胞病
- 细胞因子-细胞因子受体相互作用

$-\lg P$
（D）

图2-30 GO 和 KEGG 通路分析。对聚集在细胞成分、分子功能和生物过程中显著上调（A）和下调（B）的 mRNA 的 GO 分析，差异下调（C）和上调（D）mRNA 的 KEGG 分析

x 轴显示$-\lg P$，y 轴显示 GO 项或 KEGG 路径。$-\lg P$ 即 P 值负对数；GO，基因本体论；KEGG，京都基因和基因组百科全书

表 2-18 基因-基因功能相互作用网络筛选核心差异的 mRNA

基因符号	类别	FC	等级
NFKB1	up	4.724	35
IKBKB	up	3.945	23
TGF-β	up	3.681	21
PRKACB	down	−13.737	32
PIK3CA	down	−6.635	29
FOXO3	down	−6.635	20
FOS	down	−5.205	17
ENPP3	down	−4.993	16
STAT1	down	−4.595	12
IFNG	down	−4.408	12
PLA2G4A	down	−4.141	12
PLD1	down	−4.084	12
CREB1	down	−3.784	11
IL6	down	−3.124	11

注：基因的重要程度被定义为一个网络中直接连锁的基因的数量。FC，差异倍数。

（4）lncRNA 和 mRNA 调控网络分析：最后根据 lncRNA 和 mRNA 的差异表达和靶向预测情况，建立 lncRNA-mRNA 表达相关网络，以确定 $PM_{2.5}$ 相关的 mRNA 和 lncRNA 之间调控网络。选择结果中核心 mRNA 和差异程度较高的 mRNA 进行分析，找出与其最相关的 lncRNA 分子。结果见表 2-19，lncRNA NONHSAT122736 与 NFKB1 和 PIK3CA 呈正相关，在网络中为正向调节关系；lncRNA NONHSAT123408 与 IKBKB 呈负相关，在网络中为负向调节关系；lncRNA NONHSAT039609 与 TGF-β 呈正相关，在网络中为正向调节关系；lncRNA NONHSAT136018 与 FOXO3 呈负相关，在网络中为负向调节关系。

表 2-19 lncRNA 与核心 mRNA 的相关性

mRNA	lncRNA	皮尔森系数	关系
NFKB1	NONHSAT122736	0.917*	正向
IKBKB	NONHSAT123408	−0.925*	负向
TGF-β	NONHSAT039609	0.925*	正向
PRKACB	NONHSAT136020	0.935*	正向
PIK3CA	NONHSAT122736	−0.901*	负向
FOXO3	NONHSAT136018	−0.923*	负向

* $P<0.01$。

2.4.4 讨 论

慢阻肺和哮喘是常见的慢性呼吸系统疾病，$PM_{2.5}$ 对患者症状及肺功能的影响研究结果不一，其结果的异质性与地域、暴露评估方法、环境污染物浓度、气象差异均有关。西方国家大气污染暴露水平较低，与我国大气污染来源、浓度和组成方面有显著差异，种族差异性也限制我们直接照搬西方国家的研究结果。

2018 年在英国开展的著名的牛津街 vs 海德公园研究发现，$PM_{2.5}$ 短期暴露与慢阻肺患者咳嗽（OR 1.95, 95%CI: 0.96~3.95）、咳痰（OR 3.15, 95%CI: 1.39~7.13）、呼吸急促（OR 1.86, 95%CI: 0.97~3.57）和喘息（OR 4.00, 95%CI: 1.52~10.50）均有关。本研究发现 $PM_{2.5}$ 短期暴露仅与慢阻肺患者的喘息和咳嗽、哮喘患者的气短和咳嗽有关，而与胸闷、咳痰等症状未发现相关性。

目前针对 $PM_{2.5}$ 与肺功能影响的研究多集中在儿童、青少年等发育期人群及健康人群，国际著名的欧洲大气污染对健康影响大型队列研究（the European Study of Cohorts for Air Pollution Effects，ESCAPE）对大气污染物长期暴露和肺功能指标的关联在成人和儿童人群中进行了探讨。而对于有基础肺功能受损的人群如慢阻肺患者及成人哮喘患者的研究较少，而且得出的结论尚不一致。美国的一项研究发现，$PM_{2.5}$ 短期暴露仅与慢阻肺患者 FVC 降低相关，与 FEV_1 不相关。罗马的定组研究显示 $PM_{2.5}$ 浓度升高与 FVC、FEV_1 的下降均相关；而欧洲的一项研究却发现 $PM_{2.5}$ 暴露与 FVC 或 FEV_1 均无相关性。本研究显示 $PM_{2.5}$ 短期暴露与慢阻肺患者的最大呼气中期流量与预计值百分比（MMEF%）和 D_LCO 改变相关，提示对弥散功能及小气道功能产生了不良影响。同时，$PM_{2.5}$ 短期暴露与哮喘患者的 FEV_1%、MMEF% 和 FVC 下降相关，$PM_{2.5}$ 对哮喘患者的通气功能下降具有急性效应。

炎症反应在慢阻肺和哮喘的发生发展中起重要作用。研究表明，大气污染与慢阻肺和哮喘患者血细胞因子表达相关。其中，白介素-6（IL-6）的表达升高与慢阻肺进展有关，本研究也有同样发现。多种炎性细胞参与的炎症反应是慢阻肺进展的核心机制，中性粒细胞聚集与弹性蛋白酶的释放居关键地位。有研究表明，慢阻肺急性加重时，血清及痰液中中性粒细胞增多。IL-8 是中性粒细胞特异性趋化因子，本研究发现，$PM_{2.5}$ 暴露浓度升高与慢阻肺患者血 IL-8 表达升高有关。IL-2、IL-12 及 IFN-γ 是 Th1 型细胞因子，IL-5、IL-4 及 IL-10 是 Th2 型细胞因子，本研究发现慢阻肺患者血中 IL-5 和 IL-2 的表达随 $PM_{2.5}$ 浓度的升高而升高，$PM_{2.5}$ 可能影响慢阻肺 Th1/Th2 细胞的免疫平衡。

IL-5 可诱导嗜酸性粒细胞在肺部募集，嗜酸性粒细胞为哮喘的炎症效应细胞，其数量与哮喘严重程度相关。本研究发现哮喘患者血中 IL-5 与 $PM_{2.5}$ 浓度有显著相关性。Klümper 等的研究发现，$PM_{2.5}$ 浓度升高导致儿童哮喘患者血清中 IL-6 表达升高，本研究未发现此相关性，可能因研究对象不同所致，不同人群对 $PM_{2.5}$ 的易感性与研究结果不同可能有关。本研究同样未发现 PM$_{2.5}$ 浓度与 IL-8、sICAM-1 相关，与 Alexis 等的研究结果相似。综上，PM$_{2.5}$ 对慢阻肺和哮喘患者免疫系统的影响体现在固有免疫和适应性免疫两方面，通过 IL-8 和 IL-5 激活中性粒细胞及嗜酸性粒细胞，进一步影响 Th1/Th2 细胞免疫平衡，导致肺部发生炎症反应，加重慢阻肺及哮喘疾病进展。因此，本研究为因大气污染导致急性加重的治疗提供了前期基础与未来的研究方向。

本研究还发现高 PM$_{2.5}$ 暴露与低 PM$_{2.5}$ 暴露相比，有多种 lncRNA 分子普遍表达失调（上调 258 个，下调 541 个），通过生物信息学分析表明，差异表达的 lncRNA 可能通过与靶 mRNA 相互作用调节其所靶向的通路，主要是炎症信号传导与免疫调节通路。另外，为发现 PM$_{2.5}$ 暴露相关的核心 mRNA，对异常表达的 mRNA 进行基因-基因功能相互作用网络分析，发现了几个关键的靶基因，如 *NFKB1*、*IKBKB*、*TGF-β* 及 *PRKACB*、*PIK3CA*、*FOXO3*、*FOS*、*ENPP3*、*STAT1*、*INFG*、*PLD1*、*PLA2G4A*、*CREB1*、*JAK2* 等，其中 *NFKB1* 是具有高度值和中心度范围的基因，反映了其在 PM$_{2.5}$ 暴露后 RNA 网络中的重要位置。*NFKB1* 是典型的炎症通路基因，在慢阻肺发病中起到至关重要的作用，是下游多种炎症因子产生的关键通路。IKBKB（又名 IKK-β）是 IKK 复合物重要的催化亚基，它与催化亚基 IKK-α 及调节亚基 IKK-γ 共同构成 IKK 复合物。IKK 复合物的磷酸化可以激活 NF-κB，使 NF-κB 转入细胞核内调控基因表达，在激活 NF-κB 过程中发挥重要作用。

最后构建了 PM$_{2.5}$ 暴露相关 lncRNA-mRNA 网络，展示了核心 mRNA 相关 lncRNA-mRNA 调控网络。数据表明，lncRNA 失调可能参与了与大气污染相关的慢阻肺的炎症机制。*NFKB1* 是 PM$_{2.5}$ 暴露相关基因改变网络中的关键基因，而 lncRNA NONHSAT122736 可靶向正向调节 *NFKB1*。

关于 DNA 甲基化方面，本研究比较全面地分析了个体 PM$_{2.5}$ 短期暴露对慢阻肺全基因组 DNA 甲基化的急性影响。在研究中发现了 19 个 CpG 位点与短期 PM$_{2.5}$ 暴露显著相关，且这 19 个位点均可被注释到特定基因上，构建了慢阻肺与 PM$_{2.5}$ 相关的 DNA 甲基化图谱，功能富集分析也显示这些基因主要作用于对外界毒性物质的反应、炎症因子产生与调节通路。本研究利用 850K 芯片评估个体 PM$_{2.5}$ 短期暴露对慢阻肺患者外周血全基因组 DNA 甲基化的急性影响，为 PM$_{2.5}$ 对慢阻肺急性健康影响提供了新的生物学证据。

2.4.5 小　　结

（1）PM$_{2.5}$ 对慢阻肺患者咳痰和喘息症状、哮喘患者胸闷症状有急性效应。

（2）PM$_{2.5}$ 对慢阻肺患者肺功能指标 MMEF%和 D$_L$CO 有急性健康效应；对哮喘患者肺功能指标 FEV$_1$%、MMEF%和 FVC 有急性健康效应。

（3）PM$_{2.5}$ 对慢阻肺和哮喘患者睡眠质量下降有急性健康效应，PM$_{2.5}$ 与哮喘患者抑郁风险增加有急性健康效应。

（4）PM$_{2.5}$对慢阻肺患者外周血白细胞、中性粒细胞、嗜碱性粒细胞有急性健康效应；对哮喘患者白细胞、嗜酸性粒细胞有急性健康效应。

（5）PM$_{2.5}$对慢阻肺患者血清细胞因子IL-6，IL-8、IL-5、IL-2有急性健康效应，对哮喘患者IL-5有急性健康效应。

（6）PM$_{2.5}$暴露可导致慢阻肺患者外周血单个核细胞内多个lncRNA分子及mRNA分子差异表达，功能富集分析显示这些差异表达的lncRNA与靶mRNA相互作用，其所靶向的通路主要是炎症信号传导与免疫调节通路，提示PM$_{2.5}$在慢阻肺中的免疫和炎症反应机制。构建了PM$_{2.5}$暴露相关的mRNA-mRNA相互作用网络，发现*NFKB1*为差异表达中的核心基因，在PM$_{2.5}$暴露后RNA调控网络中处于重要位置，提示其在PM$_{2.5}$暴露后起关键作用。构建了PM$_{2.5}$暴露相关的lncRNA-mRNA调控网络，发现lncRNA NONHSAT122736可靶向正向调节*NFKB1*。

（7）发现了19个CpG位点与短期PM$_{2.5}$暴露显著相关，构建了慢阻肺中与PM$_{2.5}$相关的DNA甲基化图谱。这些基因的DNA甲基化首次被报道与PM$_{2.5}$暴露有关，且功能富集分析显示这些基因主要作用于对外界毒性物质的反应、炎症因子产生与调节通路，可作为诊断和判断预后的甲基化靶点。研究结果提供了环境PM$_{2.5}$暴露和慢阻肺不良反应的新生物学途径，并强调了表观遗传学在研究PM$_{2.5}$对慢阻肺发生发展影响机制中的作用。

参 考 文 献

Adam M，Schikowski T，Carsin AE，et al，2015. Adult lung function and long-term air pollution exposure. ESCAPE：a multicentre cohort study and meta-analysis[J]. The European Respiratory Journal，45（1）：38-50.

Alexis NE，Huang YCT，Rappold AG，et al，2014. Patients with asthma demonstrate airway inflammation after exposure to concentrated ambient particulate matter[J]. American Journal of Respiratory and Critical Care Medicine，190（2）：235-237.

Anderson HR，Spix C，Medina S，et al，1997. Air pollution and daily admissions for chronic obstructive pulmonary disease in 6 European cities：results from the APHEA project[J]. The European Respiratory Journal，10（5）：1064-1071.

Barnes PJ，2016. Inflammatory mechanisms in patients with chronic obstructive pulmonary disease[J]. Journal of Allergy and Clinical Immunology，138（1）：16-27.

Brusselle GG，Joos GF，Bracke KR，2011. New insights into the immunology of chronic obstructive pulmonary disease[J]. The Lancet，378（9795）：1015-1026.

Chen RJ，Yin P，Meng X，et al，2018. Associations between ambient nitrogen dioxide and daily cause-specific mortality：evidence from 272 Chinese cities[J]. Epidemiology，29（4）：482-489.

Chen RJ，Yin P，Meng X，et al，2019. Associations between coarse particulate matter air pollution and cause-specific mortality: a nationwide analysis in 272 Chinese cities[J]. Environmental Health Perspectives, 127（1）: 17008.

Cohen AJ, Brauer M, Burnett R, et al, 2017. Estimates and 25-year trends of the global burden of disease attributable to ambient air pollution: an analysis of data from the Global Burden of Diseases Study 2015[J]. Lancet, 389（10082）: 1907-1918.

de Hartog JJ, Ayres JG, Karakatsani A, et al, 2010. Lung function and indicators of exposure to indoor and outdoor particulate matter among asthma and COPD patients[J]. Occupational and Environmental Medicine, 67（1）: 2-10.

de Miguel-Díez J, Hernández-Vázquez J, López-de-Andrés A, et al, 2019. Analysis of environmental risk factors for chronic obstructive pulmonary disease exacerbation: a case-crossover study （2004-2013）[J]. PLoS One, 14（5）: e0217143.

Fang XY, Huang SJ, Zhu YX, et al, 2023. Short-term exposure to ozone and asthma exacerbation in adults: a longitudinal study in China[J]. Frontiers in Public Health, 10: 1070231.

Faustini A, Stafoggia M, Cappai G, et al, 2012. Short-term effects of air pollution in a cohort of patients with chronic obstructive pulmonary disease[J]. Epidemiology, 23（6）: 861-879.

Gao NN, Li CH, Ji JD, et al, 2019. Short-term effects of ambient air pollution on chronic obstructive pulmonary disease admissions in Beijing, China（2013-2017）[J]. International Journal of Chronic Obstructive Pulmonary Disease, 14: 297-309.

Gao NN, Xu WS, Ji JD, et al, 2020. Lung function and systemic inflammation associated with short-term air pollution exposure in chronic obstructive pulmonary disease patients in Beijing, China[J]. Environmental Health: a Global Access Science Source, 19（1）: 12.

Gauderman WJ, Urman R, Avol E, et al, 2015. Association of improved air quality with lung development in children[J]. New England Journal of Medicine, 372（10）: 905-913.

Gauderman WJ, Vora H, McConnell R, et al, 2007. Effect of exposure to traffic on lung development from 10 to 18 years of age: a cohort study[J]. The Lancet, 369（9561）: 571-577.

Gehring U, Gruzieva O, Agius RM, et al, 2013. Air pollution exposure and lung function in children: the ESCAPE project[J]. Environmental Health Perspectives, 121（11/12）: 1357-1364.

Gharibi H, Entwistle MR, Ha SD, et al, 2019. Ozone pollution and asthma emergency department visits in the Central Valley, California, USA, during June to September of 2015: a time-stratified case-crossover analysis[J]. The Journal of Asthma: Official Journal of the Association for the Care of Asthma, 56（10）: 1037-1048.

Hart JE, Grady ST, Laden F, et al, 2018. Effects of Indoor and Ambient Black Carbon and[Formula: see text]on Pulmonary Function among Individuals with COPD[J]. Environmental Health Perspectives, 126（12）: 127008.

Huang SD, Garshick E, Vieira CLZ, et al, 2020. Short-term exposures to particulate matter gamma radiation activities and biomarkers of systemic inflammation and endothelial activation in COPD patients[J]. Environmental Research, 180: 108841.

Klümper C, Krämer U, Lehmann I, et al, 2015. Air pollution and cytokine responsiveness in asthmatic and non-asthmatic children[J]. Environmental Research, 138: 381-390.

Kubesch NJ, de Nazelle A, Westerdahl D, et al, 2015. Respiratory and inflammatory responses to short-term exposure to traffic-related air pollution with and without moderate physical activity[J]. Occupational and Environmental Medicine, 72（4）: 284-293.

Lagorio S, Forastiere F, Pistelli R, et al, 2006. Air pollution and lung function among susceptible adult subjects: a panel study[J]. Environmental Health: a Global Access Science Source, 5: 11.

Lei XN, Chen RJ, Wang CC, et al, 2019. Personal fine particulate matter constituents, increased systemic inflammation, and the role of DNA hypomethylation[J]. Environmental Science & Technology, 53（16）: 9837-9844.

Li MH, Fan LC, Mao B, et al, 2016. Short-term exposure to ambient fine particulate matter increases hospitalizations and mortality in COPD: a systematic review and meta-analysis[J]. Chest, 149(2): 447-458.

Lim CC, Hayes RB, Ahn J, et al, 2019. Long-term exposure to ozone and cause-specific mortality risk in the United States[J]. American Journal of Respiratory and Critical Care Medicine, 200(8): 1022-1031.

Lin CY, Ma YQ, Liu RY, et al, 2022. Associations between short-term ambient ozone exposure and cause-specific mortality in rural and urban areas of Jiangsu, China[J]. Environmental Research, 211: 113098.

Lipfert FW, 2017. A critical review of the ESCAPE project for estimating long-term health effects of air pollution[J]. Environment International, 99: 87-96.

Liu C, Yin P, Chen RJ, et al, 2018. Ambient carbon monoxide and cardiovascular mortality: a nationwide time-series analysis in 272 cities in China[J]. The Lancet Planetary Health, 2（1）: e12-e18.

North CM, MacNaughton P, Lai PS, et al, 2019. Personal carbon monoxide exposure, respiratory symptoms, and the potentially modifying roles of sex and HIV infection in rural Uganda: a cohort study[J]. Environmental Health: a Global Access Science Source, 18（1）: 73.

Schraufnagel DE, Balmes JR, De Matteis S, et al, 2019. Health benefits of air pollution reduction[J]. Annals of the American Thoracic Society, 16（12）: 1478-1487.

Shen HH, Ochkur SI, McGarry MP, et al, 2003. A causative relationship exists between eosinophils and the development of allergic pulmonary pathologies in the mouse[J]. Journal of Immunology, 170（6）: 3296-3305.

Sinharay R, Gong JC, Barratt B, et al, 2018. Respiratory and cardiovascular responses to walking down a traffic-polluted road compared with walking in a traffic-free area in participants aged 60 years and older with chronic lung or heart disease and age-matched healthy controls: a randomised, crossover study[J]. Lancet, 391（10118）: 339-349.

Smith-Sivertsen T, Díaz E, Pope D, et al, 2009. Effect of reducing indoor air pollution on women's respiratory symptoms and lung function: the RESPIRE Randomized Trial, Guatemala[J]. American Journal of Epidemiology, 170（2）: 211-220.

Stergiopoulou A, Katavoutas G, Samoli E, et al, 2018. Assessing the associations of daily respiratory symptoms and lung function in schoolchildren using an Air Quality Index for ozone: results from the RESPOZE panel study in Athens, Greece[J]. Science of the Total Environment, 633: 492-499.

Tian LW, Ho KF, Wang T, et al, 2014. Ambient carbon monoxide and the risk of hospitalization due to chronic obstructive pulmonary disease[J]. American Journal of Epidemiology, 180（12）: 1159-1167.

Urman R, McConnell R, Islam T, et al, 2014. Associations of children's lung function with ambient air pollution: joint effects of regional and near-roadway pollutants[J]. Thorax, 69（6）: 540-547.

Wang LJ, Liu C, Meng X, et al, 2018. Associations between short-term exposure to ambient sulfur dioxide and increased cause-specific mortality in 272 Chinese cities[J]. Environment International, 117: 33-39.

Wang YY, Zu YQ, Huang L, et al, 2018. Associations between daily outpatient visits for respiratory diseases and ambient fine particulate matter and ozone levels in Shanghai, China[J]. Environmental Pollution, 240: 754-763.

Wu SW, Ni Y, Li HY, et al, 2016. Short-term exposure to high ambient air pollution increases airway inflammation and respiratory symptoms in chronic obstructive pulmonary disease patients in Beijing, China[J]. Environment International, 94: 76-82.

Xie Y, Li ZC, Zhong H, et al, 2021. Short-term ambient particulate air pollution and hospitalization expenditures of cause-specific cardiorespiratory diseases in China: a multicity analysis[J]. The Lancet Regional Health-Western Pacific, 15: 100232.

Xu MM, Sbihi H, Pan XC, et al, 2020. Modifiers of the effect of short-term variation in $PM_{2.5}$ on mortality in Beijing, China[J]. Environmental Research, 183: 109066.

Zhang QL, Qiu MZ, Lai KF, et al, 2015. Cough and environmental air pollution in China[J]. Pulmonary Pharmacology & Therapeutics, 35: 132-136.

第三章 大气污染对人群心脑血管疾病急性效应的暴露-反应关系研究

大气污染是人群心脑血管疾病的重要危险因素之一。既往发达国家在大气污染的急性健康危害领域开展了大量工作，但我国高污染地区大气污染对人群心脑血管系统急性效应的暴露-反应关系证据较为缺乏。本研究通过时间序列研究，明确污染典型地区大气污染与心脑血管疾病死亡及就诊的暴露-反应关系；通过多中心定群研究，评估大气 $PM_{2.5}$ 短期暴露与心脑血管健康指标的暴露-反应关系及潜在效应修饰因子，为识别易感人群及心脑血管疾病一级预防提供证据支持。

3.1 大气污染对心脑血管疾病死亡急性效应的暴露-反应关系

3.1.1 前　　言

大量流行病学研究证实，大气污染物浓度升高与心脑血管疾病死亡增加显著相关。"十二五"期间，我国大气污染联防联控重点区域将"三区六群"扩展到"三区十群"，并开展了一系列防控措施。因此，针对这一重点区域开展急性健康效应评估，有助于衡量不同地区的治理成效，为后续防控提供技术支撑。本研究参考大气污染防治"三区十群"分类，选择代表不同污染水平、污染源、污染类型的大气污染典型城市开展研究，解析典型地区大气污染的急性健康危害。

本研究通过建立大气污染与心脑血管疾病死亡的数据库，分析明确污染典型地区大气污染与心脑血管疾病死亡的暴露-反应关系，为识别易感人群提供数据支撑。

3.1.2 研 究 方 法

1. 数据来源和内容

（1）心脑血管疾病死亡数据：本研究在项目组的统一协调下，与各区（县）

疾病预防控制中心开展合作，收集各区（县）逐日心脑血管疾病死亡数据。根据ICD-10 统计了各区（县）每日因心脑血管疾病（I00～I99）死亡人数。时间跨度为 2013 年 1 月 1 日至 2018 年 12 月 31 日，涵盖了 20 个大气污染典型地区，每个地区纳入 1～2 个区（县）。

（2）大气污染和气象数据：6 种主要大气污染物，包括 $PM_{2.5}$、PM_{10}、SO_2、NO_2、O_3 和 CO。每日浓度数据来自全国城市空气质量实时公布平台，计算并获得各区（县）监测站点大气污染物浓度日均值（2013 年 1 月 1 日至 2018 年 12 月 31 日）数据集。每日气象数据来源于中国气象数据网，主要包括每日 24 小时平均温度和相对湿度数据。

2. 数据库结构

大气污染与心脑血管疾病死亡数据库主要包括以下四部分。

（1）日期：时间范围为 2013 年 1 月 1 日至 2018 年 12 月 31 日，变量名为 date。

（2）地点：包括 4 个变量，分别为省份、市、区（县）、行政区划代码，变量名分别为 cpro、ccity、ccounty、mcode。

（3）死亡例数：包括 91 个变量，共 13 个结局，分别是心脑血管疾病（ICD-10：I00～I99）、高血压心脏病（ICD-10：I10～I15）、急性缺血性心脏病（ICD-10：I20～I22，I24）、缺血性心脏病（ICD-10：I20～I25）、急性心肌梗死（ICD-10：I21～I22）、心肌梗死（ICD-10：I21～I23）、慢性缺血性心脏病（ICD-10：I25）、肺栓塞和肺动脉高压（ICD-10：I26～I27）、出血性卒中（ICD-10：I60～I61）、脑卒中（ICD-10：I60～I64）、脑血管病（ICD-10：I60～I69）、颅内出血性卒中（ICD-10：I61）、缺血性卒中（ICD-10：I63），每个结局又分别按照全人群、男性、女性、0～14 岁、15～64 岁、65～74 岁、75 岁及以上分组进行统计。

变量名的命名规则为"【疾病】.【分组】"，疾病和分组的变量字段如表 3-1 所示。变量值为当日该分组下该疾病的死亡例数。

表 3-1 疾病和分组变量字段说明

项目	中文解释	变量字段
疾病	心脑血管疾病	cir
	高血压心脏病	hbp
	急性缺血性心脏病	aihd
	缺血性心脏病	ihd
	急性心肌梗死	ami
	心肌梗死	mi

续表

项目	中文解释	变量字段
疾病	慢性缺血性心脏病	cihd
	肺栓塞和肺动脉高压	peph
	出血性卒中	hstr
	脑卒中	str
	脑血管病	cer
	颅内出血性卒中	ihdstr
	缺血性卒中	istr
分组	全人群	all
	男性	male
	女性	female
	0~14 岁	age0_14
	15~64 岁	age15_64
	65~74 岁	age65_74
	75 岁及以上	age75

（4）大气污染和气象数据：包括 9 个变量，分别为滞后天数、6 种大气污染物（$PM_{2.5}$、PM_{10}、SO_2、NO_2、O_3 和 CO）、温度和湿度，变量名分别为 lag、pm25、pm10、so2、no2、o3、co、temp 和 rhu。其中 lag 代表不同暴露窗，变量值 lag0d、lag1d、lag2d、lag3d、lag4d、lag5d 分别代表当日、滞后 1 日、滞后 2 日、滞后 3 日、滞后 4 日、滞后 5 日；变量值 lag01、lag02、lag03、lag04、lag05 分别代表累积滞后 2 日、3 日、4 日、5 日和 6 日滑动平均。pm25、pm10、so2、no2、o3、co、temp 和 rhu 分别为不同暴露窗下的大气污染物浓度、温度和湿度。

该数据库最终纳入分析 506 121 条记录，25 个变量。以全人群、心脑血管疾病为结局，以 $PM_{2.5}$ 为暴露举例，数据库结构如表 3-2 所示。

表 3-2 大气污染与心脑血管疾病死亡数据库结构

日期 (年/月/日)	省级行政区域	城市	区（县）	地区编码	心脑血管疾病死亡人数（人）	暴露窗	$PM_{2.5}$ （μg/m³）	温度 （℃）	相对湿度 （%）
2014/10/1	重庆市	重庆市	北碚区	50010900	2	lag0d	3.86	21.49	81.45
2014/10/1	重庆市	重庆市	北碚区	50010900	2	lag1d	3.41	22.96	76.73
2014/10/1	重庆市	重庆市	北碚区	50010900	2	lag2d	4.67	22.69	83.55
2014/10/1	重庆市	重庆市	北碚区	50010900	2	lag3d	5.52	21.83	90.55
2014/10/1	重庆市	重庆市	北碚区	50010900	2	lag4d	6.69	21.29	92.00
2014/10/1	重庆市	重庆市	北碚区	50010900	2	lag5d	7.47	22.14	83.36

续表

日期 (年/月/日)	省级行政区域	城市	区(县)	地区编码	心脑血管疾病死亡人数(人)	暴露窗	PM$_{2.5}$ (μg/m³)	温度 (℃)	相对湿度 (%)
2014/10/1	重庆市	重庆市	北碚区	50010900	2	lag01	3.64	22.23	79.09
2014/10/1	重庆市	重庆市	北碚区	50010900	2	lag02	3.98	22.38	80.58
2014/10/1	重庆市	重庆市	北碚区	50010900	2	lag03	4.37	22.24	83.07
2014/10/1	重庆市	重庆市	北碚区	50010900	2	lag04	4.83	22.05	84.85
2014/10/1	重庆市	重庆市	北碚区	50010900	2	lag05	5.27	22.07	84.61
……	……	……	……	……	……	……	……	……	……

注：PM$_{2.5}$，细颗粒物。

3. 质量控制

首先，对数据库中的异常值进行清理，将各污染物浓度小于 0.5 百分位数或大于 99.5 百分位数的观测值设为缺失；然后，剔除无温度、湿度信息（鹿泉区、禅城区），无大气污染物信息（金坛区）的区（县）；最后，对连续 2 年有效数据超过 95%的区（县）进行分析。最终纳入分析的区（县）包括北碚区、常熟市、端州区、恩施市、河西区、江岸区、莲湖区、娄星区、南开区、浦口区、商州区、市中区、朔城区、五莲县、湘潭县、小店区、新会区、杏花岭区、榆中县、雨湖区、招远市。

4. 分析方法

本研究欲探索各个区（县）的大气污染物（PM$_{10}$、PM$_{2.5}$、NO$_2$、SO$_2$、O$_3$）与人群心脑血管疾病死亡的暴露-反应关系。根据 ICD-10，将疾病分别归类为心脑血管疾病、冠心病（coronary heart disease，CHD）（I20～I25）、高血压（I10～I15）和脑卒中。研究采用两阶段的多中心时间序列分析。在第一阶段，研究使用基于 quasi-Poisson 回归的时间序列分析，建立逐日死亡数广义相加模型（generalized additive model，GAM）来估计每日心脑血管疾病死亡与大气污染物水平之间的关联。具体模型如下：

$$\log E(Y_t) = \text{Intercept} + \beta Z_t + ns(\text{time}, df) + ns(\text{temperature}, df) + ns(\text{humidity}, df) + \text{dow} \quad (3\text{-}1)$$

上述公式中，$E(Y_t)$ 代表观察 t 日的预期死亡人数；β 代表污染物每增加一个单位，所导致的相对死亡率变化的自然对数；Z_t 代表观察 t 日的污染物浓度；ns（time, df）代表时间趋势的自然样条函数，可以控制长期和季节趋势，自由度 7/年；ns（temperature, df）和 ns（humidity, df）分别代表每日温度和相对湿度的自然样条函数，可以控制气象要素对每日死亡的影响，自由度分别为 6

和 3。dow 即星期几效应，为虚拟变量；基于以上模型，本研究可获得全国各区（县）大气污染物浓度每增加 10μg/m³ 与人群心脑血管疾病死亡率增长百分比之间的暴露-反应关系。第二阶段，对各区（县）的大气污染与心脑血管疾病死亡的暴露-反应关系进行荟萃分析，得到合并的污染物对心脑血管疾病死亡的总体效应估计。

此外，为了获取污染物短期暴露对健康的滞后效应，本部分还定量评估了污染物暴露当日、滞后 1～5 日（lag1d～lag5d）、累积滞后 2～6 日（lag01～lag05）对健康结局的影响，并计算超额风险增加百分比和 95%CI。

3.1.3 主要结果

1. 基本信息描述

经有效数据标准筛选后，共对 21 个区（县）进行分析，这些区（县）的总体大气污染物浓度和气象状况如表 3-3 所示。在研究时间范围内，21 个区（县）的总体 $PM_{2.5}$、PM_{10}、SO_2、NO_2 和 O_3 的日均浓度范围分别为 8.24～269.14μg/m³、15.40～375.85μg/m³、2.36～221.20μg/m³、6.54～117.55μg/m³ 和 5.35～175.47μg/m³，平均浓度分别为 54.77μg/m³、92.22μg/m³、26.94μg/m³、38.47μg/m³ 和 55.72μg/m³；日均气温范围在-10.40～32.23℃，平均气温为 15.39℃；相对湿度范围为 22.33%～97.23%，平均湿度为 68.56%。各区（县）污染物浓度和气象状况如表 3-4 所示。

表 3-3　研究期间全体区（县）大气污染物日均浓度及气象状况

变量	最小值	中位数（四分位数间距）	平均值（标准差）	最大值
$PM_{2.5}$（μg/m³）	8.24	43.71（41.29）	54.77（38.99）	269.14
PM_{10}（μg/m³）	15.40	77.07（67.25）	92.22（57.34）	375.85
SO_2（μg/m³）	2.36	18.46（21.34）	26.94（27.62）	221.20
NO_2（μg/m³）	6.54	34.51（24.88）	38.47（19.71）	117.55
O_3（μg/m³）	5.35	50.52（44.09）	55.72（31.67）	175.47
温度（℃）	-10.40	16.83（15.90）	15.39（9.92）	32.23
相对湿度（%）	22.33	71.50（24.14）	68.56（16.81）	97.23

在各污染物和气象参数之间的相关性分析中（表 3-5），$PM_{2.5}$ 与 PM_{10} 呈较强的正相关（相关系数为 0.77），而与 NO_2 和 SO_2 呈中等强度相关性（相关系数分别为 0.65 和 0.51）。PM_{10} 与 NO_2 和 SO_2、NO_2 与 SO_2 呈中等或较低强度相关性（相关系数分别为 0.56、0.39 和 0.44）。$PM_{2.5}$、PM_{10}、NO_2 和 SO_2 与 O_3 均呈负相关（相关系数分别为-0.14、-0.09、-0.24、-0.15）。此外，各污染物与温度和相对湿度也呈较低或中等强度的相关性，其中除了 O_3 与温度呈正相关外，其余污染物均与温度呈负相关。

表 3-4 研究期间各区（县）大气污染物日均浓度及气象状况

区（县）	统计量	PM$_{2.5}$（μg/m³）	PM$_{10}$（μg/m³）	NO$_2$（μg/m³）	SO$_2$（μg/m³）	O$_3$（μg/m³）	温度（℃）	相对湿度（%）
北碚区	最小值～最大值	8.57～218.79	15.63～264.15	10.06～80.19	2.49～197.52	5.51～170.81	0.55～32.22	46.55～95.18
	平均值（标准差）	48.97 (32.01)	71.36 (39.07)	33.59 (10.32)	17.63 (16.17)	47.50 (30.20)	17.71 (7.54)	76.78 (9.36)
	中位数（四分位数间距）	39.91 (33.67)	61.75 (41.89)	32.22 (13.97)	12.76 (12.27)	39.30 (42.17)	18.08 (12.91)	77.73 (14.14)
常熟市	最小值～最大值	8.33～226.60	15.65～267.89	8.73～116.20	3.00～209.71	7.31～173.85	-5.70～32.20	31.00～97.00
	平均值（标准差）	50.02 (30.18)	74.67 (39.84)	40.18 (17.09)	21.00 (14.28)	63.46 (27.48)	17.21 (8.56)	74.66 (12.77)
	中位数（四分位数间距）	42.52 (33.01)	65.03 (47.96)	36.25 (21.19)	17.83 (7.96)	61.22 (38.97)	18.10 (14.70)	75.50 (18.00)
端州区	最小值～最大值	8.48～212.46	15.41～282.71	6.64～112.61	2.58～163.54	5.58～164.97	3.30～31.85	39.00～97.00
	平均值（标准差）	43.31 (27.16)	64.46 (34.57)	34.88 (16.47)	20.90 (13.71)	54.15 (28.06)	22.35 (6.19)	79.13 (10.18)
	中位数（四分位数间距）	35.46 (31.24)	56.27 (39.68)	31.00 (19.75)	17.50 (13.72)	49.09 (37.80)	23.85 (9.95)	80.50 (14.00)
恩施市	最小值～最大值	8.94～248.96	15.92～299.33	6.60～108.95	2.38～89.00	5.35～135.13	-0.98～30.67	47.67～96.67
	平均值（标准差）	45.82 (30.79)	67.34 (39.70)	22.36 (10.62)	9.80 (7.22)	35.18 (19.20)	16.57 (7.74)	76.85 (9.25)
	中位数（四分位数间距）	36.58 (31.50)	56.10 (41.65)	20.40 (13.01)	7.63 (5.63)	33.10 (26.98)	17.27 (14.03)	77.00 (13.50)
河西区	最小值～最大值	8.46～266.57	16.39～374.13	9.06～116.90	2.36～216.36	5.64～172.25	-9.40～32.23	22.33～97.00
	平均值（标准差）	68.18 (48.08)	107.52 (64.85)	49.61 (22.11)	28.13 (29.37)	53.73 (35.25)	13.68 (11.09)	59.32 (17.43)
	中位数（四分位数间距）	54.75 (53.28)	91.00 (78.40)	45.47 (30.65)	18.46 (23.81)	44.28 (47.18)	15.03 (20.97)	60.33 (27.00)
江岸区	最小值～最大值	8.46～267.70	15.81～374.56	10.52～117.09	2.38～194.92	5.56～164.35	-3.80～32.20	41.00～97.00
	平均值（标准差）	62.79 (43.51)	96.24 (56.15)	51.49 (21.83)	21.20 (20.02)	52.60 (28.92)	17.04 (8.94)	79.06 (10.16)
	中位数（四分位数间距）	50.80 (48.58)	83.66 (70.38)	47.37 (30.62)	14.54 (22.34)	48.20 (45.07)	18.00 (15.30)	80.00 (13.00)
莲湖区	最小值～最大值	8.50～268.74	17.40～375.71	11.13～117.38	2.52～211.18	5.42～170.85	-8.80～32.20	23.00～97.00
	平均值（标准差）	69.89 (49.00)	123.35 (72.44)	55.37 (21.41)	26.32 (22.57)	46.52 (31.24)	14.26 (9.64)	67.29 (15.76)
	中位数（四分位数间距）	54.08 (53.07)	104.80 (90.50)	51.94 (30.90)	19.25 (22.75)	36.47 (42.62)	15.00 (16.60)	68.00 (24.00)

第三章　大气污染对人群心脑血管疾病急性效应的暴露-反应关系研究 | 83

续表

区（县）	统计量	PM$_{2.5}$（μg/m³）	PM$_{10}$（μg/m³）	NO$_2$（μg/m³）	SO$_2$（μg/m³）	O$_3$（μg/m³）	温度（℃）	相对湿度（%）
娄星区	最小值~最大值	11.34~266.13	15.90~340.87	6.55~76.29	2.45~88.50	12.57~164.16	-2.25~32.20	32.00~97.00
	平均数（标准差）	41.94（26.00）	71.14（41.19）	20.90（10.21）	19.72（12.56）	62.67（23.23）	18.08（8.47）	78.54（10.39）
	中位数（四分位数间距）	35.36（30.51）	60.89（52.29）	18.42（12.05）	16.46（15.64）	60.27（29.34）	18.83（14.90）	79.00（15.50）
南开区	最小值~最大值	8.33~268.46	16.39~371.64	10.39~117.55	2.44~216.36	5.42~175.17	-9.40~32.23	22.33~97.00
	平均数（标准差）	68.48（47.20）	107.16（62.60）	48.59（21.10）	28.34（29.23）	53.63（35.77）	13.68（11.08）	59.33（17.46）
	中位数（四分位数间距）	55.54（52.18）	90.65（75.75）	44.28（28.92）	18.58（24.13）	43.74（48.58）	15.03（20.97）	60.33（27.08）
浦口区	最小值~最大值	8.27~267.11	15.58~372.23	6.73~115.18	2.36~186.57	5.67~175.47	-6.70~32.20	26.00~97.00
	平均数（标准差）	53.20（36.81）	91.61（54.07）	44.22（20.46）	21.54（16.73）	63.48（33.71）	16.56（8.87）	72.08（13.91）
	中位数（四分位数间距）	44.03（40.92）	78.85（62.45）	40.04（27.42）	17.17（16.44）	59.40（47.24）	17.40（15.10）	73.00（20.00）
商州区	最小值~最大值	8.33~169.36	15.40~366.25	6.62~65.71	2.39~84.93	5.90~174.27	-10.30~28.23	23.00~97.00
	平均数（标准差）	38.63（24.01）	69.81（43.11）	25.64（9.54）	17.15（12.22）	60.26（23.14）	12.29（8.64）	68.06（15.04）
	中位数（四分位数间距）	32.37（23.52）	57.85（39.83）	23.89（12.54）	14.23（15.75）	60.40（32.17）	13.09（14.76）	69.25（22.58）
市中区	最小值~最大值	8.63~267.61	15.46~375.79	9.82~117.23	2.52~220.40	5.54~175.26	-8.85~32.20	22.50~97.00
	平均数（标准差）	75.06（44.71）	132.10（67.14）	48.23（20.03）	41.39（33.09）	67.41（41.49）	15.25（10.38）	56.80（18.17）
	中位数（四分位数间距）	64.05（51.83）	121.93（88.65）	45.73（26.77）	32.19（32.83）	59.86（65.09）	16.90（18.55）	56.00（28.00）
朔城区	最小值~最大值	8.49~260.78	15.84~366.24	6.74~90.36	4.62~221.16	7.62~174.89	-10.40~28.00	22.50~95.00
	平均数（标准差）	50.95（34.15）	102.28（52.52）	33.27（13.33）	51.05（45.08）	71.68（34.19）	8.85（10.43）	56.00（16.44）
	中位数（四分位数间距）	40.75（34.36）	89.17（59.97）	31.72（18.17）	35.07（46.52）	69.10（49.00）	10.50（18.60）	55.50（25.00）
五莲县	最小值~最大值	8.35~269.13	15.81~366.29	6.54~113.77	2.38~197.61	5.60~173.09	-10.25~31.85	23.00~97.00
	平均数（标准差）	55.73（40.33）	98.43（59.48）	38.04（18.38）	23.03（20.71）	65.55（29.68）	13.86（9.61）	67.63（16.19）
	中位数（四分位数间距）	44.29（45.94）	84.97（73.13）	35.50（26.12）	16.94（15.95）	63.96（42.67）	14.70（17.25）	69.50（25.50）

续表

区(县)	统计量	PM$_{2.5}$ (μg/m³)	PM$_{10}$ (μg/m³)	NO$_2$ (μg/m³)	SO$_2$ (μg/m³)	O$_3$ (μg/m³)	温度(℃)	相对湿度(%)
湘潭县	最小值~最大值	8.31~269.14	15.42~352.94	10.33~109.08	5.30~193.73	6.13~172.46	-1.38~32.22	35.19~97.23
	平均值(标准差)	56.76 (37.78)	89.54 (52.95)	36.00 (16.06)	25.68 (18.06)	53.61 (25.13)	18.19 (8.27)	77.27 (11.31)
	中位数(四分位数间距)	46.56 (42.00)	75.11 (63.46)	32.43 (21.12)	20.45 (18.21)	51.54 (34.42)	19.32 (14.24)	78.59 (16.51)
小店区	最小值~最大值	8.40~268.29	15.42~375.85	7.17~116.96	2.45~221.20	5.44~175.31	-10.40~29.60	23.00~96.00
	平均值(标准差)	64.05 (42.32)	118.65 (63.23)	43.54 (18.78)	57.49 (47.52)	46.36 (31.70)	11.22 (10.31)	57.14 (17.59)
	中位数(四分位数间距)	53.38 (48.93)	110.65 (82.98)	40.59 (24.28)	41.02 (52.85)	36.70 (37.19)	12.30 (19.00)	57.00 (28.00)
新会区	最小值~最大值	8.25~223.57	15.44~228.99	6.58~112.90	2.40~129.75	5.45~169.26	4.30~32.00	31.00~97.00
	平均值(标准差)	36.48 (24.49)	57.31 (31.30)	29.53 (18.23)	15.84 (12.34)	49.99 (30.41)	23.41 (5.58)	79.92 (10.94)
	中位数(四分位数间距)	30.30 (28.92)	50.00 (36.43)	24.91 (21.45)	12.22 (11.17)	42.50 (40.16)	24.85 (9.05)	82.00 (12.00)
杏花岭区	最小值~最大值	8.78~268.49	15.42~373.92	6.72~113.72	2.83~221.20	5.37~174.95	-10.40~29.60	23.00~97.00
	平均值(标准差)	60.10 (41.74)	109.39 (59.95)	40.21 (16.03)	47.18 (43.59)	48.63 (31.54)	11.57 (10.40)	57.70 (17.72)
	中位数(四分位数间距)	48.88 (44.57)	98.79 (75.80)	38.01 (19.72)	33.02 (41.24)	40.91 (39.98)	12.90 (19.10)	58.00 (29.00)
榆中县	最小值~最大值	8.24~253.76	15.90~367.69	6.63~95.68	2.36~185.18	5.41~174.45	-10.40~27.50	22.50~97.00
	平均值(标准差)	42.82 (27.03)	91.46 (53.18)	26.80 (14.52)	18.91 (16.79)	61.95 (31.73)	8.49 (9.83)	59.33 (16.26)
	中位数(四分位数间距)	37.23 (28.33)	79.37 (59.21)	23.27 (17.15)	14.61 (18.39)	57.25 (46.43)	9.90 (17.05)	59.50 (24.50)
雨湖区	最小值~最大值	8.51~260.11	15.49~372.49	10.79~109.08	4.04~193.73	6.26~173.49	-1.38~32.22	35.19~97.23
	平均值(标准差)	56.64 (38.07)	89.33 (54.02)	37.97 (16.83)	26.08 (18.14)	53.23 (25.78)	18.19 (8.27)	77.27 (11.31)
	中位数(四分位数间距)	46.15 (42.98)	74.38 (65.17)	33.87 (21.98)	21.50 (18.60)	50.42 (35.65)	19.32 (14.24)	78.59 (16.51)
招远市	最小值~最大值	8.48~262.11	16.21~364.50	6.63~114.84	2.72~163.88	8.48~175.27	-10.15~30.83	30.00~96.50
	平均值(标准差)	46.33 (33.60)	82.68 (48.04)	30.08 (15.39)	24.25 (19.29)	63.13 (30.15)	13.28 (9.88)	64.81 (13.79)
	中位数(四分位数间距)	36.70 (34.99)	70.73 (54.17)	27.04 (18.46)	18.77 (21.15)	59.42 (43.77)	14.15 (18.36)	65.25 (21.75)

第三章　大气污染对人群心脑血管疾病急性效应的暴露-反应关系研究 | 85

表 3-5　大气污染物与气象因素的相关性分析

	PM$_{2.5}$（μg/m³）	PM$_{10}$（μg/m³）	NO$_2$（μg/m³）	SO$_2$（μg/m³）	O$_3$（μg/m³）	温度（℃）	相对湿度（%）
PM$_{2.5}$（μg/m³）	1.00						
PM$_{10}$（μg/m³）	0.77	1.00					
NO$_2$（μg/m³）	0.65	0.56	1.00				
SO$_2$（μg/m³）	0.51	0.39	0.44	1.00			
O$_3$（μg/m³）	−0.14	−0.09	−0.24	−0.15	1.00		
温度（℃）	−0.33	−0.29	−0.30	−0.39	0.42	1.00	
相对湿度（%）	−0.04	−0.23	−0.13	−0.24	−0.14	0.31	1.00

研究期间共记录下因心脑血管疾病死亡者 218 670 例。在这些患者中，因脑卒中死亡者最多，日均中位数为 41 例；因高血压死亡者最少，日均中位数为 10 例；而因冠心病死亡者的日均中位数为 38 例。男性因心脑血管疾病、冠心病和脑卒中死亡的日均中位数均高于女性（表 3-6）。

表 3-6　不同心脑血管疾病死亡日均人数[中位数（下四分位数，上四分位数）]

疾病	总人群（例）	男性（例）	女性（例）
心脑血管疾病	97（82，114）	52（43，61）	45（38，54）
冠心病	38（31，45）	20（16，24）	18（14，22）
高血压	10（7，13）	5（3，7）	5（3，7）
脑卒中	41（34，50）	22（18，28）	19（15，23）

2. 大气 PM$_{2.5}$ 和 PM$_{10}$ 与心脑血管疾病死亡的关系

大气 PM$_{2.5}$ 与 PM$_{10}$ 日均浓度水平与各区（县）心脑血管疾病死亡风险的关联情况如图 3-1 所示。在校正时间趋势、温度、湿度和星期几效应后，我们发现 PM$_{2.5}$ 和 PM$_{10}$ 与心脑血管疾病、冠心病、高血压和脑卒中等主要心脑血管疾病死亡风险在不同滞后天数均呈正相关。如累积滞后 6 日（lag05），大气 PM$_{2.5}$ 滑动平均浓度每增加 10μg/m³，人群因心脑血管疾病和脑卒中死亡的风险分别增加 0.78%（95%CI：0.29%～1.27%）和 1.00%（95%CI：0.43%～1.58%）；滞后 2 日（lag2d）的大气 PM$_{2.5}$ 日均浓度每升高 10μg/m³，人群因冠心病死亡的风险增加 0.31%（95%CI：0.04%～0.58%）。累积滞后 6 日，大气 PM$_{10}$ 滑动平均浓度每增加 10μg/m³，人群因心脑血管疾病、冠心病和脑卒中死亡的风险分别增加 0.46%（95%CI：0.19%～0.74%）、0.42%（95%CI：0.06%～0.78%）和 0.53%（95%CI：0.08%～0.98%）。而 PM$_{2.5}$ 与高血压死亡在各时间窗中均未见明显关联性。

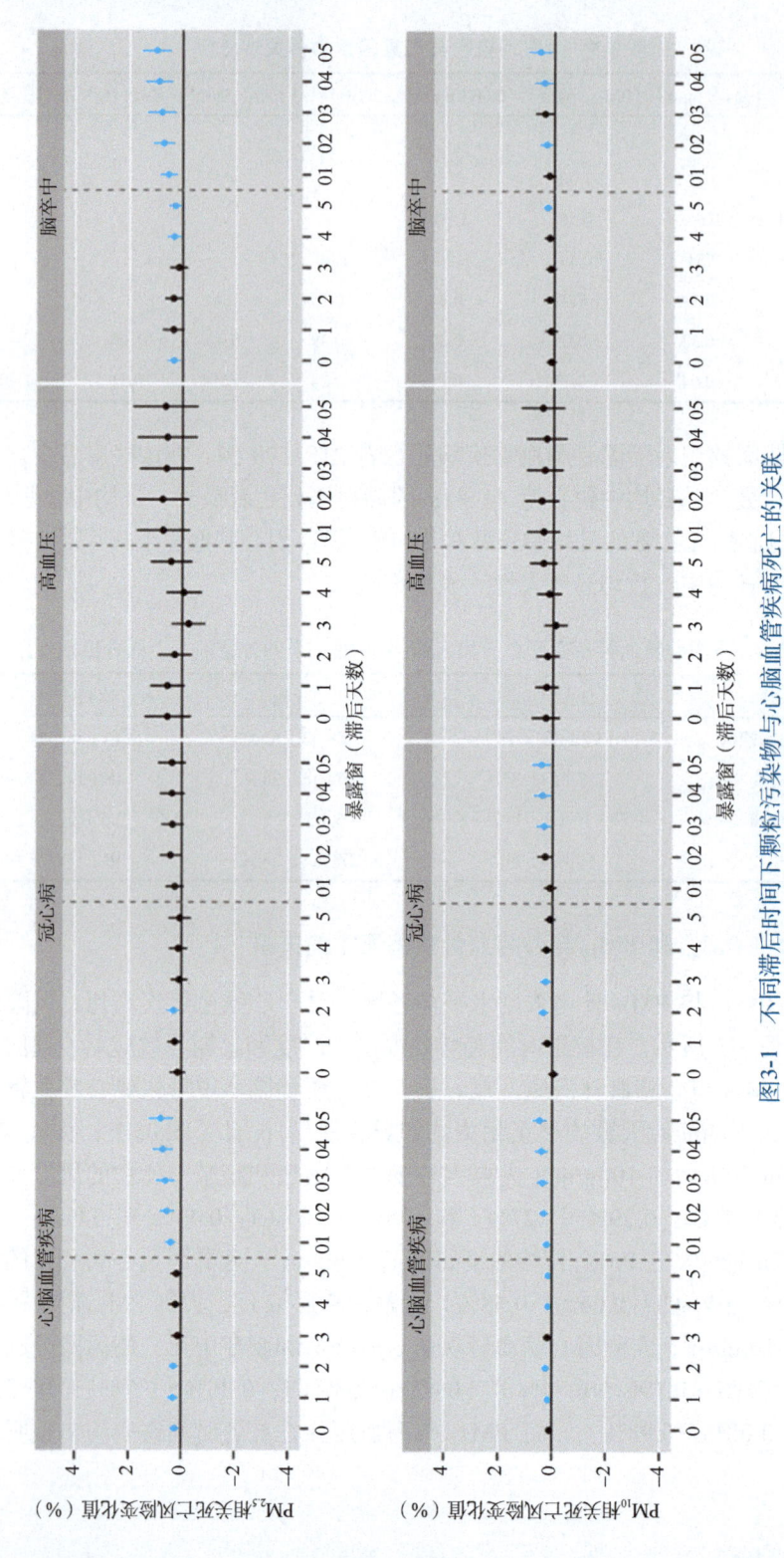

图3-1 不同滞后时间下颗粒污染物与心脑血管疾病死亡的关联

横坐标 0~5 表示滞后 0~5 日，01~05 表示累积滞后 2~6 日

3. 气态污染物与心脑血管疾病死亡的关系

气态污染物（NO_2、SO_2 和 O_3）与心脑血管疾病死亡风险的关联如图 3-2 所示。其中，滞后 2 日的大气 NO_2 日均浓度每增加 $10μg/m^3$，人群因心脑血管疾病、冠心病和脑卒中死亡的风险分别增加 0.80%（95%CI：0.38%～1.23%）、0.61%（95%CI：0.03%～1.19%）和 1.12%（95%CI：0.38%～1.86%）；滞后 2 日的大气 SO_2 日均浓度每增加 $10μg/m^3$，人群因心脑血管疾病、冠心病、高血压和脑卒中等死亡的风险分别增加 0.88%（95%CI：0.53%～1.22%）、0.86%（95%CI：0.37%～1.35%）、1.22%（95%CI：0.01%～2.45%）和 1.14%（95%CI：0.49%～1.80%）；而滞后 5 日的大气 O_3 日均浓度每增加 $10μg/m^3$，人群因心脑血管疾病和高血压死亡的风险分别增加 0.36%（95%CI：0.08%～0.65%）和 1.05%（95%CI：0.16%～1.95%）。

3.1.4 讨　　论

研究发现大气污染与我国人群心脑血管疾病死亡风险升高相关。主要研究结果显示，累积滞后 6 日 $PM_{2.5}$、PM_{10} 和 SO_2 的滑动平均浓度每升高 $10μg/m^3$，人群因心脑血管疾病死亡的风险分别增加 0.78%、0.46%和 1.41%。在对不同疾病的分析中，大气污染物与因脑卒中死亡的关联性最强。

针对大气污染物日均浓度水平与心脑血管疾病死亡风险关系的既往研究相对较多。如 2017 年的一项荟萃分析发现，$PM_{2.5}$、PM_{10}、NO_2、SO_2 和 O_3 日均浓度每增加 $10μg/m^3$，因心脑血管疾病死亡的风险分别升高 0.68%、0.39%、1.12%、0.75%和 0.62%。我国最近一项多城市时间序列研究结果显示，在全国整体范围内，大气 $PM_{2.5}$ 日均浓度每增加 $10μg/m^3$，因心脑血管疾病死亡导致的平均寿命损失年可增加 0.40（95%CI：0.28～0.51）。刘聪等对 24 个国家共 652 个城市颗粒物污染与人群死亡数关系的研究发现，PM_{10} 的两日滑动平均浓度每增加 $10μg/m^3$，因心脑血管疾病死亡的风险升高 0.36%；而 $PM_{2.5}$ 的两日滑动平均浓度每增加 $10μg/m^3$，因心脑血管疾病死亡的风险升高 0.55%，该研究从宏观角度确认了 $PM_{2.5}$ 比 PM_{10} 对人类健康的威胁更大。另外，此前我国最大规模的一系列时间序列研究发现，$PM_{2.5}$ 浓度每升高 $10μg/m^3$，因心脑血管疾病、高血压和脑卒中死亡的风险分别升高 0.25%、0.21%和 0.21%；大气 NO_2 浓度每增加 $10μg/m^3$，全人群因心脑血管疾病、冠心病和脑卒中死亡的风险均约升高 0.90%，因高血压死亡的风险升高 1.40%；大气 SO_2 浓度每增加 $10μg/m^3$，全人群因心脑血管疾病、高血压、冠心病和脑卒中死亡的风险分别升

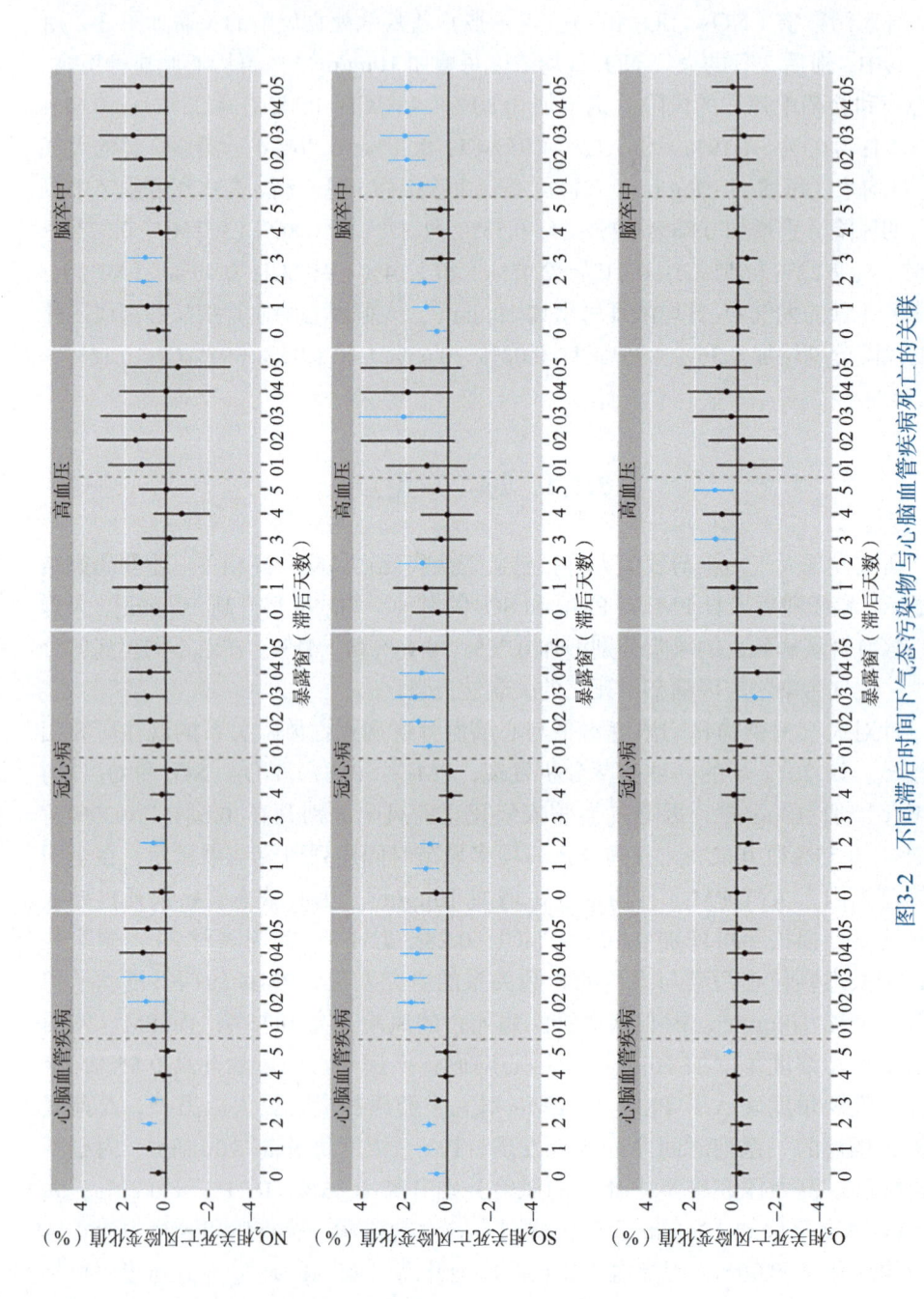

图3-2 不同滞后时间下气态污染物与心脑血管疾病死亡的关联

横坐标0~5表示滞后0~5日，01~05表示累积滞后2~6日；图中蓝色部分表示相应暴露窗下污染物的效应具有统计学显著性

高 0.70%、0.64%、0.65%和 0.58%；若连续两日的 8 小时最高滑动平均 O_3 浓度每增加 $10\mu g/m^3$，居民因心脑血管疾病、高血压、冠心病和脑卒中死亡的风险分别升高 0.27%、0.60%、0.24%和 0.29%；CO 浓度每增加 $1mg/m^3$，全人群因心脑血管疾病、冠心病和脑卒中死亡的风险分别升高 1.12%、1.75%和 0.88%。这些研究发现与我们的研究结果共同表明大气污染物浓度每升高 $10\mu g/m^3$，心脑血管疾病死亡风险可升高 0~2%，这进一步表明大气污染带来的健康危害不容忽视。

3.1.5 小　　结

本研究利用污染典型地区的大气污染物及心脑血管疾病死亡数据，建立了大气污染与心脑血管疾病死亡急性健康效应研究的数据库，并通过系统分析建立了暴露-反应关系。研究发现，大气污染物日均浓度升高与我国污染典型地区人群心脑血管疾病死亡风险升高有关，其中以因脑卒中死亡的风险升高最为明显。

3.2　大气污染对心脑血管疾病就诊患者急性效应的暴露-反应关系

3.2.1 前　　言

近年来，许多基于医院门诊就诊数据开展的研究也证明污染物水平升高与门诊就诊人数增多有关。本研究参考既往研究的经验，选择了我国大气污染典型地区开展研究，建立大气污染与心脑血管疾病门诊就诊的数据库。通过对数据库的进一步分析，探索大气污染物与心脑血管疾病门诊就诊的关联，为我国不同污染水平地区配置医疗资源和预防大气污染健康危害提供线索。

3.2.2 研　究　方　法

1. 数据来源和内容

（1）心脑血管疾病门诊数据库：各区（县）每日门诊就诊数据来源于区（县）疾病预防控制中心，根据 ICD-10 记录了各区（县）每日因心脑血管疾病（I00~I99）门诊就诊患者的就诊记录。时间跨度为 2013 年 1 月 1 日至 2018 年 12 月 31 日，涵盖了 20 个大气污染典型城市，每个城市纳入 1~2 个区（县）。

（2）大气污染和气象数据：六种主要大气污染物（$PM_{2.5}$、PM_{10}、SO_2、NO_2、O_3 和 CO）每日浓度数据来自全国城市空气质量实时公布平台，获得各区（县）监测站点大气污染物浓度日均值（2013 年 1 月 1 日至 2018 年 12 月 31 日）数据集。每日气象数据来源于中国气象局的中国气象数据网，主要包括每日 24 小时平均温度和相对湿度数据。

2. 数据结构

大气污染与心脑血管疾病门诊就诊数据库主要包括以下四部分。

（1）日期：时间范围为2013年1月1日至2018年12月31日，变量名为LOOKDATE。

（2）地点：包括4个变量，分别为省份、市、区（县）、行政区划代码，变量名分别为PROVINCE_NAME、CITY_NAME、DISTRICT_NAME和AREA_CODE。

（3）患者就诊记录：包括4个变量，分别为患者性别、年龄、诊断疾病名称和诊断疾病ICD编码，变量名分别为SEX、AGE、DIAGNOSE和ICD_CODE。

（4）大气污染和气象数据：同"3.1 大气污染对心脑血管疾病死亡急性效应的暴露-反应关系"。

按ICD编码分区（县）统计每日因心脑血管疾病、冠心病、高血压和脑卒中就诊的人数，再根据性别分组统计，将整理好的门诊数据与大气污染和气象数据根据行政区划代码合并。门诊数据库有241 010条记录，共25个变量。以全人群、心脑血管疾病为结局，以$PM_{2.5}$为暴露，数据库结构如表3-7所示。

表3-7 大气污染与心脑血管疾病门诊就诊数据库结构

日期	省级行政区域	城市	区（县）	行政区划代码	心脑血管疾病就诊人数（人）	滞后天数	$PM_{2.5}$（μg/m³）	温度（℃）	相对湿度（%）
2014/10/1	天津市	天津市	南开区	12010400	88	lag0d	7.24	13.83	78.67
2014/10/1	天津市	天津市	南开区	12010400	88	lag1d	2.00	12.13	48.00
2014/10/1	天津市	天津市	南开区	12010400	88	lag2d	6.09	17.10	70.00
2014/10/1	天津市	天津市	南开区	12010400	88	lag3d	3.62	19.77	74.00
2014/10/1	天津市	天津市	南开区	12010400	88	lag4d	7.26	20.17	69.33
2014/10/1	天津市	天津市	南开区	12010400	88	lag5d	10.67	20.90	78.67
2014/10/1	天津市	天津市	南开区	12010400	88	lag01	4.62	12.98	63.33
2014/10/1	天津市	天津市	南开区	12010400	88	lag02	5.11	14.36	65.56
2014/10/1	天津市	天津市	南开区	12010400	88	lag03	4.74	15.71	67.67
2014/10/1	天津市	天津市	南开区	12010400	88	lag04	5.24	16.60	68.00
2014/10/1	天津市	天津市	南开区	12010400	88	lag05	6.15	17.32	69.78
……	……	……	……	……	……	……	……	……	……

3. 质量控制

首先，对数据库中的异常值进行清理，将各污染物浓度小于0.5百分位数或大于99.5百分位数的观测值设为缺失；然后，剔除无温度、湿度信息（鹿泉区、禅城区）、无大气污染物信息（金坛区）的区（县）；最后，对连续2年有效数据超过95%的区（县）进行分析。最终纳入分析的区（县）包括常熟市、端州区、恩施市、河西区、娄星区、南开区、浦口区、湘潭县、小店区、新会区。

4. 分析方法

本研究欲探索每个区（县）的大气污染物（PM_{10}、$PM_{2.5}$、NO_2、SO_2、O_3）与人群心脑血管疾病门诊就诊的暴露-反应关系。根据 ICD-10，将疾病分别归类为心脑血管疾病、冠心病、高血压和脑卒中。研究采用两阶段的多中心时间序列分析。第一阶段，研究使用基于 quasi-Poisson 回归的时间序列分析，建立逐日就诊人数 GAM 来估计每日心脑血管疾病门诊就诊与大气污染物水平之间的关联。具体模型如下：

$$\log E(Y_t) = \text{Intercept} + \beta Z_t + ns(\text{time, df}) + ns(\text{temperature, df}) + ns(\text{humidity, df}) + dow \quad (3\text{-}2)$$

上述公式中，$E(Y_t)$ 代表观察 t 日的预期门诊就诊人数；β 代表污染物浓度每增加一个单位，所导致的相对就诊率变化的自然对数；Z_t 代表观察 t 日的污染物浓度；$ns(\text{time, df})$ 代表时间趋势的自然样条函数，可以控制长期和季节趋势，自由度7/年；$ns(\text{temperature, df})$ 和 $ns(\text{humidity, df})$ 分别代表每日温度和相对湿度的自然样条函数，可以控制气象要素对每日就诊人数的影响，自由度分别为 6 和 3；dow 即星期几效应，为虚拟变量。基于以上模型，本研究可获得全国各个区（县）大气污染物浓度每增加 $10\mu g/m^3$ 与人群心脑血管疾病门诊就诊增长百分比之间的暴露-反应关系。第二阶段，对所有区（县）的大气污染与心脑血管疾病门诊就诊的暴露-反应关系进行荟萃分析，得到合并的污染物对心脑血管疾病门诊就诊的总体效应估计。

此外，为了获取污染物短期暴露对健康影响的滞后效应，本部分还定量评估污染物暴露当日、滞后 1～5 日（lag1d～lag5d）、累积滞后 2～6 日（lag01～lag05）对健康结局的影响，并计算超额风险增加百分比和95%CI。

3.2.3 主要结果

1. 基本信息描述

经有效数据标准筛选后，本研究共对 10 个区（县）进行分析。这些区（县）的大气污染物浓度和气象状况见表 3-8。在研究时间范围内，10 个区（县）的总体 $PM_{2.5}$、PM_{10}、SO_2、NO_2 和 O_3 日均浓度范围分别为 8.39～260.11$\mu g/m^3$、15.53～350.44$\mu g/m^3$、2.45～229.78$\mu g/m^3$、5.89～117.86$\mu g/m^3$ 和 4.35～169.26$\mu g/m^3$，平均值分别为 53.31$\mu g/m^3$、85.69$\mu g/m^3$、25.51$\mu g/m^3$、37.98$\mu g/m^3$ 和 53.57$\mu g/m^3$；日均气温范围为 −6.80～32.40℃，平均气温为 17.19℃；相对湿度范围为 22.00%～97.50%，平均湿度为 70.85%。各区（县）污染物浓度和气象状况如表 3-9。

表 3-8　研究期间全体区（县）大气污染物日均浓度及气象状况

变量	最小值	中位数（四分位数间距）	平均值（标准差）	最大值
$PM_{2.5}$（μg/m³）	8.39	42.85（40.65）	53.31（37.78）	260.11
PM_{10}（μg/m³）	15.53	70.96（62.37）	85.69（53.44）	350.44
SO_2（μg/m³）	2.45	17.47（18.63）	25.51（26.77）	229.78
NO_2（μg/m³）	5.89	33.84（25.82）	37.98（20.20）	117.86
O_3（μg/m³）	4.35	48.33（41.57）	53.57（30.70）	169.26
温度（℃）	−6.80	19.00（15.23）	17.19（9.51）	32.40
相对湿度（%）	22.00	74.00（21.50）	70.85（16.47）	97.50

各污染物及气象参数的相关性分析结果显示（表 3-10），$PM_{2.5}$ 与 PM_{10} 相关程度较高（相关系数为 0.82），$PM_{2.5}$、PM_{10} 与 NO_2 均具有中等程度的正相关（相关系数分别为 0.67 和 0.61）；而 $PM_{2.5}$、PM_{10}、NO_2、SO_2 与 O_3 均表现出较低程度的负相关（相关系数分别为−0.09、−0.07、−0.18 和−0.16）；此外，$PM_{2.5}$、PM_{10}、NO_2、SO_2 等大气污染物日均浓度与温度及相对湿度均呈轻度负相关（相关系数分别为−0.38、−0.32、−0.42、−0.39 和−0.09、−0.25、−0.23、−0.24）；而 O_3 浓度与日均气温呈轻度正相关（相关系数为 0.43），与相对湿度则呈轻度负相关（相关系数为−0.12）。

研究期间因心脑血管疾病门诊就诊患者共 2 963 082 例。在这些患者中，因高血压就诊者最多，日均中位数为 651 例；因脑卒中就诊者最少，日均中位数为 94 例；而因冠心病就诊者的日均中位数为 361 例。女性患者因心脑血管疾病、冠心病和高血压就诊日均中位数大于男性（表 3-11）。

2. 大气 $PM_{2.5}$ 和 PM_{10} 与心脑血管疾病门诊就诊的关系

大气 $PM_{2.5}$ 与 PM_{10} 日均浓度与各区（县）心脑血管疾病门诊就诊风险的关系如图 3-3 所示。在校正时间趋势、温度、湿度和星期几效应后，我们发现 $PM_{2.5}$ 和 PM_{10} 与心脑血管疾病、冠心病、高血压和脑卒中等主要心脑血管疾病门诊就诊在不同滞后天数均呈正相关，但其相关性和统计学显著性在不同滞后天数时存在一定差异（图 3-3）。滞后 3 日（lag3d）的大气 $PM_{2.5}$ 日均浓度每增加 10μg/m³，人群因冠心病和高血压门诊就诊的风险分别增加 0.55%（95%CI：0.13%～0.98%）和 0.38%（95%CI：0.15%～0.62%）。而累积滞后 3 日（lag02），大气 PM_{10} 滑动平均浓度每增加 10μg/m³，人群因冠心病门诊就诊的风险增加 0.29%（95%CI：0.04%～0.54%）；滞后 5 日的大气 PM_{10} 日均浓度每增加 10μg/m³，人群因脑卒中门诊就诊的风险增加 0.25%（95%CI：0.05%～0.45%）。

第三章 大气污染对人群心脑血管疾病急性效应的暴露-反应关系研究 | 93

表3-9 研究期间各区县大气污染物日均浓度及气象状况

区(县)	统计量	PM$_{2.5}$(μg/m³)	PM$_{10}$(μg/m³)	NO$_2$(μg/m³)	SO$_2$(μg/m³)	O$_3$(μg/m³)	温度(℃)	相对湿度(%)
常熟市	最小值~最大值	8.58~226.60	15.65~267.89	8.73~116.20	3.00~209.71	7.31~161.46	-5.70~32.40	31.00~97.50
	平均值(标准差)	50.04(30.18)	74.67(39.84)	40.18(17.09)	21.00(14.28)	63.40(27.37)	17.26(8.59)	74.79(12.85)
	中位数(四分位数间距)	42.54(33.04)	65.03(47.96)	36.25(21.19)	17.83(7.96)	61.19(38.93)	18.15(14.70)	76.00(18.00)
端州区	最小值~最大值	8.48~212.46	15.63~282.71	6.64~112.61	2.58~163.54	4.38~164.97	3.30~32.35	39.00~97.50
	平均值(标准差)	43.31(27.16)	64.53(34.55)	34.88(16.47)	20.90(13.71)	53.99(28.16)	22.36(6.19)	79.21(10.23)
	中位数(四分位数间距)	35.46(31.24)	56.28(39.67)	31.00(19.75)	17.50(13.72)	48.93(37.80)	23.85(9.93)	80.50(14.50)
恩施市	最小值~最大值	8.94~248.96	15.92~299.33	5.89~108.95	2.65~89.00	4.35~135.13	-0.98~30.67	47.67~97.33
	平均值(标准差)	45.82(30.79)	67.34(39.70)	22.10(10.73)	9.81(7.22)	34.79(19.37)	16.57(7.74)	76.86(9.27)
	中位数(四分位数间距)	36.58(31.50)	56.10(41.65)	20.13(13.06)	7.63(5.63)	32.88(27.25)	17.27(14.03)	77.00(13.50)
河西区	最小值~最大值	8.46~258.58	16.39~350.44	9.06~117.86	2.46~222.80	4.50~168.82	-6.45~32.30	22.00~97.33
	平均值(标准差)	67.99(47.72)	106.45(62.85)	49.67(22.20)	28.28(29.68)	53.28(34.99)	13.90(10.94)	59.25(17.52)
	中位数(四分位数间距)	54.69(53.17)	90.70(78.23)	45.48(30.73)	18.51(23.89)	44.09(47.31)	15.24(20.77)	60.33(27.33)
娄星区	最小值~最大值	11.34~232.44	15.90~340.87	6.22~76.29	2.45~88.50	12.57~164.16	-2.25~32.20	32.00~97.50
	平均值(标准差)	41.79(25.33)	71.14(41.19)	20.88(10.22)	19.72(12.56)	62.67(23.23)	18.08(8.47)	78.57(10.41)
	中位数(四分位数间距)	35.34(30.50)	60.89(52.29)	18.41(12.10)	16.46(15.64)	60.27(29.34)	18.83(14.90)	79.25(15.50)
南开区	最小值~最大值	8.41~258.58	16.39~350.11	10.39~117.55	2.45~216.36	4.37~168.85	-6.45~32.30	22.00~97.33
	平均值(标准差)	68.14(46.46)	106.44(61.23)	48.59(21.10)	28.35(29.24)	53.13(35.30)	13.90(10.93)	59.26(17.55)
	中位数(四分位数间距)	55.48(51.89)	90.36(74.92)	44.28(28.92)	18.58(24.13)	43.31(48.18)	15.24(20.73)	60.33(27.33)

续表

区（县）	统计量	PM$_{2.5}$（μg/m³）	PM$_{10}$（μg/m³）	NO$_2$（μg/m³）	SO$_2$（μg/m³）	O$_3$（μg/m³）	温度（℃）	相对湿度（%）
浦口区	最小值~最大值	8.43~256.94	15.58~345.92	6.73~117.63	2.53~186.57	4.83~168.92	-6.70~32.40	26.00~97.00
	平均值（标准差）	53.14（36.51）	91.23（53.13）	44.25（20.52）	21.54（16.73）	63.04（33.11）	16.61（8.90）	72.08（13.91）
	中位数（四分位数间距）	44.06（40.88）	78.82（62.33）	40.04（27.43）	17.19（16.49）	59.15（46.93）	17.50（15.10）	73.00（20.00）
湘潭县	最小值~最大值	8.39~260.11	16.30~336.40	10.33~109.08	5.30~222.09	6.13~161.91	-1.38~32.37	35.19~97.44
	平均值（标准差）	56.68（37.49）	89.45（52.63）	36.00（16.06）	25.77（18.56）	53.56（25.00）	18.21（8.28）	77.35（11.36）
	中位数（四分位数间距）	46.56（41.97）	75.11（63.45）	32.43（21.12）	20.46（18.22）	51.54（34.39）	19.34（14.23）	78.66（16.54）
小店区	最小值~最大值	8.40~258.36	15.56~349.94	5.89~116.96	2.45~229.78	4.45~168.95	-6.80~29.60	22.00~96.00
	平均值（标准差）	63.75（41.65）	117.40（60.77）	43.49（18.82）	57.82（48.04）	45.90（31.16）	11.61（10.04）	57.01（17.69）
	中位数（四分位数间距）	53.35（48.53）	110.09（82.34）	40.58（24.25）	41.16（52.89）	36.54（37.14）	12.80（18.60）	57.00（28.00）
新会区	最小值~最大值	8.60~223.57	15.53~228.99	5.89~112.90	2.50~129.75	4.78~169.26	4.30~32.35	31.00~97.50
	平均值（标准差）	36.51（24.49）	57.33（31.30）	29.31（18.28）	15.86（12.34）	49.91（30.44）	23.42（5.58）	79.99（10.98）
	中位数（四分位数间距）	30.32（28.91）	50.00（36.42）	24.81（21.52）	12.22（11.15）	42.48（40.17）	24.85（9.05）	82.00（12.00）

表 3-10　大气污染物与气象因素的相关性分析

	PM$_{2.5}$（μg/m³）	PM$_{10}$（μg/m³）	NO$_2$（μg/m³）	SO$_2$（μg/m³）	O$_3$（μg/m³）	温度（℃）	相对湿度（%）
PM$_{2.5}$（μg/m³）	1.00						
PM$_{10}$（μg/m³）	0.82	1.00					
NO$_2$（μg/m³）	0.67	0.61	1.00				
SO$_2$（μg/m³）	0.52	0.45	0.46	1.00			
O$_3$（μg/m³）	-0.09	-0.07	-0.18	-0.16	1.00		
温度（℃）	-0.38	-0.32	-0.42	-0.39	0.43	1.00	
相对湿度（%）	-0.09	-0.25	-0.23	-0.24	-0.12	0.34	1.00

表 3-11　不同心脑血管疾病门诊就诊日均人数[中位数（下四分位数，上四分位数）]

疾病	总人群（例）	男性（例）	女性（例）
心脑血管疾病	1229（745，1901）	587（352，937）	644（391，952）
冠心病	361（192，477）	155（81，227）	202（112，255）
高血压	651（376，979）	320（189，484）	330（185，499）
脑卒中	94（47，192）	50（24，106）	46（23，84）

3. 气态污染物与心脑血管疾病门诊就诊的关系

气态污染物与心脑血管疾病门诊就诊的关系如图 3-4 所示。在校正混杂因素后，大气 NO$_2$ 日均浓度与因心脑血管疾病、冠心病、高血压和脑卒中门诊就诊在不同滞后天数均呈正相关。累积滞后 2 日（lag01），大气 NO$_2$ 滑动平均浓度每增加 10μg/m³，人群因心脑血管疾病、冠心病、高血压门诊就诊的风险分别增加 2.62%（95%CI：0.18%~5.11%）、1.68%（95%CI：0.65%~2.72%）和 1.79%（95%CI：0.56%~3.04%）；而滞后 3 日（lag3d），大气 NO$_2$ 日均浓度每增加 10μg/m³，人群因脑卒中门诊就诊的风险增加 0.84%（95%CI：0.22%~1.47%）。大气 SO$_2$ 日均浓度与因心脑血管疾病、冠心病、高血压和脑卒中门诊就诊在不同滞后天数普遍呈正相关。累积滞后 5 日（lag04），大气 SO$_2$ 滑动平均浓度每增加 10μg/m³，人群因心脑血管疾病、冠心病、高血压门诊就诊的风险分别增加 3.07%（95%CI：0.14%~6.09%）、1.58%（95%CI：0.19%~2.99%）和 1.92%（95%CI：0.49%~3.37%）。滞后 4 日，大气 O$_3$ 日均浓度每增加 10μg/m³，人群因心脑血管疾病和高血压门诊就诊的风险分别增加 0.43%（95%CI：0.05%~0.81%）和 0.42%（95%CI：0.15%~0.69%）；冠心病与 O$_3$ 未见明显相关性，而脑卒中与 O$_3$ 在 lag04 和 lag05 模型中呈负相关。

图3-3 不同滞后时间下颗粒污染物与心脑血管疾病门诊就诊风险的关系

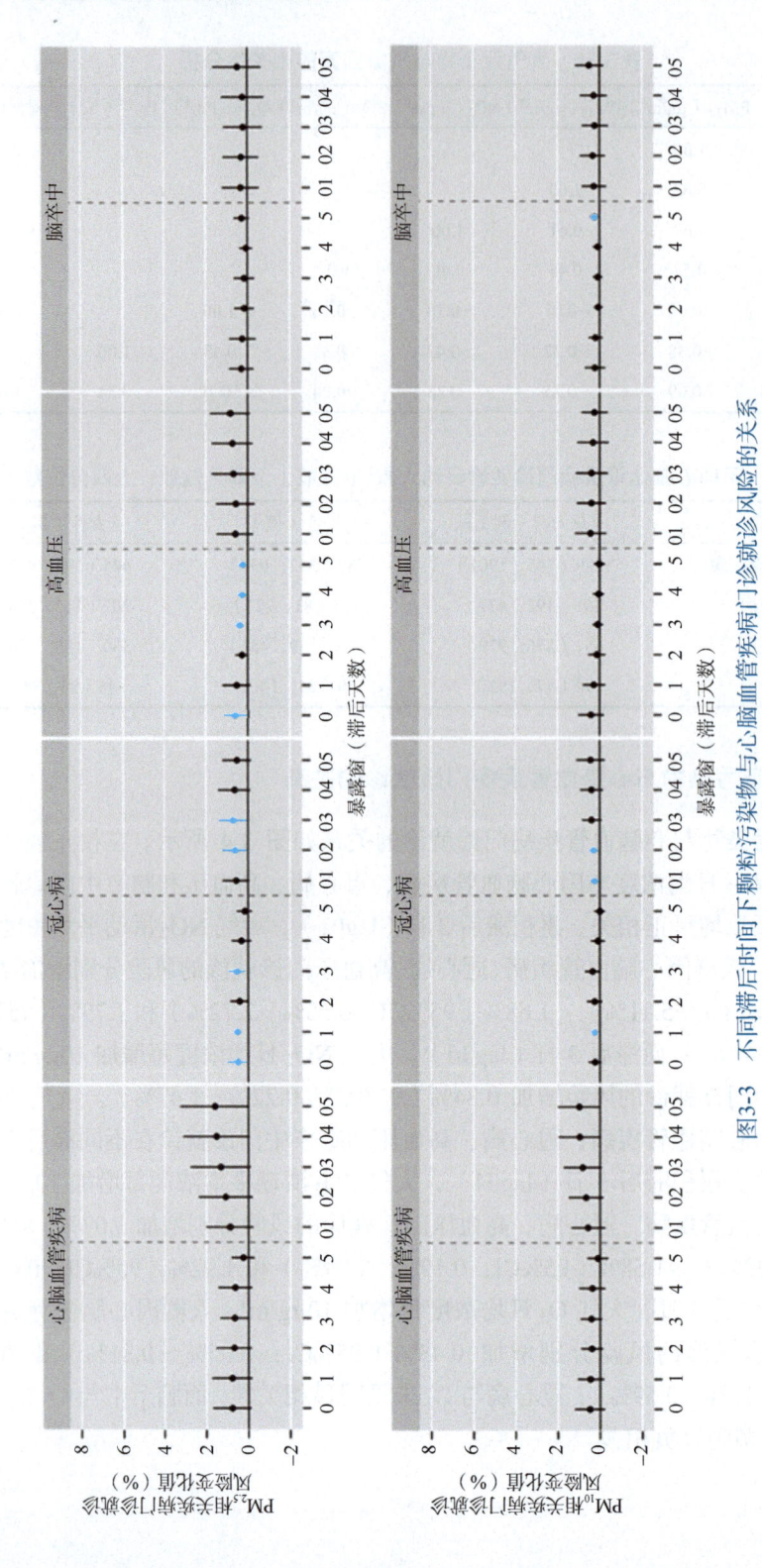

横坐标0~5表示滞后0~5日，01~05表示累积滞后2~6日；图中蓝色部分表示相应暴露窗下污染物的效应具有统计学显著性

第三章 大气污染对人群心脑血管疾病急性效应的暴露-反应关系研究 | 97

图3-4 不同滞后时间下气态污染物与心脑血管疾病门诊就诊的关系

横坐标0~5表示滞后0~5日，01~05表示累积滞后2~6日；图中蓝色部分表示相应暴露窗下污染物的效应具有统计学显著性

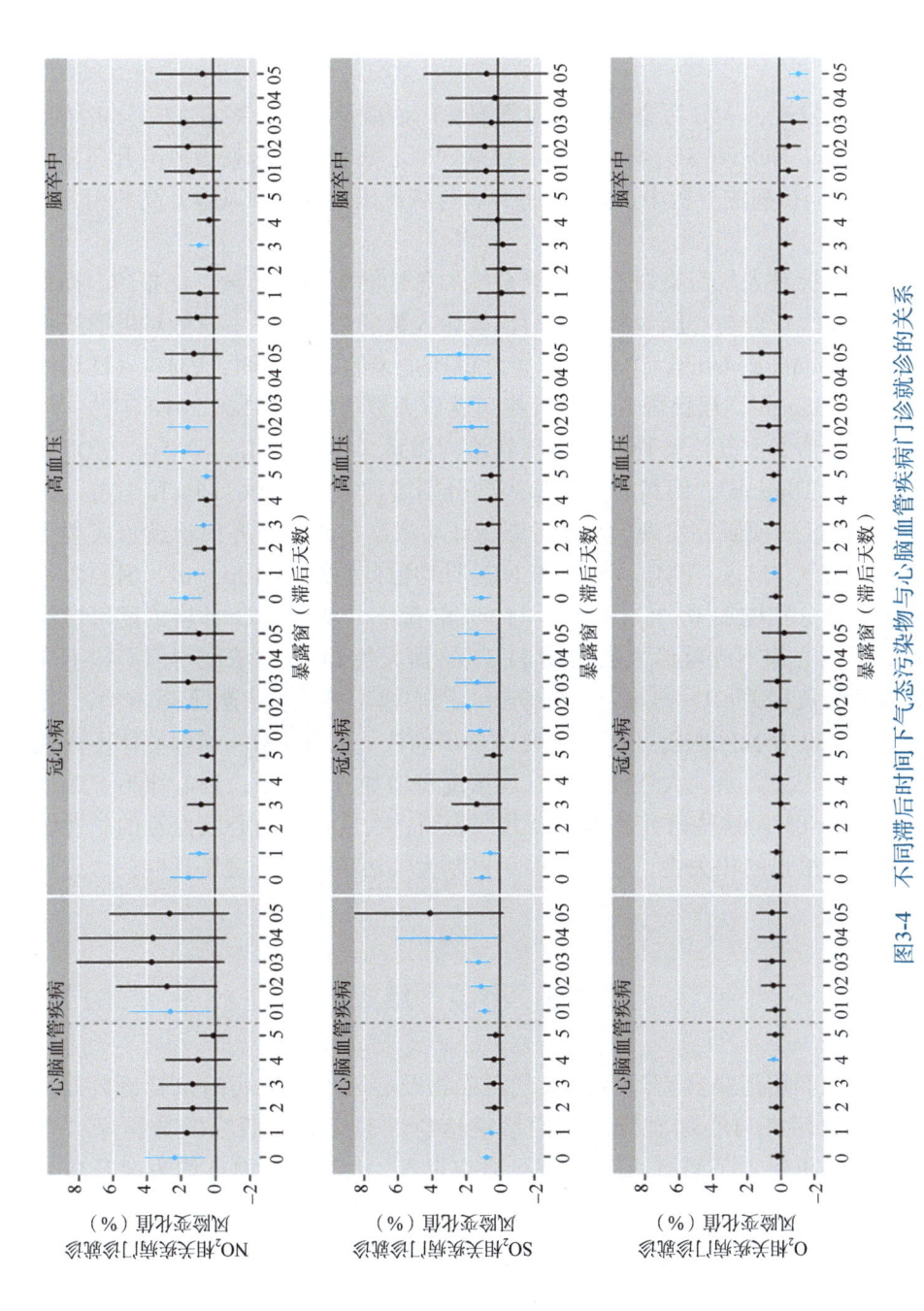

3.2.4 讨　　论

本研究发现，大气污染与心脑血管疾病门诊就诊风险升高有关。分析结果发现，$PM_{2.5}$、NO_2 和 SO_2 与心脑血管疾病、冠心病和高血压就诊风险升高显著相关。在不同疾病的分析中，SO_2 水平升高与高血压门诊就诊风险升高的相关性最为显著。

近年来针对大气污染对心脑血管系统的急性健康影响已被广泛报道，首先可反映在大气污染与心脑血管疾病门诊就诊人数的关联中。一项针对粗颗粒物（coarse particulate matter，$PM_{2.5-10}$）急性健康危害的研究表明，$PM_{2.5-10}$ 日均浓度每增加 $10\mu g/m^3$，居民因心脑血管疾病就诊人数增加 0.85%。2018 年的一项荟萃分析评估了大气污染物与高血压就诊的关系，发现 PM_{10}、$PM_{2.5}$、SO_2 和 NO_2 每升高 $10\mu g/m^3$，因高血压就诊人数分别增加 6%、10%、5% 和 10%。此外，我国最近一项研究发现，大气污染物日均浓度与心律不齐门诊就诊人数呈正相关，大气 $PM_{2.5}$、PM_{10}、SO_2 和 NO_2 日均浓度每增加 $10\mu g/m^3$，因心律不齐就诊人数分别增加 0.6%、0.7%、11.9% 和 6.7%；大气 CO 日均浓度每增加 $1mg/m^3$，因心律不齐就诊人数增加 11.3%；而大气 O_3 日均浓度与因心律不齐就诊人数呈负相关，O_3 每增加 $10\mu g/m^3$，因心律不齐就诊人数下降 0.9%。在我国上海 282 个社区医院开展的研究进一步确认了大气 $PM_{2.5}$ 与因心律不齐就诊人数的正相关关系，大气 $PM_{2.5}$ 日均浓度每增加 $10\mu g/m^3$，因心律不齐就诊人数增加 0.58%。这些研究和本研究共同表明，大气污染与心脑血管的急性健康影响具有很强的相关性，进一步提示控制大气污染有利于缓解医院门、急诊压力。

3.2.5 小　　结

本研究利用污染典型地区的大气污染物及心脑血管疾病门诊就诊数据，建立了大气污染与心脑血管疾病门诊就诊急性健康效应研究的数据库，并通过系统分析建立了暴露-反应关系。研究发现，大气污染物日均浓度升高与心脑血管疾病门诊就诊人数增加显著相关，其中高血压就诊人数增加最为显著。

3.3 大气细颗粒物对心脑血管疾病中高危人群心脑血管健康指标的急性效应

3.3.1 引　言

目前，国内外已有多项定群研究评估了 $PM_{2.5}$ 短期暴露的心血管健康效应，但仍存在以下问题。首先，研究对象多以心脑血管疾病或呼吸系统疾病患者、健康志愿者为主，而针对心脑血管疾病中高危人群，也就是心脑血管疾病一级预防重点人群的研究较少。其次，$PM_{2.5}$ 暴露数据以环境监测站数据为主，暴露测量不够精确，采用 $PM_{2.5}$ 个体监测的研究很少。此外，对血压、心率变异性（heart rate variability，HRV）的评估多以诊室血压、常规心电图作为测量手段，较少有研究评估临床价值更高的 24 小时动态血压、24 小时 HRV 指标。最后，目前开展的研究多以单中心研究为主，样本量大多不足 100 例，检验效能有限，限制了进一步评估可能影响 $PM_{2.5}$ 与心血管健康指标关联的效应修饰因子。

基于上述研究现状，笔者开展了 $PM_{2.5}$ 短期暴露与心血管健康指标关联的我国多城市定群研究，分别在北京、上海、武汉、西安、深圳 5 个城市，共计调查了约 360 例心脑血管疾病中高危个体，进行 3 个季节的 $PM_{2.5}$ 个体暴露水平监测和 24 小时动态血压、动态心电图监测，同时收集生物标本并对生物标志物等进行检测。本研究的目标是在心脑血管疾病中高危人群中评估 $PM_{2.5}$ 短期暴露与心脑血管健康指标的暴露-反应关系，明确 $PM_{2.5}$ 对心脑血管系统的急性健康危害和潜在效应修饰因子，为针对 $PM_{2.5}$ 的心脑血管疾病一级预防提供证据支持。

3.3.2 研　究　方　法

本研究采用定群研究设计，在我国华北、华东、华中、西北、华南 5 个 $PM_{2.5}$ 污染水平具有明显差异的地区，分别选择一个代表性的城市，即北京、上海、武汉、西安和深圳，从当地社区招募心脑血管疾病中高危人群开展研究。

1. 研究人群定义

本研究人群为年龄 35～74 岁、不吸烟或戒烟至少 1 年的心脑血管疾病中高危人群，即高血压或高血压前期患者，并且具有向心性肥胖、糖尿病、血脂异常 3 个危险因素中至少 1 个。不纳入具有职业粉尘暴露史者或主要慢性病患者。具体纳入和排除标准如表 3-12 所示。

表 3-12 研究对象的纳入和排除标准

纳入标准	定义/说明
1. 年龄 35～74 岁	—
2. 不吸烟或戒烟≥1 年	
3. 高血压或高血压前期患者	医生诊断患高血压，或正在服用降压药，或诊室血压处于 130～159/85～99mmHg。基于伦理考虑，不纳入诊室血压≥160/100mmHg 的患者
4. 以下 3 个危险因素至少有其一	
a. 向心性肥胖	男性腰围≥90cm，女性腰围≥85cm
b. 血脂异常	空腹状态下，总胆固醇≥200mg/dl，或低密度脂蛋白胆固醇≥130mg/dl，或甘油三酯≥150mg/dl，或高密度脂蛋白胆固醇<40mg/dl，或正在使用降脂药
c. 糖尿病	医生诊断患糖尿病，或正在使用降糖药，或空腹血糖≥126mg/dl
排除标准	定义/说明
1. 职业粉尘暴露史	煤矿工、建筑工人、消防员、铸造工人等工作环境中存在粉尘暴露的职业
2. 主要慢性病患者	呼吸系统疾病（哮喘、慢阻肺），心脑血管疾病（冠心病、脑卒中、心力衰竭等），慢性肾病，自身免疫性疾病（系统性红斑狼疮、类风湿关节炎），恶性肿瘤
3. 孕妇	
择期纳入的研究对象	定义/说明
近 1 周内感冒、发热或过敏者	这部分患者待康复后择期纳入

2. 研究设计

本研究采用定群研究设计，包含 3 个阶段，分别对应夏季、冬季、过渡季（春季或秋季）3 个季节。在每个阶段分别对研究对象的个体 $PM_{2.5}$ 暴露水平和心脑血管健康指标进行测量，每个研究对象重复测量 3 次。

每个研究阶段包含 4 日，在每个阶段的第 1 日上午，由经过培训的工作人员为研究对象佩戴个体 $PM_{2.5}$ 监测仪，并进行问卷调查和体检，包括个人基本信息和生活方式危险因素、疾病史和用药史、身高、体重、腰围和臀围。第 2 日，工作人员通过电话随访个体 $PM_{2.5}$ 监测仪的工作状态。第 3 日上午，工作人员为研究对象佩戴 24 小时动态血压监测仪和动态心电图（Holter）监测仪。

第 4 日上午监测结束,研究对象归还个体 PM$_{2.5}$ 监测仪、动态血压监测仪和 Holter 监测仪,收集研究对象的空腹外周血和尿液标本。在每个阶段的第 1、3、4 日上午,测量研究对象的诊室血压。研究对象记录每日的活动日志,填写时间-活动模式调查表。每个研究阶段的设计流程如图 3-5 所示,后续 2 个阶段重复第 1 阶段的所有调查和检测项目。

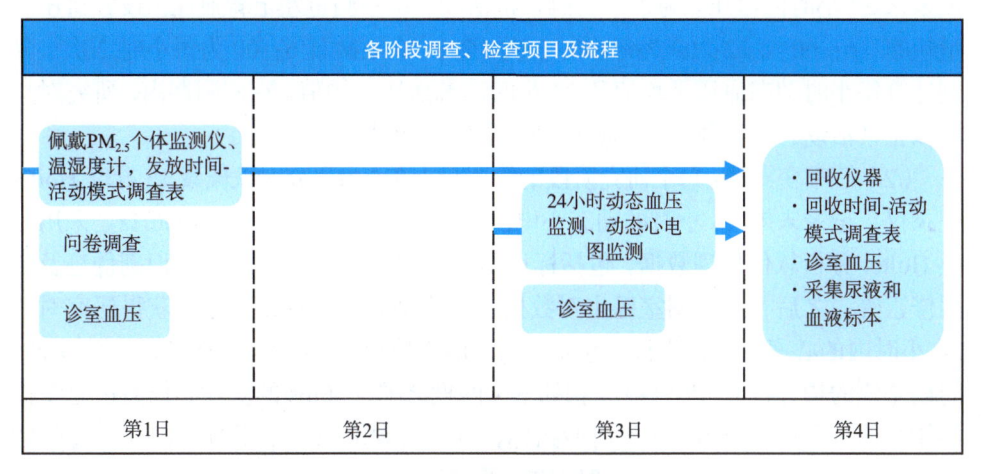

图 3-5 每个研究阶段的调查和检查流程安排

3. PM$_{2.5}$ 个体暴露监测

每位研究对象于第 1 日上午 7:00 至 10:00 开始佩戴 PM$_{2.5}$ 个体暴露监测仪,每分钟记录 1 个数据点,持续记录 72 小时,于第 4 日上午同一时间段结束佩戴。PM$_{2.5}$ 个体暴露监测仪有 2 种规格(MicroPEM,RTI International 或 SidePak AM520,TSI Inc,USA),要求每位研究对象在 3 个研究阶段佩戴同一规格的监测仪。每台监测仪在使用前均由工作人员校准。监测仪装置在专门设计的背包中,监测仪的气道入口与呼吸平面保持水平。在监测期间,研究对象需要记录每日的活动日志,包括室内和室外活动(如做饭、打扫卫生、体育锻炼、上下班交通、睡眠等),填写时间-活动模式调查表。要求研究对象随身携带监测仪,在工作、休息或睡眠时要求至少和监测仪处于同一空间。对研究对象进行简单培训,以便处理可能出现的异常情况。另外,采用温湿度记录仪(HOBO MX1100 Data Logger,Onset Computer Corp,USA)记录同期的温度和湿度。

4. 心脑血管健康指标

(1)诊室血压和 24 小时动态血压:每个研究阶段的第 1、3、4 日上午,测量研究对象的诊室血压。在血压测量前，要求研究对象至少静坐休息 5 分钟，并且 30 分钟内避免剧烈运动、饮茶或咖啡、吸烟或二手烟暴露。测量时坐姿为身体坐直，双脚平放，不跷二郎腿，手臂平置，上臂与心脏等高。测量右上臂血压，共测量 3 次，每 2 次袖带充气之间应等待至少 30 秒。

每个研究阶段的第 3 日上午，为研究对象佩戴动态血压监测仪，记录研究对象未来 24 小时的血压。为了不妨碍日常活动，统一测量左上臂血压。设置血压测量频率，6：00 至 22：00 为每小时 3 次；22：00 至次日 6：00 为每小时 2 次。分别计算每小时动态血压平均值和 24 小时动态血压平均值。在监测期内，研究对象可以正常活动，但需要避免剧烈运动、洗澡等活动。

（2）心率变异性：每个研究阶段的第 3 日上午，为研究对象佩戴 12 导联 Holter 记录仪，记录未来 24 小时的动态心电图。数据采集频率设置为 4000Hz。采用专业 Holter 分析软件处理数据，包括标记 QRS 波群、识别心律失常、识别伪迹及数据修正等。之后，心电图室医生对数据进行手动处理和判读，进而获得研究对象 24 小时内的心率变异性指标，包括全部 NN 间期的标准差（SDNN）、相邻 NN 间期差值的均方根（rMSSD）、相邻 NN 间期之差＞50ms 的窦性心律数占总窦性心律数的百分比（pNN50）等时域指标，以及高频（HF）、低频（LF）、超低频（VLF）等频域指标，计算每小时 HRV 平均值。

（3）生物标志物：每个研究阶段的第 4 日上午清晨，由护士采集每位研究对象空腹状态下的静脉血，每位研究对象采集抗凝血、非抗凝血各一管（6ml）。分别分离血浆、血清，分装为 500µl/管×3 管，抗凝血用于提取单核细胞，非抗凝血的血凝块用于提取 DNA。血清、血浆分离及单核细胞提取在采血后 4 小时内，由实验人员在检测现场的实验室完成。分离出的血标本进行生物标志物测定。使用生化分析仪对 4 个城市全部样本进行血生化测定，包括总胆固醇（TC）、低密度脂蛋白胆固醇（LDL-C）、高密度脂蛋白胆固醇（HDL-C）、甘油三酯（TG）等血脂指标，以及谷丙转氨酶（ALT）、谷草转氨酶（AST）、估算肾小球滤过率（eGFR）、尿酸（uric acid，UA）等肝肾功能指标和血糖（GLU）水平。同时，为了进一步了解 $PM_{2.5}$ 暴露的影响，笔者还选取极端暴露样本（3 个季节间 $PM_{2.5}$ 暴露浓度差值有 2 项＞40µg/m³）进行更丰富的生物标志物测定，包括炎症标志物，如 IL-1β、IL-1Ra、IL-6、TNF-α、CRP；脂质，如 ApoA1、ApoB、sdLDL、Lp(a)；肝肾功能指标，如 γ-谷氨酰转移酶（GGT）、总胆红素（TBIL）、直接胆红素（DBIL）、血尿素氮（BUN）；D-二聚体；特定蛋白，如铁蛋白、结合珠蛋白（HP）、转铁蛋白（Tf）、血清淀粉样蛋白 A（SAA），以及同型半胱氨酸（Hcy）。除 IL-1β、IL-1Rα、IL-6、TNF-α 4 项指标使用 Ella 超灵敏全自动微流控 ELISA 系统测定外，其余生物标志物使用生化分析仪进行测定。

（4）统计分析：分别计算个体 PM$_{2.5}$ 暴露的日均值或小时均值，动态血压、动态心电监测指标的日均值或小时均值。根据结局指标情况，匹配同一时间段、滞后时间窗、滑动平均时间窗的暴露水平，并计算与 PM$_{2.5}$ 暴露相匹配时间窗下的个体温度和湿度的平均值。

对于研究对象的基本特征，采用均数±标准差描述连续性变量，采用频数（百分比）描述分类变量。采用均数±标准差描述不同城市和地区的 PM$_{2.5}$、温度和湿度的小时平均值。采用广义线性混合效应模型拟合 PM$_{2.5}$ 与血压、HRV 及生物标志物指标之间的关系。由于重复测量结局指标在同一研究对象内部存在关联，模型采用研究对象作为随机截距。在拟合模型之前，对 HRV 指标进行自然对数转化。模型中纳入的协变量包括年龄、性别、是否饮酒、体重指数、诊室收缩压、糖尿病、血脂异常、降压药物使用，以及与 PM$_{2.5}$ 同一暴露时间窗下的平均温度和湿度。由于温度和湿度可能与结局指标呈非线性相关，故在模型中引入自由度为 3 的温度和湿度的立方样条函数。此外，模型中还纳入 PM$_{2.5}$ 暴露的城市和季节平均值，以调整不同城市和季节暴露水平差异的影响。另外，在动态血压和 HRV 小时均值的分析中，模型中进一步引入自由度为 3 的小时数的立方样条函数，以调整动态血压和 HRV 小时均值在 24 小时内的时间趋势。由于 HRV 指标在建模前进行了对数转化，故将模型的效应值转化为 PM$_{2.5}$ 每升高 10μg/m^3 对应的 HRV 变化的百分比，公式如下：HRV 变化百分比 $=[e^{(\beta \times 10)}-1] \times 100\%$，95%CI 为 $(e^{[10 \times (\beta \pm 1.96 \times SE)]}-1) \times 100\%$，其中，e 为自然常数，$\beta$ 为模型中 PM$_{2.5}$ 的系数，SE 为系数的标准误差。

为了评估血压控制水平和降压药治疗对 PM$_{2.5}$ 与血压及 HRV 关系的影响，将研究人群中的高血压患者按照血压是否控制（诊室血压已控制：＜140/90mmHg）和是否使用血管紧张素 2 受体拮抗剂（ARB）分为两组，分别在每个亚组人群中建模。采用两样本 Z 检验比较不同亚组人群（血压已控制 vs 未控制；使用 ARB vs 不使用 ARB）的 PM$_{2.5}$ 效应值是否存在统计学差异。

采用 SAS 9.4（SAS Institute，Cary，NC）进行统计学分析，所有统计学检验均为双侧，以 $P<0.05$ 为差异具有统计学意义。

5. 现场组织

本研究由中国医学科学院阜外医院流行病研究部负责协调、监督北京、上海、西安、武汉、深圳 5 个分中心的现场工作。5 个分中心均为当地的医院或疾病控制中心等卫生服务机构，有较好的人群基础，并与阜外医院流行病研究部建立了良好的合作关系。由分中心负责当地研究现场的组织和实施，每个分中心的研究现场组织包括研究现场负责人、项目助理、问卷调查组、体检组、暴露监测组、实验室人员和质量控制组。

项目组对工作人员进行问卷调查、体格检查、个体暴露测量、生物样本采集和处理的培训，经培训合格后方可开始调查。为确保每次重复调查均严格按照操作手册要求进行，项目组还会在每个现场每个季度工作开始的第1周全程督导。

3.3.3 主 要 结 果

1. 研究对象的基本特征

本研究共完成5个城市约360例研究对象的调查和随访，本书中对北京、上海、武汉、西安4个城市共计320名研究对象的数据进行了分析，剔除23名随访阶段退出者，最终297例研究对象纳入统计分析，基线特征见表3-13。所有研究对象平均年龄为（58.7±8.7）岁，其中男性123人，占比41.4%。糖尿病患者占比23.6%。297例研究对象分城市和季节的个体 $PM_{2.5}$、温度和湿度的均值及其标准差见图3-6。不同城市和季节 $PM_{2.5}$ 暴露浓度差异明显，其中西安冬季最高，达（100.9±79.6）$\mu g/m^3$，上海冬季最低，为（19.3±18.2）$\mu g/m^3$。温度和湿度的变化范围也较大，温度最高的是武汉夏季，为（29.0±2.0）℃，最低的是上海冬季，为（12.6±2.7）℃；湿度最高的是上海夏季，为73.0%±6.4%，最低的是北京冬季，为26.8%±7.6%。

2. $PM_{2.5}$ 短期暴露与动态血压的关系

分析动态血压小时均值与 $PM_{2.5}$ 累积滞后1~10小时的关系发现，较短时间内的 $PM_{2.5}$ 浓度升高与血压升高有关，如累积滞后9小时，$PM_{2.5}$ 每升高1个 IQR（43.78$\mu g/m^3$），收缩压升高0.37mmHg（95%CI：0.08~0.65mmHg），脉压升高0.46mmHg（95%CI：0.28~0.63mmHg）（图3-7）。进一步分析发现，在血压控制达标的高血压患者中，$PM_{2.5}$ 暴露对血压水平的负面影响有所减轻（图3-8）；在血压控制未达标的患者中，服用 ARB 类降压药也能减轻 $PM_{2.5}$ 对血压的影响（图3-9）。

表3-13 研究对象的基本特征

基本特征	全人群（n=297）	北京（n=80）	上海（n=68）	武汉（n=76）	西安（n=73）
年龄（岁）	58.7±8.7	53.1±8.1	60.3±8.6	62.6±5.9	59.4±8.7
男性[n（%）]	123（41.4）	41（51.3）	23（33.8）	24（31.6）	35（47.9）

第三章 大气污染对人群心脑血管疾病急性效应的暴露-反应关系研究 | 105

续表

基本特征	全人群（n=297）	北京（n=80）	上海（n=68）	武汉（n=76）	西安（n=73）
高中及以上文化程度[n（%）]	201（67.7）	67（83.8）	38（55.9）	44（57.9）	52（71.2）
收缩压（mmHg）	133.9±13.6	132.2±11.8	134.4±12.0	132.4±15.3	137.0±14.5
舒张压（mmHg）	80.0±10.7	81.7±9.7	79.9±13.0	76.6±8.7	82.1±10.5
腰围（cm）	90.1±9.6	92.8±8.0	84.5±9.2	92.2±10.2	90.3±8.9
总胆固醇（mg/dl）	186.2±35.6	188.1±44.2	184.8±33.9	190.4±32.5	181.6±30.2
空腹血糖（mg/dl）	108.1±31.2	103.5±22.8	111.0±32.2	103.3±21.1	114.8±42.8
高密度脂蛋白（mg/dl）	48.6±14.3	46.1±13.9	50.1±18.8	50.1±11.6	48.3±12.1
甘油三酯（mg/dl）	132.0（101.5, 191.9）	136.6（103.0, 204.5）	131.5（112.1, 186.5）	144.8（108.9, 197.5）	123.4（87.7, 181.5）
2 型糖尿病[n（%）]	70（23.6）	13（16.3）	28（41.2）	11（14.5）	18（24.7）

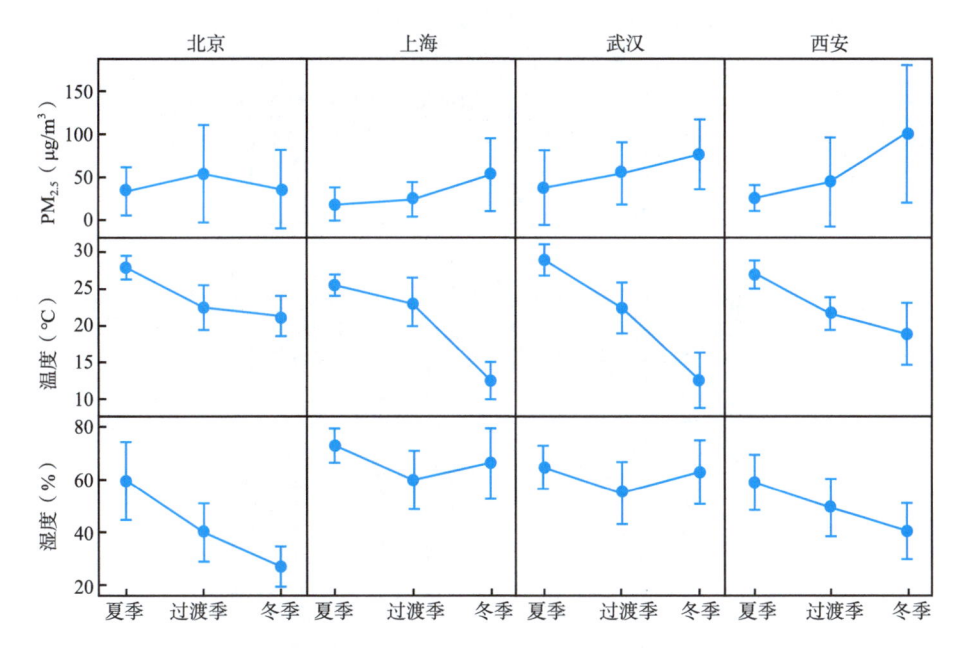

图 3-6 不同城市和季节个体 PM$_{2.5}$ 暴露水平、温度及湿度
误差线表示标准差

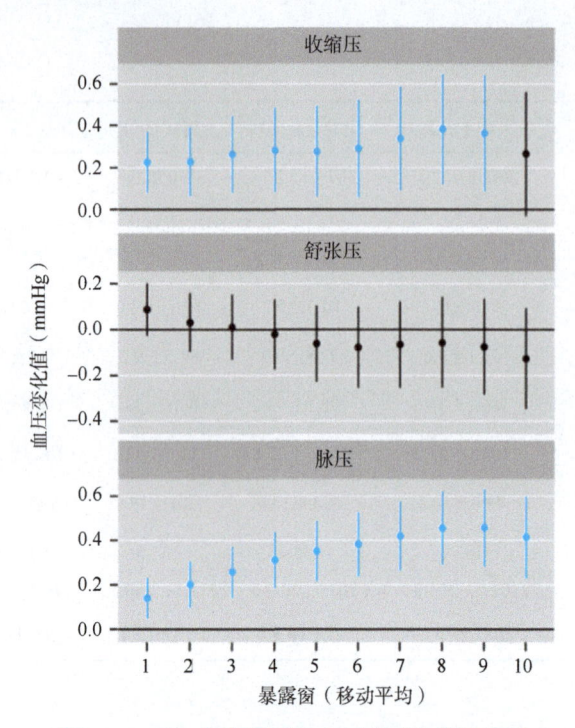

图 3-7　PM$_{2.5}$短期暴露与血压小时均值的关系

横坐标 1~10 表示滞后 1~10 小时

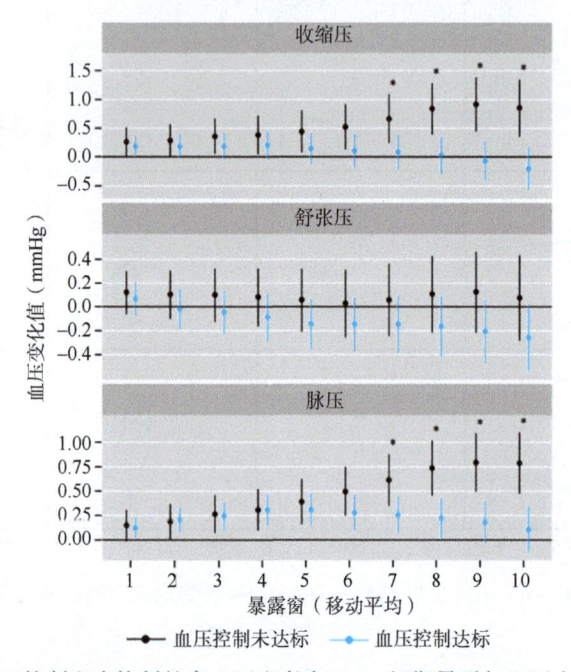

图 3-8　血压已控制和未控制的高血压患者中 PM$_{2.5}$短期暴露与血压小时均值的关系

横坐标 1~10 表示滞后 1~10 小时内；*表示具有组间差异

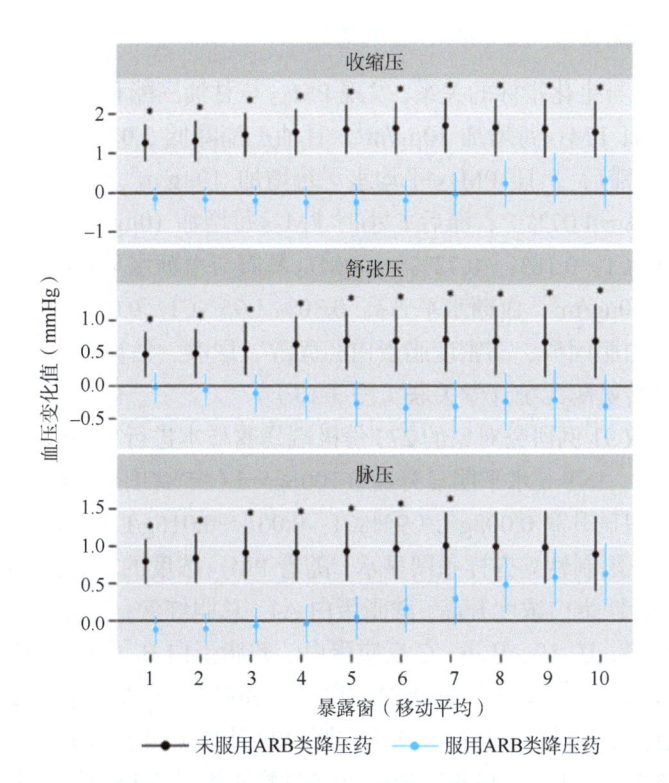

图 3-9　血压未控制的高血压患者按是否服用 ARB 类降压药分层后 PM₂.₅ 短期暴露与血压小时均值的关系

横坐标 1～10 表示滞后 1～10 小时；*表示具有组间差异

3. PM₂.₅ 短期暴露与心率变异性的关系

滞后 1～10 小时 PM₂.₅ 短期暴露与 HRV 时域指标和频域指标的下降相关。滞后 1 小时 PM₂.₅ 暴露浓度每升高 10μg/m³，SDNN、rMSSD、pNN50、HF、LF、VLF 分别下降 0.19%（95%CI：0.11%～0.28%）、0.17%（95%CI：0.06%～0.29%）、0.19%（95%CI：0.01%～0.36%）、0.47%（95%CI：0.12%～0.82%）、0.36%（95%CI：0.12%～0.59%）和 0.45%（95%CI：0.16%～0.74%）。随着暴露时间窗的延长，PM₂.₅ 与 SDNN、rMSSD、LF 和 VLF 的相关性比较稳定，而与 pNN50、HF 的相关性有所减弱（图 3-10）。进一步分析发现，对于血压已控制的患者，PM₂.₅ 与 HRV 的负相关性减弱（图 3-11），而对于血压未控制的患者，服用 ARB 类降压药也会使 PM₂.₅ 对 HRV 的负面效应减弱或消失（图 3-12）。

4. PM$_{2.5}$短期暴露与生物标志物的关系

分析PM$_{2.5}$与生化指标的关系，发现PM$_{2.5}$与甘油三酯和总胆固醇水平降低相关，如滞后2日PM$_{2.5}$每增加10μg/m³，甘油三酯降低2.07%（95%CI：0.54%～3.57%），累积滞后2日PM$_{2.5}$平均水平每增加10μg/m³，甘油三酯降低2.42%（95%CI：0.75%～4.07%）；滞后6小时PM$_{2.5}$每增加10μg/m³，总胆固醇水平下降0.41%（95%CI：0.10%～0.72%）；PM$_{2.5}$暴露与血糖水平升高相关，滞后3日PM$_{2.5}$每增加10μg/m³，血糖水平升高0.30%（95%CI：0.02%～0.59%）。PM$_{2.5}$与低密度脂蛋白胆固醇、高密度脂蛋白胆固醇、尿酸、估算肾小球滤过率、谷丙转氨酶、谷草转氨酶无统计学关联（图3-13）。

进一步选取91例研究对象的273份极端暴露样本进行生物标志物分析。PM$_{2.5}$每升高10μg/m³，INF-α水平明显升高0.100pg/ml（95%CI：0.049～0.151pg/ml），转铁蛋白水平明显升高0.008g/L（95%CI：0.001～0.016g/L），提示PM$_{2.5}$升高会加剧炎症反应。限制性立方样条图显示，随着PM$_{2.5}$浓度的升高，INF-α、尿素氮、结合珠蛋白、转铁蛋白浓度升高，载脂蛋白A1、总胆红素、直接胆红素浓度降低，有近似线性趋势，IL-1β、IL-6、C反应蛋白、载脂蛋白B、小而密低密度脂蛋白、γ-谷氨酰转移酶、D-二聚体、铁蛋白、血清淀粉样蛋白A浓度先升高再降低，IL-1Ra、脂蛋白a、同型半胱氨酸浓度先降低再升高（图3-14）。

不同暴露窗下，PM$_{2.5}$与各生物标志物的关系如图3-15所示。滞后0～24小时、滞后24～48小时、滞后48～72小时和滞后0～72小时PM$_{2.5}$每增加10μg/m³，INF-α分别升高0.079pg/ml（95%CI：0.034～0.120pg/ml）、0.062pg/ml（95%CI：0.016～0.110pg/ml）、0.085pg/ml（95%CI：0.043～0.130pg/ml）和0.100pg/ml（95%CI：0.049～0.150pg/ml）；滞后24～48小时PM$_{2.5}$每增加10μg/m³，脂蛋白a水平降低4.075mg/L（95%CI：0.176～7.974mg/L）；滞后24～48小时PM$_{2.5}$每增加10μg/m³，转铁蛋白水平增加0.008g/L（95%CI：0.001～0.015g/L）。PM$_{2.5}$与IL-1β、IL-1Ra、IL-6、C反应蛋白、脂蛋白A1、脂蛋白B、小而密低密度脂蛋白、总胆红素、直接胆红素、γ-谷氨酰基转移酶、尿素氮、D-二聚体、铁蛋白、结合珠蛋白、同型半胱氨酸、血清淀粉样蛋白A未发现统计学关联。

同时，笔者选取了91例受试对象三个季度中PM$_{2.5}$暴露最高和最低的两个季度，对比PM$_{2.5}$高暴露和低暴露下生物标志物的水平差异。结果如表3-14所示，IL-1Ra、TNF-α、铁蛋白、结合珠蛋白和同型半胱氨酸的水平在高低暴露间具有明显差异，TNF-α、铁蛋白和结合珠蛋白在高浓度PM$_{2.5}$情况下明显较高，IL-1Ra和Hcy在低浓度PM$_{2.5}$情况下明显较高。

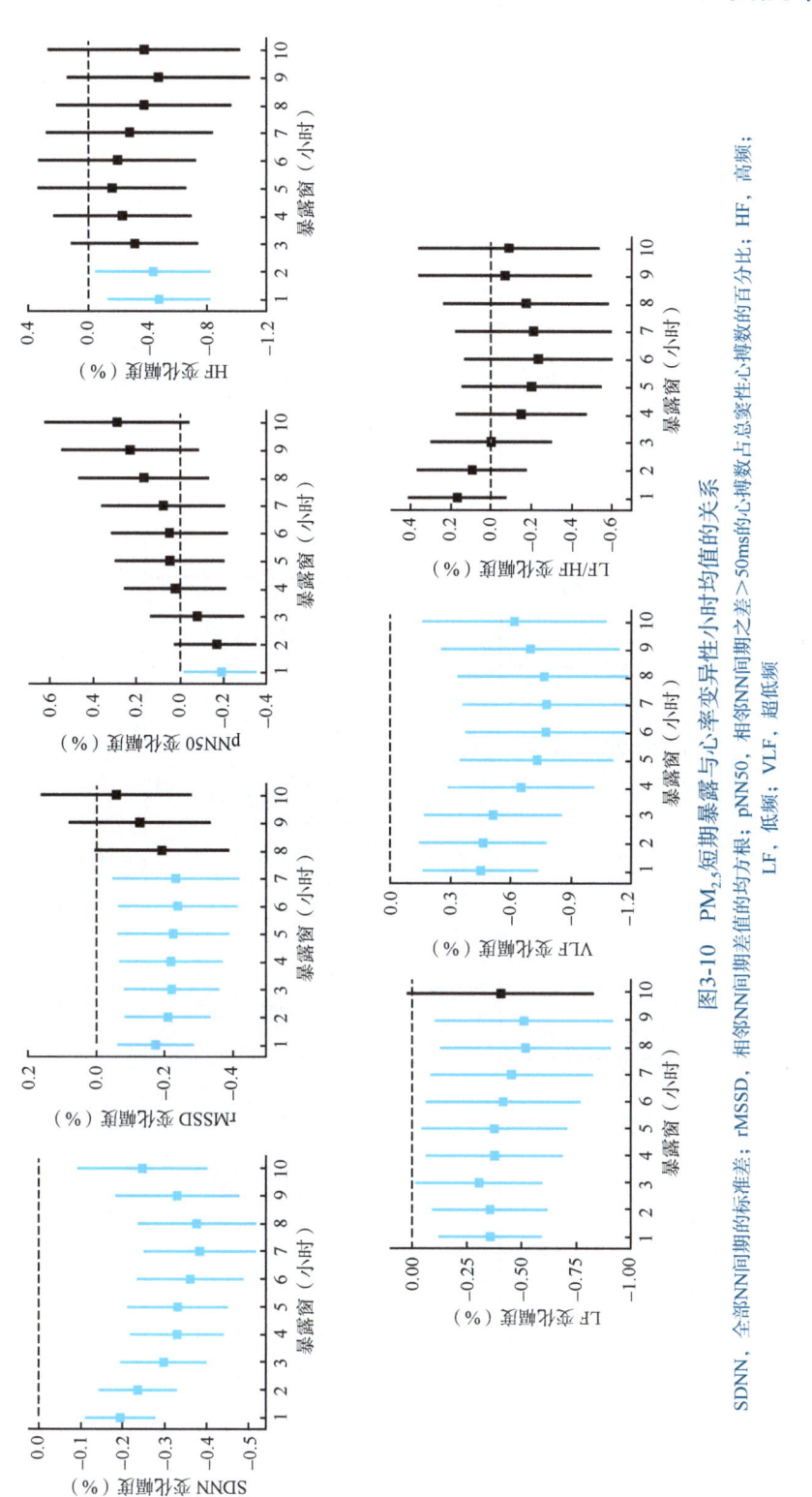

第三章　大气污染对人群心脑血管疾病急性效应的暴露-反应关系研究 | 109

图3-10　PM$_{2.5}$短期暴露与心率变异性小时均值的关系

SDNN，全部NN间期的标准差；rMSSD，相邻NN间期差值的均方根；pNN50，相邻NN间期之差>50ms的心搏数占总实性心搏数的百分比；HF，高频；LF，低频；VLF，超低频

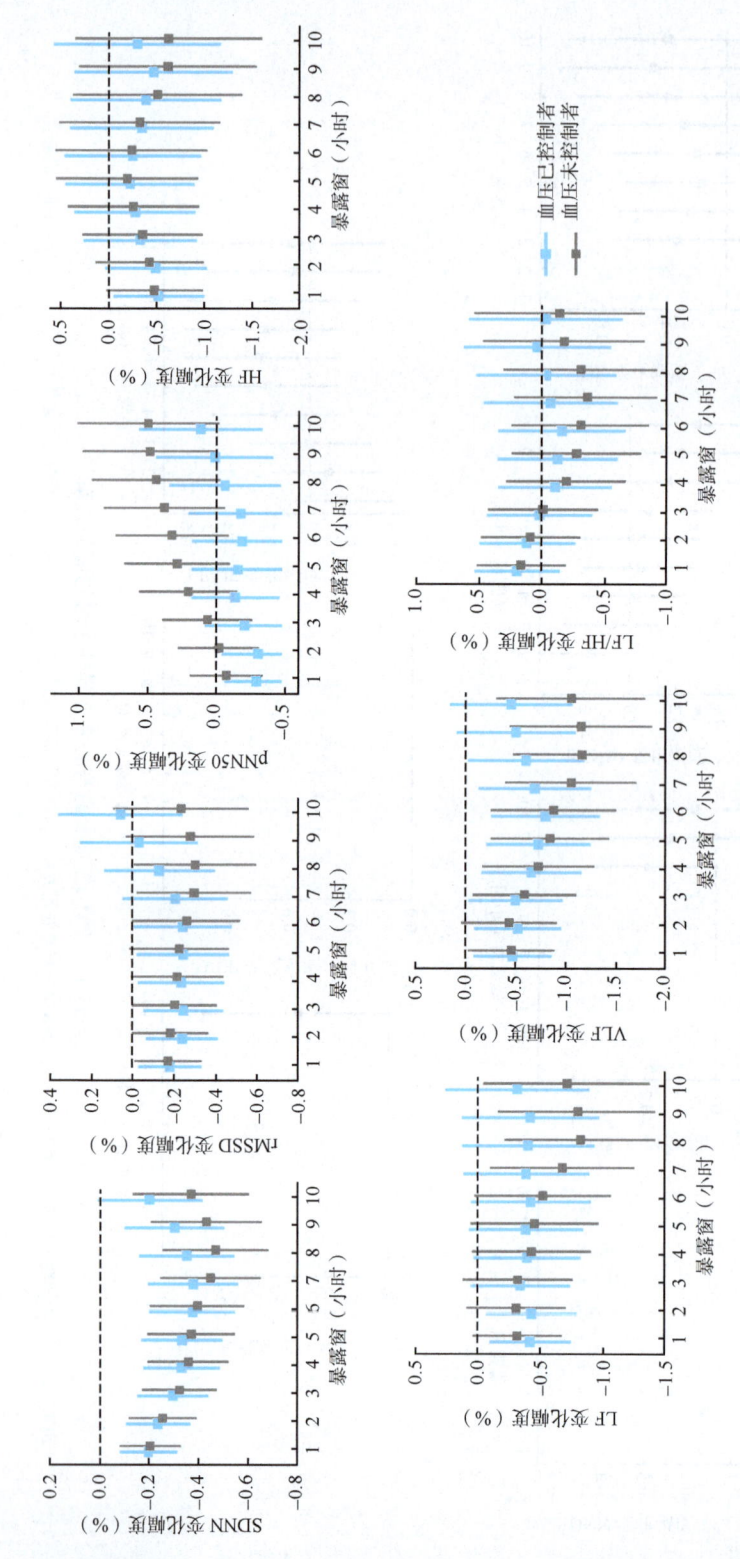

图3-11 血压已控制和未控制的高血压患者中$PM_{2.5}$短期暴露与心率变异性小时均值的关系

图3-12 血压未控制的高血压患者按是否服用ARB类降压药分层后，PM$_{2.5}$短期暴露与心率变异性小时均值间的关系
*组间差异具有统计学意义

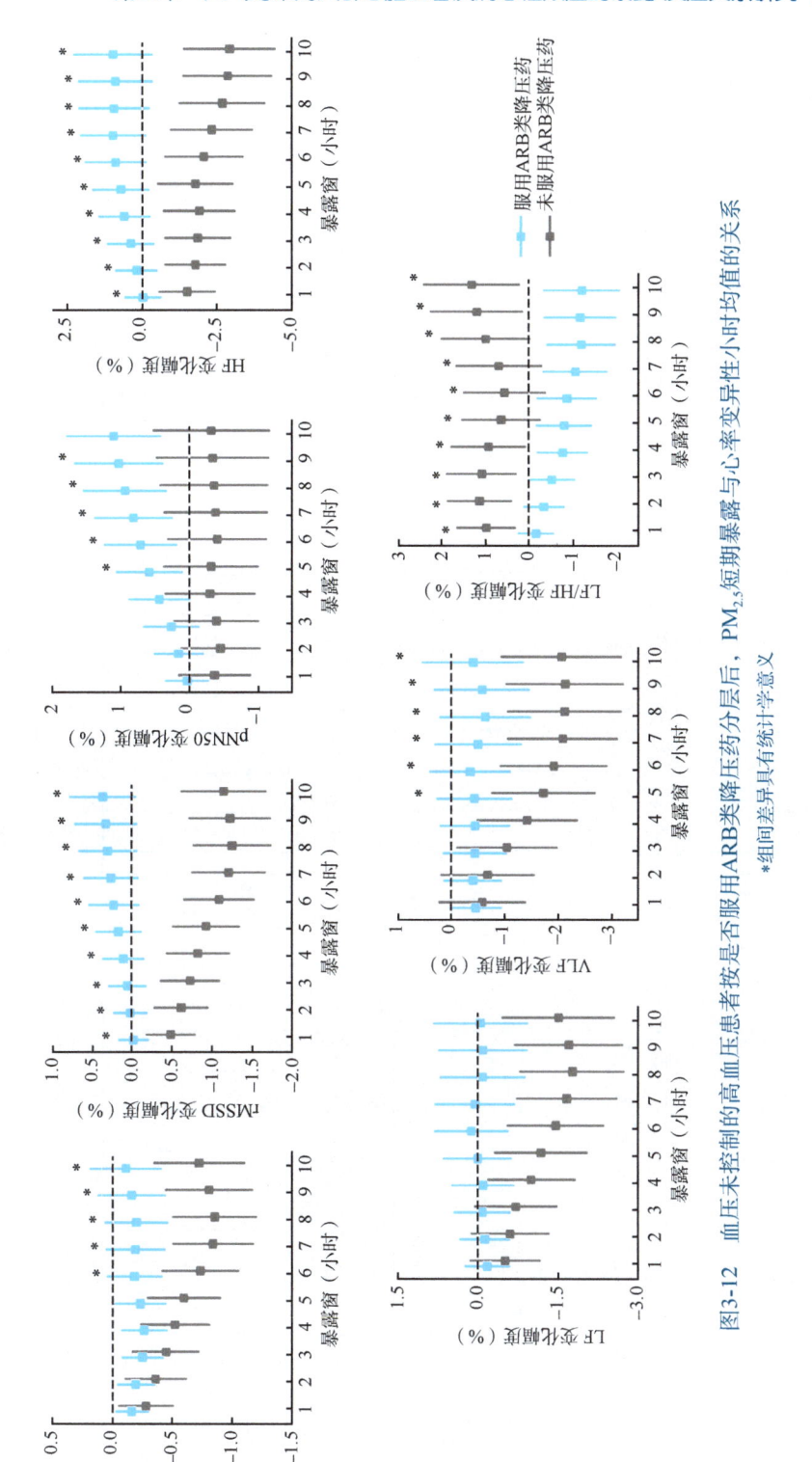

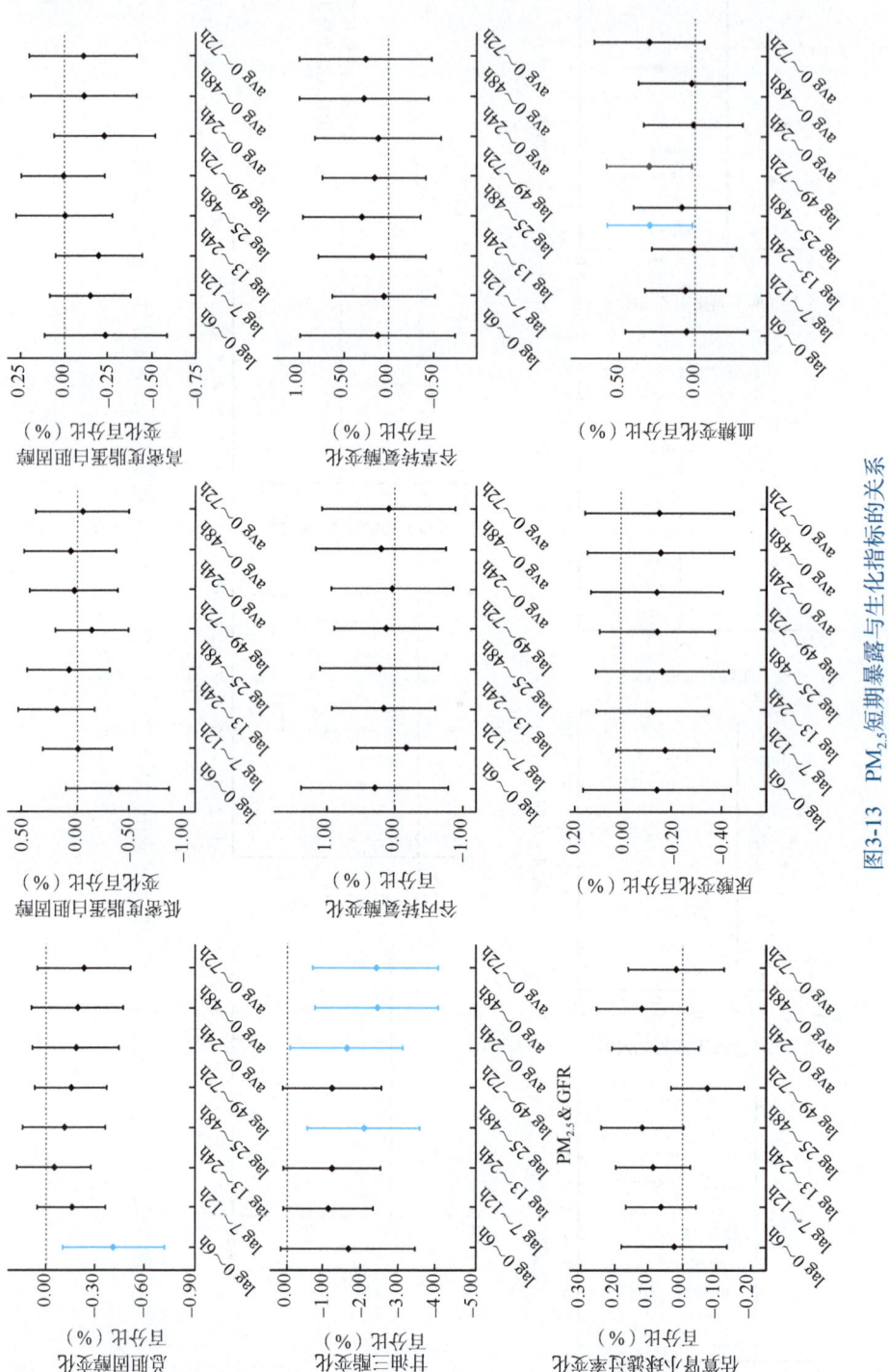

112 | 大气污染的急性健康风险研究

图3-13 PM$_{2.5}$短期暴露与生化指标的关系

横坐标lag 0~6h表示滞后0~6h，avg 0~24h表示过去1日

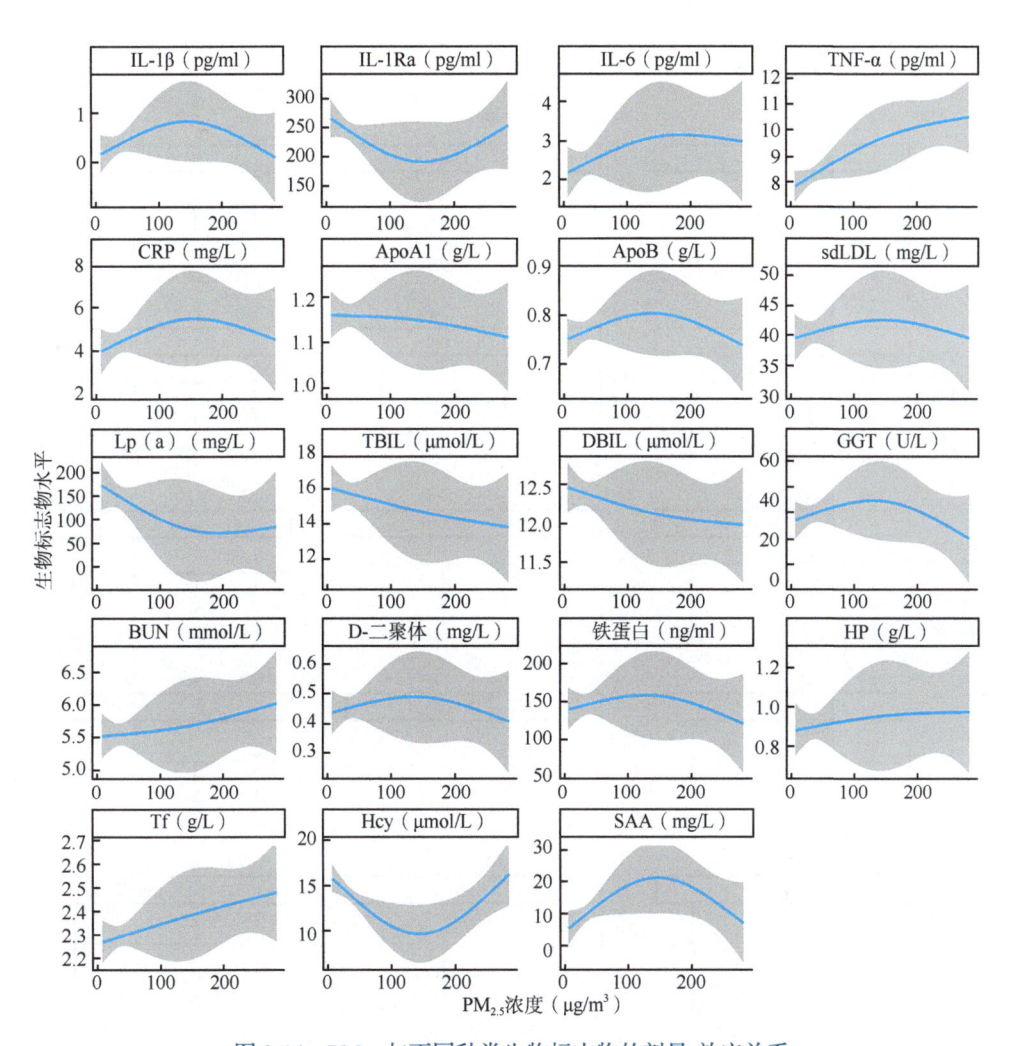

图 3-14 PM$_{2.5}$ 与不同种类生物标志物的剂量-效应关系

IL-1β，白介素-1β；IL-1Ra，白介素-1 受体拮抗剂；IL-6，白介素-6；TNF-α，肿瘤坏死因子-α；CRP，C 反应蛋白；ApoA1，载脂蛋白 A1；ApoB，载脂蛋白 B；sdLDL，小而密低密度脂蛋白；Lp（a），脂蛋白 a；TBIL，总胆红素；DBIL，直接胆红素；GGT，γ-谷氨酰转移酶；BUN，血尿素氮；HP，结合珠蛋白；Tf，转铁蛋白；Hcy，同型半胱氨酸；SAA，血清淀粉样蛋白 A

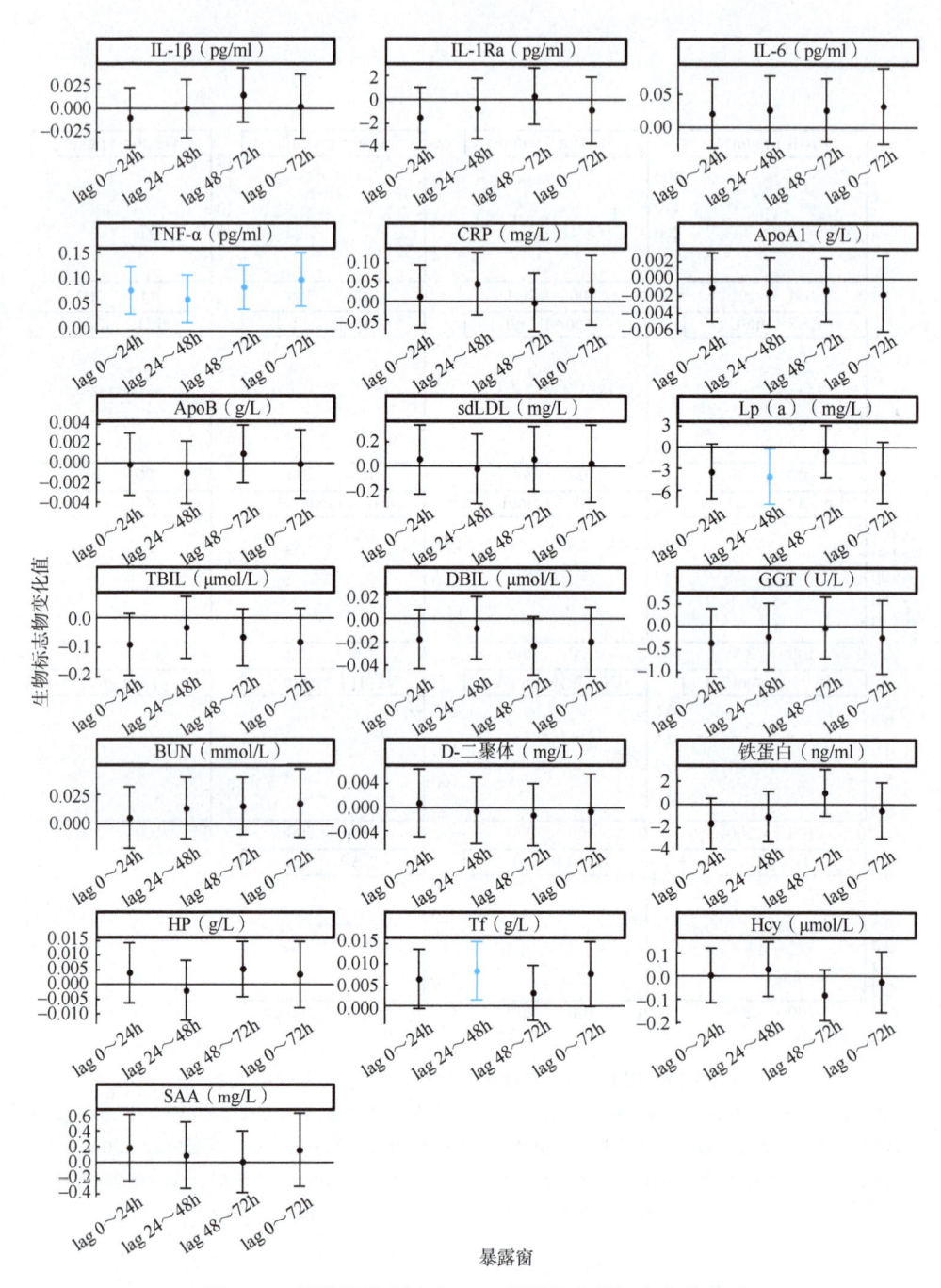

图 3-15 不同滞后时间下 PM$_{2.5}$ 暴露与生物标志物的关系

表 3-14　PM$_{2.5}$ 高、低浓度暴露时的生物标志物差异

生物标志物	高浓度暴露 均值	高浓度暴露 标准差	低浓度暴露 均值	低浓度暴露 标准差	P
炎症指标					
白介素-1β（pg/ml）	0.529	2.379	0.293	0.290	0.900
白介素-1 受体拮抗剂（pg/ml）	236.11	124.299	252.352	121.343	0.043
白介素-6（pg/ml）	2.751	2.934	2.279	1.828	0.088
肿瘤坏死因子-α（pg/ml）	9.044	2.438	8.224	2.142	<0.0001
C 反应蛋白（mg/L）	5.037	4.391	4.017	2.991	0.075
脂质					
载脂蛋白 A1（g/L）	1.173	0.181	1.156	0.186	0.277
载脂蛋白 B（g/L）	0.772	0.143	0.765	0.142	0.575
小而密低密度脂蛋白（mg/L）	40.256	13.634	41.349	13.079	0.362
脂蛋白 a（mg/L）	141.629	185.083	137.679	180.878	0.188
肝肾功能					
总胆红素（μmol/L）	15.363	5.246	15.449	4.594	0.836
直接胆红素（μmol/L）	12.375	1.265	12.409	1.204	0.716
γ-谷氨酰转移酶（U/L）	31.986	38.480	32.492	35.590	0.593
血尿素氮（mmol/L）	5.660	1.348	5.648	1.066	0.956
凝血					
D-二聚体（mg/l）	0.437	0.196	0.446	0.181	0.475
特定蛋白或氨基酸					
铁蛋白（ng/ml）	151.31	103.307	141.385	103.644	0.034
结合珠蛋白（g/L）	0.977	0.515	0.879	0.442	0.002
转铁蛋白（g/L）	2.339	0.332	2.327	0.318	0.616
血清淀粉样蛋白 A（mg/L）	14.268	28.333	7.176	3.593	0.063
同型半胱氨酸（μmol/L）	13.820	5.827	14.659	5.636	0.002

3.3.4　讨　　论

本研究在心脑血管疾病中高危人群中发现，滞后 1~10 小时 PM$_{2.5}$ 短期暴露与每小时血压均值呈正相关，与每小时 HRV 均值呈负相关；累积滞后 3 日 PM$_{2.5}$ 暴露与血糖升高相关。另外，炎症因子 TNF-α、转铁蛋白的水平随着 PM$_{2.5}$ 浓度升高而升高。以上研究结果提示，PM$_{2.5}$ 短期暴露可能通过升高血压、引起心脏自主神经功能紊乱，以及引起系统炎症增加心脑血管疾病的发生风险。进

一步分析发现，在血压已控制的高血压患者中，PM$_{2.5}$升高血压和降低 HRV 的效应减弱；另外在血压未控制但服用 ARB 类降压药的患者中也观察到类似现象，提示高血压患者血压控制达标及服用 ARB 类降压药有助于减轻 PM$_{2.5}$ 暴露导致的心脑血管系统危害。本研究结果为高污染地区预防 PM$_{2.5}$ 暴露引起的心脑血管健康危害提供了证据支持，为后续探讨 PM$_{2.5}$ 导致心脑血管损伤的机制提供了线索。

国内外许多研究均发现 PM$_{2.5}$ 短期暴露与血压水平升高相关，但不同研究的结果并不完全一致。如 Brook 等在 65 名患有代谢综合征和胰岛素抵抗的研究对象中发现，累积滞后 7 日 PM$_{2.5}$ 平均暴露量每升高 67.2μg/m^3，收缩压升高 2mmHg。Ren 等在 41 名健康大学生中开展的定群研究发现，滞后 3～24 小时 PM$_{2.5}$ 平均暴露量与收缩压和舒张压均呈负相关。而 Liu 等对 61 名健康人的横断面调查未发现血压与 PM$_{2.5}$ 存在相关性。尽管不同研究间的结论存在差异，但荟萃分析结果仍然支持 PM$_{2.5}$ 短期暴露与血压水平呈正相关。Yang 等纳入 51 篇研究的荟萃分析显示，PM$_{2.5}$ 在短期内每升高 10μg/m^3，SBP 升高 0.53mmHg（95%CI：0.26～0.80mmHg），DBP 升高 0.20mmHg（95%CI：0.02～0.38mmHg）。

不同健康状况的人群对 PM$_{2.5}$ 的敏感性存在差异。Auchincloss 等的研究发现，与未患高血压者相比，PM$_{2.5}$ 升高血压的作用在高血压患者中更明显。Huang 等的研究发现，超重者的血压比体重正常者更易受 PM$_{2.5}$ 的影响。Santos 等的研究也发现，与未患高血压或糖尿病的人相比，患有这两种疾病的人对 PM$_{2.5}$ 更敏感。患有基础疾病的人群可能由于机体处于某种功能紊乱状态，如糖尿病患者固有的内皮功能障碍、心脑血管疾病患者的循环系统紊乱、高血压自主神经功能失衡等，使得他们对 PM$_{2.5}$ 更敏感，因此 PM$_{2.5}$ 暴露更容易导致血压升高。

但是，血压控制状态和降压药是否能修饰 PM$_{2.5}$ 与血压的关系仍鲜有报道。PM$_{2.5}$ 引起血压升高的机制之一是诱导自主神经功能失衡和内皮功能紊乱，而血压控制达标或使用降压药有助于改善内皮功能，可在一定程度上抑制这些通路。动物研究表明，PM$_{2.5}$ 暴露会影响肾素-血管紧张素-醛固酮系统（RAAS），以及上调血管紧张素转化酶（ACE）、血管紧张素Ⅱ（AngⅡ）和血管紧张素Ⅱ1 型受体（AT$_1$R）的表达。高水平 AngⅡ可通过与 AT$_1$R 结合对血管内皮功能产生影响，并升高血压。血管紧张素转化酶抑制剂（ACEI）或 ARB 可抑制这一通路，从而改善内皮功能障碍。本研究在人群水平发现 ARB 类降压药可以减轻 PM$_{2.5}$ 引起的血压升高效应，为 PM$_{2.5}$ 高污染地区高血压患者预防心脑血管健康危害提供了证据支持。

既往数十项纵向研究分析了 PM$_{2.5}$ 短期暴露与 HRV 之间的关系，大多数在心脑血管疾病患者及老年人中开展的研究提示两者呈负相关，但在健康青年人中，两者也可呈正相关或无显著关联。既往研究结论不一致的可能原因之一是不同健康状态的研究对象对 $PM_{2.5}$ 暴露的敏感度不同。本研究在心脑血管疾病中高危人群中发现，滞后数小时的 $PM_{2.5}$ 短期暴露与 SDNN、rMSSD、pNN50、HF、LF 和 VLF 下降相关。HRV 降低通常代表心脏自主神经功能紊乱，是长期心脑血管疾病风险的独立预测指标。与既往大多数研究不同，本研究在尚未发生心脑血管疾病的中高危人群中发现 $PM_{2.5}$ 短期暴露与 HRV 下降相关，提示 $PM_{2.5}$ 暴露可引起心脏自主神经功能紊乱，进而导致心脑血管疾病，对理解 $PM_{2.5}$ 导致心脑血管疾病的病理生理机制具有重要意义。

某些效应修饰因子的存在可能影响 $PM_{2.5}$ 与 HRV 的关系。与正常血压者相比，高血压患者中 $PM_{2.5}$ 相关 HRV 的下降更明显。例如，多种族动脉粥样硬化研究（the multi-ethnic study of atherosclerosis，MESA）和标准衰老研究（the normative aging study）均在高血压患者中发现 $PM_{2.5}$ 短期暴露可使 HRV（rMSSD、SDNN 和 HF）明显下降，但在血压正常者中未观察到 HRV 发生明显改变。与既往研究不同，本研究在高血压患者中的分析发现，血压未控制的患者 $PM_{2.5}$ 暴露相关的 HRV 下降更明显，而血压控制达标的患者 HRV 下降幅度较小。该发现不仅表明血压未控制的高血压患者更易受到 $PM_{2.5}$ 暴露的影响，还提示控制好血压有助于减轻 $PM_{2.5}$ 对心脏自主神经功能的负面影响。

此外，在血压未控制的高血压患者中，$PM_{2.5}$ 暴露相关 HRV 的下降幅度在未使用 ARB 的患者中增大，而在使用 ARB 的患者中减小甚至逆转，表明 ARB 类降压药可能减轻 $PM_{2.5}$ 暴露所致心脏自主神经功能障碍。ARB 类降压药修饰 $PM_{2.5}$ 与 HRV 关系的机制尚不明确，但 RAAS 很可能在其中发挥作用。实验研究证明，暴露于颗粒物的大鼠血浆 Ang Ⅱ 的浓度，以及肺和心脏中 AT_1R 的表达增加。Ang Ⅱ 与 AT_1R 的结合影响自主神经活动，包括交感神经功能增强和副交感神经功能减退。ARB 可抑制 Ang Ⅱ 的活性，因而抵消 $PM_{2.5}$ 暴露对自主神经功能的影响。以上发现为探究 $PM_{2.5}$ 导致心脑血管疾病的机制提供了线索，为 $PM_{2.5}$ 高污染地区的高血压患者预防心脏自主神经功能紊乱提供了证据支持。

系统炎症反应是 $PM_{2.5}$ 诱发心脑血管疾病的生物学机制之一。大量研究表明 $PM_{2.5}$ 暴露会导致炎症生物标志物水平升高。Tang 等对大气污染和炎症指标的综述结果显示，$PM_{2.5}$ 每升高 $10\mu g/m^3$，TNF-α、IL-6 和 IL-8 的水平分别增加 3.51%、1.13% 和 3.17%。一项纳入 40 项观察性研究的荟萃分析显示，$PM_{2.5}$ 短期暴露浓度升高与 CRP 水平升高显著相关。本研究也发现，$PM_{2.5}$ 浓度增加会导致 TNF-α 水平显著上升，提示 $PM_{2.5}$ 暴露会诱使机体发生炎症反应，释放炎症因子。氧化应激也是 $PM_{2.5}$ 导致心脑血管疾病的重要途径之一。He 等研究发现，$PM_{2.5}$ 浓度升高会导致尿中氧化应激标志物 8-羟基脱氧鸟苷（8-OHdG）和丙二醛（MDA）的水平显著升高，表明 PM$_{2.5}$ 暴露可能通过诱导机体发生氧化应激反应，进而导致心脑血管疾病的发生。

此外，PM$_{2.5}$ 还会诱发凝血和内皮功能障碍。一项评估 PM$_{2.5}$ 暴露于血管性血友病因子（vWF）的荟萃分析表明，PM$_{2.5}$ 短期暴露每增加 10μg/m^3，vWF 水平增加 0.41%。另外一项荟萃分析指出，PM$_{2.5}$ 水平与纤维蛋白原呈显著正相关，PM$_{2.5}$ 每增加 10μg/m^3，纤维蛋白原浓度升高 0.54%。既往研究还显示，PM$_{2.5}$ 暴露与指示血脂功能和影响动脉粥样硬化斑块稳定性的生物标志物有关。

3.3.5 小　　结

本研究在心脑血管疾病高危人群中发现，个体 PM$_{2.5}$ 短期暴露与血压升高相关，并可引起心脏自主神经功能失调，表现为 HRV 下降。此外，PM$_{2.5}$ 短期暴露亦与血糖、炎症因子（如 TNF-α）水平呈正相关。但是，在血压控制达标或服用 ARB 类降压药的高血压患者中，PM$_{2.5}$ 升高血压的效应减弱，对心脏自主神经功能的负面影响也减弱或消失。本研究的发现为探索 PM$_{2.5}$ 导致心脑血管疾病的病理生理机制提供了线索，为 PM$_{2.5}$ 高污染地区心脑血管疾病中高危人群的一级预防策略提供了证据支持，即通过控制血压和服用 ARB 类降压药，可能有助于减轻 PM$_{2.5}$ 对血压和心脏自主神经功能的负面影响，对预防 PM$_{2.5}$ 暴露引起的心脑血管健康危害具有重要指导意义。

参 考 文 献

Auchincloss AH, Diez Roux AV, Dvonch JT, et al, 2008. Associations between recent exposure to ambient fine particulate matter and blood pressure in the Multi-Ethnic Study of Atherosclerosis (MESA) [J]. Environmental Health Perspectives, 116（4）：486-491.

Aztatzi-Aguilar OG, Uribe-Ramírez M, Arias-Montaño JA, et al, 2015. Acute and subchronic exposure to air particulate matter induces expression of angiotensin and bradykinin-related genes in the lungs and heart：Angiotensin-Ⅱ type-Ⅰ receptor as a molecular target of particulate matter exposure[J]. Particle and Fibre Toxicology, 12：17.

Brook RD, Sun ZC, Brook JR, et al, 2016. Extreme air pollution conditions adversely affect blood pressure and insulin resistance：the air pollution and cardiometabolic disease study[J]. Hypertension, 67（1）：77-85.

Buteau S, Goldberg MS, 2016. A structured review of panel studies used to investigate associations between ambient air pollution and heart rate variability[J]. Environmental Research, 148：207-247.

Chen RJ, Yin P, Meng X, et al, 2018. Associations between ambient nitrogen dioxide and daily cause-specific mortality：evidence from 272 Chinese cities[J]. Epidemiology, 29（4）：482-489.

Chen RJ, Yin P, Meng X, et al, 2019. Associations between coarse particulate matter air pollution and cause-specific mortality：a nationwide analysis in 272 Chinese cities[J]. Environmental Health

Perspectives, 127（1）: 17008.

Ghelfi E, Wellenius GA, Lawrence J, et al, 2010. Cardiac oxidative stress and dysfunction by fine concentrated ambient particles（CAPs）are mediated by angiotensin-Ⅱ[J]. Inhalation Toxicology, 22（11）: 963-972.

He LC, Cui XX, Xia QY, et al, 2020. Effects of personal air pollutant exposure on oxidative stress: potential confounding by natural variation in melatonin levels[J]. International Journal of Hygiene and Environmental Health, 223（1）: 116-123.

Huang W, Wang L, Li JP, et al, 2018. Short-term blood pressure responses to ambient fine particulate matter exposures at the extremes of global air pollution concentrations[J]. American Journal of Hypertension, 31（5）: 590-599.

Jiang JJ, Niu Y, Liu C, et al, 2020. Short-term exposure to coarse particulate matter and outpatient visits for cardiopulmonary disease in a Chinese city[J]. Ecotoxicology and Environmental Safety, 199: 110686.

Liang QQ, Sun MQ, Wang FH, et al, 2020. Short-term $PM_{2.5}$ exposure and circulating von Willebrand factor level: a meta-analysis[J]. Science of the Total Environment, 737: 140180.

Liu C, Chen RJ, Sera F, et al, 2019. Ambient particulate air pollution and daily mortality in 652 cities[J]. The New England Journal of Medicine, 381（8）: 705-715.

Liu C, Yin P, Chen RJ, et al, 2018. Ambient carbon monoxide and cardiovascular mortality: a nationwide time-series analysis in 272 cities in China[J]. The Lancet Planetary Health, 2（1）: e12-e18.

Liu L, Kauri LM, Mahmud M, et al, 2014. Exposure to air pollution near a steel plant and effects on cardiovascular physiology: a randomized crossover study[J]. International Journal of Hygiene and Environmental Health, 217（2/3）: 279-286.

Liu Q, Gu XL, Deng FR, et al, 2019. Ambient particulate air pollution and circulating C-reactive protein level: a systematic review and meta-analysis[J]. International Journal of Hygiene and Environmental Health, 222（5）: 756-764.

Miller AJ, Arnold AC, 2019. The renin-angiotensin system in cardiovascular autonomic control: recent developments and clinical implications[J]. Clinical Autonomic Research: 231-243.

Niu ZP, Liu FF, Li BJ, et al, 2020. Acute effect of ambient fine particulate matter on heart rate variability: an updated systematic review and meta-analysis of panel studies[J]. Environmental Health and Preventive Medicine, 25（1）: 77.

Park SK, Auchincloss AH, O'Neill MS, et al, 2010. Particulate air pollution, metabolic syndrome, and heart rate variability: the multi-ethnic study of atherosclerosis（MESA）[J]. Environmental Health Perspectives, 118（10）: 1406-1411.

Park SK, O'Neill MS, Vokonas PS, et al, 2005. Effects of air pollution on heart rate variability: the VA normative aging study[J]. Environmental Health Perspectives, 113（3）: 304-309.

Qi JL, Chen Q, Ruan ZL, et al, 2021. Improvement in life expectancy for ischemic heart diseases by achieving daily ambient $PM_{2.5}$ standards in China[J]. Environmental Research, 193: 110512.

Ren M, Zhang HH, Benmarhnia T, et al, 2019. Short-term effects of real-time personal $PM_{2.5}$ exposure on ambulatory blood pressure: a panel study in young adults[J]. Science of the Total Environment, 697: 134079.

Riggs DW, Zafar N, Krishnasamy S, et al, 2020. Exposure to airborne fine particulate matter is associated with impaired endothelial function and biomarkers of oxidative stress and inflammation[J]. Environmental Research, 180: 108890.

Santos UP, Ferreira Braga AL, Bueno Garcia ML, et al, 2019. Exposure to fine particles increases blood pressure of hypertensive outdoor workers: a panel study[J]. Environmental Research, 174: 88-94.

Shaffer F, Ginsberg JP, 2017. An overview of heart rate variability metrics and norms[J]. Frontiers in Public Health, 5: 258.

Tang H, Cheng ZL, Li N, et al, 2020. The short-and long-term associations of particulate matter with inflammation and blood coagulation markers: a meta-analysis[J]. Environmental Pollution, 267: 115630.

Tsai TY, Lo LW, Liu SH, et al, 2019. Diurnal cardiac sympathetic hyperactivity after exposure to acute particulate matter 2.5 air pollution[J]. Journal of Electrocardiology, 52: 112-116.

Wang FH, Liang QQ, Sun MQ, et al, 2020. The relationship between exposure to $PM_{2.5}$ and heart rate variability in older adults: a systematic review and meta-analysis[J]. Chemosphere, 261: 127635.

Wang LJ, Liu C, Meng X, et al, 2018. Associations between short-term exposure to ambient sulfur dioxide and increased cause-specific mortality in 272 Chinese cities[J]. Environment International, 117: 33-39.

Wang MW, Chen J, Zhang Z, et al, 2020. Associations between air pollution and outpatient visits for arrhythmia in Hangzhou, China[J]. BMC Public Health, 20 (1): 1524.

Xu XD, Qimuge A, Wang HL, et al, 2017. IRE1α/XBP1s branch of UPR links HIF1α activation to mediate ANG II-dependent endothelial dysfunction under particulate matter $PM_{2.5}$ exposure[J]. Scientific Reports, 7: 13507.

Xu XD, Xu H, Qimuge A, et al, 2019. MAPK/AP-1 pathway activation mediates AT_1R upregulation and vascular endothelial cells dysfunction under $PM_{2.5}$ exposure[J]. Ecotoxicology and Environmental Safety, 170: 188-194.

Yang BY, Qian ZM, Howard SW, et al, 2018. Global association between ambient air pollution and blood pressure: a systematic review and meta-analysis[J]. Environmental Pollution, 235: 576-588.

Yang M, Zhou RZ, Qiu XJ, et al, 2020. Artificial intelligence-assisted analysis on the association between exposure to ambient fine particulate matter and incidence of arrhythmias in outpatients of Shanghai community hospitals[J]. Environment International, 139: 105745.

Yin P, Chen RJ, Wang LJ, et al, 2017. Ambient ozone pollution and daily mortality: a nationwide study in 272 Chinese cities[J]. Environmental Health Perspectives, 125 (11): 117006.

Zhao L, Liang HR, Chen FY, et al, 2017. Association between air pollution and cardiovascular mortality in China: a systematic review and meta-analysis[J]. Oncotarget, 8 (39): 66438-66448.

第四章 大气污染对人群精神心理健康症状急性效应的调查研究

4.1 大气污染健康基础数据补充调查

4.1.1 概　　述

精神障碍是影响人体健康的重要精神心理健康问题之一，在全球非致死性疾病负担中占有较大比重。抑郁和焦虑作为两类最常见的精神障碍，其患病率呈明显增加趋势。近年来，我国精神障碍广泛流行，造成了严重的社会、经济和医疗负担。研究表明，基础疾病、药物滥用、社会经济等危险因素均会导致抑郁、焦虑的发生或加重。随着研究人员对环境因素的关注与深入探索，大气污染物对精神障碍的影响也逐渐受到重视。大气污染可对人群健康造成严重威胁，是全球慢性病死亡风险迅速上升的重要原因之一，欧美等发达国家基于一系列流行病学研究指出，大气污染增加了抑郁和焦虑的发生风险或相应疾病的发病风险。对于我国等污染程度较重的发展中国家，探究大气污染与抑郁和焦虑之间关系的证据相对有限，现有基于社区人群的横断面研究也无法评估抑郁和焦虑状况的变化特征。本研究旨在全国范围内开展多中心大气污染健康基础数据补充调查，以京津冀、长三角和珠三角地区为主要关注地区，描述大气污染的地区差异和季节差异，通过现场补充调查收集大气污染相关症状及频率等社区人群基础数据，为探究大气污染对人群精神障碍的影响奠定数据基础。

4.1.2 研 究 设 计

4.1.2.1　研究地区

以京津冀、长三角和珠三角为重点区域，在我国大气污染重点防治区域"三区十群"中选择污染程度和特征不同的，覆盖我国 13 个省、直辖市的 22 个代表性城市中的 27 个区（县）作为本研究的研究地区，纳入点位均位于城市地区。纳入标准为：①研究地区所在城市属于我国大气污染防治区域"三区十群"中的代表性城市；②研究地区 2013~2017 年平均死亡率大于 4.5‰且年死亡率波动小于 20%；③研究地区内设立国家环境监测站点或省市级监测站点。具体研究点位分布见表 4-1。

表 4-1 研究点位情况统计

省（直辖市）	市（自治州）	区（县）
河北省	石家庄市	鹿泉区
山东省	济南市	市中区
山东省	日照市	五莲县
湖北省	恩施州	恩施市
湖北省	武汉市	江岸区
江苏省	苏州市	常熟市
江苏省	南京市	浦口区
浙江省	杭州市	下城区
甘肃省	兰州市	城关区
甘肃省	兰州市	七里河区
甘肃省	兰州市	榆中县
广东省	佛山市	禅城区
广东省	肇庆市	端州区
广东省	广州市	荔湾区
广东省	江门市	新会区
陕西省	西安市	莲湖区
陕西省	商洛市	商州区
四川省	广安市	广安区
重庆市	重庆市	北碚区
湖南省	娄底市	娄星区
湖南省	湘潭市	湘潭县
湖南省	湘潭市	雨湖区
天津市	天津市	河西区
天津市	天津市	南开区
山西省	朔州市	朔城区
山西省	太原市	小店区
山西省	太原市	杏花岭区

4.1.2.2 研究对象

调查对象的纳入标准：①年龄在 40~89 岁；②居住该户址时间≥2 年；③自愿参加，并且能接受问卷调查的人群；④可自愿完成基线及随访调查，依从性较好。

调查现场要求选择距离当地国家环境监测站点直线距离最近的社区作为研究点位。以社区为初级抽样单元，每个社区内采用随机抽样的方法抽取 40~49 岁、50~59 岁、60~69 岁、70~79 岁、80~89 岁年龄组调查对象，男女各半，各点位共计调查对象 180 名。具体抽样步骤及置换原则：①从地方相关单位（社区卫生服务中心等）获取社区常住人口名单，按照既定的纳入和排除标准确定入选研究人群，并对其按不同年龄段、不同性别分组编排形成 10 个抽样框表示不同的年龄、性别单元。②使用 R 软件以生成随机数字的方式，在每个单元抽取不重复的 100 个对象。③使用 Excel 软件随机抽取 18 名常住居民作为调查对象。④当同一个家庭抽到多名调查对象时，只取年龄最高的那个家庭成员作为调查对象，其余调查对象在抽样过程中进行递补。⑤使用上述方法抽取 3 套调查对象名单，以第 1 套调查对象名单为主，当调查对象需要置换时，依次在第 2 套、第 3 套名单中根据年龄组和性别相同等原则选取调查对象进行置换。

4.1.2.3 问卷调查

采用统一编制的调查问卷，由培训合格、充分了解调查目的并熟悉问卷内容的调查员开展入户面对面调查，基于统一的电子在线操作系统进行个人基本信息收集。问卷内容主要包括个人基本信息、生活环境、生活方式、健康状况和主要症状等，并通过健康体检的方式收集身高、体重等人体生物学指标。以上问卷均由调查员询问并填入采集信息所使用的统一电子设备中。具体内容如下所述。

（1）人口学信息：年龄、性别、出生日期、民族等信息。

（2）社会经济特征：婚姻状况、居住方式、职业、文化程度、家庭年收入等信息。

（3）生活方式：吸烟、饮酒、体力活动、饮食和睡眠等情况。

（4）社会支持程度：采用领悟社会支持量表（perceived social support scale，PSSS）评价调查对象的社会交流程度，分为低、中、高三类。

（5）疾病史及用药史：高血压、冠心病、糖尿病、脑卒中、哮喘、肺炎、慢阻肺等疾病既往史和家族史，以及相应药物的使用情况。

（6）居住环境信息。

（7）认知障碍：采用简易精神状态评价量表（mini-mental state examination，MMSE）评估研究对象的认知功能，以 24 分为界值区分是否有认知功能障碍。

（8）健康体检：测量身高、体重等指标。

（9）抑郁水平：使用患者健康问卷（patient health questionnaire-9，PHQ-9）量表作为判断抑郁情绪及其严重程度的测量方式，对抑郁等级进行评分。该量表因其对于抑郁症筛查的简便性及有效性，已被广泛应用于各国基层卫生中心进行抑郁症的筛查，且该量表已被证明具有可靠的筛查价值，在检验患者是否真正患有抑郁症方面有迅速、可信且有效的特点。PHQ-9量表在社区老年人群调查中信度及效度良好，并且敏感度及特异度较高。该量表由9个条目即9个抑郁症状组成，询问过去2周内以下症状的发生频次：愉快感丧失，做事时提不起劲或没有兴趣；感到心情低落、沮丧或绝望；睡眠障碍，入睡困难、睡眠不安或睡眠过多；精力缺乏，感觉疲倦或没有活力；饮食障碍，食欲缺乏或吃太多；自我评价低，觉得自己很糟或很失败，或让自己和家人失望；集中注意力困难，对专注于做某件事情有困难，如阅读报纸或看电视时；动作迟缓，行动或说话速度变得缓慢（或变得烦躁、坐立不安、动来动去等），已被周围人所察觉；消极观念，有不如死掉或用某种方式伤害自己的念头。

近2周内抑郁症状的发生频次包括"完全没有"（0分），"有几天"（1分），"一半以上时间"（2分），"几乎每天"（3分）四个程度（括号内对应不同选项的分值）。总分0~4分表示没有抑郁，5~9分表示可能有轻微抑郁，10~14分表示可能有中度抑郁，15~27分表示可能有重度抑郁。本研究以5分为临界值判断抑郁状态。

（10）焦虑评分：以GAD-7量表作为焦虑的测量方式并对其等级进行评分。该量表又称为广泛性焦虑障碍量表，由于其结构简洁、可靠性高，被国内外广泛用于基层医疗及临床应用中。该量表包含7个问题，包括感觉紧张，焦虑或急切；不能停止或控制担忧；对各种事情担忧过度；很难放松下来；由于不安而无法静坐；变得容易烦恼或急躁；感到似乎将有可怕的事情发生。

近2周内焦虑症状的发生频次包括"完全没有"（0分），"有几天"（1分），"一半以上时间"（2分），"几乎每天"（3分）四个程度（括号内对应不同选项的分值）。总分0~4分表示没有焦虑，5~9分表示可能有轻微焦虑，10~14分表示可能有中度焦虑，15~21分表示可能有重度焦虑。本研究以5分为临界值判断焦虑状态。

4.1.2.4 数据匹配

本调查使用固定监测站点来评估大气污染暴露浓度，以调查对象所在社区经纬度为中心，匹配了直线距离最近的国家环境质量监测站，并以其日均值浓度作为调查对象暴露浓度的估计值。所收集数据指标包括2017~2018年$PM_{2.5}$、O_3、

SO_2、NO_2、CO 及 PM_{10} 小时值浓度。利用百度地图查找调查社区经纬度等地理位置信息，使用 ArcGIS 软件匹配距离社区所在地直线距离最近的国家环境质量监测站。各站点小时值有效数据占调查时间段完整时间序列的 75%及以上判定为合格站点，否则该点位数据记为缺失。在此基础上计算 $PM_{2.5}$ 日均值浓度和 O_3 每日 8h 滑动平均最大值浓度。使用同样的方法计算 SO_2、NO_2、CO、PM_{10} 的每日均值浓度。

2017~2018 年气象数据来源于美国国家环境预报中心（National Centers for Environmental Prediction，NCEP）再分析数据。该中心提供 1948 年至今每日温度、湿度等气象资料的全球网格数据，以年为单位，其空间尺度为 200km×200km，各指标每日均提供 4 个时点的数据。本研究收集日均温度及日相对湿度，使用 R 语言抓取 2017~2018 年全国范围内数据，并以研究对象所在社区的经纬度为基准提取调查时间段内逐日温度、湿度数据。

4.1.3 补充调查结果

4.1.3.1 调查信息概述

本次补充调查中，参加基线调查者共计 4633 人，问卷回复率为 96.8%。调查对象平均年龄为（63.8±13.6）岁，其中女性占 50.7%。本调查采用 GAD-7 量表筛查焦虑状况，采用 PHQ-9 量表筛查抑郁状况，量表总分越高表示焦虑与抑郁程度越重。基线调查中各区（县）焦虑、抑郁流行率见表 4-2。江岸区和商州区焦虑流行率分别为 0.6%和 13.7%。娄星区抑郁流行率最低，城关区抑郁流行率最高，分别为 1.1%和 11.9%。总体上基线调查中处于焦虑和抑郁状态者分别占 5.9%和 6.3%。焦虑、抑郁状态的流行程度存在性别差异，女性高于男性；从年龄上来看 60 岁及以上老年人群焦虑、抑郁状态流行率稍高于 60 岁以下人群；教育程度偏低者更容易检出焦虑、抑郁状态；此外，中等收入及低收入者焦虑、抑郁流行率相对较高；基线调查中焦虑、抑郁状态在不同年龄、性别、教育程度和家庭年收入人群中的分布差异均有统计学意义（表 4-3）。3 次测量焦虑和抑郁平均流行率分别为 4.3%和 5.2%。女性焦虑、抑郁流行率约为男性的 2 倍，学历较低者焦虑、抑郁流行率约为学历较高者的 2 倍。随收入水平的提高，焦虑、抑郁流行率明显降低。

4.1.3.2 调查区域污染物浓度分布

本调查仅纳入与环境质量监测站直线距离小于 5km 的社区（其中荔湾区、渝中区、七里河区、湘潭县研究社区与站点距离较远，并未纳入本调查分析），两者具体距离在 0.98~4.78km。排除污染物浓度数据缺失者后，本部分研究纳入 9594

人次进行统计分析（基线调查 3482 人），所纳入调查对象均参与两次及以上调查，问卷利用率为 70.0%。

表 4-2　各区（县）基线调查焦虑、抑郁人数及流行率[n（%）]

调查点位	基线调查 焦虑	基线调查 抑郁	第二轮调查 焦虑	第二轮调查 抑郁	第三轮调查 焦虑	第三轮调查 抑郁
甘肃省兰州市城关区	17（9.7）	21（11.9）	15（8.5）	17（9.7）	14（8.0）	14（8.0）
甘肃省兰州市七里河区	4（2.4）	5（3.0）	4（2.4）	4（2.4）	5（3.0）	7（4.2）
甘肃省兰州市榆中县	16（9.6）	16（9.6）	5（3.8）	13（9.9）	12（7.3）	25（15.2）
广东省佛山市禅城区	7（3.8）	11（6.0）	1（0.5）	4（2.2）	1（0.6）	2（1.1）
广东省广州市荔湾区	4（9.3）	2（4.7）	2（4.7）	3（7.0）	/	/
广东省江门市新会区	11（6.1）	12（6.7）	9（5.0）	11（6.1）	7（3.9）	11（6.1）
广东省肇庆市端州区	17（9.7）	7（4.0）	5（2.9）	4（2.3）	5（2.9）	7（4.1）
河北省石家庄市鹿泉区	17（9.6）	19（10.7）	17（9.6）	17（9.6）	11（6.4）	22（12.8）
湖北省恩施州恩施市	17（9.3）	17（9.3）	17（9.3）	16（8.7）	18（10.6）	16（9.4）
湖北省武汉市江岸区	1（0.6）	3（1.7）	6（3.4）	4（2.2）	1（0.6）	6（3.4）
湖南省娄底市娄星区	5（2.8）	2（1.1）	4（2.2）	1（0.6）	2（1.1）	2（1.1）
湖南省湘潭市湘潭县	3（1.7）	3（1.7）	3（1.7）	3（1.7）	2（1.1）	3（1.7）
湖南省湘潭市雨湖区	1（0.6）	4（2.2）	4（2.2）	10（5.6）	3（1.7）	5（2.9）
江苏省南京市浦口区	9（5.1）	7（3.9）	8（4.5）	9（5.1）	3（1.7）	7（4.3）
江苏省苏州市常熟市	11（6.2）	9（5.1）	13（7.4）	1（0.6）	11（6.7）	2（1.1）
山东省济南市市中区	19（10.6）	10（5.6）	1（0.6）	11（6.3）	0	9（5.3）
山东省日照市五莲县	9（5.1）	11（6.3）	7（4.0）	2（1.1）	4（2.4）	21（11.9）
山西省朔州市朔城区	7（3.9）	14（7.9）	1（0.6）	12（6.7）	9（5.1）	5（2.8）
山西省太原市小店区	13（7.3）	21（11.9）	5（2.8）	8（4.8）	1（0.6）	4（2.5）
山西省太原市杏花岭区	19（11.1）	16（9.4）	10（6.1）	12（6.9）	7（4.3）	8（4.6）
陕西省商洛市商州区	24（13.7）	18（10.3）	9（5.1）	12（6.7）	6（3.4）	5（2.8）
陕西省西安市莲湖区	9（5.1）	14（7.9）	5（2.8）	6（3.4）	4（2.2）	3（1.7）
四川省广安市广安区	8（4.5）	15（8.4）	2（1.1）	3（1.7）	3（1.7）	3（1.7）
天津市河西区	0	3（1.7）	0	3（1.7）	0	/
天津市南开区	9（5）	11（6.1）	7（3.9）	12（6.7）	4（2.2）	11（6.1）
浙江省杭州市下城区	12（6.7）	15（8.3）	13（7.2）	16（8.9）	7（3.9）	15（8.4）
重庆市北碚区	2（1.2）	4（2.5）	1（0.6）	4（2.5）	0	0

注：括号外数据为人数，括号内数据为流行率（%）；"/"表示未参与调查。

表 4-3　基线调查焦虑、抑郁状态的人群分布特征

变量	焦虑 是	焦虑 否	χ^2	P	抑郁 是	抑郁 否	χ^2	P
性别			24.289	<0.001			36.642	<0.001
男性	81 (29.9)	2201 (50.5)			98 (33.8)	2184 (50.3)		
女性	190 (70.1)	2161 (49.5)			192 (66.2)	2159 (49.7)		
年龄（岁）			37.855	<0.001			11.755	<0.001
40~49	38 (14.0)	871 (20.0)			27 (9.3)	882 (20.3)		
50~59	50 (18.5)	890 (20.4)			45 (15.5)	895 (20.6)		
60~69	54 (19.9)	937 (21.5)			61 (21.0)	930 (21.4)		
70~79	74 (27.3)	899 (20.6)			81 (27.9)	892 (20.5)		
80~89	55 (20.3)	765 (17.5)			76 (26.2)	744 (17.1)		
教育程度			39.973	<0.001			27.968	<0.001
小学及以下	130 (48.0)	1373 (31.5)			144 (49.7)	1359 (31.3)		
中学	118 (43.5)	2211 (50.7)			122 (42.1)	2207 (50.8)		
大学/专科及以上	23 (8.5)	778 (17.8)			24 (8.3)	777 (17.9)		
家庭年收入（万元）			36.569	<0.001			28.211	<0.001
<3	80 (29.5)	769 (17.6)			81 (27.9)	768 (17.7)		
3~10	158 (58.3)	2512 (57.6)			168 (57.9)	2502 (57.6)		
≥10	33 (12.2)	1081 (24.8)			41 (14.4)	1073 (24.7)		

注：括号外数据为人数，括号内数据为构成比（%）。

调查期间，各地区 PM₂.₅ 平均暴露浓度为（48.5±29.8）μg/m³，最小浓度为 5.0μg/m³，最大浓度为 187.5μg/m³；各地区 O₃ 平均暴露水平为（107.0±50.4）μg/m³，最小浓度为 8.6μg/m³，最大浓度为 259.2μg/m³。整体来看，各污染物浓度分布具有一定的季节特征，PM₂.₅ 平均暴露浓度在冬季较高，而 O₃ 平均暴露浓度在夏季、春秋过渡季明显较高（表 4-4）。此外，在调查时间范围内，PM₁₀ 平均暴露浓度为（94.3±60.6）μg/m³，SO₂ 平均暴露浓度为（17.6±17.5）μg/m³，NO₂ 平均暴露浓度为（43.3±24.0）μg/m³，CO 平均暴露浓度为（1.0±0.5）mg/m³。各区（县）污染物浓度具体数值见表 4-5。

表 4-4　调查期间 PM₂.₅ 和 O₃ 的地区、季节分布

	均值±标准差	最小值	中位数	四分位数间距	最大值
PM₂.₅（μg/m³）					
合计	48.5±29.8	5.0	40.0	33.2	187.5
地区					
华北地区	58.6±37.6	8.0	49.0	47.7	187.5
华东地区	45.8±26.4	5.0	40.3	29.2	171.2
华南地区	44.6±23.6	8.0	34.6	26.1	170.2
华中地区	44.0±26.3	7.2	37.8	30.4	146.5
西南地区	46.8±32.9	10.7	35.6	43.8	160.1
西北地区	46.7±24.3	11.2	42.3	25.1	166.2
季节					
夏季	44.1±26.2	5.0	38.3	31.5	182.0
春/秋过渡季	34.7±16.7	6.8	30.8	18.4	140.9
冬季	67.7±34.1	8.0	60.2	49.0	187.5
O₃（μg/m³）					
合计	107.0±50.4	8.6	100.9	69.9	259.2
地区					
华北地区	118.0±57.4	10.1	119.6	98.4	250.9
华东地区	116.9±51.5	10.1	117.7	87.4	252.6
华南地区	111.3±44.4	22.6	102.1	53.6	259.2
华中地区	84.8±33.4	15.1	80.2	41.3	184.5
西南地区	102.4±48.1	8.6	103.8	62.7	259.2
西北地区	96.8±49.1	9.9	84.1	53.4	251.6
季节					
夏季	109.6±45.2	10.1	108.4	62.3	259.2
春/秋过渡季	142.1±44.4	36.6	137.8	64.6	259.2
冬季	70.1±34.5	8.6	68.8	40.2	216.9

第四章　大气污染对人群精神心理健康症状急性效应的调查研究 | 129

表4-5　调查期间各区（县）不同污染物数据描述

调查点位	PM$_{2.5}$（μg/m³）均值	标准差	O$_3$（μg/m³）均值	标准差	PM$_{10}$（μg/m³）均值	标准差	SO$_2$（μg/m³）均值	标准差	NO$_2$（μg/m³）均值	标准差	CO（mg/m³）均值	标准差
合计	48.5	29.8	107.0	50.4	94.3	60.6	17.6	17.5	43.3	24.0	1.0	0.5
甘肃省兰州市城关区	59.4	32.9	79.9	36.4	156.1	111.3	30.5	25.6	66.2	24.7	1.5	1.2
广东省佛山市禅城区	41.5	19.3	100.8	43.1	77.6	32.9	13.2	4.6	57.6	28.3	0.8	0.2
广东省江门市新会区	51.3	28.6	110.2	32.7	79.7	34.9	14.2	4.6	52.9	28.7	0.9	0.2
广东省肇庆市端州区	43.1	22.9	123.0	49.7	73.2	26.8	18.4	9.3	40.6	17.1	0.9	0.2
河北省石家庄市鹿泉区	59.2	31.9	104.8	52.2	141.5	90.5	15.4	12.0	19.1	15.8	0.9	0.4
湖北省恩施州恩施市	41.8	15.9	83.5	31.8	55.5	17.8	7.5	0.9	21.5	4.8	1.2	0.2
湖北省武汉市江岸区	67.8	29.8	65.6	34.3	95.5	41.4	10.6	5.3	54.9	21.7	1.1	0.3
湖南省娄底市娄星区	35.9	22.0	86.9	27.2	73.7	41.4	12.2	4.2	26.6	16.4	1.8	0.5
湖南省湘潭市雨湖区	29.7	11.3	105.2	28.3	56.1	25.5	14.5	7.8	20.3	8.7	0.8	0.2
江苏省南京市浦口区	41.4	19.2	98.0	40.4	84.3	36.3	12.7	7.8	45.1	24.9	0.9	0.3
江苏省苏州市常熟市	46.8	30.4	126.0	51.7	72.7	28.4	13.7	5.5	54.7	27.3	0.9	0.3
山东省济南市市中区	45.7	30.8	123.0	45.5	95.3	57.1	16.2	10.8	44.6	20.1	0.7	0.4
山东省日照市五莲县	49.4	28.0	118.3	56.2	94.5	47.7	17.0	7.2	38.3	24.6	1.0	0.3
山西省朔州市朔城区	51.3	35.1	117.1	47.2	157.7	88.1	42.0	41.8	39.1	17.3	1.1	0.5
山西省太原市小店区	61.3	28.7	96.6	60.5	138.0	54.8	41.3	38.0	57.7	23.1	1.3	0.6
山西省太原市杏花岭区	54.4	29.0	166.1	47.5	138.3	67.2	27.3	21.2	58.4	12.4	1.1	0.1
陕西省商洛市商州区	38.3	10.9	97.2	31.4	75.4	16.5	22.5	11.9	31.2	11.3	0.8	0.2

续表

调查点位	PM$_{2.5}$ (μg/m³) 均值	标准差	O$_3$ (μg/m³) 均值	标准差	PM$_{10}$ (μg/m³) 均值	标准差	SO$_2$ (μg/m³) 均值	标准差	NO$_2$ (μg/m³) 均值	标准差	CO (mg/m³) 均值	标准差
陕西省西安市莲湖区	40.8	14.3	120.8	71.2	90.5	29.4	10.6	2.8	55.8	15.1	1.0	0.3
四川省广安市广安区	52.9	32.6	102.2	38.9	90.8	38.3	11.0	5.0	31.1	13.1	0.8	0.2
天津市河西区	74.3	46.8	116.6	56.3	83.2	37.4	14.2	8.3	46.7	24.0	1.3	0.6
天津市南开区	58.1	43.1	119.6	61.2	86.4	55.3	15.6	6.9	43.3	19.2	1.0	0.3
浙江省杭州市下城区	45.5	20.0	117.1	56.9	89.7	52.0	11.0	3.2	54.8	20.8	0.9	0.2
重庆市北碚区	39.0	31.7	102.6	57.7	64.8	37.2	10.6	4.1	34.9	15.1	0.9	0.3

注：PM$_{2.5}$所使用指标为每日均值浓度；O$_3$所使用指标为每日8小时滑动平均最大值浓度。

4.2 大气污染对焦虑和抑郁状态的影响

4.2.1 概述

近年来，O_3 暴露所致健康危害受到越来越多的关注。研究表明，由于 O_3 具有高神经毒性和强氧化性，O_3 暴露与神经内分泌应激反应及大脑生化和结构变化有关。然而，只有少数流行病学研究将 O_3 暴露与焦虑、抑郁等精神障碍联系起来。现阶段，我国 O_3 污染水平仍未得到很好的控制，O_3 对健康的影响值得重视。现有研究也存在一定局限性，首先，O_3 等强氧化性污染物对抑郁和焦虑的影响尚未在同一人群中得到充分观察；其次，由于污染状况和人口特征的差异，发达国家的研究结果可能不适用于我国；最后，在较高浓度暴露范围内，O_3 与精神障碍的暴露-反应关系尚不明确，O_3 对焦虑和抑郁的影响阈值还有待确认。本部分研究基于全国范围内的多中心大气污染健康基础数据补充调查结果，探究环境 O_3 暴露对中老年人焦虑和抑郁的影响；获得包括社会经济和气象因素等在内的人群亚组敏感度差异，以及探讨 O_3 对焦虑和抑郁影响的暴露-反应关系。

4.2.2 研究方法

4.2.2.1 研究设计

本部分研究依托全国范围内的多中心大气污染健康基础数据补充调查结果，选取了覆盖我国京津冀、长三角和珠三角地区 11 个省 24 个区（县），于 2017 年 7 月 18 日至 2018 年 12 月 21 开展重复测量。考虑到空气污染水平的季节性趋势，我们分别在夏季、冬季和过渡季节（春季或秋季）进行了三轮调查。研究区域纳入标准：①研究点均在城市地区；②每个研究点至少有一个国家环境质量监测站。每个区（县）至少选择一个与国家环境质量监测站直线距离最近的社区作为研究点。采用分层整群抽样设计，将所有社区居民分为 40~49 岁、50~59 岁、60~69 岁、70~79 岁和 80~89 岁共计 5 个年龄组，随机抽取调查对象，男女各半，每位调查对象均在所在社区居住至少 2 年。

4.2.2.2 暴露测量

本研究实时空气污染数据来自我国国家环境监测中心。通过社区所在的经纬度等地理位置信息，利用 Arc GIS 10.3 匹配距离调查社区直线距离最近的站点进行暴露匹配，各站点小时值数据占调查时间段完整时间序列的 75%及以上判定为合格站点。在此基础上，计算 O_3 每日 8 小时最大浓度、每日 24 小时平均浓度和 1 小时最大浓度。为了检验 O_3 暴露的滞后效应，计算了调查前 1 周、1 个月、2 个月和 3 个月大气 O_3 暴露水平。

4.2.2.3 抑郁和焦虑定义

使用中文版 PHQ-9 量表来定义抑郁状态，使用 GAD-7 量表来评估焦虑状态。上述量表通过评估过去 2 周内焦虑和抑郁典型症状的频率来进一步定义焦虑、抑郁状态。每个项目的得分在 0~3 分，其含义如下："完全没有"（0 分），"有几日"（1 分），"一半以上时间"（2 分），"几乎每日"（3 分），得分越高的人，抑郁或焦虑程度越严重。在本研究中，以＞5 分作为临界点划分抑郁和焦虑状态。

4.2.2.4 协变量采集

本部分研究同时收集了包括年龄、性别和婚姻状况在内的人口特征信息，以及包括教育程度、就业状况及家庭收入等在内的社会经济因素信息。此外，还评估了包括饮酒、吸烟状况、睡眠时长等在内的生活方式因素，收集了高血压、冠心病、心肌梗死、哮喘、慢阻肺、糖尿病等常见慢性病患病信息。社会支持水平采用领悟社会支持量表进行评估。日平均温度（℃）和相对湿度（%）等气象因素来自国家气象数据网。太阳向下短波辐射数据来自欧洲中期天气预报中心。

4.2.3 统 计 分 析

本部分研究旨在分析大气污染暴露对精神障碍相关症状的影响。连续变量采用均值、标准差、四分位数间距、最小值和最大值进行描述性分析；分类变量采用频数和百分比来描述。补充调查采用重复测量设计，所收集数据具有明显的层次结构（个体-重复测量），因此每个个体每次测量值在一定程度上具有相似性和聚集性。为解决以上问题，本部分研究采用广义线性混合效应模型进行分析。笔者将焦虑、抑郁以 0、1 变量的形式纳入模型，构建广义线性混合效应模型，以测量次数作为水平 1，以调查对象作为水平 2。为了获得暴露因素对焦虑和抑郁较为真实的影响及程度，本研究在详细问卷的基础上，结合文献调研所获得的关键变量，尽可能考虑到潜在混杂因素。基本模型（模型 1）对年龄和性别等社会人口因素，以及温度、湿度和太阳辐射等气象因素进行调整。模型 2 进一步考虑教育程度、婚姻状况、家庭收入和社会支持。主模型（模型 3）还纳入体重指数、吸烟状况、饮酒和慢性疾病（高血压、冠心病、糖尿病、慢阻肺、哮喘、脑卒中等）患病情况。本部分分析纳入不同暴露窗来估计大气污染的滞后效应，包括前 2 周、1 个月、2 个月和 3 个月的移动平均值。

此外，本部分研究通过构建不同亚组的交互作用模型来检验潜在的修饰效应，主要包括太阳辐射或每日温度（<第 75 百分位数、≥第 75 百分位数）、年龄（<65 岁、≥65 岁）、性别（男性、女性）、饮酒（是、否）、吸烟状况（从不、现在和曾经）、体重指数（<24.0kg/m²、≥24.0kg/m²）、慢性疾病（是、否）、糖尿病（是、否）和高血压（是、否）。采用 Z 检验比较组间差异是否有统计学意义。

4.2.4 研究结果

本部分研究纳入基线调查中至少参与两次调查者共计 3445 人，其中参与第二轮调查者 2926 人，参与第三轮调查者 2813 人。总体而言，调查对象的基线平均年龄为 63.7 岁，其中近 1/2（50.6%）是女性。大部分调查对象已婚、与他人同住、具有高中或以下学历以及较高的社会支持水平；约 1/2 的调查对象自报患有慢性病（表 4-6）。基线时调查对象抑郁和焦虑的患病率分别为 6.5%和 6.2%。每日 O_3 8 小时滑动平均最大浓度的平均水平为（104.4±47.7）μg/m³（范围为 6.9～252.6μg/m³）。研究点的 O_3 暴露浓度具有地区差异，其中华北地区 O_3 暴露浓度较高。

表 4-6 研究对象的基线特征

特征	均值±标准差	样本量（人）	百分比（%）
年龄（岁）	63.7±13.7		
<65		1765	51.2
≥65		1680	48.8
性别			
男性		1702	49.4
女性		1743	50.6
体重指数（kg/m²）			
<18.5		195	5.7
18.5～23.9		1747	50.7
24.0～27.9		1154	33.5
≥28.0		349	10.1

续表

特征	均值±标准差	样本量（人）	百分比（%）
婚姻状况			
已婚		2813	81.7
未婚/离异/丧偶		632	18.3
居住			
独居		311	9.0
与他人同住		3134	91.0
教育程度			
小学或以下学历		1113	32.3
高中或以下学历		1767	51.3
大学或以上学历		565	16.4
家庭年收入（万元）			
<3		631	18.3
3～10		2030	58.9
≥10		784	22.8
就业状态			
目前在职		1253	36.4
目前未就业		554	16.1
退休		1638	47.5
社会支持			
低/中		1117	32.4
高		2328	67.6
吸烟			
从不		2328	67.6
现在		752	21.8
曾经		365	10.6
饮酒			
否		2773	80.5
是		672	19.5
睡眠时长（h）			
<6		891	25.9
6～9		2429	70.5
≥9		125	3.6
慢性病			
否		1946	56.5
是		1499	43.5
高血压			
否		2251	65.3

续表

特征	均值±标准差	样本量（人）	百分比（%）
是		1194	34.7
糖尿病			
否		3035	88.1
是		410	11.9
抑郁	9.9±2.3		
否		3222	93.5
是		223	6.5
焦虑	7.7±2.0		
否		3233	93.8
是		212	6.2
O_3浓度（μg/m³）	104.4±47.7		
温度（℃）	14.2±11.4		
相对湿度（%）	76.0±19.0		
太阳辐射（MJ/m²）	7.17±2.50		

O_3暴露与抑郁和焦虑的关系结果见表4-6。本研究观察到O_3暴露与焦虑和抑郁的关系，尤其是主模型中发现了显著正相关关系，其中3个月O_3平均暴露浓度影响最大，表现为O_3暴露浓度每增加10μg/m³，焦虑风险增加25%（OR=1.25；95% CI：1.15～1.37），抑郁风险增加17%（OR=1.17；95% CI：1.08～1.27）。将PHQ-9和GAD-7量表评分结果作为结局指标时，在大多数暴露窗中均发现了明显的正相关关系（表4-7）。

表4-7　O_3暴露与焦虑和抑郁的关系[OR（95% CI）]

	焦虑		抑郁	
	GAD-7＜5 vs GAD-7≥5	GAD-7连续得分[a]	PHQ-9＜5 vs PHQ-9≥5	PHQ-9连续得分[a]
基础模型（模型1）				
2周	1.05（0.96～1.14）	0.02（0～0.03）	1.01（0.93～1.09）	0.01（0～0.03）
1个月	1.06（0.95～1.18）	0.04（0.02～0.05）	1.09（0.99～1.21）	0.05（0.03～0.07）
2个月	1.11（1.00～1.23）	0.04（0.02～0.06）	1.13（1.03～1.24）	0.05（0.03～0.07）
3个月	1.12（1.01～1.25）	0.04（0.02～0.06）	1.13（1.02～1.25）	0.05（0.03～0.07）
调整模型（模型2）				
2周	1.04（0.95～1.14）	0.01（0～0.03）	1.04（0.97～1.12）	0（-0.01～0.02）
1个月	1.08（0.97～1.20）	0.03（0.01～0.05）	1.17（1.06～1.29）	0.04（0.02～0.06）
2个月	1.13（1.02～1.25）	0.03（0.01～0.05）	1.05（0.96～1.14）	0.04（0.02～0.06）
3个月	1.00（0.92～1.10）	0.03（0.02～0.05）	0.97（0.88～1.07）	0.04（0.02～0.06）

续表

	焦虑		抑郁	
	GAD-7<5 vs GAD-7≥5	GAD-7 连续得分[a]	PHQ-9<5 vs PHQ-9≥5	PHQ-9 连续得分[a]
主模型（模型 3）				
2 周	1.04（0.96~1.13）	0.01（0~0.03）	1.04（0.97~1.11）	0（-0.01~0.02）
1 个月	1.10（0.99~1.21）	0.03（0.01~0.05）	1.03（0.94~1.13）	0.04（0.02~0.06）
2 个月	1.02（0.95~1.10）	0.03（0.01~0.05）	1.08（1.00~1.17）	0.04（0.02~0.06）
3 个月	1.25（1.15~1.37）	0.03（0.02~0.05）	1.17（1.08~1.27）	0.04（0.02~0.06）

注：模型根据年龄、性别、温度、湿度、太阳辐射、教育程度、婚姻状况、家庭收入、社会支持水平、体重指数、饮酒、吸烟、慢性病等协变量进行调整。a 不同暴露窗下 O_3 浓度每增加 $10\mu g/m^3$，量表评分变化的估计值。

表 4-8 显示了不同亚组人群对 O_3 暴露浓度与焦虑和抑郁之间关系的修饰作用，结果显示温度对 O_3 暴露和焦虑之间关系的正向调节作用，而 O_3 暴露和太阳辐射之间没有相互作用。O_3 暴露对焦虑的影响在高温天（OR=1.29，95% CI：1.08~1.54）时明显强于低温天（OR=1.04，95% CI：0.93~1.17）。对于健康状况等因素的研究结果表明，自述高血压患者 O_3 暴露对焦虑的影响更强（OR=1.16；95% CI：1.01~1.33）。然而，本研究没有发现性别和自我报告的慢性病的潜在修饰作用。在评估 O_3 暴露对抑郁的影响时，结果表明，对于 65 岁及以上老年人，以及体重指数<$24kg/m^2$ 的人群，O_3 暴露与抑郁之间的相关性更强。

表 4-8 O_3 暴露浓度（3 个月滑动平均浓度）与焦虑和抑郁关系的修饰作用

变量	焦虑[OR（95% CI）]	P	抑郁[OR（95% CI）]	P
太阳辐射				
低	0.96（0.87~1.05）	参考	1.12（0.98~1.27）	参考
高	0.82（0.65~1.02）	0.197	0.99（0.79~1.26）	0.405
温度				
低	1.04（0.92~1.17）	参考	1.03（0.93~1.25）	参考
高	1.29（1.08~1.54）	0.041	1.11（0.95~1.29）	0.457
年龄（岁）				
<65	0.89（0.80~1.00）	参考	0.94（0.85~1.05）	参考
≥65	1.03（0.89~1.18）	0.129	1.31（1.11~1.54）	0.001
性别				
女	1.02（0.90~1.16）	参考	1.09（0.97~1.23）	参考
男	1.19（1.03~1.39）	0.112	1.09（0.94~1.26）	0.960
吸烟				
从不	0.99（0.88~1.12）	参考	1.00（0.90~1.11）	参考
现在	1.11（0.88~1.40）	0.387	1.08（0.88~1.32）	0.540
曾经	1.08（0.83~1.41）	0.887	1.18（0.92~1.50）	0.576

续表

变量	焦虑[OR(95% CI)]	P	抑郁[OR(95% CI)]	P
饮酒				
否	1.05（0.95~1.15）	参考	1.10（1.00~1.21）	参考
是	1.24（0.99~1.54）	0.170	1.37（1.07~1.75）	0.107
体重指数（kg/m²）				
≥24.0	1.00（0.86~1.16）	参考	0.92（0.81~1.04）	参考
<24.0	1.10（0.95~1.27）	0.359	1.19（1.08~1.32）	0.001
慢性疾病				
否	1.01（0.91~1.13）	参考	1.09（0.98~1.21）	参考
是	0.93（0.83~1.05）	0.314	1.07（0.96~1.20）	0.859
高血压				
否	0.96（0.87~1.07）	参考	1.18（1.05~1.34）	参考
是	1.16（1.01~1.33）	0.032	1.17（1.04~1.32）	0.891
糖尿病				
否	1.23（1.11~1.36）	参考	1.12（1.02~1.22）	参考
是	1.29（1.05~1.60）	0.677	1.09（0.90~1.32）	0.806

如图 4-1 所示，3 个月 O_3 暴露平均浓度与焦虑和抑郁之间的暴露-反应关系具有非线性特征，总体而言，考虑暴露本身及不同温度水平时，环境 O_3 与焦虑和抑

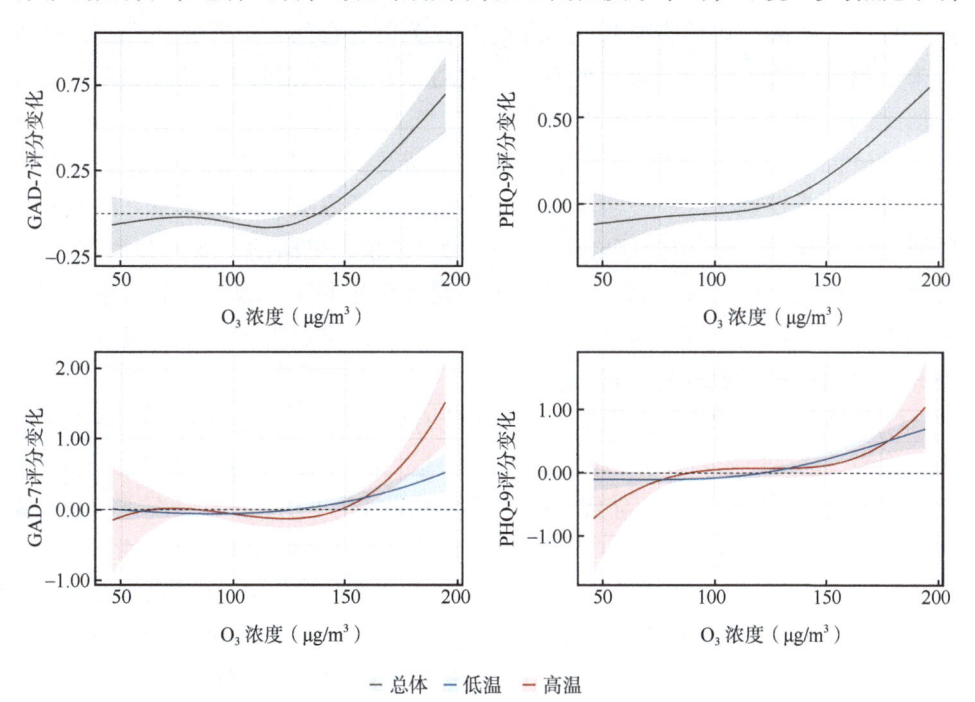

图 4-1 O_3 暴露浓度（3 个月滑动平均浓度）与焦虑和抑郁之间的暴露-反应关系

郁之间的关系一般呈"J"形曲线，这表明 O_3 暴露可能存在一定的阈值效应。同时，O_3 在高温条件下对 GAD-7 量表评分的影响可能大于低温条件下，特别是在 O_3 浓度大于 160μg/m³ 时。

4.3　讨　　论

目前已有一系列研究评估了大气污染物对焦虑和抑郁的影响，包括颗粒物和气态污染物。迄今为止，大量研究主要关注 $PM_{2.5}$ 对精神障碍的健康危害。例如，我国一项在 26 个城市开展的时间序列研究显示，$PM_{2.5}$ 短期暴露与抑郁入院率增加密切相关。Kim 等的队列研究发现首尔地区 $PM_{2.5}$ 长期暴露会增加人群抑郁症发病风险，Vert 等对巴塞罗那的横断面研究，以及 Lin 等对中国、加纳、印度、俄罗斯、墨西哥、南非 6 个国家进行的横断面研究，均发现 $PM_{2.5}$ 长期暴露水平与抑郁发生风险显著相关。

目前仅有极少数研究评估 O_3 对焦虑和抑郁的影响。对于焦虑而言，一项针对首尔地区人群的研究报告称，短期 O_3 暴露与恐慌发作急诊就诊之间存在正相关关系。本研究显示，O_3 对焦虑的影响具有滞后效应。然而并未发现 O_3 与抑郁之间的关系具有统计学意义，然而，在模型调整了社会经济因素和生活方式、慢性病患病史等因素后，不同滞后期 O_3 暴露与抑郁评分之间观察到有统计学意义的结果。本研究结果与 Wang 等在美国进行的一项研究一致，该研究也未观察到大气污染与抑郁之间存在相关性。相反，目前有不少研究称 O_3 与抑郁之间可能存在联系。一项基于美国护士队列数据的研究以 41 844 名老年女性作为研究对象，以精神科医生对抑郁的诊断及抗抑郁药物的服用作为结局判断标准，研究发现了 O_3 长期暴露与老年女性抑郁发病之间的联系。欧洲的一项研究结果显示，O_3 和抑郁之间存在正相关关系，美国的一项研究也发现 O_3 暴露与抑郁的发作有关。综上，目前相关研究结论并不一致，可能与不同研究中抑郁状态的评估方式、污染物暴露浓度范围、污染物来源及化学组分的时空差异，以及调查对象的异质性有关。

O_3 对人类大脑功能的情绪调节作用可能有以下几个原因。第一，O_3 作为一种强氧化剂，是一种强刺激物，可引起人体不适。第二，O_3 暴露可能导致脂质过氧化和多巴胺能神经元死亡，导致中枢神经系统的氧化损伤。正常情况下，免疫系统分泌的细胞因子不能通过血脑屏障，但 O_3 暴露可促进异常循环因子通过受损的血脑屏障，这可能进一步诱导炎症因子的合成。此外，吸入 O_3 可刺激生物活性循环信号，促进小胶质细胞炎症反应启动，进而增加神经毒性。第三，O_3 可以通过激活下丘脑-垂体-肾上腺轴来增加应激激素和糖皮质激素的释放，这被认为在精神障碍的病理过程中起着关键作用。

综上，既往在欧美等发达国家开展的 O₃ 对精神相关症状的影响的研究结果存在不确定性。由于我国大气污染水平较高，各地区社会经济发展水平、人口特征等也存在较大不同，现阶段我国大气污染对焦虑、抑郁的影响程度及其暴露时间窗仍不明确，相关研究有待进一步探索。

4.4 小　结

本课题开展的基于全国代表性地区的多中心、大样本调查研究，补充了大气污染急性健康风险项目下各课题所需的人群基础数据，同时为大气污染的急性健康效应风险评估与预警技术研发提供了所需的重要参数。本研究在大气污染典型城市采用多阶段抽样和分层抽样相结合的抽样方法，在抽样与分析过程中考虑了不同地区人群的年龄、性别、教育程度、职业等人口学特征，尽可能纳入现阶段已知或潜在的混杂因素。此外，在研究设计上充分考虑了大气污染暴露水平的差异，不仅考虑了污染物浓度的地区差异，同时在时间尺度上考虑了不同季节人群的时间-活动模式等因素，暴露的时间和空间范围均较广，为校正大气污染人群真实暴露水平提供基础数据支撑。基于补充调查数据初步发现，短期暴露于大气 O₃ 将增加人群焦虑的发生风险。该研究与既往研究结果基本一致，并弥补了高污染地区研究相对不足的缺陷。结果提示现阶段复合型大气污染形势下关注精神心理健康的重要性，并需要进一步采取针对性预防控制措施以保障人群健康。

参 考 文 献

Cho J, Choi YJ, Sohn J, et al, 2015. Ambient ozone concentration and emergency department visits for panic attacks[J]. Journal of Psychiatric Research, 62: 130-135.

Henriquez AR, House JS, Snow SJ, et al, 2019. Ozone-induced dysregulation of neuroendocrine axes requires adrenal-derived stress hormones[J]. Toxicological Sciences: an Official Journal of the Society of Toxicology, 172 (1): 38-50.

James P, Hart JE, Banay RF, et al, 2017. Built environment and depression in low-income African Americans and whites[J]. American Journal of Preventive Medicine, 52 (1): 74-84.

Kim KN, Lim YH, Bae HJ, et al, 2016. Long-term fine particulate matter exposure and major depressive disorder in a community-based urban cohort[J]. Environmental Health Perspectives, 124 (10): 1547-1553.

Kioumourtzoglou MA, Power MC, Hart JE, et al, 2017. The association between air pollution and onset of depression among middle-aged and older women[J]. American Journal of Epidemiology, 185 (9): 801-809.

Lin HL, Guo YF, Kowal P, et al, 2017. Exposure to air pollution and tobacco smoking and their combined effects on depression in six low-and middle-income countries[J]. The British Journal of

Psychiatry, 211（3）: 157-162.

Martínez-Lazcano JC, González-Guevara E, del Carmen Rubio M, et al, 2013. The effects of ozone exposure and associated injury mechanisms on the central nervous system[J]. Reviews in the Neurosciences, 24（3）: 337-352.

Ménard C, Hodes GE, Russo SJ, 2016. Pathogenesis of depression: insights from human and rodent studies[J]. Neuroscience, 321: 138-162.

Moussavi S, Chatterji S, Verdes E, et al, 2007. Depression, chronic diseases, and decrements in health: results from the World Health Surveys[J]. The Lancet, 370（9590）: 851-858.

Mumaw CL, Levesque S, McGraw C, et al, 2016. Microglial priming through the lung-brain axis: the role of air pollution-induced circulating factors[J]. FASEB Journal: Official Publication of the Federation of American Societies for Experimental Biology, 30（5）: 1880-1891.

Pun VC, Manjourides J, Suh H, 2017. Association of ambient air pollution with depressive and anxiety symptoms in older adults: results from the NSHAP study[J]. Environmental Health Perspectives, 125（3）: 342-348.

Simon GE, 2003. Social and economic burden of mood disorders[J]. Biological Psychiatry, 54（3）: 208-215.

Szyszkowicz M, Kousha T, Kingsbury M, et al, 2016. Air pollution and emergency department visits for depression: a multicity case-crossover study[J]. Environmental Health Insights, 10: 155-161.

Thomson EM, 2019. Air pollution, stress, and allostatic load: linking systemic and central nervous system impacts[J]. Journal of Alzheimer's Disease: JAD, 69（3）: 597-614.

Vert C, Sánchez-Benavides G, Martínez D, et al, 2017. Effect of long-term exposure to air pollution on anxiety and depression in adults: a cross-sectional study[J]. International Journal of Hygiene and Environmental Health, 220（6）: 1074-1080.

Vos T, Allen C, Arora M, et al, 2016. Global, regional, and national incidence, prevalence, and years lived with disability for 310 diseases and injuries, 1990—2015: a systematic analysis for the Global Burden of Disease Study 2015[J].The Lancet, 388（10053）: 1545-1602.

Wang F, Liu H, Li H, et al, 2018. Ambient concentrations of particulate matter and hospitalization for depression in 26 Chinese cities: a case-crossover study[J]. Environment International, 114: 115-122.

Wang Y, Eliot MN, Koutrakis P, et al, 2014. Ambient air pollution and depressive symptoms in older adults: results from the MOBILIZE Boston study[J]. Environmental Health Perspectives, 122(6): 553-558.

Zhang JJ, Wei YJ, Fang ZF, 2019. Ozone pollution: a major health hazard worldwide[J]. Frontiers in Immunology, 10: 2518.

Zhao TY, Markevych I, Romanos M, et al, 2018. Ambient ozone exposure and mental health: a systematic review of epidemiological studies[J]. Environmental Research, 165: 459-472.

第五章 大气细颗粒物不同粒径和化学组分对成人急性健康效应的暴露-反应关系研究

作为世界上最大的发展中国家,我国面临着比较严重的空气污染问题。其中,颗粒物是最主要的大气污染物,其健康危害一直以来引人关注。据 WHO 报道,2016 年 91%的世界人口居住的区域空气质量不达标,城市、郊区和农村的室外空气污染估计导致全世界 420 万人过早死亡,其中约 58%是缺血性心脏病和脑卒中所致,约 18%是慢性阻塞性肺疾病(COPD,简称慢阻肺)所致。最新流行病学研究结果显示,空气污染会对心血管系统、呼吸系统等造成不良影响,已经成为引起世界关注的公共卫生问题。粒径和化学成分是颗粒物的两大基本特征,能决定颗粒物的毒性和健康效应。目前,发达国家对颗粒物的健康研究正逐步聚焦于其粒径谱和成分谱,试图明确颗粒物中具有关键毒性作用的粒径段和成分。

5.1 不同粒径颗粒物与居民死亡、就诊暴露-反应关系的时间序列研究

5.1.1 概述

全球疾病负担研究结果显示,$PM_{2.5}$ 污染是排名第八位的死亡危险因素。2017 年全球共有 97 万例缺血性心脏病死亡和 18 万例脑卒中死亡可归因于 $PM_{2.5}$ 暴露。粒径大小可以决定颗粒物在呼吸道中的沉积位置,还可以影响其表面积和化学成分,从而决定颗粒物暴露的有害特性。通过空气动力学直径对颗粒物粒径大小进行测量,早期监测站测量的还包括粒径≤10μm 的可吸入颗粒物浓度(PM_{10})。近年来,监测站开始测量 $PM_{2.5}$,因为它会吸附有毒成分,并且深入到肺部,可能导致比 PM_{10} 更严重的健康效应。大量流行病学研究发现,$PM_{2.5}$ 具有独立而严重的健康危害,$PM_{2.5}$ 在全球疾病负担研究中已经成为衡量颗粒物污染的唯一指标。随着 $PM_{2.5}$ 广泛的监测、规定和评估,人们开始研究不同粒径范围颗粒物的健康效应。

目前,关于不同粒径段颗粒物健康效应的研究非常有限,并且结果是不一致的,

可能是因为缺乏对粒径分布的测量,以及所测量粒径的覆盖范围不足。尽管大部分研究发现颗粒物的粒径越小,其健康效应越强,但结果并不完全一致。长期以来,人们认为粗颗粒物(粒径 2.5～10μm,$PM_{2.5-10}$)对健康的影响较弱。近期的多中心时间序列研究表明,$PM_{2.5-10}$ 与 5～10 岁儿童的每日死亡率和急诊住院率之间存在显著相关性,并且相关程度与 $PM_{2.5}$ 相似。此外,还发现粒径≤1μm 的颗粒物($PM_{1.0}$)在 $PM_{2.5}$ 对急诊就诊的影响中占主导作用。值得注意的是,超细颗粒物(或纳米颗粒,空气动力学直径<0.1μm,UFP)的健康效应并不总是最强的,甚至没有研究发现其与人群入院率或死亡率相关。

心血管疾病的患病率和死亡率在我国城乡居民中位列第一,并且一直呈上升趋势。颗粒物可能在心血管中沉积,导致心血管损伤。近年来,不同粒径颗粒物对心血管健康的潜在影响受到越来越多的关注,一些研究探讨了特定粒径的颗粒物对心血管的健康效应。冠心病作为重要的心血管疾病之一,给我国居民带来了极大的疾病负担。在过去 30 年中,脑卒中的疾病负担在我国一直处于上升趋势,已成为导致死亡的主要原因,每年导致 160 万人死亡。急性心肌梗死(acute myocardial infarction,AMI)是常见的心脏疾病之一,致死率高,经济负担重。大量流行病学研究表明,$PM_{2.5}$ 的短期暴露可能导致 AMI 的发生,以及 AMI 的入院率和死亡率升高。但是,讨论不同粒径的颗粒物对 AMI 影响的研究很少。最近有研究探讨了 UFP 的急性暴露与 AMI 之间的相关性,但研究结果不一致。目前仍缺乏流行病学证据证明不同粒径的颗粒物与 AMI 发生率之间的联系。AMI 主要分为两种类型:ST 段抬高型心肌梗死(ST-segment elevation myocardial infarction,STEMI)和非 ST 段抬高型心肌梗死(non-ST-segment elevation myocardial infarction,NSTEMI),两种类型的 AMI 可能对空气污染急性暴露的反应不同。过去流行病学研究发现,空气污染对 STEMI 和 NSTEMI 可能具有不同的影响。有研究者在我国 33 个社区健康研究中发现,相对于 $PM_{2.5}$,$PM_{1.0}$ 在心血管疾病患病率升高中发挥了更重要的作用。沈阳的一项研究表明,粒径为 0.25～0.5μm 的颗粒物数量浓度(particle number concentration,PNC)是每日心血管死亡率升高的主要原因。

因此,有必要在我国多个城市开展不同粒径颗粒物与居民死亡、就诊暴露-反应关系的时间序列研究,以阐明这一关键问题。

5.1.2 研究方法

在典型地区开展多中心时间序列研究。研究人员从疾病预防控制中心收集居民每日死亡数,从当地医疗机构收集居民每日急诊数据,并依据 ICD-10 编码进行病因分类,涵盖主要的心肺疾病。若患者在家中死亡,死亡证明由社区医生完成;

若在医院中死亡，死亡证明由医院医生完成。由医生根据患者的症状、主诉、病历或死者亲属的描述确定。对于 AMI 发病，根据美国心脏病学会/美国心脏协会指南确认。根据心电图进一步对患者进行 STEMI 和 NSTEMI 的分型。研究中 STEMI 定义为在 2 个及以上相邻心前区导联，或 2 个及以上相邻肢体导联中 ST 段抬高超过 1mm；或新发现或通过推断发现的左束支传导阻滞。NSTEMI 定义为患者血清中心肌细胞相关生物标志物（心肌坏死的标志）水平明显升高，且不需要通过心电图动态变化判断。

从大气环境监测超级站收集每日颗粒物不同粒径浓度的数据。使用扫描电迁移率粒径谱仪（scanning mobility particle sizer, SMPS）或空气动力学粒径谱仪（aerodynamic particle sizer, APS），测量各个粒径范围气溶胶颗粒的 PNC。从国控环境监测站点收集同期每日 24 小时的污染物数据，包括 $PM_{2.5}$、PM_{10}、SO_2、NO_2、CO 和 O_3。所有的空气质量数据，包括超级站的 PNC 数据，均按照国家环境空气质量监测体系的质量控制程序进行测量。监测站的位置选择远离交通、工业污染源或其他污染源的地点，并且不会受到建筑物、大型住宅等排放污染物源（如燃煤、废弃物、燃油锅炉和焚化炉等）的影响。因此，本研究中的大气污染物测量值能够代表一般人群在大气污染背景下的暴露水平。此外，本研究还收集了每日气象数据，包括每日平均温度和平均相对湿度，以控制气象因素对研究结果的潜在混杂影响。

根据日期将每日不同粒径的 PNC 与疾病别死亡、因病就诊人数数据相关联。时间序列模型是分析该类数据的标准方法，该模型的优点是在总水平上控制不随时间改变的混杂因素。研究使用泊松分布的过度分散广义相加模型（generalized additive model, GAM），参考过去的时间序列研究，在 GAM 模型中纳入多个协变量：公历日的自然平滑样条函数，自由度为 7/年，可控制入院超过 2 个月的长期季节性趋势；1 周中指代星期几的变量，控制 1 周内死亡或入院的变化；公休假期（二分类变量）；分别用自由度为 6 和 3 的自然平滑函数调整日平均温度和平均相对湿度的非线性效应。通过 Z 检验评估不同粒径颗粒物浓度与健康结局之间的相关性差异。使用不同滞后天数来评估各粒径 PNC 的效应，包括死亡、存活或就诊当日（lag0d）、前 1 日（lag1d）、前 2 日（lag2d），以及当日和前 1 日的移动平均值（lag01）。产生最大影响的滞后天数将用于主分析。在主模型中，用自由度为 3 的非线性项替换 PNC 的线性项，绘制暴露-反应曲线，从而更加灵活地探究不同粒径范围的 PNC 与健康结局的关系。为评估结果的稳定性，研究进行了敏感度分析。第一，在主模型中分别控制多种标准大气污染物（$PM_{2.5}$、SO_2、NO_2、CO 和 O_3）的暴露水平。调整 $PM_{2.5}$ 时，可直接替代其他粒径颗粒物的浓度，避免多重比较产生的多重线性问题。第二，将公历日的年自由度由 7 替换为 10。第三，将温度和湿度的滞后时间从 lag0d 扩展到 lag01、lag03 及 lag06，调整其可能的滞后影响。

为保证各粒径段颗粒物的结果的可比性，将暴露-反应关系表达为各粒径段颗粒物浓度每升高 1 个四分位数间距（IQR），引起健康指标变化的百分比及其 95%CI。最后，我们采用随机效应模型的 Meta 分析方法，对各个城市的暴露-反应关系进行合并。

5.1.3 主要结果

5.1.3.1 不同粒径颗粒物与冠心病和脑卒中每日死亡人数的暴露-反应关系

1. 描述性分析结果

如表 5-1 所示，研究期间平均每日因冠心病死亡 10 例，因脑卒中死亡 11 例。颗粒物总数量浓度中的绝大部分是空气动力学直径<1μm 的颗粒物，尤其是直径在 0.03~0.3μm 的颗粒物。常规空气污染物 $PM_{2.5}$ 和 PM_{10} 的年平均质量浓度分别为 50μg/m³ 和 71μg/m³，数值远超出 WHO 空气质量指南值（年平均值：10μg/m³ 和 20μg/m³）。PNC 与大气污染物质量浓度之间呈中等或弱相关关系，与气象因素的相关性通常较低（表 5-2）。在粒径<1μm 的范围内，各粒径段的 PNC 之间存在很强的相关性。然而，在粒径>1μm 和<10μm 的颗粒物中（尤其是 UFP），它们之间的 PNC 相关性非常弱（表 5-3）。

表 5-1 每日冠心病和脑卒中死亡人数、大气污染物水平和气象因素的统计结果

变量	均值	标准差	最小值	下四分位数	中位数	上四分位数	最大值	四分位数间距
冠心病死亡人数（人）	10	4	1	8	10	13	24	5
脑卒中死亡人数（人）	11	4	2	8	10	13	23	5
不同粒径 PNC（个/cm³）								
0.01~0.03μm	524	546	2	232	390	613	4907	380
0.03~0.05μm	1 597	1 320	32	948	1 270	1 833	15 835	885
0.05~0.1μm	3 103	2 469	110	1 877	2 622	3 693	32 300	1 816
0.1~0.3μm	3 415	2 687	143	1 899	2 804	4 233	31 819	2 334
1.0~2.5μm	338	283	17	162	273	438	2 265	276
2.5~10μm	0.3	0.3	0	2	3	4	77	3
大气污染物（μg/m³）								
PM_{10}	71	40	6	42	60	91	261	49
$PM_{2.5}$	50	32	6	27	42	66	217	39
气象因素								
温度（℃）	17	8	−6	10	18	24	34	14
湿度（%）	74	12	35	66	75	83	98	17

第五章 大气细颗粒物不同粒径和化学组分对成人急性健康效应的暴露-反应关系研究 | 145

表 5-2 各粒径段 PNC 与大气污染物浓度及气象因素的皮尔逊相关系数

不同粒径 PNC（个/cm³）	PM₁₀	PM₂.₅	温度	湿度
0.01~0.03μm	0.09	0.08	−0.06	−0.15
0.03~0.05μm	0.18	0.19	−0.19	−0.14
0.05~0.1μm	0.3	0.33	−0.17	−0.10
0.1~0.3μm	0.54	0.6	−0.28	−0.16
0.3~1.0μm	0.41	0.6	−0.20	0.07
1.0~2.5μm	0.31	0.31	0.13	−0.01
2.5~10μm	0.47	0.26	−0.02	−0.26

表 5-3 各粒径段 PNC 组之间的皮尔逊相关系数

不同粒径 PNC（个/cm³）	0.01~0.03μm	0.03~0.05μm	0.05~0.1μm	0.1~0.3μm	0.3~1.0μm	1.0~2.5μm	2.5~10μm
0.01~0.03μm	1						
0.03~0.05μm	0.91	1					
0.05~0.1μm	0.78	0.93	1				
0.1~0.3μm	0.62	0.78	0.90	1			
0.3~1.0μm	0.63	0.70	0.76	0.78	1		
1.0~2.5μm	−0.03	0.03	0.10	0.17	0.22	1	
2.5~10μm	−0.02	−0.05	−0.01	0.10	0.11	0.54	1

2. 回归分析结果

图 5-1 显示了每日冠心病死亡人数与不同粒径 PNC 之间在不同滞后天数的相关性。每日冠心病死亡人数与 0.01~1.0μm 粒径段 PNC 的相关性存在相似的滞后模式，即在 lag01 或 lag02 时效应最强，但在 lag01 时统计不确定性较小。在所有检验的滞后中，1~10μm 粒径段的 PNC 与冠心病死亡人数之间的相关性无统计学意义。

图 5-2 显示了每日脑卒中死亡人数与不同粒径 PNC 之间在不同滞后天数的相关性。每日脑卒中死亡人数与 0.01~1.0μm 粒径段 PNC 的相关性存在相似的滞后模式，即在暴露当日显示存在相关性，随滞后天数增加相关性逐渐减弱，在 lag01 或 lag02 时效应最强，但在 lag01 时统计不确定性相对较小。在所有检验的滞后中，1~10μm 粒径段的 PNC 与脑卒中死亡人数之间同样不存在显著相关性。

敏感性分析中，在双污染物模型中分别控制 PM$_{2.5}$、PM$_{10}$ 的质量浓度时，PNC 和冠心病及脑卒中死亡率之间相关性的强弱和滞后模式没有显著改变（图 5-3，图 5-4）。

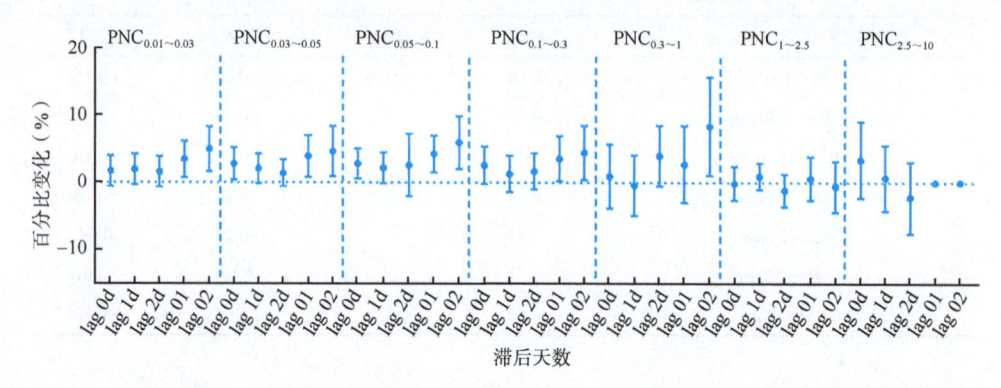

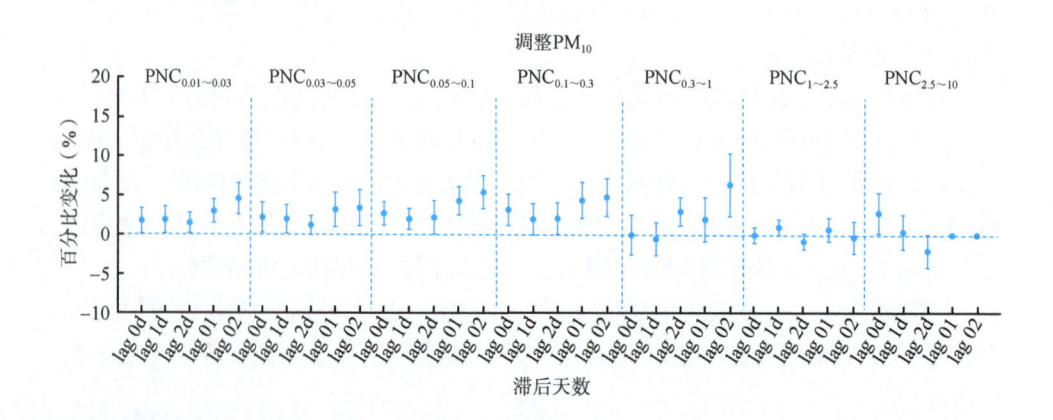

图 5-1　不同的滞后天数，各粒径段 PNC 每升高 1 个四分位数间距，每日冠心病死亡人数的百分比变化（均值和 95%CI）

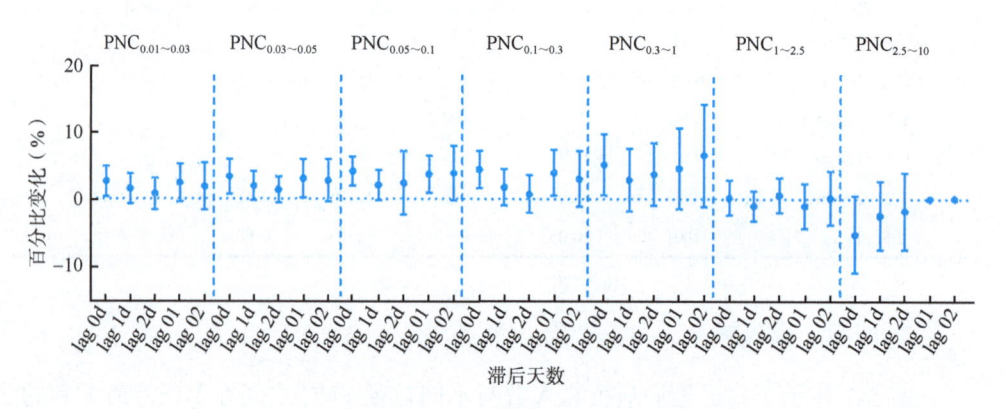

图 5-2　不同的滞后天数，各粒径段 PNC 每升高 1 个四分位数间距，每日脑卒中死亡人数的百分比变化（均值和 95%CI）

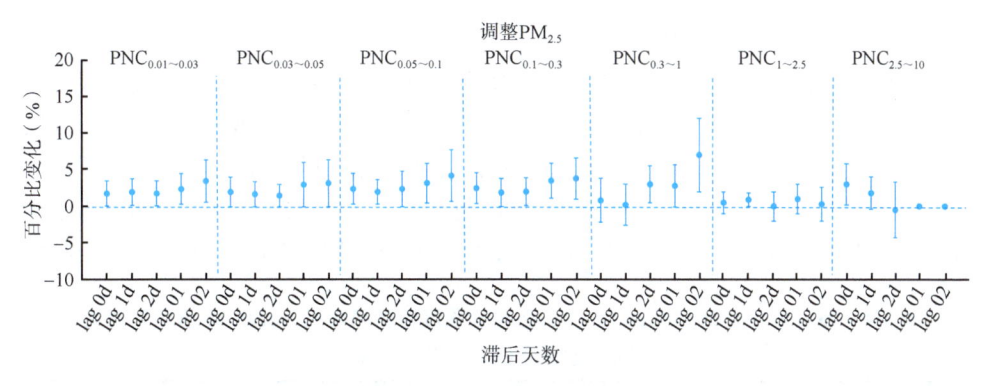

图 5-3 双污染物模型中（调整 PM$_{10}$ 或 PM$_{2.5}$），各粒径段 PNC 每升高 1 个四分位数间距，每日冠心病死亡人数的百分比变化（均值和 95%CI）

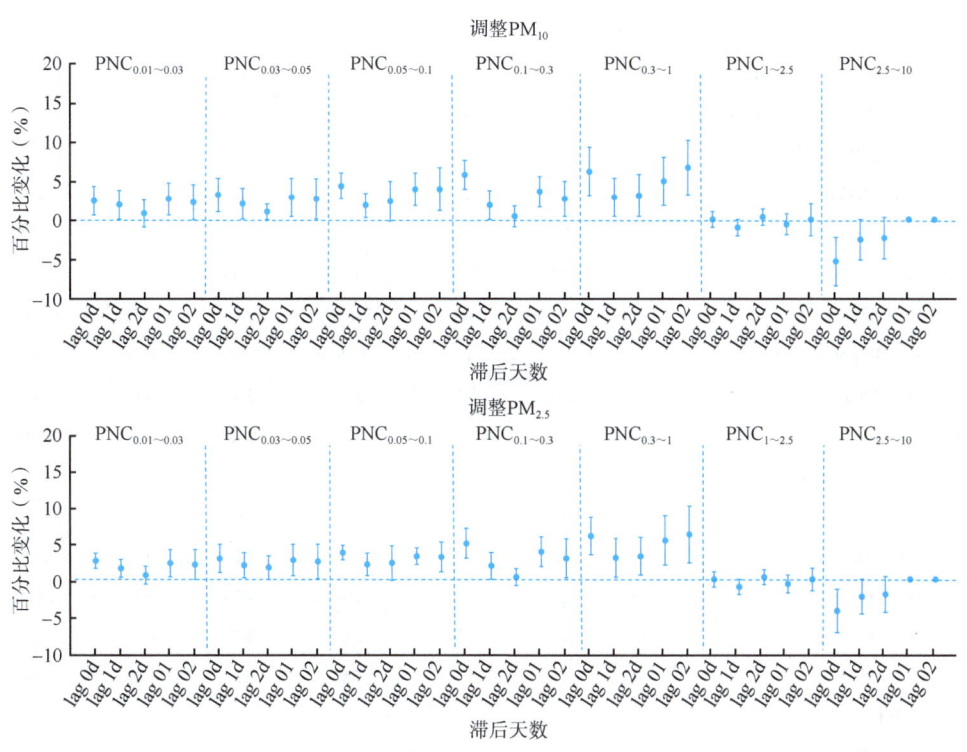

图 5-4 双污染物模型中（调整 PM$_{10}$ 或 PM$_{2.5}$），各粒径段 PNC 每升高 1 个四分位数间距，每日脑卒中死亡人数的百分比变化（均值和 95%CI）

5.1.3.2 不同粒径颗粒物与每日急性心肌梗死急诊人次的暴露-反应关系

1. 描述性分析结果

表 5-4 展示了研究期间环境变量和健康变量的描述性分析结果，其中颗粒物的

粒径主要分布在 0.03～0.3μm，而粒径＞1.0μm 的颗粒物 PNC 非常低。大气污染物中 $PM_{2.5}$ 年平均浓度为 45μg/m³，远高于 WHO 发布的 $PM_{2.5}$ 空气质量标准（10μg/m³）。研究期间，＜1.0μm 的各粒径段 PNC 存在中等或强相关性，尤其是相邻粒径范围的 PNC 相关性较强。＞1.0μm 和＜1.0μm 的各粒径段 PNC 之间存在弱相关性（表 5-5）。0.05～1.0μm 的 PNC 与 $PM_{2.5}$、SO_2 和 NO_2 浓度的相关性比其他粒径范围的 PNC 大，所有粒径段的 PNC 与 O_3 及气象因素均呈弱相关（表 5-6）。

表 5-4　每日急性心肌梗死急诊人次、各粒径段颗粒物和大气污染物 24 小时平均浓度及气象因素的统计分析结果

变量	均值	标准差	极小值	下四分位数	中位数	上四分位数	极大值
急性心肌梗死（例）							
总数	2.6	1.9	0	1	2	4	10
ST 段抬高型心肌梗死	1.2	1.1	0	0	1	2	7
非 ST 段抬高型心肌梗死	1.4	1.5	0	0	1	2	9
不同粒径 PNC（个/cm³）							
0.01～0.03μm	406	412	2	157	306	513	3 805
0.03～0.05μm	1 295	878	32	797	1 100	1 534	7 963
0.05～0.10μm	2 558	1 519	110	1 631	2 295	3 111	14 716
0.1～0.3μm	2 959	2 015	143	1 679	2 542	3 779	19 508
0.3～1.0μm	293	247	1	126	238	380	2 265
1.0～2.5μm	6.5	16.1	0.2	2.0	3.0	4.9	198.9
2.5～10μm	0.4	1.3	0.0	0.1	0.2	0.4	24.4
大气污染物质量浓度							
$PM_{2.5}$（μg/m³）	45	30	6	24	38	58	217
SO_2（μg/m³）	14	8	3	9	12	16	75
NO_2（μg/m³）	43	20	5	29	40	54	143
CO（mg/m³）	0.7	0.3	0.3	0.6	0.7	0.9	2.2
O_3（μg/m³）	88	41	9	58	83	112	248
气象因素							
温度（℃）	17	9	−6	10	19	24	35
相对湿度（%）	73	12	29	64	74	82	100

表 5-5　各粒径段 PNC 的皮尔逊相关系数

不同粒径 PNC（个/cm³）	0.03～0.05μm	0.05～0.1μm	0.1～0.3μm	0.3～1.0μm	1～2.5μm	2.5～10μm
0.01～0.03μm	0.81	0.61	0.40	0.28	−0.07	−0.07
0.03～0.05μm		0.87	0.62	0.32	−0.04	−0.07
0.05～0.10μm			0.84	0.52	0.03	−0.01

续表

不同粒径 PNC（个/cm³）	0.03～0.05μm	0.05～0.1μm	0.1～0.3μm	0.3～1.0μm	1～2.5μm	2.5～10μm
0.1～0.3μm				0.80	0.07	0.05
0.3～1.0μm					0.15	0.10
1～2.5μm						0.70

表 5-6　各粒径段 PNC 与大气污染物及气象因素的皮尔逊相关系数

不同粒径 PNC（个/cm³）	$PM_{2.5}$	SO_2	NO_2	CO	O_3	温度	湿度
0.01～0.03μm	0.12	0.18	−0.01	−0.10	0.17	0.14	−0.01
0.03～0.05μm	0.17	0.38	0.16	−0.01	0.14	−0.05	−0.17
0.05～0.10μm	0.37	0.54	0.39	0.22	0.15	−0.12	−0.16
0.1～0.3μm	0.65	0.68	0.58	0.49	0.11	−0.24	−0.18
0.3～1.0μm	0.73	0.48	0.56	0.58	0.08	−0.21	0.03
1～2.5μm	0.15	−0.01	0.08	0.13	−0.01	0.08	0.04
2.5～10μm	0.18	0.08	0.12	0.11	−0.03	−0.01	0.00

2. 回归分析结果

$PM_{2.5}$ 的质量浓度和各粒径范围 PNC 与 AMI 急诊人次的相关性在 lag0d 时最强，随着滞后天数的延长，相关性逐渐减弱。因此，本研究选择 lag0d 作为主分析的滞后天数。图 5-5 显示 lag0d 时，与 NSTEMI 相比，不同粒径范围的 PNC 与 STEMI 相关的日急诊人次的相关性更强。粒径＜0.3μm 的 PNC 与 AMI 急诊人次增加显著相关，颗粒物粒径越小，相关性越强；而粒径＞0.3μm 时，粒径越大，PNC 与 AMI 急诊人次的相关性越不显著。PNC 与 STEMI 急诊人次的相关性也存在类似规律。所有粒径范围中，PNC 与 NSTEMI 的相关性均不显著。lag0d 时，0.01～0.03μm、0.03～0.05μm、0.05～0.10μm 和 0.10～0.30μm 的粒径范围中，PNC 每增加 1 个 IQR，AMI 急诊人次分别增加 6.68%（95%CI：2.77%～10.74%）、6.53%（95%CI：2.08%～11.17%）、5.78%（95%CI：0.92%～10.88%）和 5.92%（95%CI：1.31%～10.74%）。相应粒径范围的 PNC 每增加 1 个 IQR，STEMI 急诊人次分别增加 11.48%（95%CI：5.97%～17.27%）、10.35%（95%CI：4.05%～17.03%）、8.99%（95%CI：2.19%～16.25%）和 9.10%（95%CI：2.65%～15.97%）。粒径＜0.03μm 和＞1.0μm 的 PNC 对 AMI 急诊人次的影响有显著统计学差异。在 lag0d 时，UFP 的数量浓度每增加 1 个 IQR（2402 个/cm³），AMI、STEMI 和 NSTEMI 相关的急诊人次分别增加 7.26%（95%CI：2.43%～12.31%）、11.47%（95%CI：4.73%～18.64%）和 2.94%（95%CI：−3.87%～10.23%）。

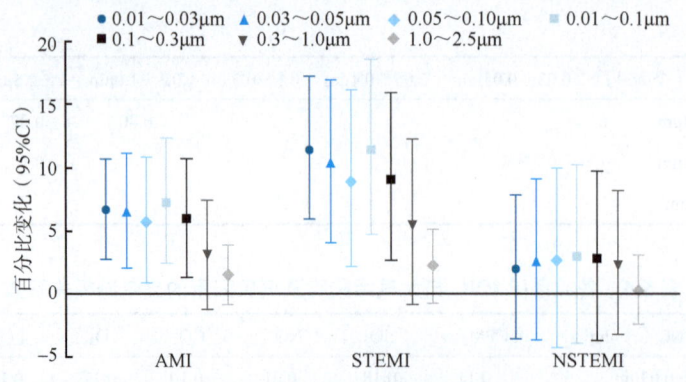

图 5-5 不同粒径范围（lag0d），PNC 每升高 1 个四分位数间距，AMI、STEMI 和 NSTEMI 日入院人次百分比变化

图 5-6 为不同粒径范围的 PNC 与 AMI 急诊人次的暴露-反应关系曲线。粒径 <0.3μm 时，曲线几乎保持线性上升趋势。粒径>0.3μm 时，曲线的 95%CI 较大，相关性不显著。

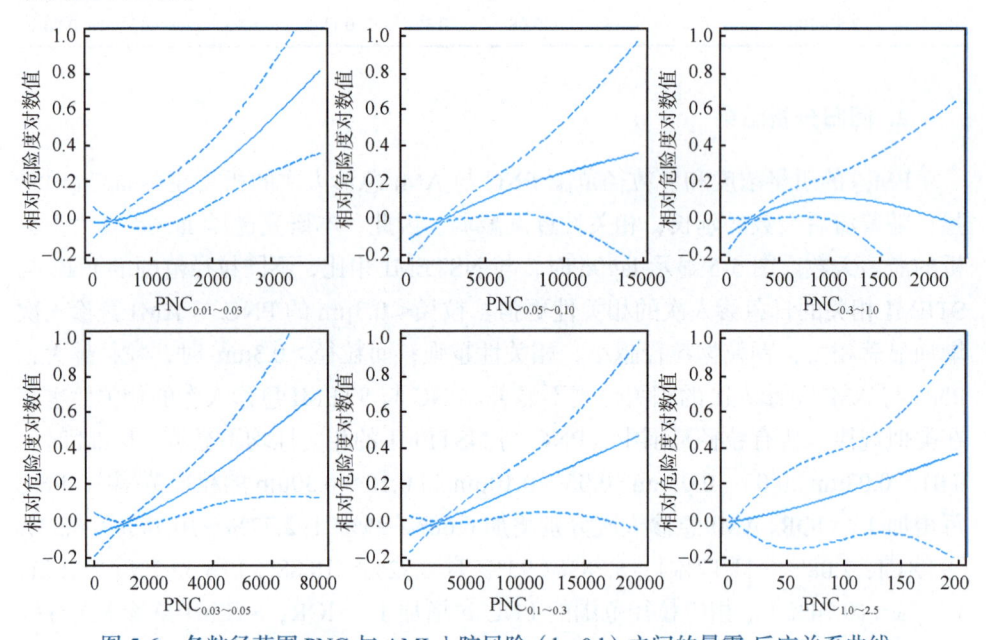

图 5-6 各粒径范围 PNC 与 AMI 入院风险（lag0d）之间的暴露-反应关系曲线

5.1.4 讨 论

5.1.4.1 不同粒径颗粒物与冠心病和脑卒中每日死亡人数的暴露-反应关系

本研究探讨了我国典型地区不同粒径 PNC 与每日冠心病和脑卒中死亡人数

之间的关系。研究显示，粒径为 0.01~0.3μm 的颗粒物 PNC 与每日冠心病和脑卒中死亡人数有显著相关性，但较大粒径颗粒物的 PNC 与冠心病和脑卒中死亡人数的相关性较弱。在调整大气污染物（包括 $PM_{2.5}$ 和 PM_{10}）浓度后，该相关性未出现明显变化。

本研究结果显示，不同粒径的颗粒物浓度对冠心病和脑卒中死亡率的影响都在 lag01 最大。滞后天数越长，PNC 与脑卒中死亡人数的相关性越弱，提示颗粒物对脑卒中的影响为急性效应。该发现与一些流行病学研究结果一致。同样，也有研究探索颗粒物对血管炎症的影响机制，间接支持该结论。尽管如此，既往研究发现不同粒径的颗粒物浓度对于冠心病和脑卒中死亡率不一致的滞后模式。例如，德国爱尔福特的一项研究指出，粒径在 0.01~0.1μm 的颗粒物与暴露后第 4 日的心肺疾病死亡率相关性最强。因此，需要进行更多研究阐明各粒径范围 PNC 的滞后模式。

研究显示粒径较小的颗粒物对冠心病和脑卒中死亡的影响更大，这与不同粒径段的颗粒物 PNC 或质量浓度与心血管健康结局之间联系的相关文献结果一致。例如，一项在我国 26 个城市进行的多中心时间序列研究表明，$PM_{2.5}$ 对日常急诊就诊的健康影响大部分来自 $PM_{1.0}$。在德国爱尔福特进行的时间序列研究表明，0.01~10μm 颗粒物粒径越小，与心血管系统或呼吸系统相关每日死亡率的相关性通常更强。本研究没有发现 $PM_{2.5-10}$ 对死亡率结果有明显影响。然而，有文献报道 $PM_{2.5-10}$ 对冠心病和脑卒中入院和死亡率有明显影响，未来值得进一步研究。

特定粒径大小的颗粒可能由特定来源决定。城市大气颗粒物主要来源于交通排放（机动车、轮船等）、局部排放（家庭烹饪、取暖）和自然来源（飘尘）。Lü 等认为，人为来源（即工业和交通排放、生物质燃烧）和地壳来源是夏季颗粒物浓度的主要来源。上海市 UFP 的具体来源尚不清楚，可能主要源于工业废气、燃料燃烧和机动车尾气。交通是市区 UFP 的主要来源，而本地工业是郊区 UFP 的主要来源。柴油发动机会比汽油发动机排放更多的 UFP，是因为柴油发动机（主要为 20~130nm）和汽油发动机（主要为 20~60nm）排放的颗粒物粒径不同。工业活动，如供热装置、垃圾发电站、煤粉发电厂、金属焊接和塑料焊接，排放的颗粒物粒径分布在 37~179nm。来自生物质的 UFP 遵循单峰粒径分布规律，峰值范围为 53~174nm。因此需要进行流行病学调查，建立针对特定来源的 UFP 和不良健康结局之间的联系，对 UFP 的控制有重要的指导意义。

本研究存在的局限性。第一，研究只覆盖了我国部分城市，结果可能无法推广到其他地区。第二，与大多数时间序列研究一样，研究使用固定监测站监测数据代表研究人群的一般暴露水平，可能会存在暴露误差。但这种暴露测量误差通常是无偏差的，因此可能导致对效应的低估。第三，不同粒径颗粒物可能具有不同的理化性质，由于使用固定监测站监测，可能使不同粒径（特别是 UFP）PNC 的测量误差复杂化；但在纵向研究设计中，UFP 测量误差不会对结果产生实质性影响。

5.1.4.2 不同粒径颗粒物与每日急性心肌梗死急诊人次的暴露-反应关系

本研究提供的流行病学证据证明粒径在 0.01~10μm 范围内，不同粒径的颗粒物会影响 AMI 的发病。研究发现，在暴露当日，粒径＜0.3μm 的 PNC 与 AMI 和 STEMI 相关的急诊人次增加显著相关，且颗粒物粒径越小，相关性越强。当颗粒物粒径＜0.05μm 时，相关性最强。校正其他大气污染物时，该相关性稳定。选择其他分析方法和模型参数时，本研究结果也相对稳定。

在暴露当日，$PM_{2.5}$ 与 AMI 急诊入院人次的相关性最强；滞后时间较长时，相关性明显减弱。该发现与大量的流行病学研究证据一致。例如，一项基于 2011 年之前发表的 34 项研究的 Meta 分析发现，lag0d 或 lag1d 时，颗粒物污染与 AMI 的发生或死亡相关性最明显。在斯德哥尔摩（瑞典）、波士顿（美国）、罗切斯特（美国）等单个城市进行的研究发现，颗粒物暴露后数小时内，AMI 的风险也会增加。但是，在华盛顿州金县进行的一项病例交叉研究未发现 $PM_{2.5}$ 与 AMI 发生风险之间存在显著相关性。在英格兰和威尔士进行的一项大型研究也未发现明显证据证明大气污染对医院 AMI 入院率或死亡率的影响。因此，需要进一步的研究确定大气污染与 AMI 风险之间的关系。

粒径较小的颗粒物能够渗透到更深的肺部，并且更多地吸附有毒成分。目前，越来越多的证据表明颗粒物粒径越小，对健康造成的不良效应越严重。但是，导致不良心血管结局的具体粒径范围尚不完全清楚。一项在沈阳进行的时间序列研究发现，粒径＜0.65μm 的颗粒物与心血管疾病死亡率之间存在显著相关性，粒径＜0.35μm 的颗粒物与心血管疾病死亡率的相关性更加显著。本研究发现，粒径＜0.3μm 时，颗粒物与 AMI 急诊人次的相关性具有统计学意义，颗粒物粒径较大时，该相关性较弱。一项在北京进行的时间序列研究发现，粒径为 0.03~0.1μm 时，PNC 与心血管疾病死亡率之间的相关性最强。超细颗粒可以沉积在肺泡中，甚至有可能穿过肺血屏障，直接转移到循环系统中，其对心血管系统的伤害可能更大，超细颗粒物对心血管系统的损伤已经成为公众日益关注的健康问题。

此外，健康效应的独立性是研究 UFP 健康相关问题的关键。但迄今为止，针对该问题的研究仍有限，并且现有的研究结果不一致。本研究发现，在双污染物模型中，<0.05μm 的颗粒物与 AMI 急诊人次之间的相关性不受其他暴露污染物的影响。但过去的一些研究发现，调整其他污染物后，UFP 与心血管疾病死亡率或发病率相关性明显降低。相比之下，本研究将 UFP 细分为 3 个大小范围（0.01～0.03μm、0.03～0.05μm、0.05～0.10μm），更能全面评估相关性的独立性。近期的一篇文献综述从生物学角度阐述了 UFP 对 AMI 潜在的独立效应，即 UFP 暴露对全身性炎症、心脏自主神经和血压的急性影响可能部分独立于其他污染物。未来需要更多的分子流行病学研究，为确定 UFP 独立的心血管作用提供充分的生物学证据支持。

关于空气污染与特定类型 AMI（STEMI 和 NSTEMI）之间相关性的流行病学研究较少，并且结果不一致。本研究的结果显示，大气颗粒物污染会增加 STEMI 的发生风险，但不会增加 NSTEMI 的发生风险。该发现与过去在美国纽约、我国北京及我国 26 个城市开展的研究结果一致。然而，一项以英格兰和威尔士大型数据为基础的多中心病例交叉研究并没有发现充分的证据表明颗粒物污染与 AMI 或 STEMI 之间存在明显相关，但该研究结果显示 NO_2 与 NSTEMI 之间存在明显相关性，并且该相关性独立于 $PM_{2.5}$ 的效应。尽管流行病学研究的结果不一致，从生物学角度分析，$PM_{2.5}$ 暴露对 STEMI 的影响比对 NSTEMI 的影响更大。STEMI 和 NSTEMI 的发生机制存在差异，与 NSTEMI 相比，STEMI 在斑块破裂后形成动脉闭塞的速度更快，因此 $PM_{2.5}$ 暴露更可能通过加快血栓形成或损害溶栓作用的方式诱发 STEMI。此外，与 STEMI 相比，NSTEMI 从发病到入院往往存在较长的时间间隔（通常为几日或 1～2 周），因此，用时间序列的方法分析 NSTEMI 与每日大气污染变化的相关性比较困难。

本研究存在多项不足。第一，数据不足以代表我国所有城市的 AMI 急诊人次水平，因此研究结果无法完全推广到其他地区。第二，本研究的 PNC 数据仅来源于一个固定监测站。第三，本研究使用固定监测站数据评估大气污染物的暴露水平，可能存在暴露测量误差。但在纵向时间序列研究中，该暴露误差可能没有明显影响，因此个体与环境的颗粒物浓度之间的相关性不存在本质性差别，影响 PNC 与 AMI 入院之间相关性的程度也较小。第四，相邻粒径范围之间 PNC 的共线性会导致其对 AMI 的健康效应难以区分。

5.1.5 小　　结

5.1.5.1 不同粒径颗粒物与冠心病和脑卒中每日死亡人数的暴露-反应关系

这项研究发现冠心病和脑卒中的每日死亡人数与粒径<0.3μm 的颗粒物 PNC

之间的相关性更强。本研究结果仅来自部分城市,未来需要在更大范围内开展研究,同时也需要通过队列研究对结果加以证实。

5.1.5.2 不同粒径颗粒物与每日急性心肌梗死急诊人次的暴露-反应关系

本研究可为 UFP 对 AMI 发病影响的研究提供流行病学证据。研究结果显示,大气颗粒物污染引起的 AMI 发病风险升高主要归因于粒径＜0.05μm 的颗粒物暴露。此外,与 NESTMI 相比,该粒径段颗粒物对 STEMI 急诊人次的影响更大。

5.2 PM$_{2.5}$不同组分与居民死亡、就诊暴露-反应关系的时间序列研究

5.2.1 概 述

大量流行病学研究显示,PM$_{2.5}$ 暴露与各种心血管疾病的住院率和死亡率相关。在心血管疾病方面,脑卒中是一项全球主要的公共卫生问题之一,短期暴露于 PM$_{2.5}$ 可能导致其发病率增加。作为脑卒中的主要亚型,缺血性卒中的特征是脑血流的永久性或一过性减少,主要是由局部血栓形成、栓塞或脑动脉闭塞引起。全球疾病负担研究显示,2017 年缺血性卒中导致 270 万例死亡和 5510 万残疾调整生命年损失（GBD,2018）。越来越多的流行病学研究表明 PM$_{2.5}$ 与缺血性卒中的死亡率和发病率相关,但证据并不完全一致。例如,在芬兰进行的一项时间序列研究发现,PM$_{2.5}$ 与脑卒中死亡风险增加相关,但加拿大开展的一项研究发现 PM$_{2.5}$ 与急性缺血性卒中不相关。

关于 PM$_{2.5}$ 组分的健康效应,现有研究结果非常复杂。目前已有一些流行病学研究探索了 PM$_{2.5}$ 组分与心肺系统有害效应之间的关系。波士顿大学开展的一项针对欧美国家的 Meta 分析和多中心研究显示,PM$_{2.5}$ 中的元素碳与心脑血管疾病住院率的关系最为明显和稳健;其他一些组分,如有机碳、硫酸盐、硝酸盐与健康的相关程度大于 PM$_{2.5}$ 整体。然而,既往研究中 PM$_{2.5}$ 组分与心血管疾病死亡之间的相关性研究有限且研究结果存在争议。相比之下,我国 PM$_{2.5}$ 组分与每日心血管疾病死亡相关的流行病学研究较少,其中 PM$_{2.5}$ 组分种类也非常有限。

因此,有必要在我国多个典型地区开展 PM$_{2.5}$ 不同组分与居民死亡、就诊的

第五章 大气细颗粒物不同粒径和化学组分对成人急性健康效应的暴露-反应关系研究 | 155

暴露-反应关系研究，以阐明这一关键科学问题。

5.2.2 研究方法

在加强研究地区开展多中心时间序列研究。研究人员从当地疾病预防控制中心收集居民每日死亡数，从当地医疗机构收集居民每日住院、门诊、急诊数据，并依据 ICD-10 编码进行病因分类，涵盖主要心肺疾病。若患者在家中死亡，死亡证明由社区医生完成；若在医院中死亡，死亡证明由医院医生完成。依据 ICD-10 进行病因编码，由医生根据患者的症状、主诉、病历或死者亲属的描述确定。

从当地大气环境监测超级站收集每日 $PM_{2.5}$ 不同组分的浓度数据。同时，从当地环境监测中心收集同期每日 24 小时的污染物数据，包括 $PM_{2.5}$、PM_{10}、SO_2、NO_2、CO 和 O_3。所有的空气质量数据，包括监测超级站的颗粒物数量浓度（PNC）数据，均按照国家环境空气质量监测体系的质量控制程序进行测量。监测站的位置被选定在远离交通、工业污染源或其他污染源的地点，并且不会受到建筑物、大型住宅等排放污染物源（如燃煤、废弃物、燃油锅炉和焚化炉等）的影响。因此，本研究中的大气污染物测量值能够代表一般人群在大气污染背景下的暴露水平。此外，本研究还收集了每日气象数据，包括每日平均温度和平均相对湿度，以控制气象因素对研究结果的潜在混杂影响。

本研究应用时间序列分析法来评估 $PM_{2.5}$ 及其组分对死亡和因病住院的影响。由于每日死亡数据和住院数据接近泊松分布，本研究使用了泊松分布的过度分散 GAM 来评估每日死亡/住院人数和 $PM_{2.5}$ 组分之间的相关性。在最基本的单组分模型中，$PM_{2.5}$ 及其化学组分作为一个固定效应变量纳入模型。除此之外，模型中还有以下几个协变量：公历日的三次自然样条函数，用来控制每日死亡/住院人数的长期和季节趋势；"星期几"哑变量，用来消除因变量的周内变化情况；自由度为 3 的日均湿度的自然样条函数；自由度为 6 的日均气温的自然样条函数。研究人员使用不同的滞后模型来估计 $PM_{2.5}$ 及其组分对死亡/住院的影响，包括单日滞后（包括 lag0d、lag1d、lag2d、lag3d）和累积滞后（包括 lag01、lag02、lag03）。在单日滞后模型中，lag0d 指的是死亡/住院当天的空气污染物浓度，lag1d 指的是死亡/住院前 1 日的污染物浓度。在累积滞后模型中，lag01 指的是死亡/住院当天与前 1 日的空气污染物浓度的平均值，lag02 指的是死亡/住院当日与前 2 日的空气污染物浓度的平均值，以此类推。由于每个城市的分析结果差别较大，因而按照城市分别阐述结果。

5.2.3 主要结果

5.2.3.1 PM$_{2.5}$不同化学组分与每日死亡的暴露-反应关系

1. 描述性分析结果

（1）上海：表5-7为上海市每日心血管疾病死亡人数、PM$_{2.5}$及其组分、气态污染物及气象变量的统计描述结果。研究期间，每日心血管疾病死亡人数范围为9~45例，均值为23例。PM$_{2.5}$每日浓度范围为3.42~248.25μg/m^3，均值为59.76μg/m^3，高于WHO空气质量指南值（年平均值为10μg/m^3）。碳组分包括元素碳（elemental carbon，EC）和有机碳（organic carbon，OC），占PM$_{2.5}$质量浓度的13.76%，水溶性无机离子组分占比>50%。元素组分质量总浓度为2.79μg/m^3，占PM$_{2.5}$质量浓度的4.67%。气态污染物O$_3$、SO$_2$、NO$_2$和CO的日均浓度分别为98.29μg/m^3、16.29μg/m^3、44.71μg/m^{3}和0.80mg/m^3。环境温度和相对湿度的日均值分别为17.25℃和73.65%。

PM$_{2.5}$及其组分间的相关系数大小不一。大部分元素组分之间明显相关；元素组分与碳组分和大部分盐离子组分间明显相关。气态污染物（SO$_2$、NO$_2$和CO）与PM$_{2.5}$组分（除V和Co外）之间的相关性较强，而O$_3$与大部分PM$_{2.5}$组分之间的相关性较弱。另外，笔者还观察到组分与气象变量之间普遍存在负相关关系。

表5-7 上海市每日心血管疾病死亡人数、PM$_{2.5}$及其组分、气态污染物及气象变量的统计描述

变量	均值	标准差	最小值	中值	最大值	四分位数间距	缺失百分比*（%）
心血管疾病死亡人数（人）	23	6	9	22	45	8	0
PM$_{2.5}$日均浓度值（μg/m^3）	59.76	35.33	3.42	53.21	248.25	42.81	0.73
PM$_{2.5}$组分（μg/m^3）							
EC	2.52	1.45	0.37	2.20	11.68	1.54	15.15
OC	5.70	3.08	0.61	5.13	24.84	3.47	15.15
Cl$^-$	1.89	1.90	0.01	1.28	13.98	1.86	3.92
NO$_3^-$	12.20	9.60	0.10	9.70	70.99	10.54	2.46
SO$_4^{2-}$	10.68	6.54	1.17	9.10	65.60	7.43	3.19
Na$^+$	0.38	0.24	0.05	0.31	1.54	0.25	13.41
NH$_4^+$	8.71	5.82	0.49	7.41	43.08	6.36	2.46
K$^+$	0.98	1.00	0.05	0.81	16.18	1.04	2.10
Mg^{2+}	0.08	0.09	0.00	0.05	1.24	0.06	3.56
Ca^{2+}	0.24	0.24	0.01	0.17	2.34	0.17	2.19

续表

变量	均值	标准差	最小值	中值	最大值	四分位数间距	缺失百分比*（%）
Si	0.61	0.42	0.20	0.51	7.25	0.32	47.90
K	0.88	1.01	0.11	0.65	16.86	0.62	6.39
Ca	0.27	0.30	0.00	0.18	3.35	0.21	6.39
V	0.01	0.01	0.00	0.01	0.05	0.01	6.02
Cr	0.01	0.01	0.00	0.01	0.07	0.01	6.02
Mn	0.05	0.03	0.00	0.04	0.22	0.03	6.02
Fe	0.56	0.39	0.00	0.46	3.22	0.41	6.02
Co	0.00	0.00	0.00	0.00	0.00	0.00	6.02
Ni	0.01	0.01	0.00	0.00	0.04	0.00	6.02
Cu	0.02	0.02	0.00	0.02	0.19	0.02	6.02
Zn	0.26	0.20	0.00	0.21	1.38	0.22	7.12
Ga	0.00	0.00	0.00	0.00	0.01	0.00	6.02
As	0.01	0.01	0.00	0.01	0.07	0.01	6.02
Ba	0.04	0.05	0.00	0.03	1.16	0.03	6.02
Pb	0.06	0.05	0.00	0.04	0.53	0.05	6.02
气态污染物							
O_3（μg/m³）	98.29	44.59	10.90	92.75	265.00	57.69	1.82
SO_2（μg/m³）	16.29	9.13	6.00	13.34	74.89	8.30	0
NO_2（μg/m³）	44.71	20.27	5.19	41.00	142.92	25.33	0
CO（mg/m³）	0.80	0.28	0.36	0.73	2.21	0.33	0
气象变量							
温度（℃）	17.25	8.38	−6.20	18.40	34.30	13.83	0
相对湿度（%）	73.65	12.40	35.00	75.00	98.00	17.33	0

*缺失的数据占总数据的百分比。

（2）北京：如表5-8所示，2013~2015年，北京市7个行政区非意外总死亡人数为87 843人，其中因心血管疾病和呼吸系统疾病死亡的分别为42 491人和9043人。平均每日约有39人死于心血管疾病，约有8人死于呼吸系统疾病。按年龄分为不同亚组时，65岁以下、65~74岁和74岁以上年龄组每日约分别有19人、14人和48人死亡（表5-8）。在2013~2015年研究期间，北京市$PM_{2.5}$的平均浓度超过90μg/m³。其中，OC和EC的平均浓度分别为15.52μg/m³和2.28μg/m³；$PM_{2.5}$组分中的离子则是以铵盐（NH_4^+，11.97μg/m³）、硝酸盐（NO_3^-，14.23μg/m³）和硫酸盐（SO_4^{2-}，18.52μg/m³）的浓度最高。$PM_{2.5}$质量浓度及其化学组分浓度在冷季偏高。

表 5-8　2013～2015 年北京市逐日死亡人数、PM$_{2.5}$ 及其组分、气象因素的统计描述

	2013～2015 年				暖季[①]		冷季[②]	
	均值	标准差	四分位数间距	最小值，最大值	均值	标准差	均值	标准差
非意外总死亡人数（人）	81	13	19	46，126	74	10	88	12
男性（人）	42	9	13	20，74	38	8	46	9
女性（人）	39	9	12	19，70	36	8	43	9
0～64 岁（人）	19	5	6	6，39	18	4	21	5
65～74 岁（人）	14	4	6	4，27	13	3	15	4
75 岁及以上（人）	48	9	12	20，81	43	7	53	9
心血管疾病（人）	39	9	12	15，70	35	7	44	8
呼吸系统疾病（人）	8	4	4	1，24	7	3	10	4
PM$_{2.5}$（μg/m³）	92.6	77.4	83.0	5.5，512.2	78.1	60.7	107.4	89.0
PM$_{2.5}$ 组分（μg/m³）								
OC	15.52	11.49	10.11	0.05，84.77	11.41	6.31	19.62	13.79
EC	2.28	1.95	2.03	0.05，17.59	1.73	1.34	2.83	2.28
Na$^+$	1.46	6.72	0.89	0.05，128.63	0.41	0.36	2.54	9.42
K$^+$	1.58	5.62	1.01	0.05，91.65	0.63	2.61	2.61	7.50
NH$_4^+$	11.97	11.65	12.44	0.05，73.88	10.38	10.02	13.58	12.90
Ca^{2+}	0.40	0.61	0.37	0.05，6.38	0.32	0.50	0.49	0.69
Mg^{2+}	0.15	0.44	0.05	0.05，8.55	0.09	0.12	0.21	0.60
Cl$^-$	2.34	3.28	2.86	0.05，27.61	0.87	1.33	3.84	3.93
NO$_3^-$	14.23	16.72	14.50	0.05，126.13	11.76	13.62	16.74	19.05
SO$_4^{2-}$	18.52	18.19	20.10	0.05，120.00	14.88	13.90	21.99	21.10
温度（℃）	13.7	11.0	20.6	-9.7，32.6	22.6	5.3	4.5	7.0
相对湿度（%）	54	20	31	8，99	61	17	47	20

注：①5～10 月；②11 月至次年 4 月。

（3）西安：本次研究期间 PM$_{2.5}$ 组分及气象资料的基本情况见表 5-9。2013～2015 年西安市 PM$_{2.5}$ 日平均浓度为 126.96μg/m³，该值远超过国家二级空气质量标准。三年平均气温是 15.56℃，相对湿度为 59.89%。

表 5-9　2013～2015 年西安市 PM$_{2.5}$ 组分和气象资料基本情况

变量	均值	标准差	最小值	中位数	最大值	四分位数间距
PM$_{2.5}$ 日平均浓度（μg/m³）	126.96	83.48	14.02	103.83	560.19	90.89
PM$_{2.5}$ 组分（μg/m³）						
TC	28.55	20.21	2.49	21.63	117.95	20.68

续表

变量	均值	标准差	最小值	中位数	最大值	四分位数间距
OC	20.96	15.16	2.26	15.61	100.29	14.50
Na^+	2.26	1.40	0.05	2.07	13.25	1.71
NH_4^+	5.17	5.73	0.02	3.32	43.10	1.68
K^+	5.62	7.13	0.00	2.92	65.43	6.32
Mg^{2+}	1.04	1.87	0.00	0.53	38.01	1.01
Ca^{2+}	0.96	2.06	0.00	0.46	31.39	0.32
F^-	1.52	2.12	0.01	0.82	18.85	1.33
Cl^-	3.58	5.51	0.01	0.85	43.26	4.19
NO_2^-	3.64	3.98	0.01	2.12	36.77	3.65
NO_3^-	8.59	14.81	0.01	1.05	102.89	9.82
SO_4^{2-}	19.77	18.48	1.13	14.37	145.62	19.81
S	6.66	4.97	0.80	5.44	35.50	5.23
Cl	1.62	3.44	0.10	0.78	47.25	0.73
K	1.10	3.18	0.00	0.33	81.46	1.18
Ca	1.34	2.34	0.00	0.73	40.87	0.87
Ti	1.30	2.11	0.01	0.85	42.21	1.45
Cr	4.62	9.70	0.00	3.20	278.08	6.71
Mn	1.34	2.79	0.01	0.27	40.13	1.26
Fe	1.45	1.85	0.14	1.06	30.03	1.12
Ni	0.82	1.35	0.00	0.54	28.98	1.12
Cu	0.06	0.13	0.00	0.04	1.89	0.05
Zn	0.38	1.07	0.00	0.003	9.16	0.39
As	0.02	0.03	0.00	0.01	0.63	0.01
Br	0.06	0.14	0.00	0.05	2.33	0.04
Mo	0.71	0.98	0.00	0.58	22.43	0.71
Cd	0.01	0.01	0.00	0.003	0.19	0.004
Ba	0.03	0.21	0.00	0.01	3.15	0.02
Pb	0.08	0.18	0.01	0.04	1.64	0.07
气象资料						
温度（℃）	15.56	9.69	−5.70	16.40	33.80	17.20
相对湿度（%）	59.89	17.02	16.38	59.00	96.75	25.75

由表 5-10 可见，2013~2015 年西安市居民死亡人数总共有 52 508 人，其中因非意外病因死亡的总人数为 20 628 人，因心血管疾病死亡的总人数为 11 375 人，因呼吸系统疾病死亡的人数为 1775 人。

表 5-10　2013～2015 年西安市居民死亡情况的统计描述

变量	最小值	中位数	最大值	四分位数间距	合计（人）
非意外病因	5	18	131	8	20 628
心血管疾病	0	10	119	6	11 375
高血压	0	0	4	1	503
冠心病	0	4	44	3	5 021
心肌梗死	0	2	27	2	2 451
心律失常	0	0	3	0	196
心力衰竭	0	0	2	0	37
脑卒中	0	4	74	3	5 002
出血性卒中	0	2	34	2	2 174
缺血性卒中	0	1	37	1	1 781
呼吸系统疾病	0	1	8	1	1 775
下呼吸道感染	0	0	5	1	646
慢阻肺	0	1	6	1	879
哮喘	0	0	2	0	40

（4）武汉：2013 年武汉市 $PM_{2.5}$ 日平均浓度为 75.42μg/m³，该值远超过国家二级空气质量标准（表 5-11）。三年平均气温是 24.81℃，相对湿度为 72.93%。

表 5-11　2013 年武汉市 $PM_{2.5}$ 组分和气象资料的统计描述

变量	均值	标准差	最小值	中位数	最大值	四分位数间距
$PM_{2.5}$ 及其组分（μg/m³）	75.42	196.37	0.31	56.44	3397.30	46.264
Pb	0.20	0.14	0.00	0.19	0.83	0.202
Se	0.02	0.02	0.00	0.01	0.23	0.026
Hg	0.000 09	0.006 47	0.00	0.00	0.01	0.000 04
Cr	0.03	0.02	0.00	0.03	0.25	0.031
Cd	0.03	0.07	0.00	0.00	0.78	0.023
Zn	0.29	0.23	0.00	0.24	1.27	0.344
Cu	0.23	0.22	0.00	0.17	1.55	0.336
Ni	0.03	0.28	0.00	0.03	0.32	0.040
Fe	4.78	2.85	0.24	4.32	23.70	3.877
Mn	0.14	0.09	0.003	0.14	0.52	0.140
Ti	0.30	0.17	0.03	0.29	1.39	0.223
Sb	0.03	0.10	0.00	0.00	0.61	0.022
Sn	0.04	0.09	0.00	0.00	0.50	0.032
V	0.004	0.01	0.00	0.004	0.09	0.006
Ba	0.21	0.14	0.00	0.19	1.23	0.169
As	0.06	0.05	0.00	0.04	0.28	0.073

续表

变量	均值	标准差	最小值	中位数	最大值	四分位数间距
Ca	8.16	4.49	0.61	8.19	22.74	5.940
K	1.72	1.30	0.001	1.53	16.18	1.348
Co	0.01	0.02	0.00	0.01	0.29	0.009
Mo	0.04	0.07	0.00	0.001	0.32	0.042
Ag	0.02	0.06	0.00	0.00	0.66	0.013
Sc	0.10	0.06	0.01	0.09	0.60	0.080
Tl	0.005	0.01	0.00	0.001	0.19	0.005
Pd	0.01	0.05	0.00	0.00	0.85	0.016
Br	0.03	0.03	0.00	0.03	0.10	0.048
Te	0.04	0.12	0.00	0.00	0.74	0.017
Ga	0.01	0.06	0.00	0.01	1.04	0.017
Cs	0.01	0.02	0.00	0.004	0.34	0.009
气象资料						
温度（℃）	24.81	96.77	2.72	20.18	35.11	15.24
相对湿度（%）	72.93	15.90	37.67	73.04	99.95	23.43

由表 5-12 可见，2013 年武汉市居民死亡人数总共有 25 009 人，其中因非意外病因死亡的总人数为 10 401 人，因心血管疾病死亡的总人数为 5223 人，因呼吸系统疾病死亡的人数为 855 人。

表 5-12　2013 年武汉市居民死亡情况的统计描述

变量	最小值	中位数	最大值	四分位数间距	合计（人）
非意外病因	13	28	59	10	10 401
心血管疾病	4	14	33	7	5 223
高血压	0	0	3	1	226
冠心病	0	5	14	4	1 957
心肌梗死	0	3	11	2	1 123
心律失常	0	0	2	0	48
心力衰竭	0	0	1	0	3
脑卒中	1	7	19	5	2 826
出血性卒中	0	2	9	3	964
缺血性卒中	0	2	8	2	717
呼吸系统疾病	0	2	9	2	855
下呼吸道感染	0	0	2	0	47
慢阻肺	0	1	6	2	452
哮喘	0	0	4	1	167

2. 回归分析结果

（1）上海：在所有的滞后时间窗内（图5-7），PM$_{2.5}$与心血管疾病死亡之间呈正相关，且在lag2d、lag02和lag03时相关性有统计学意义。根据模型 R^2 最大原则和广义交叉验证（GCV）最小原则，研究人员选择lag2d分析不同PM$_{2.5}$组分对心血管疾病死亡的影响。在lag2d时，PM$_{2.5}$质量浓度每升高1个IQR，心血管疾病死亡风险增加2.21%。在该滞后时间窗内，大多数PM$_{2.5}$组分与心血管疾病死亡呈正相关（图5-8）。OC、SO_4^{2-}、NH_4^+、K、Cu、As和Pb的日均浓度每升高1个IQR，心血管疾病死亡风险分别增加2.83%、1.90%、2.29%、0.94%、1.53%、2.08%和1.98%。

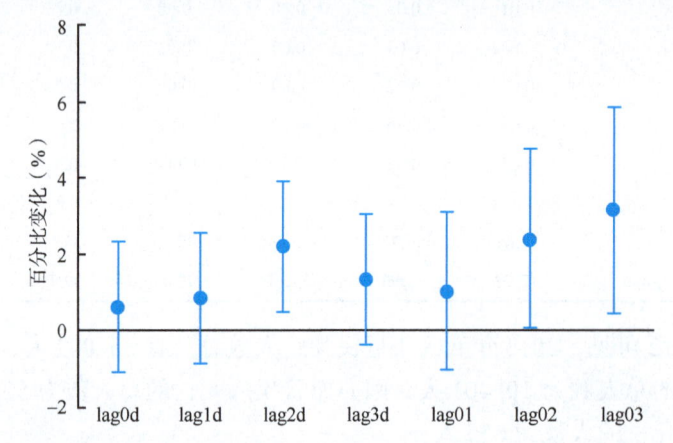

图5-7 不同滞后模式下的PM$_{2.5}$每升高1个IQR，心血管疾病死亡风险百分比变化及其95%CI

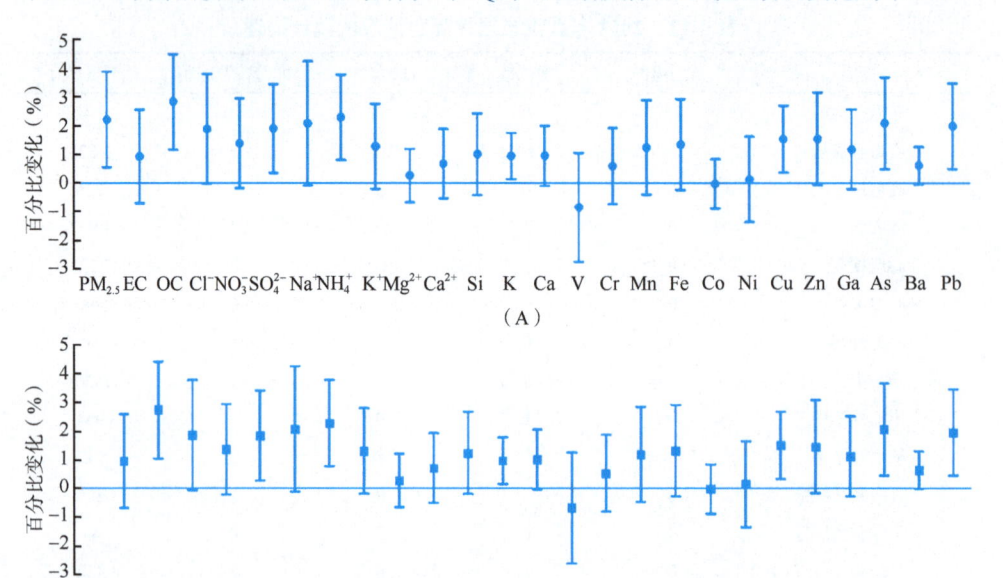

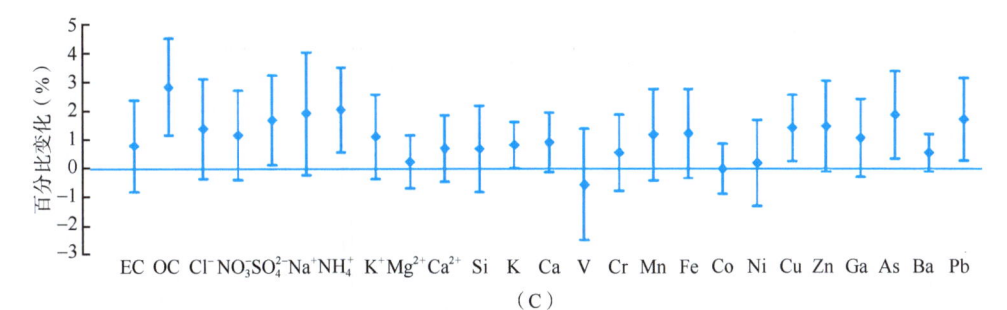

第五章　大气细颗粒物不同粒径和化学组分对成人急性健康效应的暴露–反应关系研究 | 163

图 5-8　单污染物模型、组分-PM$_{2.5}$调整模型和组分-残差调整模型中 lag2d 的 PM$_{2.5}$组分每升高 1 个 IQR，心血管疾病死亡风险百分比变化及其 95%CI
（A）单一组分模型；（B）组分-PM$_{2.5}$调整模型；（C）组分-残差模型

（2）北京：在全年时间段的回归模型中，除 Na$^+$和 Cl$^-$外，大多数 PM$_{2.5}$组分与人群死亡呈正相关（图 5-9）。发现在暴露当日（lag0d），OC、K$^+$、Ca^{2+}和 Mg^{2+}浓度与呼吸系统死亡率呈显著正相关，SO$_4^{2-}$浓度与心血管系统死亡率呈显著正相关。根据季节分层分析发现，暖季 OC 和 EC 短期暴露会明显增加非意外总死亡风险，具体为 2.74%（95%CI：0.60%~4.91%）和 2.02%（95%CI：0.00~4.08%）。部分 PM$_{2.5}$组分与人群死亡在冷季时的相关性更强，NO$_3^-$每增加 1 个 IQR，人群非意外总死亡风险增加 1.33%（95%CI：0.38%~2.29%）；NO$_3^-$和 SO$_4^{2-}$每增加 1 个 IQR，人群心血管疾病死亡风险分别增加 1.86%（95%CI：0.51%~3.23%）和 2.69%（95%CI：0.90%~4.51%）。

图 5-10 显示了 2013~2015 年 PM$_{2.5}$及其组分在 lag0d~lag3d 对非意外总死亡、心血管疾病死亡和呼吸系统疾病死亡的急性影响。结果提示，PM$_{2.5}$及其组分暴露对人群死亡影响的峰值多出现在 lag0d 或 lag1d。

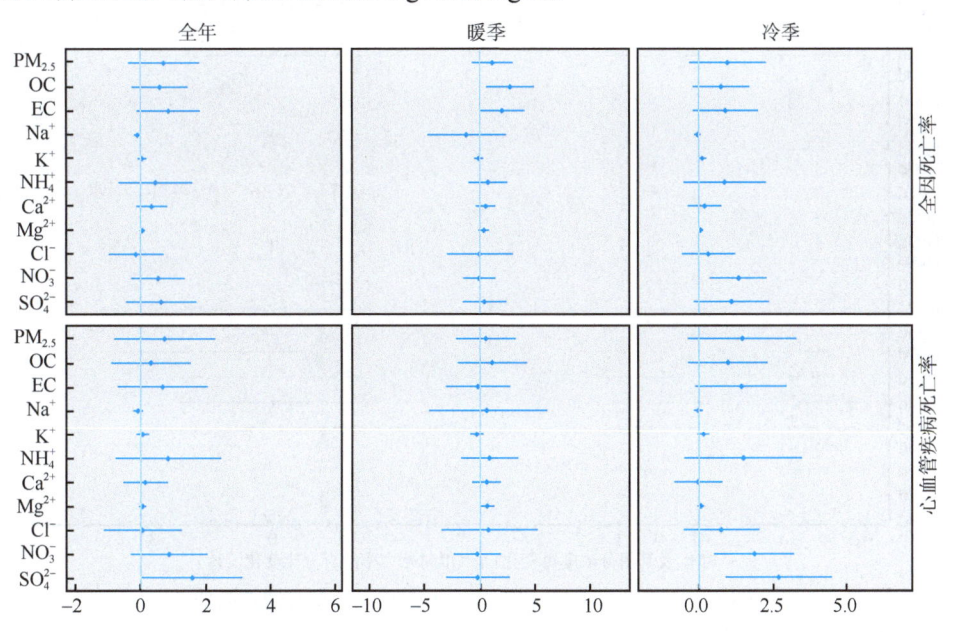

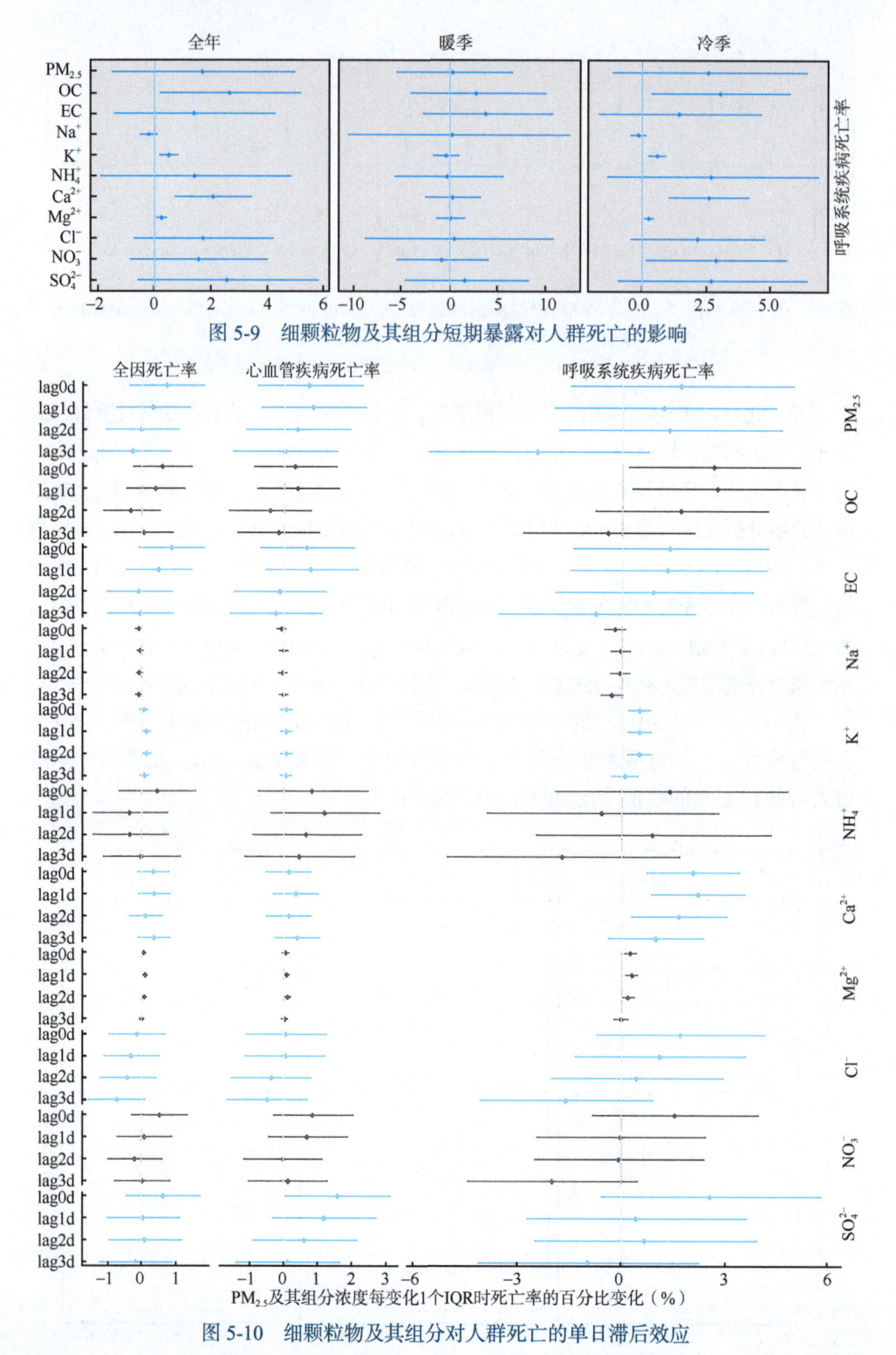

图 5-9　细颗粒物及其组分短期暴露对人群死亡的影响

图 5-10　细颗粒物及其组分对人群死亡的单日滞后效应

第五章 大气细颗粒物不同粒径和化学组分对成人急性健康效应的暴露–反应关系研究

（3）西安：如图 5-11 所示，在单组分模型中，$PM_{2.5}$ 组分中仅 NH_4^+、F^-、NO_2^- 对非意外病因的死亡有影响，且最佳滞后期为 lag03。在 lag0d 和 lag03 时，NH_4^+ 浓度每升高 1 个 IQR，非意外病因死亡人数可分别增加 0.91%（95%CI：0.14%～1.69%）和 1.17%（95%CI：0.01%～2.34%）。F^- 在所有暴露窗口期效应均明显，其浓度每增加 1 个 IQR，非意外总死亡风险可在 lag0d、lag01、lag02、lag03 时分别增加 3.12%（95%CI：1.48%～4.76%）、3.71%（95%CI：1.62%～5.85%）、5.93%（95%CI：3.17%～5.69%）、7.24%（95%CI：4.52%～10.03%）。NO_3^- 也可在 lag01 和 lag03 对非意外病因死亡产生健康效应。

西安市 NH_4^+、Mg^{2+}、Ca^{2+}、F^-、Cl^-、NO_3^-、Ca、Ti、Mn、Fe、Ni、Cu、Br、Mo 均可在不同的暴露期对不同的心脑血管疾病死亡产生影响，且冠心病对 $PM_{2.5}$ 组分的暴露最为敏感，对其产生健康影响的组分数量最多（图 5-12）。因心力衰竭引起的死亡与 $PM_{2.5}$ 各组分暴露无显著相关性。NH_4^+ 浓度每增加 1 个 IQR，心血管疾病和冠心病的死亡风险在 lag0d 时分别升高 1.17%（95%CI：0.09%～2.25%）和 1.58%（95%CI：0.23%～2.95%），出血性卒中的死亡风险在 lag03 时升高 3.34%（95%CI：0.33%～6.44%）。F^- 对不同疾病导致的死亡危害最为广泛，对心血管疾病、脑卒中、出血性卒中、缺血性卒中的危害在所有暴露期均有统计学意义。NO_3^- 可产生与 F^- 类似的效应，在所有暴露期与心血管疾病死亡风险的增加有关。Ti、Mn、Fe、Ni、Cu、Mo 与 F^- 对冠心病死亡的影响相同，在所有滞后暴露期均可增加死亡风险，其中 Ti、Mo 可在 lag01、lag02 时对心肌梗死所致死亡产生影响。

研究结果显示，绝大多数 $PM_{2.5}$ 组分对呼吸系统疾病的死亡没有明显影响，仅发现 Ni、Cu、As 均可在 lag02 时增加总呼吸系统疾病的死亡风险（图 5-13）。Ni、Cu、As 浓度每增加 1 个 IQR，呼吸系统疾病死亡风险分别增加 6.08%（95%CI：0.04%～12.49%）、4.23%（95%CI：0.17%～8.46%）、2.21%（95%CI：0.15%～4.32%）；Cl^- 在 lag01 可对慢阻肺死亡造成影响，Cl^- 每增加 0.68μg/m³，慢阻肺的死亡风险就升高 2.08%（95%CI：0.002%～4.21%）。此外，本次研究并未发现 $PM_{2.5}$ 组分对下呼吸道感染相关死亡有明显影响。

（4）武汉：本研究未发现武汉市任何 $PM_{2.5}$ 组分对非意外病因死亡存在明显影响。研究结果表明，武汉市 $PM_{2.5}$、Mn、As、Ca、K、Mo、Br 可在不同暴露期对不同心脑血管疾病产生危害，且心血管疾病（图 5-14）和脑卒中对 $PM_{2.5}$ 组分的暴露较为敏感。敏感暴露期集中在 lag0d 和 lag2。$PM_{2.5}$ 浓度每增加 1 个 IQR，冠心病和 AMI 的死亡风险在 lag0d 时分别升高 1.57%（95%CI：0.48%～2.67%）和 1.57%（95%CI：0.01%～3.15%）；冠心病死亡风险在 lag1d 时升高 1.12%（95%CI：0.03%～2.22%）。Mn 浓度每增加 1 个 IQR，在暴露当日脑卒中死亡风险升高 11.5%

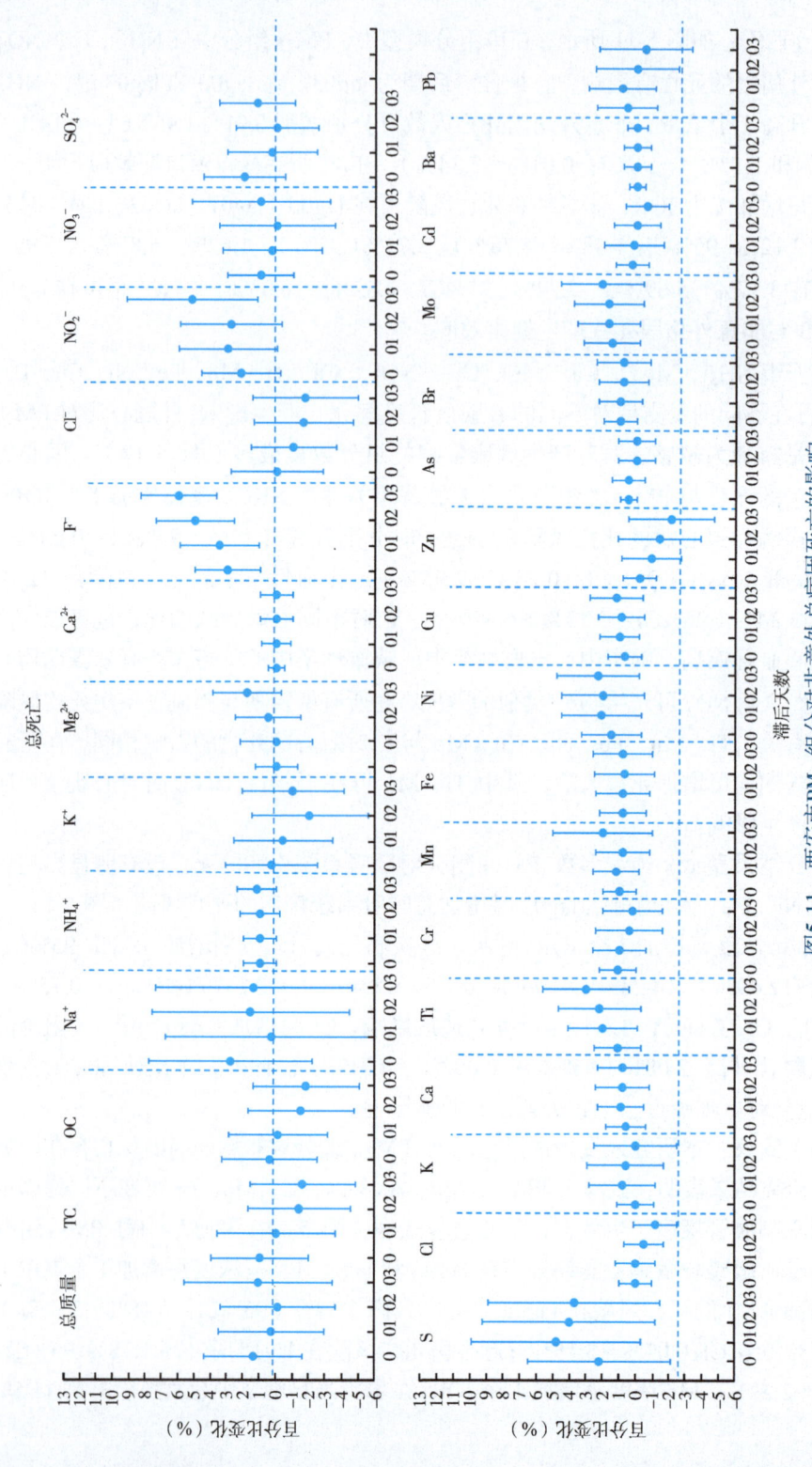

图 5-11 西安市 PM$_{2.5}$ 组分对非意外总病因死亡的影响

横坐标中 0、01、02、03 分别代表 lag04、lag01、lag02、lag03；纵坐标为非意外总病因死亡风险的百分比变化

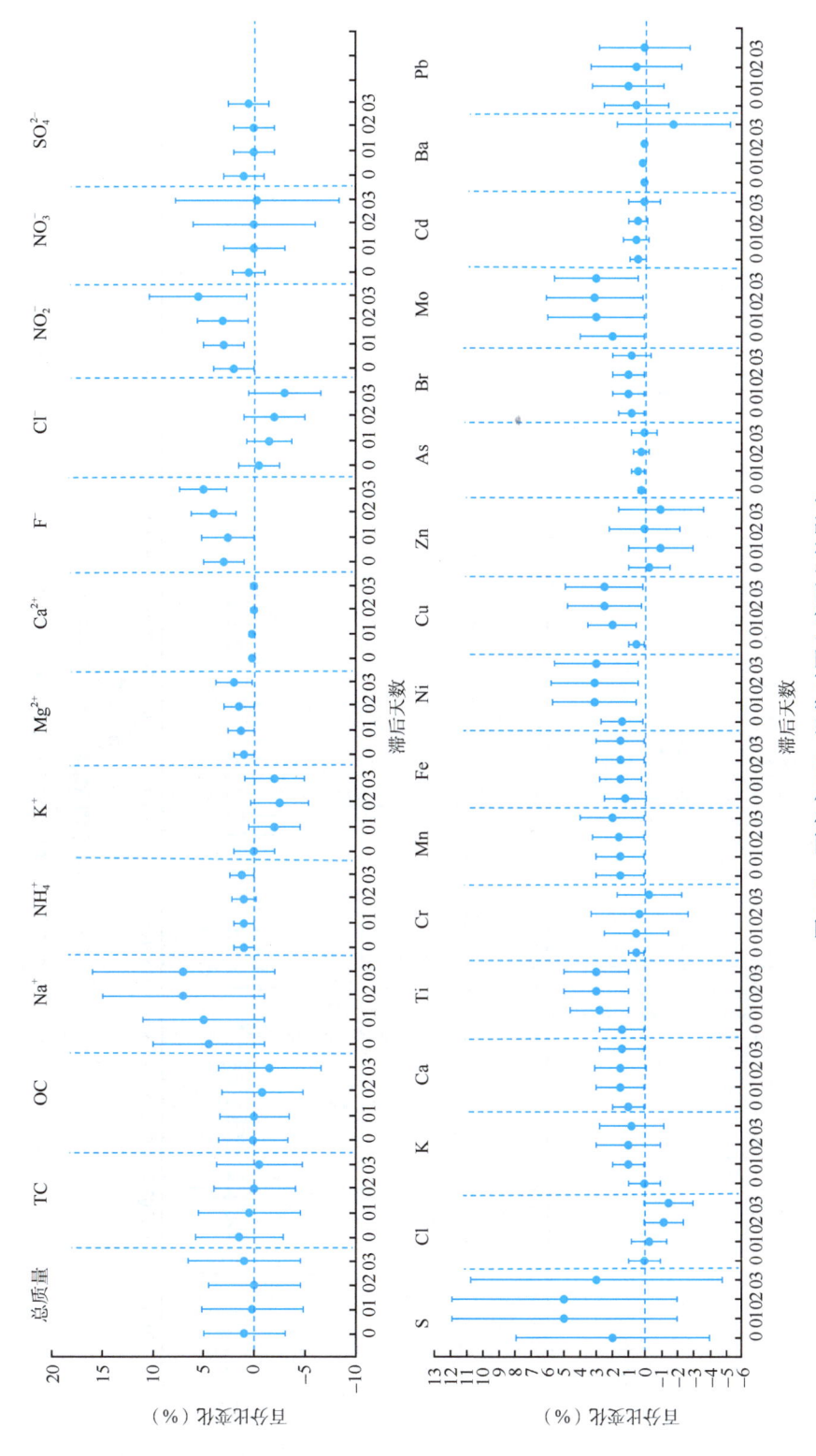

第五章　大气细颗粒物不同粒径和化学组分对成人急性健康效应的暴露–反应关系研究 | 167

图5-12　西安市PM$_{2.5}$组分对冠心病死亡的影响

横坐标中0、01、02、03分别代表lag0d、lag01、lag02、lag03；纵坐标为冠心病死亡风险的百分比变化

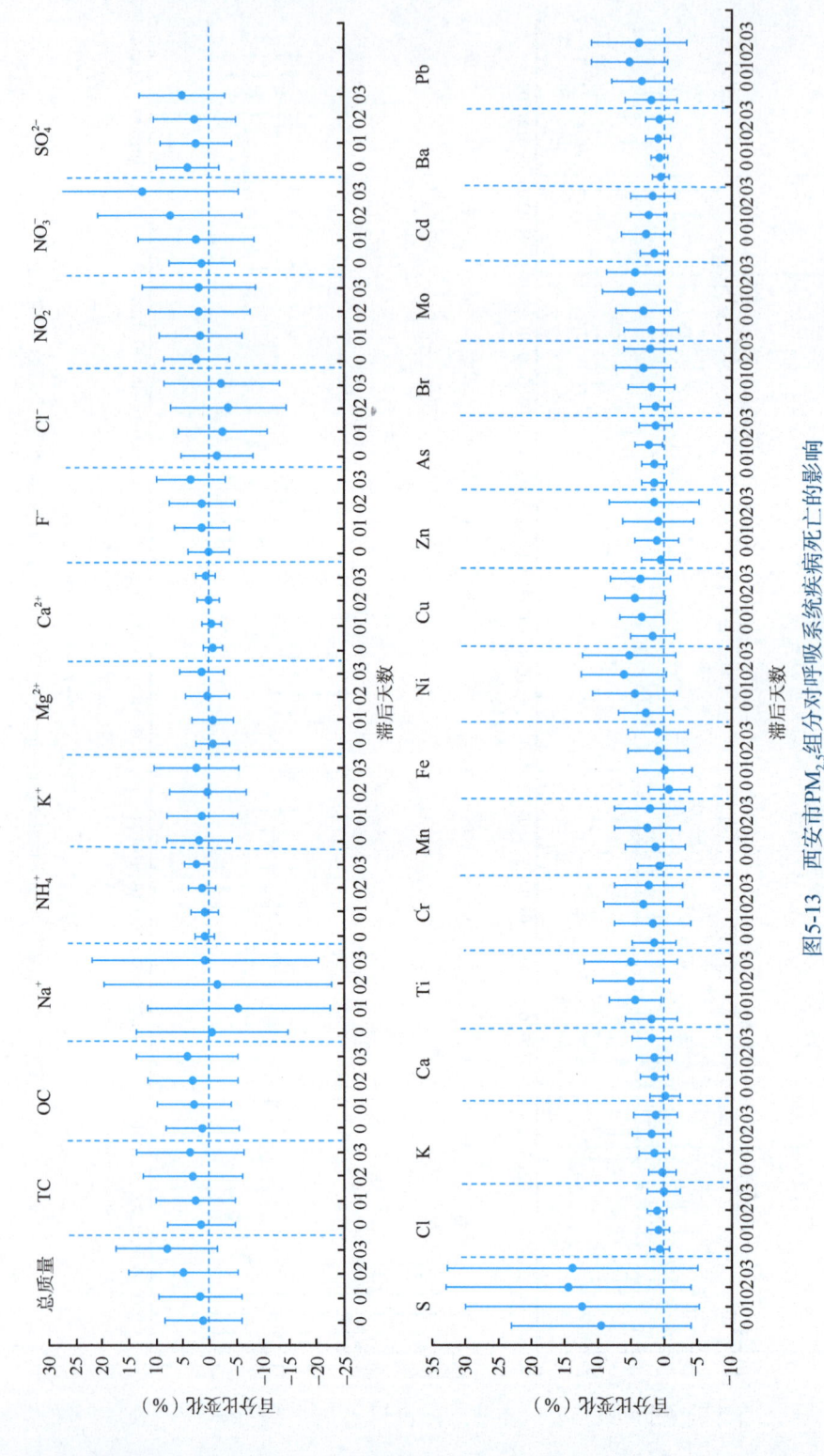

图5-13 西安市$PM_{2.5}$组分对呼吸系统疾病死亡的影响

横坐标中0、01、02、03分别代表lag0d、lag01、lag02、lag03;纵坐标为呼吸系统疾病死亡风险的百分比变化

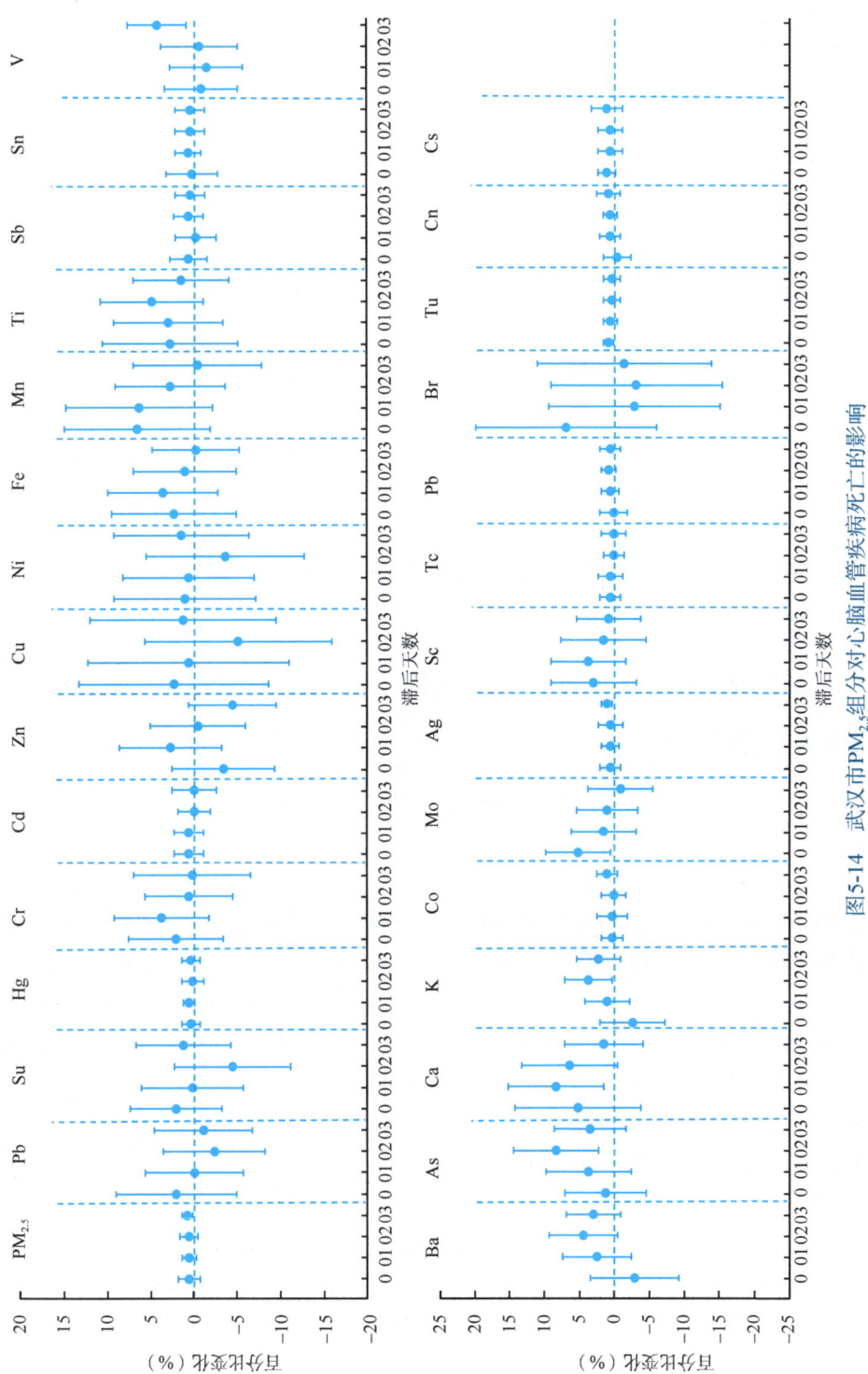

第五章 大气细颗粒物不同粒径和化学组分对成人急性健康效应的暴露-反应关系研究 | 169

图5-14 武汉市PM$_{2.5}$组分对心脑血管疾病死亡的影响

横坐标中0、01、02、03分别代表lag0d、lag01、lag02、lag03；纵坐标为心脑血管疾病死亡风险的百分比变化

（95%CI：0.33%～23.80%）。As 对不同疾病产生的死亡危害最为广泛，对总的心血管疾病、冠心病、急性心肌梗死在 lag2d 均有统计学意义。Ca 对心血管疾病和脑卒中相关死亡可在 lag1d 和 lag2d 产生影响，浓度每升高 1 个 IQR，心血管疾病和脑卒中的死亡风险在 lag1d 时分别升高 7.69%（95%CI：0.85%～15.00%）和 9.55%（95%CI：0.69%～19.20%）；在 lag2d 时分别升高 6.52%（95%CI：0.61%～12.80%）和 9.21%（95%CI：1.42%～17.60%）。K 在 lag2d、Br 在 lag0d 分别对高血压、出血性卒中的影响具有统计学意义。在 lag0d，Mo 浓度每增加 1 个 IQR，心血管疾病和脑卒中死亡风险分别增加 4.56%（95%CI：0.10%～9.21%）和 9.13%（95%CI：3.24%～15.40%）。

研究结果表明，绝大多数 $PM_{2.5}$ 组分对呼吸系统疾病相关死亡没有明显影响，仅发现 $PM_{2.5}$ 可在 lag0d 时对哮喘相关死亡有影响（图 5-15）：污染物浓度每升高 1 个 IQR，哮喘死亡风险可增加 3.80%（95%CI：0.41%～7.30%）。K 在 lag2d 对下呼吸道感染相关死亡的影响有统计学意义。

5.2.3.2　$PM_{2.5}$ 不同组分与每日发病的暴露-反应关系

1. 描述性分析结果

污染物暴露的描述性结果同 5.2.3.1 部分。

2. 回归分析结果

（1）上海：上海市 $PM_{2.5}$ 总质量与每日缺血性卒中住院之间的滞后模式如图 5-16 所示。该相关性在 lag1d 存在，随后减弱。lag1d 的模型产生了最大 R^2 和最小 GCV，提示其为最佳拟合模型，因此被选作后续分析的主要滞后模型。图 5-17 给出了 3 个模型中缺血性卒中住院与 27 个组分相关性的估计。总的来说，三个模型之间的估计没有明显差异。单组分模型中 EC（4.4%，$P=0.017$）、Cr（3.5%，$P=0.026$）、Fe（3.9%，$P=0.033$）、Cu（3.3%，$P=0.019$）、Zn（5.8%，$P=0.002$）、As（5.2%，$P=0.010$）、Se（4.7%，$P=0.024$）和 Pb（4.9%，$P=0.008$）组分浓度升高 1 个 IQR 与缺血性卒中住院人次明显增加有关。除组分-残差模型中的 Fe 外（$P=0.055$），组分-$PM_{2.5}$ 模型和组分-残差模型中，上述大多数相关性仍具有统计学显著性（P 分别为 0.001～0.021 和 0.002～0.049）。

（2）西安：如图 5-18 所示，西安市 $PM_{2.5}$ 总质量、TC、OC、Na^+、Mg^{2+}、Cl^-、NO_2^-、NO_3^-、Cl、K、Ca、Ti、Mn、Fe、Ni、Cu、Zn、As、Mo、Cd、Pb 等组分均可对非意外病因的急诊就诊人次产生影响，且 $PM_{2.5}$ 总质量、TC、OC、Mg^{2+}、Cl、Ca、Fe、Ni、Cu、Zn、Pb 在所有暴露期均可增加急诊就诊人次。其中 OC 的作用最广泛且最强，浓度每升高 1 个 IQR，非意外病因急诊人次在 lag0d、lag01、

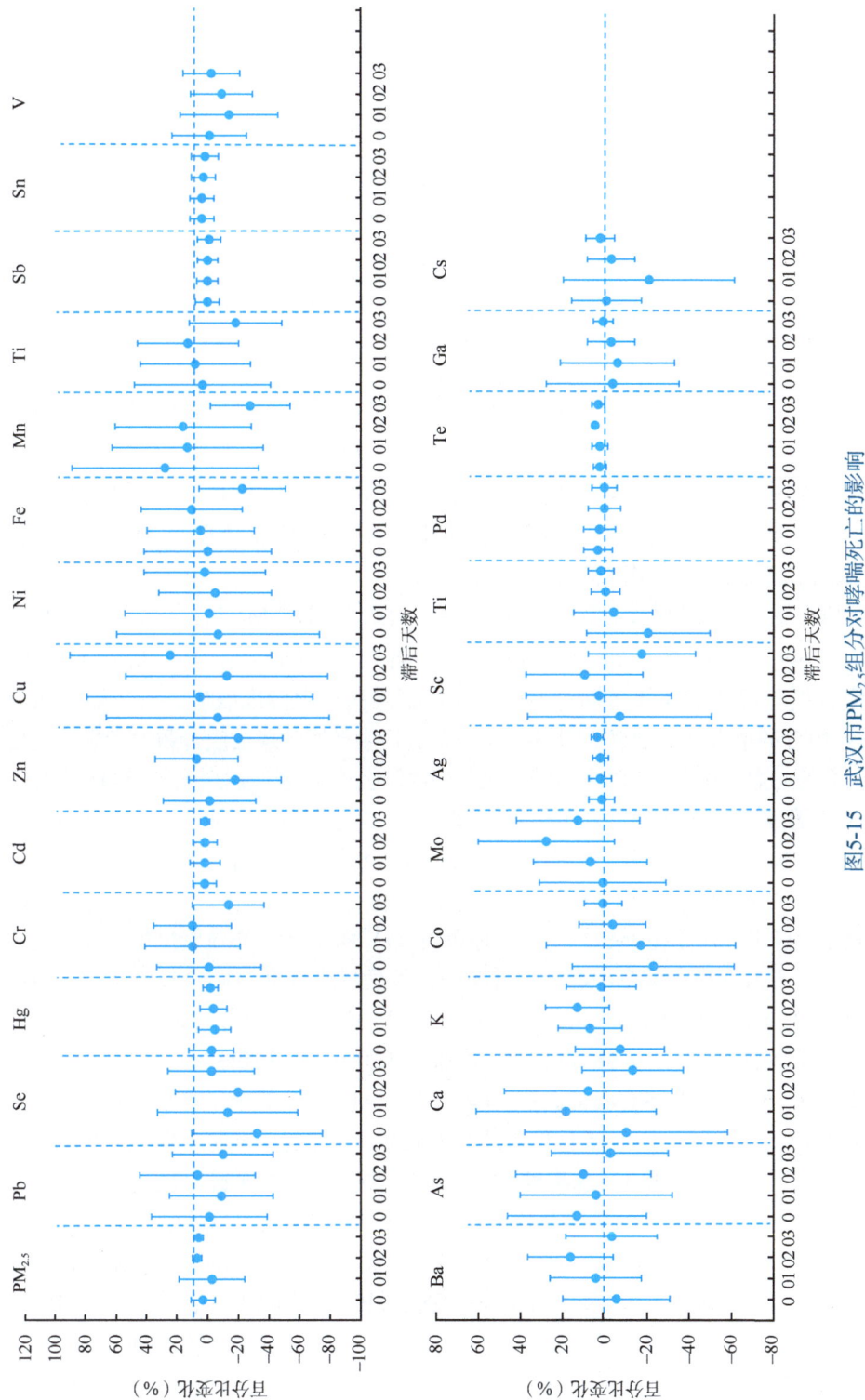

第五章 大气细颗粒物不同粒径和化学组分对成人急性健康效应的暴露-反应关系研究 | 171

图5-15 武汉市PM$_{2.5}$组分对哮喘死亡的影响

横坐标中0、01、02、03分别代表lag0d、lag01、lag02、lag03；纵坐标为哮喘死亡风险的百分比变化

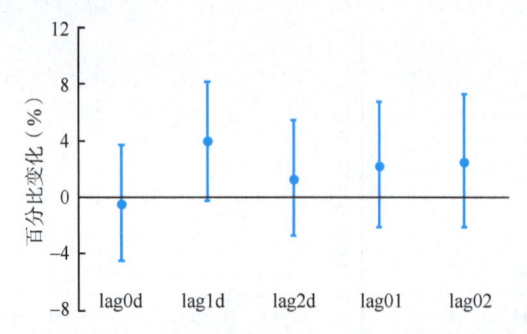

图 5-16 上海市不同滞后天数时 PM₂.₅ 浓度每升高 1 个 IQR，缺血性卒中每日住院人次百分比变化
（均值和 95%CI）

lag02、lag03 时分别上升 1.53%（95%CI：0.56%～2.51%）、1.82%（95%CI：0.69%～2.96%）、2.04%（95%CI：0.78%～3.31%）、2.30%（95%CI：0.89%～3.74%）。研究结果还显示，Na⁺、K 在 lag02 和 lag03 存在累积滞后健康效应，Cl、NO_2^-、Mn、Mo 在 lag01、lag02 和 lag03 存在累积滞后健康效应；NO_3^-、Ti 在 lag01 和 lag02 存在累积滞后健康效应。

研究结果显示，PM₂.₅ 总质量、TC、OC、Na⁺、NH_4^+、Mg^{2+}、Ca^{2+}、Cl⁻、NO_2^-、NO_3^-、SO_4^{2-}、Cl、Ca、Ti、Cr、Mn、Fe、Ni、Cu、Zn、As、Br、Mo、Cd、Pb 等多数组分可在不同暴露期对不同心脑血管疾病产生健康效应，其中冠心病对 PM₂.₅ 组分的暴露最为敏感（图 5-19），对其产生健康效应的组分数量和暴露期最多，总的心血管疾病和高血压次之。在众多可对心脑血管疾病产生影响的组分中，元素 Fe 引起的效应较强，其次是 Ca、Mn 等，由它们所引发的发病风险升高的疾病种类较多。例如，元素 Fe 可在不同的滞后天数增加心血管疾病、高血压、冠心病、心力衰竭、脑卒中及缺血性卒中的急诊就诊人数，且敏感滞后期是 lag01，此时健康效应也最强。在 lag02 时，Fe 浓度升高 1.04μg/m³，心血管疾病、高血压、冠心病、心力衰竭、脑卒中和缺血性卒中的发病风险分别增加 2.29%（95%CI：1.11%～3.47%）、2.14%（95%CI：0.58%～3.73%）、2.39%（95%CI：0.54%～4.28%）、5.02%（95%CI：1.57%～8.58%）、2.73%（95%CI：0.70%～4.80%）和 3.91%（95%CI：1.32%～6.56%）。在所有心脑血管疾病中，受 PM₂.₅ 组分影响最严重的是冠心病，在 PM₂.₅ 的 25 种组分中有 15 种可对其产生危害，且效应暴露期多集中在 lag01。

如图 5-20 所示，PM₂.₅ 总质量、TC、OC、Na⁺、Mg^{2+}、Ca^{2+}、Cl⁻、NO_2^-、Cl、Ca、Ti、Fe、Zn、Cd、Pb 等组分均可对总呼吸系统疾病的急诊就诊在不同的滞后天数产生影响。其中，OC、Mg^{2+}、Cl⁻、Fe、Zn 在所有暴露期均可增加其急诊就诊人数。研究发现，lag02 和 lag03 是总呼吸系统疾病的敏感暴露期，TC、OC、Na⁺、Mg^{2+}、Ca^{2+}、Cl⁻、NO_2^-、Cl、Ca、Fe、Zn、Pb 均可在该敏感期使总呼吸系统疾病的发病风险增加，其中 Na⁺产生的健康效应最强（图 5-20）。此时 Na⁺浓

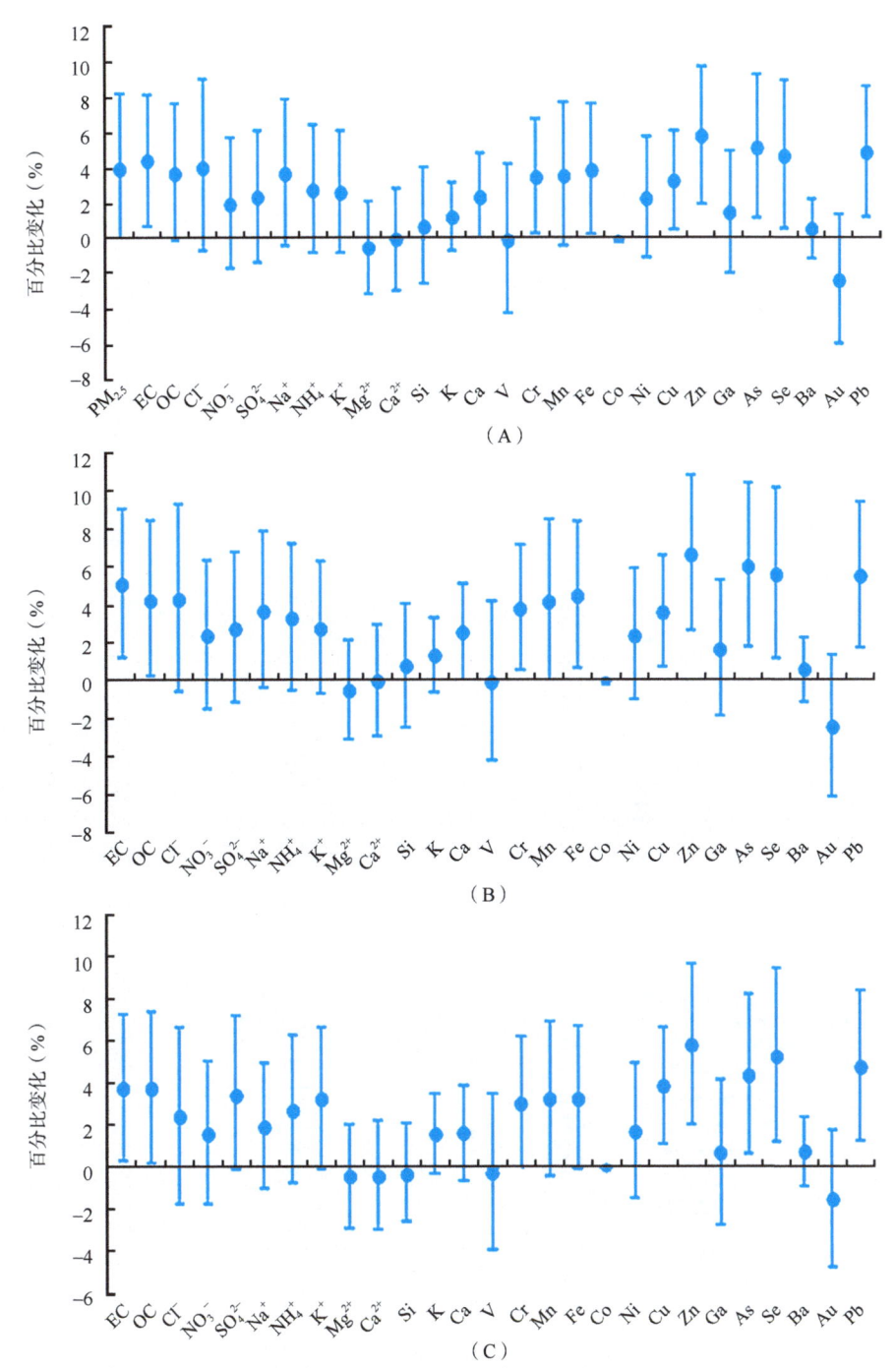

图 5-17 上海市 PM$_{2.5}$ 组分浓度（lag1d）每升高 1 个 IQR，相关缺血性卒中每日住院人次百分比变化（均值和 95%CI）

（A）单组分模型；（B）组分-PM$_{2.5}$ 模型；（C）组分-残差模型

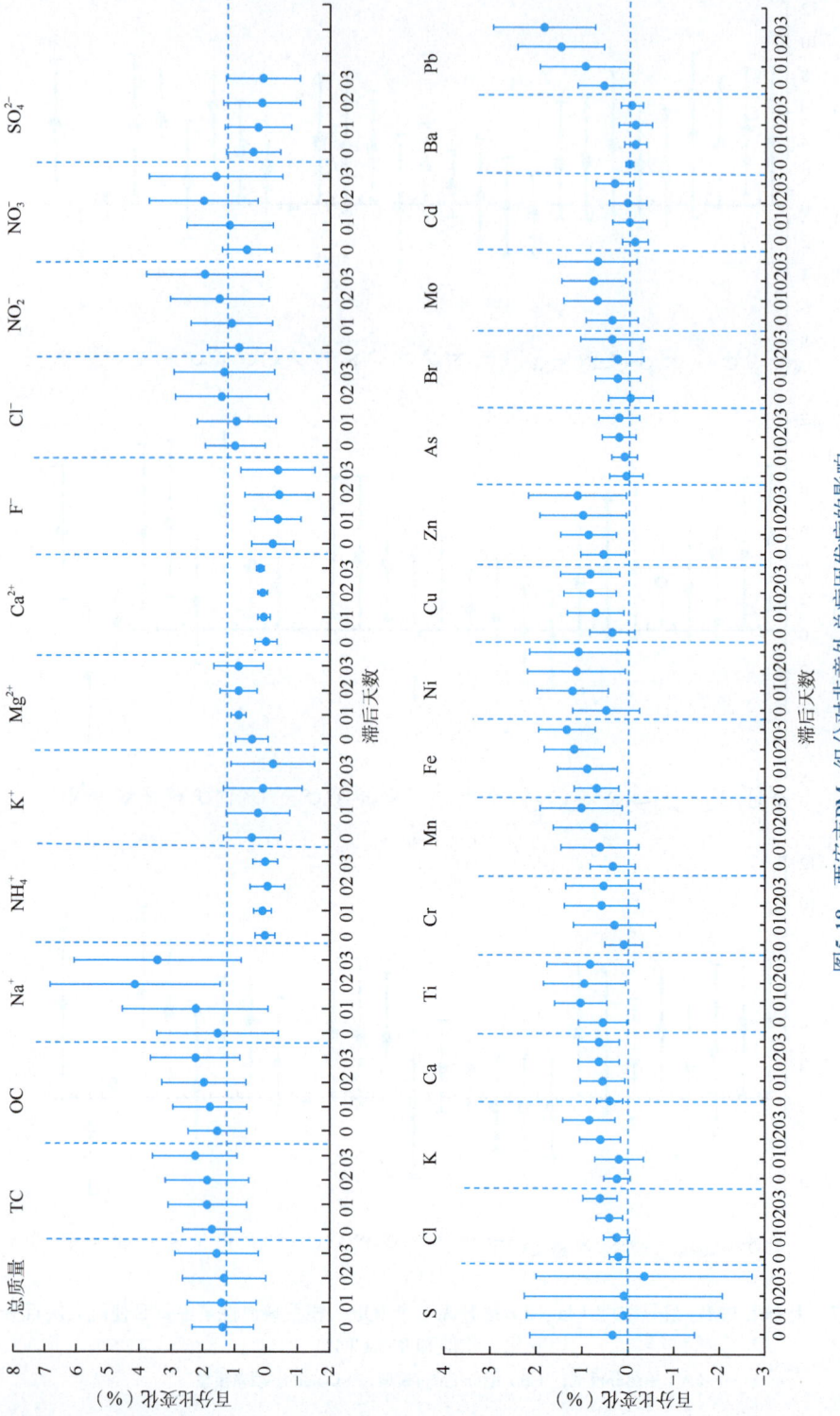

图5-18 西安市PM$_{2.5}$组分对非意外总病因发病的影响

横坐标中 0、01、02、03 分别代表 lag0d, lag01, lag02, lag03; 纵坐标为急诊就诊人次百分比变化

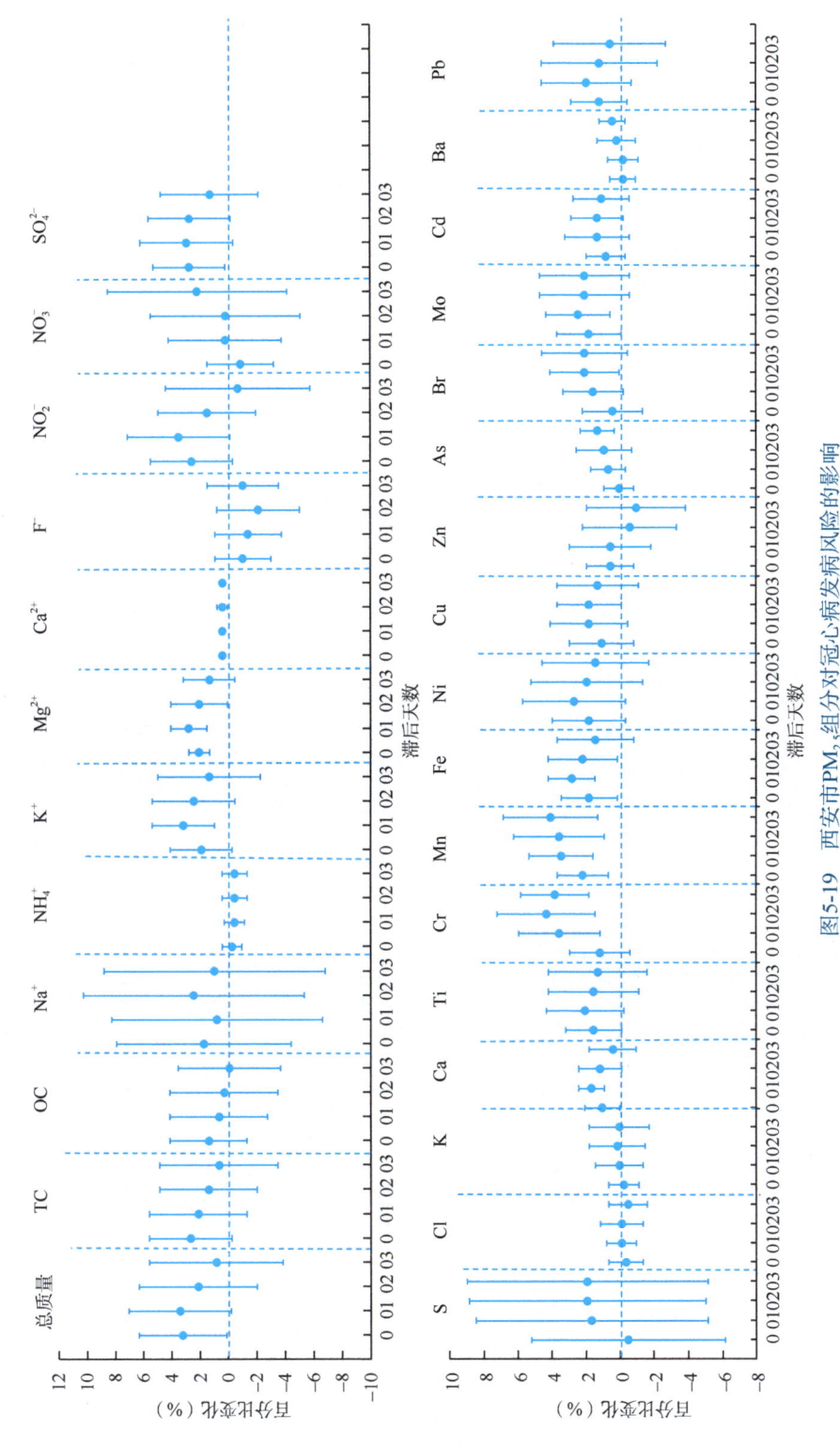

第五章 大气细颗粒物不同粒径和化学组分对成人急性健康效应的暴露–反应关系研究 | 175

图5-19 西安市PM$_{2.5}$组分对冠心病发病风险的影响

横坐标中 0、01、02、03 分别代表 lag0d、lag01、lag02、lag03；纵坐标为冠心病发病风险百分比变化

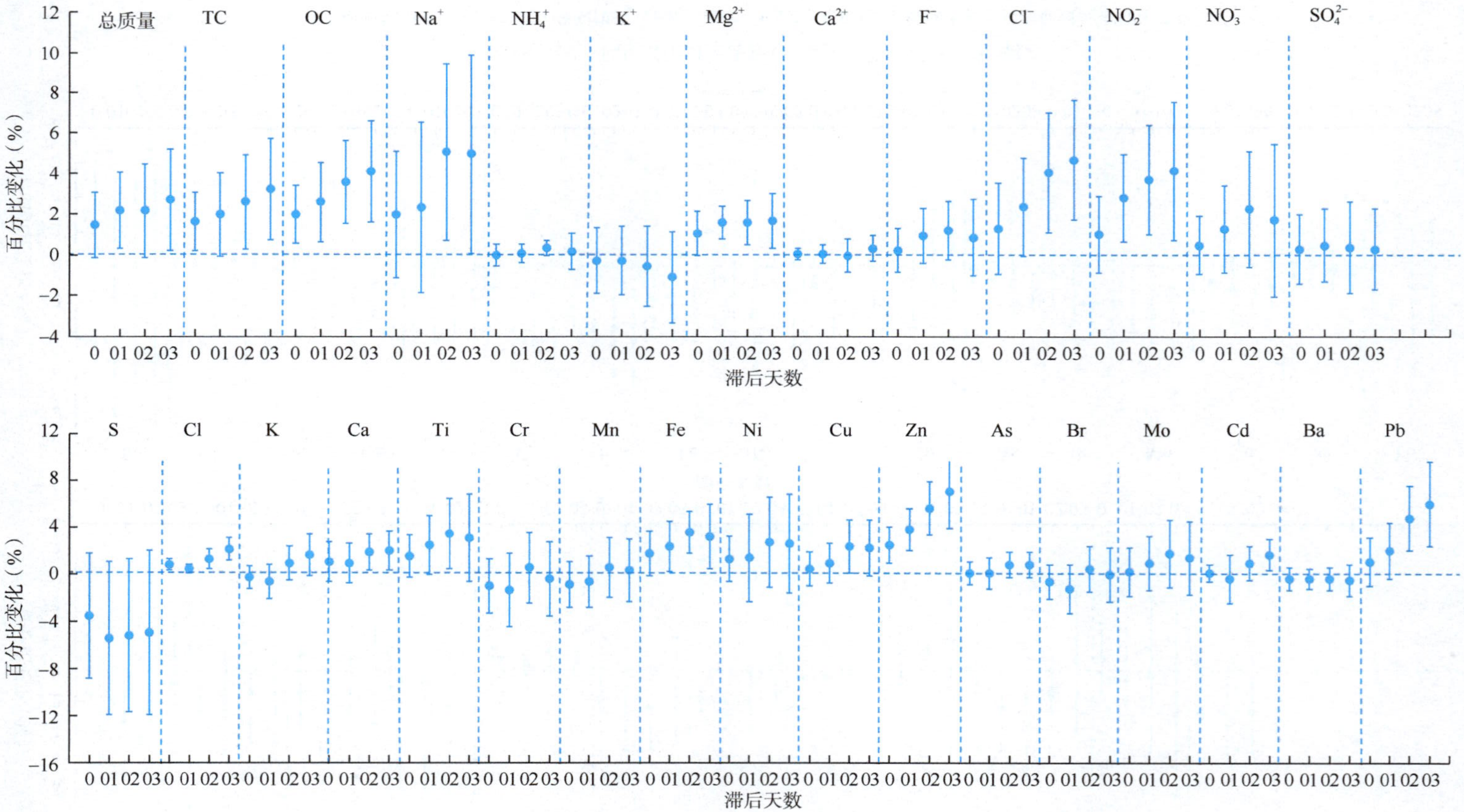

图 5-20 西安市 PM$_{2.5}$ 组分对呼吸系统疾病发病风险的影响

横坐标中 0、01、02、03 分别代表 lag0d、lag01、lag02、lag03；纵坐标为呼吸系统疾病发病风险百分比变化

度每升高 1 个 IQR，总呼吸系统疾病的发病风险在 lag02 和 lag03 分别增加 5.08%（95%CI：0.61%~9.74%）和 5.10%（95%CI：0.52%~9.89%）。对于下呼吸道感染的急诊就诊，仅有 Mg^{2+}、NO_2^-、Fe 对其影响具有统计学意义，Mg^{2+} 的健康效应在所有暴露期均有效且效应最强，3 种组分产生作用的敏感滞后期为 lag03。TC、OC、Zn 还可增加慢阻肺的发病风险，敏感暴露期也是 lag03。仅有 Ca^{2+} 在 lag03 时可导致哮喘的发病风险增加。Ca^{2+} 浓度每升高 $0.25\mu g/m^3$，哮喘发病风险增加 1.68%（95%CI：0.09%~3.29%）。

（3）武汉：如图 5-21 所示，仅 Se、Zn 暴露与非意外病因门诊就诊人次增加的相关性有统计学意义，且敏感暴露期是 lag3d。此时，Se、Zn 浓度每升高 1 个 IQR，非意外病因的门诊人次分别增加 3.00%（95%CI：0.10%~5.98%）、2.70%（95%CI：0.07%~5.40%）。未发现其余组分对非意外病因发病的影响。

如图 5-22 所示，Se、Hg、Cr、Cu、Ni、Fe、Mn、V、As、Co、Sc、Ti、Pd、Ga、Cs 可在不同暴露期对不同心脑血管疾病产生健康效应，敏感暴露期为 lag3d。心血管疾病和脑卒中对 $PM_{2.5}$ 组分的暴露最为敏感，对其产生健康效应的组分数量最多。在众多可对心脑血管疾病产生影响的组分中，元素 Hg、Co、Ti、Pd、Ga、Cs 产生的健康效应相似且引起的效应较强，可增加心血管疾病、高血压、脑卒中的门诊就诊人次。其中，Co 造成的危害最大，最佳滞后期为 lag3d，此时 Co 浓度每升高 1 个 IQR，总的心血管疾病、高血压和脑卒中发病风险分别增加 2.95%（95%CI：1.24%~4.68%）、2.84%（95%CI：1.04%~4.68%）和 5.58%（95%CI：1.75%~9.55%）。在所有心脑血管疾病中，总的心血管疾病和高血压受 $PM_{2.5}$ 组分影响较严重，在 $PM_{2.5}$ 可产生健康效应的 15 种组分中有 9 种可对其产生危害，且效应暴露期多集中在 lag3d。例如，Se、Hg 浓度每升高 1 个 IQR，心脑血管疾病发病风险可分别增加 6.80%（95%CI：0.98%~13.00%）、0.31%（95%CI：0.12%~0.51%）（图 5-22）。

如图 5-23 所示，$PM_{2.5}$、Pb、Zn、Fe、Mn、Ti、As、Sc、Br 暴露与呼吸系统疾病门诊就诊人次增加有明显相关性，敏感暴露期为 lag1d。其中，Pb 产生的健康效应最广泛，慢阻肺对 $PM_{2.5}$ 组分暴露较为敏感。对于总呼吸系统疾病，Pb 可在 lag1d 增加 7.51%（95%CI：2.01%~13.30%）的发病风险、Br 可在 lag3d 增加 12.00%（95%CI：0.52%~24.80%）的发病风险。$PM_{2.5}$ 和 Pb 对下呼吸道感染的发病有影响，Pb、Zn 在 lag1d 可增加哮喘的门诊就诊人次。Pb 所产生的健康效应在 lag1d 时最强，此时 Pb 浓度每升高 1 个 IQR，哮喘的发病风险增加 74.54%（95%CI：13.30%~168.88%），慢阻肺的发病风险增加 35.50%（95%CI：11.30%~65.00%）。

图5-21 武汉市PM$_{2.5}$组分对非意外总病因发病风险的影响

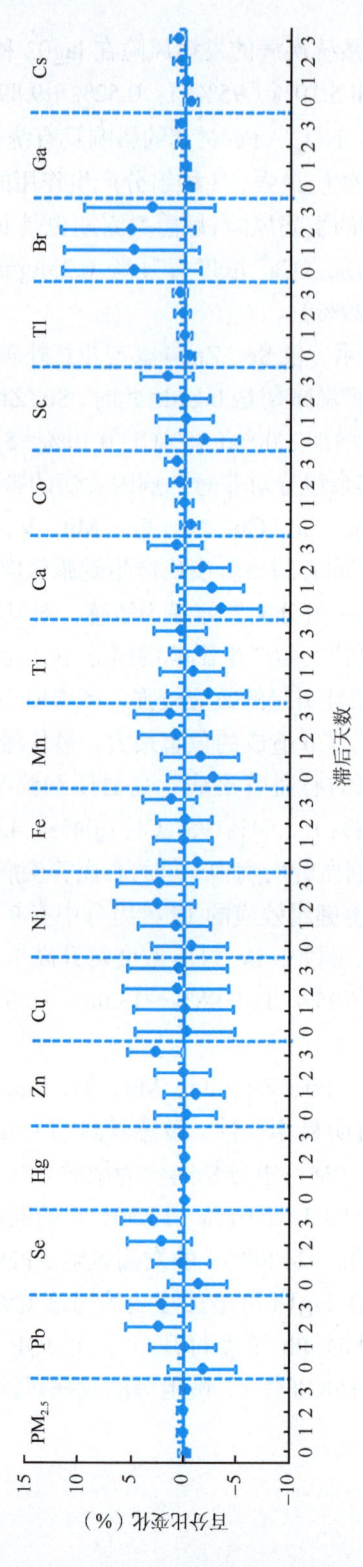

横坐标中0、1、2、3分别代表lag0d、lag1d、lag2d、lag3d；纵坐标为非意外总病因发病风险百分比变化

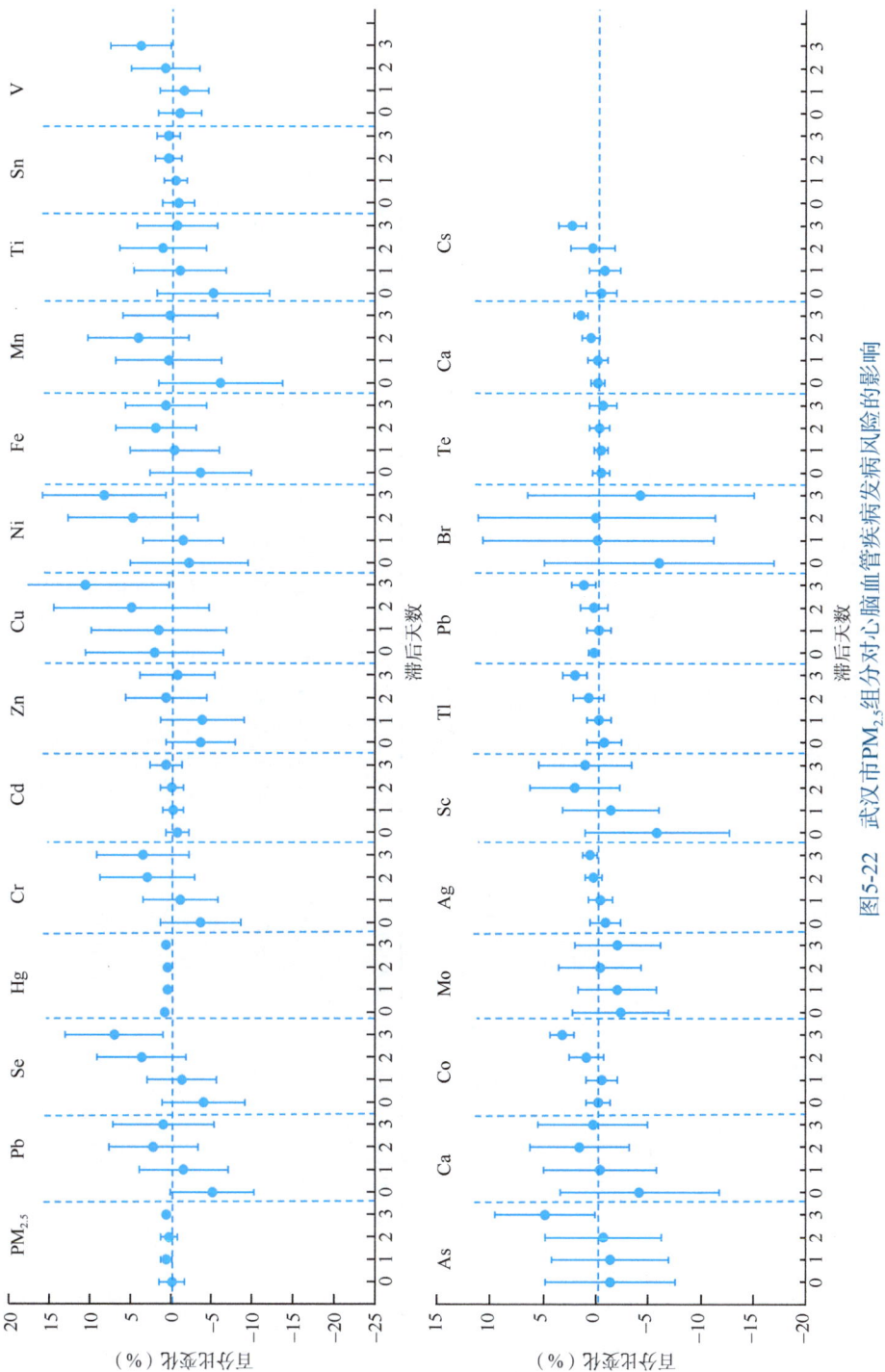

第五章 大气细颗粒物不同粒径和化学组分对成人急性健康效应的暴露-反应关系研究 | 179

图5-22 武汉市PM$_{2.5}$组分对心脑血管疾病风险的影响

横坐标中0、1、2、3分别代表lag0d、lag1d、lag2d、lag3d；纵坐标为心脑血管疾病发病风险百分比变化

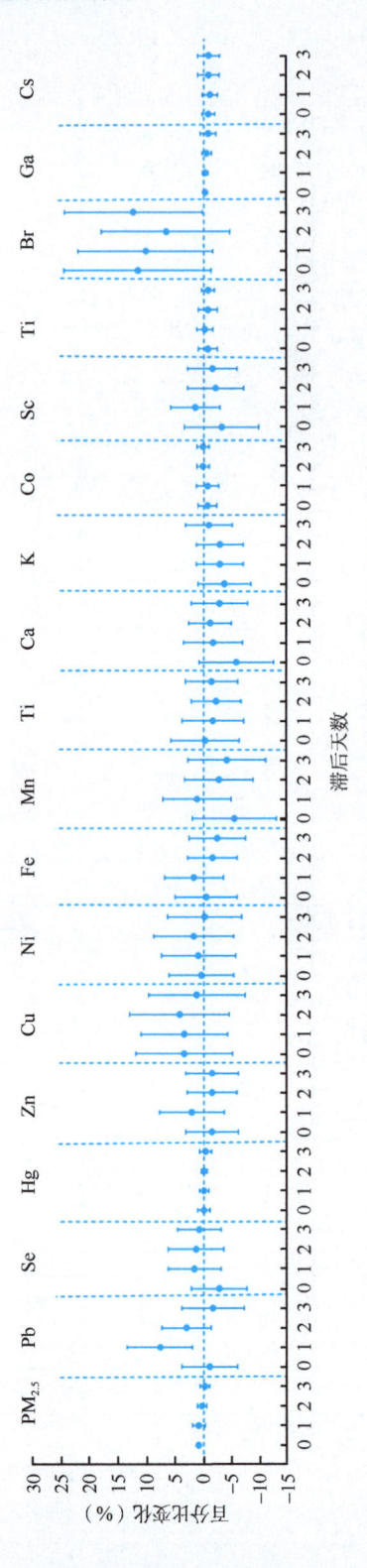

图5-23 武汉市PM$_{2.5}$组分对呼吸系统疾病发病风险的影响

横坐标中0、1、2、3分别代表lag0d、lag1d、lag2d、lag3d；纵坐标为呼吸系统疾病发病风险百分比变化

5.2.4 讨 论

5.2.4.1 PM$_{2.5}$不同组分与每日死亡的暴露-反应关系

本研究应用时间序列分析法评估了上海市每日心血管疾病死亡与 PM$_{2.5}$ 组分间的相关性。碳组分是 PM$_{2.5}$ 的主要成分。与 Atkinson 和 Lin 等的研究相似，笔者发现 OC 与心血管疾病死亡之间存在明显相关性。既往生物学机制研究显示，OC 可引起人体血压、循环系统炎症因子、凝血因子和氧化应激指标等明显改变。然而，在本研究中，EC 与心血管疾病死亡之间的相关性不具有统计学意义，该发现与部分既往的研究结果相反，这可能与当地 EC 组成不同或人群易感性不同有关。既往研究中 SO$_4^{2-}$ 和 NH$_4^+$ 与心血管疾病死亡之间的相关性研究结果尚存在争议。例如，Huang 等研究发现，西安市 PM$_{2.5}$ 组分 SO$_4^{2-}$ 和 NH$_4^+$ 暴露与心血管疾病死亡之间无显著相关性；而 Lin 等研究发现广州市 PM$_{2.5}$ 组分 SO$_4^{2-}$ 和 NH$_4^+$ 每升高 1 个 IQR，心血管疾病死亡分别增加 2.21%和 3.38%，效应有统计学意义。既往研究发现，富含 SO$_4^{2-}$ 的 PM$_{2.5}$ 暴露与 AMI 患病风险增加明显相关。PM$_{2.5}$ 组分 NH$_4^+$ 与人体循环系统炎症指标和凝血指标异常明显相关。这可能是 SO$_4^{2-}$ 和 NH$_4^+$ 与心血管疾病死亡明显相关的潜在生物学机制。本研究发现元素组分 K、Cu、As 和 Pb 与心血管疾病死亡呈显著正相关。通常，Cu、As 和 Pb 主要来源于汽车尾气排放和工业污染（如燃煤），K 主要来源于生物质燃烧。已有研究报道 PM$_{2.5}$ 组分 K、Cu 和 Pb 与心血管疾病死亡之间的相关性。而目前 PM$_{2.5}$ 组分 As 短期暴露与心血管疾病死亡之间的相关性鲜有报道。笔者发现 PM$_{2.5}$ 组分 As 与心血管疾病死亡呈显著正相关，相关研究也提供证据表明 As 暴露与心血管健康结局改变显著相关。同样地，既往研究亦提供了 K、Cu、As 和 Pb 与心血管疾病死亡相关的生物学证据。例如，在一项定群研究中，Cakmak 等发现 PM 相关 Pb 暴露与收缩压升高显著相关。Bae 等发现 PM$_{2.5}$ 组分 Cu 和 As 暴露与儿童氧化应激水平升高显著相关。高水平 Cu 暴露亦与成人循环系统纤维蛋白原升高相关。

本研究发现西安市 NH$_4^+$、F$^-$、NO$_2^-$ 可增加非意外总病因的死亡人数。一项探究北京市 PM$_{2.5}$ 化学组分与日死亡率或发病率关系的研究表明，SO$_4^{2-}$ 的浓度在 lag03 时每增加 1 个 IQR，非意外总死亡率可增加 0.56%。Wang 等在上海进行的研究也显示 SO$_4^{2-}$ 可对全因死亡率升高有贡献作用。但是，本研究未发现 SO$_4^{2-}$ 的类似效应，可能是因为 F$^-$ 产生的死亡危害所占比重较大。虽然 PM$_{2.5}$ 组分能增加总病因死亡风险，但产生健康效应的组分却不一致。最新的一项荟萃研究还表明 OC 暴露可导致非意外总死亡风险增加。西安、上海、广州及纽约等地的相关研究都表示 OC 是心血管疾病死亡的独立危险因素，但本研究并未发现有类似效应，这可能是由组分浓度及所占比重在不同时期、不同地区存在较大差异导致的。本研究发现 NH_4^+、F^-、NO_2^-、Fe 可在不同的滞后天数增加心血管疾病的死亡率，但是 Li 等在北京开展的研究并未观察到 F^- 和 NO_2^- 与结局指标之间的显著联系。笔者注意到北京地区 F^-、NO_2^- 的浓度低于西安地区，且两项研究在时间上还存在较大跨度，这些都可以导致研究结果不一致。此外，Wang 等、Lin 等、Ito 等的研究都表示 SO_4^{2-} 也可对心血管疾病的死亡产生影响。此次研究发现，冠心病对 $PM_{2.5}$ 组分的暴露最为敏感，可增加其死亡风险的组分最多且在不同的滞后期均可对其产生影响，但由于研究证据有限，相关结论有待进一步研究确认。本研究仅发现 Ni、Cu、As 可在 lag02 时增加总呼吸系统疾病的死亡风险，污染物浓度每增加 1 个 IQR，其风险分别增加 6.08%（95%CI：0.04%～12.49%）、4.23%（95%CI：0.17%～8.46%）、2.21%（95%CI：0.15%～4.32%）。

本研究发现武汉市 $PM_{2.5}$、Mn、As、Ca、K、Mo、Br 可在不同的暴露期对不同的心脑血管疾病产生危害，且总的心脑血管疾病和脑卒中对 $PM_{2.5}$ 组分的暴露较为敏感，这与香港地区一项 Meta 分析的部分结论一致，其研究表明 K 能够增加心血管疾病的死亡率。本研究中 As、Ca、Mo 能增加心血管疾病的死亡风险，而在欧洲南部 5 个城市进行的研究显示，Mg 可增加心血管疾病死亡风险。对比分析发现，武汉地区 $PM_{2.5}$ 组分中与欧洲研究相同的元素浓度均高于欧洲，但并未发现这些组分对武汉地区心血管疾病死亡的影响，推测可能是长期暴露于较高浓度的环境，人体对组分引起危害的敏感度较低，污染物产生作用的浓度阈值普遍高于欧洲地区。美国纽约一项研究显示 Se 可在 lag1d 时与心血管疾病的死亡率相关，尽管污染物浓度水平接近，但致病组分不一致可能是因为研究时间、人群特征存在差异。因为纽约这项研究开展较早，不排除随着时间推移，医疗技术等外在条件对死亡总数产生的影响，使得研究结论不一致。一项韩国的六城市研究表明 V、Ni、K 均可对总死亡率产生影响，但本研究未发现包括 V、Ni、K 在内的任何组分所产生的健康效应。两项研究时间有重合，且武汉地区污染物浓度较韩国略高，推测相同组分在两地效应不同可能是由于不同地区人群对暴露的敏感度存在较大差异。此前诸多研究表明，碳组分和 NH_4^+、NO_3^-、SO_4^{2-} 等水溶性离子也能增加非意外总病因死亡率，但本研究并未将这些组分纳入分析，对于这些组分的健康危害在武汉市居民死亡中的作用还不明确。

5.2.4.2　$PM_{2.5}$ 不同化学组分与每日发病的暴露-反应关系

大量流行病学研究探索了 $PM_{2.5}$ 暴露对脑卒中发病的短期影响，但研究结果并不完全一致。例如，我国一项全国性的时间序列研究发现，短期暴露于 $PM_{2.5}$ 与缺血性卒中住院率增加有关。另一项在我国 26 个城市进行的病例交叉研究也发现 $PM_{2.5}$ 与脑卒中住院率之间存在明显关联。然而，也有一些研究并未发现这种关联。这些混杂的发现可能是由于不同地点的医疗系统、人口特征及 $PM_{2.5}$ 化学组成的差异导致的。因此，确定引起 $PM_{2.5}$ 对人群健康不利影响的关键组分对于制订 $PM_{2.5}$ 减排政策至关重要。

OC 和 EC 主要来自包括交通工具在内的燃烧源。本研究通过有力证据表明 EC 与上海市缺血性卒中住院人次增加之间存在关联。本研究还发现，OC 与缺血性卒中住院人次的关联边际明显或不明显。既往的一些时间序列研究同样支持 EC 和 OC 对心血管不良结局的独立影响。波士顿的一项病例交叉研究发现，脑卒中发作前 24 小时，相较于暴露于第 25 百分位数浓度的黑炭（类似于 EC），暴露于第 75 百分位数浓度的黑炭导致缺血性卒中发作的比值比是 1.10（95%CI：1.02~1.19）。根据以前的机制研究，这些关联在生物学上是合理的。例如，Møller 等在心血管疾病动物模型中发现，环境黑炭暴露与动脉粥样硬化斑块的发展和血管舒缩功能障碍相关。此外，据报道，短期暴露于黑炭可使髓过氧化物酶的水平升高，这通常与脂质过氧化和易损斑块的破坏有关。水溶性离子通常在 $PM_{2.5}$ 总质量中具有最大的质量比例。值得注意的是，本研究观察到所有水溶性离子与上海市每日缺血性卒中住院率之间存在正向但不显著的关联。这与台湾的一项时间序列研究一致，该研究未发现 NO_3^- 和 SO_4^{2-} 与缺血性卒中的急诊就诊量显著相关。然而，在广州进行的一项时间序列研究发现，SO_4^{2-}、NO_3^- 和 NH_4^+ 与脑卒中死亡率显著相关。就非意外总死亡率而言，次生硝酸盐、硫酸盐和地壳物质的毒性可能比燃烧源产生的碳颗粒物小，因此需要进一步研究，以明确离子在诱发缺血性疾病中可能存在的危害。$PM_{2.5}$ 中的微量元素主要来自化石燃料燃烧、高温金属加工和地壳源。很少有关于金属元素与脑卒中死亡率或发病率之间关联的流行病学研究。本研究发现，几种金属元素，如 Cr、Fe、Cu、Zn、As、Se 和 Pb，与缺血性卒中显著相关。在美国加利福尼亚州进行的一项分析发现，Zn 和 Fe 与心血管疾病死亡率增加有关。在欧洲南部 5 个城市进行的一项病例交叉研究发现，Mn 与心血管疾病死亡率之间存在关联。这些结果也得到了机制研究的支持。例如，Cr、Fe、Cu 和 Zn 可能通过增加氧化应激及产生活性氧影响脑血管健康。Cu 和 Zn 可能与自发搏动率下降、血管扩张和血管收缩有关。

西安地区研究结果显示 $PM_{2.5}$、TC、OC、Na^+、Mg^{2+}、Cl^-、Cl、K、Ca、Ti、Fe、Ni、Cu、Zn、Mo、Pb 等超过 1/2 的组分能对非意外总病因的急诊人次产生影响。其中，OC 产生的效应相对较强。一项 Meta 分析的结果也证实 OC 浓度每增加 1 个 IQR，可使非意外总病因的发病率增加 0.51%（95%CI：0.03%~0.98%）。一项探索上海地区 $PM_{2.5}$ 组分与急诊就诊关系的研究表示，$PM_{2.5}$ 总质量在 lag0d 和 lag1d 时与急诊就诊明显相关，$PM_{2.5}$ 浓度升高 36.47μg/m³，急诊就诊人数在 lag1d 时可增加 0.57%（95%CI：0.13%~1.01%），此外，对 OC、EC、NO_3^-、Cl^-、Ca^{2+} 的影响也具有统计学意义。上述研究未将 $PM_{2.5}$ 中元素类的组分纳入分析。Hwang 等在韩国的研究结果显示，单污染物模型中导致心血管疾病急诊次数在暴露当日增加最多的组分是 NH_4^+（RR=1.05，95%CI：1.01～1.09），其次是 OC、SO_4^{2-}、NO_3^-、EC。一项 Meta 研究也证实 OC 浓度每增加 1 个 IQR，可使心血管疾病的发病率上升 1.53%（95%CI：0.19%～2.89%）。巴基斯坦地区的最新研究表明，心血管急诊人次的增加与 Ni、Ti 的浓度升高显著相关。本研究发现，心血管疾病的发病与 $PM_{2.5}$ 总质量、TC、OC、Na^+、NH_4^+、Mg^{2+}、Ca^{2+}、Cl^-、NO_2^-、NO_3^-、SO_4^{2-}、Cl、Ca、Ti、Cr、Mn、Fe、Ni、Cu、Zn、As、Br、Mo、Cd、Pb 的暴露有关，且 NO_3^- 浓度每增加 1 个 IQR 可使心血管疾病发病风险在 lag02 时上升 3.85%（95%CI：0.65%～7.15%），在 lag03 时上升 4.38%（95%CI：0.45%～8.46%），笔者的研究结果与巴基斯坦的研究结果相似，但比韩国研究得到的效应估计值高，可能与西安地区 NO_3^- 浓度水平更高有关。一项系统综述也为 NO_3^- 与心血管疾病之间的关系提供了证据。香港地区进行的 Meta 分析发现 NO_3^- 和呼吸系统疾病的发病率存在显著相关性（ER=0.68%，95%CI：0.02%～1.34%），但本次研究并未发现相似结论。Hwang 等的研究并未发现 NH_4^+、OC、SO_4^{2-}、NO_3^-、EC 与呼吸系统疾病急诊就诊的相关性，然而本研究发现呼吸系统疾病的发病对 $PM_{2.5}$、TC、OC、Na^+、Mg^{2+}、Ca^{2+}、Cl^-、NO_2^-、Cl、Ca、Ti、Fe、Zn、Cd、Pb 暴露敏感。现有的关于呼吸系统疾病急诊与组分关联的结论并不完全一致，这可能与不同地区组分浓度水平、构成及当地居民对污染物敏感度的差异有关。

武汉地区研究结果显示仅 Se、Zn 暴露与非意外总病因的门诊就诊人次的增加具有统计学意义，且敏感暴露期是 lag3d。针对 $PM_{2.5}$ 组分与发病关系的研究，既往流行病学分析纳入的组分与本研究差异较大。一项 Meta 分析的结果表明 OC 暴露可导致非意外总病因的发病率增加。一项探索上海地区 $PM_{2.5}$ 组分与急诊关系的研究发现，OC、EC、NO_3^-、Cl^-、Ca^{2+} 暴露与非意外总病因急诊人次的升高具有统计学意义。遗憾的是，本研究并未纳入碳组分和水溶性离子，因此未能探索碳组分和水溶性离子对发病的影响。本研究发现，Se、Hg、Cr、Cu、Ni、Fe、Mn、V、As、Co、Sc、Tl、Pd、Ga、Cs 暴露与心血管疾病的发病有关。该发现与一项在巴基斯坦地区开展的研究的结果类似，即心血管急诊人次的增加与 Ni、Ti 的暴露明显相关。此外，本研究发现 Mn 对心血管疾病发病的影响的效应大小高于一项在欧洲五城市开展的研究，可能与武汉地区 Mn 浓度水平更高有关。美国纽约的一项研究结果也为 Ni、Se 与心血管疾病间的关系提供了支持。本研究发现 $PM_{2.5}$、Pb、Zn、Fe、Mn、Ti、As、Sc、Br 可对呼吸系统疾病门诊就诊人次的增加有显著影响。欧洲五城市研究发现 $PM_{2.5}$、TC、OC、EC、SO_4^{2-}、Fe、Zn、V、Ni 能在不同滞后期增加呼吸系统疾病住院人次。这与本研究结论部分一致，但是武汉地区组分产生的健康效应远高于欧洲地区，这可能与武汉地区污染物浓度水平高于欧洲地区有关。而 Hwang 等的研究则并未发现 NH_4^+、OC、SO_4^{2-}、NO_3^-、EC 与呼吸系统疾病急诊就诊的相关性。

5.2.5 小　　结

5.2.5.1　$PM_{2.5}$ 不同化学组分与每日死亡的暴露-反应关系

本研究提供了提示性证据，表明元素碳和一些金属元素可能是 $PM_{2.5}$ 引发缺血性卒中住院风险的主要组分。我们的研究进一步补充了发展中国家有关 $PM_{2.5}$ 组分与缺血性卒中的不良影响的证据。研究结果表明，需要优先考虑控制化石燃料燃烧、高温金属加工和地壳源排放，以降低缺血性卒中风险。$PM_{2.5}$ 在西安市和武汉市两地引发发病风险升高的组分并不完全一致。

5.2.5.2　$PM_{2.5}$ 不同化学组分与每日发病的暴露-反应关系

本研究较为全面地分析了我国加强研究地区 $PM_{2.5}$ 及其化学组分暴露与每日死亡之间的相关性，并找出危害性较强的组分、敏感暴露期和易受 $PM_{2.5}$ 组分影响的疾病。笔者的研究结果可为我国 $PM_{2.5}$ 相关管理措施的制订提供有力证据。

5.3　不同粒径颗粒物与亚临床指标暴露-反应关系的定群研究

5.3.1　概　　述

尽管颗粒物产生不良心肺系统健康效应的机制尚不明确，最常报道的潜在通路包括氧化应激、内皮损伤、系统炎症、自主神经失调、血栓形成、下丘脑-垂体-肾上腺轴激活和表观遗传改变等。有研究认为，迷走神经可以阻断氧化应激、炎症及交感神经活性通路，而心率变异性（heart rate variability，HRV）是常用于反映自主神经功能尤其是迷走神经活性的指标。HRV 下降与心脏事件风险增加有关，并被广泛用于预测心肌梗死后的长期预后。流行病学研究与动物实验均已证实，短期暴露于颗粒物是 HRV 下降的危险因素。此外，一些研究人员还观察到，粒径较小的 PM 与循环生物标志物的相关性更强，$PNC_{0.25-0.40}$ 可观察到最强相关性。既往流行病学研究表明，粒径较小的颗粒物（如 $PM_{0.5}$）对 HRV 的不利影响更大,且随着粒径的增加,这种不利影响的强度有所减弱。少部分研究者对 UFP 的效应进行评估,发现只有小于 200nm 的颗粒才会使 HRV 明显降低。然而在其他一些研究中,相对较大粒径的颗粒,例如 $PM_{2.5-10}$ 也被发现与 HRV 指标降低有关。具体哪个粒径段的颗粒物是引起 HRV 降低的主要原因仍然具有争议。

因此,有必要在我国多个典型城市开展定群研究,以明确颗粒物不同粒径与亚临床指标的暴露-反应关系,识别关键的颗粒物粒径段。

5.3.2 研究方法

在扩大研究地区范围的同时,研究人员招募若干健康成人或心律失常患者,并开展多中心定群研究,通过多次随访,探究不同粒径颗粒物与亚临床指标的暴露-反应关系。通过问卷调查获取包含年龄、性别、居住地、疾病史及服药史在内的个人信息,并根据以下纳入标准筛选合格的研究对象:①18~60 岁;②无吸烟及饮酒;③无糖尿病、心力衰竭、冠心病、肾衰竭等重大并发症;④研究期间居住在该城区。招募志愿者的排除标准为:①目前是吸烟者或在招募前半年内有吸烟史;②在健康检查的前 1 周有感染或炎症反应;③在健康检查的前 1 周有饮酒、服用药物或营养素史。

本研究使用无创、便携式的 3 导联动态心电图监护仪 Holter 来获取研究对象的 24 小时心电图记录。体检当日早上 7:00~8:00,由医务人员协助研究对象佩戴 Holter 并开始记录,于次日上午结束记录并对数据进行核查。使用 GE Healthcare 的 MARS Holter 分析系统软件,计算并获取研究对象的 24 小时平均心率变异性(HRV)参数,其中包括 4 个频域指标和 6 个时域指标。其中频域指标包括极低频段功率(VLF,频段 0.0033~0.0400Hz)、低频段功率(LF,频段 0.0400~0.1500Hz)、高频段功率(HF,频段 0.1500~0.4000Hz)和宽频段功率(WBF,频段 0.0033~1.7070Hz)。时域指标包括全程 NN 间期的标准差(SDNN)、全程每 5 分钟 NN 间期平均值的标准差(SDANN)、全部相邻 NN 间期差值的均方根(r-MSSD)、相邻 NN 间期差值>50ms 的窦性心律数占总窦性心律数的百分比(pNN50)、比前一个 NN 间期长 50ms 的窦性心律数占总窦性心律数的百分比(pNN50a)和比前一个 NN 间期短 50ms 的窦性心律数占总窦性心律数的百分比(pNN50b)。为了纠正心率(heart rate,HR)对 HRV 测量值重现性的影响,在正式分析前需对 HRV 测量值进行调整。首先,计算 HRV 与 HR 之间的相关性,由于 HRV 测量值服从偏态分布,本研究使用 Spearman 相关系数进行评估。之后,根据 HRV 与 HR 相关性的方向,利用平均 RR 间期对 HRV 进行校正,如果 HRV 与 HR 之间存在正相关关系,则用 HRV 乘以适宜幂次的平均 RR 间期,否则将 HRV 除以适当幂次的平均 RR 间期,直至校正后的 HRV 与 HR 之间相关系数的绝对值最小。在本研究中，VLF、LF、HF、WBF、SDNN、SDANN、r-MSSD、pNN50、pNN50a 及 pNN50b 均与 HR 呈负相关。因此，最终采用了除以其相应平均 RR 间期的 1 次或 4 次幂（pNN50、pNN50a 和 pNN50b）的方法进行校正。

颗粒物不同粒径浓度数据来自附近环境监测超级站。本研究采用 SMPS 和 APS 两种仪器，通过多个粒径分离颗粒的通道来测量实时颗粒物数量浓度。为了满足在敏感性分析中对其他污染物进行调整的需要，笔者从当地环境检测中心获取了 PM_{10}、$PM_{2.5}$、CO、NO_2、SO_2 的 24 小时均值和 O_3 的 8 小时最大平均值。此外，从气象局获取了日平均温度及相对湿度数据。

采用 LME 模型进行统计分析。首先，根据研究对象的体检日期和居住地址对健康数据和暴露数据进行匹配。使用 Spearman 相关系数检验空气污染物与 PNC 之间及 7 组粒径分层 PNC 之间的相关性。由于健康指标服从偏态分布，在分析时需先对其进行对数变换，然后再使用 LME 模型评估健康指标与粒径分层 PNC 之间的关联。在主模型中，本研究将同一研究对象多次测量值之间的关联纳为随机效应，粒径分层的 PNC 为固定效应，此外，模型还纳入了一些协变量来解释固定效应，包括年龄与性别、"季节"与"星期几"变量、自然平滑处理的温度（lag01，自由度=6）与相对湿度（lag01，自由度=3）、是否服用药物的哑变量。

在主模型中，笔者对不同滞后时间窗口的 PNC 数据进行分析，包括 lag0d、lag1d、lag2d、lag3d、lag01、lag02 及 lag03，其中效应最显著的滞后时间窗将被用于后续分析。此外，本研究还进行了两项敏感度分析以检验主模型研究结果的稳健性：第一，将其他污染物（PM_{10}、$PM_{2.5}$、NO_2、CO、O_3 和 SO_2）分别加入主模型中构建双污染物模型，以调整其他污染物共同暴露的影响；第二，延长了温度的滞后时间进行分析（如 lag03 和 lag07）。

为保证各粒径段研究结果的可比性，将暴露-反应关系的结果表达为各粒径段 PNC 每增加 1 个 IQR，健康指标变化的百分比及其 95%CI。最后，采用随机效应模型的 Meta 分析方法，对各个城市的暴露-反应关系进行合并。限于篇幅，以下均只报道多中心合并后的暴露-反应关系研究结果。

5.3.3 主 要 结 果

5.3.3.1 不同粒径颗粒物与 HRV 的暴露-反应关系

1. 描述性分析结果

表 5-13 展示了空气污染物及气象因素的日均值分布情况：PM_{10}、$PM_{2.5}$、CO、NO_2、O_3（最大 8 小时平均值）和 SO_2 的日平均浓度分别为 64.81μg/m³（IQR：33.55μg/m³）、46.03μg/m³（IQR：32.38μg/m³）、0.80mg/m³（IQR：0.28mg/m³）、47.24μg/m³（IQR：26.09μg/m³）、71.96μg/m³（IQR：43.19μg/m³）和 12.79μg/m³（IQR：

6.62μg/m³)。PM$_{10}$ 与 PM$_{2.5}$ 的浓度略高于 WHO 指导值(分别为 50μg/m³ 和 25μg/m³)。研究期间的平均相对湿度为 71.88%(±12.42%),平均温度为 16.63℃(±9.15℃)。

如表 5-13 所示,VLF、LF、HF、WBF、SDNN、SDANN、r-MSSD、pNN50、pNN50a 及 pNN50b 的 24 小时均值分别是(32.55±9.97)ms²、(22.26±9.97)ms²、(14.13±6.22)ms²、(42.57±14.49)ms²、(137.92±35.90)ms、(123.60±34.68)ms、(32.53±11.07)ms、(0.11±0.09)%、(0.05±0.04)%和(0.06±0.05)%。频域指标与时域指标之间及内部存在中等或强相关性(Spearman 相关系数范围为 0.34~0.97)。此外,PNC 的分布显示,粒径介于 0.03~0.3μm 的颗粒物占颗粒物数量浓度的绝大部分(表 5-13)。

表 5-13 空气污染物、粒径分层的颗粒物数量浓度及心率变异性指标分布统计

变量	均值	标准差	极小值	下四分位数	中位数	上四分位数	极大值	四分位数间距
不同粒径颗粒物数量浓度(个/cm³)								
0.01~0.03μm	331.29	276.28	25.66	143.22	231.23	442.25	1309.44	299.03
0.03~0.05μm	1195.54	712.84	163.09	704.22	1007.89	1497.20	3934.05	792.98
0.05~0.1μm	2438.46	1305.6	309.27	1510.58	2218.59	3039.21	6646.40	1528.63
0.1~0.3μm	2762.37	1480.04	296.84	1620.28	2430.30	3603.07	7948.96	1982.80
0.3~1μm	295.02	242.64	2.27	118.61	230.1	394.04	1440.26	275.4
1~2.5μm	6.72	15.84	0.73	2.43	3.66	5.48	180.2	3.05
2.5~10μm	0.56	1.92	0.03	0.13	0.28	0.48	22.61	0.35
空气污染物日均水平								
CO(mg/m³)	0.80	0.29	0.43	0.61	0.74	0.89	1.93	0.28
NO$_2$(μg/m³)	47.24	20.46	11.58	32.53	42.40	58.62	125.00	26.09
O$_3$(8h max)(μg/m³)	71.96	35.20	11.89	46.67	67.62	89.86	182.75	43.19
PM$_{10}$(μg/m³)	64.81	38.42	17.52	39.66	55.42	73.21	263.67	33.55
PM$_{2.5}$(μg/m³)	46.03	33.12	9.00	23.18	36.27	55.55	220.43	32.38
SO$_2$(μg/m³)	12.79	6.86	4.48	8.32	11.38	14.94	57.38	6.62
气象条件								
相对湿度(%)	71.88	12.42	35.25	63.59	72.75	80.97	95.63	17.38
温度(℃)	16.63	9.15	-2.59	8.35	16.27	24.83	33.61	16.48
频域心率变异性指标								
VLF(ms²)	32.55	9.97	15.58	25.73	30.12	38.70	83.76	12.97
LF(ms²)	22.26	9.97	7.25	16.21	20.43	26.34	90.75	10.13
HF(ms²)	14.13	6.22	2.72	10.32	12.94	16.56	49.58	6.24

第五章　大气细颗粒物不同粒径和化学组分对成人急性健康效应的暴露-反应关系研究 | 189

续表

变量	均值	标准差	极小值	下四分位数	中位数	上四分位数	极大值	四分位数间距
WBF（ms^2）	42.57	14.49	17.42	32.91	39.63	49.43	117.29	16.52
时域心率变异性指标								
SDNN（ms）	137.92	35.90	62.00	111.25	135.00	156.75	256.00	45.50
SDANN（ms）	123.60	34.68	53.00	98.00	121.00	146.00	227.00	48.00
r-MSSD（ms）	32.53	11.07	14.00	25.00	31.00	38.00	73.00	13.00
pNN50（%）	0.11	0.09	0.00	0.05	0.09	0.15	0.45	0.10
pNN50a（%）	0.05	0.04	0.00	0.02	0.04	0.07	0.22	0.05
pNN50b（%）	0.06	0.05	0.00	0.02	0.04	0.07	0.25	0.05

注：VLF，极低频段功率；LF，低频段功率；HF，高频段功率；WBF，宽频段功率；SDNN，全部 NN 间期的标准差；SDANN，全程每 5 分钟 NN 间期平均值的标准差；r-MSSD，全部相邻 NN 间期差值的均方根；pNN50，相邻 NN 间期差值>50ms 的窦性心律数占总窦性心律数的百分比；pNN50a，比前一个 NN 间期长 50ms 的窦性心律数占总窦性心律数的百分比；pNN50b，比前一个 NN 间期短 50ms 的窦性心律数占总窦性心律数的百分比。

表 5-14 展示了不同粒径范围 PNC 与空气污染物之间的 Spearman 相关系数，可以发现，PNC$_{0.1-10}$ 与除 O$_3$ 外的空气污染物之间显著相关。

表 5-14　粒径分层的颗粒物数量浓度与空气污染物浓度及气象条件之间的 Spearman 相关系数

不同粒径颗粒物数量浓度	CO 浓度	NO$_2$ 浓度	O$_3$ 浓度	PM$_{10}$ 浓度	PM$_{2.5}$ 浓度	SO$_2$ 浓度	相对湿度	温度
0.01～0.03μm	−0.19	−0.19	0.29	−0.10	−0.19	0.05	0.00	0.44
0.03～0.05μm	−0.02	0.16	0.06	0.12	−0.01	0.36	−0.17	0.01
0.05～0.1μm	0.19	0.36	0.03	0.34	0.22	0.51	−0.21	−0.08
0.1～0.3μm	0.44	0.49	0.10	0.60	0.59	0.64	−0.27	−0.14
0.3～1μm	0.50	0.41	0.16	0.64	0.78	0.54	−0.08	−0.17
1～2.5μm	0.26	0.22	−0.04	0.48	0.45	0.21	−0.10	−0.15
2.5～10μm	0.42	0.32	−0.07	0.62	0.47	0.54	−0.31	−0.02

表 5-15 展示了 7 组粒径范围 PNC 之间的 Spearman 相关系数。可以发现，相似粒径的颗粒物数量浓度之间存在较强相关性。

表 5-15　7 组粒径分层的颗粒物数量浓度间的 Spearman 相关系数

不同粒径颗粒物数量浓度	0.01～0.03μm	0.03～0.05μm	0.05～0.1μm	0.1～0.3μm	0.3～1μm	1～2.5μm	2.5～10μm
0.01～0.03μm	1.00						
0.03～0.05μm	0.75	1.00					
0.05～0.1μm	0.54	0.85	1.00				
0.1～0.3μm	0.21	0.52	0.74	1.00			
0.3～1μm	−0.03	0.16	0.34	0.73	1.00		
1～2.5μm	−0.24	−0.02	0.10	0.30	0.48	1.00	
2.5～10μm	0.03	0.24	0.36	0.49	0.47	0.66	1.00

2. 回归分析结果

研究结果显示，在 lag0d 即可观察到 HRV 与 PNC 之间的显著相关性，且该相关性在随后 2～3 日逐渐消失，因此，lag0d 的 PNC 将继续用于进一步的分析中。图 5-24 与图 5-25 分别展示了 lag0d 不同粒径范围的 PNC 每增加 1 个 IQR 相应 24 小时频域指标与时域指标的百分比变化值，可以发现，HRV 与 PNC 之间存在负相关关系。

如图 5-24 所示，频域指标主要与粒径＜0.3μm 的颗粒物显著相关。$PNC_{0.03-0.05}$ 每增加 1 个 IQR，可观察到 LF、HF 与 WBF 分别降低 8.27%（95%CI：3.42%～12.88%）、9.31%（95%CI：4.45%～13.93%）与 6.94%（95%CI：3.31%～10.44%）。此外，$PNC_{0.1-0.3}$ 增加 1 个 IQR，可观察到 VLF 最大的变化值为−5.80%（95%CI：−9.26%～−2.21%）。

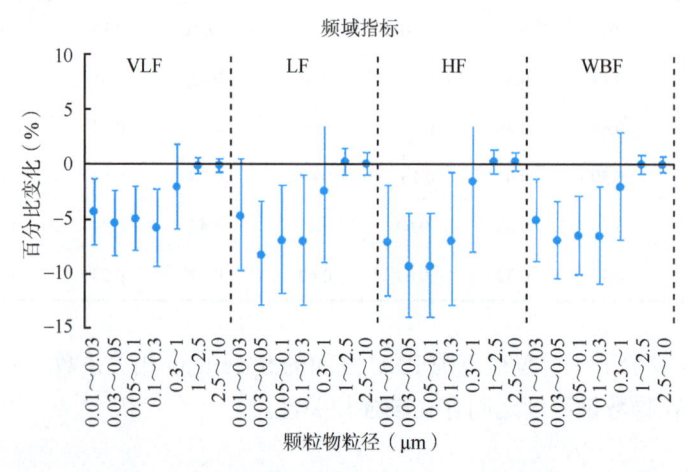

图 5-24　lag0d，颗粒物数量浓度每升高 1 个 IQR，心率变异性频域指标的变化

如图 5-25 所示，时域指标主要与粒径＜0.1μm 的颗粒物显著相关，而 SDNN 与 SDANN 还和 PNC$_{0.1-0.3}$、PNC$_{0.3-1.0}$ 及 PNC$_{1.0-2.5}$（SDANN）显著相关。PNC$_{0.1-0.3}$ 每增加 1 个 IQR，可观察到 SDNN 和 SDANN 分别降低 5.89%（95%CI：2.28%～9.36%）和 6.86%（95%CI：2.73%～10.80%）。r-MSSD 最大变化值与 PNC$_{0.03-0.05}$ 有关，其每增加 1 个 IQR，r-MSSD 下降 8.01%（95%CI：4.27%～11.60%）。PNC$_{0.05-0.01}$ 每增加 1 个 IQR，可观察到 pNN50、pNN50a、pNN50b 分别降低 24.71%（95%CI：14.23%～33.91%）、23.36%（95%CI：12.09%～33.18%）和 27.32%（95%CI：16.52%～36.72%）。

与全人群相比，心律失常患者的 HRV 与不同粒径范围 PNC 之间的相关性相对较弱。本研究发现，心律失常患者 LF 下降只与 PNC$_{0.03-0.05}$ 有关，即 PNC$_{0.03-0.05}$ 每增加 1 个 IQR，LF 变化-6.24%（95%CI：-11.46%～-0.72%）。而 PNC$_{0.1-0.3}$ 与 HF 和 WBF 之间的相关性，以及 SDNN、SDANN 与 PNC$_{0.03-0.05}$、PNC$_{0.3-1.0}$ 之间的相关性在心律失常患者中失去统计学意义。进一步对是否服用抗心律失常药物进行分层分析，结果同样显示 HRV 与大多数 PNC 之间的相关性都有所减弱。

5.3.3.2 不同粒径颗粒物对血液效应生物标志物的影响

1. 描述性分析结果

研究对象的平均年龄为（24.5±1.5）岁，平均体重指数为（20.7±2.8）kg/m^2。IL-6、IL-8 的平均浓度分别为 1.40pg/ml、9.51pg/ml。这些生物标志物在受试者间及个体内都有很大的差异。

2. 回归分析结果

如图 5-26 所示，总体而言，颗粒物粒径越小，对血液多种生物标志物（包括炎症因子、抗炎因子和氧化应激指标）的影响就越强。但是，对于不同的生物标志物，其变化趋势有所差别。具体来看，颗粒物对血液炎症指标（CRP、IL-6、IL-8）影响较强的粒径段是＜0.3μm；颗粒物升高抗炎细胞因子（IL-10）的作用较强的粒径段是＜0.1μm；颗粒物对氧化应激指标（8-异前列腺素，8-iso-PG）影响较强的粒径段是＜0.3μm。更大粒径段对上述生物标志物的影响较弱，不具有统计学显著性。

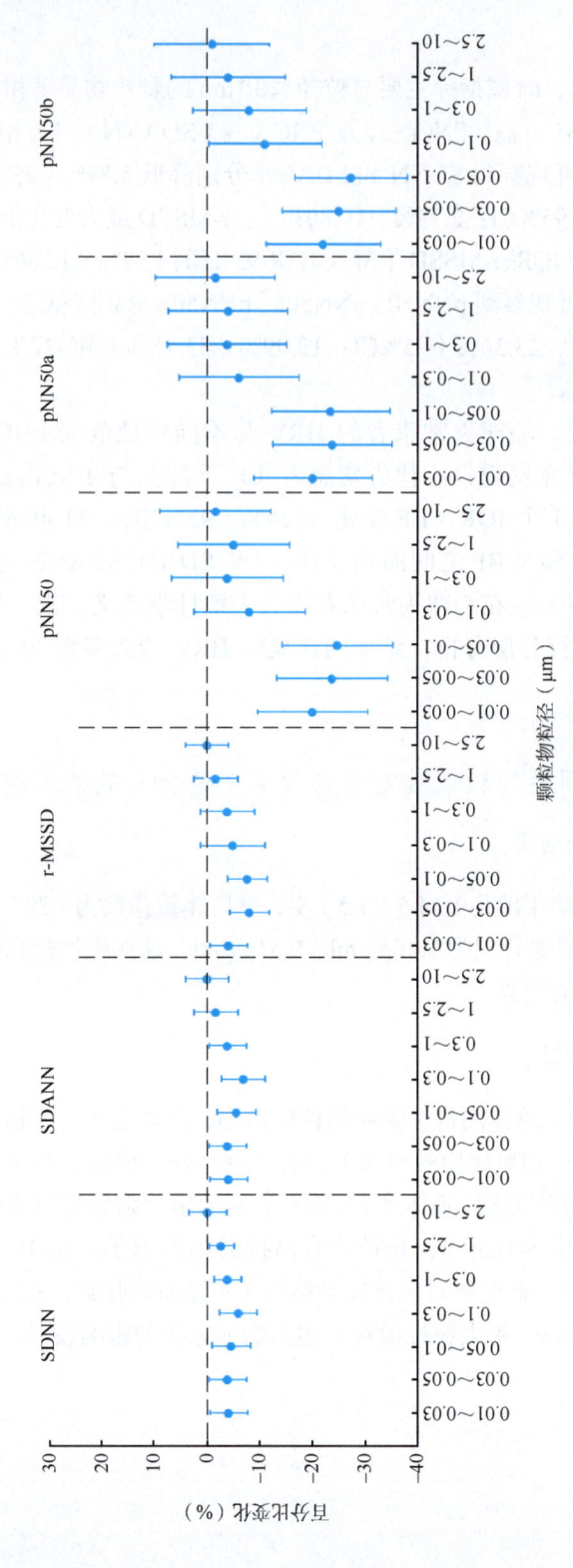

图5-25 lag0d，粒径分层颗粒物数量浓度每增加1个IQR，心率变异性时域指标的变化（均值及95%CI）

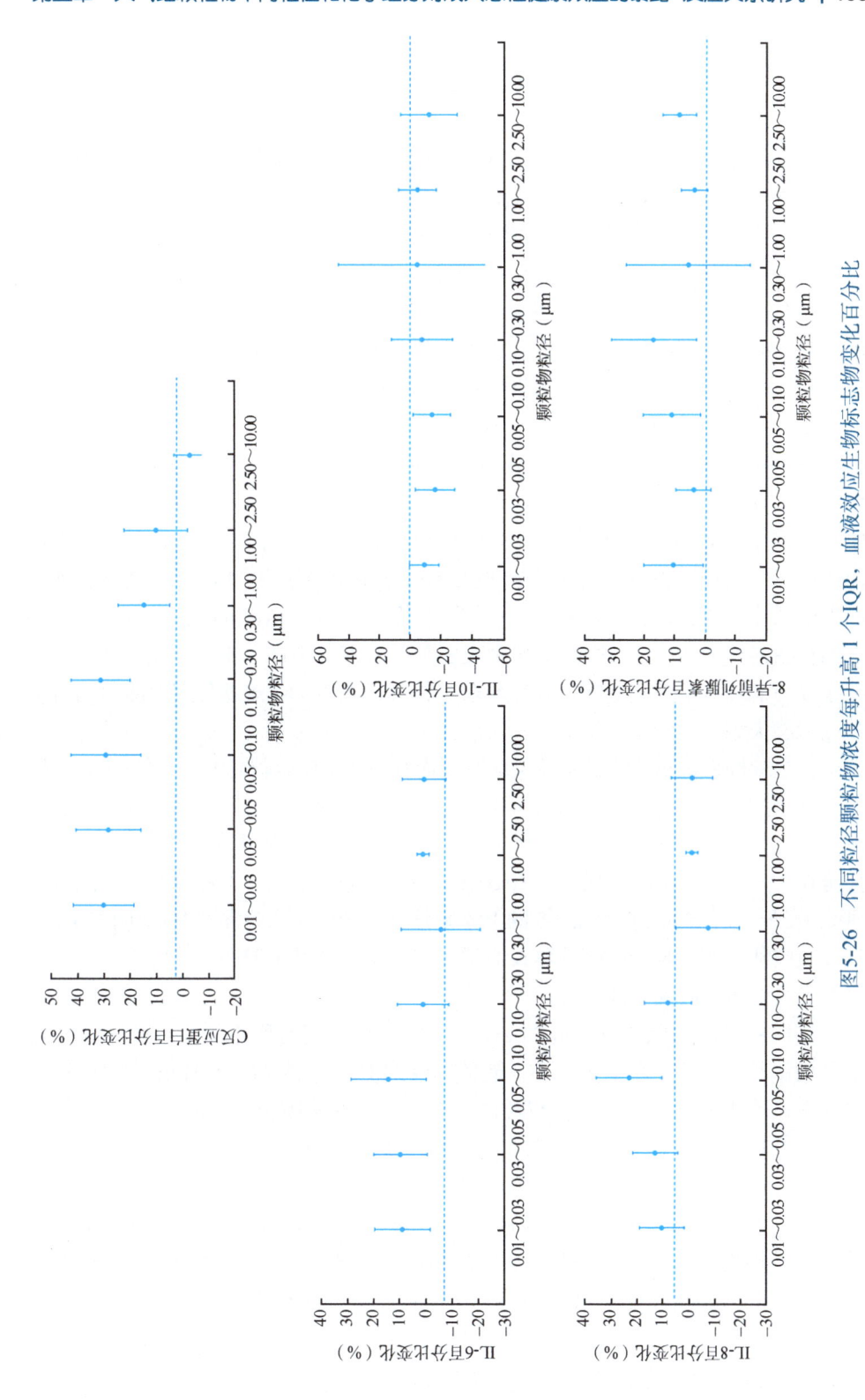

第五章　大气细颗粒物不同粒径和化学组分对成人急性健康效应的暴露–反应关系研究 | 193

图 5-26　不同粒径颗粒物浓度每升高 1 个 IQR，血液效应生物标志物变化百分比

5.3.4 讨　论

本研究探究了短期 PNC 暴露增加与 HRV 改变之间的相关性，这是首项在全粒径段谱中探究颗粒物对 HRV 急性不良影响的研究。研究结果显示，lag0d 的 $PNC_{0.01-0.1}$ 每增加 1 个 IQR 与频域指标（VLF、LF、HF 和 WBF）、时域指标（SDNN、SDANN、r-MSSD、pNN50、pNN50a 和 pNN50b）下降之间均存在显著相关性，且粒径介于 $0.03\sim0.05\mu m$ 的颗粒物效应最强。对其他污染物进行调整，以及适当延长温度的滞后天数后，这些粒径相关的效应依然稳健。但是，该效应在心律失常患者与服用抗心律失常药物的研究对象中有所弱化。

HRV 是反映交感神经、副交感神经活性及心脏节律的指标。研究显示，颗粒物暴露引起的 HRV 迅速下降与心脏副交感神经抑制有关，此时交感神经活性占主导地位，并最终导致心律失常和心血管风险增加。在本研究所分析的 HRV 指标中，SDNN 是 HRV 的总体指标；SDANN 可以反映生物节律；VLF 反映迷走神经刺激以及对周围血管舒缩和肾素-血管紧张素系统的影响；LF 同时受交感神经和副交感神经调控，且主要受副交感神经活性的控制；r-MSSD 与 pNN50 和 HF 之间存在强相关性，且均用于反映副交感神经功能的失调。在本研究中，以上所有指标与 PM 短期暴露之间均存在显著负相关，表明 PM 短期暴露可能引起自主神经功能失调。

自主神经系统对 PM 暴露的反应时间尚存争议。在本研究中，所有 HRV 指标的 24 小时平均值均在 lag0d 时明显下降，并随滞后时间的延长下降效应逐渐消失，表明自主神经系统在 PM 暴露时反应快速。其他研究者也发现了相似的急性反应，甚至在 PM 暴露 1 小时内观察到 HRV 明显下降。然而，在一项针对冠心病患者的研究中，研究者对 lag2h 和 lag05 的 PM 暴露进行分析时均观察到 HRV 明显下降，且该效应甚至随着累积时间的延长而增强。自主神经系统确切的反应滞后模式还需要未来更多的研究去确证。

不同粒径段的颗粒物引起的 HRV 下降效应强度有所不同，且效应强度随粒径的减小而增强。在本研究中，笔者观察到 HRV 与粒径$<0.1\mu m$ 的颗粒物之间存在显著相关性，这一发现与既往关于 UFP 不良健康影响的研究一致。与之类似，一项探究室内颗粒物（$PM_{0.5}$、PM_1、$PM_{2.5}$、PM_5 和 PM_{10}）暴露对老年健康女性影响的研究发现，暴露于 $PM_{0.5}$ 引起的 HRV 指标变化最大，其 5 分钟移动平均值每增加 1 个 IQR（$24\mu g/m^3$），对应 HF 的下降最大值为 19%；1 小时移动平均值每下降 1 个 IQR（$20.3\mu g/m^3$），LF 与 SDNN 分别下降 16.2% 和 7.6%。动物实验同样证实只有 UFP 与 HRV 显著下降有关。颗粒物粒径可以决定其在呼吸道的沉积位置，小粒径的颗粒物可沉积在肺部，并穿透肺上皮进入

第五章　大气细颗粒物不同粒径和化学组分对成人急性健康效应的暴露–反应关系研究 | 195

循环系统，刺激肺部神经反射，或引起氧化应激和肺部炎症，进而导致自主神经系统及心脏节律紊乱。例如，一项老年队列研究发现，CRP 和纤维蛋白原水平高的研究对象在暴露于 PM 时更容易观察到 SDNN 等 HRV 参数的下降。另外有证据显示，研究对象的 CRP 和纤维蛋白原会随所暴露 PM 粒径的下降而升高，其中，在 $PNC_{0.25-0.40}$ 增加时可观察到 CRP 和纤维蛋白原变化的最大值。此外，在规范老龄化研究中，谷胱甘肽 S 转移酶 M1（glutathione S-transferase M1，GTSM1）缺失与在血红素加氧酶-1（heme oxygenase-1，HMOX-1）启动子中至少具有一个长（≥25）串联重复序列的研究对象表现了更大的 SDNN、LF 与 HF 下降幅度。以上证据显示，颗粒物暴露引起的 HRV 下降与炎症和氧化应激之间存在交互作用，小粒径颗粒物可通过更强的炎症与氧化应激反应介导更大的 HRV 变化。

而具体哪一粒径段的颗粒物可对 HRV 产生较强的不良影响尚不清楚。在本研究中，LF、HF、WBF 及 r-MSSD 都随 $PNC_{0.03-0.05}$ 的增加表现出最大的变化值；pNN50、pNN50a、pNN50b 在 $PNC_{0.05-0.1}$ 增加时下降幅度最大，且与 $PNC_{0.03-0.05}$ 增加时的变化幅度非常接近；而 VLF、SDNN 与 SDANN 则在 $PNC_{0.1-0.3}$ 增加时下降最多。因此，本研究认为，粒径介于 0.03～0.05μm 的颗粒物是引起 HRV 下降的主要原因，且主要干扰副交感神经活性，而稍微较大粒径的颗粒物（$PNC_{0.1-0.3}$）主要引起迷走神经活性改变及血管舒缩功能失衡。既往一项在糖尿病患者和糖耐量降低人群中开展的研究也具有类似的发现，$PNC_{0.01-0.02}$ 增加时可观察到 SDNN 的最大下降值为 7.0%（95%CI：5.08%～8.88%）。本研究未观察到 HRV 与 $PM_{1.0-2.5}$ 和 $PM_{2.5-10}$ 之间的关联，而其他研究者发现 $PM_{2.5-10}$ 对 HRV 的影响强于其他粒径的颗粒物。这些差异可能与不同地区所暴露的颗粒物来源与组分不同有关。

一般而言，既往存在心血管疾病的人群在暴露于 PM 时，更容易出现心血管损伤。然而，在本研究中，不同粒径范围的颗粒物对 HRV 产生的影响在患心律失常的人群中有所削弱，这可能与该亚群样本量减少导致的统计效力降低有关。此外，按照是否服用抗心律失常药物进行分层分析发现，颗粒物对 HRV 的负向影响同样在该亚群中有所下降。本研究中有 86% 的心律失常患者服用过抗心律失常药物，故可以认为，在心律失常患者中观察到的弱效应可能与抗心律失常药物的保护作用有关。未来需要更多的研究去发现合理的解释。

本研究尚存在一些不足。第一，因暴露数据是从固定监测点获得的，个体室内外活动时间分布及室内外通风情况未知，用固定站点数据代替个体暴露数据时，暴露测量误差难以避免，且可能导致效应的低估；第二，有研究显示，身体活动与体重指数等因素可影响 HRV，本研究未对其进行控制，可能对结果的解读造成影响；第三，本研究的研究对象只来自上海市一家医院的体检人群，将本研究的结果推广到其他人群时需谨慎。

5.3.5 小　　结

不同粒径范围的 UFP 是自主神经功能紊乱的独立危险因素，小粒径尤其是直径介于 0.03~0.05μm 的颗粒物主要引起副交感神经紊乱，相对较大粒径（直径介于 0.1~0.3μm）的颗粒物则主要引起迷走神经或血管舒缩功能失衡。

5.4　$PM_{2.5}$ 不同组分与亚临床指标暴露-反应关系的定群研究

5.4.1 概　　述

COPD 是一种以持续性呼吸系统症状和进行性、不完全可逆的气道阻塞为特征的常见疾病。根据 2017 年的伤残调整生命年计算，COPD 是疾病负担中排名第 5 位的疾病。据估算，我国 40 岁以上成年人总体患病率高达 13.7%，给社会带来了极大负担。流行病学研究显示，大气污染物与 COPD 的发病、加重和死亡有关。$PM_{2.5}$ 短期暴露与呼吸道疾病死亡率和发病率的增加相关。气道炎症是 $PM_{2.5}$ 引起不良呼吸系统效应最重要的生物学基础。既往一系列研究探讨了 $PM_{2.5}$ 与 COPD 患者肺功能的关系，但研究结果并不一致。部分研究表明 $PM_{2.5}$ 暴露对肺功能参数没有影响，但另一些研究则发现两者间存在显著联系。值得注意的是，空气污染对 COPD 患者呼吸系统的影响可能不仅限于肺功能参数。例如，一项英国伦敦的定群研究显示 $PM_{2.5}$ 暴露可导致 COPD 患者呼吸症状加重，但对肺功能参数无明显影响。相比之下，$PM_{2.5}$ 对 COPD 患者心功能影响的研究较少。既往研究显示 COPD 患者心血管疾病的患病率高于普通人群，提示 COPD 患者可能是心血管疾病的易感人群。已有研究发现 $PM_{2.5}$ 与血压呈正相关，还有少数研究报道了颗粒物对 COPD 患者心脏自主功能指标（心率、心率变异性等）的影响。左心室射血分数（left ventricular ejection fraction，LVEF）是收缩期与舒张期之间左心室容积变化除以舒张期总心室容积的比值，作为收缩期功能障碍的评价指标之一，LVEF 是目前临床评估心力衰竭的主要方法，但尚无研究探讨 $PM_{2.5}$ 暴露对 COPD 患者 LVEF 的影响。

$PM_{2.5}$ 可以通过多种途径影响人体健康。表观遗传可以在不改变遗传密码的情况下影响基因的表达，DNA 的低甲基化有可能参与了多种疾病的发病和恶化。在流行病学研究中，已经广泛观察到短期 $PM_{2.5}$ 暴露与呼出气一氧化氮（fractional exhaled nitric oxide，FeNO）水平升高之间的关联。此外，一些研究进一步表明，精氨酸酶——氧化氮合酶途径中的 DNA 甲基化水平可能调节 PM$_{2.5}$ 对 FeNO 水平的影响。此外，流行病学研究发现 PM$_{2.5}$ 暴露与各种心血管疾病的住院率和死亡率有关。系统性炎性反应已被视为 PM$_{2.5}$ 影响心血管系统健康的常见病理途径之一。已有研究发现短期暴露于 PM$_{2.5}$ 可能会导致循环系统炎性细胞因子表达上调。此外，PM$_{2.5}$ 与心血管疾病之间关联的可能机制包括对自主神经系统的影响。HRV 是衡量心脏自主神经平衡的标志，HRV 降低与心血管事件的发生和心律不齐有关。此外，HRV 时域和频域指标均与脑血管疾病患者的全因死亡和心血管疾病死亡率明显相关。有大量文献评估了 PM$_{2.5}$ 与 HRV 之间的关系。一些研究表明，在老年人或心血管疾病患者中，颗粒物暴露与 HRV 之间存在明显的负相关关系，即颗粒物的增加与 HRV 指标的降低有关。一项在北京 COPD 患者中进行的研究表明，室外 PM$_{2.5}$ 每增加 10μg/m³，会导致 HF、LF、SDNN 和 rMSSD 降低。综述研究也表明，PM$_{2.5}$ 增加与时域指标和频域指标的显著减少有关。

已有较多研究评估了总 PM$_{2.5}$ 暴露对心血管疾病的影响。但是，PM$_{2.5}$ 组分复杂，目前还不明确其发挥毒性作用的具体化学组分。PM$_{2.5}$ 组分与心血管生物标志物关系研究结果并不一致。例如，既往的定群研究发现，COPD 患者血液炎症与 NO$_3^-$ 的相关性明显，而与 SO$_4^{2-}$ 的相关性在调节了混杂因素和其他组分的共线性之后变得不明显。相反，在另一项有关青年人的定群研究中，炎症生物标志物与 SO$_4^{2-}$ 显著相关，而与 NO$_3^-$ 的相关性不明显。

因此，有必要在我国多个典型地区开展定群研究，以明确 PM$_{2.5}$ 不同组分与亚临床指标的暴露-反应关系，识别具有关键危害作用的组分。

5.4.2　研 究 方 法

在扩大研究地区范围的同时，研究人员将招募若干健康成人和心肺疾病患者，并开展多中心定群研究，通过多次随访，探究 PM$_{2.5}$ 不同组分与亚临床指标的暴露-反应关系。通过问卷调查获取包含年龄、性别、居住地、疾病史及服药史在内的个人信息，并根据以下纳入标准筛选合格的研究对象。对于健康人群，纳入标准为：①18～60 岁；②无吸烟及饮酒史；③无糖尿病、心力衰竭、冠心病、肾衰竭等疾病史；④研究期间居住在该城区。招募志愿者的排除标准为：①目前是吸烟者或在招募前半年内有吸烟史；②患有慢性心血管系统疾病；③在健康检查的前一周有感染或炎症反应；④在健康检查的前一周有饮酒、服用药物或营养素史。

对于 COPD 患者群体，纳入标准为经由医生诊断，确认符合 COPD 诊断标准的 50 岁以上的稳定期患者，即具有呼吸系统症状，第 1 秒用力呼气量（forced expiratory volume in one second，FEV_1）占用力肺活量（forced vital capacity，FVC）的比例（FEV_1/FVC）<70%。COPD 严重程度根据《慢性阻塞性肺疾病全球倡议》（GOLD）标准分为 4 级：轻度（FEV_1%预计值≥80%）、中度（FEV_1%预计值 50%~79%）、重度（FEV_1%预计值 30%~49%）和极重度（FEV_1%预计值<30%）。研究对象排除标准为肺尘埃沉着病、肺癌患者，具有胸外科手术史和职业性粉尘暴露史者。

  本研究使用无创、便携式的 3 导联动态心电图监护仪 Holter 来获取研究对象的 24 小时心电图记录。体检当日早上 7：00~8：00，由专业医务人员协助将 Holter 固定于研究对象的腰部，并在次日上午取下，由医务人员对数据进行核查并剔除异常值。使用 GE Healthcare 的 MARS Holter 分析系统软件，计算并获取研究对象的 24 小时心率变异性（HRV）参数，其中包括 4 个频域指标（包括 VLF、LF、HF、WBF）和 6 个时域指标（包括 SDNN、SDANN、r-MSSD、pNN50、pNN50a、pNN50b）。为了校正 HR 对 HRV 测量值重现性的影响，在正式分析前需对 HRV 测量值进行调整。首先，计算 HRV 与 HR 之间的相关性，由于 HRV 测量值服从偏态分布，笔者使用 Spearman 相关系数进行评估。之后，根据 HRV 与 HR 相关性的方向，利用平均 RR 间期对 HRV 进行校正：如果 HRV 与 HR 之间存在正相关，则用 HRV 乘以适宜幂次的平均 RR 间期，否则除以适宜幂次的平均 RR 间期，直至校正后的 HRV 与 HR 之间相关系数的绝对值最小。在本研究中，VLF、LF、HF、WBF、SDNN、SDANN、r-MSSD、pNN50、pNN50a 及 pNN50b 均与 HR 呈负相关，且最终采用除以其相应平均 RR 间期的 1 次或 4 次幂（pNN50、pNN50a 和 pNN50b）的方法进行校正。

  采用人类多细胞因子/趋化因子试剂盒检测了 7 种炎症生物标志物，即 IL-8、IL-6、MCP-1、TNF-α、sICAM-1、IL-17A 和 sVCAM-1。MAGPIX 系统用于量化每个生物标志物的水平。所有生物标志物检测是在相同条件下按照标准方法进行的。

  由工作人员根据标准化程序使用便携式 NIOXMINO 机器测量单次 FeNO 水平。FeNO 检测结束后立即采集志愿者的颊黏膜样本用于 DNA 甲基化测定。颊黏膜细胞的基因组 DNA 是通过 QIAmp DNA 试剂盒提取。针对 *NOS2A* 基因，DNA 甲基化测定位点为启动子区非 CpG 岛上与 *NOS2A* 基因表达负相关的两个位点。这两个位点的甲基化与 $PM_{2.5}$ 的暴露呈负相关。针对 *ARG2* 基因，DNA 甲基化测定位点为启动子区 CpG 岛上与 *ARG2* 基因表达负相关的第三个位点。本研究采用亚硫酸氢盐修饰后聚合酶链式反应测序检测基因的甲基化程度。

  $PM_{2.5}$ 不同组分数据来自附近环境监测超级站。为了满足在敏感性分析中对其他污染物进行调整的需要，研究人员从当地环境检测中心获取了 PM_{10}、$PM_{2.5}$、

CO、NO$_2$、SO$_2$ 的 24 小时均值和 O$_3$ 的 8 小时最大平均值。此外，从气象局获取了日平均温度及相对湿度数据。

采用 LME 模型进行统计分析。首先，根据研究对象的体检日期和居住地址，对健康数据和暴露数据进行匹配。在主模型中，将同一研究对象多次测量值之间的关联纳为随机效应，PM$_{2.5}$ 不同组分为固定效应。此外，模型还纳入了一些协变量来解释固定效应，包括年龄、性别、体重指数，时间趋势、"季节"与"星期几"变量，自然平滑处理的温度（lag01，自由度=6）与相对湿度（lag01，自由度=3），是否服用药物的哑变量，是否吸烟，共存疾病。

对 DNA 甲基化进行统计分析。由于本研究不同位点的 DNA 甲基化水平相关性较高，不单独将每个位点 DNA 甲基化作为健康结局变量，而将不同位点 DNA 甲基化的平均值纳入统计模型中。随后，进行中介分析，计算特定基因甲基化水平在 PM$_{2.5}$ 组分与健康结局关联中的中介率。

研究人员在主模型中对不同滞后时间窗的 PM$_{2.5}$ 不同组分进行了分析，包括 lag0d、lag1d、lag2d、lag3d、lag01、lag02 及 lag03，其中效应最明显的滞后时间窗将被用于后续分析。此外，本研究还进行了两项敏感性分析，以检验主模型研究结果的稳健性：第一，将其他污染物（PM$_{10}$、PM$_{2.5}$、NO$_2$、CO、O$_3$ 和 SO$_2$）分别加入主模型中，构建双污染物模型，以调整其他污染物共同暴露的影响；第二，延长了温度的滞后时间进行分析（如 lag03 和 lag07）。

为保证 PM$_{2.5}$ 不同组分研究结果的可比性，将暴露-反应关系的结果表达为 PM$_{2.5}$ 或其组分浓度每升高 1 个 IQR，健康指标变化的绝对值或百分比及其 95%CI。

5.4.3　主　要　结　果

5.4.3.1　固定监测与个体监测 PM$_{2.5}$ 组分的相关性

1. 描述性分析结果

本研究受试者中，男性占 39%（14/36），女性占 61%（22/36），平均年龄和体重指数分别为（24±2）岁和（21±3）kg/m^2。如表 5-16 所示，个体 PM$_{2.5}$ 的 72 小时平均质量浓度为（45.73±31.63）μg/m^3。个体 PM$_{2.5}$ 暴露中不同化学组分的浓度差异较大。碳组分和无机离子（SO$_4^{2-}$、NO$_3^-$ 和 NH$_4^+$）是含量最丰富的组分。个体暴露的温度和相对湿度分别为（22.40±4.37）℃和（55.31±9.80）%。

表 5-16　个体 PM$_{2.5}$ 组分、气象因素的描述性结果

变量	平均值	标准差	最小值	中位数	最大值	四分位数间距
PM$_{2.5}$（μg/m³）	45.73	31.63	8.43	36.18	139.95	32.92
碳组分						
OC（μg/m³）	8.00	4.92	1.07	6.91	25.22	5.75
EC（μg/m³）	6.14	2.84	1.06	5.73	15.33	3.11
痕量元素						
Ca（ng/m³）	393.13	196.83	78.12	352.53	1145.61	192.99
K（ng/m³）	550.21	377.78	51.57	442.86	1856.69	296.93
Fe（ng/m³）	848.07	450.93	116.77	754.74	2492.30	518.56
Zn（ng/m³）	159.33	114.85	23.03	126.31	713.79	100.58
Cu（ng/m³）	18.74	11.19	3.80	16.56	90.81	10.80
Cr（ng/m³）	7.88	5.28	0.71	7.06	30.84	5.10
Mn（ng/m³）	64.89	32.93	11.30	60.06	205.23	41.90
As（ng/m³）	2.43	2.04	0.00	1.80	10.18	2.37
Sr（ng/m³）	2.63	1.99	0.00	2.29	9.39	1.92
Ba（ng/m³）	31.97	19.02	7.41	26.84	108.79	15.35
Si（ng/m³）	666.87	350.94	74.09	622.59	1588.21	489.50
P（ng/m³）	17.56	10.61	2.57	15.60	87.86	11.62
Ti（ng/m³）	21.10	10.07	1.94	20.85	45.44	11.98
Pb（ng/m³）	38.79	34.11	0.37	28.35	145.08	31.20
V（ng/m³）	9.66	4.00	3.57	8.99	18.76	6.79
Ni（ng/m³）	5.5	1.9	1.4	5.4	15.0	2.0
Se（ng/m³）	3.4	2.6	0.04	2.9	13.0	2.7
无机离子						
SO$_4^{2-}$（μg/m³）	7.70	3.71	1.10	7.00	20.00	4.10
NO$_3^-$（μg/m³）	2.71	3.46	0.31	1.20	17.00	2.00
NH$_4^+$（μg/m³）	2.60	1.93	0.24	2.00	9.40	1.60
Na$^+$（μg/m³）	0.36	0.17	0.16	0.33	0.92	0.21
气象因素						
温度（℃）	22.40	4.37	10.50	24.16	29.22	6.35
相对湿度（%）	55.31	9.80	26.31	56.48	75.66	6.44

表 5-17 描述了与个体暴露随访同时间段，固定站点监测的总 $PM_{2.5}$ 及其组分浓度和气象条件情况。固定站点总 $PM_{2.5}$ 的平均浓度为（65.31±37.90）$\mu g/m^3$，是个体 $PM_{2.5}$ 暴露量的 1.4 倍。与个体暴露相同，NO_3^-、SO_4^{2-}、NH_4^+、K 和 Fe 也是暴露水平较高的组分，其在固定点监测的平均浓度分别为（12.32±7.29）$\mu g/m^3$、（10.80±5.55）$\mu g/m^3$、（9.43±5.31）$\mu g/m^3$、（0.94±0.57）$\mu g/m^3$ 和（0.68±0.38）$\mu g/m^3$。采样期间的风速和降水平均值分别为（1.80±0.80）m/s 和（4.06±5.45）mm。

表 5-17 固定站点监测的 $PM_{2.5}$ 组分和气象因素的描述性结果

变量	平均值±标准差	最小值	中位数	最大值	四分位数间距
$PM_{2.5}$（$\mu g/m^3$）	65.31±37.90	28.07	52.35	183.98	27.48
痕量元素					
Fe（$\mu g/m^3$）	0.68±0.38	0.28	0.57	1.90	0.51
K（$\mu g/m^3$）	0.94±0.57	0.30	0.75	2.67	0.60
Ca（$\mu g/m^3$）	0.37±0.24	0.10	0.27	1.04	0.37
Zn（$\mu g/m^3$）	0.33±0.22	0.08	0.25	1.06	0.19
Mn（ng/m^3）	56.39±38.46	23.05	39.21	187.59	37.18
Pb（ng/m^3）	71.37±49.26	20.50	54.63	222.57	55.52
Cu（ng/m^3）	23.29±13.30	6.74	17.97	57.89	14.75
V（ng/m^3）	9.45±4.91	1.11	9.36	20.24	8.19
Cr（ng/m^3）	9.52±4.80	2.49	7.95	23.13	6.13
Ni（ng/m^3）	7.45±2.59	4.15	6.75	12.65	4.43
Se（ng/m^3）	6.03±3.95	1.01	4.32	17.65	5.63
As（ng/m^3）	14.69±12.36	1.75	10.59	52.57	13.04
无机离子					
SO_4^{2-}（$\mu g/m^3$）	10.80±5.55	4.45	9.11	26.35	4.22
NO_3^-（$\mu g/m^3$）	12.32±7.29	4.35	9.75	30.54	4.49
NH_4^+（$\mu g/m^3$）	9.43±5.31	4.42	7.34	23.08	3.56
Na^+（$\mu g/m^3$）	0.39±0.24	0.13	0.29	1.14	0.30
气象因素					
风速（m/s）	1.80±0.80	0.14	1.75	3.99	0.66
降雨量（mm）	4.06±5.45	0.00	2.21	22.73	6.74

2. 相关分析结果

表 5-18 列出了 $PM_{2.5}$ 及其 16 种组分在个体水平和固定点监测浓度之间的相关

性。固定站点和个体水平监测的总 $PM_{2.5}$ 质量浓度的 Pearson 相关系数为 0.77，而不同 $PM_{2.5}$ 组分的 Pearson 相关系数差异较大，在 0.08（Mn）到 0.90（K）范围内变化。其中，个体 K、Zn、Pb、Se、NO_3^-、SO_4^{2-}、NH_4^+ 与固定监测站测量值之间的相关系数>0.7。

表 5-18 $PM_{2.5}$ 及其组分在个体水平和固定站点监测浓度的相关性

组分	r^2	组分	r^2
$PM_{2.5}$	0.77	Cr	0.48
K	0.90	V	0.64
Fe	0.29	Ni	0.37
Ca	0.42	Se	0.85
Zn	0.82	NO_3^-	0.71
Pb	0.88	SO_4^{2-}	0.80
Mn	0.08	NH_4^+	0.80
Cu	0.56	Na^+	0.60
As	0.57		

图 5-27 显示了固定监测站的 16 种 $PM_{2.5}$ 组分浓度（A）与其相应的个体暴露浓度（MP）的比值（A/MP）。结果发现，Fe、Ca、Mn 和 V 的固定站点监测浓度比个体暴露水平略低或与其相当，它们的 A/MP 分别为 0.83、0.82、0.88 和 0.97。其余 12 种组分的固定站点监测浓度均高于个体暴露水平，A/MP 在 1.06~7.33。其中，NH_4^+、As 和 NO_3^- 的 A/MP 较高，分别为 3.65、5.65 和 7.33。

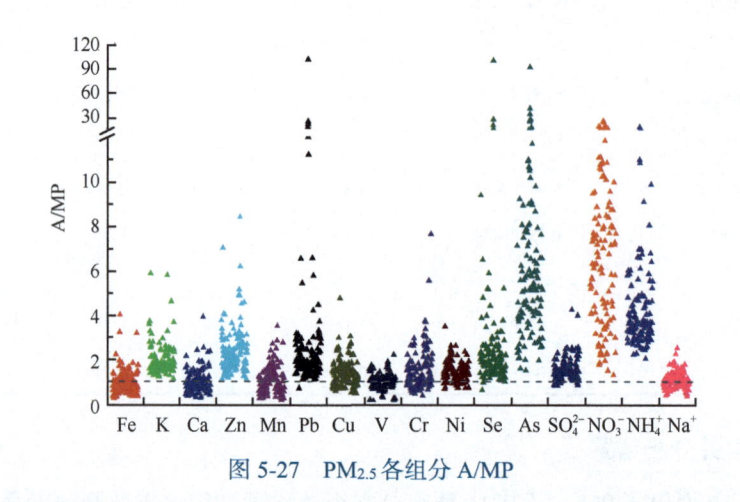

图 5-27 $PM_{2.5}$ 各组分 A/MP

5.4.3.2 PM₂.₅各组分对呼吸道炎症指标的影响

1. 描述性分析结果

结果显示，FeNO 平均为（11.34±7.16）ppb。*NOS2A* 甲基化程度较高，平均为（65.80±14.79）%5mC。*NOS2A* 中两个位点的甲基化相关系数为 0.27。*ARG2* 甲基化程度较低，平均为（2.88±1.95）%5mC。*ARG2* 基因的 3 个位点甲基化的相关系数如下：位点 1 和 2 为 0.05，位点 1 和 3 为 0.28，位点 2 和 3 为 0.39。每日平均 PM₂.₅ 浓度为 12.22~80.46μg/m³。本研究排除了缺失值比例＞30%的 Ga、Au 和 Co，其他 PM₂.₅ 组分亦有一小部分（约 5%）数据缺失。在 PM₂.₅ 总质量中，SO_4^{2-} 占比最大（16.5%），其中 13 种微量元素含量总和为 1.59μg/m³，占 PM₂.₅ 总质量的 3.9%，所有纳入分析的组分占 PM₂.₅ 总质量的 64.6%。PM₂.₅ 各组分与 PM₂.₅ 质量浓度之间普遍存在中等或强相关性。在研究期间，日平均气温为 27.1℃，相对湿度为 74.05%（表 5-19）。

表 5-19 DNA 甲基化水平、FeNO 和 24 小时 PM₂.₅ 组分平均浓度及气象因素的描述性统计结果

变量	均值	标准差	最小值	下四分位数	中位数	上四分位数	最大值	四分位数间距
DNA 甲基化水平								
NOS2A（%5mC）	65.80	14.79	45.16	61.58	63.17	65.29	94.90	3.72
ARG2（%5mC）	2.88	1.95	0.01	1.62	2.75	3.83	10.09	2.21
FeNO（ppb）	11	7	4	7	9	12	43	5
PM₂.₅								
总质量（μg/m³）	41.09	21.13	12.22	24.00	32.63	63.67	80.46	39.67
OC（μg/m³）	4.72	2.14	1.79	3.06	4.52	5.61	10.05	2.55
EC（μg/m³）	1.84	0.61	0.84	1.40	1.81	2.15	3.01	0.75
SO_4^{2-}（μg/m³）	6.78	3.91	2.17	4.04	5.43	9.42	19.16	5.38
NO_3^-（μg/m³）	5.57	4.57	1.09	2.15	3.29	8.60	17.1	6.45
NH_4^+（μg/m³）	4.91	2.85	1.28	2.45	4.12	6.75	10.86	4.30
Cl⁻（μg/m³）	0.40	0.32	0.04	0.07	0.29	0.68	1.08	0.61
K⁺（μg/m³）	0.24	0.16	0.07	0.11	0.19	0.37	0.65	0.26
Na⁺（μg/m³）	0.23	0.09	0.12	0.16	0.22	0.29	0.57	0.13
Ca²⁺（μg/m³）	0.09	0.05	0.02	0.04	0.09	0.12	0.18	0.08
Mg²⁺（μg/m³）	0.02	0.01	0.00	0.01	0.02	0.02	0.04	0.01

续表

变量	均值	标准差	最小值	下四分位数	中位数	上四分位数	最大值	四分位数间距
Si（ng/m³）	525.50	158.42	323.18	391.68	491.89	610.88	924.24	219.20
K（ng/m³）	410.88	220.29	123.76	238.12	357.18	602.42	977.29	364.30
Fe（ng/m³）	352.66	182.64	114.45	235.26	280.01	450.46	952.81	215.20
Zn（ng/m³）	165.62	100.68	19.95	64.92	186.59	248.71	340.21	183.79
Ca（ng/m³）	151.00	71.65	48.14	107.78	142.18	175.75	408.23	67.97
Mn（ng/m³）	29.08	16.07	7.21	16.79	25.30	42.06	78.49	25.27
Ba（ng/m³）	27.04	11.29	9.72	19.47	24.70	34.94	59.33	15.47
Cu（ng/m³）	16.95	18.08	3.09	7.74	10.34	19.03	92.61	11.29
V（ng/m³）	9.59	7.34	0.45	5.76	7.49	13.92	30.58	8.16
Ni（ng/m³）	5.20	2.76	2.04	3.10	4.85	7.21	12.62	4.11
As（ng/m³）	5.06	4.65	0.02	1.19	4.82	7.33	21.73	6.14
Cr（ng/m³）	4.69	3.49	0.66	2.11	3.68	5.76	14.57	3.65
Se（ng/m³）	3.16	2.51	0.35	1.18	2.33	3.98	9.65	2.80
Pb（ng/m³）	29.90	21.41	4.40	14.19	21.68	40.86	87.03	26.68
气象因素								
温度（℃）	27.1	3.2	20.0	25.0	27.6	30.0	33.0	5.0
相对湿度（%）	74.05	8.20	53.00	70.00	74.00	79.75	87.00	9.75

2. 回归分析结果

如图 5-28 所示，$PM_{2.5}$ 暴露可引起 FeNO 水平升高，但仅在 lag1d 时具有统计学意义。暴露当日 *NOS2A* 甲基化水平立即下降，同时 *ARG2* 甲基化水平上升，但这种相关性在 lag1d 和 lag2d 时迅速减弱。$PM_{2.5}$ 浓度每增加 1 个 IQR，lag1d 时 FeNO 增加 10.54%（95%CI：0.84%～21.17%），lag0d 时 *NOS2A* 甲基化水平降低 1.03%5mC（95%CI：0.03～2.03%5mC）、*ARG2* 甲基化水平增加 1.05%5mC（95%CI：0.06～2.04%5mC）。因此，在随后的分析中，笔者选择在 lag1d 评价 $PM_{2.5}$ 各组分与 FeNO 的相关性，并在 lag0d 评价 $PM_{2.5}$ 各组分与 *NOS2A* 和 *ARG2* 甲基化水平的相关性。

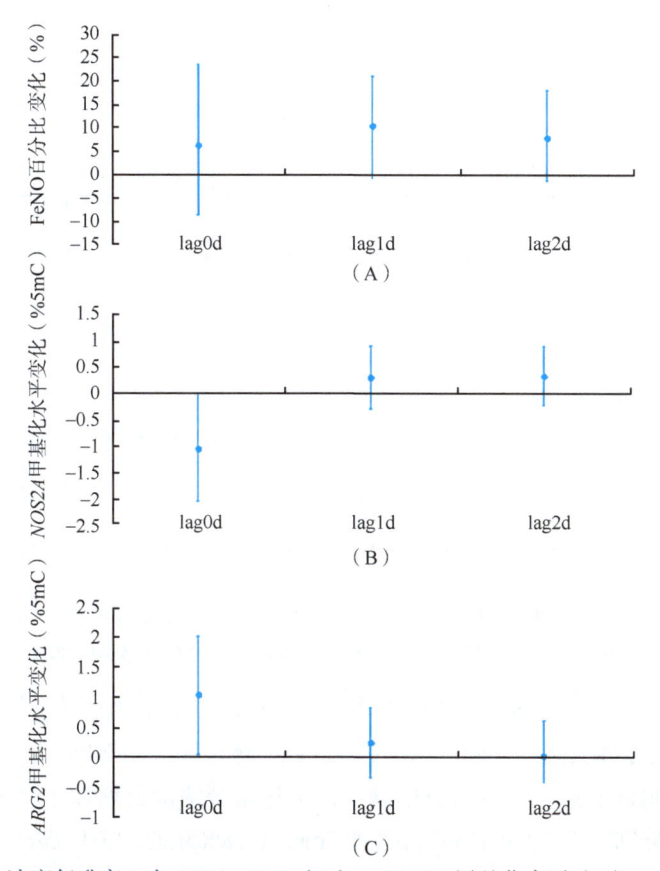

图 5-28　PM$_{2.5}$ 浓度每升高 1 个 IQR，FeNO（A）、NOS2A 甲基化水平（B）、ARG2 甲基化水平（C）的变化或百分比变化

图 5-29 说明了在 lag1d 时不同模型中 FeNO 的百分比变化与 PM$_{2.5}$ 各组分增加有关。在单组分模型中，笔者观察到多种组分（OC、EC、K$^+$、Si、K、Fe、Zn、Ba、Cr、Se、Pb）引起 FeNO 明显增加。在组分-PM$_{2.5}$ 调整模型和组分-残差模型中，这些组分的效应仍然存在。SO$_4^{2-}$ 在 3 个模型中仅展现出与 FeNO 的临界关联。单组分模型中，当 OC、EC、SO$_4^{2-}$、K$^+$、Si、K、Fe、Zn、Ba、Cr、Se 和 Pb 每提升 1 个 IQR，FeNO 分别增加 11.55%、13.44%、8.53%、10.40%、6.00%、13.15%、15.03%、9.92%、17.54%、13.34%、8.64%和 7.12%。

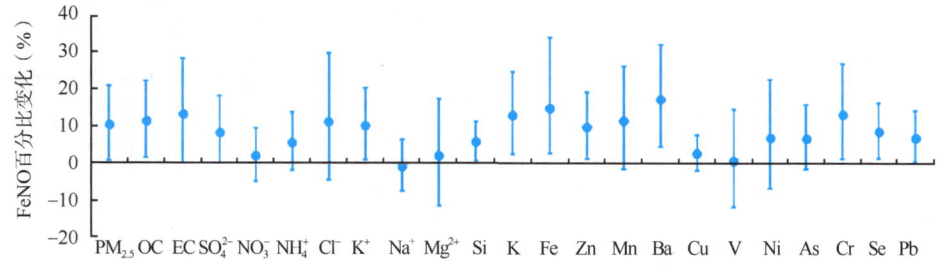

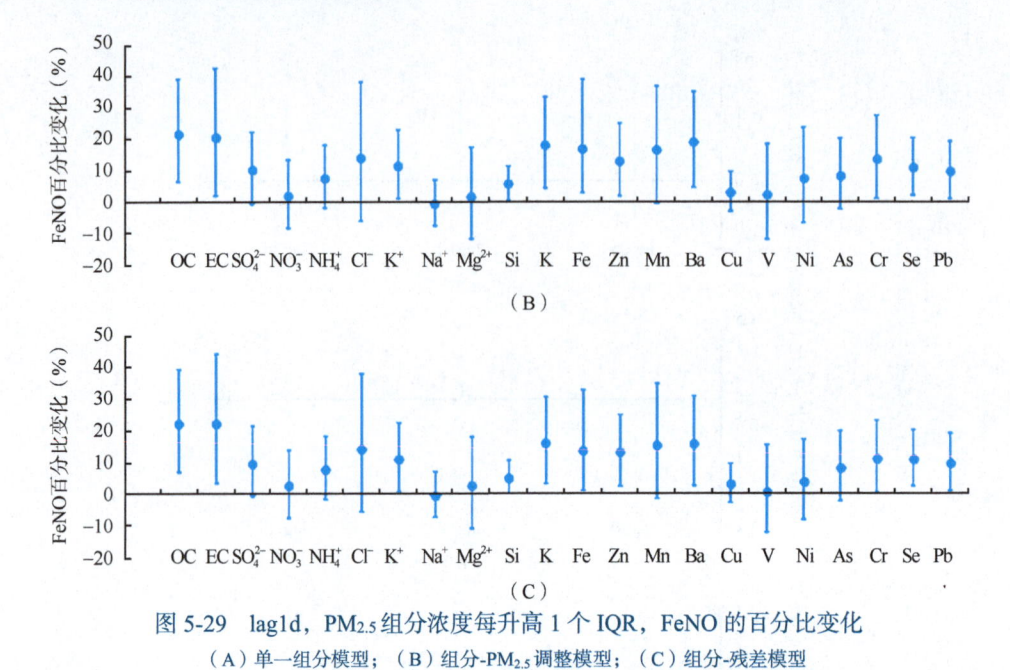

图 5-29 lag1d，PM$_{2.5}$ 组分浓度每升高 1 个 IQR，FeNO 的百分比变化
（A）单一组分模型；（B）组分-PM$_{2.5}$ 调整模型；（C）组分-残差模型

图 5-30 显示在 lag 0d 时 PM$_{2.5}$ 各组分对 *NOS2A* 甲基化水平平均值的影响。在单组分模型中，OC、EC、NO$_3^-$、Mg^{2+}、K、Fe、Mn、As、Cr 和 Se 增加引起 *NOS2A* 甲基化水平明显下降。在单组分模型中，上述组分浓度每增加 1 个 IQR，*NOS2A* 甲基化水平分别降低 0.98%5mC、0.83%5mC、0.68%5mC、1.03%5mC、1.20%5mC、0.80%5mC、1.03%5mC、0.97%5mC、0.63%5mC 和 0.78%5mC。

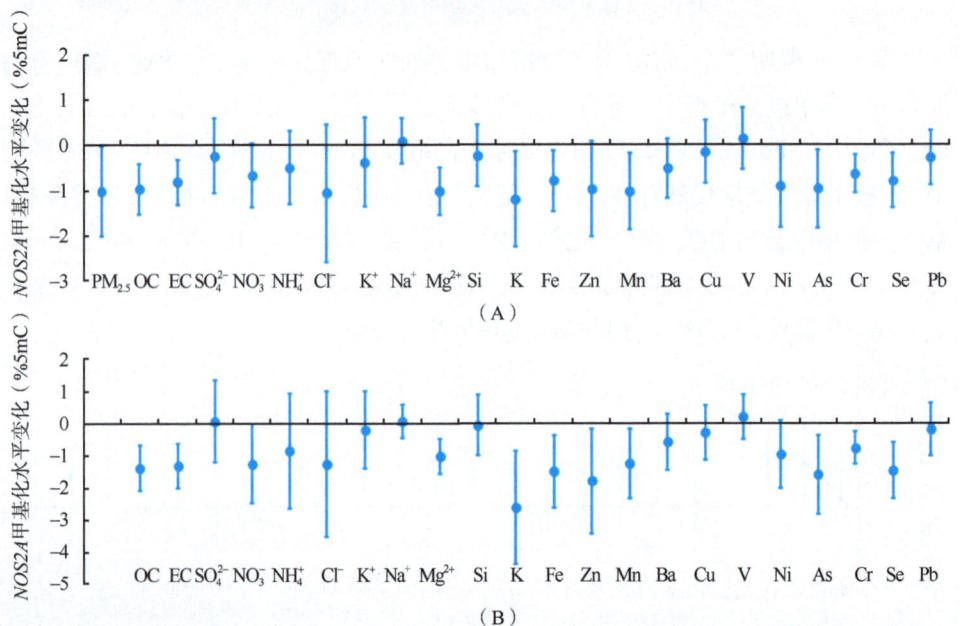

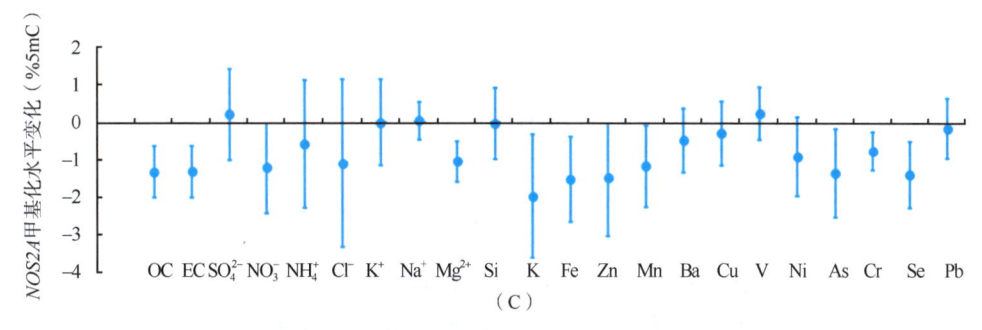

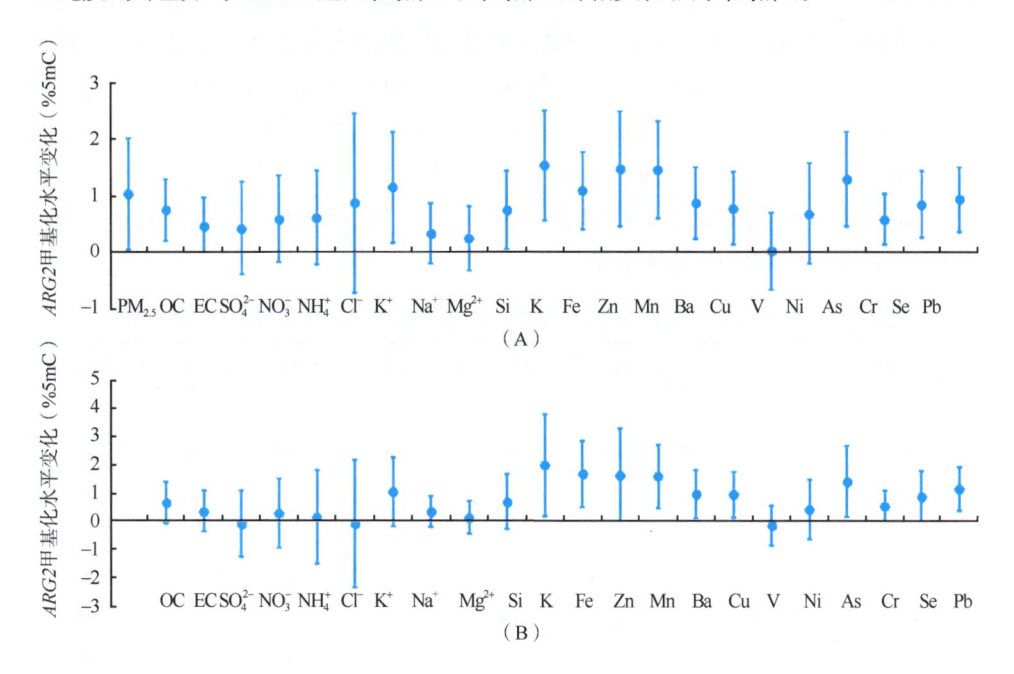

图 5-30　lag0d，PM$_{2.5}$ 组分浓度每升高 1 个 IQR，NOS2A 甲基化水平的变化量
（A）单一组分模型；（B）组分-PM$_{2.5}$ 调整模型；（C）组分-残差模型

图 5-31 总结了 3 个模型在 lag0d 时 PM$_{2.5}$ 组分对 ARG2 平均甲基化水平的估计效应值。单组分模型中，OC、K$^+$、Si、K、Fe、Zn、Mn、Ba、Cu、As、Cr、Se 和 Pb 浓度每增加 1 个 IQR，ARG2 甲基化水平分别提高 0.76%5mC、1.17%5mC、0.77%5mC、1.56%5mC、1.12%5mC、1.50%5mC、1.48%5mC、0.89%5mC、0.80%5mC、1.32%5mC、0.61%5mC、0.87%5mC 和 0.96%5mC。

PM$_{2.5}$ 及其组分与 NOS2A 基因位点 2 甲基化水平的相关性一般强于位点 1；PM$_{2.5}$ 及其组分与 ARG2 基因位点 1 和位点 3 的相关性强于位点 2。

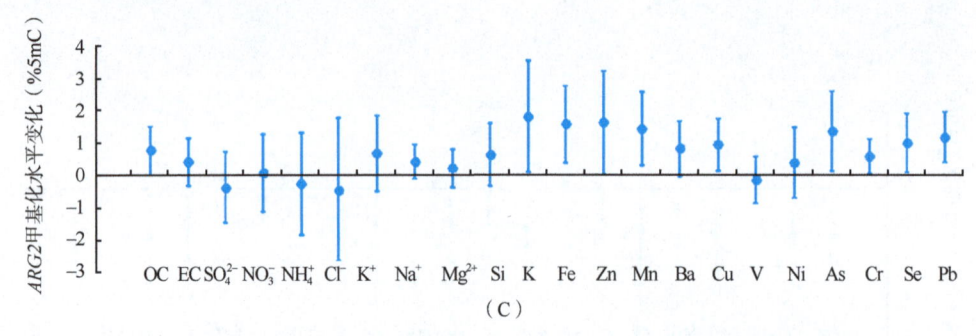

图 5-31　lag0d，PM$_{2.5}$组分浓度每升高 1 个 IQR，*ARG2* 甲基化水平的变化量
（A）单一组分模型；（B）组分-PM$_{2.5}$调整模型；（C）组分-残差模型

5.4.3.3　PM$_{2.5}$各组分对肺功能的影响

1. 描述性分析结果

本研究共纳入 100 名 COPD 患者（男性 79 人，女性 21 人），平均年龄为 77.6 岁，体重指数平均为 22.9kg/m^2。绝大多数的研究对象为中度及以上 COPD 患者，并在研究期间未使用影响肺功能的药物。FEV$_1$%预计值及最大呼气流量占预计值的百分比（PEF%预计值）平均值分别为 40%和 22%，提示研究对象肺功能严重下降。

所有纳入研究的 COPD 患者在肺功能检查当天的大气污染物暴露水平和气象情况如表 5-20 所示。PM$_{2.5}$暴露平均浓度为 47.75μg/m^3，暴露水平明显高于 WHO 推荐的限值（25μg/m^3）。NO$_3^-$是 PM$_{2.5}$中最主要的组分（占比高达 26%），其次是 SO$_4^{2-}$、OC、EC。其他大气污染物包括 PM$_{10}$、NO$_2$、SO$_2$、O$_3$和 CO，平均浓度分别为 62.71μg/m^3、50.29μg/m^3、13.19μg/m^3、87.84μg/m^{3}和 0.88mg/m^3。总体而言，PM$_{2.5}$与其他大气污染物及各组分大多呈中度或高度正相关，Spearman 系数在 0.50~0.93，仅与 O$_3$、Ca^{2+}、Mg^{2+}、Na$^+$、Ca、Ni、Si 和 V 呈弱相关。另外，PM$_{2.5}$与温度和相对湿度呈负相关。

表 5-20　研究对象肺功能检查当天的大气污染物和气象因素的描述性统计结果

变量	均值	标准差	最小值	下四分位数	中位数	上四分位数	最大值	四分位数间距
PM$_{2.5}$								
总质量（μg/m^3）	47.75	30.75	6.77	24.85	40.08	61.93	155.04	37.08
OC（μg/m^3）	5.93	2.93	1.46	3.43	5.67	7.47	20.02	4.03
EC（μg/m^3）	2.29	1.36	0.01	1.40	2.05	2.98	7.95	1.58
NO$_3^-$（μg/m^3）	12.35	10.49	0.78	5.03	8.70	17.25	62.76	12.22
SO$_4^{2-}$（μg/m^3）	8.35	4.80	2.12	4.63	7.20	11.42	25.71	6.79
NH$_4^+$（μg/m^3）	7.79	5.41	0.74	3.48	6.09	10.95	27.65	7.47

续表

变量	均值	标准差	最小值	下四分位数	中位数	上四分位数	最大值	四分位数间距
Cl⁻（μg/m³）	1.39	1.19	0.05	0.57	1.17	1.82	10.17	1.25
K⁺（μg/m³）	0.52	0.53	<0.01	0.16	0.32	0.70	2.85	0.54
Na⁺（μg/m³）	0.19	0.16	<0.01	0.06	0.17	0.28	0.99	0.22
Ca²⁺（μg/m³）	0.13	0.16	<0.01	0.04	0.08	0.15	1.19	0.11
Mg²⁺（μg/m³）	0.03	0.02	<0.01	0.01	0.02	0.04	0.11	0.03
K（ng/m³）	668.52	412.26	112.68	353.72	570.79	863.97	2308.53	510.24
Si（ng/m³）	521.47	280.42	193.17	332.93	434.79	617.99	2221.50	285.06
Fe（ng/m³）	461.40	290.72	63.94	262.00	400.72	598.89	1862.01	336.90
Zn（ng/m³）	186.32	139.89	19.66	86.53	156.04	232.32	685.09	145.79
Ca（ng/m³）	166.46	136.73	1.78	76.65	118.74	211.51	764.43	134.86
Pb（ng/m³）	43.43	31.55	4.40	19.79	37.29	56.82	203.53	37.03
Mn（ng/m³）	42.31	28.7	3.20	22.52	37.36	53.37	168.33	30.86
Ba（ng/m³）	30.75	17.98	6.94	19.01	26.20	38.19	115.63	19.18
Cu（ng/m³）	17.32	13.33	3.09	8.57	14.20	21.58	109.25	13.02
As（ng/m³）	9.79	8.31	0.03	3.65	8.47	11.96	40.91	8.30
V（ng/m³）	6.70	7.13	<0.01	1.84	4.65	9.04	46.01	7.19
Cr（ng/m³）	6.69	5.02	0.27	3.39	5.47	8.49	29.36	5.10
Ni（ng/m³）	5.23	3.36	0.69	2.97	4.57	6.92	24.99	3.95
Se（ng/m³）	4.40	3.35	0.25	1.85	3.74	6.15	18.99	4.30
其他污染物								
PM₁₀（μg/m³）	62.71	33.35	10.09	38.20	57.63	76.64	185.00	38.44
NO₂（μg/m³）	50.29	21.07	13.47	34.89	46.25	64.25	132.68	29.36
SO₂（μg/m³）	13.19	7.11	2.32	7.86	11.33	16.96	44.33	9.10
O₃（μg/m³）	87.84	46.61	12.29	60.38	74.31	102.66	283.38	42.28
CO（mg/m³）	0.88	0.29	0.24	0.68	0.84	1.04	1.94	0.36
气象因素								
温度（℃）	15.58	9.42	-2.41	7.44	14.73	23.07	35.17	15.64
相对湿度（%）	72.35	13.99	27.23	63.27	73.83	83.55	97.74	20.27

2. 回归分析结果

表 5-21 展示了大气 $PM_{2.5}$ 暴露与 $FEV_1\%$ 预计值在不同滞后期的关联。在 lag0d 时，$PM_{2.5}$ 浓度每升高 1 个 IQR（37.08μg/m³），可引起 $FEV_1\%$ 预计值下降 1.40%

（95%CI：0.24%～2.56%）。此外，lag0d 模型的效应估计值最大，因此选择 lag0 模型进行后续分析。

表 5-21　PM$_{2.5}$ 浓度每升高 1 个 IQR 在不同滞后期引起的 FEV$_1$% 变化

滞后期	β 参数	标准误	β 值置信区间下限	β 值置信区间上限	Pr（>|t|）	AIC 值
lag0d	−1.40	0.65	−2.56	−0.24	0.03	−205.38
lag1d	−0.62	0.57	−1.65	0.40	0.28	−201.64
lag2d	−0.57	0.61	−1.70	0.52	0.35	−201.48
lag3d	0.11	0.64	−1.09	1.25	0.87	−197.89

注：AIC 为赤池信息量准则。

表 5-22 展示了大气 PM$_{2.5}$ 暴露与 PEF% 预计值在不同滞后期的关联。随着 PM$_{2.5}$ 暴露浓度增加，PEF% 预计值下降，但均无统计学意义。在各滞后期中，lag1d 模型的效应最大，PM$_{2.5}$ 浓度每升高 1 个 IQR（37.08μg/m^3），可引起 PEF% 预计值下降 0.54%（95%CI：−0.33%～1.43%），因此选择 lag1d 模型进行后续分析。

表 5-22　PM$_{2.5}$ 浓度每升高 1 个 IQR 在不同滞后期引起的 PEF% 变化

滞后期	β 参数	标准误	β 值置信区间下限	β 值置信区间上限	Pr（>|t|）	AIC 值
lag0d	−0.05	0.58	−1.13	1.00	0.93	−274.82
lag1d	−0.54	0.49	−1.43	0.33	0.27	−275.69
lag2d	−0.46	0.53	−1.43	0.48	0.38	−275.36
lag3d	−0.48	0.54	−1.49	0.49	0.38	−272.24

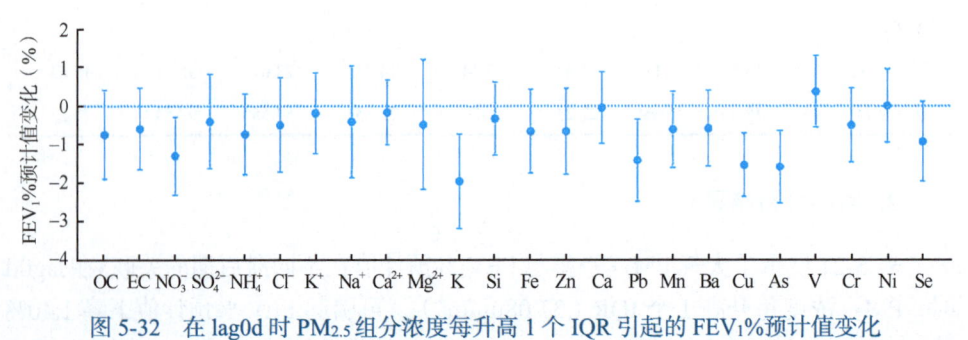

图 5-32 展示了在 lag0d 时，大气 PM$_{2.5}$ 组分暴露与 FEV$_1$% 预计值变化的关联。除 V 和 Ni 外，其余组分与 FEV$_1$% 预计值均呈负向关联，其中 5 种组分（包括 NO$_3^-$、K、Pb、Cu 和 As）暴露引起 FEV$_1$% 预计值明显下降，组分浓度每升高 1 个 IQR，可引起 FEV$_1$% 预计值分别下降 1.30%、1.95%、1.41%、1.53% 和 1.58%。

图 5-32　在 lag0d 时 PM$_{2.5}$ 组分浓度每升高 1 个 IQR 引起的 FEV$_1$% 预计值变化

图 5-33 展示了在 lag1d 时大气 $PM_{2.5}$ 组分暴露与 PEF%预计值变化的关联。虽然绝大部分组分暴露增加会引起 PEF%预计值下降，但结果均无统计学意义。

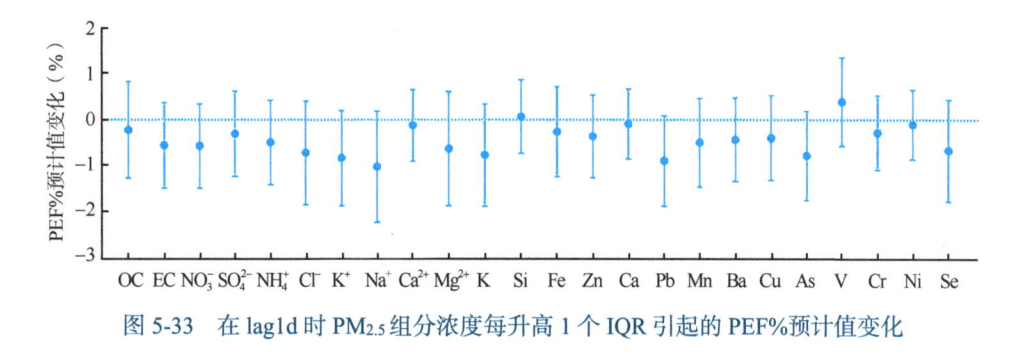

图 5-33 在 lag1d 时 $PM_{2.5}$ 组分浓度每升高 1 个 IQR 引起的 PEF%预计值变化

5.4.3.4 $PM_{2.5}$ 各组分对左心室射血分数的影响

1. 描述性分析结果

本研究共纳入 100 名 COPD 患者（男性 79 人，女性 21 人），平均年龄为 77.6 岁，平均体重指数为 $22.9kg/m^2$。绝大多数的研究对象为中度及以上 COPD 患者，并且在研究期间未使用影响肺功能的药物。约 1/2 的研究对象患有高血压或冠心病。研究对象 LVEF 平均为 64%。

所有纳入研究的 COPD 患者心肺功能检查当天的大气污染物暴露水平和气象情况如表 5-23 所示。$PM_{2.5}$ 平均暴露浓度为 $47.75μg/m^3$，暴露水平明显高于 WHO 推荐的限值（$25μg/m^3$）。NO_3^- 是 $PM_{2.5}$ 中最主要的组分（占比高达 26%），其次是 SO_4^{2-}、OC、EC。其他大气污染物包括 PM_{10}、NO_2、SO_2、O_3 和 CO，平均浓度分别为 $62.71μg/m^3$、$50.29μg/m^3$、$13.19μg/m^3$、$87.84μg/m^3$ 和 $0.88mg/m^3$。总体而言，$PM_{2.5}$ 与 O_3、Ca^{2+}、Mg^{2+}、Na^+、Ca、Ni、Si 和 V 呈弱相关，与其他大气污染物及组分呈中度或高度正相关，Spearman 系数在 0.50~0.93。另外，$PM_{2.5}$ 与温度和相对湿度呈负相关。

表 5-23 研究对象心肺功能检查当天的大气污染物暴露水平和气象因素的描述性统计结果

变量	均值	标准差	最小值	下四分位数	中位数	上四分位数	最大值	四分位数间距
$PM_{2.5}$								
总质量（$μg/m^3$）	47.75	30.75	6.77	24.85	40.08	61.93	155.04	37.08
OC（$μg/m^3$）	5.93	2.93	1.46	3.43	5.67	7.47	20.02	4.03
EC（$μg/m^3$）	2.29	1.36	0.01	1.40	2.05	2.98	7.95	1.58
NO_3^-（$μg/m^3$）	12.35	10.49	0.78	5.03	8.70	17.25	62.76	12.22
SO_4^{2-}（$μg/m^3$）	8.35	4.80	2.12	4.63	7.20	11.42	25.71	6.79

续表

变量	均值	标准差	最小值	下四分位数	中位数	上四分位数	最大值	四分位数间距
NH_4^+ ($\mu g/m^3$)	7.79	5.41	0.74	3.48	6.09	10.95	27.65	7.47
Cl^- ($\mu g/m^3$)	1.39	1.19	0.05	0.57	1.17	1.82	10.17	1.25
K^+ ($\mu g/m^3$)	0.52	0.53	<0.01	0.16	0.32	0.70	2.85	0.54
Na^+ ($\mu g/m^3$)	0.19	0.16	<0.01	0.06	0.17	0.28	0.99	0.22
Ca^{2+} ($\mu g/m^3$)	0.13	0.16	<0.01	0.04	0.08	0.15	1.19	0.11
Mg^{2+} ($\mu g/m^3$)	0.03	0.02	<0.01	0.01	0.02	0.04	0.11	0.03
K (ng/m^3)	668.52	412.26	112.68	353.72	570.79	863.97	2308.53	510.24
Si (ng/m^3)	521.47	280.42	193.17	332.93	434.79	617.99	2221.50	285.06
Fe (ng/m^3)	461.40	290.72	63.94	262.00	400.72	598.89	1862.01	336.90
Zn (ng/m^3)	186.32	139.89	19.66	86.53	156.04	232.32	685.09	145.79
Ca (ng/m^3)	166.46	136.73	1.78	76.65	118.74	211.51	764.43	134.86
Pb (ng/m^3)	43.43	31.55	4.40	19.79	37.29	56.82	203.53	37.03
Mn (ng/m^3)	42.31	28.7	3.20	22.52	37.36	53.37	168.33	30.86
Ba (ng/m^3)	30.75	17.98	6.94	19.01	26.20	38.19	115.63	19.18
Cu (ng/m^3)	17.32	13.33	3.09	8.57	14.20	21.58	109.25	13.02
As (ng/m^3)	9.79	8.31	0.03	3.65	8.47	11.96	40.91	8.30
V (ng/m^3)	6.70	7.13	<0.01	1.84	4.65	9.04	46.01	7.19
Cr (ng/m^3)	6.69	5.02	0.27	3.39	5.47	8.49	29.36	5.10
Ni (ng/m^3)	5.23	3.36	0.69	2.97	4.57	6.92	24.99	3.95
Se (ng/m^3)	4.40	3.35	0.25	1.85	3.74	6.15	18.99	4.30
其他污染物								
PM_{10} ($\mu g/m^3$)	62.71	33.35	10.09	38.20	57.63	76.64	185.00	38.44
NO_2 ($\mu g/m^3$)	50.29	21.07	13.47	34.89	46.25	64.25	132.68	29.36
SO_2 ($\mu g/m^3$)	13.19	7.11	2.32	7.86	11.33	16.96	44.33	9.10
O_3 ($\mu g/m^3$)	87.84	46.61	12.29	60.38	74.31	102.66	283.38	42.28
CO (mg/m^3)	0.88	0.29	0.24	0.68	0.84	1.04	1.94	0.36
气象因素								
温度（℃）	15.58	9.42	-2.41	7.44	14.73	23.07	35.17	15.64
相对湿度（%）	72.35	13.99	27.23	63.27	73.83	83.55	97.74	20.27

2. 回归分析结果

表 5-24 显示了在不同滞后期，大气 PM$_{2.5}$ 暴露与 LVEF 的关联。在心功能检查当日（lag0d）、前 1 日（lag1d）、前 2 日（lag2d），PM$_{2.5}$ 浓度每升高 1 个 IQR（37.08μg/m³），LVEF 分别下降 1.15%（95%CI：0.33%～1.97%）、1.39%（95%CI：0.68%～2.11%）、1.41%（95%CI：0.65%～2.17%）。各滞后期中 lag1d 对应的 AIC 值最小，根据 AIC，选择 lag1d 模型进行后续分析。

表 5-24　PM$_{2.5}$ 浓度每升高 1 个 IQR 在不同滞后期引起的 LVEF 变化

滞后期	β 参数	标准误	β 值置信区间下限	β 值置信区间上限	Pr（>|t|）	AIC 值
lag0d	−1.15	0.45	−1.97	−0.33	0.01	−389.85
lag1d	−1.39	0.39	−2.11	−0.68	<0.01	−395.65
lag2d	−1.41	0.41	−2.17	−0.65	<0.01	−394.18
lag3d	−0.55	0.44	−1.35	0.26	0.21	−381.84

图 5-34 显示了在 lag1d 时，大气 PM$_{2.5}$ 组分暴露与 LVEF 的关联。大部分组分与 LVEF 呈负相关，其中 11 种组分（包括 EC、NO$_3^-$、SO$_4^{2-}$、NH$_4^+$、K、Zn、Mn、Cu、As、Cr 和 Se）暴露与 LVEF 下降显著相关，组分浓度每升高 1 个 IQR，可引起 LVEF 下降 0.83%～1.34%。

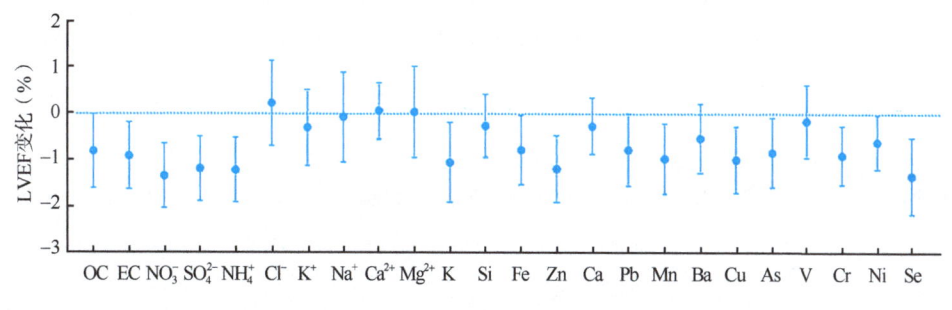

图 5-34　PM$_{2.5}$ 组分浓度每升高 1 个 IQR 引起的 LVEF 变化（均值与 95%CI）

5.4.3.5　PM$_{2.5}$ 各组分对心率变异性指标的影响

1. 描述性分析结果

表 5-25 列出了研究期间 PM$_{2.5}$ 组分和 HRV 指数的描述性分析结果。每日 PM$_{2.5}$ 的 24h 平均浓度范围为 9.00～220.43μg/m³，平均值为 45.84μg/m³。对于碳组分，EC 占 PM$_{2.5}$ 的 5.0%，OC 占 12.7%。对于离子而言，NO$_3^-$ 在 PM$_{2.5}$ 中的占比最大。

9种微量元素之和的平均浓度占PM$_{2.5}$总质量浓度的0.68%。含量最高的元素是Zn。VLF的频域测量平均值为39.07Hz，LF为26.82Hz，HF为17.06Hz，WBF为51.29Hz。SDNN的时域测量平均值为166.25ms，ASDNN的平均值为70.73ms，rMSDD的平均值为39.04ms，pNN50b的平均值为0.12ms。

表 5-25　每日平均24小时PM$_{2.5}$组分浓度和心率变异性指标的描述性分析结果

变量	均值	标准差	最小值	下四分位数	中位数	上四分位数	最大值	四分位数间距
PM$_{2.5}$总质量（μg/m³）	45.84	32.90	9.00	23.16	36.23	55.04	220.43	31.88
碳组分（μg/m³）								
EC	2.27	1.62	0.37	1.21	1.78	3.03	9.38	1.83
OC	5.80	3.05	1.26	3.50	5.23	7.35	16.99	3.84
离子（μg/m³）								
NH$_4^+$	7.59	6.33	0.63	3.37	5.50	9.74	43.08	6.37
NO$_3^-$	13.37	13.09	0.75	4.30	8.55	16.68	62.76	12.37
SO$_4^{2-}$	8.72	5.98	1.01	4.80	6.91	11.09	35.80	6.30
元素（ng/m³）								
As	8.85	8.48	0.09	3.28	6.13	11.25	45.14	7.97
Cd	5.33	1.13	3.60	4.78	5.15	5.62	15.36	0.84
Cr	6.87	6.48	0.27	3.09	5.39	8.27	65.23	5.18
Cu	15.53	12.62	3.25	7.70	12.43	18.80	109.25	11.10
Mn	40.17	27.07	3.20	21.62	33.58	49.86	153.75	28.24
Ni	5.41	3.69	0.74	3.18	4.57	6.50	31.09	3.32
Pb	38.67	30.35	5.86	17.86	30.31	45.50	188.49	27.64
V	4.63	7.26	0.01	1.80	4.63	9.17	40.73	7.36
Zn	184.06	141.34	18.12	85.72	144.19	247.05	854.81	769.09
频域指标（Hz）								
VLF	39.07	10.19	20.51	32.35	37.84	43.39	83.76	11.04
LF	26.82	11.66	9.55	19.84	24.20	31.15	92.26	11.30
HF	17.06	8.07	3.58	12.83	15.96	19.52	94.27	6.67
WBF	51.29	16.35	22.94	41.18	49.27	57.02	148.41	15.86

续表

变量	均值	标准差	最小值	下四分位数	中位数	上四分位数	最大值	四分位数间距
时域指标（ms）								
SDNN	166.25	37.98	84.73	140.00	163.27	190.92	285.87	50.62
ASDNN	70.73	19.17	38.50	58.67	68.63	78.75	172.55	20.14
rMSDD	39.04	12.14	15.63	31.20	37.80	43.70	109.08	12.50
pNN50b	0.12	0.22	0.00	0.05	0.09	0.14	3.26	0.09

2. 回归分析结果

lag0d 模型拟合最佳，因此被选为主要滞后。图 5-35 显示了单组分模型中与 HRV 频域指标变化有关的 14 个 $PM_{2.5}$ 组分。其中，EC、NO_3^-、As、Cd 和 V 与 VLF 显著相关；除 OC、NH_4^+、Cu、Pb 和 Zn 之外的所有 $PM_{2.5}$ 组分与 LF 的关联有统计学意义；EC、OC、NO_3^-、As、Cd、Cr、Ni 和 V 与较低的 HF 显著相关；WBF 与 EC、OC、NO_3^-、SO_4^{2-}、As、Cd、Ni 和 V 显著相关。例如，EC 每增加 1 个 IQR，VLF、LF、HF 和 WBF 的变化值分别为-3.23%（95%CI：-5.94%~-0.44%）、-5.06%（95%CI：-9.39%~-0.53%）、-6.44%（95%CI：-10.81%~-1.86%）和-4.46%（95%CI：-7.72%~-1.08%）。

从图 5-36 可观察到 SDNN 随 Cr 明显下降；ASDNN 随 EC、OC、NO_3^-、SO_4^{2-}、Cd 明显下降；rMSDD 随 EC、NO_3^-、SO_4^{2-}、As、Cd 和 Cr 明显下降；而 pNN50b 随 Cr、EC、NO_3^-、As、Cd、Cr、Ni 和 V 明显下降。显然，EC、NO_3^- 和 Cd 始终与 3 个时域指标相关联。EC 每增加 1 个 IQR，ASDNN、rMSDD 和 pNN50b 分别变化-3.79%（95%CI：-6.54%~-0.95%）、-3.84%（95%CI：-7.13%~-0.43%）和-18.99%（95%CI：-30.33%~-5.79%）。NO_3^- 每增加 1 个 IQR，ASDNN、rMSDD 和 pNN50b 分别变化-3.33%（95%CI：-5.61%~-1.01%）、-4.19%（95%CI：-6.91%~-1.39%）和-18.95%（95%CI：-28.31%~-8.36%）。Cr 每增加 1 个 IQR，ASDNN、rMSDD 和 pNN50b 分别变化-4.35%（95%CI：-7.07%~-1.56%）、-5.28%（95%CI：-8.23%~-2.25%）和-23.20%（95%CI：-33.59%~-11.19%）。

5.4.3.6 $PM_{2.5}$各组分对血液炎症因子的影响

1. 描述性分析结果

研究对象的平均年龄为（24.5±1.5）岁，平均体重指数（标准差）为（20.7±2.8）kg/m^2。如表 5-26 所示，IL-6、IL-8、TNF-α、MCP-1、sICAM-1、sVCAM-1 和 IL-17A 的平均浓度分别为 1.40pg/ml、9.51pg/ml、7.27pg/ml、392.32pg/ml、133.18ng/ml、519.97ng/ml 和 9.33pg/ml。这些生物标志物在个体间及个体内都有很大的差异。

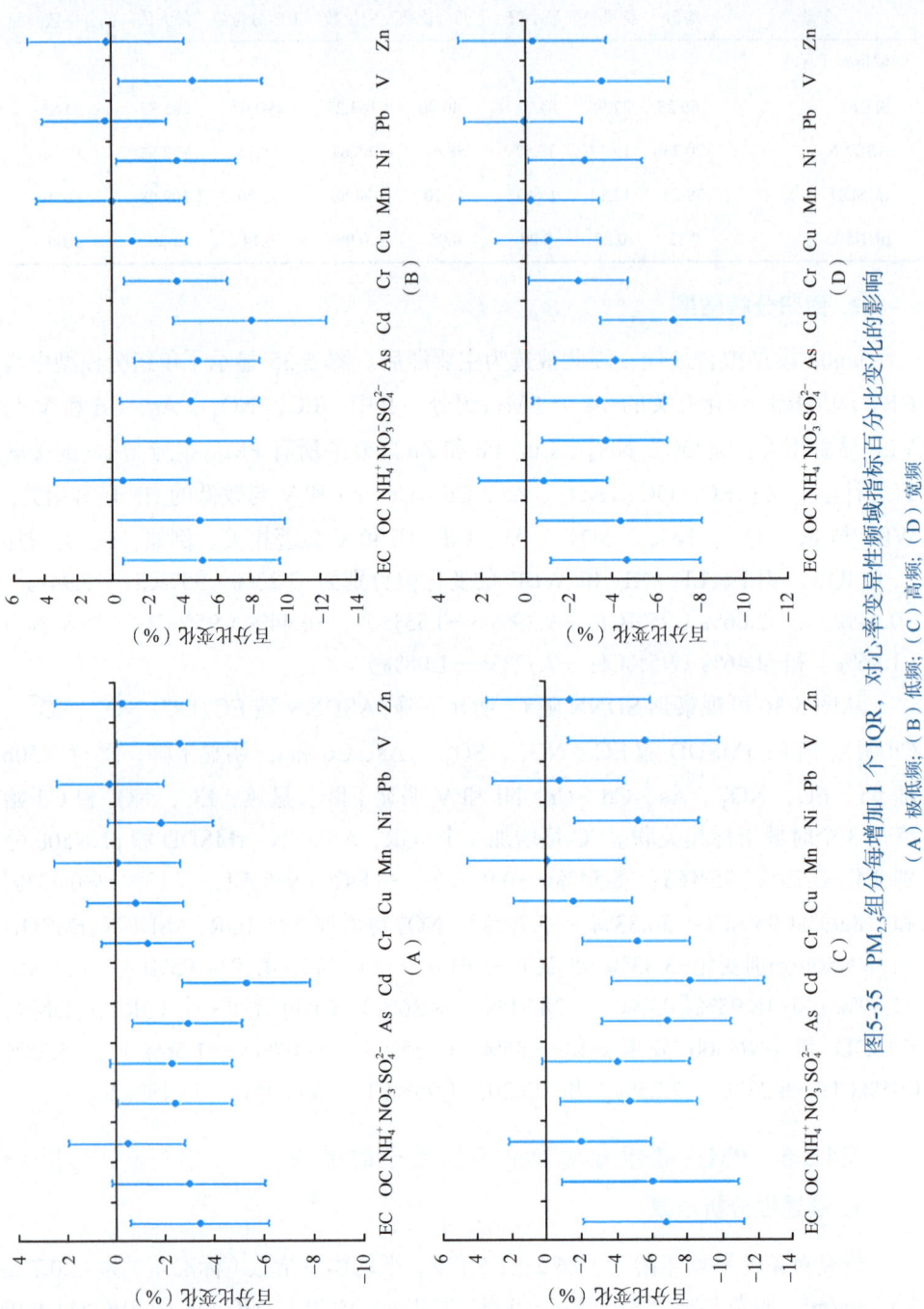

图5-35 PM$_{2.5}$组分每增加1个IQR，对心率变异性频域指标百分比变化的影响

(A) 极低频；(B) 低频；(C) 高频；(D) 宽频

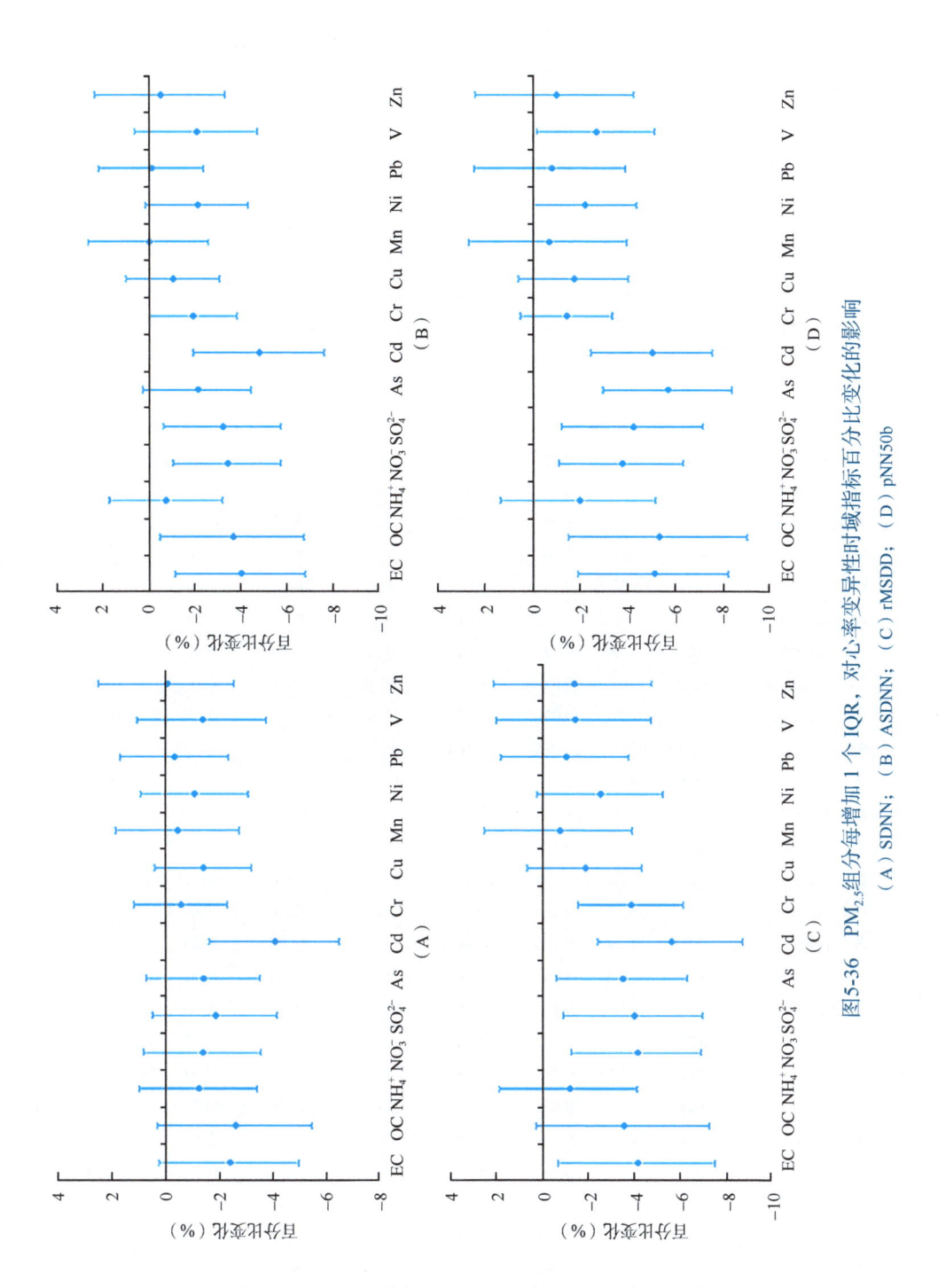

第五章　大气细颗粒物不同粒径和化学组分对成人急性健康效应的暴露-反应关系研究 | 217

图5-36　PM$_{2.5}$组分每增加1个IQR,对心率变异性时域指标百分比变化的影响
(A) SDNN; (B) ASDNN; (C) rMSDD; (D) pNN50b

表 5-26　体检当天生物标志物、24 小时 PM$_{2.5}$ 组分平均水平及气象条件的描述性分析结果

变量	均值	标准差	最小值	下四分位数	中位数	上四分位数	最大值	四分位数间距
生物标志物								
IL-6（pg/ml）	1.40	1.35	0.41	0.60	0.91	1.52	10.01	0.92
IL-8（pg/ml）	9.51	7.18	2.74	4.15	6.93	12.82	33.22	8.67
TNF-α（pg/ml）	7.27	4.21	1.70	4.48	6.65	8.81	24.57	4.33
MCP-1（pg/ml）	392.32	156.15	160.24	293.13	361.94	474.19	1005.00	181.07
sICAM-1（ng/ml）	133.18	69.43	25.79	94.37	112.08	139.81	440.74	45.43
sVCAM-1（ng/ml）	519.97	131.90	34.15	434.28	504.76	612.55	907.56	178.26
IL-17A（pg/ml）	9.33	16.50	0.82	1.85	2.96	8.71	122.67	6.86
PM$_{2.5}$								
总质量（μg/m³）	41.09	21.13	12.22	24.00	32.63	63.67	80.46	39.67
OC（μg/m³）	4.72	2.14	1.79	3.06	4.52	5.61	10.05	2.55
EC（μg/m³）	1.84	0.61	0.84	1.40	1.81	2.15	3.01	0.75
SO$_4^{2-}$（μg/m³）	6.78	3.91	2.17	4.04	5.43	9.42	19.16	5.38
NO$_3^-$（μg/m³）	5.57	4.57	1.09	2.15	3.29	8.60	17.10	6.45
NH$_4^+$（μg/m³）	4.91	2.85	1.28	2.45	4.12	6.75	10.86	4.30
Cl$^-$（μg/m³）	0.40	0.32	0.04	0.07	0.29	0.68	1.08	0.61
K$^+$（μg/m³）	0.24	0.16	0.07	0.11	0.19	0.37	0.65	0.26
Na$^+$（μg/m³）	0.23	0.09	0.12	0.16	0.22	0.29	0.57	0.13
Ca^{2+}（μg/m³）	0.09	0.05	0.02	0.04	0.09	0.12	0.18	0.08
Mg^{2+}（μg/m³）	0.02	0.01	0.00	0.01	0.02	0.02	0.04	0.01
Si（ng/m³）	525.50	158.42	323.18	391.68	491.89	610.88	924.24	219.20
K（ng/m³）	410.88	220.29	123.76	238.12	357.18	602.42	977.29	364.30
Fe（ng/m³）	352.66	182.64	114.45	235.26	280.01	450.46	952.81	215.20
Zn（ng/m³）	165.62	100.68	19.95	64.92	186.59	248.71	340.21	183.79
Ca（ng/m³）	151.00	71.65	48.14	107.78	142.18	175.75	408.23	67.97
Mn（ng/m³）	29.08	16.07	7.21	16.79	25.30	42.06	78.49	25.27
Ba（ng/m³）	27.04	11.29	9.72	19.47	24.70	34.94	59.33	15.47
Cu（ng/m³）	16.95	18.08	3.09	7.74	10.34	19.03	92.61	11.29
V（ng/m³）	9.59	7.34	0.45	5.76	7.49	13.92	30.58	8.16
Ni（ng/m³）	5.20	2.76	2.04	3.10	4.85	7.21	12.62	4.11
As（ng/m³）	5.06	4.65	0.02	1.19	4.82	7.33	21.73	6.14
Cr（ng/m³）	4.69	3.49	0.66	2.11	3.68	5.76	14.57	3.65
Se（ng/m³）	3.16	2.51	0.35	1.18	2.33	3.98	9.65	2.80
Pb（ng/m³）	29.90	21.41	4.40	14.19	21.68	40.86	87.03	26.68
气象条件								
温度（℃）	27.10	3.20	20.00	25.00	27.55	30.00	33.00	5.00
相对湿度（%）	74.05	8.20	53.00	70.00	74.00	79.75	87.00	9.75

注：IL-6，白细胞介素-6；IL-8，白细胞介素-8；TNF-α，肿瘤坏死因子-α；MCP-1，单核细胞趋化蛋白-1；sICAM-1，可溶性细胞间黏附分子-1；sVCAM-1，可溶性血管细胞黏附分子-1。

2. 回归分析结果

图 5-37 显示了 PM$_{2.5}$ 暴露不同滞后天数和炎症生物标志物之间的关联。TNF-α 在 lag0d，IL-6 和 IL-8 在 lag1d，MCP-1 和 sICAM-1 在 lag02 时的效应最强，因此在 PM$_{2.5}$ 组分和相应的生物标志物分析中选择了效应最强的滞后时间窗进行分析。PM$_{2.5}$ 浓度每增加 1 个 IQR，TNF-α 在 lag0d 时增加 13.00%（95%CI：2.13%~25.00%），IL-6、IL-8 在 lag1d 时分别增加 16.66%（95%CI：1.34%~34.30%）、18.78%（95%CI：6.60%~32.35%），MCP-1、sICAM-1 在 lag2d 时分别增加 7.23%（95%CI：0.53%~14.37%）、9.22%（95%CI：0.58%~18.61%）。

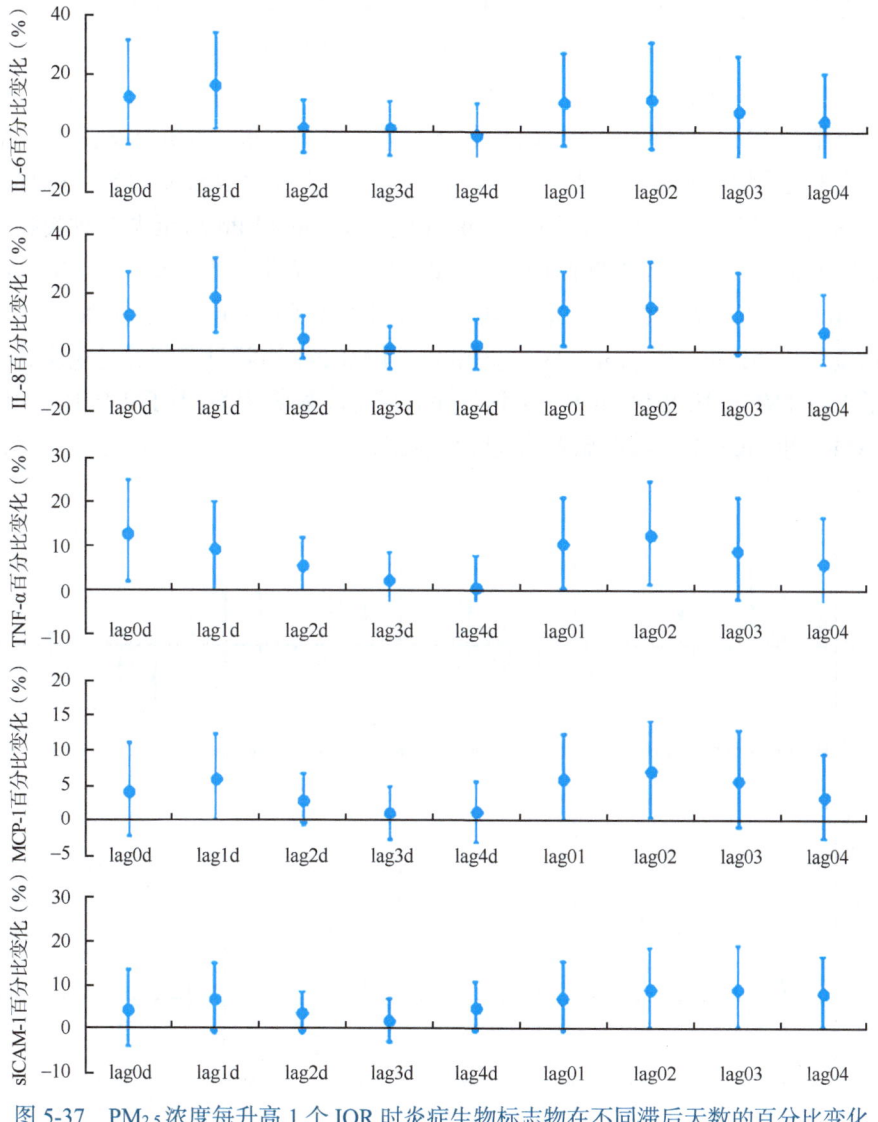

图 5-37 PM$_{2.5}$ 浓度每升高 1 个 IQR 时炎症生物标志物在不同滞后天数的百分比变化

图 5-38～图 5-42 显示单组分模型中 PM$_{2.5}$ 组分每增加 1 个 IQR 与炎症生物标志物的关联。我们观察到 EC、NO$_3^-$、NH$_4^+$、Cl$^-$、K$^+$、K、Zn、As、Se 和 Pb 与 IL-6 增加有关。大多数组分与 IL-8 呈正相关。TNF-α 与 OC、EC、SO$_4^{2-}$、NH$_4^+$、K$^+$、Si、K、Fe、Zn、Ca、Mn、Ba、Cu、Cr、As、Se 和 Pb 等的暴露显著相关。MCP-1 与 OC、SO$_4^{2-}$、Cl$^-$、K$^+$、Si、K、Mn、Ba、Fe、Zn、As、Se、Pb 暴露显著相关,sICAM-1 与 NO$_3^-$、Cl$^-$、K、Ba、Fe、Zn、Se、Pb 暴露显著相关。综上所述,研究发现 EC、OC、SO$_4^{2-}$、NO$_3^-$、NH$_4^+$、Cl$^-$、K$^+$、Si、K、Fe、Zn、Ca、Mn、Ba、As、Se 和 Pb 在单组分模型中与至少 2 种炎症生物标志物相关联。多重比较校正后,EC、OC、SO$_4^{2-}$、NH$_4^+$、K$^+$、Si、K、Fe、Zn、Ca、Ba、As、Se 和 Pb 与至少 2 种炎症生物标志物仍然显著或边际显著相关。

研究人员对单组分模型中效应的稳健性进行进一步的评估。图 5-38～图 5-42 显示了组分-PM$_{2.5}$ 模型的结果,以及组分-残差模型的结果。本研究发现,经 PM$_{2.5}$ 和(或)共线性校正后,某些正相关显著减弱或失去统计学意义。值得注意的是,EC、SO$_4^{2-}$、Cl$^-$、K$^+$、Si、K、Fe、Zn、Ba、As、Se 和 Pb 对至少 2 种炎症生物标志物的估计效应对这种调节不敏感。多重校正比较后,Cl$^-$、K$^+$、Si、K、As 和 Pb 与 IL-8 显著相关;SO$_4^{2-}$、Se 与 IL-8 边际显著相关;SO$_4^{2-}$、As 和 Se 与 TNF-α 边际显著相关;Si、K、Zn、As、Se 和 Pb 与 MCP-1 边际显著相关。主成分分析因子 1 与 TNF-α、IL-8 和 MCP-1 的增加显著或边际显著相关;因子 2 与 IL-6、IL-8、sICAM-1 和 MCP-1 的增加显著或边际显著相关。

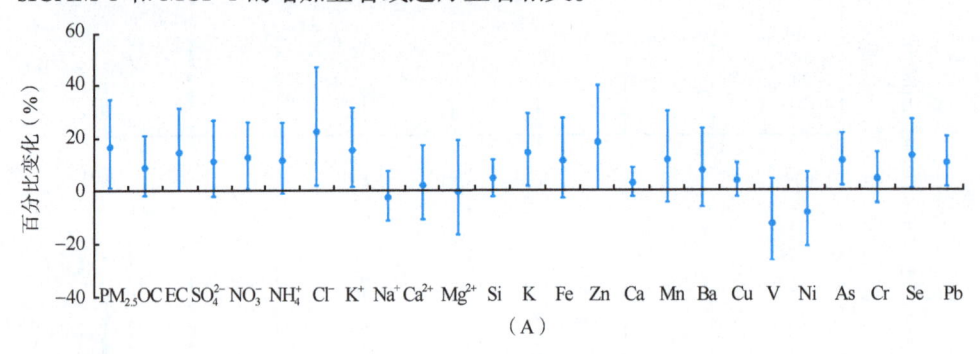

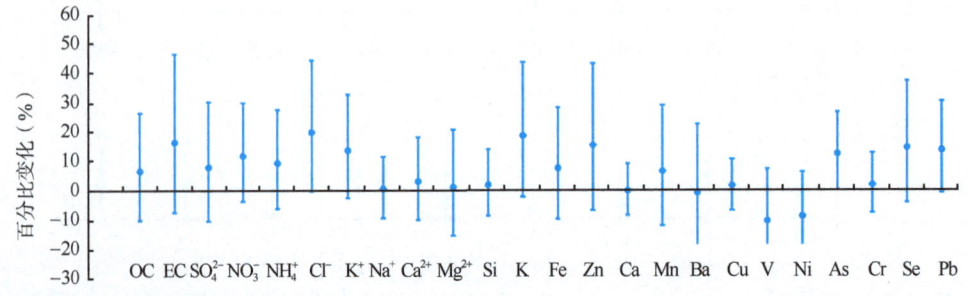

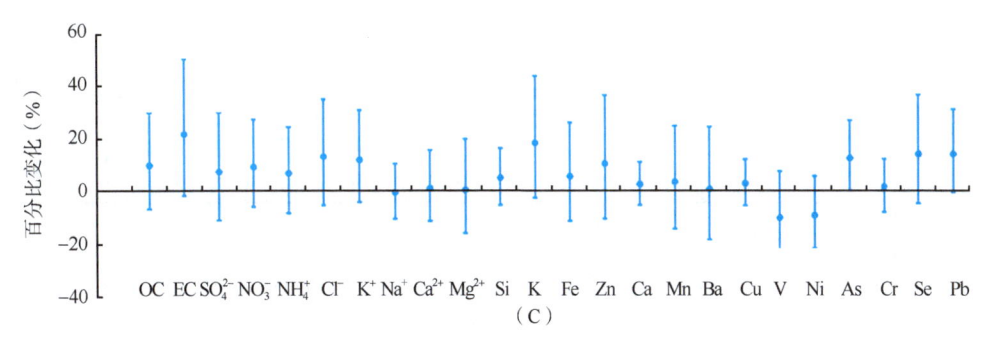

第五章 大气细颗粒物不同粒径和化学组分对成人急性健康效应的暴露-反应关系研究 | 221

图 5-38 PM$_{2.5}$组分浓度每升高 1 个 IQR 时 IL-6 在 lag1d 的百分比变化
（A）单一组分模型；（B）组分-PM$_{2.5}$调整模型；（C）组分-残差模型

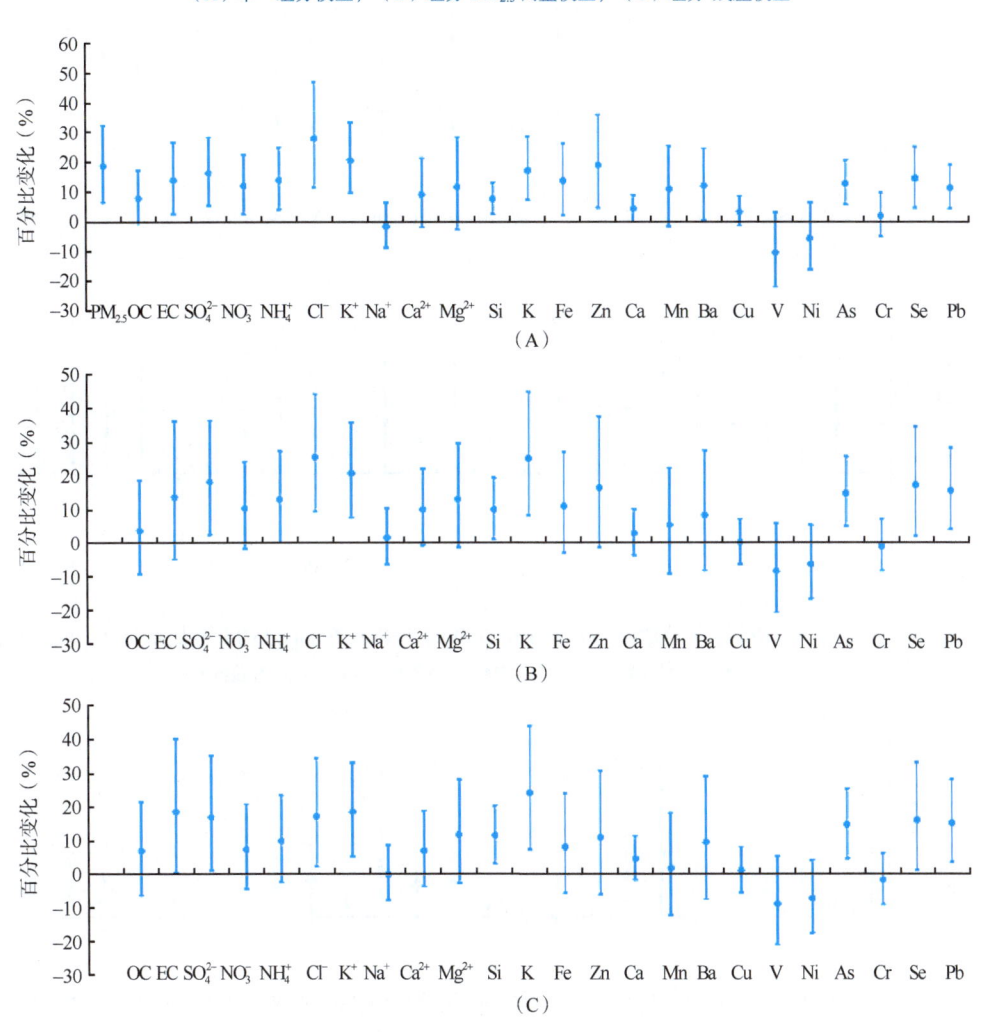

图 5-39 PM$_{2.5}$组分浓度每升高 1 个 IQR 时 IL-8 在 lag1d 的百分比变化
（A）单一组分模型；（B）组分-PM$_{2.5}$调整模型；（C）组分-残差模型

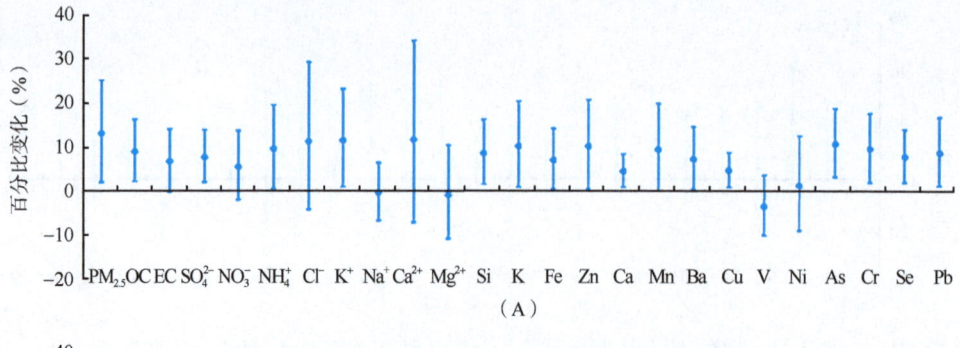

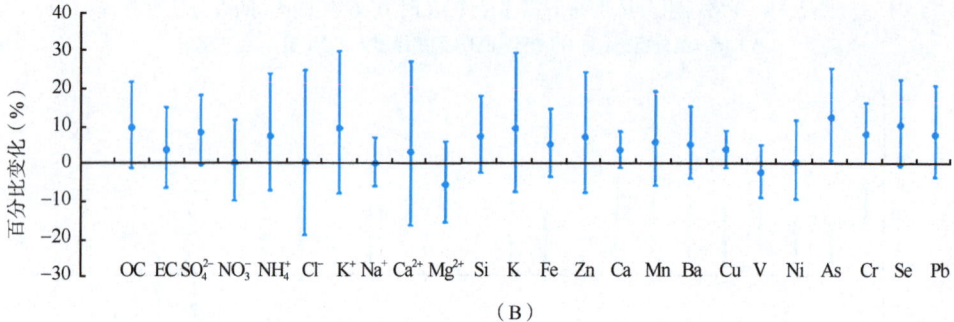

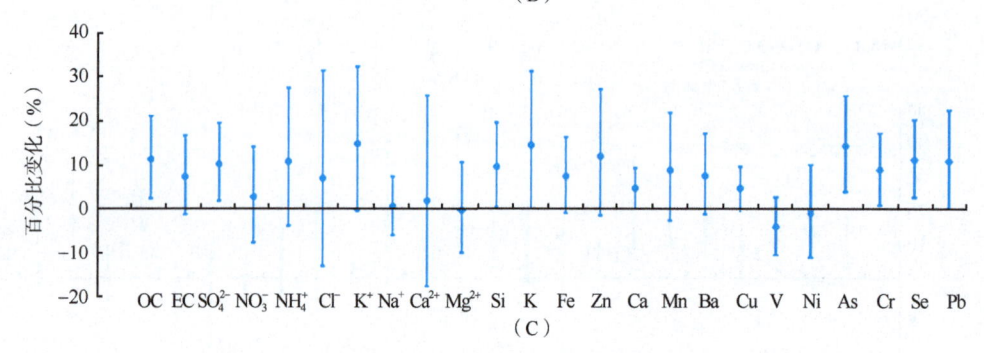

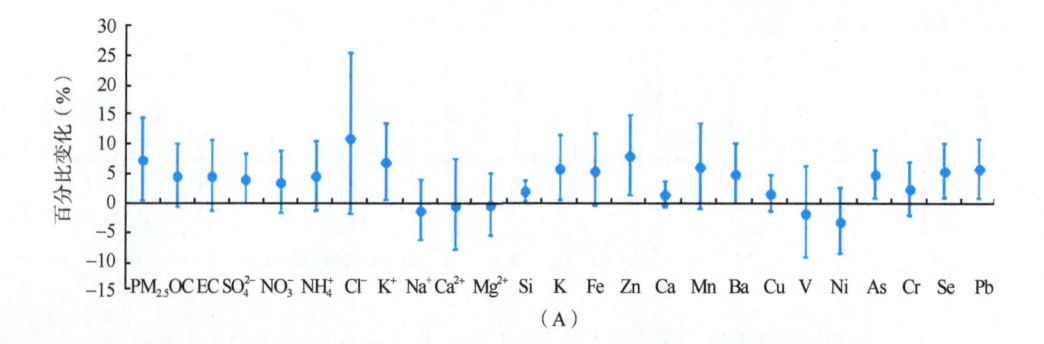

图 5-40　PM$_{2.5}$ 组分浓度每升高 1 个 IQR 时 TNF-α 在 lag0d 的百分比变化
（A）单一组分模型；（B）组分-PM$_{2.5}$ 调整模型；（C）组分-残差模型

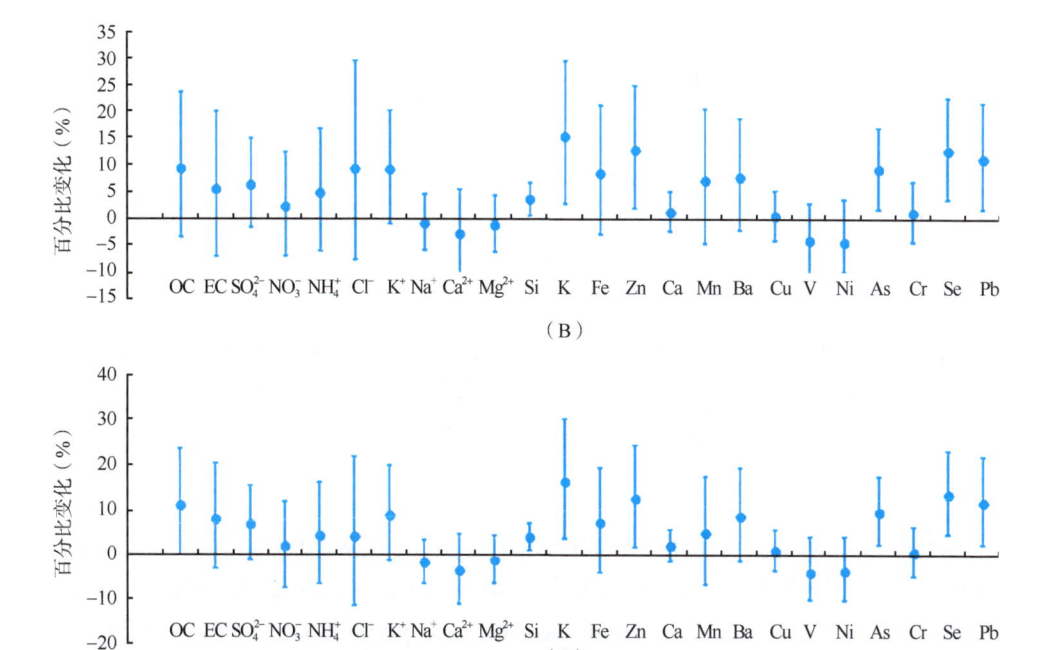

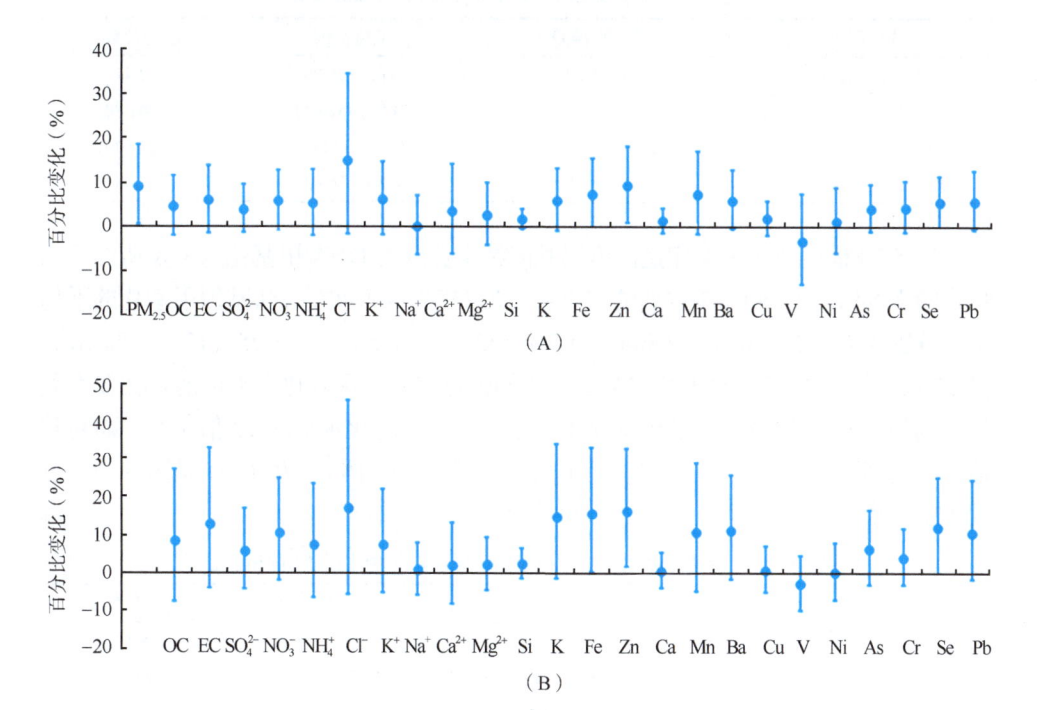

第五章 大气细颗粒物不同粒径和化学组分对成人急性健康效应的暴露–反应关系研究 | 223

图 5-41 PM$_{2.5}$ 组分浓度每升高 1 个 IQR 时单核细胞趋化蛋白-1 在 lag02 的百分比变化
（A）单一组分模型；（B）组分-PM$_{2.5}$ 调整模型；（C）组分-残差模型

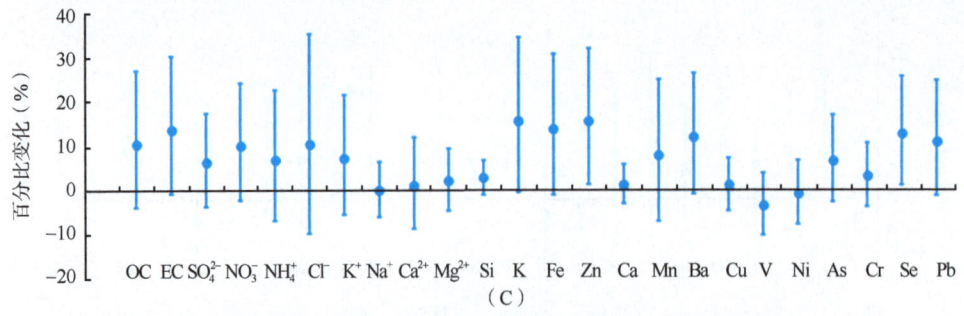

图 5-42　PM$_{2.5}$组分浓度每升高 1 个 IQR 时细胞间黏附分子-1 在 lag02 的百分比变化
（A）单一组分模型；（B）组分-PM$_{2.5}$调整模型；（C）组分-残差模型

5.4.3.7　PM$_{2.5}$ 各组分对炎症因子编码基因甲基化水平的影响

1. 描述性分析结果

表 5-27 概括了研究期间炎症指标的描述性统计数据，不同指标的度量范围跨度较大，其中纤维蛋白原以 μg/ml 度量，sICAM-1 以 ng/ml 度量，TNF-α 和可溶性 CD40 配体（soluble CD40 ligand，sCD40L）以 pg/ml 度量。TNF-α、sICAM-1、sCD40L、纤维蛋白原的平均浓度（标准差）分别为 4.22（5.27）pg/ml、172.80（98.31）ng/ml、121.50（86.61）pg/ml、3.03（3.58）μg/ml。

表 5-27　受试对象血液炎症因子水平的描述性结果

炎症因子	均值±标准差	变化范围	中位数
TNF-α（pg/ml）	4.22±5.27	0.66~38.88	2.44
sICAM-1（ng/ml）	172.80±98.31	24.92~574.40	143.80
sCD40L（pg/ml）	121.50±86.61	0.33~372.00	111.00
纤维蛋白原（μg/ml）	3.03±3.58	0.88~26.83	1.88

表 5-28 描述了 4 种炎症蛋白编码基因特定位点的 DNA 甲基化水平及所测不同位点的平均值。不同 CpG 位点的 *TNF-α*、*ICAM-1*、*CD40L*、*F3* 基因甲基化的平均水平分别为（17.28±6.60）%5mC、（3.49±2.29）%5mC、（48.25±12.46）%5mC、（3.67±2.62）%5mC。对于某些基因，不同位点之间的甲基化水平可能存在较大差异，例如，*F3* 基因位点 5 的甲基化水平是位点 1 甲基化水平的 10 倍左右。而对其他一些基因而言，各位点间的甲基化的平均水平相似，例如，*ICAM-1* 基因 3 个位点的甲基化水平均在 3~4。

表 5-28　受试对象 DNA 甲基化水平的描述性结果（%5mC）

DNA 甲基化	位点	均值±标准差	变化范围	中位数
TNF-α 甲基化	位点 1	8.20±3.07	0.00~18.61	8.10
	位点 2	26.36±10.66	11.49~53.69	22.02
	平均	17.28±6.60	6.61~35.43	15.74

续表

DNA 甲基化	位点	均值±标准差	变化范围	中位数
ICAM-1 甲基化	位点 1	3.63±2.91	0.00~9.75	2.84
	位点 2	3.04±1.78	0.00~7.47	2.64
	位点 3	3.75±3.05	0.00~18.5	3.78
	平均	3.49±2.29	0.00~8.88	2.91
CD40L 甲基化	位点 1	42.69±14.20	18.16~61.46	53.12
	位点 2	53.85±10.80	33.29~66.75	60.32
	平均	48.25±12.46	25.73~63.64	55.71
F3 甲基化	位点 1	1.04±1.63	0.00~7.33	0.00
	位点 2	1.80±2.09	0.00~12.19	0.00
	位点 3	2.88±2.45	0.00~8.89	3.48
	位点 4	1.49±1.88	0.00~5.87	0.00
	位点 5	10.98±6.75	0.00~25.87	8.84
	平均	3.67±2.62	0.00~9.40	2.92

表 5-29 概括了 4 种炎症蛋白编码基因不同 CpG 位点 DNA 甲基化水平之前的相关系数。尽管甲基化比例在不同位点之间有所不同，但它们彼此之间相关性很高（相关系数的范围为 0.58~0.92，$P<0.05$），这表明它们大多数可能具有相同的功能，因此笔者将各位点甲基化水平的平均值纳入模型中做统计分析。

表 5-29 不同位点甲基化水平之间的斯皮尔曼相关系数

DNA 甲基化	位点	相关系数
TNF-α 甲基化	位点 1 与位点 2	0.82
ICAM-1 甲基化	位点 1 与位点 2	0.90
	位点 1 与位点 3	0.64
	位点 2 与位点 3	0.68
CD40L 甲基化	位点 1 与位点 2	0.92
F3 甲基化	位点 1 与位点 2	0.66
	位点 1 与位点 3	0.72
	位点 1 与位点 4	0.58
	位点 1 与位点 5	0.71
	位点 2 与位点 3	0.76
	位点 2 与位点 4	0.81
	位点 2 与位点 5	0.70
	位点 3 与位点 4	0.69
	位点 3 与位点 5	0.87
	位点 4 与位点 5	0.68

注：所有显著性分析均具有统计学意义（$P<0.01$）。

2. 回归分析结果

图 5-43 显示了 16 种个体 $PM_{2.5}$ 组分急性暴露（72h）对循环系统炎症因子水平的影响。本研究观察到所有 $PM_{2.5}$ 组分暴露与 sICAM-1 炎症因子的水平均没有显著相关性；相反，所有 $PM_{2.5}$ 组分与 TNF-α 炎症因子水平均相关。特别是，个体暴露于 Pb 的浓度每升高 1 个 IQR 与 sCD40L 和 TNF-α 表达分别升高 42.43%（95% CI：4.27%～94.57%）（P = 0.03）和 65.20%（95%CI：37.07%～99.10%）有关（P<0.01）。个人暴露于 Si 的 IQR 升高与纤维蛋白原增加 44.46%（95% CI：16.12%～79.71%）有关。

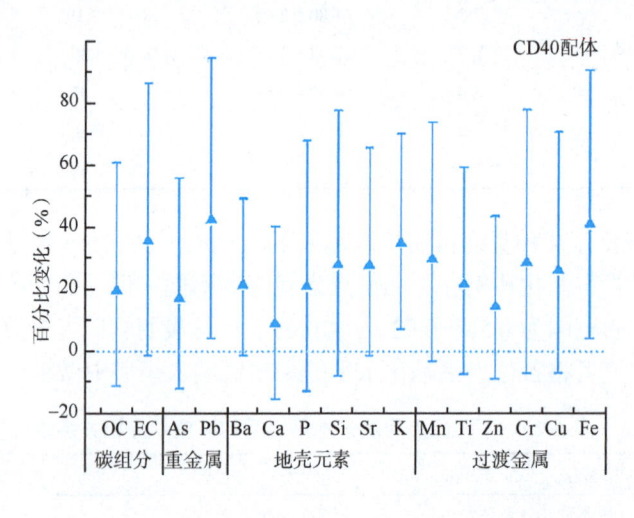

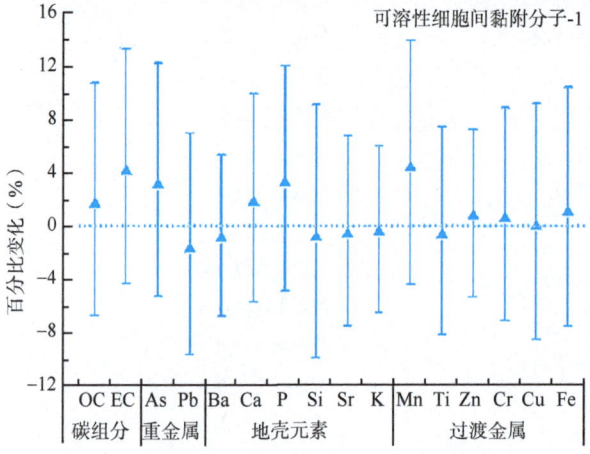

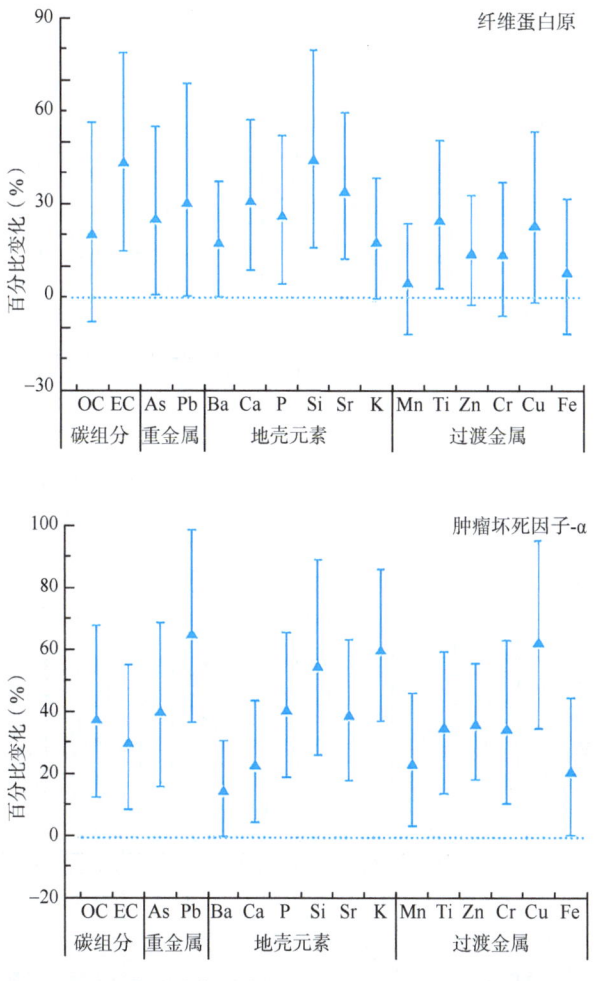

图 5-43　PM$_{2.5}$ 组分浓度每升高 1 个 IQR 引起的蛋白因子百分比变化

图 5-44 显示了 16 种个体 PM$_{2.5}$ 组分急性暴露（72 小时）对循环炎症基因甲基化水平的影响。本研究观察到，个体暴露于 Cr 的浓度每上升 1 个 IQR，*ICAM-1* 甲基化水平边际显著性增加（*P*=0.10）；其他 15 种 PM$_{2.5}$ 组分的升高均与至少 1 种循环炎症蛋白编码基因甲基化水平的降低显著相关（*P*<0.05）。例如，个体暴露于 K 和 Pb 的浓度每增加 1 个 IQR，*sCD40L* 甲基化程度降低 1.28%5mC（95%CI：0.45～2.11%5mC），*F3* 甲基化水平降低 1.25%5mC（95%CI：0.67～1.84%5mC）。个体暴露于 Si 的浓度每上升 1 个 IQR，*ICAM-1* 和 *TNF-α* 甲基化水平分别下降了 1.21%5mC（95%CI：0.65～1.76%5mC）和 3.25%5mC（95%CI：1.67～4.82%5mC）。

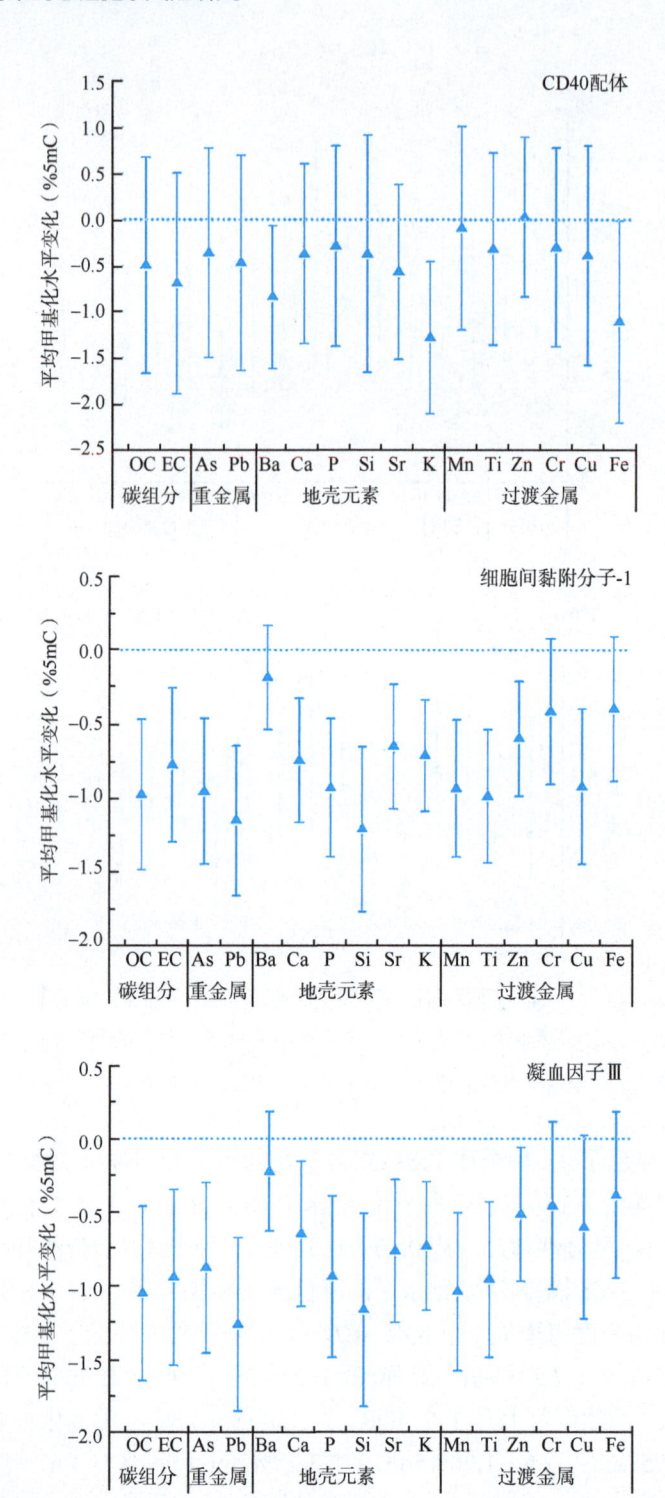

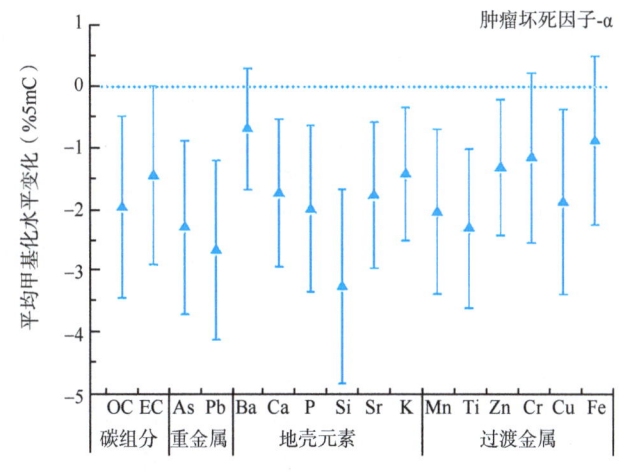

第五章　大气细颗粒物不同粒径和化学组分对成人急性健康效应的暴露–反应关系研究 | 229

图 5-44　PM$_{2.5}$ 组分浓度每升高 1 个 IQR 引起的 DNA 甲基化水平变化
（均值和置信区间）

表 5-30 中显示了 4 种炎症因子水平与其编码基因 DNA 甲基化水平之间的相关关系。本研究发现，TNF-α 和纤维蛋白原分别与其编码基因的甲基化水平之间存在显著负相关。经过中介效应三个前提条件的初步检验，本研究假设 *F3* 低甲基化间接介导 EC、As、Ca、P、Pb、Si、Sr 和 Ti 组分暴露对纤维蛋白原的影响；*TNF-α* 低甲基化间接介导 EC、As、Ca、Cu、K、P、Pb、Si、Sr、Ti 和 Zn 组分暴露对 TNF-α 的影响。

表 5-30　个体水平 PM$_{2.5}$ 暴露后不同位点 DNA 甲基化与下游蛋白之间的相关关系

位点	sCD40L	TNF-α	sICAM-1	纤维蛋白原
平均值	0.03	−0.46**	0.03	−0.21*
位点 1	−0.00	−0.44**	0.00	−0.15
位点 2	0.05	−0.47**	0.04	−0.16
位点 3			0.05	−0.21*
位点 4				−0.11
位点 5				−0.23*

*$P<0.05$；**$P<0.01$。

本研究针对以上符合条件的潜在中介因子，评估 DNA 甲基化水平的改变是否发挥了中介作用，并计算中介比例，结果见表 5-31。不同 PM$_{2.5}$ 组分暴露所致 TNF-α 水平升高过程中，TNF-α 甲基化水平降低在中介作用上可能会有不同的大小效应。其中，在个体 Cu 暴露所致 TNF-α 表达水平升高过程中，*TNF-α* 甲基化水平降低发挥的中介作用最弱，中介率为 19.89%；而在个体 Ca 组分暴露所致 TNF-α 水平升高过程中，*TNF-α* 甲基化降低发挥的中介作用较大，中介率达到

41.75%。*F3*甲基化水平的降低，在不同PM$_{2.5}$组分暴露所致纤维蛋白原表达水平升高过程中没有发挥显著的中介作用。

表 5-31 DNA 甲基化的中介率

通路	组分	中介率（%）	95%CI（%）	*P*
PM$_{2.5}$组分 → *F3*甲基化 → 纤维蛋白原	EC	3.73	−6.78～24.00	0.42
	As	8.70	−12.30～54.00	0.28
	Ca	7.47	−10.25～39.00	0.33
	P	8.33	−8.22～55.00	0.23
	Pb	9.16	−18.39～98.00	0.29
	Si	6.11	−14.26～35.00	0.50
	Sr	6.12	−5.20～36.00	0.29
	Ti	14.90	−10.30～81.00	0.25
PM$_{2.5}$组分 → *TNF-α*甲基化 → TNF-α蛋白	EC	29.34	−7.90～76.00	0.10
	As	33.50	9.30～69.00	0.02
	Ca	41.75	−0.53～139.00	0.05
	Cu	19.89	3.89～39.00	0.03
	K	27.00	13.10～48.00	0.00
	P	26.53	6.84～48.00	0.02
	Pb	25.21	9.88～48.00	0.00
	Si	34.70	17.50～59.00	0.00
	Sr	27.18	6.27～57.00	0.01
	Ti	32.40	12.10～74.00	0.00
	Zn	20.27	0.43～40.00	0.04

5.4.4 讨　　论

5.4.4.1　固定监测与个体监测 PM$_{2.5}$ 组分的相关性

本研究评估了 16 种 PM$_{2.5}$ 组分在固定点监测与个体暴露水平之间的差别。研究结果发现，固定点监测浓度明显高于大部分 PM$_{2.5}$ 组分真实个体暴露水平。

本研究发现个体暴露与固定点监测的 PM$_{2.5}$ 组分浓度因组分而异。在 16 种 PM$_{2.5}$ 组分中，固定点监测的 Fe、Ca、Mn 和 V 略低于或相当于个体暴露水平。但是，固定点监测的其余所有组分均高于个体暴露水平。这个结果部分验证了之前的研究发现，即固定点监测结果高于个体 PM$_{2.5}$ 暴露水平。目前，固定点监测与个体暴露的 PM$_{2.5}$ 及其组分之间的关系并不一致。一项系统综述研究报道，在北美和欧洲的 17 个城市中，固定点监测的 PM$_{2.5}$ 浓度（8.3～25.2μg/m³）低于个体暴露（$9.3\sim28.6\mu g/m^3$）。但是，加拿大温莎市的一项基于连续 5 日测量结果的研究发现，室外平均 $PM_{2.5}$ 浓度比个体暴露水平高 2 倍。底特律暴露与气溶胶研究发现，密歇根州韦恩县的 7 个居民区中 Ca、Fe、Mn、Pb、Zn 和 Si 个体暴露与大气环境浓度在不同居民区和组分间不一致。这些差异可能归因于本地污染排放差异或 $PM_{2.5}$ 组分二次生成过程的差异。

5.4.4.2 $PM_{2.5}$ 各组分对呼吸道炎症指标的影响

本研究观察到 $PM_{2.5}$ 暴露当日引起 *NOS2A* 甲基化水平下降、*ARG2* 甲基化水平增加和随后在滞后 1 日内 FeNO 增加。ARG 是产生 FeNO 的另一关键酶，但关于其与 $PM_{2.5}$ 的关联研究很少，且结果并不一致。在精氨酸酶–一氧化氮合酶途径中，*ARG2* 启动子高甲基化与 *ARG2* 基因表达降低相对应，可能提高 L 型精氨酸的利用率，促进 NO 的生物合成。在啮齿动物模型中，精氨酸酶活性抑制可能通过改变 NO 内稳态进而增强肺部炎症。Jung 等发现短期暴露于 $PM_{2.5}$ 与城市儿童中 *ARG2* 甲基化水平升高有关，但这种关联并不显著。此外，有研究发现 *ARG2* 的 DNA 甲基化水平与哮喘儿童的 FeNO 水平呈负相关。鉴于 $PM_{2.5}$ 与 *ARG2* 甲基化和 FeNO 相关性的结果非常有限且相当不一致，仍需进一步的研究来证实这一发现。

确定 $PM_{2.5}$ 中引起呼吸道炎症反应的主要组分，对于有针对性地调控 $PM_{2.5}$ 空气污染具有重要意义。此外，分析各种 $PM_{2.5}$ 组分在 FeNO 产生过程中的作用（即精氨酸酶–一氧化氮合酶通路）将有助于提高现有证据的一致性，并加强对关键组分的探索。OC 和 EC 主要来自包括交通在内的燃烧源。在本研究中，OC 和 EC 的增加在不同模型中与 FeNO 提高、*NOS2A* 甲基化水平降低及 *ARG2* 甲基化水平升高相关。同样，OC 和（或）EC 在其他流行病学研究中也与气道炎症生物标志物有关。例如，既往研究在 COPD 患者中发现，OC 和（或）EC 暴露与 *NOS2A* 甲基化水平降低和 FeNO 水平升高有稳定的联系。Jung 等发现黑炭（EC 的替代物）与 *NOS2A* 甲基化水平降低有关，而 NOS2A 蛋白的表达增加了城市儿童的 FeNO 水平。Delfino 等观察到暴露于 EC 后，哮喘儿童 FeNO 水平升高。

在 $PM_{2.5}$ 组分中，无机离子通常占据最大的比例，因此一直受到研究人员的极大关注。值得注意的是，本研究没有发现无机离子与 FeNO，以及 *NOS2A* 和 *ARG2* 的 DNA 甲基化水平存在显著关联。迄今为止，还没有足够的证据表明无机离子在 $PM_{2.5}$ 相关呼吸道健康风险中的潜在作用，现有毒理学证据也不支持这些离子和健康风险之间的因果关系。例如，一部分流行病学研究发现一些无机离子（如 NO_3^-、NH_4^+ 和 SO_4^{2-}）与呼吸道健康结果有关，但其他一些研究表明，无机离子相对其他成分毒性较低。关于无机离子的研究结果的不一致性可能和人口易感性、地理位置、暴露监测工具和暴露成分有关。此外，研究的小样本量导致统计效力降低也可能是本研究未能发现无机离子显著效应的原因。

$PM_{2.5}$ 中的微量元素主要来源于矿物燃料燃烧、高温金属加工和地壳。笔者发现 K、Fe、Zn、Ba、Cr、Se、Pb 与 FeNO 的增加和相关基因的 DNA 甲基化水平改变密切相关。很少有流行病学研究探讨 $PM_{2.5}$ 中微量元素对呼吸道炎症反应的影响。Rosa 等发现，短期暴露于环境 V 和 Fe（但不包括 Ni 和 Zn）与市中心儿童 FeNO 的增加有关。毒理学证据进一步表明，金属对于 $PM_{2.5}$ 引起的心肺系统损伤至关重要，因为它们能够刺激活性氧类和炎症反应的产生。例如，在小鼠巨噬细胞实验中观察到，Fe、Mn、Cu、Cr 和 Co 暴露可导致炎症反应，这证实 PM 诱导的肺部氧化应激和炎症可能主要归因于 $PM_{2.5}$ 中的金属组分。

5.4.4.3 $PM_{2.5}$ 各组分对肺功能的影响

大量流行病学研究表明 $PM_{2.5}$ 短期暴露与普通人群肺功能下降有关。在本研究中，$PM_{2.5}$ 暴露引起 COPD 患者的 FEV_1% 预计值显著下降，这与一些文献报道的结果一致。例如，有研究曾在 COPD 人群中发现 $PM_{2.5}$ 浓度每增加 1 个 IQR（$111.0\mu g/m^3$），FEV_1 减少 2.7%（95%CI：-4.9%~-0.4%）。还有研究发现 $PM_{2.5}$ 暴露与 COPD 患者 FEV_1 降低有关，但在健康老年人中未观察到这种关联。然而，也有一些研究表明 $PM_{2.5}$ 暴露并不会导致 COPD 患者 FEV_1 和 PEF 水平下降。研究结果之间的不一致性可能是由于研究设计、研究人群、细颗粒物及其组分浓度水平的差异造成的。

另外，$PM_{2.5}$ 不同化学组分对肺功能的潜在影响尚有待阐明。本研究结果表明，水溶性无机离子（如 NO_3^-）和某些金属元素（如 As、Cu、Pb、K）与 FEV_1% 预计值下降显著相关。这一结果与在上海开展的一项基于 COPD 患者的时间序列定群研究一致，该研究发现 FEV_1 降低与 NO_3^- 相关，而且在进一步控制 $PM_{2.5}$ 总质量浓度和共线性后，NO_3^- 与晨间和晚间 FEV_1 的相关性仍有显著的统计学意义，甚至效应更强，提示 NO_3^- 对肺功能可能有独立的不良影响。另一项研究还发现产前 NO_3^- 暴露与儿童肺功能下降有关，这表明 NO_3^- 可阻碍生长发育期间肺功能的发育，并最终影响整个生命周期的肺功能。此外，既往研究也发现 $PM_{2.5}$ 组分重金属元素对肺功能具有损害作用。例如，一项"移民"研究表明 4 种金属组分（Cu、As、Cd 和 Sn）与肺功能指标（晚间 PEF 和早晚 FEV_1）的降低密切相关。另一项涵盖 8 种组分（Cu、Fe、K、Ni、S、Si、V、Zn）的欧洲多中心研究则发现，多个肺功能指标（FEV_1、FVC 和 PEF）的降低与上述大多数金属元素暴露有关。

$PM_{2.5}$ 对肺功能影响的相关生物学机制已被广泛探讨，$PM_{2.5}$ 及其水溶性组分可能通过对肺泡巨噬细胞的损害作用，增强氧化应激、炎症反应，从而引起肺部损伤和肺功能下降。

5.4.4.4　PM$_{2.5}$各组分对左心室射血分数的影响

本研究发现了水溶性无机离子（NH$_4^+$和NO$_3^-$）和金属元素（Se和Zn）与LVEF之间的显著相关性。既往大量研究显示PM$_{2.5}$的部分水溶性组分对心血管系统可能有更大的影响。例如，近期一项时间序列研究表明，心血管死亡率增加与燃烧产生的次生气溶胶组分（如NH$_4^+$、NO$_3^-$、SO$_4^{2-}$）有关，而与PM$_{2.5}$的其他组分无关。此外，定群研究也发现NH$_4^+$和NO$_3^-$与血压升高和心率变异性下降有关。既往研究也报道了金属元素对不良心血管结局的影响。例如，一项系统综述结果表明，若干金属组分（如Zn、Fe、Ni、K）均与心血管疾病住院和死亡风险增加有关。

5.4.4.5　PM$_{2.5}$各组分对心率变异性指标的影响

本研究是为数不多的探究PM$_{2.5}$不同组分对HRV影响的研究。本项研究的结果表明，PM$_{2.5}$某些组分包括EC、OC、NO$_3^-$、SO$_4^{2-}$、As、Cd、Cr和Ni与HRV降低密切相关。时域指标是临床实践中最常见的HRV评估指标。其中，SDNN是使用最广泛的HRV参数，是反映总体可变性的指标，而rMSSD和pNN50被认为是主要反映心脏副交感神经调制的指标。频域指标中，HF被认为可以反映交感和迷走神经的影响。已经证明，时域指标和频域指标彼此相关。一项研究评估了PM$_{2.5}$对加拿大蒙特利尔健康年轻自行车手的心脏功能的短期影响，结果表明，PM$_{2.5}$每增加1μg/m^3，HR就增加0.48（95%CI：0.22～15.61）。在中国台北地区进行的另一项研究发现，PM$_{2.5}$的5分钟移动平均值与HF和SDNN20的降低显著相关。本研究的结果与其他研究一致，表明PM$_{2.5}$成分与时域指标和频域指标呈负相关。

找出PM$_{2.5}$中会对健康造成有害影响的最主要组分非常重要。在我们的研究中，包括EC、NO$_3^-$、AS、Cd、Ni和V在内的几种PM$_{2.5}$组分与频域指标呈现显著相关性，而EC、NO$_3^-$和Cd与3个时域指标呈现显著相关性。根据上海的长期PM$_{2.5}$化学组分测量，PM$_{2.5}$的平均浓度为（48.3±35.1）μg/m^3，有机物为主要成分（29.7%±13.9%），其次是硫酸盐（25.1%±8.1%）、硝酸盐（18.5%±8.3%）、铵（13.3%±3.8%）和其他微量元素（6.8%±4.0%）。显然，碳组分和水溶性无机离子占PM$_{2.5}$的大部分。另外，与其他PM元素不同，碳组分在不同季节之间保持非常相似的水平，这意味着道路交通是PM$_{2.5}$的稳定来源。在碳组分中，OC是机动车尾气粉尘中的主要成分，与其他单一粉尘源不同，可以用作识别机动车尾气粉尘的标记。一项系统评价评估了短期和长期黑炭或相关成分元素碳（EC）与心血管终点（包括HRV、HR、血压和血管功能）的相关性。结果表明，黑炭、

EC 和 PM$_{2.5}$ 均与心血管反应有关，但现有证据不足以从 PM$_{2.5}$ 中识别黑炭（或 EC）的作用。研究表明，EC 对化学反应具有很强的耐受性，并且对人体污染物具有良好的识别作用。当 OC/EC 范围为 1.00～4.20 时，表明空气污染来自机动车的尾气排放。当 OC/EC 范围为 4.50～10.50 时，表明它来自燃煤排放。本研究中，OC/EC 为 2.15，可以推断空气污染主要来源于机动车的尾气排放。

在水溶性无机离子中，NO_3^- 是在催化剂的作用下由汽车尾气排放的氮氧化物反应形成的；SO_4^{2-} 的主要来源是由化石燃料在催化剂作用下燃烧产生的 SO_2 反应形成的。对韩国首尔社区的 466 位老年受试者进行的一项纵向研究表明，NO_3^-、SO_4^{2-} 和 NH_4^+ 的增加与 HR 变化显著相关。大气颗粒物中 NO_3^- 和 SO_4^{2-} 的比例可用于确定移动源和固定源（如煤）对大气污染的贡献。如果 NO_3^-/SO_4^{2-} 的比例小于 1，则表明固定污染源大于移动污染源。本研究中，NO_3^-/SO_4^{2-} 为 1.53，表明移动污染源（如机动车尾气）是主要的污染源。一项研究表明，包括 Ni、V 在内的船舶排放物是心血管疾病死亡率的重要有害因素，应在空气污染的控制和管理中予以重视。一项关于锅炉制造商建筑工人暴露于富含金属的烟气的定群研究探讨了白天暴露于 PM$_{2.5}$ 中的金属元素与夜间 HRV 之间的关系。这项研究发现，在暴露-反应模型中，金属暴露增加与夜间 rMSSD 降低呈线性暴露-反应关系。Mn 每增加 1μg/m^3，则夜间 rMSSD 下降 0.130ms（95%CI：-0.162～-0.098ms）。Mn 是地壳元素，可用作炉渣粉尘的标记元素。Zn 和 Pb 来自金属冶炼、燃煤和汽车轮胎磨损。因此，我国政府应加强对汽车尾气排放和金属冶炼的控制，以减少空气污染对人体健康的影响。

本研究仍然存在一些局限性：第一，由于我们的环境数据是从固定的现场监测仪获得的，因此暴露测量误差是不可避免的。第二，本研究中的样本量相对较小，一些重要的关联可能被低估了。第三，这项研究的推广可能受到限制。第四，暴露的错误分类在各个组分之间可能会有所不同，这可能会影响组分与 HRV 之间的相关性。

5.4.4.6　PM$_{2.5}$ 各组分对血液炎症因子的影响

本研究采用 3 种模型分析了 PM$_{2.5}$ 组分对炎症生物标志物的影响。在进行多次校正后，Cl$^-$、K$^+$、Si、K、As 和 Pb 与至少 1 种炎症生物标志物显著相关。SO$_4^{2-}$、Zn、Se 在所有模型中至少与 1 种炎症生物标志物边际显著相关。

炎症反应是心血管疾病发展的关键机制之一。许多分子流行病学研究表明，短期 PM$_{2.5}$ 暴露与血液中炎症生物标志物水平升高之间存在稳健关联。本研究发现，PM$_{2.5}$ 暴露对炎症生物标志物的影响发生在暴露当日、第 2 日或第 3 日逐渐减弱。PM$_{2.5}$ 每增加 1 个 IQR（39.67μg/m^3），IL-8、MCP-1、IL-6、TNF-α

和 sICAM-1 分别增加 18.78%、7.23%、16.66%、13.00%和 9.22%。本研究观察到的滞后模式和效果估计值大小与既往研究类似。例如，既往的一项定群研究发现，在 COPD 患者中，PM$_{2.5}$ 浓度每增加一个 IQR（27.4μg/m³），MCP-1、TNF-α 和 sICAM-1 分别增加 6.6%、4.5%和 12%，并且这些相关性仅发生在 PM$_{2.5}$ 暴露 24 小时内。

目前只有少数研究评估了 PM$_{2.5}$ 组分对炎症生物标志物的影响，并且结果仍然不一致。碳组分（EC 和 OC）主要来源于化石燃烧。以往的流行病学研究大多表明 EC 和 OC 对系统性炎症的独立作用，但对于同一生物标志物的结果并不总是一致的。本研究发现 EC 与所检测的大多数炎症生物标志物（IL-6、IL-8 和 TNF-α）之间存在显著相关性，这与之前对炎症生物标志物（IL-6、TNF-α 和 IL-1β）的研究结论一致。

无机离子通常占 PM$_{2.5}$ 总质量的最大比例，并在流行病学研究中得到广泛的研究。本研究发现 SO_4^{2-}、Cl^-、K^+ 与血液炎症存在稳健相关。以前关于无机离子和炎症生物标志物的结论并不一致。例如，本研究观察到 NO_3^- 和 NH_4^+ 与炎症生物标志物密切稳健相关，但在之前的定群研究中，调整 PM$_{2.5}$ 或共线性后，Cl^- 和 SO_4^{2-} 的效应变得不明显。Wu 等报道称，Cl^- 始终与 TNF-α 显著相关，但在调整其他组分的影响后，TNF-α 与 SO_4^{2-} 和 NO_3^- 的相关性不显著。因此，有必要用更可控的设计来验证各种离子对循环生物标志物的潜在影响。

尽管金属元素只占 PM$_{2.5}$ 总质量的很小一部分，但是其与心血管疾病的不良影响经常被报道。例如，Ostro 等发现 PM$_{2.5}$ 中的 K、Zn 与 Fe 增加心血管死亡率的急性效应。Rohr 等基于文献综述发现，在流行病学中最常被研究的元素 Ni、V、Zn、Cu、Si 和 K 与负面健康结局显著相关。但是，关于金属元素对人体炎症生物标志物影响的证据非常有限。本研究揭示了某些金属元素（Si、K、Zn、As、Se、Pb）与炎症生物标志物显著相关。同样，Wu 等在健康成人的定群研究中发现 TNF-α 与 Zn 始终呈显著正相关。毒理学研究也支持 PM$_{2.5}$ 组分中的某些金属元素具有促炎作用。例如，Shang 等收集了 2008 年北京夏季奥运会之前和期间的 PM$_{2.5}$ 样本来探索其生物效应，在小鼠肺泡巨噬细胞的体外研究表明 PM$_{2.5}$ 暴露与 6 种炎症生物标志物相关；Cr 与 3 种生物标志物相关；Fe 和 Ba 与 2 种生物标志物相关；Ni、Mg、K 和 Ca 与 1 种生物标志物相关。但未来需要更大的样本量，利用多污染物建模方法来识别某特定金属元素的效应。

5.4.4.7　PM$_{2.5}$ 各组分对炎症因子编码基因甲基化水平的影响

本研究通过分析个体 PM$_{2.5}$ 中 16 种化学组分暴露与炎症蛋白水平和 DNA 甲基化之间的关系，鉴别 PM$_{2.5}$ 暴露引起人体炎症损伤的关键化学组分，进一步探索潜在的表观遗传通路机制。本研究可为制订空气污染控制策略和提高公共健康保障提供科学依据。

已有研究证实短期暴露于 $PM_{2.5}$ 不仅可直接导致心血管疾病的发病甚至死亡，而且可以通过影响循环系统中炎症功能蛋白来间接对心血管系统健康造成危害。已有研究证明 $PM_{2.5}$ 浓度与这些炎症因子的水平相关，但目前的研究结果尚不一致。结果不一致可能是由于在这些研究中 $PM_{2.5}$ 数据来源于附近的固定监测站，这不可避免地引入了暴露成分。因为每个个体的行为活动模式和所处的微环境都不同，每个人的暴露水平也不尽相同，因此本研究采用个体暴露的采样方式，以最大限度地减少暴露偏差。本研究发现大多数 $PM_{2.5}$ 化学组分与 TNF-α 和 sCD40L 相关，本研究观察到的结果进一步证实了个人暴露于 $PM_{2.5}$ 后的急性炎症反应。相反，本研究没有发现 $PM_{2.5}$ 化学组分与 sICAM-1 显著相关；$PM_{2.5}$ 所致 sICAM-1 炎症因子表达升高可能归因于研究中未检测的其他组分（如离子组分）。如 Bind 等发现暴露于硫酸盐可能会导致 ICAM-1 蛋白水平的升高。

虽然地壳元素仅占 $PM_{2.5}$ 质量的很小一部分，但本研究发现 5 种地壳元素暴露（K、Ca、P、Si 和 Sr）对炎症因子表达有较大的影响。在过渡金属（Cu 和 Ti）和重金属（As 和 Pb）中也发现了类似的关联。在这些元素中，K 和 P 可指示生物质燃烧排放；As 和 Pb 被认为是工业和移动燃烧的标志物；而 Ca、Si 和 Sr 主要归因于建筑粉尘、土壤和工业过程的混合排放。本研究结果与前人的发现一致。例如，Wu 等在一组纳入 40 名健康大学生的定群研究中发现，北京的尘土和土壤源（具有高载荷的 Ca、Ba、Sr 和 Ti）暴露增加与纤维蛋白原表达升高相关。毒理学和病理学研究表明，Cu、Ca、K、Si 和 Ti 与炎症反应之间存在显著相关性，这些化学组分可能具有诱发心肺系统毒性的作用。Rich 等研究发现道路扬尘中的金属组分（Si、Ca、Ti 和 Cu）浓度的升高与急性心血管疾病住院率增加相关。本研究结果提示暴露于扬尘、机动车、生物质燃烧和工业污染等污染源的化学组分可能会增加心血管疾病的风险。

目前尚不清楚 $PM_{2.5}$ 暴露引发全身性炎症和心血管健康疾病的生物学机制。最近的一项研究发现，DNA 甲基化表观遗传可能是解释空气污染对健康造成不利影响的潜在生物学机制之一。已有研究表明暴露于大气颗粒物会引起全基因组和特定基因位点的甲基化水平降低。例如，Bind 等以美国规范性老龄化研究招募的老年人为研究对象，发现颗粒物暴露后污染物浓度与 *F3* 和 *ICAM-1* 甲基化水平呈负相关。本研究发现 $PM_{2.5}$ 化学组分与 *TNF-α* 和 *F3* 基因的低甲基化有关。中介效应分析进一步证实，降低的 *TNF-α* 甲基化可能介导了某些 $PM_{2.5}$ 组分暴露（包括 EC、As、Ca、Cu、K、P、Pb、Si、Sr 和 Ti）所致 TNF-α 蛋白水平升高。也就是说，在 $PM_{2.5}$ 组分导致循环系统炎症蛋白水平升高的过程中，编码基因甲基化水平的改变可能是潜在的生物学作用机制之一。

5.4.5 小　　结

5.4.5.1 固定监测与个体监测 PM$_{2.5}$ 组分的相关性

本研究发现，固定点监测的 PM$_{2.5}$ 组分浓度高于个体暴露水平，直接使用固定点监测站浓度替代个体暴露水平会导致明显的暴露高估。

5.4.5.2 PM$_{2.5}$ 各组分对呼吸道炎症指标的影响

本研究对 PM$_{2.5}$ 的各种化学组分对气道炎症及其表观遗传机制的效应进行了较为全面的探索。结果表明，OC、EC 和某些金属元素（K、Fe、Zn、Ba、Cr、Se、Pb）与 FeNO 增加、*NOS2A* 甲基化水平降低、*ARG2* 甲基化水平增加有关。这些成分可能主要与短期 PM$_{2.5}$ 暴露所诱导的气道炎症的发展和表观遗传调控有关。

5.4.5.3 PM$_{2.5}$ 各组分对肺功能的影响

本研究提供了中国上海市 PM$_{2.5}$ 不同化学组分短期暴露对 COPD 患者肺功能影响的流行病学证据。研究发现短期暴露于 PM$_{2.5}$ 与 FEV$_1$% 预计值下降显著相关。PM$_{2.5}$ 中的 NO$_3^-$、As、Cu、K、Pb 等组分浓度增加引起 FEV$_1$% 预计值明显下降。研究还发现，PM$_{2.5}$ 组分中的可溶性离子（尤其是 NO$_3^-$）和一些金属元素可能是对肺功能产生不良影响的主要组分。本研究表明 COPD 患者是 PM$_{2.5}$ 不良健康影响的易感人群，因此改善空气污染治理策略和加强个体防护对保护人群健康具有重要意义。

5.4.5.4 PM$_{2.5}$ 各组分对左心室射血分数的影响

本研究提供了 PM$_{2.5}$ 不同化学组分短期暴露对 COPD 患者心功能影响的流行病学证据。研究发现短期暴露于 PM$_{2.5}$ 与 LEVF 下降明显相关。研究还发现，PM$_{2.5}$ 组分中的可溶性离子（尤其是 NO$_3^-$）和一些金属元素可能是对心功能产生不良影响的主要组分。这项研究表明 COPD 患者是 PM$_{2.5}$ 不良健康影响的易感人群，因此改善空气污染治理策略和加强个体防护对保护人群健康具有重要意义。

5.4.5.5 PM$_{2.5}$ 各组分对心率变异性指标的影响

总而言之，这项定群研究表明，碳组分、水溶性无机离子及几种元素（如 Mn、Ni、Pb、V 和 Zn）可能是短期 PM$_{2.5}$ 暴露引起 HRV 变化的主要原因。这些发现强调了减少化石燃料燃烧和汽车尾气排放的重要性。为了证实笔者的发现，需要对更大的样本量和个人暴露量做进一步调查。

5.4.5.6 PM$_{2.5}$各组分对血液炎症因子的影响

综上所述，本研究表明某些PM$_{2.5}$组分（SO_4^{2-}、Cl^-、K^+、Si、K、Zn、As、Se和Pb）可能是短期PM$_{2.5}$暴露后引起系统性炎症的主要组分。未来需要更大的样本量和PM$_{2.5}$组分的个人暴露测量数据来证实这一研究结果。

5.4.5.7 PM$_{2.5}$各组分对炎症因子编码基因甲基化水平的影响

本研究发现，影响健康年轻人循环系统中炎症因子及其上游调控的DNA甲基化水平的关键PM$_{2.5}$组分有EC、As、Ca、Cu、K、P、Pb、Si、Sr、Ti和Zn。在个体水平PM$_{2.5}$暴露所致TNF-α蛋白水平升高的过程中，*TNF-α*的低甲基化水平发挥了19.89%~41.75%的中介作用。本研究揭示DNA甲基化可能是PM$_{2.5}$暴露致心血管系统疾病的生物学通路之一。

参 考 文 献

Achilleos S, Kioumourtzoglou MA, Wu CD, et al, 2017. Acute effects of fine particulate matter constituents on mortality: a systematic review and meta-regression analysis[J]. Environment International, 109: 89-100.

Adam M, Dietrich DF, Schaffner E, et al, 2012. Long-term exposure to traffic-related PM$_{10}$ and decreased heart rate variability: is the association restricted to subjects taking ACE inhibitors?[J]. Environment International, 48: 9-16.

Adgate JL, Mongin SJ, Pratt GC, et al, 2007. Relationships between personal, indoor, and outdoor exposures to trace elements in PM$_{2.5}$[J]. Science of the Total Environment, 386（1/2/3）: 21-32.

Amatullah H, North ML, Akhtar US, et al, 2012. Comparative cardiopulmonary effects of size-fractionated airborne particulate matter[J]. Inhalation Toxicology, 24（3）: 161-171.

Atkinson RW, Mills IC, Walton HA, et al, 2015. Fine particle components and health: a systematic review and meta-analysis of epidemiological time series studies of daily mortality and hospital admissions[J]. Journal of Exposure Science & Environmental Epidemiology, 25（2）: 208-214.

Avery CL, Mills KT, Williams R, et al, 2010. Estimating error in using ambient PM$_{2.5}$ concentrations as proxies for personal exposures: a review[J]. Epidemiology, 21（2）: 215-223.

Bae S, Pan XC, Kim SY, et al, 2010. Exposures to particulate matter and polycyclic aromatic hydrocarbons and oxidative stress in schoolchildren[J]. Environmental Health Perspectives, 118（4）: 579-583.

Basagaña X, Jacquemin B, Karanasiou A, et al, 2015. Short-term effects of particulate matter constituents on daily hospitalizations and mortality in five South-European cities: results from the MED-PARTICLES project[J]. Environment International, 75: 151-158.

Bind MA, Lepeule J, Zanobetti A, et al, 2014. Air pollution and gene-specific methylation in the Normative Aging Study: association, effect modification, and mediation analysis[J]. Epigenetics,

9（3）：448-458.

Bonjour S, Adair-Rohani H, Wolf J, et al, 2013. Solid fuel use for household cooking: country and regional estimates for 1980—2010[J]. Environmental Health Perspectives, 121（7）: 784-790.

Bose S, Rosa MJ, Mathilda Chiu YH, et al, 2018. Prenatal nitrate air pollution exposure and reduced child lung function: timing and fetal sex effects[J]. Environmental Research, 167: 591-597.

Breitner S, Liu LQ, Cyrys J, et al, 2011. Sub-micrometer particulate air pollution and cardiovascular mortality in Beijing, China[J]. Science of the Total Environment, 409（24）: 5196-5204.

Breitner S, Peters A, Zareba W, et al, 2019. Ambient and controlled exposures to particulate air pollution and acute changes in heart rate variability and repolarization[J]. Scientific Reports, 9: 1946.

Breton CV, Byun HM, Wang XH, et al, 2011. DNA methylation in the arginase-nitric oxide synthase pathway is associated with exhaled nitric oxide in children with asthma[J]. American Journal of Respiratory and Critical Care Medicine, 184（2）: 191-197.

Breton CV, Salam MT, Wang XH, et al, 2012. Particulate matter, DNA methylation in nitric oxide synthase, and childhood respiratory disease[J]. Environmental Health Perspectives, 120（9）: 1320-1326.

Bristow MR, Kao DP, Breathett KK, et al, 2017. Structural and functional phenotyping of the failing heart[J]. JACC: Heart Failure, 5（11）: 772-781.

Buregeya JM, Apparicio P, Gelb J, 2020. Short-term impact of traffic-related particulate matter and noise exposure on cardiac function[J]. International Journal of Environmental Research and Public Health, 17（4）: 1220.

Butland BK, Atkinson RW, Milojevic A, et al, 2016. Myocardial infarction, ST-elevation and non-ST-elevation myocardial infarction and modelled daily pollution concentrations: a case-crossover analysis of MINAP data[J]. Open Heart, 3（2）: e000429.

Cakmak S, Dales R, Kauri L M, et al, 2014. Metal composition of fine particulate air pollution and acute changes in cardiorespiratory physiology[J]. Environmental Pollution, 189: 208-214.

Cao JJ, Xu HM, Xu Q, et al, 2012. Fine particulate matter constituents and cardiopulmonary mortality in a heavily polluted Chinese city[J]. Environmental Health Perspectives, 120（3）: 373-378.

Cassee FR, Héroux ME, Gerlofs-Nijland ME, et al, 2013. Particulate matter beyond mass: recent health evidence on the role of fractions, chemical constituents and sources of emission[J]. Inhalation Toxicology, 25（14）: 802-812.

Cavallari JM, Eisen EA, Fang SC, et al, 2008. $PM_{2.5}$ metal exposures and nocturnal heart rate variability: a panel study of boilermaker construction workers[J]. Environmental Health: a Global Access Science Source, 7: 36.

Chahine T, Baccarelli A, Litonjua A, et al, 2007. Particulate air pollution, oxidative stress genes, and heart rate variability in an elderly cohort[J]. Environmental Health Perspectives, 115（11）: 1617-1622.

Chang LT, Tang CS, Pan YZ, et al, 2007. Association of heart rate variability of the elderly with personal exposure to PM_1, $PM_{1-2.5}$, and $PM_{2.5-10}$[J]. Bulletin of Environmental Contamination and Toxicology: 552-556.

Chen GB, Li SS, Zhang YM, et al, 2017. Effects of ambient PM_1 air pollution on daily emergency hospital visits in China: an epidemiological study[J]. The Lancet Planetary Health, 1（6）: e221-e229.

Chen JM, Tan MG, Li YL, et al, 2008. Characteristics of trace elements and lead isotope ratios in $PM_{2.5}$ from four sites in Shanghai[J]. Journal of Hazardous Materials, 156（1/2/3）: 36-43.

Chen RJ, Qiao LP, Li HC, et al, 2015. Fine particulate matter constituents, nitric oxide synthase DNA methylation and exhaled nitric oxide[J]. Environmental Science & Technology, 49（19）: 11859-11865.

Chen RJ, Yin P, Meng X, et al, 2017. Fine particulate air pollution and daily mortality. A nationwide analysis in 272 Chinese cities[J]. American Journal of Respiratory and Critical Care Medicine, 196（1）: 73-81.

Chen RJ, Yin P, Meng X, et al, 2019. Associations between coarse particulate matter air pollution and cause-specific mortality: a nationwide analysis in 272 Chinese cities[J]. Environmental Health Perspectives, 127（1）: 17008.

Chen RJ, Zhang YH, Yang CX, et al, 2013. Acute effect of ambient air pollution on stroke mortality in the China air pollution and health effects study[J]. Stroke, 44（4）: 954-960.

Chen SY, Lin YL, Chang WT, et al, 2014. Increasing emergency room visits for stroke by elevated levels of fine particulate constituents[J]. Science of the Total Environment, 473/474: 446-450.

Cheng H, Davis DA, Hasheminassab S, et al, 2016. Urban traffic-derived nanoparticulate matter reduces neurite outgrowth via TNFα in vitro[J]. Journal of Neuroinflammation, 13: 19.

Chi R, Chen C, Li HY, et al, 2019. Different health effects of indoor-and outdoor-originated $PM_{2.5}$ on cardiopulmonary function in COPD patients and healthy elderly adults[J]. Indoor Air, 29（2）: 192-201.

Chuang KJ, Chan CC, Su TC, et al, 2007. The effect of urban air pollution on inflammation, oxidative stress, coagulation, and autonomic dysfunction in young adults[J]. American Journal of Respiratory and Critical Care Medicine, 176（4）: 370-376.

Ckless K, Lampert A, Reiss J, et al, 2008. Inhibition of arginase activity enhances inflammation in mice with allergic airway disease, in association with increases in protein S-nitrosylation and tyrosine nitration[J]. Journal of Immunology, 181（6）: 4255-4264.

de Hartog JJ, Ayres JG, Karakatsani A, et al, 2010. Lung function and indicators of exposure to indoor and outdoor particulate matter among asthma and COPD patients[J]. Occupational and Environmental Medicine, 67（1）: 2-10.

Deffner V, Küchenhoff H, Breitner S, et al, 2018. Mixtures of Berkson and classical covariate measurement error in the linear mixed model: bias analysis and application to a study on ultrafine particles[J]. Biometrical Journal Biometrische Zeitschrift, 60（3）: 480-497.

Delfino RJ, Sioutas C, Malik S, 2005. Potential role of ultrafine particles in associations between airborne particle mass and cardiovascular health[J]. Environmental Health Perspectives, 113（8）: 934-946.

Delfino RJ, Staimer N, Gillen D, et al, 2006. Personal and ambient air pollution is associated with increased exhaled nitric oxide in children with asthma[J]. Environmental Health Perspectives, 114（11）: 1736-1743.

Dirnagl U, Iadecola C, Moskowitz MA, 1999. Pathobiology of ischaemic stroke: an integrated view[J]. Trends in Neurosciences, 22（9）: 391-397.

Dong W, Pan L, Li H, et al, 2018. Association of size-fractionated indoor particulate matter and black carbon with heart rate variability in healthy elderly women in Beijing[J]. Indoor Air, 28（3）: 373-382.

Eckhardt F, Lewin J, Cortese R, et al, 2006. DNA methylation profiling of human chromosomes 6, 20 and 22[J]. Nature Genetics, 38（12）: 1378-1385.

Eeftens M, Hoek G, Gruzieva O, et al, 2014. Elemental composition of particulate matter and the association with lung function[J]. Epidemiology, 25（5）: 648-657.

Fang SC, Wu YL, Tsai PS, 2020. Heart rate variability and risk of all-cause death and cardiovascular events in patients with cardiovascular disease: a meta-analysis of cohort studies[J]. Biological Research for Nursing, 22（1）: 45-56.

Feary JR, Rodrigues LC, Smith CJ, et al, 2010. Prevalence of major comorbidities in subjects with COPD and incidence of myocardial infarction and stroke: a comprehensive analysis using data from primary care[J]. Thorax, 65（11）: 956-962.

Fiordelisi A, Piscitelli P, Trimarco B, et al, 2017. The mechanisms of air pollution and particulate matter in cardiovascular diseases[J]. Heart Failure Reviews: 337-347.

Forouzanfar MH, Afshin A, Alexander LT, et al, 2016. Global, regional, and national comparative risk assessment of 79 behavioural, environmental and occupational, and metabolic risks or clusters of risks in 188 countries, 1990—2013: a systematic analysis for the Global Burden of Disease Study 2013[J]. British Dental Journal, 388（10053）: 1659-1724.

Frampton MW, Rich DQ, 2016. Does particle size matter? ultrafine particles and hospital visits in eastern Europe[J]. American Journal of Respiratory and Critical Care Medicine, 194（10）: 1180-1182.

Gao NN, Xu WS, Ji JD, et al, 2020. Lung function and systemic inflammation associated with short-term air pollution exposure in chronic obstructive pulmonary disease patients in Beijing, China[J]. Environmental Health: a Global Access Science Source, 19（1）: 12.

Gardner B, Ling F, Hopke PK, et al, 2014. Ambient fine particulate air pollution triggers ST-elevation myocardial infarction, but not non-ST elevation myocardial infarction: a case-crossover study[J]. Particle and Fibre Toxicology, 11: 1.

Gąsior JS, Sacha J, Jeleń PJ, et al, 2016. Heart rate and respiratory rate influence on heart rate variability repeatability: effects of the correction for the prevailing heart rate[J]. Frontiers in Physiology, 7: 356.

Ge EJ, Lai KF, Xiao X, et al, 2018. Differential effects of size-specific particulate matter on emergency department visits for respiratory and cardiovascular diseases in Guangzhou, China[J]. Environmental Pollution, 243: 336-345.

Gidron Y, Deschepper R, De Couck M, et al, 2018. The vagus nerve can predict and possibly modulate non-communicable chronic diseases: introducing a neuroimmunological paradigm to public health[J]. Journal of Clinical Medicine, 7（10）: 371.

Goldman GT, Mulholland JA, Russell AG, et al, 2011. Impact of exposure measurement error in air pollution epidemiology: effect of error type in time-series studies[J]. Environmental Health: 1-11.

Guo P, Wang YL, Feng WR, et al, 2017. Ambient air pollution and risk for ischemic stroke: a short-term exposure assessment in South China[J]. International Journal of Environmental Research and Public Health, 14（9）: 1091.

Habibi M, Chahal H, Greenland P, et al, 2019. Resting heart rate, short-term heart rate variability and incident atrial fibrillation（from the multi-ethnic study of atherosclerosis（MESA））[J]. The American Journal of Cardiology, 124（11）: 1684-1689.

Hansson GK, 2005. Inflammation, atherosclerosis, and coronary artery disease[J]. New England Journal of Medicine, 352（16）: 1685-1695.

Henneberger A, Zareba W, Ibald-Mulli A, et al, 2005. Repolarization changes induced by air pollution in ischemic heart disease patients[J]. Environmental Health Perspectives, 113（4）: 440-446.

Hetland RB, Cassee FR, Refsnes M, et al, 2004. Release of inflammatory cytokines, cell toxicity and apoptosis in epithelial lung cells after exposure to ambient air particles of different size fractions[J]. Toxicology in Vitro, 18（2）: 203-212.

Huang W, Cao JJ, Tao YB, et al, 2012. Seasonal variation of chemical species associated with short-term mortality effects of $PM_{2.5}$ in Xi'an, a central city in China[J]. American Journal of Epidemiology, 175（6）: 556-566.

Huang YCT, Ghio AJ, Stonehuerner J, et al, 2003. The role of soluble components in ambient fine particles-induced changes in human lungs and blood[J]. Inhalation Toxicology, 15（4）: 327-342.

Hwang SH, Lee JY, Yi SM, et al, 2017. Associations of particulate matter and its components with emergency room visits for cardiovascular and respiratory diseases[J]. PLoS One, 12(8): e0183224.

Ito K, Mathes R, Ross Z, et al, 2011. Fine particulate matter constituents associated with cardiovascular hospitalizations and mortality in New York City[J]. Environmental Health Perspectives, 119（4）: 467-473.

Jahn HJ, Kraemer A, Chen XC, et al, 2013. Ambient and personal $PM_{2.5}$ exposure assessment in the Chinese megacity of Guangzhou[J]. Atmospheric Environment, 74: 402-411.[LinkOut]

Jalava PI, Happo MS, Huttunen K, et al, 2015. Chemical and microbial components of urban air PM cause seasonal variation of toxicological activity[J]. Environmental Toxicology and Pharmacology, 40（2）: 375-387.

Jung KH, Torrone D, Lovinsky-Desir S, et al, 2017. Short-term exposure to $PM_{2.5}$ and vanadium and changes in asthma gene DNA methylation and lung function decrements among urban children[J]. Respiratory Research: 1-11.

Kan HD, 2017. The smaller, the worse?[J]. The Lancet Planetary Health, 1（6）: e210-e211.

Kettunen J, Lanki T, Tiittanen P, et al, 2007. Associations of fine and ultrafine particulate air pollution with stroke mortality in an area of low air pollution levels[J]. Stroke, 38（3）: 918-922.

Kinney PL, Aggarwal M, Northridge ME, et al, 2000. Airborne concentrations of $PM_{2.5}$ and diesel exhaust particles on Harlem sidewalks: a community-based pilot study[J]. Environmental Health Perspectives, 108（3）: 213-218.

La Rovere MT, Bigger JT, Marcus FI, et al, 1998. Baroreflex sensitivity and heart-rate variability in prediction of total cardiac mortality after myocardial infarction. ATRAMI（Autonomic Tone and

Reflexes After Myocardial Infarction) Investigators[J]. Lancet, 351 (9101): 478-484.

Lagorio S, Forastiere F, Pistelli R, et al, 2006. Air pollution and lung function among susceptible adult subjects: a panel study[J]. Environmental Health: A Global Access Science Source, 5: 11.

Lanzinger S, Schneider A, Breitner S, et al, 2016. Associations between ultrafine and fine particles and mortality in five central European cities—results from the UFIREG study[J]. Environment International, 88: 44-52.

Li P, Xin JY, Wang YS, et al, 2015. Association between particulate matter and its chemical constituents of urban air pollution and daily mortality or morbidity in Beijing City[J]. Environmental Science and Pollution Research: 358-368.

Li WY, Wilker EH, Dorans KS, et al, 2016. Short-term exposure to air pollution and biomarkers of oxidative stress: the Framingham heart study[J]. Journal of the American Heart Association, 5(5): e002742.

Lim YH, Bae HJ, Yi SM, et al, 2017. Vascular and cardiac autonomic function and $PM_{2.5}$ constituents among the elderly: a longitudinal study[J]. Science of the Total Environment, 607/608: 847-854.

Lin HL, Tao J, Du YD, et al, 2016. Differentiating the effects of characteristics of PM pollution on mortality from ischemic and hemorrhagic strokes[J]. International Journal of Hygiene and Environmental Health, 219 (2): 204-211.

Lin HL, Tao J, Du YD, et al, 2016. Particle size and chemical constituents of ambient particulate pollution associated with cardiovascular mortality in Guangzhou, China[J]. Environmental Pollution, 208: 758-766.

Lin HL, Tao J, Qian ZM, et al, 2018. Shipping pollution emission associated with increased cardiovascular mortality: a time series study in Guangzhou, China[J]. Environmental Pollution, 241: 862-868.

Lin ZJ, Niu Y, Chen RJ, et al, 2017. Fine particulate matter constituents and blood pressure in patients with chronic obstructive pulmonary disease: a panel study in Shanghai, China[J]. Environmental Research, 159: 291-296.

Lippmann M, Chen LC, Gordon T, et al, 2013. National Particle Component Toxicity (NPACT) Initiative: integrated epidemiologic and toxicologic studies of the health effects of particulate matter components[J]. Research Report (Health Effects Institute), (177): 5-13.

Liu C, Cai J, Qiao LP, et al, 2017. The acute effects of fine particulate matter constituents on blood inflammation and coagulation[J]. Environmental Science & Technology, 51 (14): 8128-8137.

Liu H, Tian YH, Cao YY, et al, 2018. Fine particulate air pollution and hospital admissions and readmissions for acute myocardial infarction in 26 Chinese cities[J]. Chemosphere, 192: 282-288.

Liu SW, Li YC, Zeng XY, et al, 2019. Burden of cardiovascular diseases in China, 1990-2016: findings from the 2016 global burden of disease study[J]. JAMA Cardiology, 4 (4): 342-352.

Lü SL, Zhang R, Yao ZK, et al, 2012. Size distribution of chemical elements and their source apportionment in ambient coarse, fine, and ultrafine particles in Shanghai urban summer atmosphere[J]. Journal of Environmental Sciences, 24 (5): 882-890.

Lu Y, Lin S, Fatmi Z, et al, 2019. Assessing the association between fine particulate matter $PM_{2.5}$ constituents and cardiovascular diseases in a mega-city of Pakistan[J]. Environmental Pollution,

252: 1412-1422.

Luttmann-Gibson H, Suh HH, Coull BA, et al, 2010. Systemic inflammation, heart rate variability and air pollution in a cohort of senior adults[J]. Occupational and Environmental Medicine, 67(9): 625-630.

MacNee W, Donaldson K, 2003. Mechanism of lung injury caused by PM_{10} and ultrafine particles with special reference to COPD[J]. The European Respiratory Journal Supplement, 40: 47s-51s.

Martins V, Faria T, Diapouli E, et al, 2020. Relationship between indoor and outdoor size-fractionated particulate matter in urban microenvironments: levels, chemical composition and sources[J]. Environmental Research, 183: 109203.

Maruf Hossain AMM, Park S, Kim JS, et al, 2012. Volatility and mixing states of ultrafine particles from biomass burning[J]. Journal of Hazardous Materials, 205/206: 189-197.

Masiol M, Hopke PK, Felton HD, et al, 2017. Source apportionment of $PM_{2.5}$ chemically speciated mass and particle number concentrations in New York City[J]. Atmospheric Environment, 148: 215-229.

Meng X, Ma YJ, Chen RJ, et al, 2013. Size-fractionated particle number concentrations and daily mortality in a Chinese city[J]. Environmental Health Perspectives, 121(10): 1174-1178.

Miller MR, 2014. The role of oxidative stress in the cardiovascular actions of particulate air pollution[J]. Biochemical Society Transactions, 42(4): 1006-1011.

Milojevic A, Wilkinson P, Armstrong B, et al, 2014. Short-term effects of air pollution on a range of cardiovascular events in England and Wales: case-crossover analysis of the MINAP database, hospital admissions and mortality[J]. Heart, 100(14): 1093-1098.

Møller P, Mikkelsen L, Vesterdal LK, et al, 2011. Hazard identification of particulate matter on vasomotor dysfunction and progression of atherosclerosis[J]. Critical Reviews in Toxicology, 41(4): 339-368.

Morawska L, Thomas S, Gilbert D, et al, 1999. A study of the horizontal and vertical profile of submicrometer particles in relation to a busy road[J]. Atmospheric Environment, 33(8): 1261-1274.

Mustafic H, Jabre P, Caussin C, et al, 2012. Main air pollutants and myocardial infarction: a systematic review and meta-analysis[J]. JAMA, 307(7): 713-721.

Neophytou AM, Hart JE, Cavallari JM, et al, 2013. Traffic-related exposures and biomarkers of systemic inflammation, endothelial activation and oxidative stress: a panel study in the US trucking industry[J]. Environmental Health: a Global Access Science Source, 12: 105.

Ni Y, Wu SW, Ji WJ, et al, 2016. The exposure metric choices have significant impact on the association between short-term exposure to outdoor particulate matter and changes in lung function: findings from a panel study in chronic obstructive pulmonary disease patients[J]. Science of the Total Environment, 542: 264-270.

O'Donnell MJ, Fang JM, Mittleman MA, et al, 2011. Fine particulate air pollution $PM_{2.5}$ and the risk of acute ischemic stroke[J]. Epidemiology, 22(3): 422-431.

Ohlwein S, Kappeler R, Kutlar Joss M, et al, 2019. Health effects of ultrafine particles: a systematic literature review update of epidemiological evidence[J]. International Journal of Public Health:

547-559.

Oliveira J, Base LH, Maia LCP, et al, 2020. Geometric indexes of heart rate variability in healthy individuals exposed to long-term air pollution[J]. Environmental Science and Pollution Research: 4170-4177.

Ostro B, Feng WY, Broadwin R, et al, 2007. The effects of components of fine particulate air pollution on mortality in California: results from CALFINE[J]. Environmental Health Perspectives, 115 (1): 13-19.

Pan L, Wu SW, Li HY, et al, 2018. The short-term effects of indoor size-fractioned particulate matter and black carbon on cardiac autonomic function in COPD patients[J]. Environment International, 112: 261-268.

Panasevich S, Leander K, Rosenlund M, et al, 2009. Associations of long-and short-term air pollution exposure with markers of inflammation and coagulation in a population sample[J]. Occupational and Environmental Medicine, 66 (11): 747-753.

Peacock JL, Anderson HR, Bremner SA, et al, 2011. Outdoor air pollution and respiratory health in patients with COPD[J]. Thorax, 66 (7): 591-596.

Peng RD, Bell ML, Geyh AS, et al, 2009. Emergency admissions for cardiovascular and respiratory diseases and the chemical composition of fine particle air pollution[J]. Environmental Health Perspectives, 117 (6): 957-963.

Peters A, Dockery DW, Muller JE, et al, 2001. Increased particulate air pollution and the triggering of myocardial infarction[J]. Circulation, 103 (23): 2810-2815.

Pieters N, Plusquin M, Cox B, et al, 2012. An epidemiological appraisal of the association between heart rate variability and particulate air pollution: a meta-analysis[J]. Heart, 98 (15): 1127-1135.

Pope CA, Bhatnagar A, McCracken JP, et al, 2016. Exposure to fine particulate air pollution is associated with endothelial injury and systemic inflammation[J]. Circulation Research, 119 (11): 1204-1214.

Qiao LP, Cai J, Wang HL, et al, 2014. $PM_{2.5}$ constituents and hospital emergency-room visits in Shanghai, China[J]. Environmental Science & Technology, 48 (17): 10406-10414.

Qiao T, Zhao MF, Xiu GL, et al, 2016. Simultaneous monitoring and compositions analysis of PM_1 and $PM_{2.5}$ in Shanghai: implications for characterization of haze pollution and source apportionment[J]. Science of the Total Environment, 557/558: 386-394.

Qiu H, Yu HY, Wang LY, et al, 2018. The burden of overall and cause-specific respiratory morbidity due to ambient air pollution in Sichuan Basin, China: a multi-city time-series analysis[J]. Environmental Research, 167: 428-436.

Rajagopalan S, Al-Kindi SG, Brook RD, 2018. Air pollution and cardiovascular disease: JACC state-of-the-art review[J]. Journal of the American College of Cardiology, 72 (17): 2054-2070.

Requia WJ, Adams MD, Arain A, et al, 2018. Global association of air pollution and cardiorespiratory diseases: a systematic review, meta-analysis, and investigation of modifier variables[J]. American Journal of Public Health, 108 (S2): S123-S130.

Rich DQ, Özkaynak H, Crooks J, et al, 2013. The triggering of myocardial infarction by fine particles is enhanced when particles are enriched in secondary species[J]. Environmental Science &

Technology, 47（16）: 9414-9423.

Riffault V, Arndt J, Marris H, et al, 2015. Fine and ultrafine particles in the vicinity of industrial activities: a review[J]. Critical Reviews in Environmental Science and Technology, 45（21）: 2305-2356.

Rodrigues TS, Quarto LJG, 2018. Body mass index may influence heart rate variability[J]. Arquivos Brasileiros De Cardiologia, 111（4）: 640-642.

Rohr AC, Wyzga RE, 2012. Attributing health effects to individual particulate matter constituents[J]. Atmospheric Environment, 62: 130-152.

Rosa MJ, Perzanowski MS, Divjan A, et al, 2014. Association of recent exposure to ambient metals on fractional exhaled nitric oxide in 9—11 year old inner-city children[J]. Nitric Oxide, 40: 60-66.

Roth GA, Abate D, Abate KH, et al, 2018. Global, regional, and national age-sex-specific mortality for 282 causes of death in 195 countries and territories, 1980-2017: a systematic analysis for the Global Burden of Disease Study 2017[J]. The Lancet, 392（10159）: 1736-1788.

Sacha J, Sobon J, Sacha K, et al, 2013. Heart rate impact on the reproducibility of heart rate variability analysis[J]. International Journal of Cardiology, 168（4）: 4257-4259.

Sahlén A, Ljungman P, Erlinge D, et al, 2019. Air pollution in relation to very short-term risk of ST-segment elevation myocardial infarction: case-crossover analysis of SWEDEHEART[J]. International Journal of Cardiology, 275: 26-30.[LinkOut]

Salam MT, Byun HM, Lurmann F, et al, 2012. Genetic and epigenetic variations in inducible nitric oxide synthase promoter, particulate pollution, and exhaled nitric oxide levels in children[J]. The Journal of Allergy and Clinical Immunology, 129（1）: 232-239.e1-7.

Schlesinger RB, Kunzli N, Hidy GM, et al, 2006. The health relevance of ambient particulate matter characteristics : coherence of toxicological and epidemiological inferences[J]. Inhalation Toxicology, 18（2）: 95-125.

Shang Y, Zhu T, Lenz AG, et al, 2013. Reduced in vitro toxicity of fine particulate matter collected during the 2008 Summer Olympic Games in Beijing: the roles of chemical and biological components[J]. Toxicology in Vitro, 27（7）: 2084-2093.

Sheppard L, Burnett RT, Szpiro AA, et al, 2012. Confounding and exposure measurement error in air pollution epidemiology[J]. Air Quality, Atmosphere, & Health, 5（2）: 203-216.

Simkhovich BZ, Kleinman MT, Kloner RA, 2008. Air pollution and cardiovascular injury epidemiology, toxicology, and mechanisms[J]. Journal of the American College of Cardiology, 52（9）: 719-726.

Soares-Miranda L, Sattelmair J, Chaves P, et al, 2014. Physical activity and heart rate variability in older adults: the Cardiovascular Health Study[J]. Circulation, 129（21）: 2100-2110.

Song QK, Christiani D, XiaorongWang, et al, 2014. The global contribution of outdoor air pollution to the incidence, prevalence, mortality and hospital admission for chronic obstructive pulmonary disease: a systematic review and meta-analysis[J]. International Journal of Environmental Research and Public Health, 11（11）: 11822-11832.

Song Y, Tang X Y, Xie SD, et al, 2007. Source apportionment of $PM_{2.5}$ in Beijing in 2004[J]. Journal of Hazardous Materials, 146（1/2）: 124-130.

Squizzato S, Masiol M, Rich DQ, et al, 2018. A long-term source apportionment of PM$_{2.5}$ in New York State during 2005—2016[J]. Atmospheric Environment, 192: 35-47.

Stea F, Bianchi F, Cori L, et al, 2014. Cardiovascular effects of arsenic: clinical and epidemiological findings[J]. Environmental Science and Pollution Research: 244-251.

Stein PK, Kleiger RE, 1999. Insights from the study of heart rate variability[J]. Annual Review of Medicine, 50: 249-261.

Stölzel M, Breitner S, Cyrys J, et al, 2007. Daily mortality and particulate matter in different size classes in Erfurt, Germany[J]. Journal of Exposure Science & Environmental Epidemiology, 17(5): 458-467.

Sullivan J, Sheppard L, Schreuder A, et al, 2005. Relation between short-term fine-particulate matter exposure and onset of myocardial infarction[J]. Epidemiology, 16(1): 41-48.

Sun QH, Wang AX, Jin XM, et al, 2005. Long-term air pollution exposure and acceleration of atherosclerosis and vascular inflammation in an animal model[J]. JAMA, 294(23): 3003-3010.

Sun YL, Zhuang GS, Wang Y, et al, 2004. The air-borne particulate pollution in Beijing—concentration, composition, distribution and sources[J]. Atmospheric Environment, 38(35): 5991-6004.

Sun YT, Song XM, Han YQ, et al, 2015. Size-fractioned ultrafine particles and black carbon associated with autonomic dysfunction in subjects with diabetes or impaired glucose tolerance in Shanghai, China[J]. Particle and Fibre Toxicology: 1-11.

Tang CS, Wu TY, Chuang KJ, et al, 2019. Impacts of In-cabin exposure to size-fractionated particulate matters and carbon monoxide on changes in heart rate variability for healthy public transit commuters[J]. Atmosphere, 10(7): 409.

Tian YH, Liu H, Zhao ZL, et al, 2018. Association between ambient air pollution and daily hospital admissions for ischemic stroke: a nationwide time-series analysis[J]. PLoS Medicine, 15(10): e1002668.

Tsai TY, Lo LW, Liu SH, et al, 2019. Diurnal cardiac sympathetic hyperactivity after exposure to acute particulate matter 2.5 air pollution[J]. Journal of Electrocardiology, 52: 112-116.

Tsuji H, Larson MG, Venditti FJ, et al, 1996. Impact of reduced heart rate variability on risk for cardiac events. The Framingham Heart Study[J]. Circulation, 94(11): 2850-2855.

Tuomisto JT, Wilson A, Evans JS, et al, 2008. Uncertainty in mortality response to airborne fine particulate matter: combining European air pollution experts[J]. Reliability Engineering & System Safety, 93(5): 732-744.

Vogelmeier CF, Criner GJ, Martinez FJ, et al, 2017. Global strategy for the diagnosis, management, and prevention of chronic obstructive lung disease 2017 report. GOLD executive summary[J]. American Journal of Respiratory and Critical Care Medicine, 195(5): 557-582.

Wang C, Xu JY, Yang L, et al, 2018. Prevalence and risk factors of chronic obstructive pulmonary disease in China (the China Pulmonary Health[CPH]study): a national cross-sectional study[J]. Lancet, 391(10131): 1706-1717.

Wang CC, Chen RJ, Zhao ZH, et al, 2015. Particulate air pollution and circulating biomarkers among type 2 diabetic mellitus patients: the roles of particle size and time windows of exposure[J].

Environmental Research, 140: 112-118.

Wang CP, Hao LP, Liu C, et al, 2020. Associations between fine particulate matter constituents and daily cardiovascular mortality in Shanghai, China[J]. Ecotoxicology and Environmental Safety, 191: 110154.

Wang WD, Liu C, Ying ZK, et al, 2019. Particulate air pollution and ischemic stroke hospitalization: how the associations vary by constituents in Shanghai, China[J]. Science of the Total Environment, 695: 133780.

Wang YY, Shi ZH, Shen FZ, et al, 2019. Associations of daily mortality with short-term exposure to $PM_{2.5}$ and its constituents in Shanghai, China[J]. Chemosphere, 233: 879-887.

Weagle CL, Snider G, Li C, et al, 2018. Global sources of fine particulate matter: interpretation of $PM_{2.5}$ chemical composition observed by SPARTAN using a global chemical transport model[J]. Environmental Science & Technology, 52 (20): 11670-11681.

Wellenius GA, Burger MR, Coull BA, et al, 2012. Ambient air pollution and the risk of acute ischemic stroke[J]. Archives of Internal Medicine, 172 (3): 229-234.

Wheeler AJ, Wallace LA, Kearney J, et al, 2011. Personal, indoor, and outdoor concentrations of fine and ultrafine particles using continuous monitors in multiple residences[J]. Aerosol Science and Technology, 45 (9): 1078-1089.

Wilson WE, 2015. The relationship between daily cardiovascular mortality and daily ambient concentrations of particulate pollutants(sulfur, arsenic, selenium, and mercury)and daily source contributions from coal power plants and smelters(individually, combined, and with interaction) in Phoenix, AZ, 1995-1998: a multipollutant approach to acute, time-series air pollution epidemiology: I[J]. Journal of the Air & Waste Management Association (1995), 65 (5): 599-610.

Wu SW, Deng FR, Hao Y, et al, 2013. Chemical constituents of fine particulate air pollution and pulmonary function in healthy adults: the Healthy Volunteer Natural Relocation study[J]. Journal of Hazardous Materials, 260: 183-191.

Wu SW, Deng FR, Wei HY, et al, 2012. Chemical constituents of ambient particulate air pollution and biomarkers of inflammation, coagulation and homocysteine in healthy adults: a prospective panel study[J]. Particle and Fibre Toxicology, 9: 49.

Wu SW, Deng FR, Wei HY, et al, 2014. Association of cardiopulmonary health effects with source-appointed ambient fine particulate in Beijing, China: a combined analysis from the Healthy Volunteer Natural Relocation (HVNR) study[J]. Environmental Science & Technology, 48 (6): 3438-3448.

Yamamoto M, Tochino Y, Chibana K, et al, 2012. Nitric oxide and related enzymes in asthma: relation to severity, enzyme function and inflammation[J]. Clinical and Experimental Allergy: Journal of the British Society for Allergy and Clinical Immunology, 42 (5): 760-768.

Yang BY, Guo YM, Morawska L, et al, 2019. Ambient PM_1 air pollution and cardiovascular disease prevalence: insights from the 33 Communities Chinese Health Study[J]. Environment International, 123: 310-317.

Yang Y, Ruan ZL, Wang XJ, et al, 2019. Short-term and long-term exposures to fine particulate matter constituents and health: a systematic review and meta-analysis[J]. Environmental Pollution, 247: 874-882.

Yoo SE, Park JS, Lee SH, et al, 2019. Comparison of short-term associations between PM$_{2.5}$ components and mortality across six major cities in South Korea[J]. International Journal of Environmental Research and Public Health, 16(16): 2872.

Yu LD, Wang GF, Zhang RJ, et al, 2013. Characterization and source apportionment of PM$_{2.5}$ in an urban environment in Beijing[J]. Aerosol and Air Quality Research, 13(2): 574-583.

Zanobetti A, Gold DR, Stone PH, et al, 2010. Reduction in heart rate variability with traffic and air pollution in patients with coronary artery disease[J]. Environmental Health Perspectives, 118(3): 324-330.

Zeger SL, Thomas D, Dominici F, et al, 2000. Exposure measurement error in time-series studies of air pollution: concepts and consequences[J]. Environmental Health Perspectives, 108(5): 419-426.

Zhang CG, Zou Z, Chang YH, et al, 2020. Source assessment of atmospheric fine particulate matter in a Chinese megacity: insights from long-term, high-time resolution chemical composition measurements from Shanghai flagship monitoring supersite[J]. Chemosphere, 251: 126598.

Zhang Q, Qi WP, Yao W, et al, 2016. Ambient particulate matter (PM$_{2.5}$/PM$_{10}$) exposure and emergency department visits for acute myocardial infarction in Chaoyang district, Beijing, China during 2014: a case-crossover study[J]. Journal of Epidemiology, 26(10): 538-545.

第六章　大气颗粒物不同粒径和化学组分对儿童急性健康效应的暴露-反应关系研究

空气颗粒物（particulate matter，PM）是大气污染的主要载体，近年来由于工业生产、机动车尾气排放、城市建筑等人为活动，PM 已经成为我国城市空气环境的主要污染物，对人体健康产生了巨大的不良影响。粒径和组分是 PM 的两大基本特征，能决定 PM 的毒性和健康效应，因此明确 PM 中发挥关键毒性作用的粒径段和组分具有重要的公共卫生学意义。目前，发达国家对 PM 的健康效应研究正逐步聚焦于不同的粒径和组分谱，但由于研究设计、暴露评估、人群特征及健康效应评价方法等不同，PM 不同粒径和组分与人群健康效应的有限研究结果仍存在较大的异质性；而且，由于不同国家和地区之间 PM 的污染特征、气候条件及人群特征的显著差异性，国外的研究结果并不完全适用于我国。另外，相较于成人，儿童处于生长发育的特殊阶段，具有呼吸系统发育不成熟、免疫功能不健全、新陈代谢旺盛、正常呼吸情况下单位体重肺吸入空气量高于成人等特征，导致儿童对空气污染更为敏感。同时，儿童呼吸带与尾气排放带高度相似，暴露风险较高，更易受到空气中 PM 的影响，然而目前针对儿童的相关研究甚少。因此，本研究基于时间序列和定群研究设计，在我国 5 个不同方位的城市中探讨不同粒径 PM 及其化学组分对儿童呼吸系统疾病和早期健康效应指标的暴露-反应关系，对不同粒径和组分 PM 的危害效应评估、防控举措及政策的修订提供系统的科学依据。

6.1　颗粒物不同粒径和化学组分对儿童呼吸系统疾病发病的暴露-反应关系

6.1.1　概　　述

大气污染严重威胁人群健康，《2020 年全球空气状况报告》指出，2019 年空气污染导致全球约 667 万人死亡。大量流行病学研究显示，空气 PM 浓度与呼吸系统疾病的发病率和死亡率关系密切。儿童期是呼吸系统发育的重要阶段，相较于成人，儿童呼吸道炎症反应更明显。呼吸系统疾病是儿科最常见疾病，其发病率和死亡率均占儿科疾病第一位，据统计，每年因室外空气污染导致儿童死亡的人数将近 41 万，因此研究空气 PM 对儿童呼吸系统健康的影响尤为重要。

时间序列研究可以用来探索大气污染物暴露与人群死亡、发病的关联，其研究范围涉及单一城市到多城市、多中心研究，是国际上广泛使用的方法之一。大量的时间序列研究表明 PM 暴露与人群死亡率相关，调查收集的死亡数据大多来源于国家生命统计局和疾病监测点，而我国多数城市中的门诊就诊记录并非常规监测数据，因此针对 PM 和儿童呼吸系统疾病门诊就诊的研究数量有限，且常限于单个城市研究。西方国家的门诊通常是预约就诊模式，所以针对 PM 对儿童呼吸系统疾病的急性效应研究以急诊就诊较为多见。我国由于没有以全科医生为基础的转诊制度，门诊就诊通常是非预约就诊模式，因而涵盖大量症状较轻的病例，可能产生更大的统计效能来检验 PM 的健康风险。以往单个城市儿童呼吸系统疾病门诊时间序列研究的调查时间跨度多为 2~3 年，纳入病例数量有限，但大多研究表明 PM 暴露浓度与门诊就诊量呈正相关。2013~2015 年石家庄的一项研究（$n = 551\ 678$）发现细颗粒物（$PM_{2.5}$）而不是可吸入颗粒物（PM_{10}），与 0~14 岁儿童呼吸系统疾病门诊显著相关；相反，2014~2015 年南京的一项研究（$n = 26\ 423$）则发现 PM_{10} 与儿童下呼吸道感染相关，而 $PM_{2.5}$ 与之无关。儿童呼吸系统疾病住院通常是呼吸道症状较重的病例，以哮喘为健康结局的研究较为多见，与门诊研究类似，也有无关联和负向效应关联的报道。结果不一致的原因可能是研究对象固有特征、污染物水平和 PM 成分组成、地理位置和气象条件等的差异。此外，可能存在发表偏倚，因此单个城市之间的研究结果在进行比较和推广时需要谨慎。因此，有必要在多个城市或全国水平上探讨 PM 对儿童的健康风险，以得到更加稳定和准确的结果。

当前一些多城市时间序列研究主要基于全人群数据分析 PM 与总呼吸系统疾病、哮喘和全病因急诊就诊的关联，结果基本一致表明相较于其他年龄组，PM 暴露对儿童健康的不良影响稍强，但目前尚没有关于 PM 暴露与儿童呼吸系统疾病门诊量关联的多城市研究。此外，关于 PM 暴露与呼吸系统疾病急性发病关联的暴露-反应关系研究报道甚少。迄今为止，仅一项以儿童呼吸系统疾病住院为健康结局的多城市时间序列研究发现，$PM_{2.5}$、PM_{10}、SO_2 和 NO_2 对澳大利亚和新西兰 14 岁以下儿童的呼吸系统疾病有急性效应，但并未探讨其暴露-反应关系。

此外，已有研究报道了 $PM_{2.5}$ 组分暴露与呼吸系统、心血管疾病死亡率相关。最近一项基于 42 项研究的 Meta 分析发现了 $PM_{2.5}$ 中的黑炭（black carbon，BC）和有机碳（organic carbon，OC）与全因死亡率、心血管疾病死亡率和发病率有关，硝酸盐、硫酸盐和钒与呼吸系统健康损伤和心血管疾病有关，而锌、硅、铁、镍和钾仅与心血管疾病的死亡率和发病率有关，提示不同组分对机体的毒性效应存在差异。另一项针对 $PM_{2.5}$ 组分对死亡影响的 Meta 分析发现，$PM_{2.5}$ 暴露是导致呼吸系统疾病死亡的危险因素，其中 BC 和锌是影响呼吸系统健康的主要组分。总之，既往对 PM 组分的研究多局限于死亡结局或基于全人群的分析，缺少针对儿童呼吸系统疾病就诊影响的多城市研究。

综上，本研究选取我国 5 个具有代表性的城市，阐明了 5 个城市不同粒径 PM 与儿童呼吸系统疾病门诊和住院的关联，并探索了相应的暴露-反应关系及儿童的易感特征，同时分析了其中某些城市 PM 组分对呼吸系统疾病发病的急性健康效应。

6.1.2　研 究 方 法

6.1.2.1　大气颗粒物及气象数据收集

研究收集了 2013 年 1 月 1 日至 2018 年 12 月 31 日广州、上海、武汉、北京和西宁 5 个城市环境监测站的数据，包括每日 $PM_{2.5}$、PM_{10}、SO_2、NO_2、CO 和 8 小时最大 O_3 浓度资料，粗颗粒物（$PM_{2.5-10}$）浓度由 PM_{10} 浓度减去 $PM_{2.5}$ 浓度直接计算，其中广州包括 11 个环境监测站，上海包括 10 个环境监测站，武汉包括 10 个环境监测站，北京包括 12 个环境监测站，西宁包括 4 个环境监测站。

同时，获取了武汉、上海和广州不同粒径 PM 浓度或粒子数及组分数据。从湖北省大气复合污染物自动监测超级站获取武汉 32 个粒径段 PM 数量浓度（PNC）、7 个波段 BC 和 $PM_{2.5}$ 的 28 种组分的每小时浓度数据（2013 年 1 月 1 日至 2014 年 12 月 31 日）。其中不同粒径段 PNC 和 7 个波段的 BC 数据分别使用全自动在线环境颗粒物监测仪和 Aethalometer 黑炭仪测定，28 种组分数据采用大气多金属分析仪检测。上海监测超级站数据（2014 年 1 月 1 日至 2016 年 12 月 31 日）使用扫描电迁移率颗粒物粒径谱仪或空气动力学粒径谱仪测量 7 个粒径段的 PNC，碳质组分包括元素碳（EC）和有机碳（OC）使用半连续的 EC/OC 分析仪测定，5 种水溶性无机离子使用 ADI2080 型在线气溶胶和气体监测系统获取，18 种金属元素通过 Xact-625 型环境空气多金属在线分析仪测量。广州通过 $PM_{2.5}$ 在线源解析质谱监测系统（SPAMS）可同时获取 0.1~2.5μm 粒径范围内 5 个粒径段 PM 的每小时粒子数计数（PNC）和相对应的 23 种组分每小时计数数据，其中组分包括碳质组分（EC 和 OC）、7 种水溶性无机离子和 14 种金属离子（SPAMS 输出离子模式为单电荷，故本部分符号代表正负电荷而非离子价态）。同期的气象数据来源于国际气象数据共享网站（https：//en.tutiempo.net/），包括日平均温度（℃）和日平均相对湿度（%）等。

6.1.2.2　儿童呼吸系统疾病就诊数据

收集 2013 年 1 月 1 日至 2018 年 12 月 31 日广州、上海、武汉、北京和西宁多家医院儿童约 650 万人次每日呼吸系统疾病就诊信息，包括性别、出生日期、就诊时间（门/急诊时间和住院时间）、出院时间、疾病诊断、ICD-10 编码、现住址及费用等。

6.1.2.3　统计分析方法

通过日期关联每日就诊信息、环境监测数据和气象数据。首先采用时间序列方法中的半泊松分布链接的广义相加模型（generalized additive model，GAM）分析单个城市健康效应，利用自然平滑样条函数控制长期趋势（自由度为 7/年）和气象因素（暴露当天的平均温度和平均相对湿度，自由度分别是 6 和 3），并纳入星期几和节假日分类变量控制混杂效应，定量分析不同滞后时间（包括 lag0d～lag7d 和 lag01～lag07）空气污染暴露与日住院/门诊量之间的关系。由于单日滞后效应估计可能会低估健康风险，分析主要采用滑动平均最大效应滞后日浓度。各城市的暴露-反应关系采用三次样条曲线（自由度为 3）进行拟合，然后采用随机效应 Meta 分析计算多城市的效应估计值。同时根据儿童性别、年龄和季节进行分层分析，以鉴别大气污染危害儿童呼吸健康的易感因素。分析采用 R（3.2.1）软件，统计学双侧检验以 $P<0.05$ 为差异具有统计学意义。

6.1.3 主 要 结 果

6.1.3.1 目标城市基本信息描述

5 个目标城市上海、广州、西宁、北京和武汉分别位于我国的东部、南部、西部、北部和中部地区。2013～2018 年 $PM_{2.5}$ 和 PM_{10} 日平均浓度均为武汉最高，分别为 $67.0\mu g/m^3$ 和 $99.0\mu g/m^3$，广州最低，分别为 $35.8\mu g/m^3$ 和 $55.8\mu g/m^3$；$PM_{2.5-10}$ 日均浓度以西宁最高，为 $47.6\mu g/m^3$。广州的平均温度在 5 个城市中最高，上海和武汉的气象条件较为接近，西宁平均温度最低（表 6-1）。

表 6-1　2013～2018 年 5 个城市 PM 浓度及气象条件一般统计描述

城市	$PM_{2.5}$（$\mu g/m^3$）	$PM_{2.5-10}$（$\mu g/m^3$）	PM_{10}（$\mu g/m^3$）	气温（℃）	相对湿度（%）
广州	35.8（24.3，51.8）	19.7（15.0，26.6）	55.8（40.6，79.1）	24.1（17.7，27.4）	79.9（72.9，86.9）
上海	41.3（26.1，61.9）	19.0（13.0，27.0）	60.0（42.4，87.7）	19.1（10.5，24.5）	72.8（63.0，81.5）
武汉	67.0（54.2，80.3）	37.5（30.1，45.5）	99.0（83.6，114.4）	18.4（9.2，25.1）	80.0（71.0，86.8）
北京	51.0（26.0，90.0）	39.0（13.0，25.0）	79.0（45.0，124.0）	15.1（2.6，24.1）	51.0（34.4，67.1）
西宁	44.4（31.0，54.8）	47.6（33.2，63.1）	96.5（67.1，119.6）	7.8（-1.6，14.2）	57.1（45.0，67.3）

注：数值表示为中位数（第 25 百分位数，第 75 百分位数）。

6.1.3.2　粒径 2.5μm 及以上 PM 对儿童呼吸系统疾病门诊的影响

（1）各城市单日、滑动平均滞后效应及合并值：如图 6-1 结果所示，在控制长期趋势、星期几效应、法定节假日和气象因素后，5 个城市 PM 滑动平均滞后效应值呈递增趋势，但单日滞后最大效应日不同，广州和北京 lag0d 效应最大，上海最大效应稍滞后，出现在 lag5d；3 种 PM 效应以广州最强；除西宁外，其他城市 $PM_{2.5}$ 比 PM_{10} 效应稍强。5 城市效应合并值显示，3 种粒径 PM 单日滞后最大效应均在 lag0d 或 lag2d，累积滞后效应呈递增趋势。$PM_{2.5}$、PM_{10} 和 $PM_{2.5-10}$ 对总门诊量的影响在 lag07 效应最强，其浓度每升高 $10\mu g/m^3$，儿童每日门诊量分别增加 1.39%（95%CI：0.38%～2.40%）、1.10%（95%CI：0.38%～1.83%）和 2.93%（95%CI：1.05%～4.84%）。

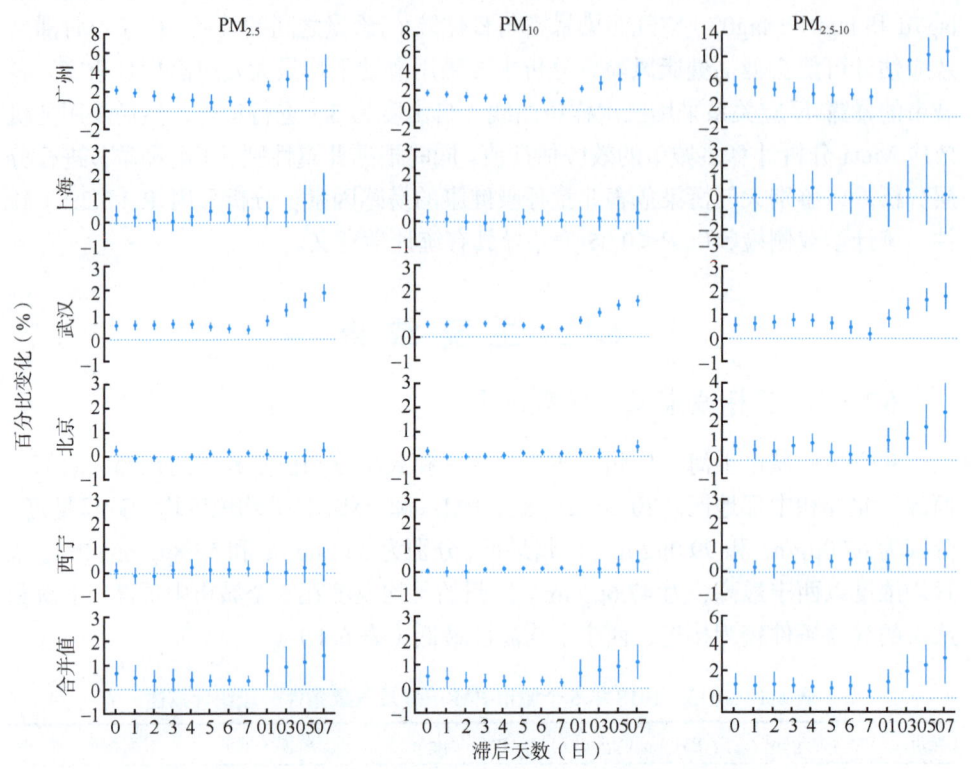

图 6-1　各城市不同粒径 PM 对呼吸系统疾病门诊量的超额风险及合并值
横坐标中 0～7 代表单日滞后 0～7 日；01、03、05、07 分别代表累积滞后 2 日、4 日、6 日、8 日

（2）各城市不同粒径 PM 暴露-反应关系：如图 6-2，除北京 $PM_{2.5}$、上海 PM_{10} 和 $PM_{2.5-10}$外，3 个粒径 PM 暴露均与门诊量存在暴露-反应关系，武汉、北京和西宁的 PM_{10} 和 $PM_{2.5-10}$ 暴露-反应关系基本呈无明显阈值的线性关系，而广州、上海的 $PM_{2.5}$ 和广州的 PM_{10} 的曲线在较高浓度下效应增长更快。广州 $PM_{2.5-10}$ 的曲线在较低浓度下显示出较快的增长，西宁 $PM_{2.5}$ 的曲线仅在中间浓度范围内呈明显上升趋势。

（3）低于国家二级环境空气质量标准（Chinese Ambient Air Quality Standards，CAAQS Ⅱ）下 PM 效应：低于当前 CAAQS Ⅱ 的情况下，合并效应显示，$PM_{2.5}$ 和 PM_{10} 对总呼吸道，急性上、下呼吸道门诊量的影响仍具有统计学意义；各城市的结果表明，除了上海和北京的 $PM_{2.5}$，以及北京和西宁的 PM_{10} 对急性上呼吸道疾病的影响外，低于 CAAQS Ⅱ 时各城市 $PM_{2.5}$ 和 PM_{10} 仍可以增加儿童呼吸系统疾病门诊就诊的风险（表 6-2）。

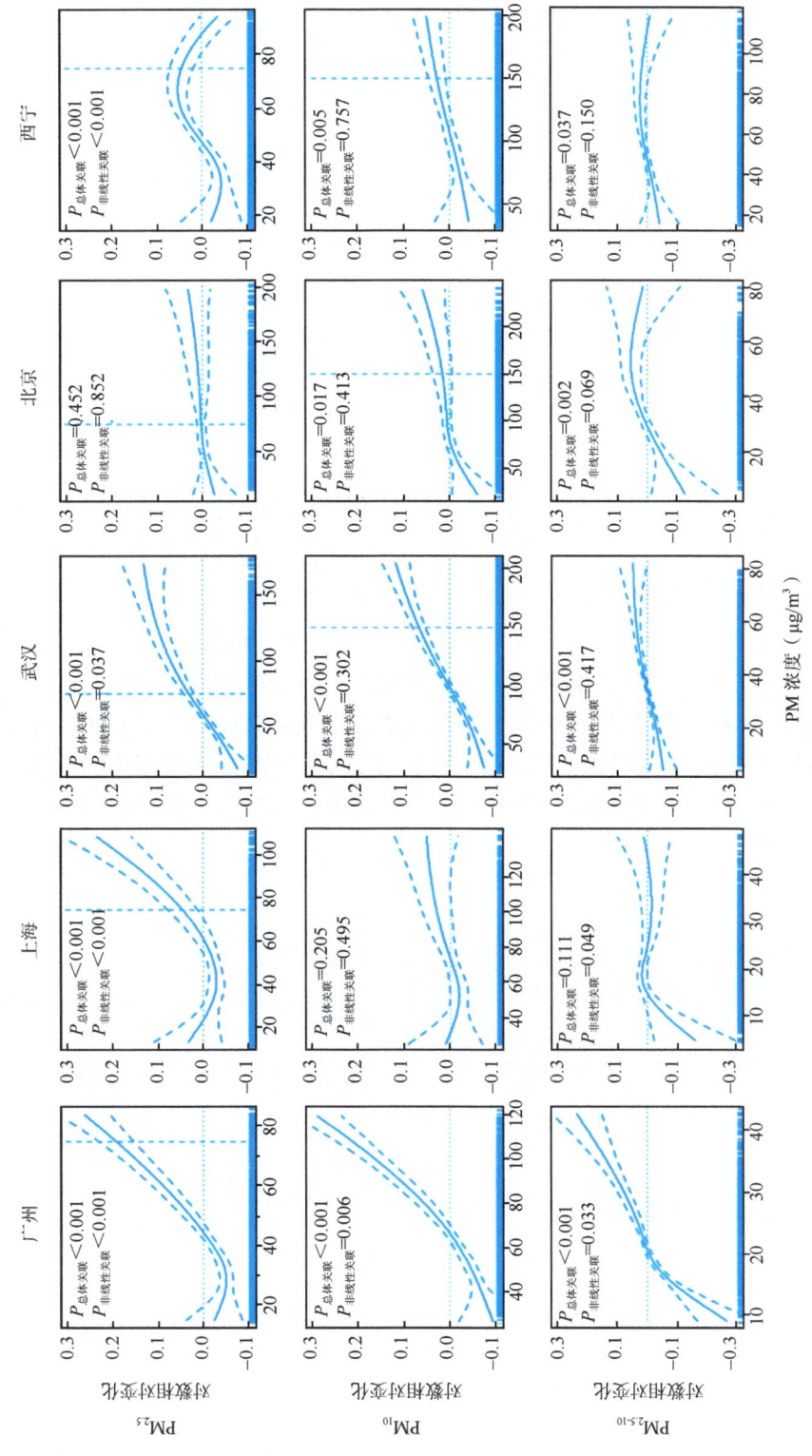

第六章　大气颗粒物不同粒径和化学组分对儿童急性健康效应的暴露-反应关系研究 | 255

图6-2　各城市不同粒径PM浓度与呼吸系统疾病门诊量的暴露-反应关系

表 6-2　低于 CAAQS Ⅱ时 PM$_{2.5}$ 和 PM$_{10}$ 每增加 10μg/m^3，儿童呼吸系统疾病门诊量的百分比变化（%）

城市	PM$_{2.5}$ 总呼吸道	急性上呼吸道	急性下呼吸道	PM$_{10}$ 总呼吸道	急性上呼吸道	急性下呼吸道
广州	4.02 (2.50~5.57)	3.42 (2.25~4.61)	4.71 (0.90~8.67)	3.65 (2.44~4.87)	3.41 (2.68~4.14)	4.02 (0.94~7.20)
上海	0.76 (−0.48~2.02)	0.75 (−0.62~2.14)	1.45 (−0.70~3.65)	2.19 (1.30~3.09)	2.19 (1.30~3.09)	2.36 (0.96~3.79)
武汉	2.38 (1.66~3.10)	2.04 (1.18~2.90)	2.76 (1.90~3.63)	1.30 (1.02~1.58)	0.91 (0.58~1.24)	1.67 (1.33~2.01)
北京	0.50 (−0.33~1.33)	0.48 (−0.54~1.51)	1.32 (0.04~2.61)	0.47 (0.03~0.92)	0.33 (−0.22~0.89)	0.92 (0.27~1.58)
西宁	4.47 (3.13~5.83)	4.57 (3.19~5.97)	3.64 (1.78~5.54)	1.00 (0.55~1.46)	0.72 (−0.10~1.55)	1.00 (0.34~1.65)
合并值	2.35 (0.92~3.81)	2.22 (0.83~3.64)	2.46 (1.48~3.45)	1.48 (0.84~2.12)	1.48 (0.49~2.49)	1.46 (0.90~2.02)

注：数值表示为效应均值（95%CI），PM$_{2.5}$ 和 PM$_{10}$ 的 CAAQSⅡ 分别为 75μg/m^3 和 100μg/m^3。

（4）易感特征分析

1）年龄分层：如图 6-3 所示，合并值显示年龄组间无明显统计学差异，但可观察到 PM$_{2.5}$ 对儿童的影响随年龄呈递增趋势，对 7~14 岁儿童影响最大，PM$_{10}$ 与 PM$_{2.5-10}$ 对 4~6 岁儿童影响最大。PM$_{2.5}$ 浓度每增加 10μg/m^3，7~14 岁儿童门诊量增加 1.82%（95%CI：0.72%~2.93%）；PM$_{10}$ 与 PM$_{2.5-10}$ 每增加 10μg/m^3，4~6 岁组儿童门诊量分别增加 1.39%（95%CI：0.59%~2.19%）和 3.82%（95%CI：0.64%~7.09%）。

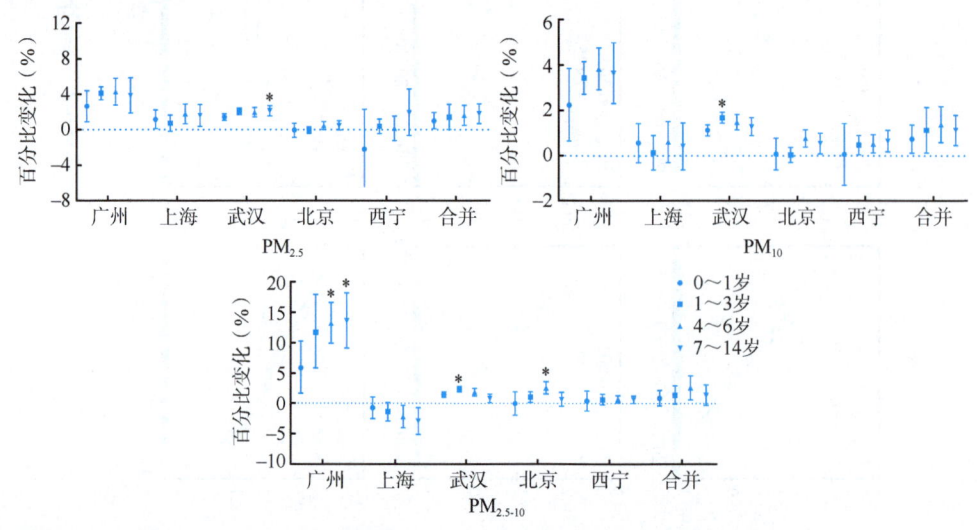

图 6-3　PM 对不同年龄组儿童呼吸系统疾病门诊量的超额风险

*表示与 0~1 岁组比较差异有统计学意义

2）性别分层：如图6-4结果所示，性别间差异无统计学意义，但各城市3种粒径结果均提示PM对女童的影响相对男童可能稍高。PM$_{2.5}$对男、女童影响的合并效应值分别为1.28%（95%CI：0.28%～2.28%）、1.57%（95%CI：0.45%～2.70%）；PM$_{10}$对男、女童的影响分别为0.98%（95%CI：0.25%～1.73%）、1.29%（95%CI：0.56%～2.03%）。

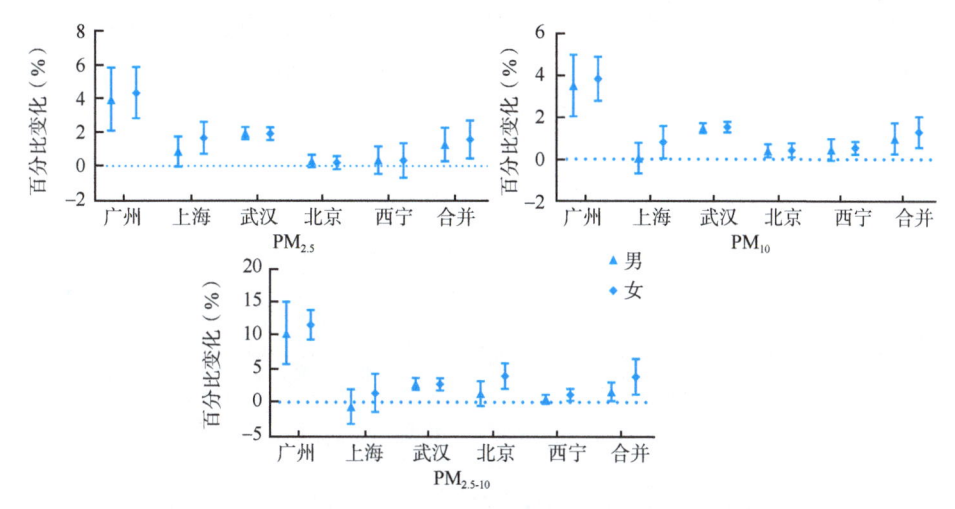

图6-4　PM对不同性别儿童呼吸系统疾病门诊量的超额风险

3）季节分层：如图6-5所示，PM$_{2.5}$、PM$_{10}$合并效应显示在过渡季（秋季）、冷季对呼吸系统疾病影响更大，且较暖季差异有统计学意义（$P<0.05$）。过渡季

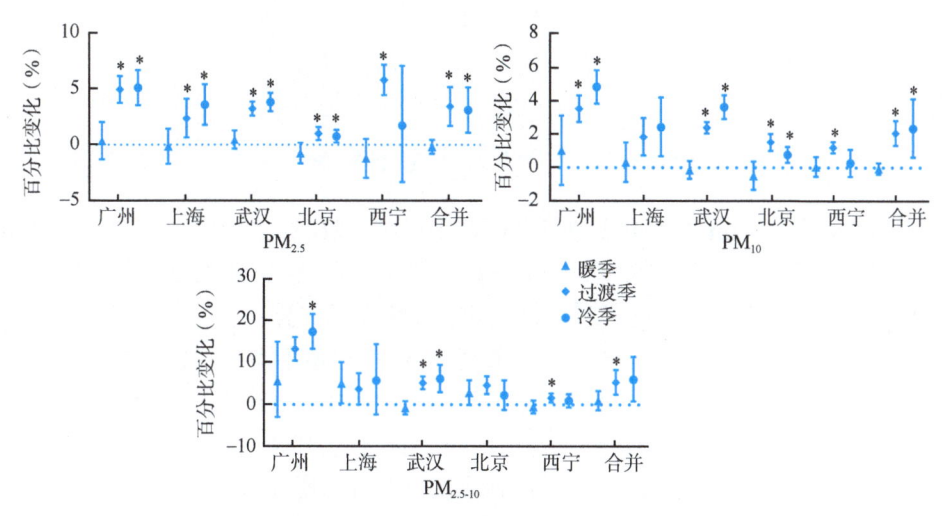

图6-5　PM在不同季节对儿童呼吸系统疾病门诊量的超额风险
*表示与暖季比较差异有统计学意义

PM$_{2.5}$、PM$_{10}$ 与 PM$_{2.5-10}$ 每增加 10μg/m³，儿童呼吸系统疾病门诊量分别增加 3.45%（95%CI：1.74%～5.18%）、2.07%（95%CI：1.32%～2.82%）与 5.32%（95%CI：2.44%～8.28%）。广州、上海和武汉的 PM 效应在冷季最强，但在其他两个城市的过渡季效应最强。

4）疾病亚型分层：如图 6-6 所示，PM 对急性上、下呼吸道疾病的影响差异无统计学意义（$P>0.05$），各城市中仅武汉 PM$_{2.5-10}$ 对急性下呼吸道疾病的影响明显大于急性上呼吸道疾病（$P<0.05$）。

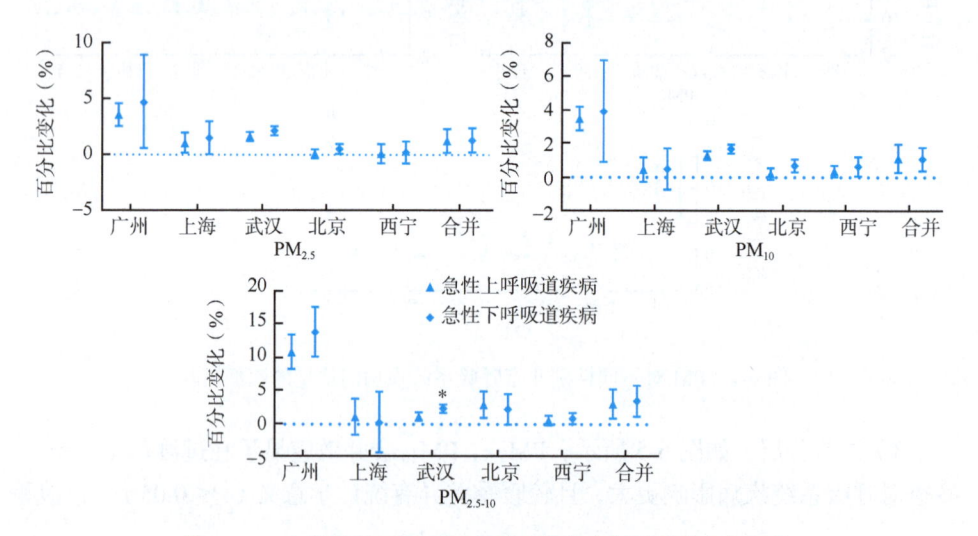

图 6-6 PM 对儿童不同亚型呼吸系统疾病门诊量的超额风险
*表示与急性上呼吸道疾病的效应比较差异有统计学意义

6.1.3.3 粒径 2.5μm 以下 PM 对儿童呼吸系统疾病门诊的影响

（1）粒径 2.5μm 以下 PM 单日及滑动平均滞后效应：如图 6-7 所示，校正混杂因素后，广州和武汉 PNC＜2.5μm 各粒径段、上海 PNC＜0.1μm 各粒径段均存在危险效应，且各城市上述粒径段间效应大小无明显差异。

（2）粒径 2.5μm 以下 PM 与儿童呼吸系统疾病门诊的暴露-反应关系：如图 6-8 所示，广州和武汉 PNC＜2.5μm、上海 PNC＜0.1μm 粒径段对门诊量的影响均存在递增的暴露-反应关系。其中，广州 PNC$_{0.1-0.5}$、PNC$_{0.5-1.0}$ 及上海 PNC$_{0.01-0.03}$ 为线性暴露-反应关系，武汉各粒径段在高浓度时效应增加减弱，而广州 PNC$_{1.0-2.5}$ 及上海 PNC$_{0.03-0.05}$、PNC$_{0.05-0.1}$ 在高浓度时效应增加更快。

第六章 大气颗粒物不同粒径和化学组分对儿童急性健康效应的暴露-反应关系研究 | 259

图6-7 不同粒径PNC与儿童呼吸系统疾病门诊量的超额风险

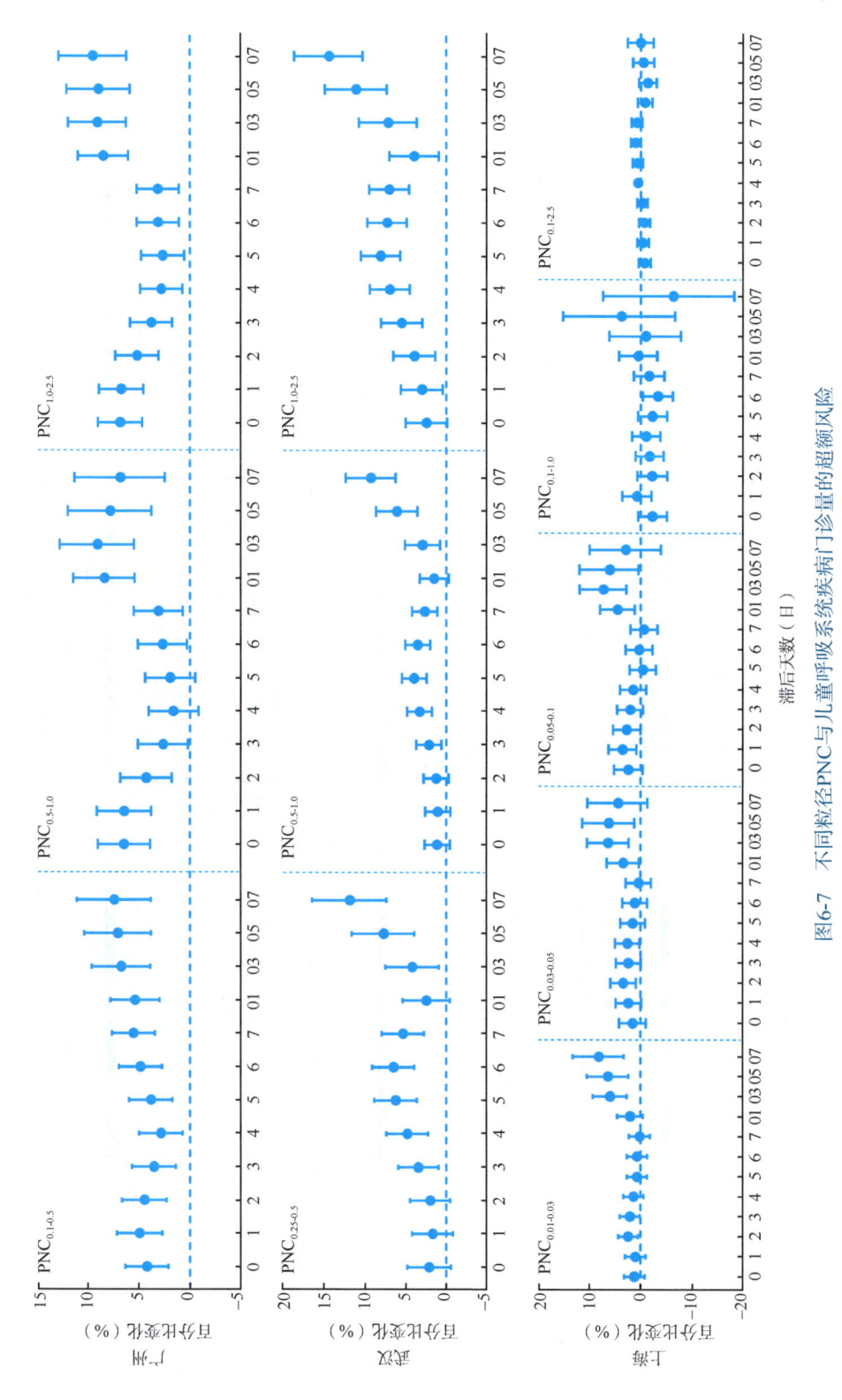

PNC，颗粒物数量浓度。横坐标中0～7代表单日滞后0～7日；01、03、05、07分别代表累积滞后2日、4日、6日、8日

图6-8 不同粒径PNC与儿童呼吸系统疾病门诊量的暴露-反应关系

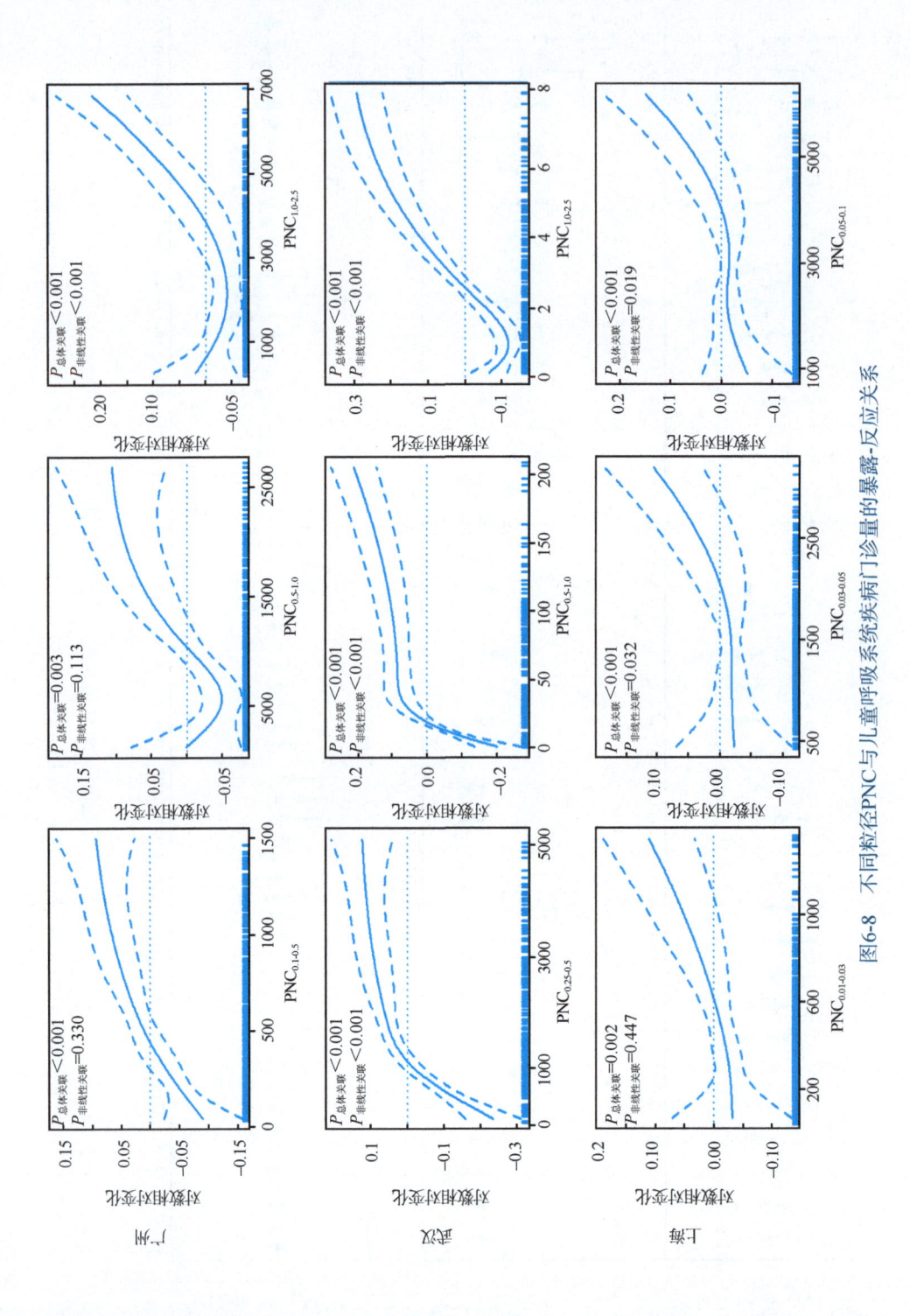

6.1.3.4 粒径 2.5μm 及以上 PM 对儿童呼吸系统疾病住院量的影响

（1）各城市单日、滑动平均滞后效应及合并值：由于缺乏北京儿童住院数据，对儿童呼吸系统疾病住院量影响的分析仅纳入广州、上海、武汉和西宁 4 个城市。在控制了长期趋势、星期几效应、法定节假日和气象因素后，各城市（除广州在 lag4d～lag5d）PM 单日最大滞后效应在 lag0d 或 lag1d；3 种粒径 PM 的效应均在广州最大，且 $PM_{2.5}$ 的效应最强。效应合并后，$PM_{2.5}$、$PM_{2.5-10}$ 和 PM_{10} 的单日最大滞后效应出现在 lag0d 或 lag1d，最大住院风险分别出现在 lag02、lag03 和 lag07，浓度每增加 $10μg/m^3$，儿童呼吸系统疾病住院量依次增加 1.19%（95%CI：0.20%～2.19%）、0.55%（95%CI：0.12%～0.98%）和 0.51%（95%CI：0.24%～0.77%），如图 6-9。

（2）各城市不同粒径 PM 暴露-反应关系：如图 6-10 所示，除了西宁 $PM_{2.5}$、武汉 PM_{10} 和广州 $PM_{2.5-10}$ 外，其余各城市 PM 的暴露-反应关系基本呈线性递增趋势，其中广州 PM_{10}、武汉 $PM_{2.5}$ 和 $PM_{2.5-10}$、西宁 $PM_{2.5-10}$ 在较高浓度下效应增长更快，但是仅广州 $PM_{2.5}$ 与住院量的暴露-反应关系有统计学意义。

（3）低于 CAAQS Ⅱ 下 PM 效应：如表 6-3 所示，PM 浓度低于当前 CAAQS Ⅱ 时，合并效应显示，PM_{10} 对急性下呼吸道疾病住院量的影响仍具有统计学意义，浓度每增加 $10μg/m^3$，住院量增加 0.61%（95%CI：0.10%～1.11%）；各城市的结果表明，仅武汉 PM_{10} 对总呼吸系统疾病和急性下呼吸道疾病住院量的影响有统计学意义，浓度每增加 $10μg/m^3$，住院量分别增加 0.69%（95%CI：0.05%～1.34%）和 0.87%（95%CI：0.15%～1.59%）。

（4）易感特征分析

1）年龄分层：如图 6-11 所示，合并值显示年龄组间无明显统计学差异，但可观察到 $PM_{2.5}$ 对武汉 4～14 岁儿童效应最大，PM_{10} 对广州 2～3 岁儿童效应最大。PM 浓度每增加 $10μg/m^3$，$PM_{2.5}$ 引起 4～14 岁儿童住院风险增加 1.86%（95%CI：0.34%～3.41%），而 PM_{10} 和 $PM_{2.5-10}$ 分别引起 2～3 岁和 0～1 岁儿童住院风险增加 0.63%（95%CI：0.22%～1.05%）和 0.58%（95%CI：0.15%～1.02%）。

2）性别分层：多城市 PM 的合并效应值在性别间差异无统计学意义，但可观察到 $PM_{2.5}$ 在广州女童和武汉男童中的效应更显著，PM_{10} 和 $PM_{2.5-10}$ 在不同城市中的性别差异检验均无统计学意义（图 6-12）。

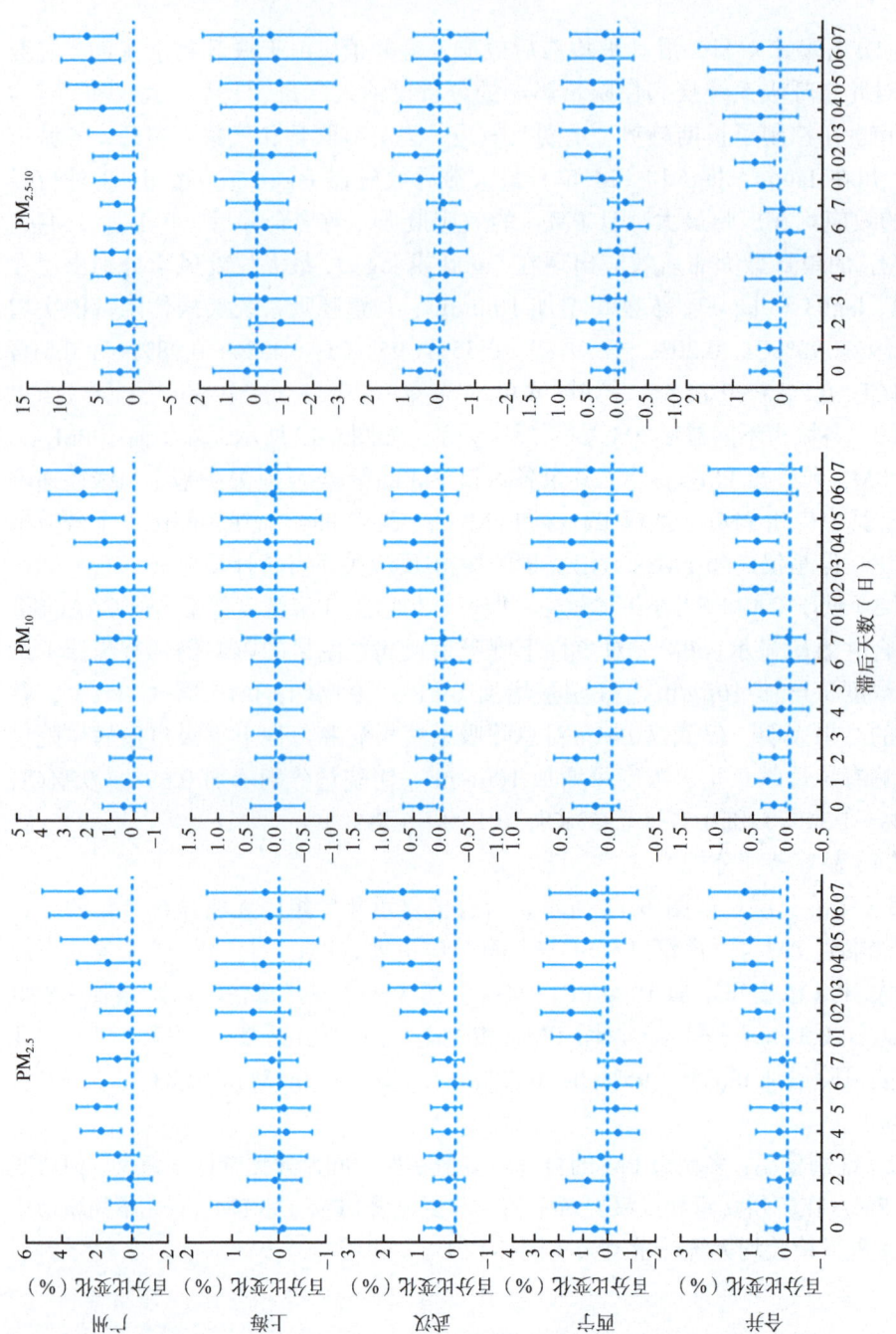

图6-9 各城市不同粒径PM对儿童呼吸系统疾病住院量的超额风险及合并值

横坐标中 0～7 代表单日滞后 0～7 日；01～07 代表累积滞后 2～8 日

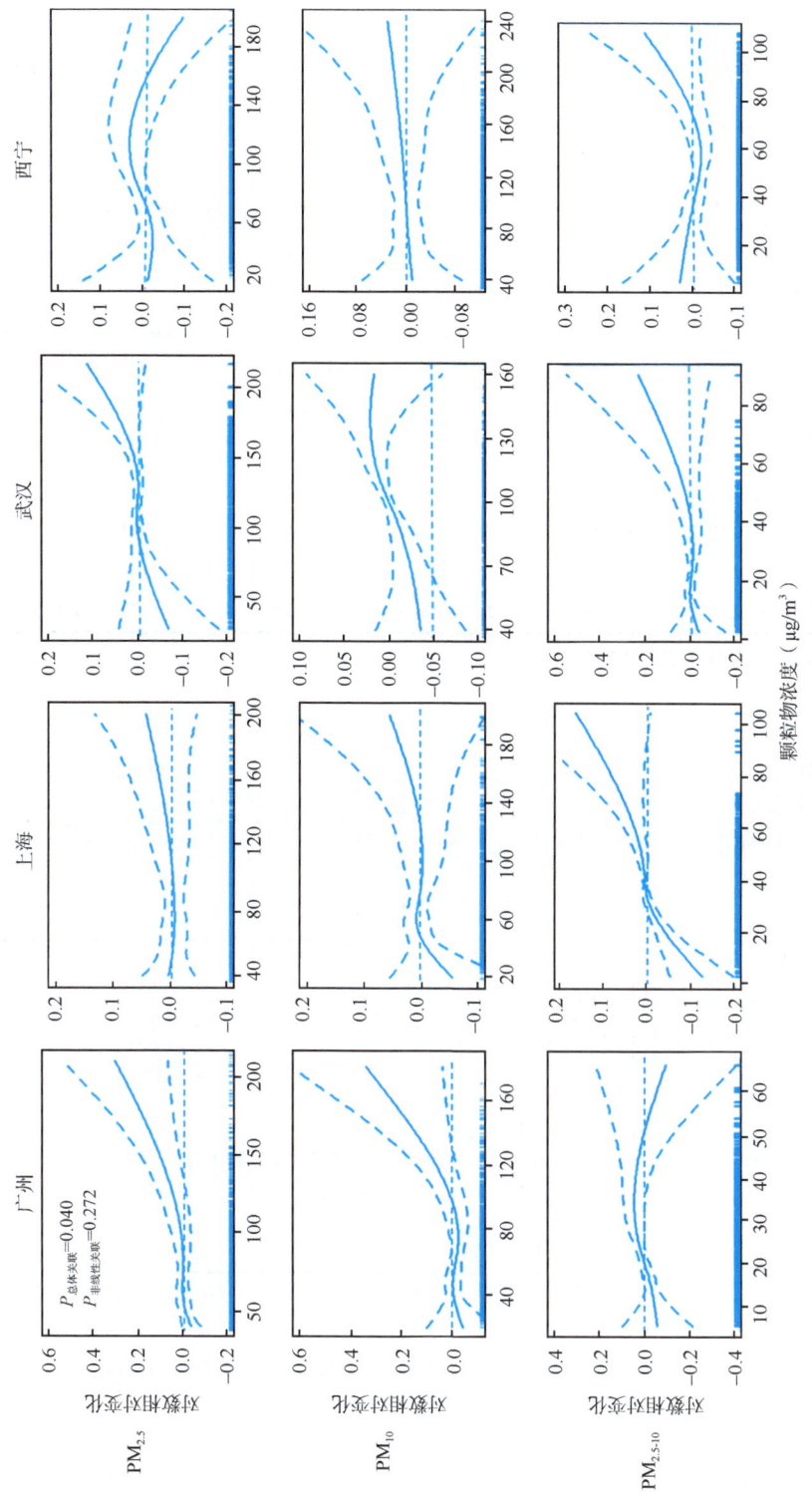

第六章 大气颗粒物不同粒径和化学组分对儿童急性健康效应的暴露-反应关系研究 | 263

图6-10 各城市不同粒径PM与儿童呼吸系统疾病住院量的暴露-反应关系

表 6-3　低于 CAAQS Ⅱ 的 $PM_{2.5}$ 和 PM_{10} 每增加 $10\mu g/m^3$，儿童呼吸系统疾病住院量的百分比变化（%）

城市	$PM_{2.5}$ 总呼吸道	急性上呼吸道	急性下呼吸道	PM_{10} 总呼吸道	急性上呼吸道	急性下呼吸道
广州	2.85 （-0.34～6.14）	6.05 （-0.86～13.44）	1.96 （-1.68～5.74）	0.60 （-0.74～1.96）	0.99 （-1.83～3.90）	0.77 （-0.79～2.34）
上海	-2.28 （-4.93～0.45）	-6.15 （-14.06～2.48）	-1.40 （-4.38～1.67）	0.10 （-0.89～1.09）	-3.02 （-6.14～0.21）	0.37 （-0.74～1.49）
武汉	0.21 （-2.25～2.73）	2.57 （-2.11～7.48）	-1.82 （-4.61～1.05）	0.69 （0.05～1.34）	0.76 （-0.57～2.11）	0.87 （0.15～1.59）
西宁	2.09 （-1.31～5.61）	2.85 （-7.87～14.81）	2.32 （-1.22～5.98）	-0.05 （-1.14～1.05）	-0.66 （-4.00～2.81）	0.11 （-1.03～1.26）
合并值	0.56 （-1.64～2.81）	1.79 （-2.77～6.56）	0.04 （-2.06～2.18）	0.43 （-0.03～0.88）	-0.11 （-1.73～1.54）	0.61 （0.10～1.11）

注：数值表示为效应均值（95%CI）。

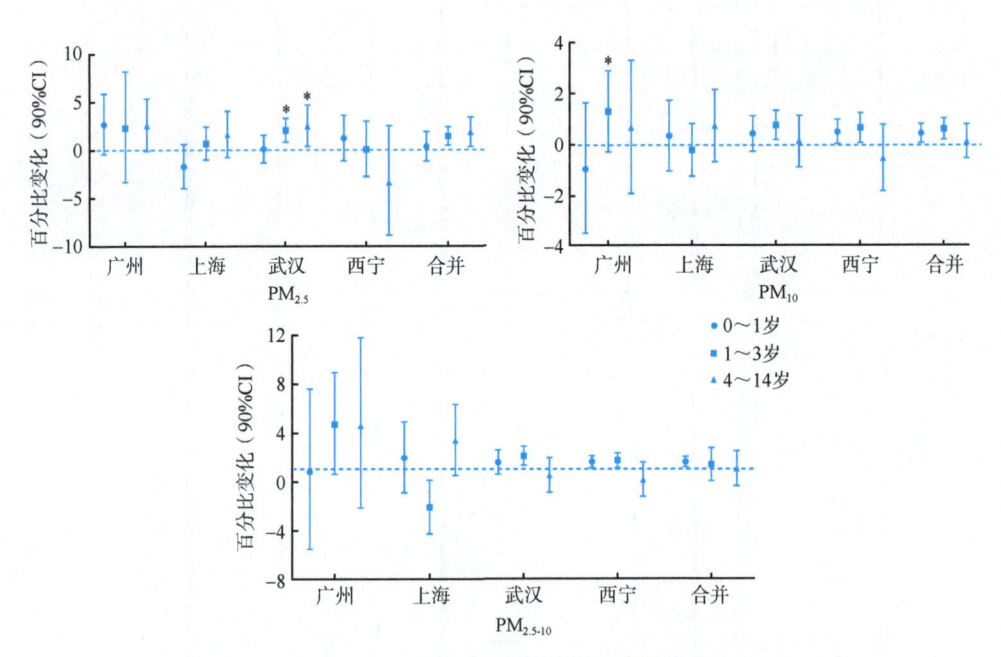

图 6-11　PM 对不同年龄组儿童呼吸系统疾病住院量的超额风险
*表示与 0～1 岁组比较差异有统计学意义

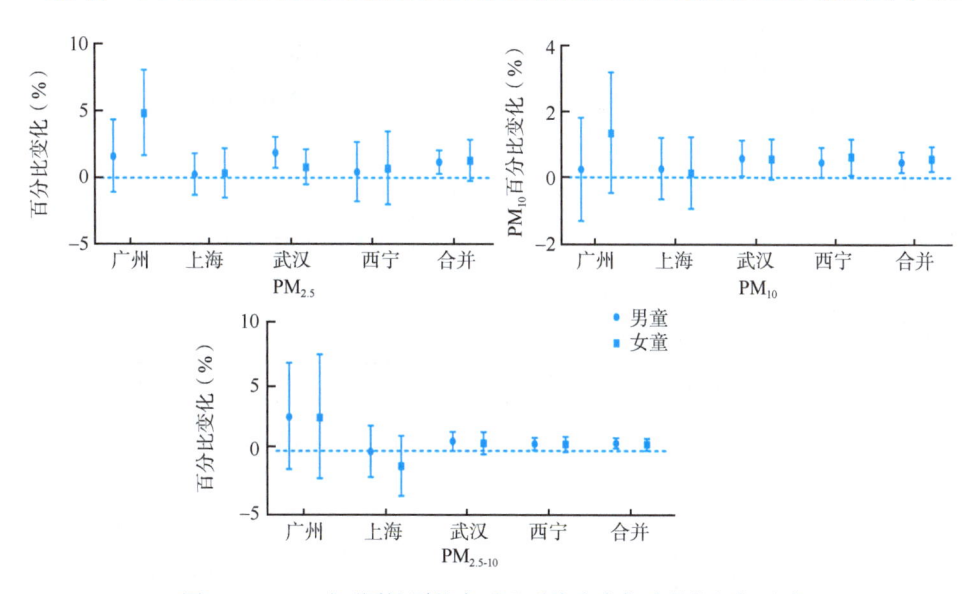

第六章　大气颗粒物不同粒径和化学组分对儿童急性健康效应的暴露-反应关系研究 | 265

图 6-12　PM 对不同性别儿童呼吸系统疾病住院量的超额风险
*表示差异有统计学意义

3）季节分层：如图 6-13 所示，PM$_{2.5}$ 和 PM$_{10}$ 在广州和上海的效应均在冷季稍高，效应合并后，PM$_{2.5}$ 和 PM$_{10}$ 浓度每增加 10μg/m^3，儿童呼吸系统疾病在冷季的住院量分别增加 1.53%（95%CI：0.61%～2.45%）和 0.72%（95%CI：0.39%～1.05%）。

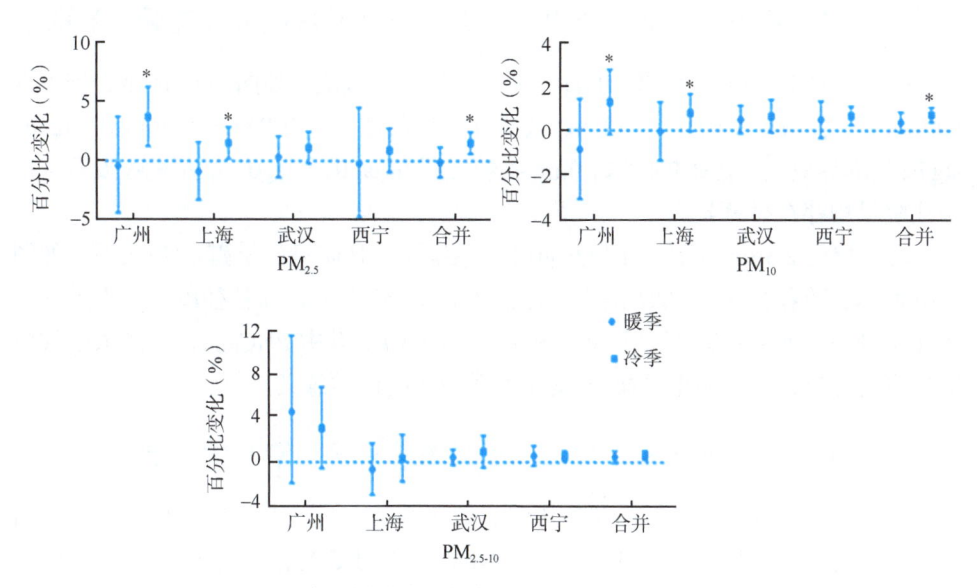

图 6-13　PM 在不同季节对儿童呼吸系统疾病住院量的超额风险
*表示差异有统计学意义

4）疾病亚型分层：PM 对急性上呼吸道疾病的合并效应值稍高于急性下呼吸道疾病，但差异在各城市及合并效应均无统计学意义（图 6-14）。

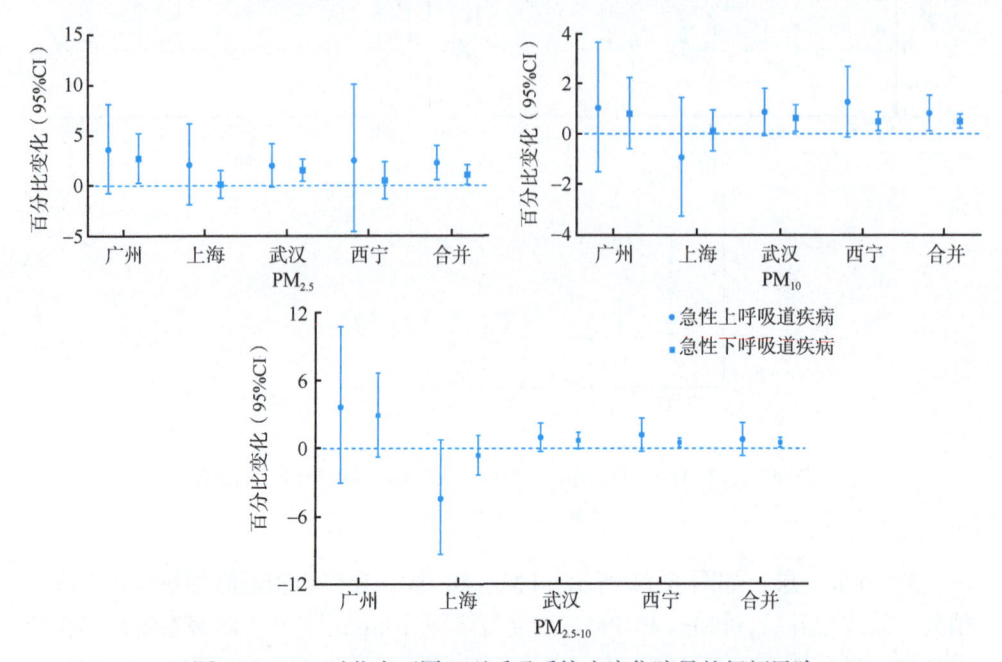

图 6-14　PM 对儿童不同亚型呼吸系统疾病住院量的超额风险

6.1.3.5　粒径 2.5μm 以下 PM 对儿童呼吸系统疾病住院量的影响

（1）粒径 2.5μm 以下 PM 单日及滑动平均滞后效应：如图 6-15 所示，校正混杂因素后，各城市不同粒径段 PNC 效应存在异质性，广州 PNC＜0.5μm 在 lag5d、lag7d 呈临界效应，上海 PNC＜1.0μm 各粒径段在 lag01～lag07 对儿童呼吸系统疾病住院量均存在显著效应。

（2）粒径 2.5μm 以下 PM 与儿童呼吸系统疾病住院量的暴露-反应关系：如图 6-16 所示，随着 PNC 浓度增加，上海 $PNC_{0.03-0.3}$ 和 $PNC_{0.3-1.0}$ 粒径段与呼吸系统疾病住院量呈递增的暴露-反应关系（$P_{总体关联}$＜0.05），其中 $PNC_{0.03-0.3}$ 在高浓度效应增加更为明显，其他城市的暴露-反应关系均无统计学意义。

6.1.3.6　不同组分暴露对儿童呼吸系统疾病门诊量的影响

（1）不同组分对门诊量的超额风险：如图 6-17 所示，校正混杂因素后，广州各粒径段的 16 个离子组分（EC、OC、NO_3^-、K^+、HSO_4^-、Na^+、Cl^-、Al^+、PO_3^-、$HC_2O_4^-$、Li^+、Fe^+、Ca^+、Mn^+、Cu^+、Pb^+）均可引起儿童呼吸系统疾病门诊量增加，且校正 $PM_{2.5}$ 或残差后所有效应仍有意义，整体上 PO_3^-、Fe^+ 和 Mn^+ 的效应更强，

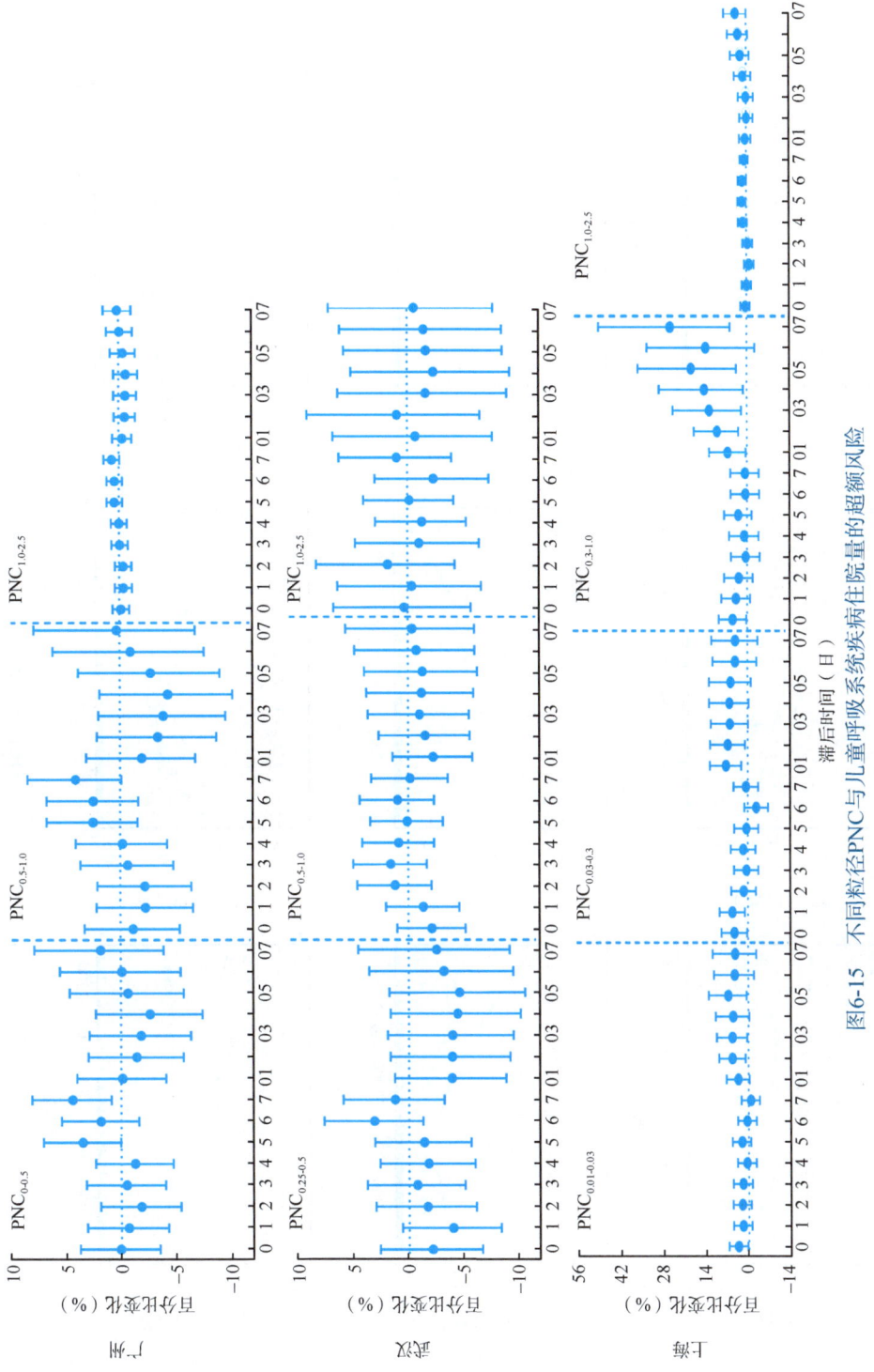

第六章 大气颗粒物不同粒径和化学组分对儿童急性健康效应的暴露-反应关系研究 | 267

图6-15 不同粒径PNC与儿童呼吸系统疾病住院量的超额风险

PNC, 颗粒物数量浓度。横坐标中0~7日代表单日滞后0~7日；01、03、05、07分别代表暴露滞后2日、4日、6日、8日

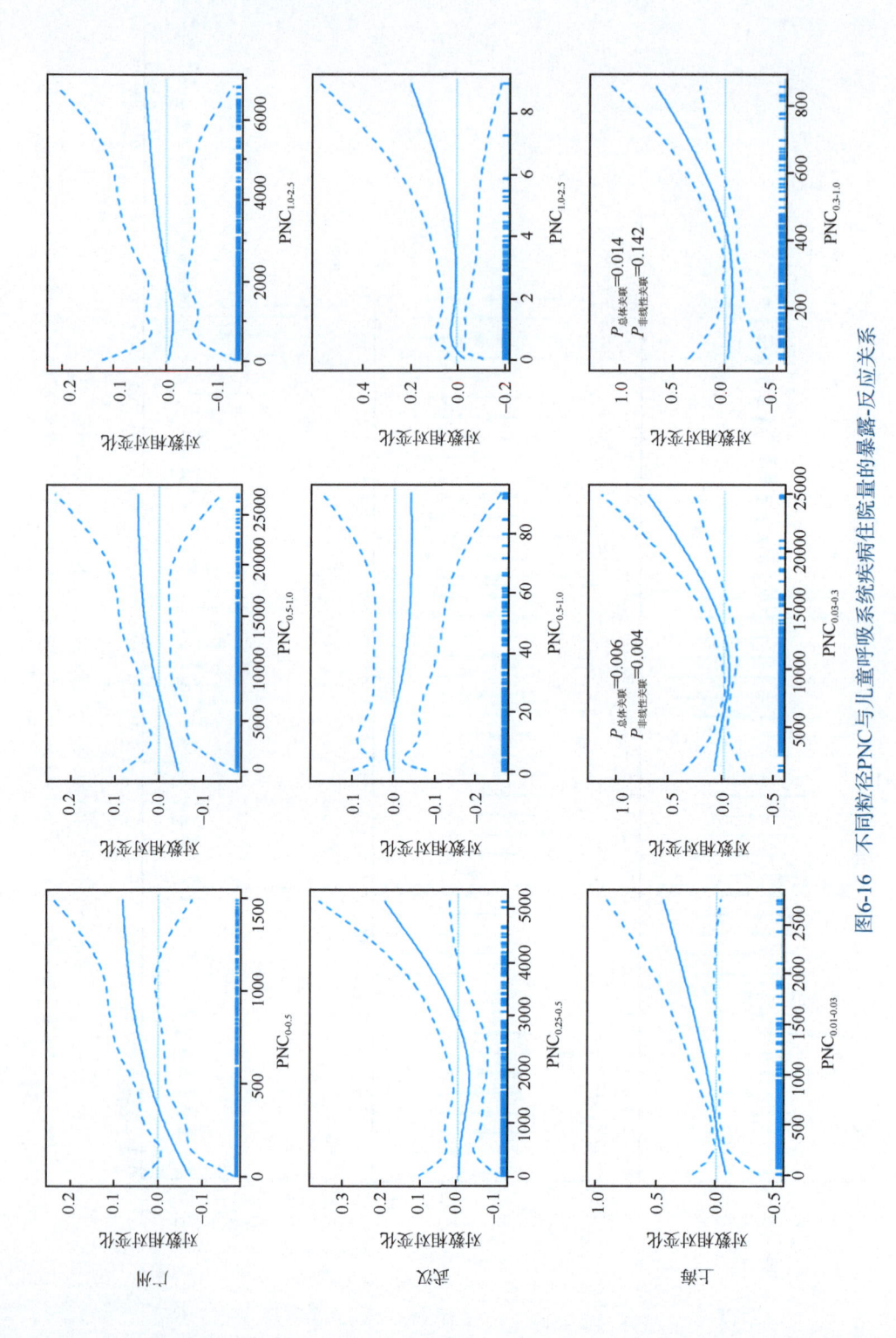

图6-16 不同粒径PNC与儿童呼吸系统疾病住院量的暴露-反应关系

各粒径段中 PNC$_{0.5}$ 的 Li$^+$、PNC$_{1.0}$ 的 Fe$^+$ 和 PNC$_{2.5}$ 的 Mn$^+$ 效应最强；武汉校正 PM$_{2.5}$ 或残差后，各通道 BC 中的紫色通道碳元素（即 BC$_{370nm}$），以及 PM$_{2.5}$ 中的 5 种金属元素 Mn、Zn、Sc、Ti 和 Ca 对门诊就诊的效应显著；上海单组分模型显示 PM$_{2.5}$ 中的 16 种组分呈正向关联，在校正 PM$_{2.5}$ 和残差后 10 种组分（EC、OC、Cl$^-$、Mn、Se、Zn、Cr、Ga、Ni 和 Fe）均有统计学意义，其中 OC、EC、Cl$^-$，以及金属元素 Mn 和 Se 效应更明显。

（2）不同组分与儿童呼吸系统疾病门诊量的暴露-反应关系：如图 6-18 所示，3 个城市效应最强的组分均与呼吸系统疾病门诊量间存在暴露-反应关系，其中广州 PNC$_{0.5}$ 中的 Li$^+$，武汉 PM$_{2.5}$ 中的 BC$_{370nm}$ 及上海 PM$_{2.5}$ 中的 Zn 的暴露-反应关系呈线性，除上海 Cl$^-$ 外，其他组分均在高浓度时的递增效应呈现一定的减弱。

6.1.3.7　不同组分暴露对儿童呼吸系统疾病住院量的影响

（1）不同组分对住院量的超额风险：如图 6-19 所示，校正混杂因素后的单组分模型显示，广州 PNC$_{0.5}$ 中的 8 个组分（OC、Mg$^+$、PO$_3^-$、Li$^+$、Mn$^+$、Cu$^+$、Pb$^+$ 和 HC$_2$O$_4^-$），PNC$_{1.0}$ 中的 8 个组分（OC、Mg$^+$、Cl$^-$、PO$_3^-$、Al$^+$、Cu$^+$、Pb$^+$ 和 HC$_2$O$_4^-$）和 PNC$_{2.5}$ 中的 4 个组分（OC、Cl$^-$、PO$_3^-$ 和 Al$^+$）；武汉 PM$_{2.5}$ 中的 9 个组分（Br、Cu、Ni、Pb、Se、V、Co、Cs 和 Ca）；上海 PM$_{2.5}$ 中的 13 个组分（Na$^+$、Cl$^-$、NO$_3^-$、NH$_4^+$、Ca$^+$、K$^+$、Zn、Ga、Mn、Cr、Se、Fe 和 Ni）均可引起呼吸系统疾病住院风险上升。在校正 PM$_{2.5}$ 或残差后，广州 PNC$_{0.5}$ 中的 PO$_3^-$ 和 Pb$^+$、PNC$_{1.0}$ 和 PNC$_{2.5}$ 中的 PO$_3^-$ 和 Al$^+$ 效应仍有统计学意义；武汉的组分中仅 Se 的效应有意义；上海仅 Cl$^-$ 可引起儿童住院风险升高。总体来讲，广州 PNC$_{0.5}$ 的 Pb$^+$、PNC$_{1.0}$ 的 Al$^+$ 和 PNC$_{2.5}$ 的 Mn$^+$ 效应最强，武汉 PM$_{2.5}$ 的组分中 Se 的效应最强，上海 PM$_{2.5}$ 的组分中 Na$^+$、Cl$^-$ 和 Zn 效应稍强。

（2）不同组分与儿童呼吸系统疾病住院量的暴露-反应关系：广州 3 个粒径段效应最强的组分中，PNC$_{0.5}$ 中的 Pb$^+$ 和 PNC$_{2.5}$ 中的 Mn$^+$ 与呼吸系统疾病住院量的暴露-反应关系有统计学意义；除上海 Na$^+$ 在高浓度时递增效应更明显外，其余组分的暴露-反应关系均呈线性关联（图 6-20）。

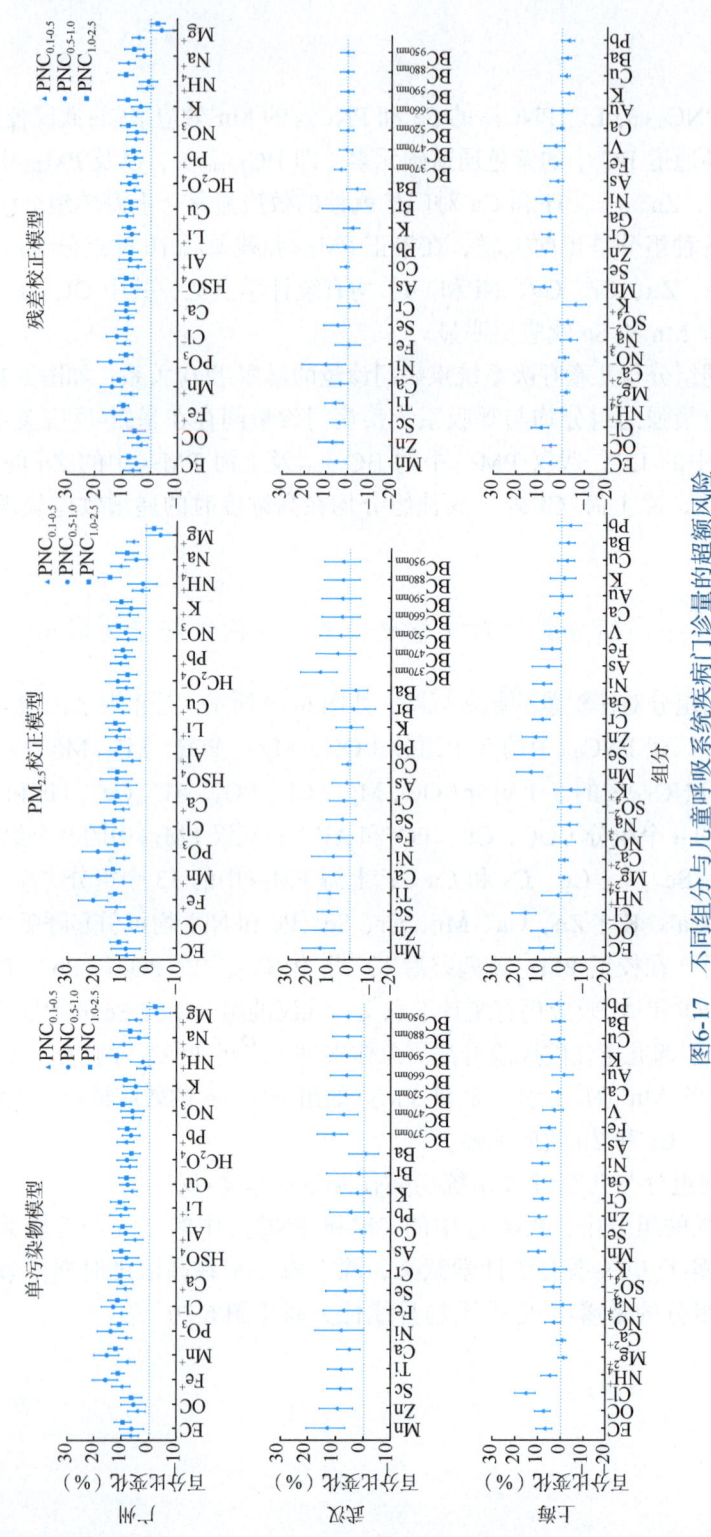

图6-17 不同组分与儿童呼吸系统疾病门诊量的超额风险

广州SPAMS输出离子模式为单电荷，符号代表正负

第六章 大气颗粒物不同粒径和化学组分对儿童急性健康效应的暴露-反应关系研究 | 271

图6-18 不同组分与儿童呼吸系统疾病门诊量的暴露-反应关系
广州SPAMS输出离子模式为单电荷，符号代表正负

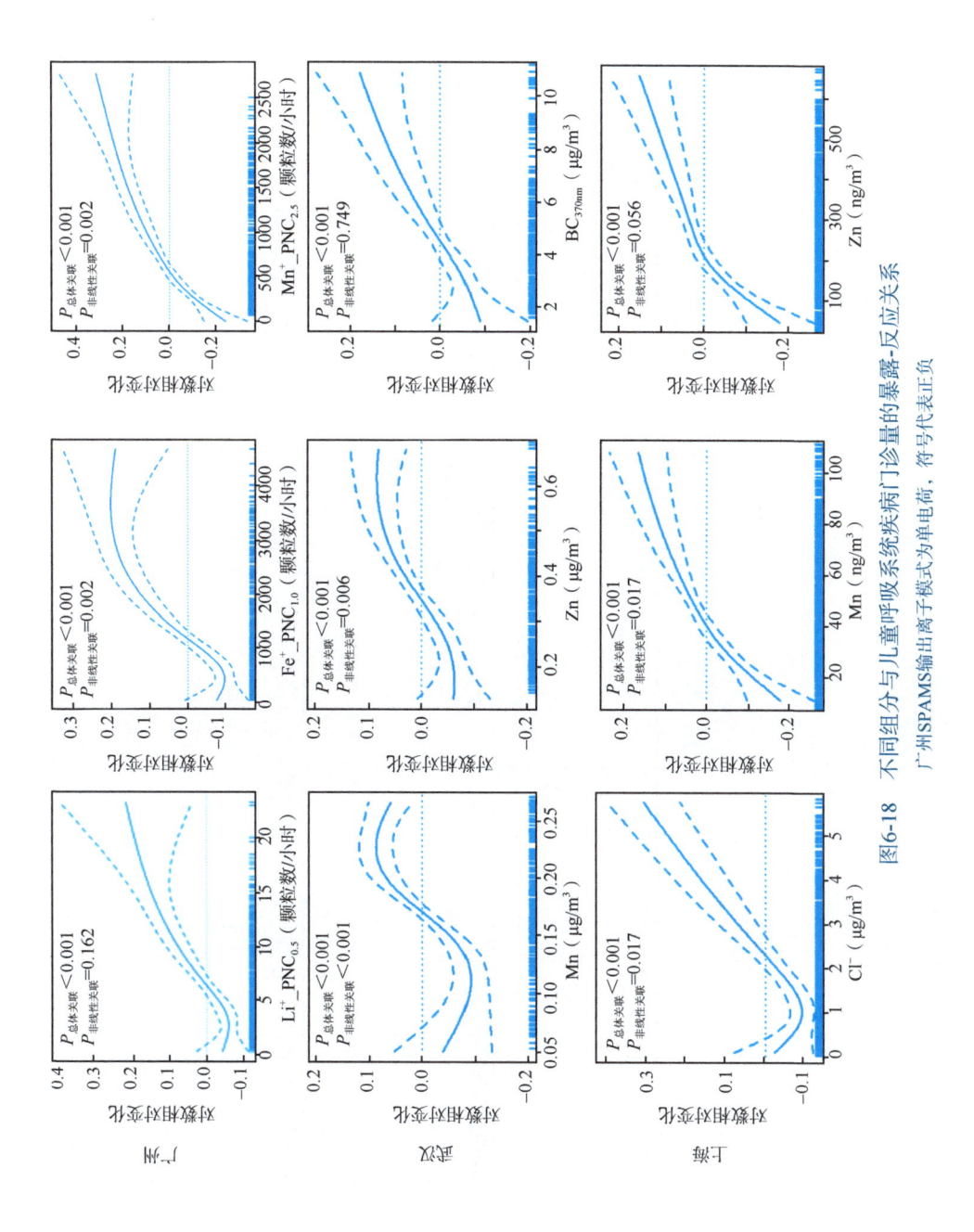

272 | 大气污染的急性健康风险研究

图6-19 不同组分与儿童呼吸系统疾病住院量的超额风险
广州SPAMS输出离子模式为单电荷，符号代表正负

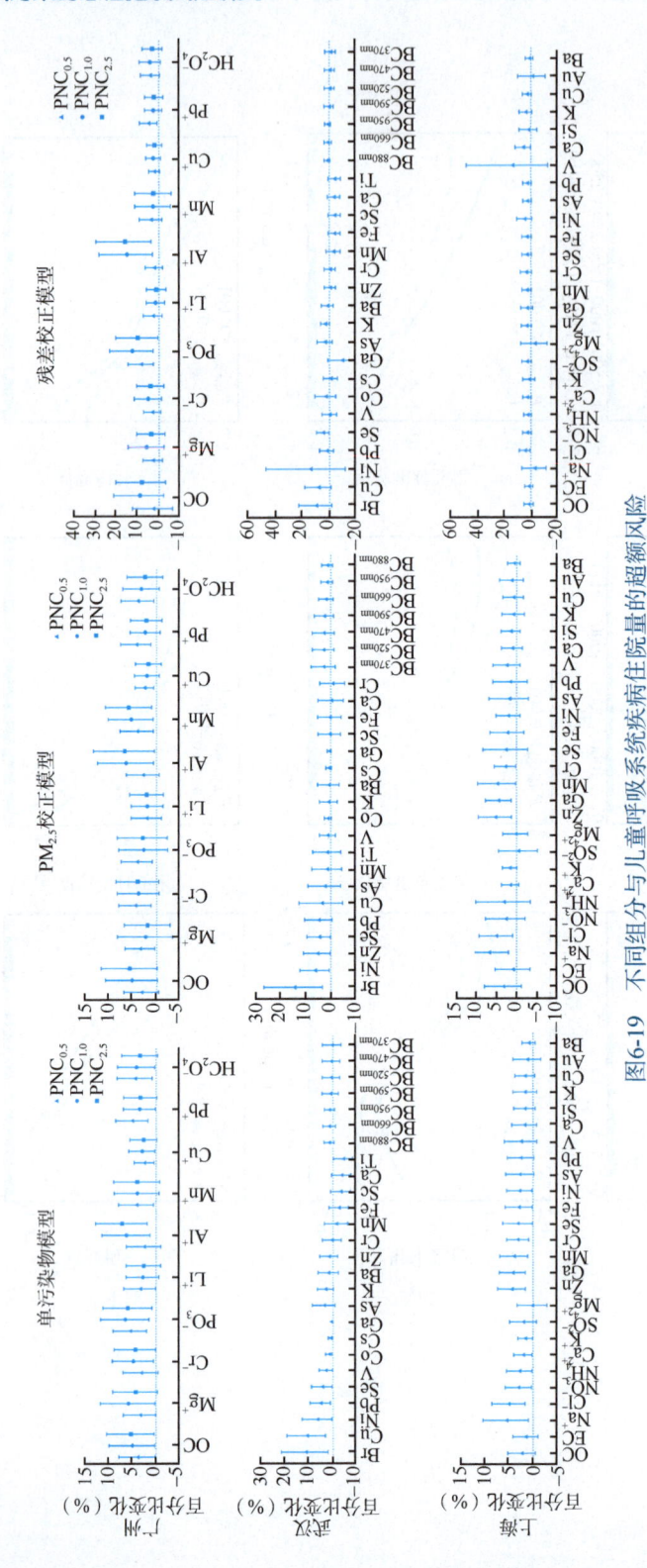

第六章 大气颗粒物不同粒径和化学组分对儿童急性健康效应的暴露-反应关系研究 | 273

图6-20 不同组分与儿童呼吸系统疾病住院量的暴露-反应关系
广州SPAMS输出离子模式为单电荷，符号代表正负

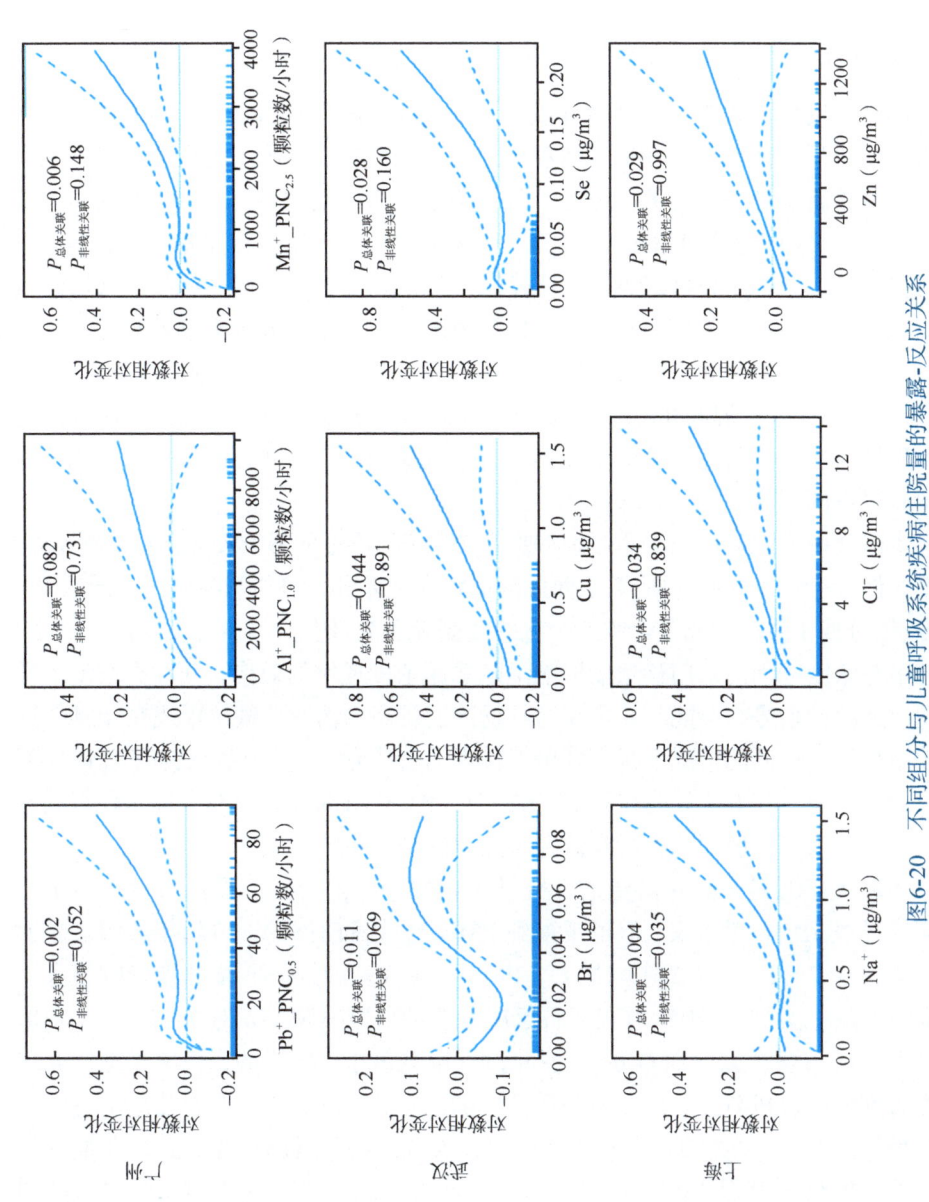

6.1.4 讨　论

6.1.4.1　不同粒径 PM 对儿童呼吸系统疾病门诊量的影响

本研究发现 PM 是影响儿童呼吸系统疾病就诊的危险因素，既往的全人群多城市时间序列研究也发现 $PM_{2.5}$ 浓度增加与美国儿童总呼吸系统疾病及我国儿童总病因急诊就诊量增加有关。但是，既往关于儿童单城市时间序列研究的结果却并不一致，且由于各研究的研究时长、疾病结局及分析模型存在差异，其结果难以直接比较，但本研究可以更好地比较城市间 PM 对儿童呼吸系统疾病就诊影响的异同，发现城市间效应存在差异，PM 浓度较低的城市健康影响可能更强，与之前成人的多城市时间序列研究结果类似。一项包含我国 200 个城市的研究发现，$PM_{2.5}$ 浓度越低或气温和相对湿度越高的城市，PM 对成人住院量的影响越大。这种异质性可能部分与各个城市 PM 的组分、气象条件、个体自我保护行为或公共卫生政策不同有关。

本研究中不同粒径 PM 对儿童呼吸系统疾病门诊量的影响大多存在暴露-反应关系，但 5 个城市暴露-反应关系曲线的形状存在差异，可能与各城市不同的 PM 浓度、组分或个体行为随 PM 浓度变化的改变等有关。例如，本研究发现西宁 $PM_{2.5}$ 仅在中等浓度范围内对门诊量的影响呈随暴露浓度递增的效应，而在高浓度下却展现出递减的趋势，可能与儿童在污染物浓度较高的情况下戴口罩或在 $PM_{2.5}$ 浓度较高且气温较低的情况下减少外出等行为的变化有关。另外，从暴露-反应关系曲线上也可观察到 PM 效应在其浓度低于 CAAQS Ⅱ时依然存在，提示现行的空气质量标准浓度限值可能不能有效保护儿童的呼吸系统健康。

当前关于儿童易感年龄组的探究结果存在差异。合并值显示虽然年龄组间效应差异虽无统计学意义，但可观察到 $PM_{2.5}$ 对儿童门诊的影响随年龄增长呈递增趋势，对 7~14 岁儿童影响最大，PM_{10} 与 $PM_{2.5-10}$ 对 4~6 岁儿童影响最大。与本研究结果类似，一项针对我国石家庄儿童的研究发现 PM 对 7~14 岁儿童影响最大，4~6 岁次之，而对 0~3 岁儿童的影响最小。同样的，一项哥伦比亚多城市研究表明，$PM_{2.5}$ 对呼吸系统疾病急诊就诊的风险在 5~10 岁儿童中更强。可能是因为 0~3 岁婴幼儿户外活动有限，大气污染物暴露更少，且婴儿期的母乳喂养可能会为其提供较好的免疫保护。而幼儿园或学龄儿童通常有更多的户外活动时间，从而使其大气 PM 暴露量增加。

性别亚组分析显示，男童及女童对 PM 有相似的易感性，与既往的研究相似。值得注意的是，本研究发现虽然性别间差异没有统计学意义，但是女童对 PM 的易感性似乎更强。可能是因为女童生长突增出现的时间更早，也可能是因为女童的激素水平变化导致女童对 PM 产生更强的应答反应。

既往研究针对季节因素多分冷暖两季进行探讨，较少研究探讨了过渡季 PM 的健康效应。本研究发现北方城市（北京和西宁）PM 的效应在过渡季更强，而南方城市（广州、上海和武汉），除上海 $PM_{2.5-10}$ 外，其余均在冷季效应更强。相似的是，一项在我国北方城市石家庄的研究也发现，相较暖季和冷季，PM 对儿童呼吸系统疾病门诊量的影响在过渡季效应最强。这种城市间 PM 季节效应的差异可能与不同气象条件下 PM 的组分及人群的暴露特征不同相关。由于我国北方冬季寒冷且室内有集中供暖系统，北方城市居民冬天常关闭门窗且儿童室内活动更多，因而 PM 暴露减少。相比之下，南方城市冬季室外温度相对更高，因而开窗可能较为频繁且儿童户外活动可能更多，增加了 PM 暴露。

研究中 2.5μm 以下粒径段 PNC 对呼吸系统疾病门诊量的影响，上海仅 0.1μm 以下粒径段对门诊量有效应，其中最小粒径段的影响最强，推测小粒径段 PM 可能具有较强的毒性效应，因而造成更严重的临床症状。但广州和武汉 2.5μm 以下各粒径段均对门诊量有影响，这种城市间粒径段效应的差异，可能与各城市 PM 组分毒性效应差异有关，各城市特定粒径的 PM 可能来源于特定的污染源，因而其毒力大小在城市间存在差异。

6.1.4.2 不同粒径 PM 对儿童呼吸系统疾病住院的影响

本研究观察到 PM 对儿童呼吸系统疾病住院量的最大滞后效应天数在各城市间不一致。一项在 2015~2016 年我国四川盆地 17 个城市的研究报道，$PM_{2.5}$ 和 PM_{10} 对总呼吸系统疾病住院的最大危险效应出现在 lag01。另一项在 2006~2010 年意大利 25 个城市的调查则显示，$PM_{2.5}$ 和 PM_{10} 对总呼吸系统疾病急诊住院的最大危险效应出现在 lag05，而在本研究中 PM 的效应普遍延长至 1 周。可能的原因是通常呼吸系统疾病症状发展到住院治疗需要一定的时间，可造成几日的滞后和效应值的低估。

当前关于 PM 暴露与儿童呼吸系统疾病住院的暴露-反应关系证据有限，除了西宁的 $PM_{2.5}$ 和 PM_{10}、武汉的 PM_{10} 和广州的 $PM_{2.5-10}$ 外，呼吸系统疾病的住院风险随 PM 浓度增加而增加，线性检验的结果提示仅广州的 $PM_{2.5}$ 有统计学意义，而武汉的 PM_{10} 在较高的浓度时曲线变平坦。城市间暴露-反应关系的异质性在一定程度上反映了污染物水平和儿童易感性差异。另外，某些暴露-反应关系呈现高浓度 PM 暴露下趋于平坦的情况，可能是小剂量的暴露已经使得生化和细胞活动达到饱和水平。另外，在低于当前 CAAQS Ⅱ 时，PM_{10} 的儿童呼吸系统疾病住院风险依旧明显，提示我国现行的空气质量标准限值可能不能有效保护儿童的呼吸系统健康。鉴于本研究首次分析了 PM 浓度低于国家空气质量限值下对儿童呼吸系统疾病住院的影响，此结果尚需在其他地区和国家的研究中证实。此外，本研究还考虑到城市间的效应差异，因而公共政策的修订或减排行动（如清洁能源的使用和交通管制），更需要因地制宜。

尽管本研究中 PM 对住院量的多城市合并效应在各年龄组间无明显统计学差异，但可观察到 $PM_{2.5}$ 对 4～14 岁儿童呼吸系统疾病住院的效应值更大，这与门诊的研究结果相似，可能的解释是 0～3 岁儿童活动范围和活动量受限，并且在父母监管下，防护措施相对较好，降低了暴露水平。此外，母乳喂养还能提供一定程度的天然免疫保护，本研究可为进一步制订行为干预措施提供证据。

既往研究表明季节因素可以修饰污染物的健康风险，但结果并不一致，本研究发现 $PM_{2.5}$ 和 PM_{10} 的效应在冷季更强，可能的解释是相较于暖季，$PM_{2.5}$ 和 PM_{10} 在冷季的变异性和浓度更高。寒冷气候会引起气管平滑肌收缩，降低肺循环和肺灌注，进而削弱了呼吸系统的防御功能。另外，个体行为特征也可能影响暴露模式，暖季常伴有高温和频繁降雨会减少儿童户外活动时间，而空调的使用会促使关窗行为，这在一定程度上减轻了 PM 暴露。

本研究还发现在粒径小于 $2.5\mu m$ 的 PNC 中，上海 0.03～$1.0\mu m$ 粒径段的 PNC 对呼吸系统疾病住院有显著效应，且存在递增的暴露-反应关系；而广州仅 PNC $<0.5\mu m$ 呈现临界效应。与门诊类似，小粒径段 PM 可能具有较强的毒性效应。各城市不同粒径段 PNC 效应存在异质性，因此统一规范多城市 $2.5\mu m$ 以下粒径段 PM 浓度的监测标准，对未来有针对性地指导地域防护措施和政策的制订很有必要。

6.1.4.3　不同组分对儿童呼吸系统疾病就诊的影响

关于 PM 特定组分与儿童呼吸系统疾病门诊/住院量的关联研究有限，尚未有明确证据表明某一组分在预测呼吸系统健康结局方面明显优于 $PM_{2.5}$。本研究发现广州各粒径段 PM 的 16 种、上海 $PM_{2.5}$ 中的 16 种及武汉 $PM_{2.5}$ 中的 10 种组分在校正 $PM_{2.5}$ 及其他混杂因素后，对儿童门诊/住院量仍有影响。其中在广州及上海均监测并发现 OC 和 EC 存在健康危害，这与某些单城市全人群就诊的时间序列研究结果一致，但也有研究发现 OC 和 EC 对全人群呼吸系统疾病急诊的效应无统计学意义。一般认为 EC 和 OC 是交通排放的标志物，且在某些人群健康研究中已经将 EC 和 OC 与炎症标志物联系起来。各城市监测的 PM 组分种类及关键效应组分均存在差异，但 Mn 或 Mn^+ 在 3 个城市中的效应均有意义，一项流行病学研究也发现了 Mn 对健康的不良影响，推测可能与 Mn 的促炎作用有关。除以上城市间效应较一致的组分外，各城市均显示多种金属元素可对儿童呼吸系统健康产生不良的影响，且既往研究也发现 PM 中的金属元素暴露可能与氧化应激、肺部炎症、肺功能及免疫系统损害等有关。但仅依据当前关于金属元素暴露的毒理学证据尚不能完全解释 PM 对健康的所有影响，因而下一步研究应在多个城市统一开展覆盖多种 PM 组分的监测，并进行多种组分联合作用的分析。

6.1.5 小　　结

综上，各城市 PM 不同粒径和组分均能在不同程度上增加儿童呼吸系统疾病的门诊和住院风险，且大多存在暴露-反应关系。其中对儿童呼吸系统疾病门诊量的总体效应大小依次为 $PM_{2.5-10}>PM_{2.5}>PM_{10}$，而对住院的总体效应大小依次为 $PM_{2.5}>PM_{2.5-10}>PM_{10}$。城市间存在显著的异质性，PM 浓度低的城市如广州，PM 对儿童呼吸系统的影响更大，某些城市的 $PM_{2.5}$ 和 PM_{10} 在低于 CAAQS Ⅱ时仍存在危险效应。年龄、性别间 PM 效应均无显著差异，但门诊结果显示女童风险可能稍高；$PM_{2.5}$ 对 7~14 岁儿童门诊量及 4~14 岁儿童住院量、PM_{10} 和 $PM_{2.5-10}$ 对 4~6 岁儿童门诊量影响最大；3 种粒径 PM 暴露对门诊量和住院量的影响均在冷季更强。对于 2.5μm 以下各粒径段 PNC 暴露对儿童呼吸系统疾病门诊量和住院量的效应，广州与武汉的 2.5μm 以下各粒径段仅对儿童呼吸系统疾病门诊量的效应显著，而上海 0.1μm 以下粒径段对门诊量和住院量的效应均明显，且存在递增的暴露-反应关系。

另外，不同组分对儿童呼吸系统疾病门诊量和住院量的影响在不同城市存在明显差异，但效应较大的组分如 Mn 或 Mn^+ 与门诊量和住院量均存在暴露-反应关系。组分对儿童呼吸系统疾病门诊量的影响，广州各粒径段 16 种组分均有效应，其中 PO_3^-、Fe^+ 和 Mn^+ 效应更强；武汉 $PM_{2.5}$ 中仅 BC_{370nm} 和 Mn、Zn、Sc、Ti 及 Ca 有明显效应；而上海主要是 $PM_{2.5}$ 中的 OC、EC、Cl^-、Mn、Se 等效应更明显。而对住院风险影响较大的关键组分，广州是 $PNC_{0.5}$ 中的 Pb^+、$PNC_{1.0}$ 中的 Al^+ 和 $PNC_{2.5}$ 中的 Mn^+，武汉是 Se，上海是 Na^+、Cl^- 和 Zn。

本研究揭示了 PM 不同粒径和组分短期暴露与儿童呼吸系统疾病发病的暴露-反应关系及易感性特征，提示加强城市 PM 的关键粒径和组分监测的重要性，为空气质量标准的修订和政策制订提供了一定的证据，对根据各城市儿童易感性特征的异质性进行有针对性的宣传教育和行为干预（如在冷/过渡季需加强防护等），具有重要的公共卫生学意义。

6.2　不同粒径和化学组分对儿童急性健康效应指标的暴露-反应关系

6.2.1　概　　述

定群研究通过对小样本人群进行多个时间点的跟踪随访，可在个体水平上探讨大气污染物短期暴露对健康效应指标的急性影响，识别早期效应标志物，提供污染物对人体急性损伤的直接证据。由于是对同一群组进行的重复测量，形成的多个自身对照组可以有效控制个体之间的抽样误差，提高研究效能。既往开展的多项定群研究发现，PM 短期暴露可引起人体肺功能降低、血压升高、炎症加重或血管内皮功能损伤等急性效应。粒径和组分是决定 PM 毒性和健康效应的两大基本特征，然而关于发挥关键毒性作用的粒径和组分的研究有限，且结果并不完全一致。尽管大部分研究发现随 PM 的粒径减小，其健康效应具有增强趋势，但也有研究显示大粒径 PM 仍具有明显的健康危害，而对于组分研究的结果则更为复杂且不一致。

越来越多的研究表明，短期暴露于 PM 可致儿童肺功能下降与呼出气一氧化氮（FeNO）水平增加，但研究对象大多局限于发达国家的哮喘儿童或学龄儿童，对学龄前儿童的研究较少。而有关 PM 不同粒径和组分对肺功能和 FeNO 影响的研究对象大多为成人，且多是基于 $PM_{2.5}$、PM_{10} 或 $PM_{2.5-10}$ 暴露的研究，对粒径小于 2.5μm 的研究较少，缺乏对不同粒径和组分 PM 与儿童呼吸系统健康效应关系的比较。

PM 还可影响儿童造血系统和血压等。外周血红细胞相关指标对儿童健康和发育至关重要，$PM_{2.5}$ 可以引起机体的炎症反应，也可以直接影响骨髓的功能，从而导致儿童红细胞指标的改变。以往基于学龄前儿童、成人和老年人的研究显示 PM 暴露与红细胞指标的下降有关，但也有一些研究的结论并不一致，尚无关于学龄儿童的报道，且部分研究仅聚焦于 PM_{10}，缺乏与 $PM_{2.5}$ 相关的充分证据。

既往探究 $PM_{2.5}$ 与儿童血压之间关联的研究有限且结果不一致。在我国儿童中开展的几项横断面调查发现，长期慢性暴露于 $PM_{1.0}$、$PM_{2.5}$ 或 PM_{10} 与血压升高和高血压患病率升高有关。仅有五项研究涉及 PM 对儿童血压的短期影响，一项针对我国苏州儿童和一项针对美国青少年的横断面研究观察到 $PM_{2.5}$ 与血压存在正向关联，而另外三项固定群组研究分别针对 130 名比利时儿童、72 名加拿大哮喘儿童和 64 名加拿大儿童，并未发现 $PM_{2.5}$ 短期暴露与血压的关联。

同时，肾作为高度血管化的组织，也易受 PM 的影响。近年的研究表明，归因于 PM 的慢性肾病已造成全球 8590 万生命损失年和 11450 万伤残调整生命年。然而，仅有限的研究探讨了大气 PM 暴露与肾功能的潜在关联。几项研究发现长期接触 $PM_{2.5}$ 与估算肾小球滤过率（eGFR）下降和肾病风险增加有关，两项横断面研究仅观察到 PM_{10} 而非 $PM_{2.5}$ 与 eGFR 存在关联。既往研究大多局限于评估单一粒径的 PM 对成年人肾功能的慢性影响，尚缺乏针对儿童的研究。

空气污染暴露对炎症和免疫系统的影响既可能是造成呼吸系统损伤的机制，也是影响造血功能、心血管和肾功能的潜在机制。然而，既往仅少量研究涉及儿童 PM 暴露对炎症细胞和因子的作用。Poursafa 等在 134 名学龄儿童中发现 PM_{10} 的长期暴露与白细胞（WBC）计数增加有关，另一项研究在学龄前儿童中也发现 $PM_{2.5}$ 慢性日暴露与 WBC 和中性粒细胞计数升高有关。一项针对 8~10 岁儿童的横

断面研究观察到 $PM_{2.5}$ 和 PM_{10} 与 IL-6 升高有关，而另一项针对 6 岁儿童的病例对照研究仅在哮喘患儿中发现 $PM_{2.5}$ 与 TNF-α 升高相关。同时，免疫球蛋白是重要的免疫活性物质，其水平可一定程度上反映机体免疫系统的功能和健康。既往对中欧 17 个城市儿童的研究发现长期暴露于 $PM_{2.5}$ 和 PM_{10} 与淋巴细胞和免疫球蛋白 G（IgG）水平升高有关，而对我国北方 951 名儿童的横断面研究发现，生活在垃圾填埋场附近的儿童 IgA 水平更低，我国高污染地区空气污染可致 13～14 岁儿童淋巴细胞、补体等免疫相关指标发生改变。但关于不同粒径 PM 暴露对我国学龄期及学龄前儿童炎症和免疫水平影响的研究尚存在空白。

除了不同粒径的 PM 对健康的影响不同外，PM 还是由各种化学组分组成的极其复杂的混合物，主要包括元素碳、有机化合物、金属和无机离子等。PM 组分具有高度的空间和时间变异性，也可以表现出不同的生物学效应。既往研究报道 $PM_{2.5}$ 及其组分的急性暴露可导致成人 FeNO 水平增加，同时可造成成人肺功能降低，但 PM 不同组分对儿童 FeNO 和肺功能的影响尚缺乏充分证据。最近一项研究发现，$PM_{2.5}$ 化学组分与机体炎症反应显著相关。如 PM 中的多环芳烃可通过多环芳烃受体驱动炎症性 T 细胞和树突细胞反应改变免疫平衡，加重炎症反应。体外和动物实验表明，铝可以引起红细胞膜功能紊乱并导致大鼠贫血，其纳米颗粒物可导致溶血和血红蛋白结构的改变。但关于 $PM_{2.5}$ 毒性组分对高度血管化的肾、免疫系统及红细胞的潜在影响程度尚不清楚。因此，为进一步提高对 PM 暴露致儿童健康效应的深入理解，确定哪些特定组分主导这种有害作用至关重要。

总体而言，PM 暴露可不同程度地影响机体健康，但既往研究中暴露评估、人群选取、研究设计、效应评价方法等可能在一定程度上导致结果的异质性，且缺乏不同粒径及其化学组分毒性效应的系统性评估，也尚不知短期暴露的滞后时间窗和暴露-反应关系。并且，既往研究对象多为发达国家儿童，对因空气污染而承受更大疾病负担的发展中国家的学龄前和学龄儿童的健康影响尚缺乏研究。此外，我国因不同城市所处地理位置、经济发展水平、工业模式等存在差异，空气污染模式和污染水平也有一定差别，总体上，北方城市 $PM_{2.5}$、PM_{10}、SO_2 和 CO 污染水平较南方城市高，提示在确定研究人群时需考虑地域因素。因此，本研究选择我国不同方位 5 个城市的 4～14 岁儿童，采用固定群组的研究设计，探究不同 PM 粒径和化学组分急性暴露对儿童早期健康效应指标的影响，以及其暴露-反应关系和儿童的易感性特征。

6.2.2 研究方法

6.2.2.1 研究对象

本研究在武汉、驻马店、广州、渭南、上海 5 个城市共招募了 4～14 岁共 635

名儿童分别于夏季、冬季和过渡季（秋季）三个季度进行调查。其中，武汉两所幼儿园儿童 68 人和某中学初一学生 69 人共 137 名儿童分别在秋季（2017 年 10 月 9 日至 11 月 3 日）、冬季（2017 年 12 月 4 日至 2018 年 1 月 5 日）和夏季（2018 年 5 月 4 日至 31 日）完成了所有调查。在驻马店某小学招募 145 名儿童，分别在夏季（2018 年 6 月 1 日至 23 日）、秋季（2018 年 9 月 14 日至 10 月 16 日）和冬季（2018 年 11 月 20 日至 12 月 11 日）完成了所有调查。在广州招募三所幼儿园儿童 46 人和两所小学儿童 103 人，在秋季（2018 年 10 月 22 日至 11 月 17 日）、冬季（2018 年 12 月 18 日至 2019 年 1 月 5 日，2019 年 2 月 18 日至 3 月 1 日）和夏季（2019 年 5 月 6 日至 31 日）完成了所有调查；在渭南三所小学招募 142 名儿童，在夏季（2019 年 6 月 3 日至 28 日）、秋季（2019 年 10 月 8 日至 29 日）和冬季（2019 年 12 月 6 日至 27 日）完成了调查。在上海某小学招募 62 名 6~9 岁学龄儿童作为研究对象，分别在冬季（2018 年 11 月 13 日至 12 月 21 日）、春季（2019 年 3 月 11 日至 5 月 13 日）和夏季（2019 年 5 月 20 日至 6 月 3 日）完成了所有调查。受 PM$_{2.5}$ 个体采样仪和动态心电监测仪数量的限制，每组最多调查研究对象 24 人，每季度分 6~7 组完成调查，调查包括 72 小时实时个体 PM$_{2.5}$ 监测、面对面的问卷调查及体格检查，具体流程如图 6-21 所示。本研究获得华中科技大学同济医学院伦理委员会同意，所有儿童的家长均知晓本研究的目的和意义，并已提交知情同意书。

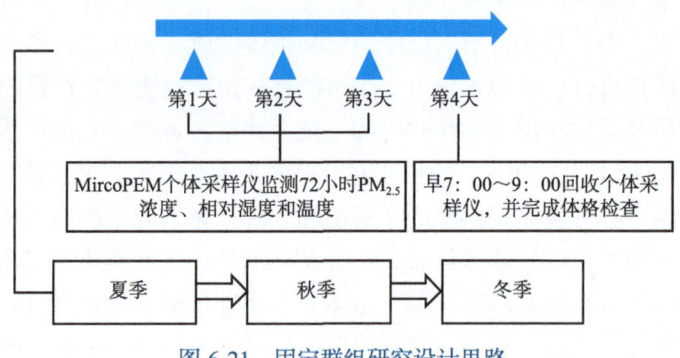

图 6-21　固定群组研究设计思路

6.2.2.2　个体 PM$_{2.5}$ 暴露监测

PM$_{2.5}$ 个体暴露浓度的监测采用 MircoPEM 个体采样仪（RTI International，美国），仪器进样流量设置为 0.5L/min，每次使用前采用 TSI 4140 流量计对仪器进行校正，进样口使用 PM$_{2.5}$ 切割头和直径为 25mm 的特氟龙薄膜，基于激光光散射浊度仪收集实时 PM$_{2.5}$ 浓度数据。个体采样仪在体检前 72 小时发放给每位儿童，儿童需随身佩戴个体采样仪，同时使进气管保持在呼吸带高度，夜间放置于儿童床边靠近头部的位置。仪器工作模式为间歇模式，每连续工作 20 秒后休眠 100 秒，监测期间记录每日的仪器运行情况。体检当日，工作人员回收仪器后导出 $PM_{2.5}$ 监测数据。温度与相对湿度由个体暴露采样器同步监测，同时计算每小时温度和相对湿度。

6.2.2.3 环境监测站数据

武汉、广州和上海同时期各环境监测站数据收集同"6.1"，驻马店市环境监测站包括市一纸厂站、市彩印厂站、天方二分厂站，渭南市环境监测站包括日报社站、高新一小站、体育馆站和农科所站。同时记录同时段日平均温度和相对湿度等气象数据。

6.2.2.4 流行病学资料收集

由经过培训的调查员采用统一的健康体检调查表，按照统一的标准，对儿童和陪伴的家长进行面对面的流行病学调查，调查内容包括一般人口统计学资料（姓名、性别、出生年月、民族、家庭住址、父母婚姻状况及教育水平、家庭年收入等），出生情况及喂养史，患病史（咽炎、扁桃体炎、支气管肺炎、鼻炎、哮喘、手足口病、湿疹等），2 周内呼吸系统症状（咽痛、咳嗽、咳痰、呼吸急促、喘息等），用药史（抗病毒药、抗生素、镇咳药、祛痰药、平喘药、抗过敏药、糖皮质激素等），过敏史，呼吸道疾病家族遗传史，暴露史（有无被动吸烟、被动吸烟量及频率），生活方式（饮食习惯、锻炼习惯、睡眠习惯及状况），居住环境（距主干道距离、空气净化器使用、宠物喂养、取暖方式、炉灶情况、厨房通风情况等）等。

6.2.2.5 体格检查和生物样本采集

经过 72 小时 $PM_{2.5}$ 个体暴露监测后，第 4 日早上对儿童进行详细的体格检查，包括身高、体重、血压、呼气一氧化碳、FeNO、肺功能及 24 小时动态心电图。同时采集了儿童清晨空腹静脉血及晨间中段尿一份，送至医院或专业的检验中心进行血常规、血生化及尿常规检测，剩余血样分离后置于 -80℃ 生物样本库保存，尿样（约 30ml）分装于聚丙烯 EP 管后置于 -20℃ 冰箱保存。

6.2.2.6 统计学分析

采用线性混合模型对不同滞后时间段的 $PM_{2.5}$ 暴露水平和儿童急性健康效应指标进行统计分析，校正年龄、性别、体重指数、被动吸烟、课外锻炼、父母教育水平、相关疾病患病史、温度、相对湿度、采样日期、学校等。所有实验数据均采用 SAS 9.4 软件和 R 语言（3.5.3 版本）进行统计分析。统计检验均为双侧检验，$P<0.05$ 为差异有统计学意义。

6.2.3 主要结果

6.2.3.1 基本信息描述

（1）基线人口学特征：纳入分析的 5 个城市共 635 名儿童基线特征如表 6-4 所示。研究对象平均年龄为（8.5±2.4）岁，其中男孩占 52.1%，女孩占 47.9%，体重指数平均为（17.0±4.2）kg/m²，14.9%的儿童存在被动吸烟的情况，46.8%的儿童每日课外锻炼低于 1 小时。

表 6-4 基线人口学特征

变量	武汉 (n=137)	驻马店 (n=145)	广州 (n=149)	渭南 (n=142)	上海 (n=62)	总计 (n=635)
年龄（岁）	8.7±3.4	8.9±2.1	8.2±2.3	8.6±1.7	7.3±0.8	8.5±2.4
性别（n, %）						
男	78（56.9）	80（55.2）	83（55.7）	53（37.3）	37（59.7）	331（52.1）
女	59（43.1）	65（44.8）	66（44.3）	89（62.7）	25（40.3）	304（47.9）
体重指数（kg/m²）	18.1±4.0	16.9±6.0	16.7±3.1	16.2±2.9	17.1±2.4	17.0±4.2
被动吸烟状态（n, %）						
是	23（16.8）	22（15.2）	23（15.4）	27（19.0）	0（0.0）	95（14.9）
否	114（83.2）	123（84.8）	126（84.6）	115（81.0）	62（100.0）	543（85.1）
课外锻炼（n, %）						
<1h/d	47（34.3）	54（37.2）	98（65.8）	83（58.4）	15（23.9）	297（46.8）
1～2h/d	58（42.3）	43（29.7）	42（28.2）	40（28.2）	35（56.7）	218（34.3）
>2h/d	32（23.4）	48（33.1）	9（6.0）	19（13.4）	12（19.4）	120（18.9）
父亲教育水平（n, %）						
高中及以下	53（38.7）	137（94.5）	91（61.1）	137（96.5）	6（10.7）	424（67.4）
大学及以上	84（61.3）	8（5.5）	58（38.9）	5（3.5）	50（89.3）	205（32.6）
母亲教育水平（n, %）						
高中及以下	60（43.8）	142（97.9）	90（60.4）	134（94.4）	7（11.7）	433（68.4）
大学及以上	77（56.2）	3（2.1）	59（39.6）	8（5.6）	55（88.3）	200（31.6）

注：数据表示为均数±标准差或人数（百分比）。

（2）个体 PM$_{2.5}$ 暴露水平及气象学指标分布情况：5 个城市儿童在研究期间 PM$_{2.5}$ 个体暴露平均浓度分布如表 6-5 所示。PM$_{2.5}$ 暴露浓度由高到低分别为渭南（68.5μg/m³）、驻马店（51.1μg/m³）、武汉（49.1μg/m³）、上海（36.2μg/m³）、广州（27.5μg/m³）；空气温度由高到低分别为广州、驻马店、渭南、武汉和上海；空气相对湿度由高到低分别为广州、武汉、驻马店、渭南和上海。

表 6-5　不同城市个体 PM$_{2.5}$ 暴露水平及气象学指标分布情况

变量	城市	均数	标准差	最小值	第25百分位数	中位数	第75百分位数	最大值
PM$_{2.5}$（μg/m^3）	武汉	57.6	40.7	2.5	26.2	49.1	82.5	213.0
	驻马店	58.9	33.8	11.8	36.1	51.1	64.1	176.1
	广州	29.8	14.2	5.0	19.2	27.5	38.6	89.2
	渭南	82.6	66.6	6.7	30.3	68.5	100.2	296.0
	上海	39.8	17.4	13.5	24.9	36.2	51.1	95.2
温度（℃）	武汉	20.5	5.4	10.0	15.7	21.3	24.0	34.0
	驻马店	23.0	6.1	6.4	17.4	24.8	27.5	33.5
	广州	25.0	4.8	9.1	21.0	26.7	28.0	36.1
	渭南	20.6	7.6	5.5	13.9	19.7	27.6	36.3
	上海	17.9	5.3	6.2	13.9	16.7	23.6	28.6
相对湿度（%）	武汉	66.3	9.8	42.3	59.0	65.8	74.6	86.3
	驻马店	62.9	9.3	42.5	55.5	62.4	70.1	85.6
	广州	73.0	11.2	38.0	69.3	73.8	80.3	93.6
	渭南	61.3	11.0	38.5	51.0	60.6	70.6	84.0
	上海	58.5	12.3	32.3	48.8	61.9	64.4	87.4

6.2.3.2　PM 不同粒径和化学组分对儿童呼吸系统的影响

（1）PM 不同粒径不同暴露滞后时间对儿童呼吸系统的影响：校正年龄、性别、体重指数、被动吸烟、课外锻炼、父母教育水平、学校、温度、相对湿度、季节、体检日期后，个体 PM$_{2.5}$ 暴露可引起多城市儿童呼吸系统指标的改变。个体 PM$_{2.5}$ 暴露每增加 10μg/m^3，可引起武汉儿童 FEV$_1$/FVC 和最大呼气中期流量（maximum mid-expiratory flow，MMEF）在滞后 13~24 小时分别下降 0.40%和 0.82%，FeNO 在滞后当日和 lag1d 分别增加 3.26%和 2.62%；驻马店儿童呼气一氧化碳（fractional exhale carbon monoxide，FeCO）随个体 PM$_{2.5}$ 暴露增加在 lag1d 增加 2.27%，FVC 和 FEV$_1$ 在 lag2d 分别下降 0.38%和 0.41%；渭南儿童肺活量（vital capacity，VC）在 lag1d 下降 0.19%，FEV$_1$ 在 lag1d 和 lag2d 分别下降 0.21%和 0.25%。

校正混杂因素后，在 lag0d，PNC$_{0.5}$ 暴露引起儿童 FeNO 水平上升，PNC$_{0.5}$ 每小时颗粒数增加 1 个 IQR，可引起 FeNO 上升 10.46%；而 PNC$_{0.5}$ 暴露引起儿童 FEV$_1$/FVC 的下降在 lag1d 最明显，PNC$_{0.5}$ 每小时颗粒数增加 1 个 IQR，可引起 FEV$_1$/FVC 下降 1.19%，但 PNC$_{1.0}$ 和 PNC$_{2.5}$ 暴露对儿童 FeNO 和肺功能的影响无统计学意义（图 6-22）。这提示 PM 在暴露早期可引起儿童呼吸道炎症和肺通气功能损伤，且 PM 不同粒径对呼吸指标的影响主要表现为小粒径 PM 效应。

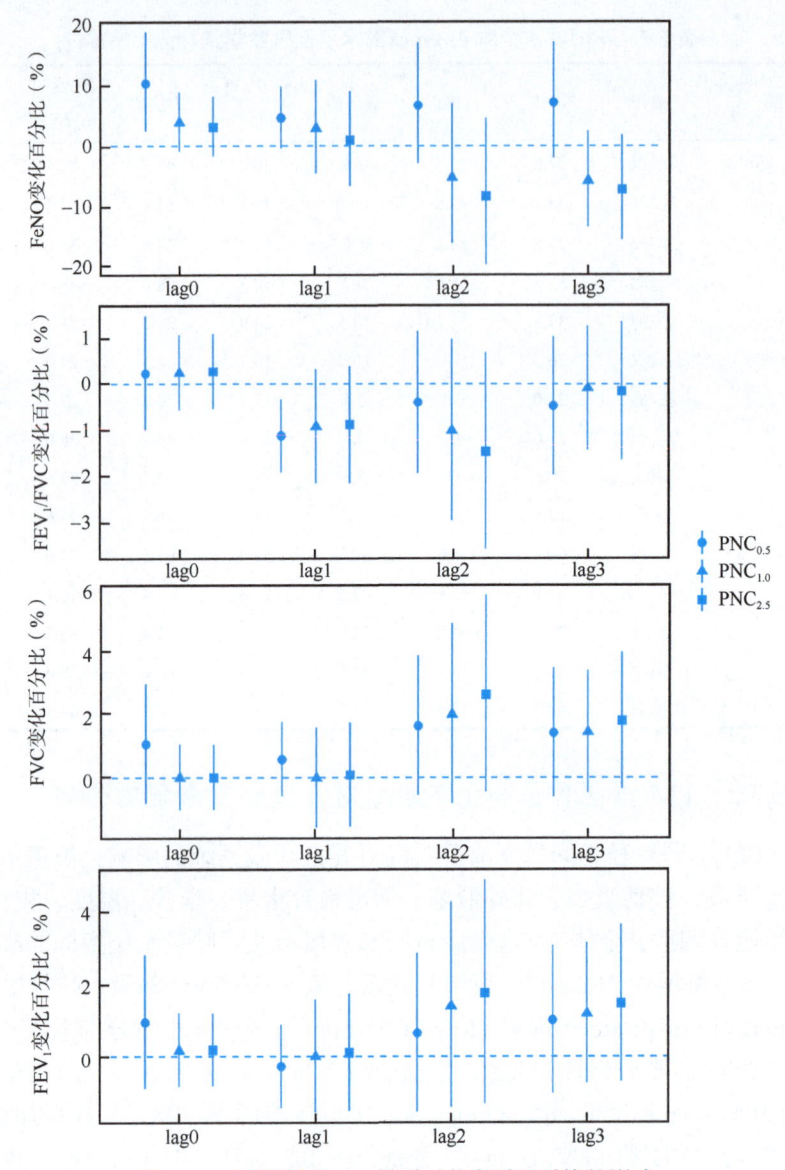

图 6-22　不同粒径 PM 暴露对儿童呼吸系统的影响

（2）PM 不同粒径对儿童呼吸系统影响的暴露-反应关系：如图 6-23 所示，校正混杂因素后，个体 $PM_{2.5}$ 暴露可引起武汉儿童 FEV_1/FVC、MMEF 下降和 FeNO 增加，驻马店儿童 FeCO 增加，渭南儿童 FEV_1 下降，均存在暴露-反应关系。值得注意的是，在 $PM_{2.5}$ 暴露低于 CAAQS Ⅱ 水平下，仍可引起武汉和渭南儿童肺功能指标下降和武汉儿童 FeNO 增加。而 PM 不同粒径对呼吸系统指标的暴露-反应关系，仅 $PNC_{0.5}$ 有显著意义，$PNC_{1.0}$ 和 $PNC_{2.5}$ 的效应并不显著。如图 6-24 所示，滞后当日，随着 $PNC_{0.5}$ 每小时粒子数的增加，FeNO 呈线性增加，而随着 $PNC_{0.5}$

第六章　大气颗粒物不同粒径和化学组分对儿童急性健康效应的暴露-反应关系研究 | 285

在滞后 1 日每小时粒子数的增加，FEV_1/FVC 在粒子数较高时呈线性下降趋势，但 FVC 和 FEV_1 的暴露-反应关系并无统计学意义。

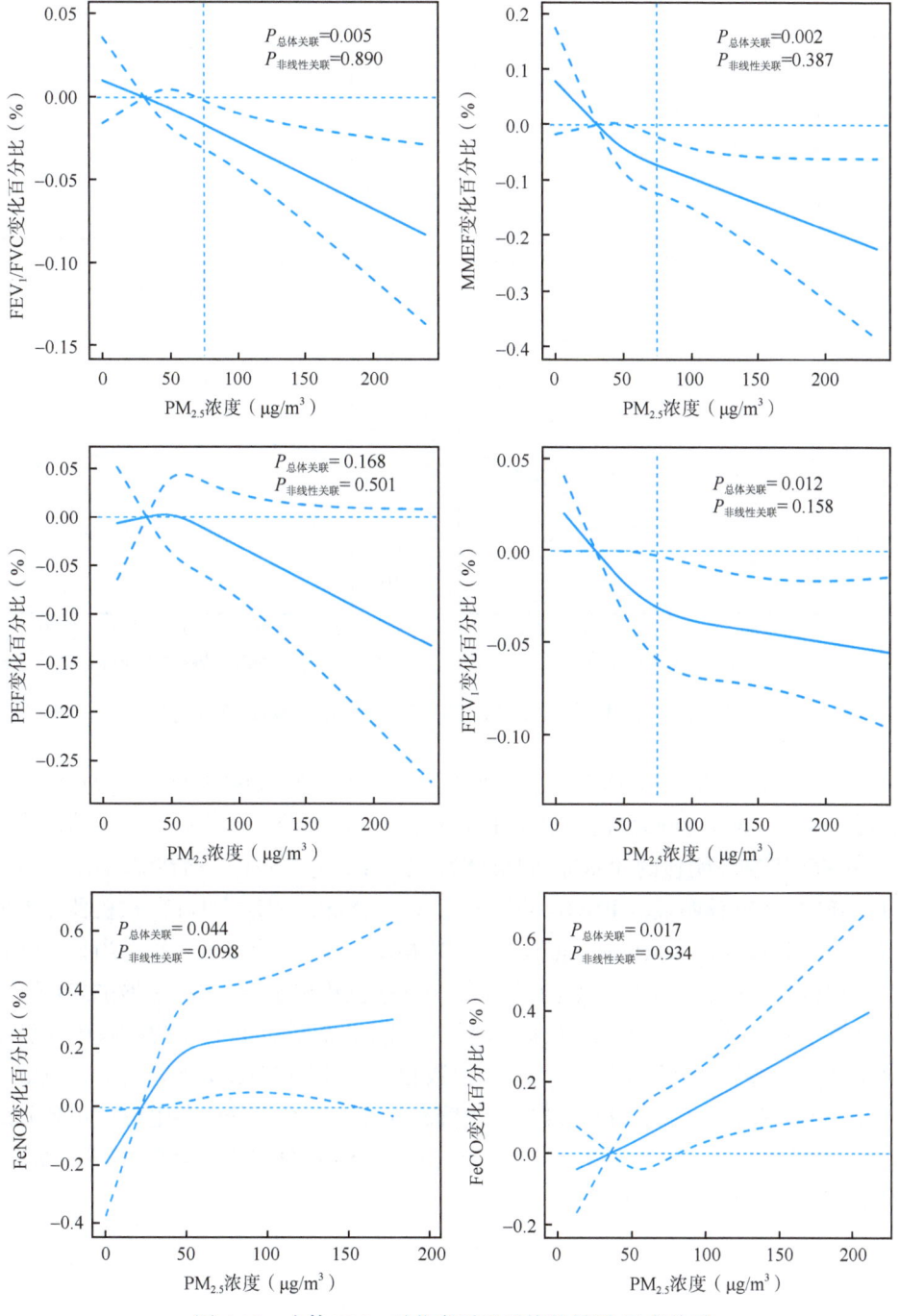

图 6-23　个体 $PM_{2.5}$ 对儿童呼吸系统的暴露-反应关系

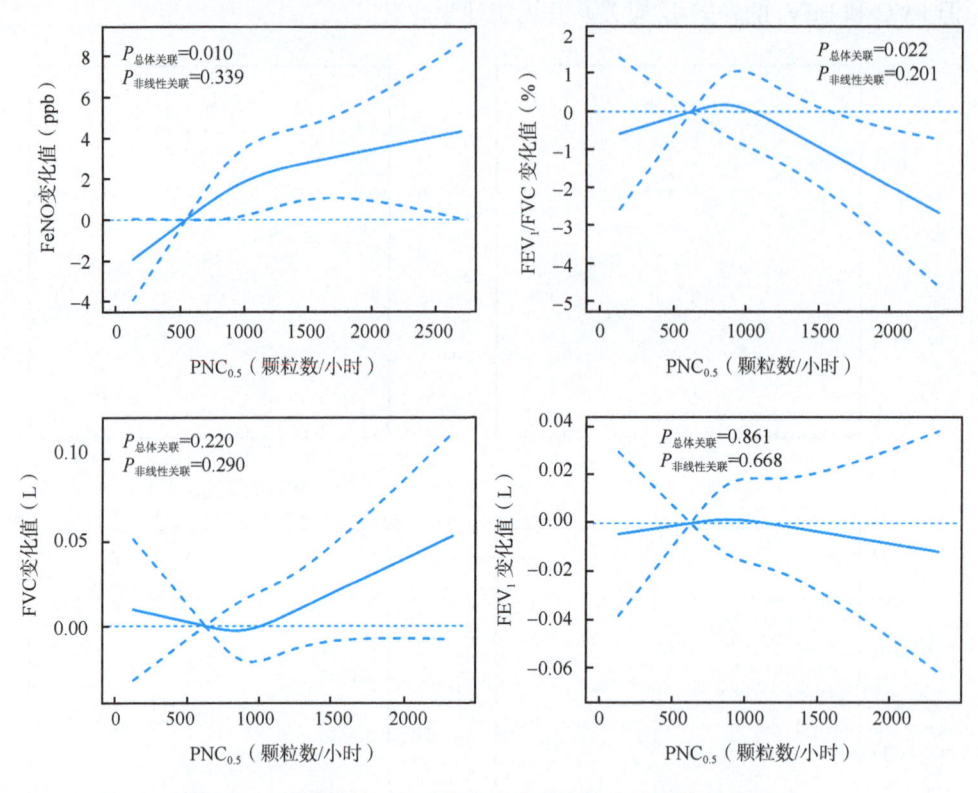

图 6-24　不同粒径 PM 对儿童呼吸系统影响的暴露-反应关系

（3）PM 不同组分暴露对儿童呼吸系统的影响：如图 6-25 所示，校正混杂因素后，通过 Lasso 回归筛选出最小 Lambda 对应的组分，具体如下。在滞后当日对 FeNO 影响较明显的 $PNC_{0.5}$ 的组分为 K^+、HSO_4^-、NH_4^+，而在滞后第 1 日对 FEV_1/FVC 影响较明显的 $PNC_{0.5}$ 的组分为 Mg^+、Mn^+、NH_4^+。贝叶斯核机器模型回归（bayesian kernel machine regression，BKMR）总体效应显示，滞后当日 $PNC_{0.5}$ 中 3 种组分（K^+、HSO_4^-、NH_4^+）混合物与其中位数相比，FeNO 呈增加趋势，且混合组分粒子数百分比越高，FeNO 增加越明显；而滞后第 1 日 $PNC_{0.5}$ 中 3 种组分（Mg^+、Mn^+、NH_4^+）混合物与其中位数相比，FEV_1/FVC 呈下降趋势，且混合组分粒子数百分比越高，FEV_1/FVC 下降越明显。混合组分中各组分的单独效应表明，当其他组分分别固定在第 25 百分位数、第 50 百分位数和第 75 百分位数时，$PNC_{0.5}$ 中仅 NH_4^+ 仍可引起 FeNO 增加。

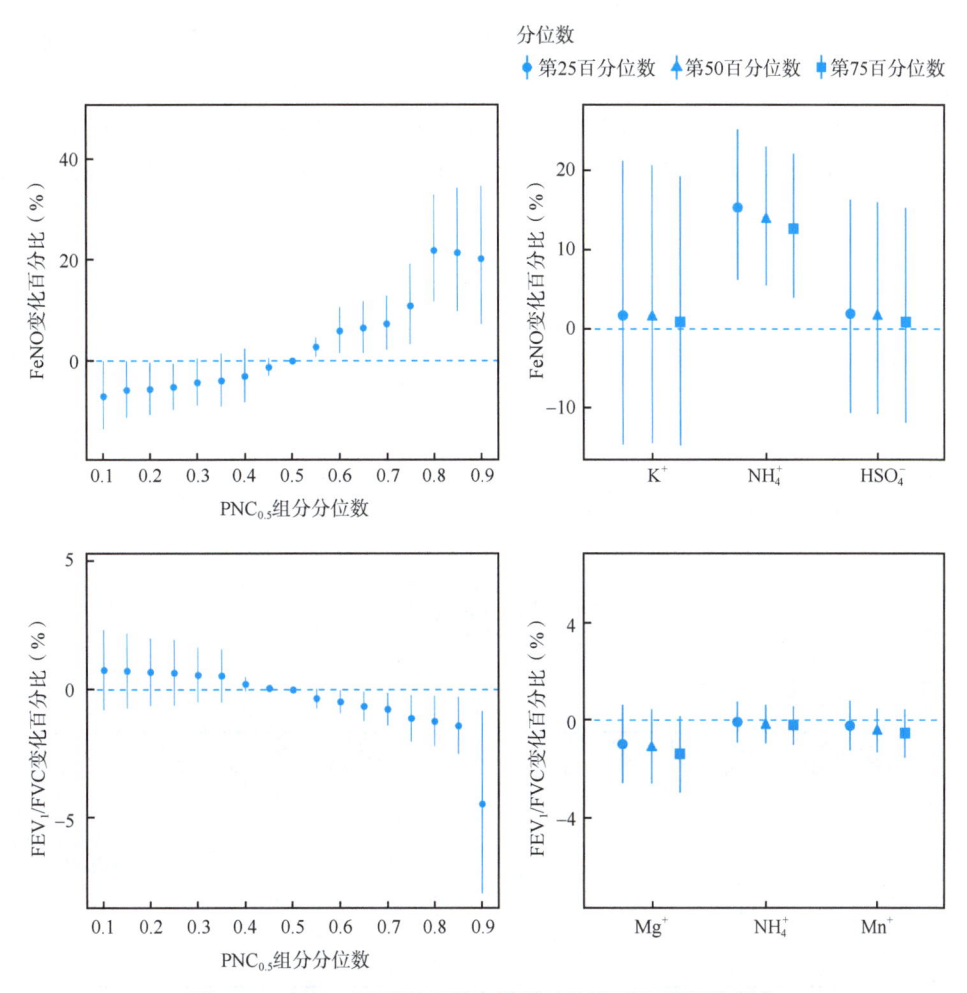

图 6-25　PNC$_{0.5}$ 不同组分混合暴露对儿童呼吸系统的影响

SPAMS 输出离子模式为单电荷，符号代表正负

6.2.3.3　PM 不同粒径和化学组分对儿童血压的影响

（1）PM 不同粒径暴露在不同滞后时间对儿童血压的影响：如图 6-26 所示，校正年龄、性别、体重指数、被动吸烟、课外锻炼、父母教育水平、学校、温度、相对湿度、季节、体检日期后，PM$_{2.5}$ 暴露当日即可引起儿童血压升高及高血压前期和高血压风险增加，在 lag2d 达到最大，个体 PM$_{2.5}$ 每增加 10μg/m³ 可导致儿童收缩压（systolic blood pressure，SBP）升高 0.27%、舒张压（diastolic blood pressure，DBP）升高 0.57%、平均动脉压（mean arterial pressure，MAP）升高 0.45%、高血压前期和高血压的患病风险分别增加 9% 和 6%。值得注意

的是，广州儿童 $PM_{2.5}$ 暴露水平比渭南儿童低 2~3 倍，但血压上升和高血压前期风险升高更显著。不同粒径 PM 对血压的效应呈现为粒径越小效应越强，PNC 每小时粒子数浓度每增加一个 IQR，$PNC_{0.5}$、$PNC_{1.0}$ 和 $PNC_{2.5}$ 在滞后当日分别导致 SBP 增加 1.53%、0.69% 和 0.60%，DBP 增加 2.71%、0.54%和 0.48%。

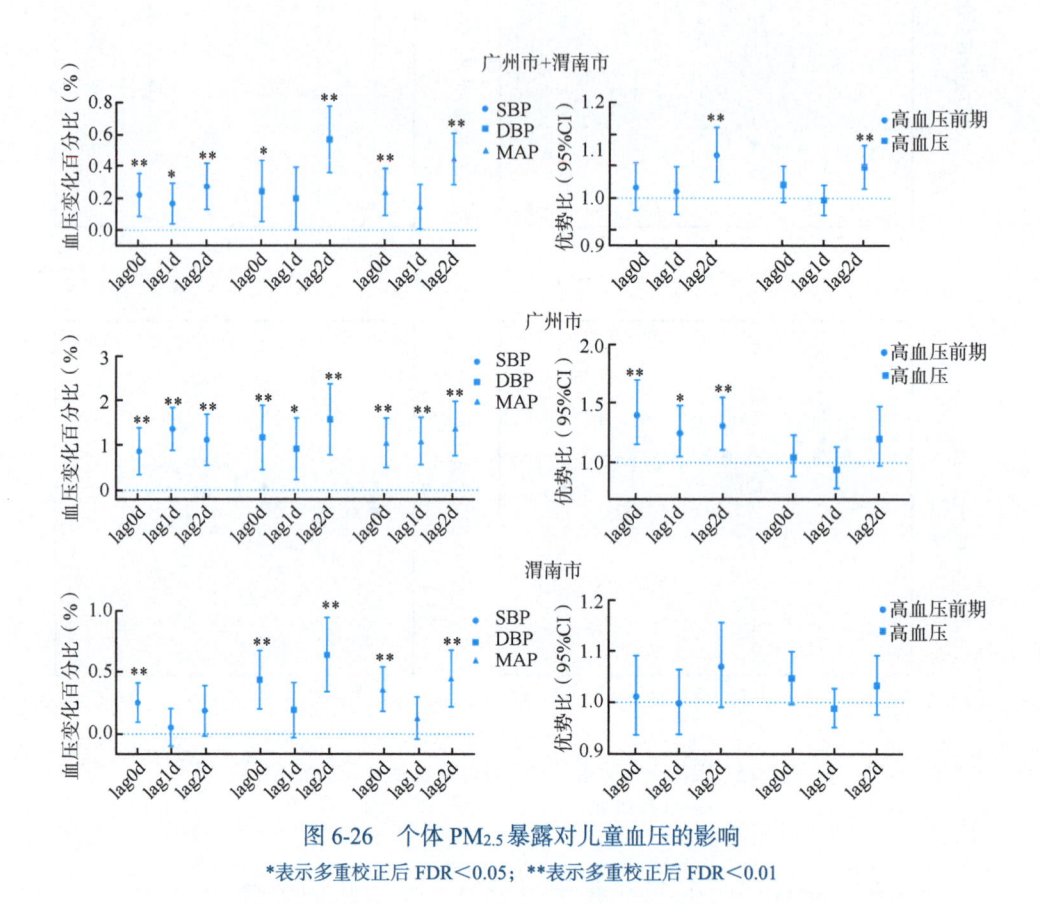

图 6-26 个体 $PM_{2.5}$ 暴露对儿童血压的影响

*表示多重校正后 FDR＜0.05；**表示多重校正后 FDR＜0.01

（2）个体 $PM_{2.5}$ 呼吸道沉积对儿童血压的影响：如图 6-27 所示，校正上述混杂因素后，相对于头颈部沉积，$PM_{2.5}$ 在肺泡和支气管部沉积可以引起儿童血压、高血压前期和高血压患病风险明显增加。例如，沉积剂量每增加 10μg，头颈部、肺泡和支气管部沉积分别导致 DBP 上升 0.08%、0.46%和 0.91%。

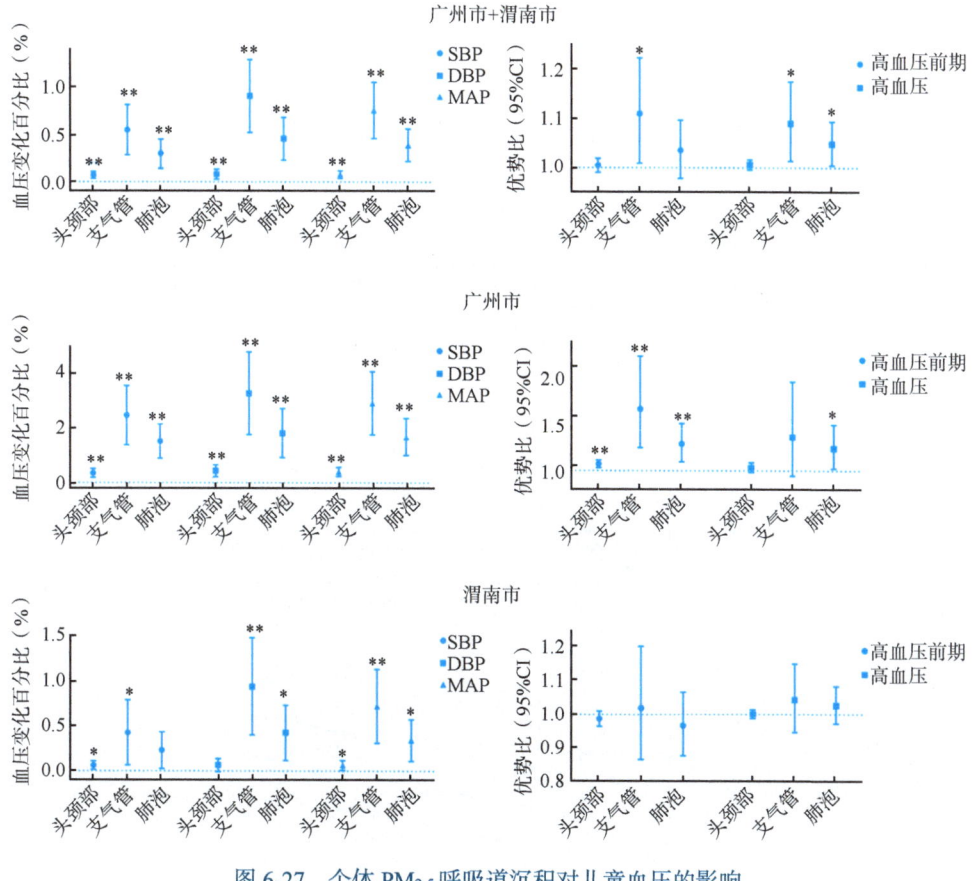

图 6-27　个体 PM$_{2.5}$ 呼吸道沉积对儿童血压的影响

*、**含义同图 6-26

（3）不同粒径 PM 暴露及 PM$_{2.5}$ 呼吸道沉积与儿童血压的暴露-反应关系：如图 6-28 和图 6-29 所示，校正混杂因素后，PM$_{2.5}$ 与高血压存在线性暴露-反应关系（$P_{总体关联}$=0.001，$P_{非线性关联}$=0.749），而与 SBP、DBP、MAP 和高血压前期存在非线性正向暴露-反应关系，当 PM$_{2.5}$<50μg/m³ 左右时，血压升高和高血压前期患病风险随 PM$_{2.5}$ 暴露增加而显著升高。值得注意的是，在 PM$_{2.5}$ 暴露低于 CAAQS Ⅱ水平下，仍可引起血压、高血压前期和高血压患病风险升高。同时，PM$_{2.5}$ 呼吸道沉积剂量与血压升高及高血压前期和高血压患病风险升高均存在显著的暴露-反应关系。并且，不同粒径 PM 与血压也存在显著的暴露-反应关系，其中 PNC$_{0.5}$ 引起 SBP 非线性增加，而 PNC$_{1.0}$、PNC$_{2.5}$ 与 SBP 及 PNC$_{0.5}$ 与 DBP 呈线性正相关。

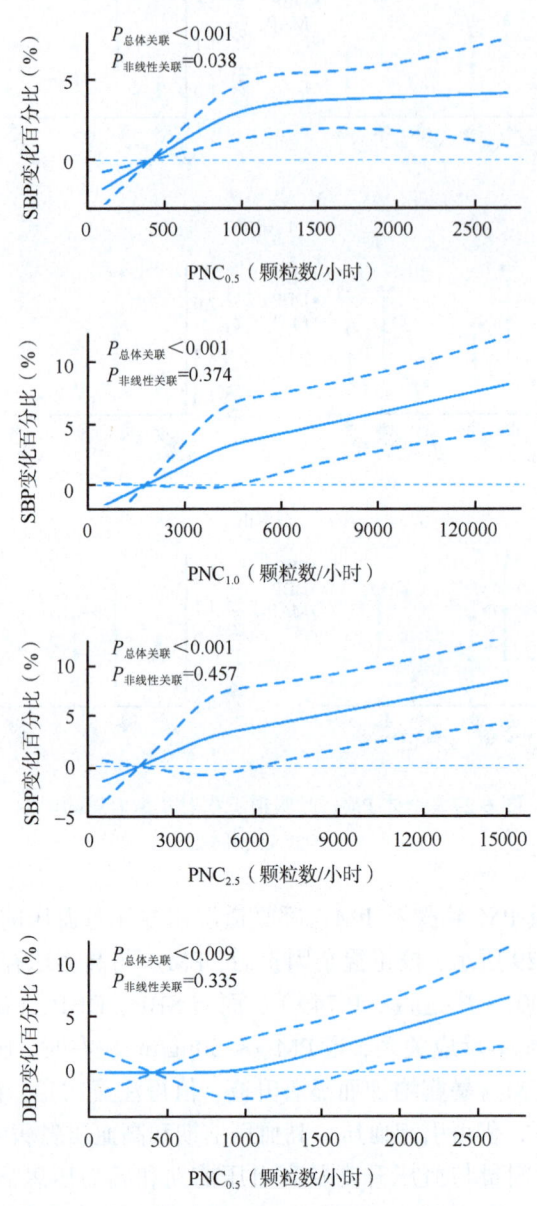

图 6-28　不同粒径 PM 与儿童血压的暴露-反应关系

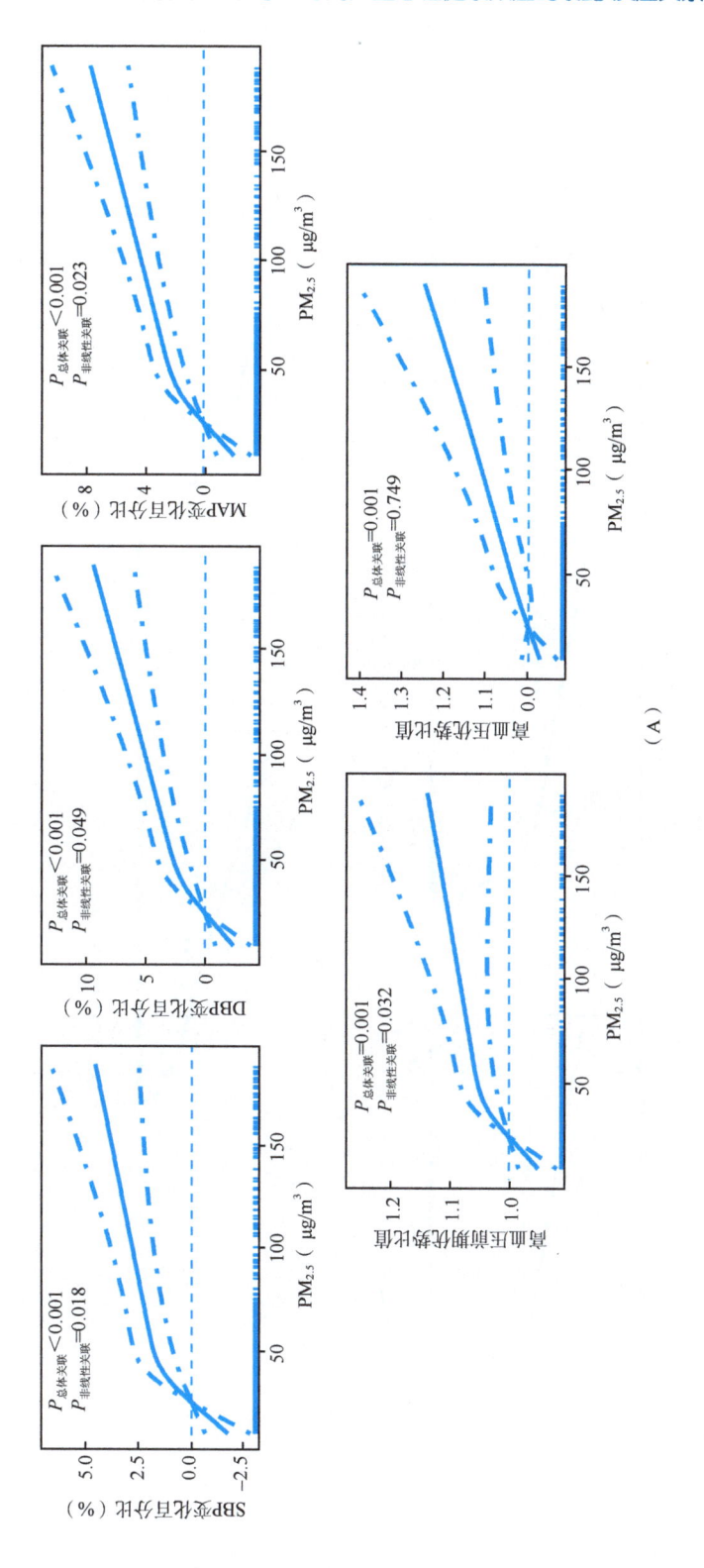

第六章 大气颗粒物不同粒径和化学组分对儿童急性健康效应的暴露-反应关系研究 | 291

(A)

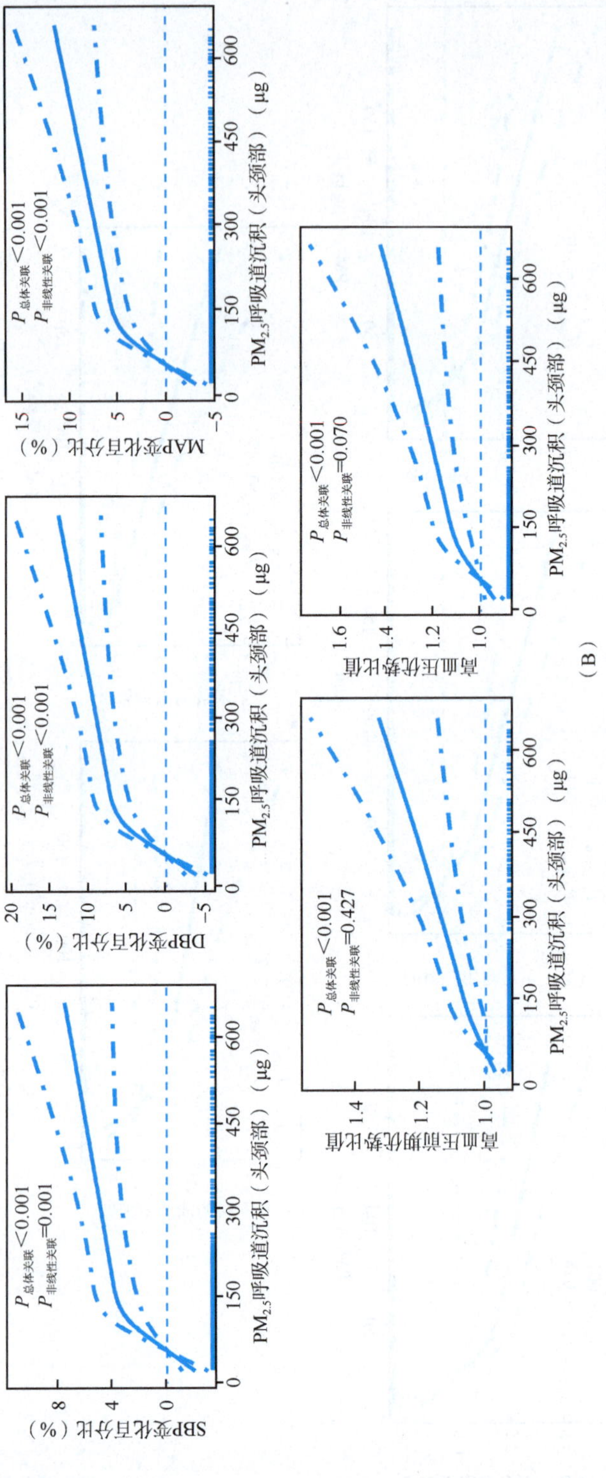
SBP变化百分比（%）
DBP变化百分比（%）
MAP变化百分比（%）
高血压前期优势比值
高血压优势比值
$P_{总体关联}<0.001$
$P_{非线性关联}=0.001$
$P_{非线性关联}<0.001$
$P_{非线性关联}=0.427$
$P_{非线性关联}=0.070$
$PM_{2.5}$呼吸道沉积（头颈部）（μg）

（B）

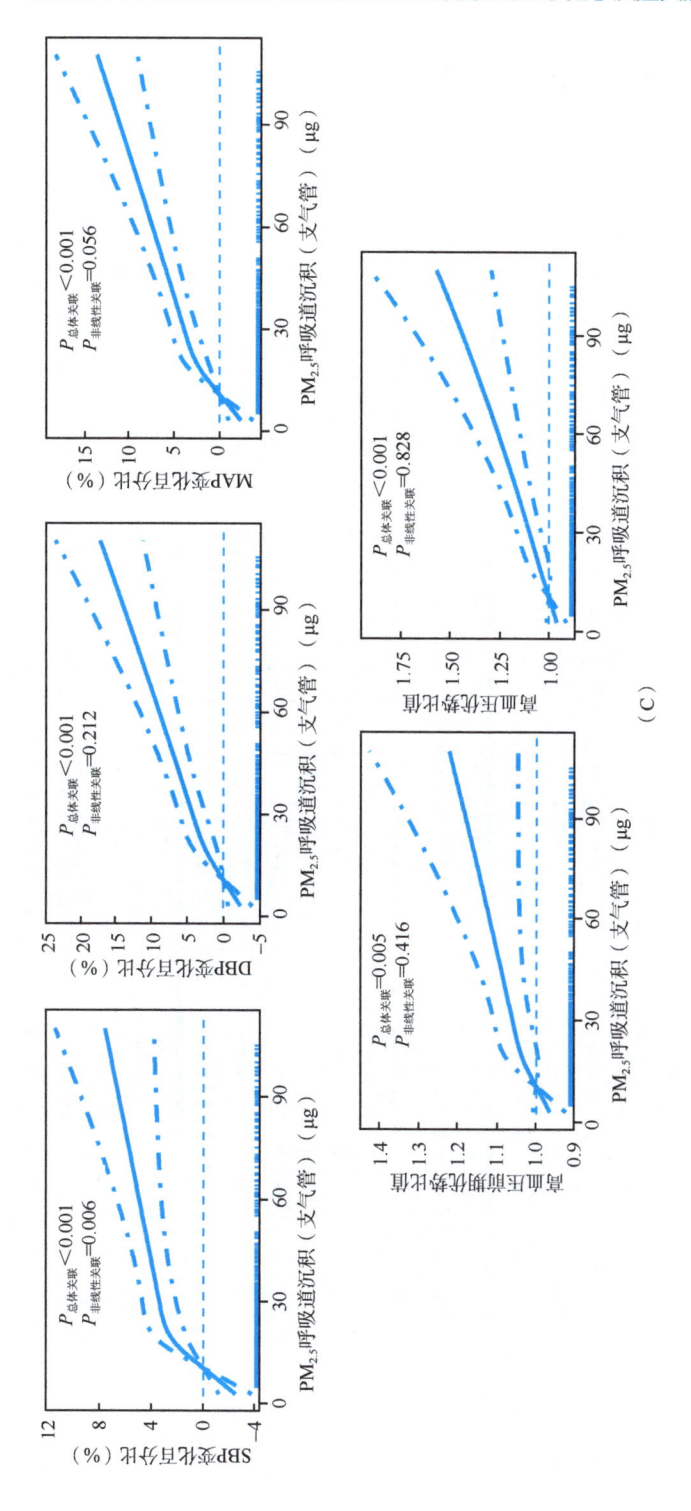

第六章　大气颗粒物不同粒径和化学组分对儿童急性健康效应的暴露-反应关系研究 | 293

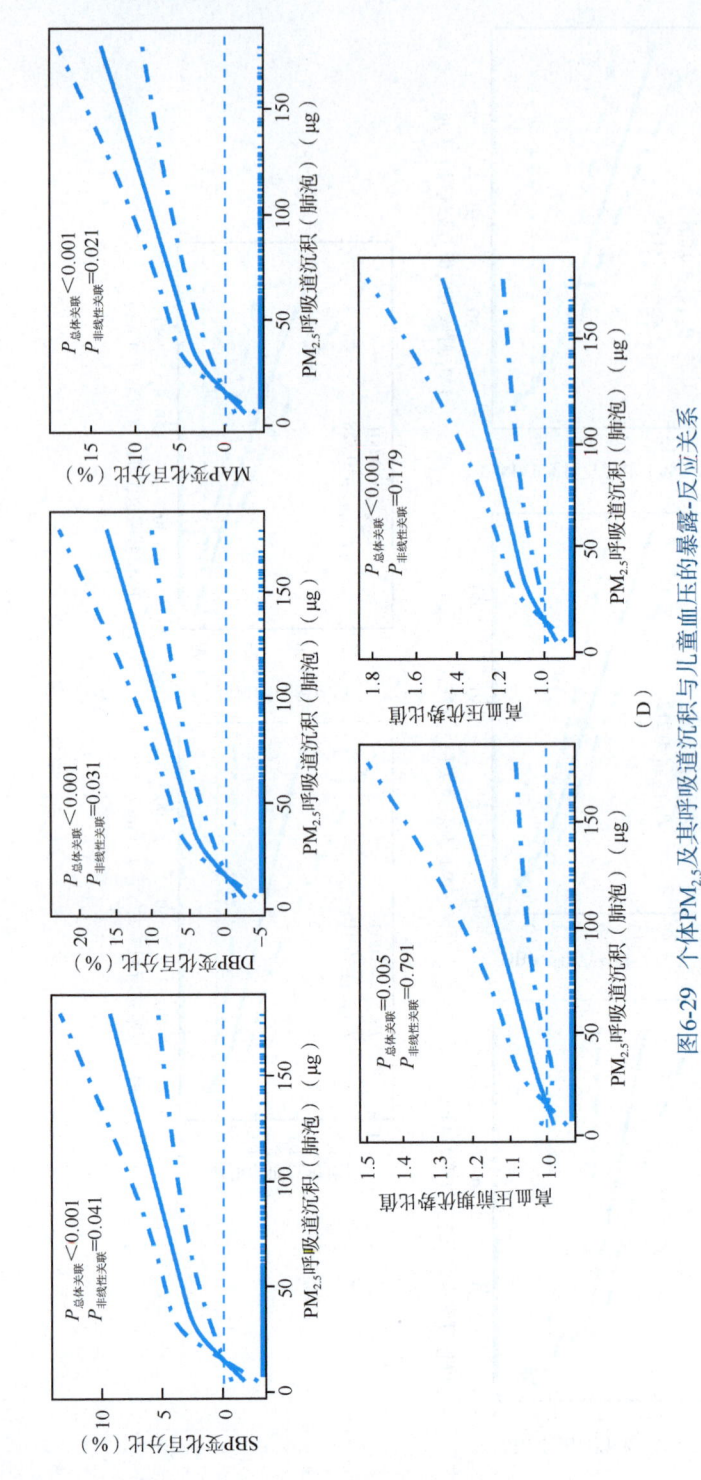

294 | 大气污染的急性健康风险研究

图6-29 个体PM$_{2.5}$及其呼吸道沉积与儿童血压的暴露-反应关系

(A) 个体PM$_{2.5}$与儿童血压的暴露-反应关系；(B) PM$_{2.5}$呼吸道沉积（头颈部）与儿童血压的暴露-反应关系；(C) PM$_{2.5}$呼吸道沉积（支气管）与儿童血压的暴露-反应关系；(D) PM$_{2.5}$呼吸道沉积（肺泡）与儿童血压的暴露-反应关系

第六章　大气颗粒物不同粒径和化学组分对儿童急性健康效应的暴露-反应关系研究 | 295

（4）PM 不同化学组分暴露与儿童血压的关联：校正混杂因素后，PM 不同组分混合物中除了 $HC_2O_4^-$ 的所有组分均可引起儿童 SBP 和 DBP 升高，校正错误发现率（false discovery rate，FDR）后仍具有统计学意义；其中 Cu^+、HSO_4^- 较其他组分可引起 SBP 和 DBP 显著升高，且均存在暴露-反应关系（图 6-30）。

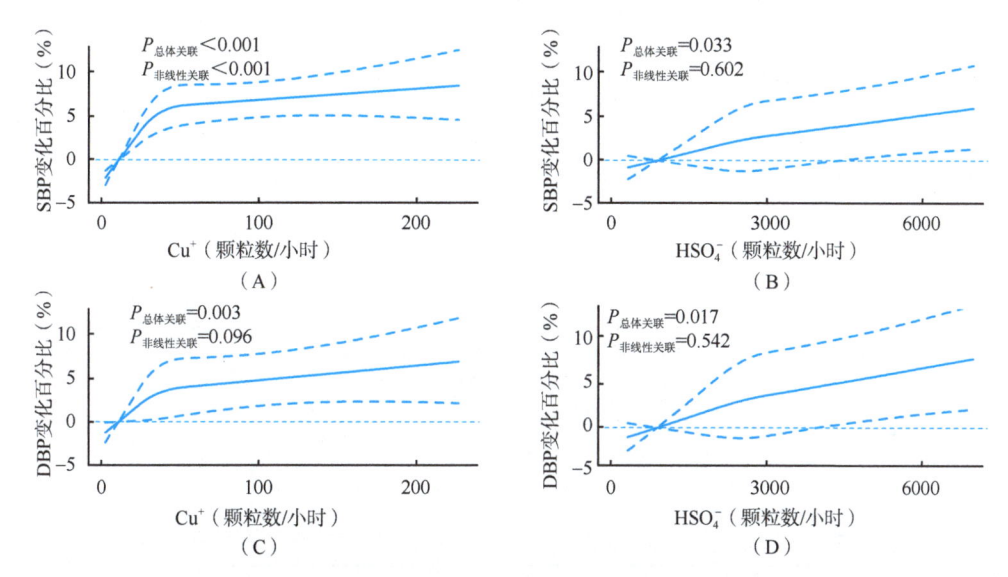

图 6-30　PM 不同化学组分与儿童血压的暴露-反应关系
（A）Cu^+ 与儿童 SBP 的暴露-反应关系；（B）HSO_4^- 与儿童 SBP 的暴露-反应关系；（C）Cu^+ 与儿童 DBP 的暴露-反应关系；（D）HSO_4^- 与儿童 DBP 的暴露-反应关系。SPAMS 输出离子模式为单电荷，符号代表正负

6.2.3.4　PM 不同粒径和化学组分对儿童红细胞指标的影响

（1）PM 不同粒径暴露对儿童红细胞指标的影响：如图 6-31 所示，校正年龄、性别、体重指数、被动吸烟、课外锻炼、父母教育水平、温度、相对湿度、季节、体检日期后，四城市效应合并值显示，儿童个体 $PM_{2.5}$ 的暴露可引起红细胞计数、血红蛋白浓度及红细胞压积下降，最大效应均出现在滞后 0~6 小时。$PM_{2.5}$ 的浓度每增加 $10\mu g/m^3$，可在滞后 0~6 小时导致儿童外周血红细胞计数下降 0.25%、血红蛋白浓度下降 0.34%、红细胞压积下降 0.29%。

经混杂因素校正后，$PNC_{0.5}$、$PNC_{1.0}$ 和 $PNC_{2.5}$ 暴露均可引起儿童红细胞计数、血红蛋白浓度及红细胞压积下降（图 6-32）。$PNC_{0.5}$ 与 3 个指标的效应在滞后当日最强，每小时颗粒数增加一个 IQR，可导致红细胞计数下降 1.51%、血红蛋白浓度下降 1.30%、红细胞压积下降 1.78%。$PNC_{1.0}$ 和 $PNC_{2.5}$ 在累积滞后 0~2 日最强，可引起红细胞计数分别下降 3.02% 和 2.83%，血红蛋白浓度分别下降 2.06% 和 1.87%，红细胞压积分别下降 2.84% 和 2.66%。这提示 PM 不同粒径暴露均可导致红细胞指标降低。

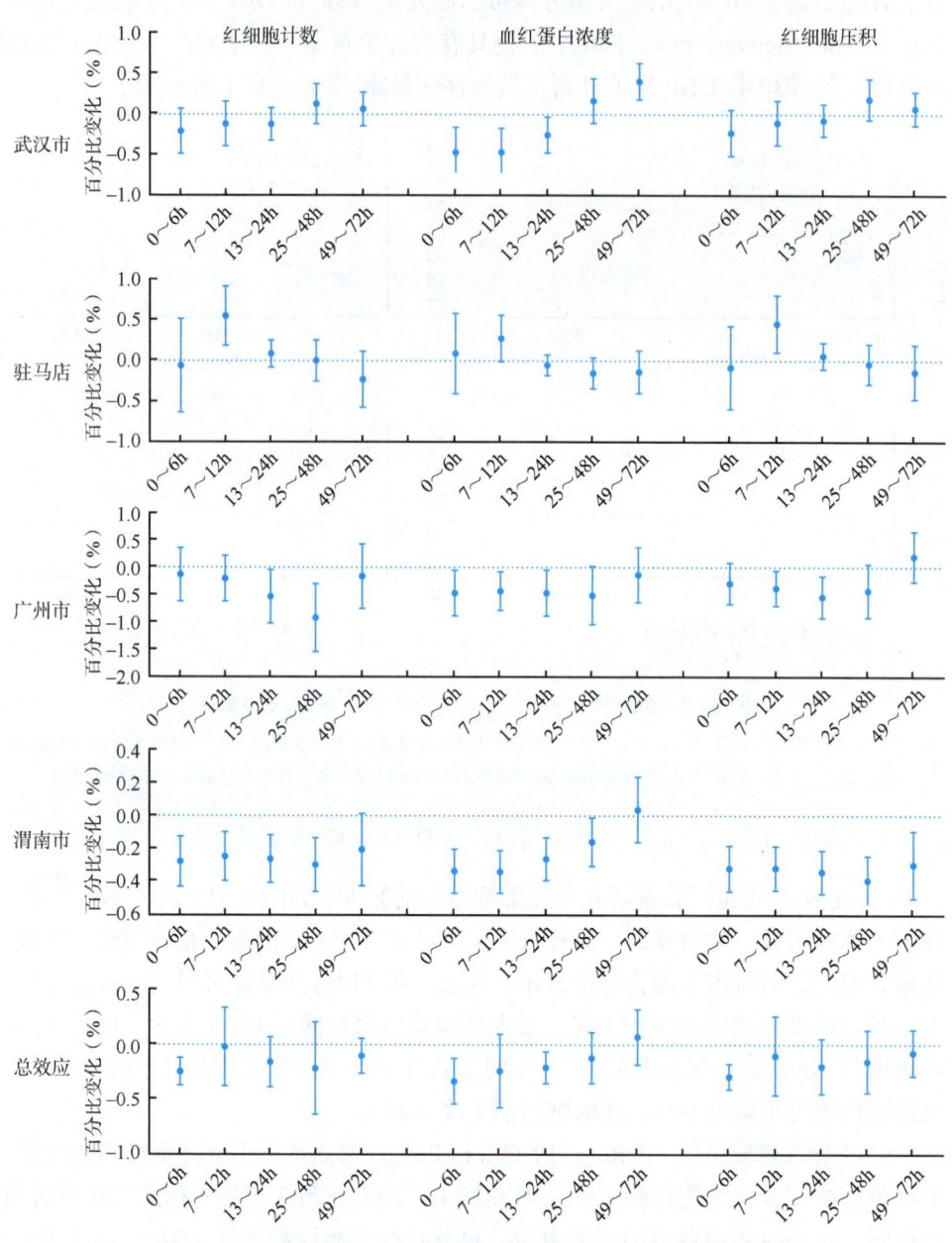

图 6-31　四城市个体 PM$_{2.5}$ 暴露对儿童外周血红细胞指标的影响

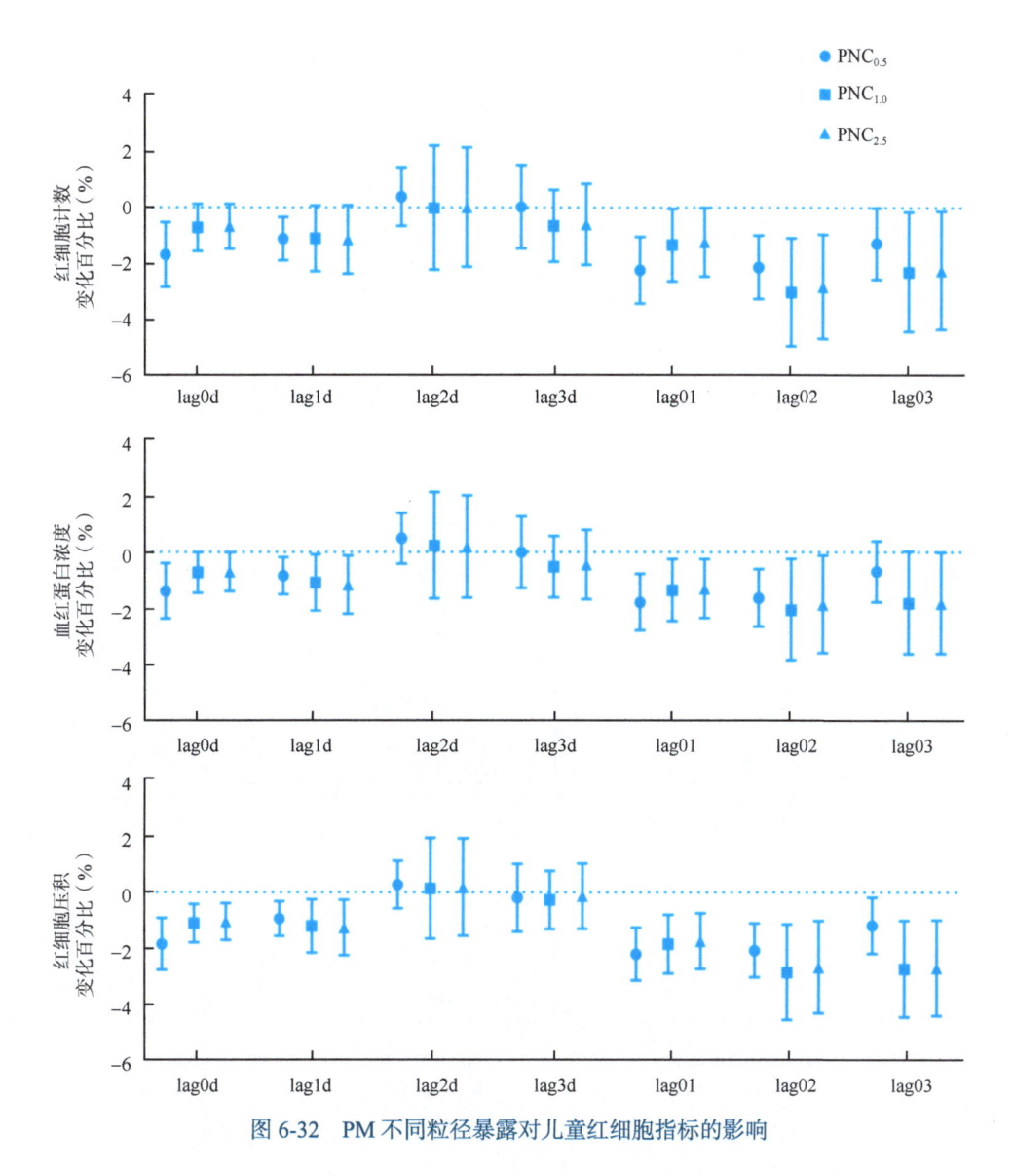

图 6-32　PM 不同粒径暴露对儿童红细胞指标的影响

（2）PM 不同粒径与红细胞指标的暴露-反应关系：如图 6-33 所示，武汉、广州和渭南儿童个体 $PM_{2.5}$ 暴露与血红蛋白浓度下降存在暴露-反应关系，广州和渭南 $PM_{2.5}$ 与红细胞压积下降存在暴露-反应关系，渭南 $PM_{2.5}$ 还与红细胞计数下降存在暴露-反应关系。PM 不同粒径分析显示，在滞后 0～2 日，随着 $PNC_{0.5}$、$PNC_{1.0}$ 和 $PNC_{2.5}$ 每小时粒子数的增加，儿童红细胞计数、血红蛋白浓度、红细胞压积均降低，并呈线性暴露-反应关系（图 6-34）。

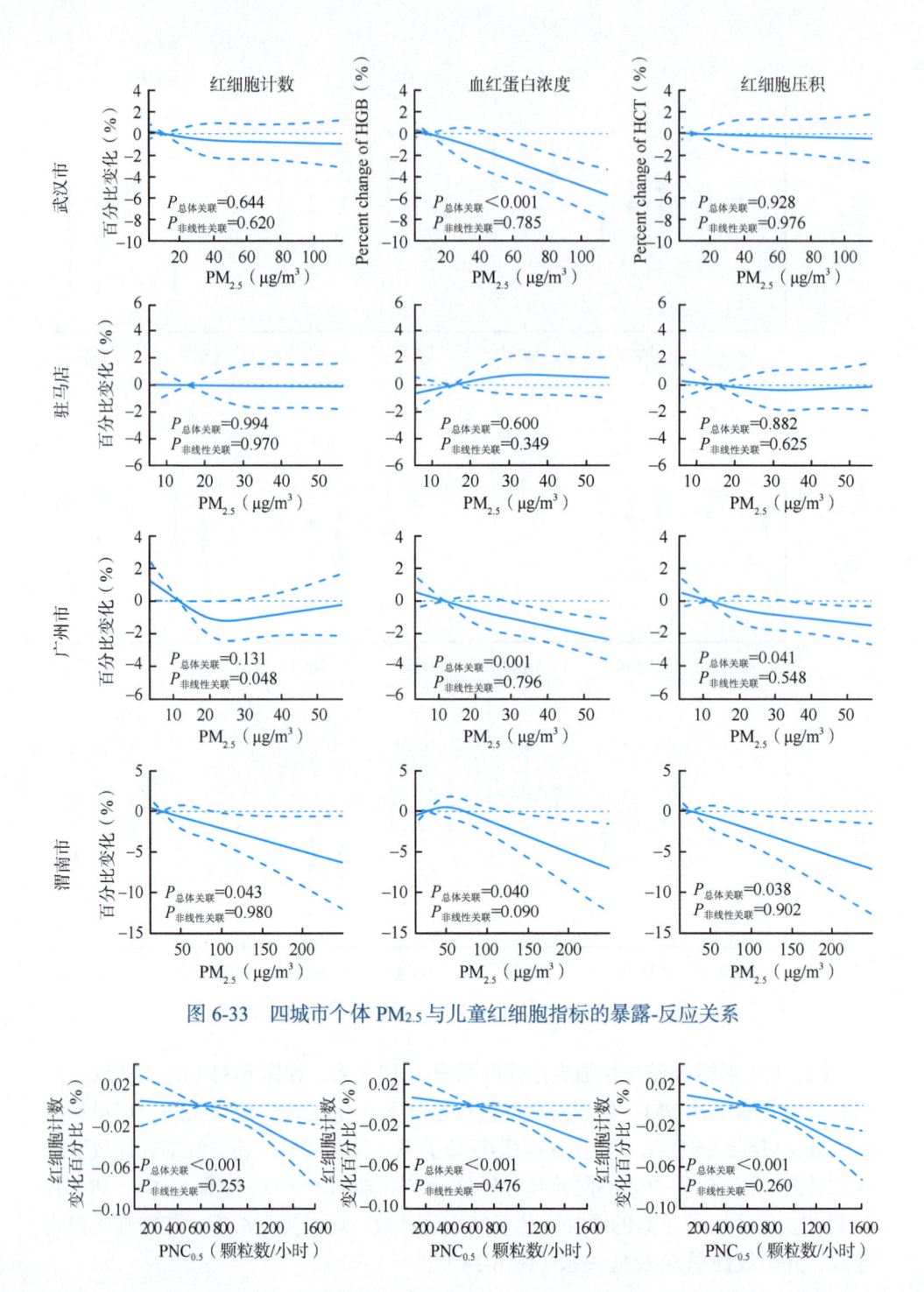

图 6-33　四城市个体 PM$_{2.5}$ 与儿童红细胞指标的暴露-反应关系

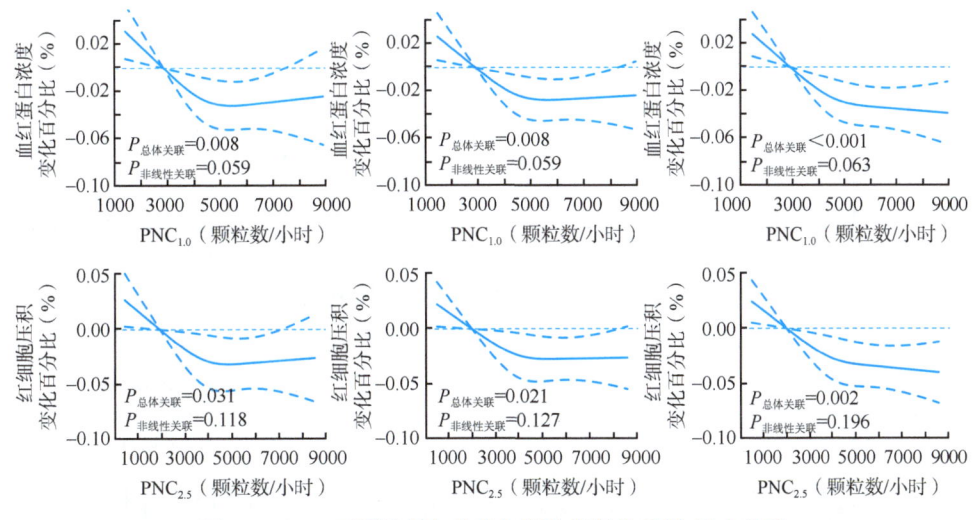

图 6-34 PM 不同粒径与儿童红细胞指标的暴露-反应关系

（3）PM 不同化学组分与红细胞指标的关联：如图 6-35 和图 6-36 所示，校正混杂因素后，在滞后 0~2 日，单组分模型显示 $PNC_{1.0}$ 和 $PNC_{2.5}$ 的 12 个组分（Na^+、K^+、Mg^+、Al^+、EC、OC、Cl^-、NO_3^-、HSO_4^-、$HC_2O_4^-$、PO_3^- 和 NH_4^+）可导致儿童红细胞计数下降，11 个组分（Na^+、K^+、Mg^+、Al^+、EC、OC、NO_3^-、HSO_4^-、$HC_2O_4^-$、PO_3^- 和 NH_4^+）可导致儿童血红蛋白浓度和红细胞压积下降。校正 PNC 或残差后，$PNC_{1.0}$ 的 Al^+ 和 NH_4^+ 可导致红细胞计数下降，Mg^+、Al^+、PO_3^- 和 NH_4^+ 可导致血红

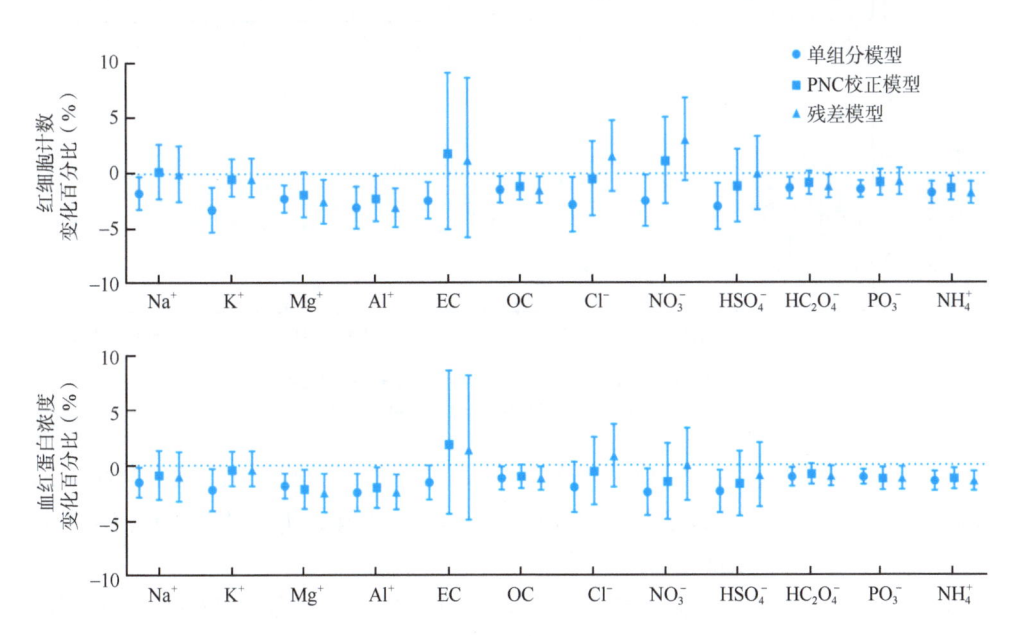

图 6-35　PNC$_{1.0}$ 化学组分对红细胞指标的影响

图 6-36　PNC$_{2.5}$ 化学组分对红细胞指标的影响

SPAMS 输出离子模式为单电荷，符号代表正负

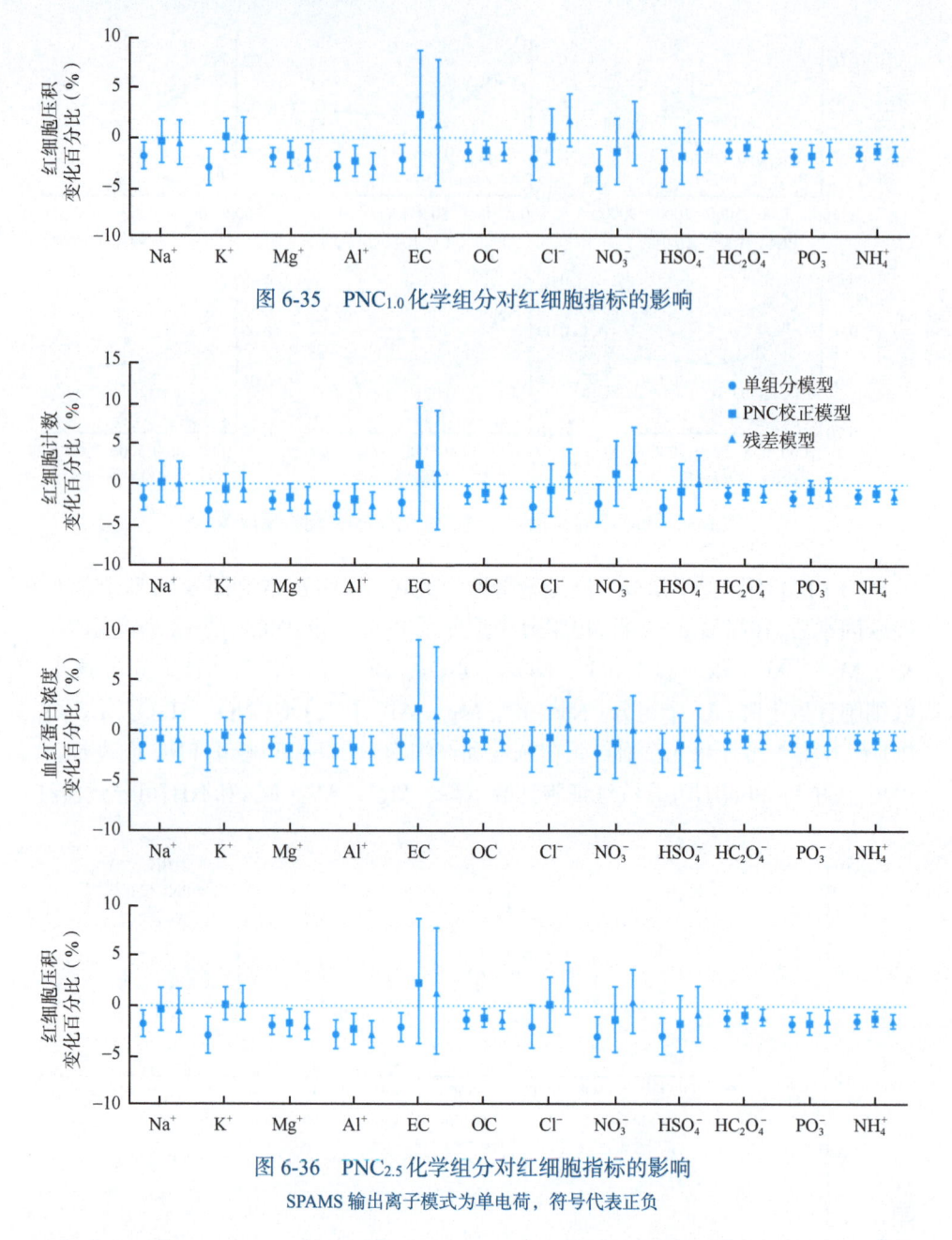

蛋白浓度下降，Mg$^+$、Al$^+$、OC、PO$_3^-$ 和 NH$_4^+$ 可导致红细胞压积下降；PNC$_{2.5}$ 的 Mg$^+$、Al$^+$ 和 NH$_4^+$ 可导致红细胞计数和血红蛋白浓度下降，Mg$^+$、Al$^+$、OC、HC$_2$O$_4^-$、PO$_3^-$ 和 NH$_4^+$ 可导致红细胞压积下降。

（4）PM 不同组分混合物对儿童红细胞指标的影响：如图 6-37 所示，校正混杂因素后，总体效应显示，与 PNC$_{1.0}$ 中 2 种组分（Al$^+$ 和 NH$_4^+$）和 PNC$_{2.5}$ 中 3 种

组分（Mg^+、Al^+、NH_4^+）均位于中位数相比，当其均高于第 75 百分位数时，红细胞计数呈下降趋势；与 $PNC_{1.0}$ 中 4 种组分（Mg^+、Al^+、PO_3^- 和 NH_4^+）和 $PNC_{2.5}$ 中 3 种组分（Mg^+、Al^+、NH_4^+）均位于中位数相比，当其低于第 50 百分位数时，血红蛋白浓度呈下降趋势；与 $PNC_{1.0}$ 中 5 种组分（Mg^+、Al^+、OC、PO_3^- 和 NH_4^+）位于中位数相比，当高于第 70 百分位数时，红细胞压积呈下降趋势；与 $PNC_{2.5}$ 中 6 种组分（Mg^+、Al^+、OC、$HC_2O_4^-$、PO_3^- 和 NH_4^+）位于中位数相比，高于第 55 百分位数时，红细胞压积呈下降趋势。

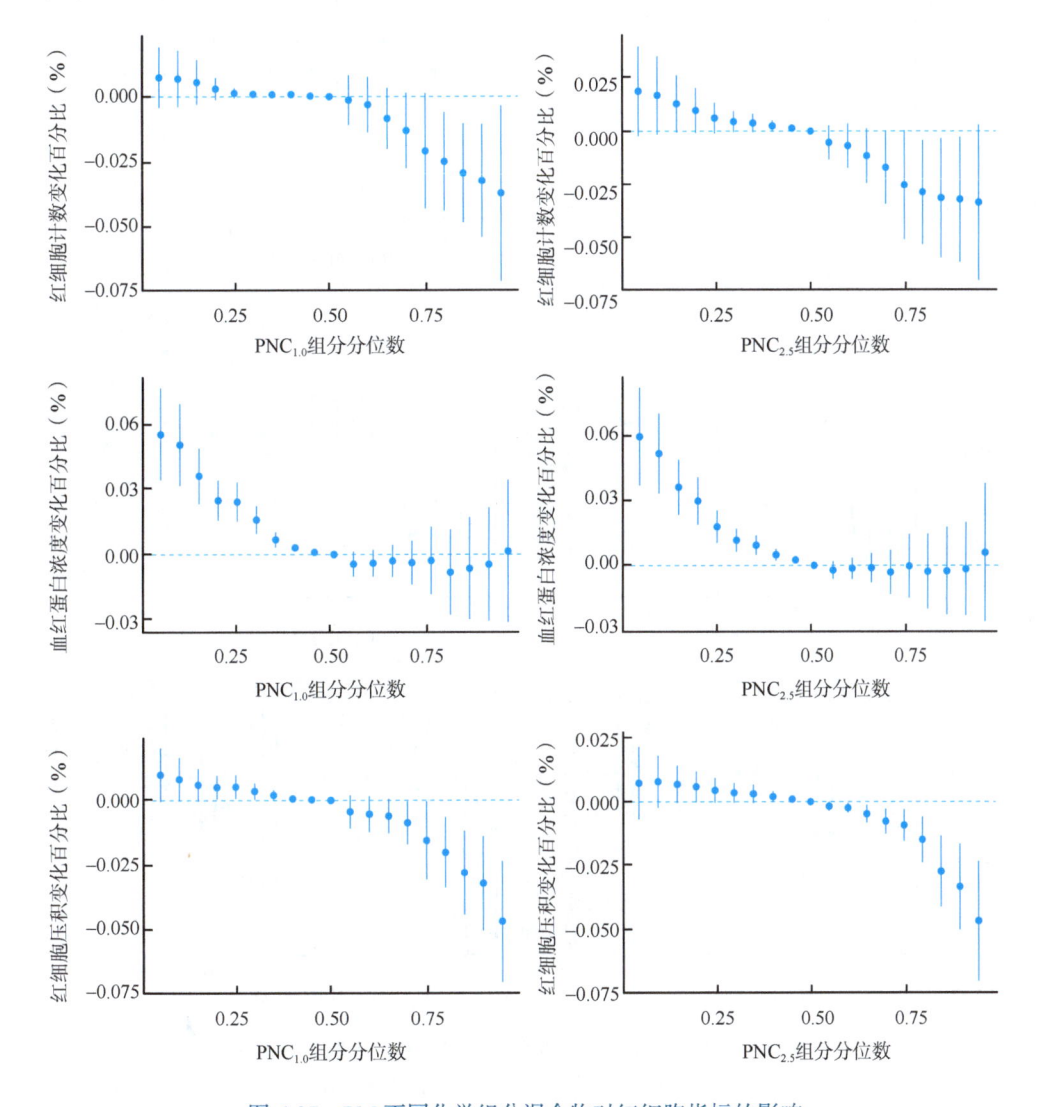

图 6-37　PM 不同化学组分混合物对红细胞指标的影响

混合组分中各组分的单独效应表明（图 6-38），当其他组分固定在第 25 百分位数、第 50 百分位数和第 75 百分位数时，仅 Mg^+ 与血红蛋白浓度下降有关，且 $PNC_{1.0}$ 中 Mg^+ 对血红蛋白浓度的影响较 $PNC_{2.5}$ 更明显。这提示，相对于其他组分，Mg^+ 对儿童血红蛋白浓度的作用更明显。

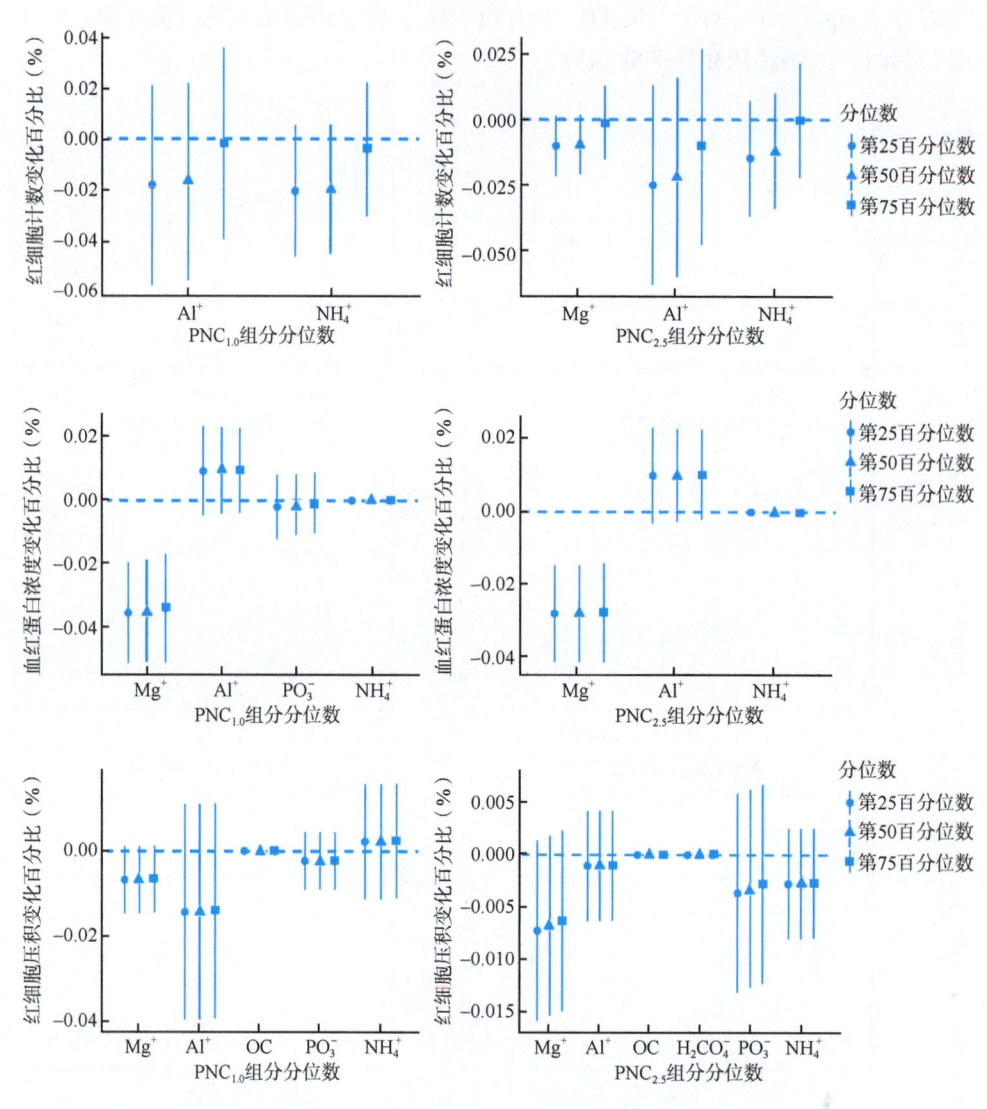

图 6-38 PM 不同化学组分混合物各组分对红细胞指标的影响

SPAMS 输出离子模式为单电荷，符号代表正负

6.2.3.5 PM 不同粒径和化学组分对儿童炎症细胞和细胞因子的影响

（1）PM 不同粒径暴露对儿童炎症细胞和细胞因子的影响：如图 6-39 所示，校正年龄、性别、体重指数、被动吸烟、课外锻炼、父母教育水平、温度、相对湿度、季节、体检日期、学校、2 周内呼吸系统症状史和用药史后，个体 $PM_{2.5}$ 暴露在滞后 7~24 小时引起儿童 WBC 升高，$PM_{2.5}$ 每上升 $10\mu g/m^3$，WBC 增加 0.79%。不同粒径 PM 暴露引起儿童 WBC、中性粒细胞及中性粒细胞与淋巴细胞比值（neutrophil to lymphocyte ratio, NLR）上升在滞后 2 日最明显，$PNC_{1.0}$ 和 $PNC_{2.5}$ 比 $PNC_{0.5}$ 的效应更明显。$PNC_{1.0}$ 和 $PNC_{2.5}$ 每小时颗粒数增加一个 IQR，可引起

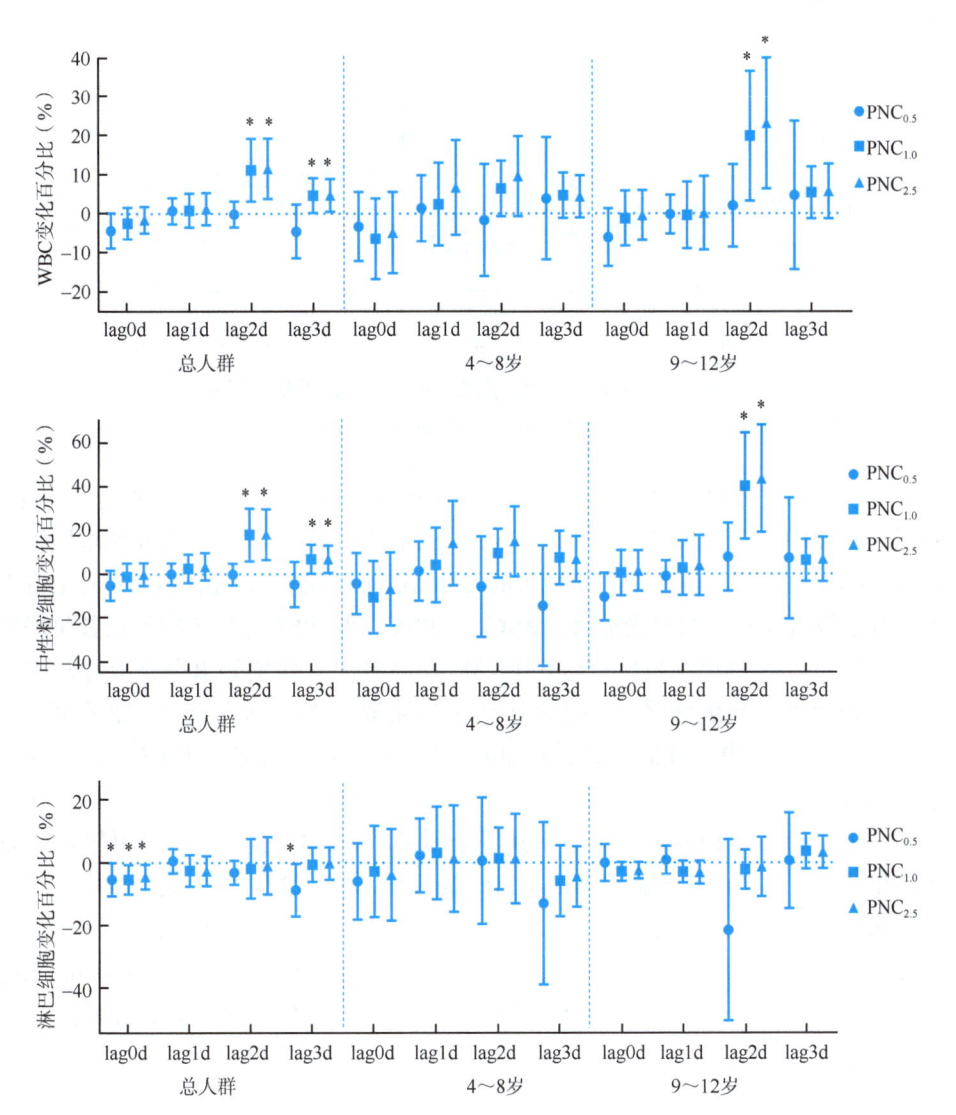

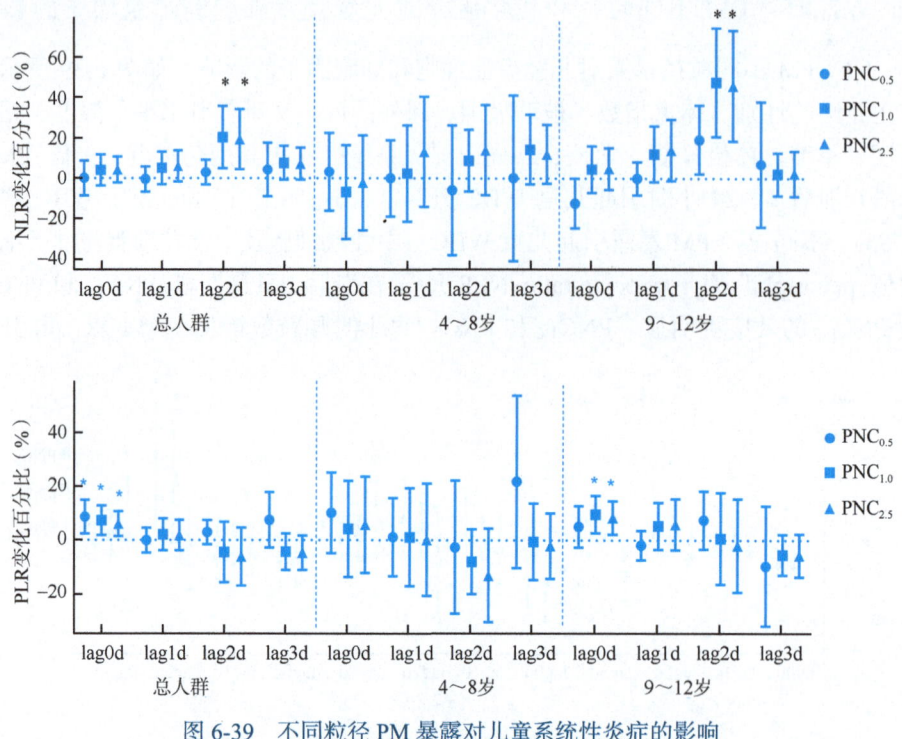

图 6-39 不同粒径 PM 暴露对儿童系统性炎症的影响

*表示多重校正后 FDR<0.05

WBC 分别上升 11.16%和 11.52%，中性粒细胞分别上升 17.93%和 18.14%、NLR 分别上升 20.37%和 19.34%；而 $PNC_{0.5}$、$PNC_{1.0}$ 和 $PNC_{2.5}$ 暴露引起儿童淋巴细胞计数下降和血小板与淋巴细胞比值（platelet to lymphocyte ratio，PLR）的上升有关，且该效应在滞后当日最显著，$PNC_{0.5}$、$PNC_{1.0}$ 和 $PNC_{2.5}$ 每小时颗粒数每增加一个 IQR，可引起淋巴细胞数分别下降 5.35%、5.36%和 4.49%，PLR 分别上升 8.55%、7.23%和 6.00%。年龄分层后，相对于 4~8 岁儿童，PM 更易引起 9~12 岁儿童系统性炎症改变。这提示 PM 短期暴露即可引起儿童系统性炎症，且在 9~12 岁儿童中更加明显。

同时，如图 6-40 所示，校正上述混杂因素后，$PM_{2.5}$ 暴露当日可引起 C-C 基序趋化因子配体（C-C motif chemokine ligand，CCL）27、血小板衍生生长因子（platelet derived growth factor，PDGF）、干细胞因子（stem cell factor，SCF）、IL-2Rα、IL-16、IL-18、IFN-γ、巨噬细胞集落刺激因子（macrophage-colony stimulating factor，M-CSF）升高，以及 CCL5 降低。如在滞后当日，$PM_{2.5}$ 每增加 10μg/m³，可引起 CCL27 升高 0.75%。

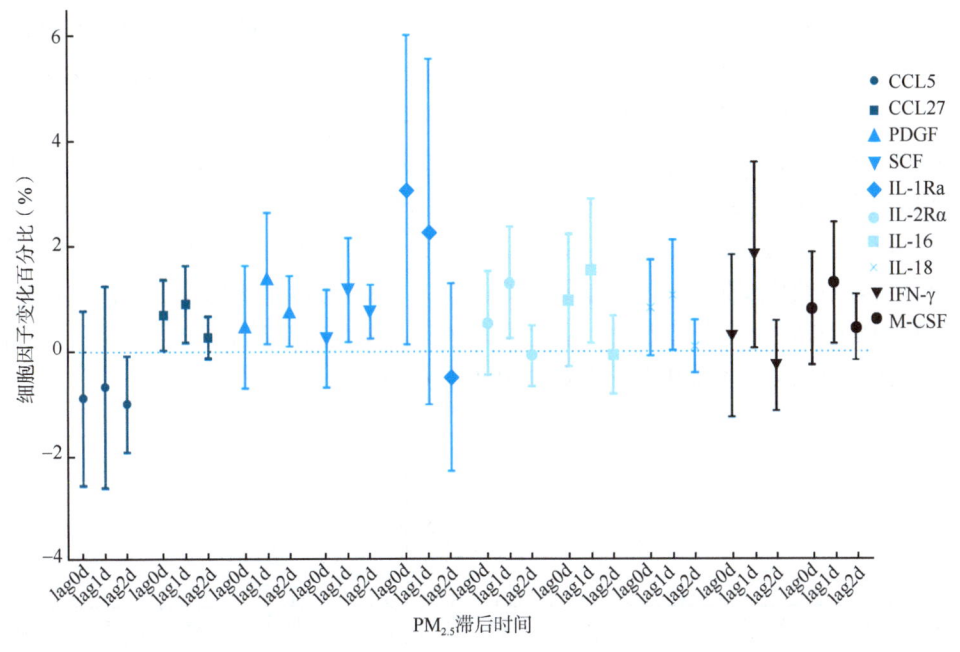

图 6-40　个体 PM$_{2.5}$ 暴露对儿童多种血清细胞因子的影响

（2）PM 不同粒径暴露对儿童炎症细胞和细胞因子的暴露-反应关系：如图 6-41 所示，校正混杂因素后，在滞后第 2 日，随着 PNC$_{1.0}$ 和 PNC$_{2.5}$ 每小时粒子数的增加，WBC、中性粒细胞和 NLR 呈上升趋势，且所有暴露-反应关系均呈线性。而 PNC$_{0.5}$、PNC$_{1.0}$ 和 PNC$_{2.5}$ 暴露与 PLR 的暴露-反应关系不显著。

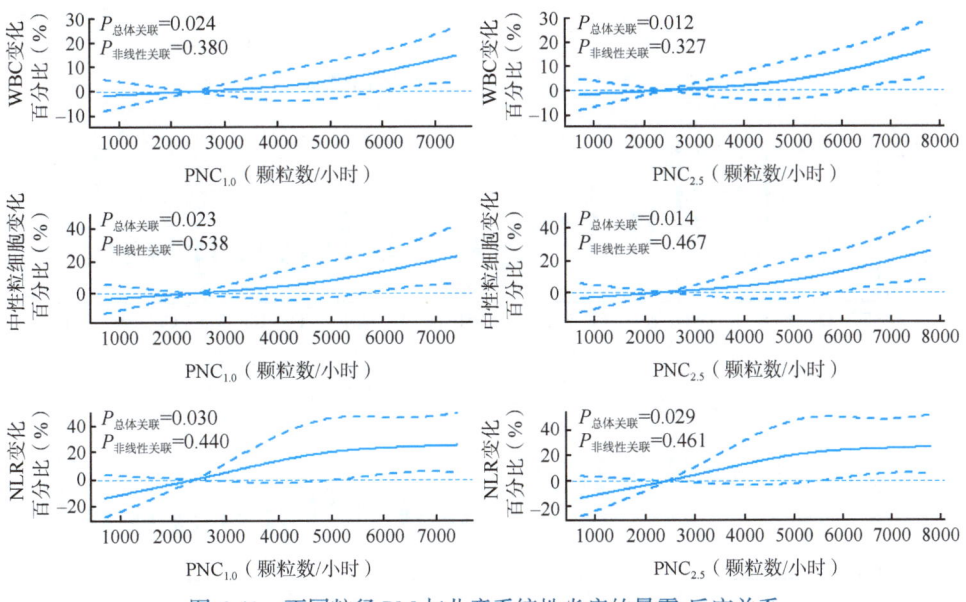

图 6-41　不同粒径 PM 与儿童系统性炎症的暴露-反应关系

同时，PM$_{2.5}$暴露与CCL27、PDGF、SCF、IL-2Rα的升高均存在线性暴露-反应关系，且在PM$_{2.5}$暴露低于CAAQS Ⅱ水平时，仍可导致CCL27升高（图6-42）。

（3）PM不同组分暴露对儿童炎症细胞的影响：图6-43展示了PM不同粒径中EC、NO$_3^-$、K$^+$、HSO$_4^-$、Na$^+$、Mg$^+$组分均可引起儿童WBC、中性粒细胞、NLR升高，Li$^+$、HC$_2$O$_4^-$和三甲胺（Trimethylamine，TMA）还可引起NLR升高；经FDR多重校正后，EC、NO$_3^-$、K$^+$、HSO$_4^-$、Na$^+$、Li$^+$仍可引起炎症细胞升高。上述组分混合物与中性粒细胞、NLR存在暴露-反应关系，与组分混合物均位于中位数相比，当其均高于第55百分位数时，中性粒细胞、NLR呈升高趋势，且组分混合物每小时粒子数越高，炎症细胞升高越明显（图6-44）。

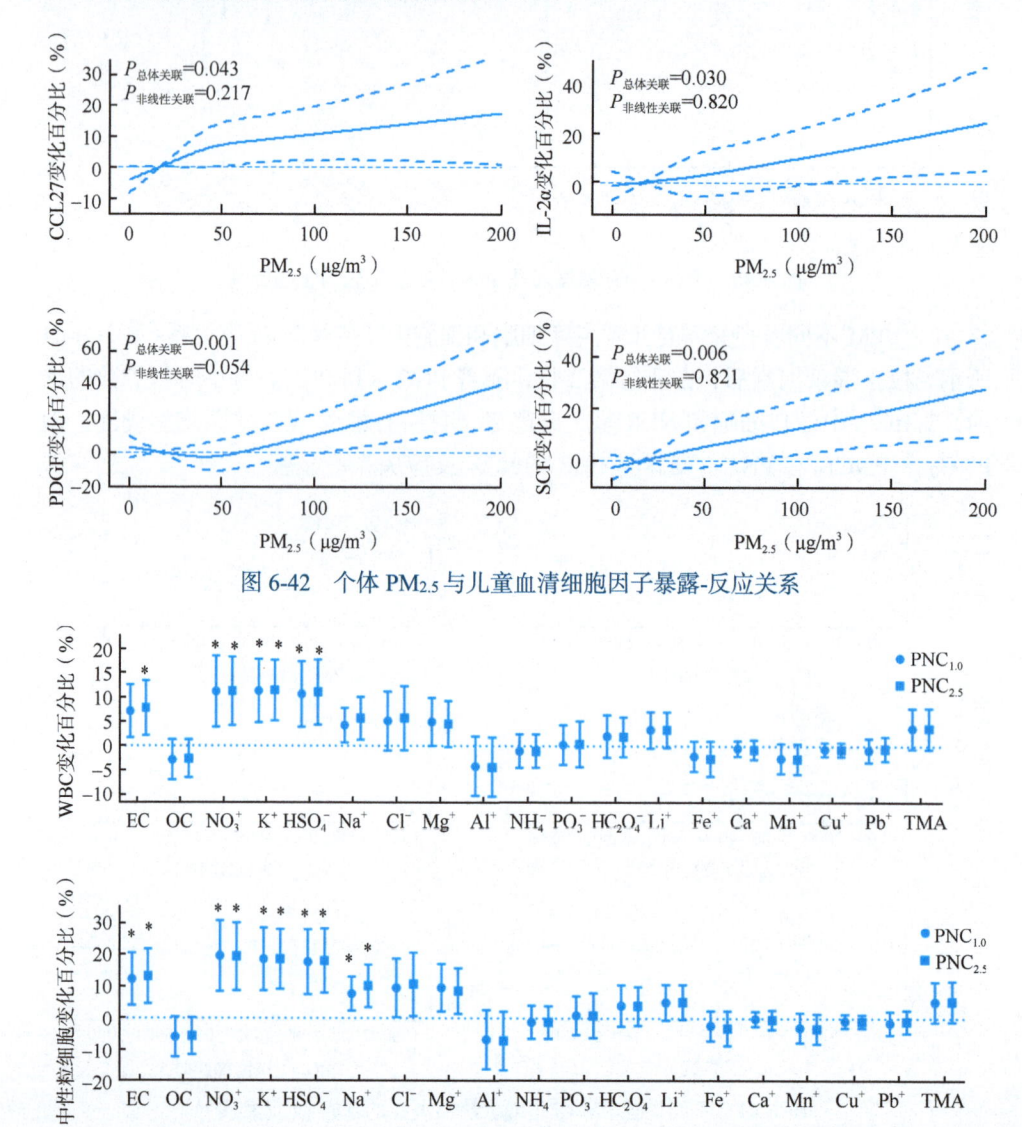

图6-42 个体PM$_{2.5}$与儿童血清细胞因子暴露-反应关系

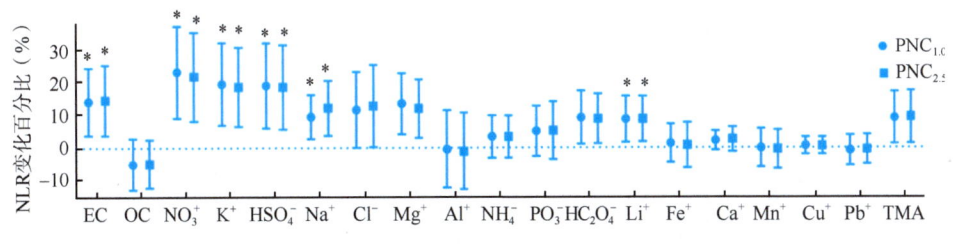

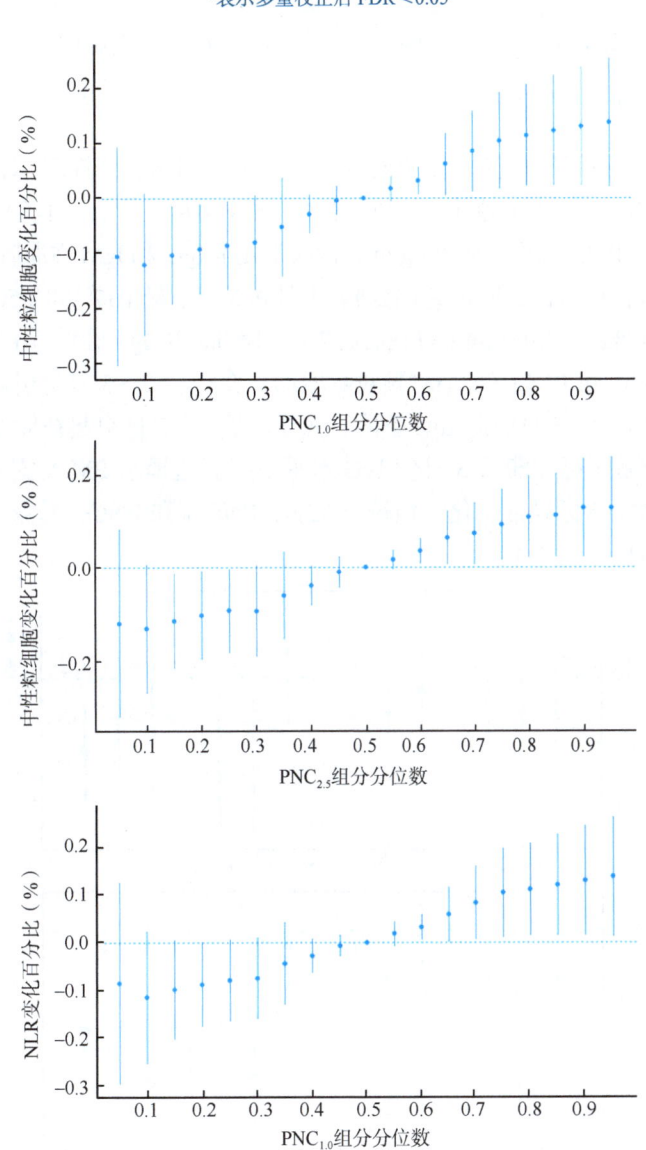

图 6-43 PM 不同粒径和不同组分对儿童系统性炎症的影响
*表示多重校正后 FDR＜0.05

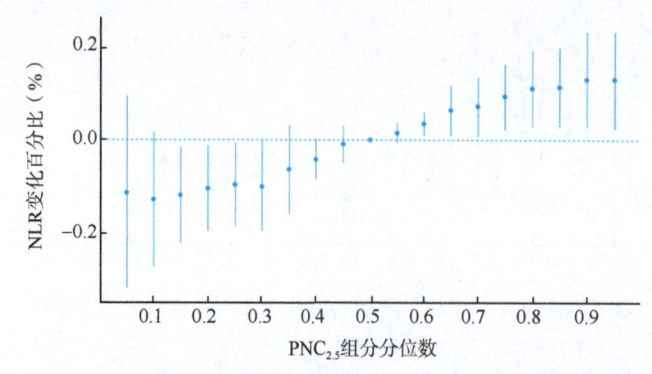

图 6-44　不同粒径 PM 组分混合物对儿童系统性炎症的影响

6.2.3.6　PM 不同粒径和化学组分对儿童免疫指标的影响

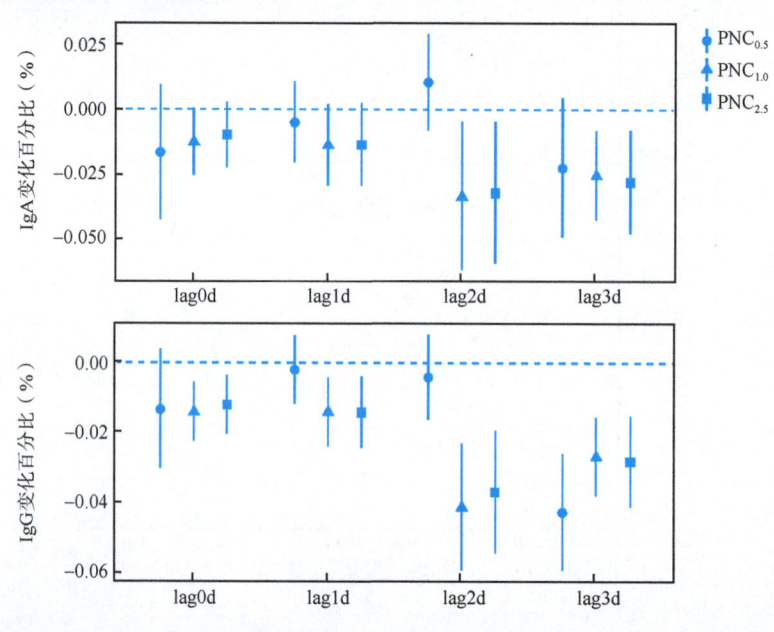

（1）PM 不同粒径暴露对儿童免疫指标的影响：校正年龄、性别、体重指数、被动吸烟、课外锻炼、父母教育水平、学校、温度、相对湿度、季节、体检日期、2 周内呼吸系统症状后，$PM_{2.5}$ 浓度增加 $10\mu g/m^3$，武汉市儿童 IgG 和 IgM 在滞后 2 日分别下降 0.34%和 0.33%；驻马店市儿童 IgA 在滞后 1 日和 2 日下降 1.17%和 1.50%，IgM 在滞后 2 日下降 1.12%；广州市儿童 IgG 在滞后 2 日下降 0.61%、IgA 在滞后 1 日增加 1.22%。

随着 $PNC_{1.0}$ 和 $PNC_{2.5}$ 每小时颗粒数增加，在滞后 2～3 日可引起儿童 IgA 水平下降，在滞后 0～3 日引起 IgG 下降，而在滞后 1～2 日引起补体 C4 水平增加。此外，$PNC_{0.5}$ 暴露可在滞后 3 日使 IgG 水平下降。这提示 PM 暴露早期可引起儿童免疫系统功能指标异常变化。相较 $PNC_{0.5}$，$PNC_{1.0}$ 和 $PNC_{2.5}$ 暴露对免疫系统指标的效应更明显（图 6-45）。

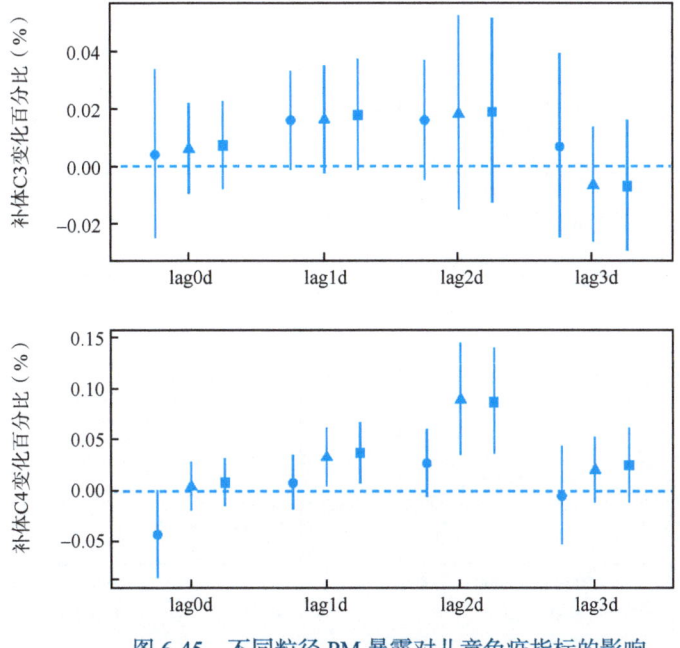

图 6-45 不同粒径 PM 暴露对儿童免疫指标的影响

（2）PM 不同粒径暴露对儿童免疫指标影响的暴露-反应关系：如图 6-46 所示，校正混杂因素后，在滞后 2 日，$PNC_{1.0}$ 和 $PNC_{2.5}$ 增加可引起 IgG 下降，且 $PNC_{1.0}$ 与 IgG 存在线性暴露-反应关系线性下降；$PNC_{1.0}$ 和 $PNC_{2.5}$ 增加可引起补体 C3 和补体 C4 增加，且 $PNC_{1.0}$ 和 $PNC_{2.5}$ 与补体 C4 存在线性暴露-反应关系。

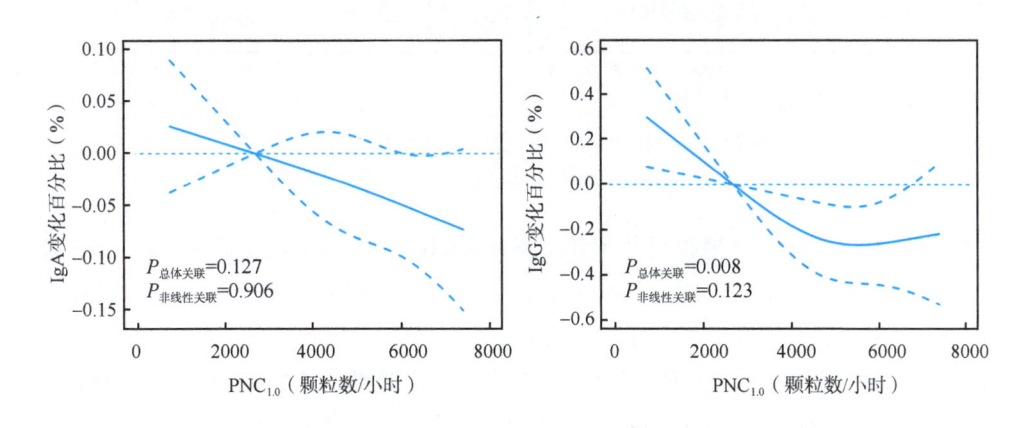

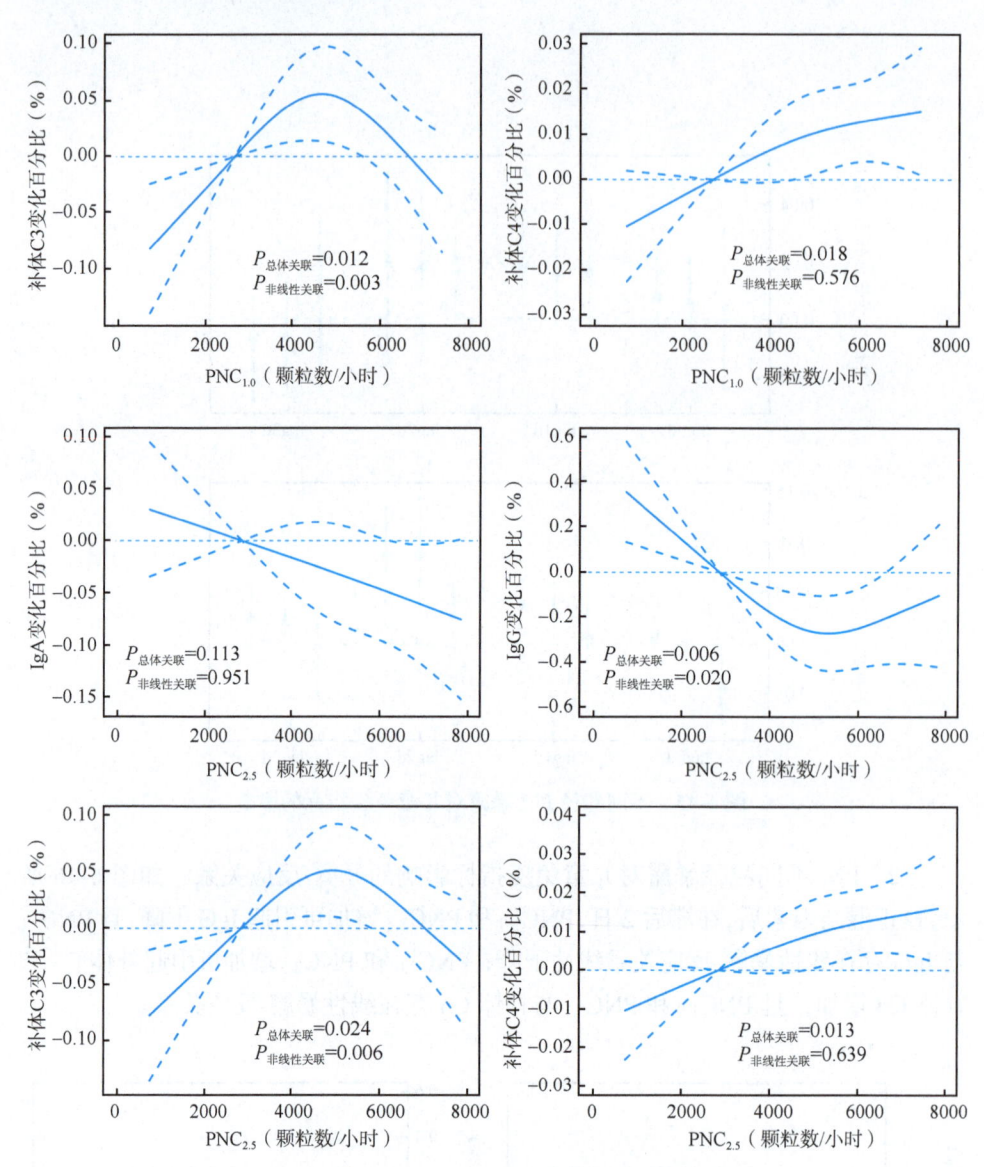

图 6-46　不同粒径 PM 对儿童免疫指标的暴露-反应关系
实线代表点估计值，虚线代表 95%CI，其他暴露-反应曲线均同此

（3）PM 不同组分暴露对儿童免疫指标的影响：单组分模型显示，经 FDR 校正后，在滞后第 2 日，$PNC_{2.5}$ 的 9 个组分（EC、Na^+、Mg^+、K^+、Cl^-、NO_3^-、HSO_4^-、PO_3^-、$HC_2O_4^-$）可引起 IgG 下降，8 个组分（EC、Na^+、Mg^+、K^+、Al^+、Cl^-、NO_3^-、HSO_4^-）可引起补体 C4 上升。如图 6-47 所示，组分纳入 BKMR 模型后，$PNC_{2.5}$ 的 Cl^- 和 PO_3^- 仍可引起 IgG 下降，而 Mg^+ 可引起补体 C4 的增加。提示 PM 中 Cl^-、PO_3^- 和 Mg^+ 组分可能对儿童免疫指标异常变化产生主要作用。

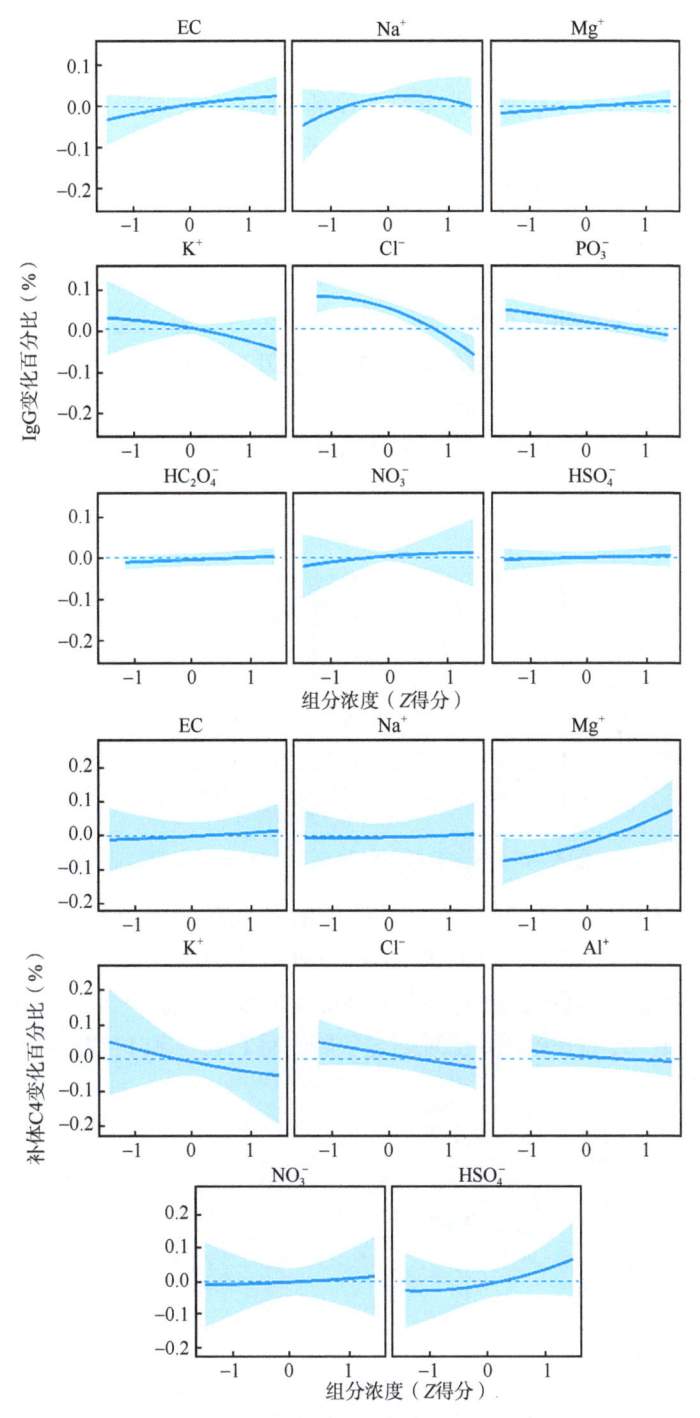

图 6-47 PM 不同组分与儿童免疫指标的暴露-反应关系
SPAMS 输出离子模式为单电荷，符号代表正负

6.2.3.7　PM 不同粒径和化学组分对儿童肾功能的影响

（1）PM 不同粒径暴露对儿童肾功能的影响：校正年龄、性别、体重指数、被动吸烟、课外锻炼、父母教育水平、高蛋白饮食、温度、相对湿度、季节、体检日期和学校后，个体 $PM_{2.5}$ 暴露在滞后 2 日内均可引起 eGFR 下降，暴露后 3 小时效应达最大值，当日 $PM_{2.5}$ 每增加 $10\mu g/m^3$ 可引起 eGFR 下降 1.69%；随着暴露时间的推移，损害效应递减。此外，4～6 岁、男孩及居住地距离主干道小于 300m 的儿童效应更明显。如图 6-48 所示，PM 不同粒径暴露引起儿童 eGFR 下降在滞后第 2 日最显著，$PNC_{0.5}$、$PNC_{1.0}$ 和 $PNC_{2.5}$ 每小时颗粒数增加一个 IQR，可引起 eGFR 分别下降 1.70%、2.82%和 2.76%，提示 PM 暴露可能引起儿童肾功能的下降，且相比于 $PNC_{0.5}$，$PNC_{1.0}$ 和 $PNC_{2.5}$ 可对儿童产生更明显的影响。

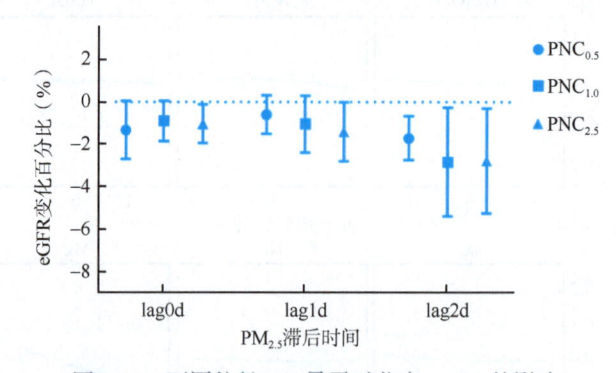

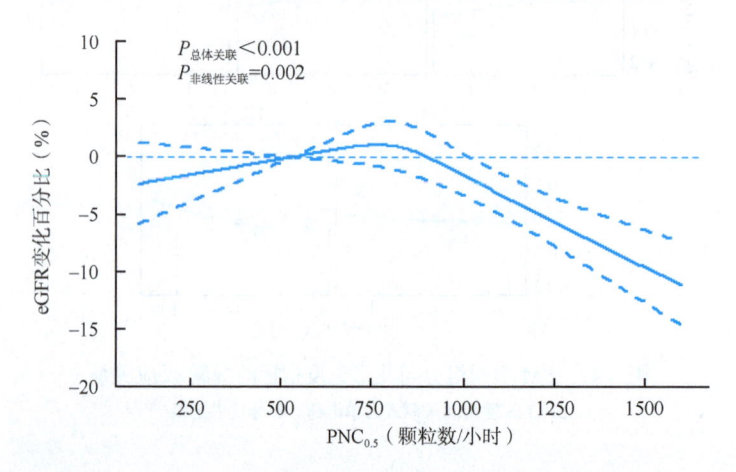

图 6-48　不同粒径 PM 暴露对儿童 eGFR 的影响

（2）PM 不同粒径暴露与儿童肾功能的暴露-反应关系：如图 6-49 所示，校正混杂因素后，在滞后 2 日，随着 $PNC_{0.5}$、$PNC_{1.0}$ 和 $PNC_{2.5}$ 每小时颗粒数的增加，eGFR 呈下降趋势。其中，$PNC_{0.5}$ 与 eGFR 呈非线性关系，当 $PNC_{0.5}$ 每小时颗粒数约大于 1000 时，eGFR 开始出现明显下降；而 $PNC_{1.0}$ 和 $PNC_{2.5}$ 与 eGFR 存在线

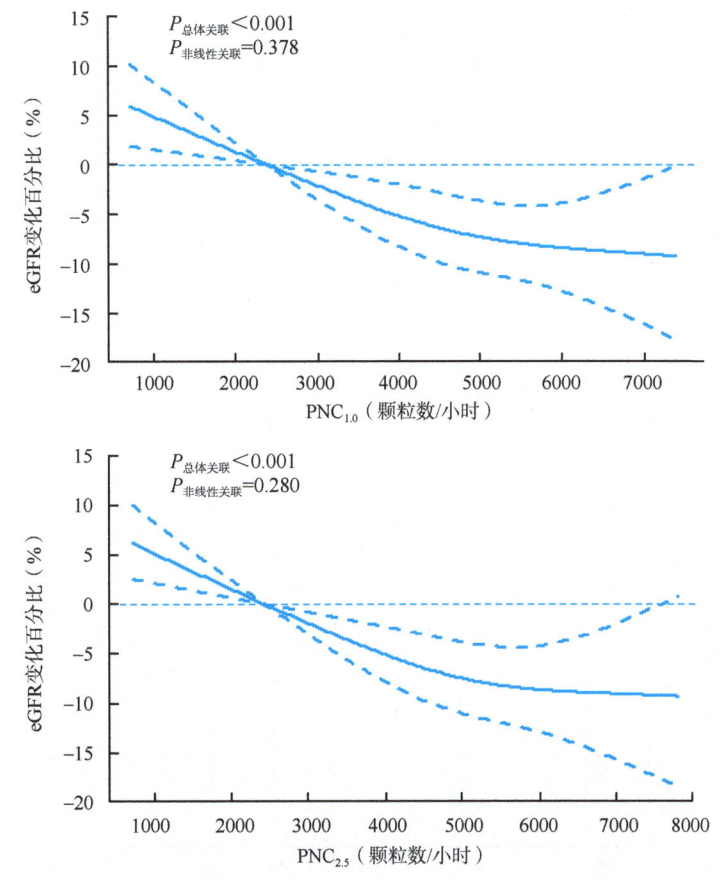

第六章 大气颗粒物不同粒径和化学组分对儿童急性健康效应的暴露-反应关系研究

图 6-49 不同粒径 PM 与儿童 eGFR 的暴露-反应关系

性关系。同时，可以观察到个体 $PM_{2.5}$ 暴露在低于 CAAQS Ⅱ 水平下仍存在肾损害效应（图 6-50）。

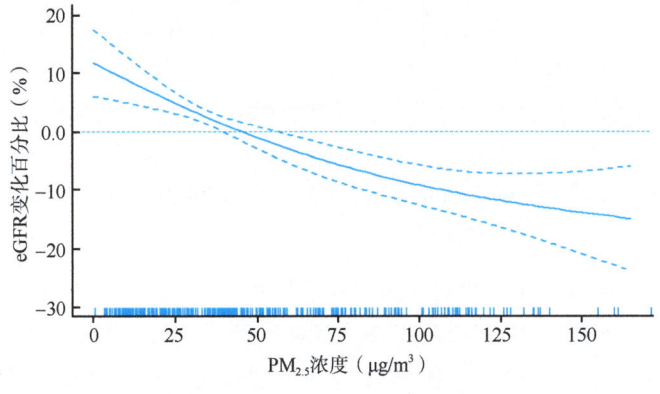

图 6-50 个体 $PM_{2.5}$ 与 eGFR 的暴露-反应关系

（3）PM 不同粒径不同组分对儿童肾功能的影响：如图 6-51 所示，校正混杂因素后，$PNC_{0.5}$ 的 9 种组分（EC、OC、K^+、Na^+、Mg^+、Al^+、PO_3^-、$HC_2O_4^-$ 和 Li^+），$PNC_{1.0}$ 和 $PNC_{2.5}$ 的 8 种组分（OC、NO_3^-、K^+、HSO_4^-、Mg^+、Al^+、PO_3^- 和 $HC_2O_4^-$）均可引起儿童 eGFR 下降；而多重 FDR 校正后，$PNC_{0.5}$ 的 9 种组分（EC、OC、K^+、Na^+、Mg^+、Al^+、PO_3^-、$HC_2O_4^-$ 和 Li^+），$PNC_{1.0}$ 和 $PNC_{2.5}$ 的 6 种组分（OC、NO_3^-、HSO_4^-、Mg^+、PO_3^- 和 $HC_2O_4^-$）仍可引起儿童 eGFR 下降。

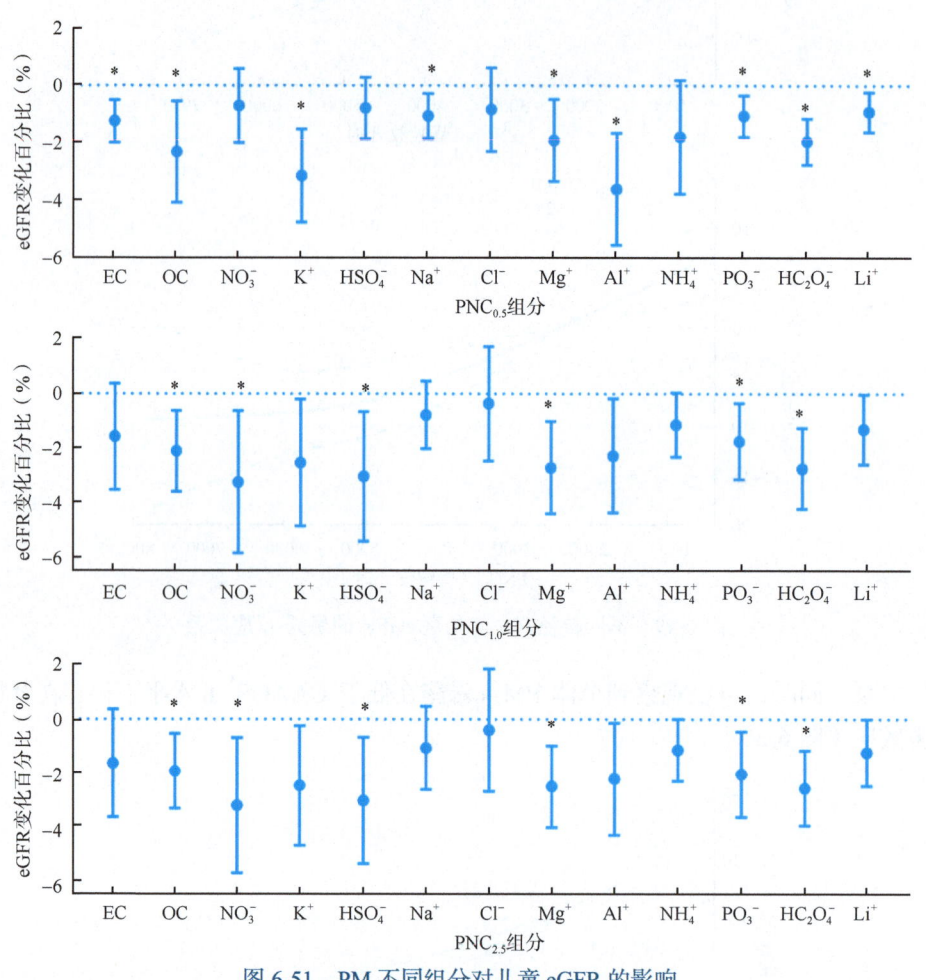

图 6-51　PM 不同组分对儿童 eGFR 的影响

SPMAS 输出离子模式为单电荷，符号代表正负

（4）PM 不同组分混合物对儿童肾功能的影响：如图 6-52 所示，校正混杂因素后，总体效应显示，与 $PNC_{0.5}$ 的 9 种组分（EC、OC、K^+、Na^+、Mg^+、Al^+、PO_3^-、$HC_2O_4^-$ 和 Li^+）、$PNC_{1.0}$ 和 $PNC_{2.5}$ 的 6 种组分（OC、NO_3^-、HSO_4^-、Mg^+、PO_3^- 和 $HC_2O_4^-$）均位于中位数相比，当其混合组分高于第 60、65、70 百分位数时，

第六章 大气颗粒物不同粒径和化学组分对儿童急性健康效应的暴露-反应关系研究 | 315

图6-52 PM不同组分混合物对儿童eGFR的影响
SPAMS 输出离子模式为单电荷，符号代表正负

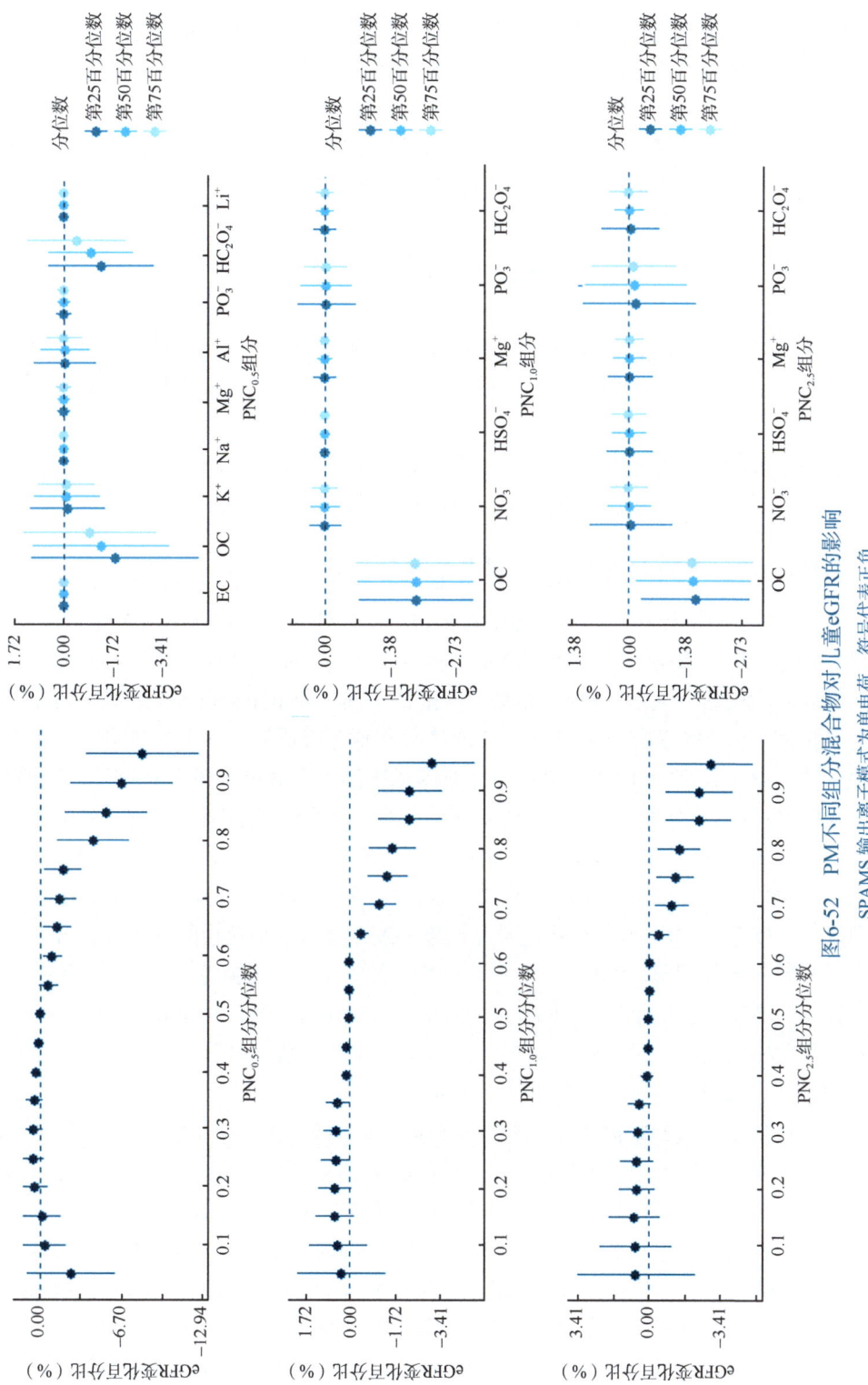

eGFR 呈下降趋势，且混合组分每小时颗粒数越高，eGFR 下降越明显。混合组分中各组分的单独效应表明，当各组分从第 25 百分位数变化到第 75 百分位数，且其他组分固定在第 25 百分位数、第 50 百分位数和第 75 百分位数时，仅 OC 与 eGFR 的下降存在统计学意义，且 $PNC_{1.0}$ 中的 OC 对 eGFR 的影响较 $PNC_{2.5}$ 更明显。这提示 PM 中 OC 对儿童肾功能下降可能发挥重要作用。

6.2.4 讨 论

本研究发现不同粒径和组分的 PM 暴露影响儿童呼吸系统健康，引起呼吸道局部甚至全身的免疫反应，造成儿童免疫系统指标下降，造血功能指标下降，肾功能下降，并影响儿童血压，对儿童多个系统健康均产生不利影响。同时，不同粒径和组分的 PM 暴露在不同滞后时间段对儿童呼吸系统、炎症、免疫、血液系统、肾功能、血压产生的损伤效应均存在一定的暴露-反应关系。

6.2.4.1 不同粒径和组分 PM 与呼吸系统

FeNO 是非特异性气道炎症的生物标志，受多种内源性和外源性因素的影响，研究报道，$PM_{2.5}$ 暴露与儿童 FeNO 水平存在正效应。对美国南加州 8 个社区 1211 名学龄儿童的研究显示，$PM_{2.5}$ 年平均浓度每增加一个 IQR，FeNO 增加 4.94ppb。另有报道个体 PM 暴露与 43 名 5～13 岁哮喘儿童呼吸道阻力和炎症的明显变化有关，滞后第 1 日 24 小时平均 PM 个体暴露每增加一个 IQR（30.3μg/m³），FeNO 明显增加 9.6%。而对澳大利亚 655 名 8～11 岁儿童的横断面研究发现，$PNC_{0.1}$ 颗粒数每增加 1000 个单位，FeNO 增加 5.4%。本研究发现 $PM_{2.5}$ 暴露低于 CAAQS Ⅱ水平，仍可引起武汉儿童 FeNO 增加，在滞后当日，$PNC_{0.5}$ 每增加一个 IQR，可引起 FeNO 上升 10.46%，与上述研究趋势一致，提示较小粒径的 PM 可能对呼吸道炎症效应更加明显。$PM_{2.5}$ 暴露引起 FeNO 水平升高的机制尚未明确，近年有研究提示，$PM_{2.5}$ 短期暴露可能迅速引起诱导型一氧化氮合酶的甲基化减少，从而影响诱导型一氧化氮合酶活性，而机体在暴露于 $PM_{2.5}$ 数小时后，诱导型一氧化氮合酶可催化大量具有促炎作用的 NO 生成。

肺功能是评价肺部健康状况的重要指标，近期对天津 9 所小学 198 名学生的定群研究发现，$PM_{2.5}$ 每增加 10μg/m³ 可能导致 FVC 降低 1.03%。Xu 等对南京市 89 名三至五年级儿童的定群研究发现，儿童 $PM_{2.5}$ 暴露与肺功能下降有明显的滞后效应，最大效应出现在滞后 0～1 日，$PM_{2.5}$ 每增加 10μg/m³，可致 FVC、FEV_1、PEF 和 $FEF_{25\%\sim75\%}$ 分别下降 23.22ml/s、18.93ml/s、29.38ml/s 和 27.21ml/s。孟加拉国达卡市 315 名 9～16 岁儿童的定群研究表明，$PM_{2.5}$ 在滞后 1 日每增加 20μg/m³ 可能导致 PEF 下降 4.19%，FEV_1 下降 2.05%，而在 PM_{10} 中未发现统计学意义，提示短期暴露于监测站 PM 与肺功能损伤相关。本研究中，$PM_{2.5}$ 暴露低于 CAAQS II 水平时，仍可引起儿童肺功能下降，在滞后第 1 日，$PNC_{0.5}$ 每小时颗粒数增加一个 IQR，可引起 FEV_1/FVC 下降 1.12%，PM 潜在暴露剂量致肺功能的负效应在滞后天数的变化趋势与上述研究是一致的。现有研究提示 $PM_{2.5}$ 暴露对人体肺功能的影响包括两方面：一方面 $PM_{2.5}$ 可刺激呼吸道表面的大量迷走神经兴奋，导致支气管痉挛、呼吸道阻力增加，继而导致肺功能下降；另一方面呼吸道和肺局部炎症也可致肺功能下降。有研究报道，在哮喘患者中 FeNO 高水平与肺功能下降可能相关。在本研究中也观察到机体呼吸道炎症出现时间早于肺功能下降，但两者相关机制有待深入研究。

本研究还关注了 PM 组分对呼吸系统健康的影响，校正混杂因素后，在滞后当日，通过 Lasso 回归筛选出的 $PNC_{0.5}$ 中 3 种组分（K^+、HSO_4^-、NH_4^+）混合物与其中位数相比，FeNO 呈增加趋势；而在滞后 1 日，$PNC_{0.5}$ 3 种组分（Mg^+、Mn^+、NH_4^+）混合物与其中位数相比，FEV_1/FVC 呈下降趋势。单组分分析中，NH_4^+ 引起 FeNO 增加存在统计学意义。Shi 等对我国上海 32 名健康成人的定群研究表明，$PM_{2.5}$ 及其组分（NH_4^+、NO_3^-、K^+、HSO_4^{2-} 和 EC）的急性暴露可能影响 FeNO 的增加。Chen 等对 30 例退休 COPD 患者的定群研究表明，OC、EC、NO_3^- 和 NH_4^+ 可能是 $PM_{2.5}$ 影响 COPD 患者 NOS2A DNA 甲基化减少和 FeNO 升高的主要原因。上述研究中均提到 NH_4^+ 可能是 PM 影响 FeNO 升高的主要原因，与本研究结果一致。Wu 等对 21 名 19～21 岁男性大学生的定群研究表明，$PM_{2.5}$ 的化学组分与呼吸功能损伤有关，与本研究组分的混合效应发现的结果类似。

6.2.4.2　不同粒径和组分 PM 与血压

本研究是第一个基于不同粒径 PM 暴露水平探究其对儿童血压影响的固定群组研究。由于儿童期血压升高与成年后高血压的发生密切相关，因此人们对儿童期血压有很大的兴趣。近年来，既往几项研究已经探讨了 $PM_{2.5}$ 长期暴露与儿童血压的关联，其中大多数研究观察到 $PM_{1.0}$、$PM_{2.5}$ 或 PM_{10} 年平均暴露与儿童和青少年血压升高及高血压患病风险增加相关。然而，既往仅有少量研究涉及 PM 短期暴露与儿童血压的关系，且没有一致的结论。一项基于我国城市的短期监测站数据的调查发现，$PM_{2.5}$ 和 PM_{10} 暴露滞后 5 日或 6 日与儿童血压水平和高血压患病率呈正向关联。美国的一项青少年横断面研究发现，7 日平均 $PM_{2.5}$ 暴露与 DBP 而非 SBP 或高血压患病风险增加有关。迄今仅有 3 项固定群组研究，一项基于 130 名 6～12 岁比利时儿童在学校操场定点监测 2 小时的 PM 暴露研究显示，$PM_{0.1}$ 而非 $PM_{2.5}$ 可引起血压升高；基于 72 名加拿大儿童 10 日个体监测和 64 名 4～12 岁加拿大儿童 21 日站点监测研究均未发现 $PM_{2.5}$ 暴露与儿童血压的关联。相比之下，基于 3 种不同粒径的 PM 监测，本

研究发现 $PNC_{0.5}$、$PNC_{1.0}$ 和 $PNC_{2.5}$ 在滞后当日均与儿童血压升高有关，且粒径越小，效应越明显。个体 $PM_{2.5}$ 在滞后 2 日内均可引起 SBP、DBP 和 MAP 升高，以及高血压前期和高血压患病风险增加。特别是，首次在儿童中观察到 $PM_{2.5}$ 暴露引起高血压前期患病风险增加（9%）。本研究中高血压前期的患病率与之前的研究相似，但是既往尚未有关于 $PM_{2.5}$ 和高血压前期关联具有显著统计学意义的报告。因此，这提示在控制 $PM_{2.5}$ 对儿童血压的急性毒性时应关注对儿童高血压早期的影响。值得注意的是，$PM_{2.5}$ 暴露低于 CAAQS Ⅱ 仍可引起血压和高血压患病风险增加。因此，寻找更有效的保护儿童血压的对策是公共卫生工作者的当务之急。

同时，本研究进一步发现 $PM_{2.5}$ 呼吸道沉积对血压水平、高血压前期和高血压患病风险的影响高于外周环境 $PM_{2.5}$ 暴露估计的效应。由于 $PM_{2.5}$ 分布不均、性质各异或儿童呼吸生理参数不同，$PM_{2.5}$ 沉积剂量可能更能反映实际暴露水平。然而，$PM_{2.5}$ 与其沉积之间的健康效应比较尚未被清楚地报道。本研究结果基于人群流行病学研究表明，$PM_{2.5}$ 对儿童血压的实际危害性可能比评估的更强。虽然沉积剂量是基于多路径颗粒物剂量模型模拟的，但后者已经通过实际测量得到验证。与先前研究结果一致，呼吸道头面部沉积剂量最大，其次是肺泡部和支气管部。然而，相对于头面部沉积，肺泡部和支气管部沉积引起血压和高血压患病风险增加更加明显。

呼吸道沉积剂量的不同可能是由于不同区域内颗粒大小分布、吸湿性和清除方式不同。$PM_{2.5}$ 除了在上呼吸道的直接惯性冲击外，还通过重力沉积和布朗扩散向肺深部沉积。然而，目前尚不清楚是哪一特定区域的呼吸道沉积导致了健康损害。本研究首次评估了 $PM_{2.5}$ 沉积剂量与儿童血压升高关联的效应值，表明沉积剂量较少的肺泡部和支气管部毒性反而较强。其原因可能是肺泡中丰富的毛细血管和肺上皮细胞对 $PM_{2.5}$ 反应较为敏感，导致自主神经系统失衡、内皮功能障碍和炎症系统激活，从而可能导致血压升高。此外 PM 中较小的颗粒通常携带更多的有毒组分进入肺部深处。总而言之，本研究结果为 $PM_{2.5}$ 的内暴露，特别是 $PM_{2.5}$ 在肺泡部和支气管部沉积对儿童血压的有害影响提供了科学依据。

尽管研究人员普遍认为高水平 $PM_{2.5}$ 暴露会导致更强的健康影响，但本研究发现相对于 $PM_{2.5}$ 暴露水平更高的渭南儿童，广州儿童 $PM_{2.5}$ 暴露水平更低但对血压有更显著的影响。我国一项多地区调查结果显示，$PM_{2.5}$ 对南方地区居民的健康效应高于北方地区居民。事实上，$PM_{2.5}$ 的毒性不仅取决于其浓度，还取决于其来源和化学组分。既往调查表明，广州来自工业或交通排放的 $PM_{2.5}$ 可能比渭南来自扬尘排放的 $PM_{2.5}$ 含有更多的有害组分，但由于渭南未监测 PM 组分，本研究仅评估了广州 PM 不同组分对儿童血压的影响，发现 Cu^+ 和 HSO_4^- 相对于其他组分对血压具有更强的危害性。既往仅一项荷兰横断面研究发现 PM_{10} 中硫组分与 12 岁儿童的血压升高有关，尚需更多的研究关注不同组分对儿童血压的不利影响。此外，血压升高的地理异质性也可能反映了其他多种混杂因素的影响，如遗传易感性、生活方式和生活条件。因此，今后需要以更大样本量在多个地区进一步验证本部分结果。

6.2.4.3 不同粒径和组分 PM 与炎症细胞和因子

本研究首次定量评估了不同粒径 PM 暴露对儿童炎症细胞及因子的影响，发现短期暴露于不同粒径 PNC 与儿童系统性炎症指标，如白细胞（WBC）、中性粒细胞、NOD 样受体（NLR）及阳性似然比（PLR）的升高有关，尤其是 9～12 岁儿童。此外，PNC 暴露的每小时粒子数越高，系统性炎症指标上升越明显。研究还发现 $PM_{2.5}$ 与 CCL27、IL-2Rα、PDGF、SCF 升高有关，且存在暴露-反应关系。既往绝大部分关于 PM 暴露和炎症细胞关联性的研究均局限于成人，且仅涉及单一粒径的 PM 和有限几个因子的检测，结果也不一致。一项针对 8～10 岁儿童的横断面研究发现 $PM_{2.5}$ 与 IL-6 升高有关，另一项病例对照研究仅在 6 岁哮喘儿童中发现 $PM_{2.5}$ 与 TNF-α 升高有关，而在非哮喘儿童中未发现该效应。一项纳入 359 067 名台湾居民的队列研究发现 2 年 $PM_{2.5}$ 的平均浓度与 WBC 升高有关，另一项单盲安慰剂对照交叉试验也发现，2 小时 $PM_{2.5}$ 暴露与 WBC 呈正向关联，但一项老年非冠状动脉心脏病的病例对照研究却未发现 $PM_{2.5}$ 与 WBC 或中性粒细胞的关联具有显著统计学意义。关于 PM 与儿童炎症细胞的流行病学研究有限，一项在太原开展的 5～6 年级学生的横断面调查发现重污染区学校的学生 WBC 等炎性指标更高，一项基于 134 名平均 13.1 岁儿童的横断面研究发现 PM_{10} 暴露与 WBC 升高有关，与本研究结果较为一致。免疫系统可以被迅速激活来对抗入侵的粒子，但不同年龄的儿童反应不同。虽然尚无直接证据来支持本研究的年龄分层结果，但可能较年幼的儿童免疫系统功能不成熟和不健全，导致炎症反应相对较年长的儿童效率较小，这也与本研究前面关于 PM 对儿童免疫系统影响的研究结果一致。同时，本课题进一步发现，相比于 $PNC_{0.5}$，$PNC_{1.0}$ 和 $PNC_{2.5}$ 对儿童的系统性炎症指标，如 WBC、中性粒细胞、NLR 存在更加明显的影响。然而，一般认为较小粒径的颗粒具有较强的毒性作用。考虑到小粒径 PM 具有较大的时空变异性，因此个体 PM 监测在未来研究中很有必要。

组分分析发现，经 FDR 多重校正后，$PNC_{1.0}$ 和 $PNC_{2.5}$ 中 EC、NO_3^-、K^+、HSO_4^-、Na^+、Li^+ 组分仍可引起儿童 WBC、中性粒细胞、NLR 升高。EC 和无机离子（如 NO_3^-、K^+、HSO_4^-、Na^+）通常在 PM 中占较大比例，既往调查显示 EC 主要来自化石燃料燃烧，K^+ 主要来自生物质燃烧和工厂烧结排放。基于 41 项研究的 Meta 分析发现，$PM_{2.5}$ 中的 EC 和 K^+ 与全因死亡风险增加有关。然而，迄今尚没有关于 PM 毒性组分对儿童炎症反应影响的研究。两项针对数十名健康大学生的定群研究发现，$PM_{2.5}$ 中的 K^+ 和金属元素 K 与较高水平的细胞因子有关，一项针对 30 名慢性阻塞性肺疾病患者的定群研究发现，炎症因子升高与 $PM_{2.5}$ 中的 EC 有关，但未发现与 K^+ 的关联。同样，一项针对欧洲 21 558 名中老年人的横断面研究也观察到 $PM_{2.5}$ 和 PM_{10} 中的元素 K 对 C 反应蛋白的影响无统计学意义。考虑到受试者身体状况的混杂因素，本研究结果与前两项研究结果趋于一致。总体来说，本研究以人群为基础，为不同粒径 PM 对儿童系统性炎症的影响提供新的证据。然而，考虑到 PM 组分存在联合暴露或交互作用，尚需进一步采用更加精确的监测方式和其他综合性的统计学方法对本研究结果进行验证。

6.2.4.4　不同粒径和组分 PM 与免疫指标

虽然尚未完全了解空气污染暴露和呼吸系统健康的生物学机制，但免疫系统的改变被认为是一个可能的机制。随着 $PNC_{1.0}$ 和 $PNC_{2.5}$ 每小时颗粒数增加，儿童 IgA 和 IgG 水平随之下降，而补体 C4 水平在滞后 1~2 日随之增加。PM 的毒性效应在滞后第 2 日最强，且随着 PNC 颗粒数的增加，免疫球蛋白呈线性改变。早期在 366 名欧洲儿童（9~11 岁）中研究发现 $PM_{2.5}$ 暴露与总 IgG 和淋巴细胞升高有关。与此相反，对我国山西省太原市交通污染严重地区和对照区 142 名 5~6 年级儿童的研究发现，高污染地区儿童的 IgG 水平更低；同时我国山东省济南市污染地区 163 名和对照区 110 名 13~14 岁儿童的研究也表明，暴露于较高水平的空气污染物与 B 淋巴细胞计数的降低有关。本定群研究与既往针对我国儿童的研究结果类似，提示 PM 可使免疫系统功能性下降。值得注意的是，相较于 $PNC_{0.5}$，$PNC_{1.0}$ 和 $PNC_{2.5}$ 对儿童免疫指标存在更加明显的影响。因此，进一步对小粒径 PM 进行个体监测十分必要。

本研究在 PM 组分暴露中观察到，考虑 PM 及多组分的相互影响后，$PNC_{2.5}$ 中的 Cl^- 和 PO_3^- 仍可引起儿童 IgG 下降，而 Mg^+ 可引起补体 C4 的增加。既往尚缺乏探究 PM 组分对儿童免疫系统的研究。离子通道和转运蛋白在免疫细胞信号传导中起到关键的作用，如镁离子作为 BCR 信号传导和激活的重要调节剂，在 B 细胞的发育和维持中都起着非常重要的作用。目前有研究表明通过增加细胞内次氯酸水平，Cl^- 增强了非髓细胞的抗病毒先天免疫反应，并且与调节动态 NLRP3 依赖的 ASC 寡聚化和炎症小体启动有关，而 NLRP3 炎症小体是炎症和免疫的重要调节因子。磷酸盐可能通过刺激 FGF23 形成和释放对 TNF-α、TGF-β2 和促炎转录因子等炎症因子进行调节。因此，以上研究间接支持了本研究的结果，$PNC_{2.5}$ 中的 Cl^-、PO_3^- 和 Mg^+ 可能在引起儿童免疫系统功能变化中起重要作用。

6.2.4.5 不同粒径和组分 PM 与红细胞指标

本研究发现不同粒径的 PM 暴露与学龄儿童外周血红细胞指标的下降相关，提示大气 PM 的短期暴露可能引起儿童血液系统的损伤。儿童血液系统的正常发育对整个生命周期至关重要，红细胞系统的主要功能是体内氧气的运输，其病理改变可导致各类贫血。

我国尚无有关 PM 暴露导致红细胞指标改变的报道，国外研究显示空气污染，尤其是大气 PM 的暴露可能是引起人体红细胞指标下降甚至贫血的危险因素。一项对 240 名成年印度男性的研究发现，24 小时 PM_{10} 暴露与血红蛋白浓度的下降显著相关。另外，一项对秘鲁 139 368 名 6~59 月龄婴幼儿的研究显示，随着体检前 1 个月 $PM_{2.5}$ 暴露平均浓度的增加，婴幼儿的血红蛋白浓度略有下降，而贫血的患病率也随之增加。此外，一项美国的队列研究发现，在 60 岁以上的老年人中，$PM_{2.5}$ 长期（1~5 年）暴露可引起血红蛋白浓度下降和贫血患病率增加。

尽管尚无 PM 粒径与红细胞指标的相关报道，但不同粒径的 PM 在呼吸道的沉积率存在较大差异，一般认为粒径较小的 PM 能到达呼吸道的深部，导致的生物学效应可能更强。本研究发现 $PNC_{0.5}$ 在滞后当日对 3 个红细胞指标的效应较 $PNC_{1.0}$ 和 $PNC_{2.5}$ 强，在滞后 2 日出现下降趋势，滞后 3、4 日效应消失；而 $PNC_{1.0}$ 和 $PNC_{2.5}$ 对血红蛋白浓度和红细胞压积的效应在滞后当日和滞后 2 日呈升高趋势，滞后 3~4 日效应消失，提示 $PNC_{0.5}$ 较 $PNC_{1.0}$ 和 $PNC_{2.5}$ 更快引起健康效应，同时这种效应也最先消减。另外，考虑到 3 种不同粒径 PM 存在相似的滞后模式，所以尚不能得出某个粒径 PM 对红细胞系统健康效应最强的结论。

PM 暴露引起红细胞系统指标下降的机制尚不明确。Seaton 提出 PM 短期暴露引起红细胞指标下降的可能原因：①由于液体流入血液循环造成血液稀释；②周围血管中红细胞暂时隔离。校正血清白蛋白后，并未发现血液的稀释现象，所以第二种原因可能是潜在机制，但并没有直接的证据。另外，有学者认为炎症是长期 $PM_{2.5}$ 暴露导致血红蛋白浓度下降的中间机制。Honda 等通过对美国老年人的队列研究发现，C 反应蛋白对长期 $PM_{2.5}$ 暴露导致血红蛋白浓度下降起到中介作用。

本研究还同时关注了不同粒径 PM 组分对红细胞指标的影响。通过单组分模型增加校正 PNC 或者残差后，$PNC_{1.0}$ 的 Al^+ 和 NH_4^+ 可引起红细胞计数下降，Mg^+、Al^+、PO_3^- 和 NH_4^+ 可引起血红蛋白浓度下降，Mg^+、Al^+、OC、PO_3^- 和 NH_4^+ 可引起红细胞压积下降；$PNC_{2.5}$ 的 Mg^+、Al^+ 和 NH_4^+ 可引起红细胞计数和血红蛋白浓度下降。进一步通过 BKMR 模型分析发现，在所有具有统计学意义的组分中，Mg^+ 在 $PNC_{1.0}$

和 PNC$_{2.5}$ 引起的血红蛋白浓度下降中起关键作用。以往有关 PM 组分与健康效应的研究表明，Mg$^+$ 的暴露与人群死亡风险、氧化应激、炎症反应和血压变化相关，有关 PM 及其组分对儿童红细胞指标影响的机制尚待进一步研究。

6.2.4.6　不同粒径和组分 PM 与肾功能

本研究首次综合评估了短期暴露于不同粒径 PNC 和组分对儿童 eGFR 的影响。结果显示，3 种不同粒径的 PNC 在滞后 2 日的暴露与 eGFR 的降低存在暴露-反应关系。相比于 PNC$_{0.5}$，PNC$_{1.0}$ 和 PNC$_{2.5}$ 的 eGFR 下降效应更显著。越来越多的研究探讨了成年人长期接触 PM 与慢性肾病患病风险或进展的关系，但其中只有几项是基于多粒径 PM，且不包含 PM 组分。一项基于 21 656 名 30~97 岁台北市居民的横断面研究发现，PM$_{2.5-10}$ 对 eGFR 下降的效应比 PM$_{10}$ 更明显，但 PM$_{2.5}$ 的效应无统计学意义。另一项在 150 名孕妇中开展的横断面研究显示，孕期 PM 暴露与胎儿的 eGFR 下降有关，其中 PM$_{1.0}$ 的效应最强，其次是 PM$_{10}$，PM$_{2.5}$ 最弱。迄今只有一项研究在 27 081 名学龄儿童和青少年中观察到蛋白尿阳性风险增加与 PM$_{10}$ 有关，而与 PM$_{2.5}$ 无关。这些有限证据表明，PM 对 eGFR 的影响更可能与其粒径有关。一般认为较小粒径的颗粒具有较强的沉积效率，可能导致有毒颗粒进入身体较深的部位。本研究发现 PNC$_{1.0}$ 和 PNC$_{2.5}$ 而不是 PNC$_{0.5}$ 对儿童 eGFR 降低的影响更大，未来有必要在多个地区进行基于粒径相关校正的个体检测器的进一步研究来证实本研究结果。

同时，本研究发现 PNC$_{0.5}$ 的 9 种组分（EC、OC、K$^+$、Na$^+$、Mg$^+$、Al$^+$、PO$_3^-$、HC$_2$O$_4^-$ 和 Li$^+$），以及 PNC$_{1.0}$ 和 PNC$_{2.5}$ 的 6 种组分（OC、NO$_3^-$、HSO$_4^-$、Mg$^+$、PO$_3^-$ 和 HC$_2$O$_4^-$）均与 eGFR 降低相关。组分总体效应表明，与组分均位于中位数相比，当 PNC$_{0.5}$ 的 9 种组分高于第 60 百分位数、PNC$_{1.0}$ 的 6 种组分高于第 65 百分位数和当 PNC$_{2.5}$ 的 6 种组分高于第 70 百分位数时，eGFR 均呈下降趋势。对混合组分的单组分分析发现，当其他组分固定在第 25 百分位数、第 50 百分位数和第 75 百分位数时，只有 OC 对 eGFR 存在明显的有害影响。

深入研究 PM 影响健康的关键粒径谱和组分谱对 PM 的精准防治具有重要意义。然而，到目前为止，尚没有关于 PM 组分对儿童肾功能影响的研究。OC 作为 PM 的主要组分，主要来源于化石不完全燃烧和生物质燃烧。最近的一项儿童微环境调查发现，室内 PM 中 OC 的浓度和比例高于室外，因此 OC 对学龄期儿童的影响更明显。本研究的稳健结果提供了新的流行病学证据，表明 PNC$_{1.0}$ 和 PNC$_{2.5}$ 对儿童 eGFR 降低的影响可能与 OC 有关。目前只有对亚洲地区地下水的调查发现，在慢性肾病高风险地区，溶解 OC 的浓度更高，表明 OC 可能与肾功能损伤有关。此外，两项基于成年人的固定群组研究发现，PM$_{2.5}$ 中的 OC 引起炎症生物标志物的升高，均间接支持了本研究结果。但是，本研

究发现 $PNC_{0.5}$ 组分混合物中 OC 对 eGFR 的影响无显著统计学意义，可能是由于较小粒径 PM 的时空变化较大，其中 OC 组分分布不均匀。因此，今后从个体水平进一步研究 PM 中的碳质元素暴露对儿童肾功能的可能影响是很有必要的。

6.2.5 小　　结

多城市儿童个体 $PM_{2.5}$ 短期暴露可引起多个系统的效应指标发生异常改变，包括肺功能 FEV_1 和 FEV_1/FVC、红细胞指标（红细胞计数、血红蛋白浓度和红细胞压积）、免疫球蛋白和 eGFR 下降，FeNO、血压、炎症因子（WBC，细胞因子，如 CCL27、IL-2Rα、PDGF、SCF）升高。值得注意的是，$PM_{2.5}$ 在低于 CAAQS Ⅱ 下仍对肺功能和 eGFR 的下降，以及 FeNO 和血压的升高有显著效应。但不同粒径 PM 对上述效应指标的影响明显不同，其中 $PNC_{0.5}$ 对肺功能、红细胞指标和血压的效应更明显，而 $PNC_{1.0}$ 和 $PNC_{2.5}$ 对肾功能、炎症细胞和免疫指标的影响更明显。PM 不同组分可引起儿童不同健康损害，其中 NH_4^+、Mg^+、K^+ 等可引起 FEV_1/FVC 下降和 FeNO 增加；Cu^+、HSO_4^-、Cl^- 等可引起血压升高；Cl^-、PO_3^-、Mg^+、EC 等与 WBC、中性粒细胞、NLR 和补体 C4 上升及 IgG 下降显著相关；OC、Mg^+、Al^+ 等可引起红细胞指标下降；OC、NO_3^-、K^+ 等可一致性地引起 eGFR 下降。在多组分混合物中，NH_4^+ 引起 FeNO 升高，Cu^+、HSO_4^- 引起血压升高和 OC 降低 eGFR 的作用较其他组分更强，Cl^-、PO_3^- 对免疫指标和 Mg^+ 对血红蛋白的影响也比其他组分更明显。本研究通过建立 PM 不同粒径和组分短期暴露与儿童急性健康效应指标的暴露-反应关系，为颗粒物暴露安全值的探讨和政策的修订提供了线索，为研究大气污染防控措施和儿童行为干预措施提供一定的依据，具有重要的公共卫生学意义。

参 考 文 献

郭丽丽，张志红，董洁，等，2009. 太原市不同交通路口尾气污染对学龄儿童免疫功能的影响[J]. 卫生研究，38（5）：579-581.

Achilleos S, Kioumourtzoglou MA, Wu CD, et al, 2017. Acute effects of fine particulate matter constituents on mortality: a systematic review and meta-regression analysis[J]. Environment International, 109: 89-100.

Alessandrini ER, Stafoggia M, Faustini A, et al, 2016. Association between short-term exposure to $PM_{2.5}$ and PM_{10} and mortality in susceptible subgroups: a multisite case-crossover analysis of individual effect modifiers[J]. American Journal of Epidemiology, 184（10）: 744-754.

Alhanti BA, Chang HH, Winquist A, et al, 2016. Ambient air pollution and emergency department visits for asthma: a multi-city assessment of effect modification by age[J]. Journal of Exposure

Science & Environmental Epidemiology, 26（2）: 180-188.

Asgharian B, Hofmann W, Bergmann R, 2001. Particle deposition in a multiple-path model of the human lung[J]. Aerosol Science and Technology, 34（4）: 332-339.

Bae S, Pan XC, Kim SY, et al, 2010. Exposures to particulate matter and polycyclic aromatic hydrocarbons and oxidative stress in schoolchildren[J]. Environmental Health Perspectives, 118（4）: 579-583.

Bai LJ, Su X, Zhao DS, et al, 2018. Exposure to traffic-related air pollution and acute bronchitis in children: season and age as modifiers[J]. Journal of Epidemiology and Community Health, 72(5): 426-433.

Barnett AG, Williams GM, Schwartz J, et al, 2005. Air pollution and child respiratory health[J]. American Journal of Respiratory and Critical Care Medicine, 171（11）: 1272-1278.

Bell ML, Samet JM, Dominici F, 2004. Time-series studies of particulate matter[J]. Annual Review of Public Health, 25: 247-280.

Berhane K, Zhang Y, Salam MT, et al, 2014. Longitudinal effects of air pollution on exhaled nitric oxide: the Children's Health Study[J]. Occupational and Environmental Medicine, 71(7): 507-513.

Bilenko N, Brunekreef B, Beelen R, et al, 2015. Associations between particulate matter composition and childhood blood pressure—the PIAMA study[J]. Environment International, 84: 1-6.

Blum MF, Surapaneni A, Stewart JD, et al, 2020. Particulate matter and albuminuria, glomerular filtration rate, and incident CKD[J]. Clinical Journal of the American Society of Nephrology: CJASN, 15（3）: 311-319.

Bowe B, Xie Y, Li TT, et al, 2018. Particulate matter air pollution and the risk of incident CKD and progression to ESRD[J]. Journal of the American Society of Nephrology: JASN, 29（1）: 218-230.

Bowe B, Xie Y, Li TT, et al, 2019. Estimates of the 2016 global burden of kidney disease attributable to ambient fine particulate matter air pollution[J]. BMJ Open, 9（5）: e022450.

Cassee FR, Héroux ME, Gerlofs-Nijland ME, et al, 2013. Particulate matter beyond mass: recent health evidence on the role of fractions, chemical constituents and sources of emission[J]. Inhalation Toxicology, 25（14）: 802-812.

Chan TC, Zhang ZL, Lin BC, et al, 2018. Long-term exposure to ambient fine particulate matter and chronic kidney disease: a cohort study[J]. Environmental Health Perspectives, 126（10）: 107002.

Chen C, Xu DD, He MZ, et al, 2018. Fine particle constituents and mortality: a time-series study in Beijing, China[J]. Environmental Science & Technology, 52（19）: 11378-11386.

Chen JJ, Shen HF, Li TW, et al, 2019. Temporal and spatial features of the correlation between $PM_{2.5}$ and O_3 concentrations in China[J]. International Journal of Environmental Research and Public Health, 16（23）: 4824.

Chen RJ, Qiao LP, Li HC, et al, 2015. Fine particulate matter constituents, nitric oxide synthase DNA methylation and exhaled nitric oxide[J]. Environmental Science & Technology, 49（19）: 11859-11865.

Chen RJ, Yin P, Meng X, et al, 2017. Fine particulate air pollution and daily mortality. A nationwide analysis in 272 Chinese cities[J]. American Journal of Respiratory and Critical Care Medicine, 196（1）: 73-81.

Chuang HC, Sun J, Ni HY, et al, 2019. Characterization of the chemical components and bioreactivity of fine particulate matter produced during crop-residue burning in China[J]. Environmental Pollution, 245: 226-234.

Cliff R, Curran J, Hirota JA, et al, 2016. Effect of diesel exhaust inhalation on blood markers of inflammation and neurotoxicity: a controlled, blinded crossover study[J]. Inhalation Toxicology, 28 (3): 145-153.

Clifford S, Mazaheri M, Salimi F, et al, 2018. Effects of exposure to ambient ultrafine particles on respiratory health and systemic inflammation in children[J]. Environment International, 114: 167-180.

Costa AF, Hoek G, Brunekreef B, et al, 2017. Air pollution and deaths among elderly residents of São Paulo, Brazil: an analysis of mortality displacement[J]. Environmental Health Perspectives, 125 (3): 349-354.

Dabass A, Talbott EO, Venkat A, et al, 2016. Association of exposure to particulate matter ($PM_{2.5}$) air pollution and biomarkers of cardiovascular disease risk in adult NHANES participants (2001—2008)[J]. International Journal of Hygiene and Environmental Health, 219 (3): 301-310.

Darrow LA, Klein M, Flanders WD, et al, 2014. Air pollution and acute respiratory infections among children 0-4 years of age: an 18-year time-series study[J]. American Journal of Epidemiology, 180 (10): 968-977.

Das P, Chatterjee P, 2015. Assessment of hematological profiles of adult male athletes from two different air pollutant zones of West Bengal, India[J]. Environmental Science and Pollution Research: 343-349.

Duijts L, Jaddoe VWV, Hofman A, et al, 2010. Prolonged and exclusive breastfeeding reduces the risk of infectious diseases in infancy[J]. Pediatrics, 126 (1): e18-e25.

Galvão ES, Reis NC, Lima AT, et al, 2019. Use of inorganic and organic markers associated with their directionality for the apportionment of highly correlated sources of particulate matter[J]. Science of the Total Environment, 651: 1332-1343.

Gehring U, Beelen R, Eeftens M, et al, 2015. Particulate matter composition and respiratory health: the PIAMA Birth Cohort study[J]. Epidemiology, 26 (3): 300-309.

Green JP, Yu S, Martín-Sánchez F, et al, 2018. Chloride regulates dynamic NLRP3-dependent ASC oligomerization and inflammasome priming[J]. Proceedings of the National Academy of Sciences of the United States of America, 115 (40): E9371-E9380.

Guan TJ, Xue T, Wang X, et al, 2020. Geographic variations in the blood pressure responses to short-term fine particulate matter exposure in China[J]. Science of the Total Environment, 722: 137842.

Hampel R, Peters A, Beelen R, et al, 2015. Long-term effects of elemental composition of particulate matter on inflammatory blood markers in European cohorts[J]. Environment International, 82: 76-84.

Harrison F, Goodman A, van Sluijs E M F, et al, 2017. Weather and children's physical activity; how and why do relationships vary between countries?[J]. International Journal of Behavioral Nutrition and Physical Activity, 14 (1): 74.

He LC, Li Z, Teng YB, et al, 2020. Associations of personal exposure to air pollutants with airway mechanics in children with asthma[J]. Environment International, 138: 105647.

Health-Effects-Institute, 2020. State of global air 2020: A special report on globle exposure to air pollution and its health impact[EB/OL]. https://www.stateofglobalair.org/[2021-03-07].

Honda T, Pun VC, Manjourides J, et al, 2017. Anemia prevalence and hemoglobin levels are associated with long-term exposure to air pollution in an older population[J]. Environment International, 101: 125-132.

Hu JL, Wu L, Zheng B, et al, 2015. Source contributions and regional transport of primary particulate matter in China[J]. Environmental Pollution, 207: 31-42.

Hua J, Yin Y, Peng L, et al, 2014. Acute effects of black carbon and $PM_{2.5}$ on children asthma admissions: a time-series study in a Chinese city[J]. Science of the Total Environment, 481: 433-438.

Jimenez JL, Canagaratna MR, Donahue NM, et al, 2009. Evolution of organic aerosols in the atmosphere[J]. Science, 326(5959): 1525-1529.

Jin L, Xie JW, Wong CKC, et al, 2019. Contributions of city-specific fine particulate matter($PM_{2.5}$) to differential in vitro oxidative stress and toxicity implications between Beijing and Guangzhou of China[J]. Environmental Science & Technology, 53(5): 2881-2891.

Kaewamatawong T, Shimada A, Okajima M, et al, 2006. Acute and subacute pulmonary toxicity of low dose of ultrafine colloidal silica particles in mice after intratracheal instillation[J]. Toxicologic Pathology, 34(7): 958-965.

Kahbasi S, Samadbin M, Attar F, et al, 2019. The effect of aluminum oxide on red blood cell integrity and hemoglobin structure at nanoscale[J]. International Journal of Biological Macromolecules, 138: 800-809.

Kan HD, London SJ, Chen GH, et al, 2008. Season, sex, age, and education as modifiers of the effects of outdoor air pollution on daily mortality in Shanghai, China: the public health and air pollution in Asia(PAPA)study[J]. Environmental Health Perspectives, 116(9): 1183-1188.

Kim S, Uhm JY, 2019. Individual and environmental factors associated with proteinuria in Korean children: a multilevel analysis[J]. International Journal of Environmental Research and Public Health, 16(18): 3317.

Klümper C, Krämer U, Lehmann I, et al, 2015. Air pollution and cytokine responsiveness in asthmatic and non-asthmatic children[J]. Environmental Research, 138: 381-390.

Kolle E, Steene-Johannessen J, Andersen LB, et al, 2009. Seasonal variation in objectively assessed physical activity among children and adolescents in Norway: a cross-sectional study[J]. Int J Behav Nutr Phys Act, 6(1): 1-9.

Korsiak J, Perepeluk KL, Peterson NG, et al, 2021. Air pollution and retinal vessel diameter and blood pressure in school-aged children in a region impacted by residential biomass burning[J]. Scientific Reports, 11: 12790.

Landrigan PJ, Fuller R, Fisher S, et al, 2019. Pollution and children's health[J]. Science of the Total Environment, 650: 2389-2394.

Lang F, Leibrock C, Pandyra A, et al, 2018. Phosphate homeostasis, inflammation and the regulation of FGF-23[J]. Kidney and Blood Pressure Research, 43（6）: 1742-1748.

Laumbach R, Meng QY, Kipen H, 2015. What can individuals do to reduce personal health risks from air pollution?[J]. Journal of Thoracic Disease, 7（1）: 96-107.

Lavigne A, Sterrantino A F, Liverani S, et al, 2019. Associations between metal constituents of ambient particulate matter and mortality in England: an ecological study[J]. BMJ Open, 9（12）: e030140.

Lei XN, Chen RJ, Wang CC, et al, 2019. Personal fine particulate matter constituents, increased systemic inflammation, and the role of DNA hypomethylation[J]. Environmental Science & Technology, 53（16）: 9837-9844.

Leonardi GS, Houthuijs D, Steerenberg PA, et al, 2000. Immune biomarkers in relation to exposure to particulate matter: a cross-sectional survey in 17 cities of Central Europe[J]. Inhalation Toxicology, 12（Suppl 4）: 1-14.

Li, L, Huang, ZX, Dong, JG, et al, 2011. Real time bipolar time-of-flight mass spectrometer for analyzing single aerosol particles. Int J Mass Spectrom, 303: 118-124.

Li M, Tang J, Yang HH, et al, 2021. Short-term exposure to ambient particulate matter and outpatient visits for respiratory diseases among children: a time-series study in five Chinese cities[J]. Chemosphere, 263: 128214.

Li XW, Zhang X, Zhang ZQ, et al, 2019. Air pollution exposure and immunological and systemic inflammatory alterations among schoolchildren in China[J]. The Science of the Total Environment, 657: 1304-1310.

Li YR, Xiao CC, Li J, et al, 2018. Association between air pollution and upper respiratory tract infection in hospital outpatients aged 0-14 years in Hefei, China: a time series study[J]. Public Health, 156: 92-100.

Li ZY, Xu YL, Huang ZJ, et al, 2019. Association between exposure to arsenic, nickel, cadmium, selenium, and zinc and fasting blood glucose levels[J]. Environmental Pollution, 255: 113325.

Liao JQ, Li YY, Wang X, et al, 2019. Prenatal exposure to fine particulate matter, maternal hemoglobin concentration, and fetal growth during early pregnancy: associations and mediation effects analysis[J]. Environmental Research, 173: 366-372.

Lin WW, Chen ZX, Kong ML, et al, 2017. Air pollution and children's health in Chinese[M]//Dong GH, Ambient Air Pollution and Health Impact in China. Singapore: Springer, 153-180.

Liu C, Cai J, Qiao LP, et al, 2017. The acute effects of fine particulate matter constituents on blood inflammation and coagulation[J]. Environmental Science & Technology, 51（14）: 8128-8137.

Liu M, Guo WT, Cai YY, et al, 2020. Personal exposure to fine particulate matter and renal function in children: a panel study[J]. Environmental Pollution, 266: 115129.

Liu M, Guo WT, Yang HH, et al, 2021. Short-term effects of size-fractionated particulate matters and their constituents on renal function in children: a panel study[J]. Ecotoxicology and Environmental Safety, 209: 111809.

Liu M, Guo WT, Zhao L, et al, 2021. Association of personal fine particulate matter and its respiratory tract depositions with blood pressure in children: from two panel studies[J]. Journal of Hazardous Materials, 416: 126120.

Liu Y, Guo Y, Wang CB, et al, 2015. Association between temperature change and outpatient visits for respiratory tract infections among children in Guangzhou, China[J]. International Journal of Environmental Research and Public Health, 12（1）: 439-454.

Luong LTM, Dang TN, Thanh Huong NT, et al, 2020. Particulate air pollution in Ho Chi Minh city and risk of hospital admission for acute lower respiratory infection（ALRI）among young children[J]. Environmental Pollution, 257: 113424.

Makehelwala M, Wei YS, Weragoda SK, et al, 2019. Characterization of dissolved organic carbon in shallow groundwater of chronic kidney disease affected regions in Sri Lanka[J]. Science of the Total Environment, 660: 865-875.

Martins V, Faria T, Diapouli E, et al, 2020. Relationship between indoor and outdoor size-fractionated particulate matter in urban microenvironments: levels, chemical composition and sources[J]. Environmental Research, 183: 109203.

Matsunaga K, Hirano T, Oka A, et al, 2016. Persistently high exhaled nitric oxide and loss of lung function in controlled asthma[J]. Allergology International, 65（3）: 266-271.

Medina-Ramón M, Zanobetti A, Schwartz J, 2006. The effect of ozone and PM_{10} on hospital admissions for pneumonia and chronic obstructive pulmonary disease: a national multicity study[J]. American Journal of Epidemiology, 163（6）: 579-588.

Morales-Ancajima VC, Tapia V, Vu BN, et al, 2019. Increased outdoor $PM_{2.5}$ concentration is associated with moderate/severe Anemia in children aged 6-59 months in Lima, Peru[J]. Journal of Environmental and Public Health, 2019（6）: 1-8.

Münzel T, Gori T, Al-Kindi S, et al, 2018. Effects of gaseous and solid constituents of air pollution on endothelial function[J]. European Heart Journal, 39（38）: 3543-3550.

Nazariah SSN, Juliana J, Abdah MA, 2013. Interleukin-6 via sputum induction as biomarker of inflammation for indoor particulate matter among primary school children in Klang Valley, Malaysia[J]. Global Journal of Health Science, 5（4）: 93-105.

Nhung NTT, Schindler C, Dien TM, et al, 2018. Acute effects of ambient air pollution on lower respiratory infections in Hanoi children: an eight-year time series study[J]. Environment International, 110: 139-148.

O'Driscoll CA, Gallo ME, Hoffmann EJ, et al, 2018. Polycyclic aromatic hydrocarbons（PAHs）present in ambient urban dust drive proinflammatory T cell and dendritic cell responses via the aryl hydrocarbon receptor（AHR）in vitro[J]. PLoS One, 13（12）: e0209690.

Oftedal B, Brunekreef B, Nystad W, et al, 2008. Residential outdoor air pollution and lung function in schoolchildren[J]. Epidemiology, 19（1）: 129-137.

Parker JD, Akinbami LJ, Woodruff TJ, 2009. Air pollution and childhood respiratory allergies in the United States[J]. Environmental Health Perspectives, 117（1）: 140-147.

Pieters N, Koppen G, Van Poppel M, et al, 2015. Blood pressure and same-day exposure to air pollution at school: associations with nano-sized to coarse PM in children[J]. Environmental Health Perspectives, 123（7）: 737-742.

Poursafa P, Kelishadi R, Amini A, et al, 2011. Association of air pollution and hematologic parameters in children and adolescents[J]. Jornal De Pediatria, 87（4）: 350-356.

Prieto-Parra L, Yohannessen K, Brea C, et al, 2017. Air pollution, PM$_{2.5}$ composition, source factors, and respiratory symptoms in asthmatic and nonasthmatic children in Santiago, Chile[J]. Environment International, 101: 190-200.

Prunicki M, Cauwenberghs N, Ataam JA, et al, 2020. Immune biomarkers link air pollution exposure to blood pressure in adolescents[J]. Environmental Health: a Global Access Science Source, 19 (1): 108.

Qiao LP, Cai J, Wang HL, et al, 2014. PM$_{2.5}$ constituents and hospital emergency-room visits in Shanghai, China[J]. Environmental Science & Technology, 48 (17): 10406-10414.

Qiu H, Yu HY, Wang LY, et al, 2018. The burden of overall and cause-specific respiratory morbidity due to ambient air pollution in Sichuan Basin, China: a multi-city time-series analysis[J]. Environmental Research, 167: 428-436.

Rahmani Sani A, Abroudi M, Heydari H, et al, 2020. Maternal exposure to ambient particulate matter and green spaces and fetal renal function[J]. Environmental Research, 184: 109285.

Ramalingam S, Cai BY, Wong J, et al, 2018. Antiviral innate immune response in non-myeloid cells is augmented by chloride ions via an increase in intracellular hypochlorous acid levels[J]. Scientific Reports, 8: 13630.

Rodríguez-Villamizar LA, Rojas-Roa NY, Blanco-Becerra LC, et al, 2018. Short-term effects of air pollution on respiratory and circulatory morbidity in Colombia 2011-2014: a multi-city, time-series analysis[J]. International Journal of Environmental Research and Public Health, 15 (8): 1610.

Salma I, Füri P, Németh Z, et al, 2015. Lung burden and deposition distribution of inhaled atmospheric urban ultrafine particles as the first step in their health risk assessment[J]. Atmospheric Environment, 104: 39-49.

Samoli E, Atkinson RW, Analitis A, et al, 2016. Associations of short-term exposure to traffic-related air pollution with cardiovascular and respiratory hospital admissions in London, UK[J]. Occupational and Environmental Medicine, 73 (5): 300-307.

Sarnat SE, Winquist A, Schauer JJ, et al, 2015. Fine particulate matter components and emergency department visits for cardiovascular and respiratory diseases in the St. Louis, Missouri-Illinois, metropolitan area[J]. Environmental Health Perspectives, 123 (5): 437-444.

Scarinzi C, Alessandrini ER, Chiusolo M, et al, 2013. Air pollution and urgent hospital admissions in 25 Italian cities: results from the EpiAir2 project[J]. Epidemiologia E Prevenzione, 37 (4/5): 230-241.

Schraufnagel DE, 2020. The health effects of ultrafine particles[J]. Experimental & Molecular Medicine, 52 (3): 311-317.

Schraufnagel DE, Balmes JR, Cowl CT, et al, 2019. Air pollution and noncommunicable diseases: a review by the forum of international respiratory societies' environmental committee, part 2: air pollution and organ systems[J]. Chest, 155 (2): 417-426.

Shao JY, Wheeler AJ, Chen L, et al, 2018. The pro-inflammatory effects of particulate matter on epithelial cells are associated with elemental composition[J]. Chemosphere, 202: 530-537.

Shi JJ, Chen RJ, Yang CY, et al, 2016. Association between fine particulate matter chemical constituents and airway inflammation: a panel study among healthy adults in China[J].

Environmental Research, 150: 264-268.

Smargiassi A, Goldberg MS, Wheeler AJ, et al, 2014. Associations between personal exposure to air pollutants and lung function tests and cardiovascular indices among children with asthma living near an industrial complex and petroleum refineries[J]. Environmental Research, 132: 38-45.

Song J, Lu MX, Zheng LH, et al, 2018. Acute effects of ambient air pollution on outpatient children with respiratory diseases in Shijiazhuang, China[J]. BMC Pulmonary Medicine, 18（1）: 150.

Strosnider HM, Chang HH, Darrow LA, et al, 2019. Age-specific associations of ozone and fine particulate matter with respiratory emergency department visits in the United States[J]. American Journal of Respiratory and Critical Care Medicine, 199（7）: 882-890.

Su TC, Hwang JJ, Yang YR, et al, 2017. Association between long-term exposure to traffic-related air pollution and inflammatory and thrombotic markers in middle-aged adults[J]. Epidemiology, 28 (Suppl 1): S74-S81.

Tasmin S, Ng CFS, Stickley A, et al, 2019. Effects of short-term exposure to ambient particulate matter on the lung function of school children in Dhaka, Bangladesh[J]. Epidemiology, 30 (Suppl 1): S15-S23.

Thomson EM, Breznan D, Karthikeyan S, et al, 2015. Cytotoxic and inflammatory potential of size-fractionated particulate matter collected repeatedly within a small urban area[J]. Particle and Fibre Toxicology, 12: 24.

Tian YH, Liu H, Wu YQ, et al, 2019. Ambient particulate matter pollution and adult hospital admissions for pneumonia in urban China: a national time series analysis for 2014 through 2017[J]. PLoS Medicine, 16（12）: e1003010.

Tsuda A, Henry FS, Butler JP, 2013. Particle transport and deposition: basic physics of particle kinetics[J]. Comprehensive Physiology, 3（4）: 1437-1471.

Urbina EM, Khoury PR, Bazzano L, et al, 2019. Relation of blood pressure in childhood to self-reported hypertension in adulthood[J]. Hypertension, 73（6）: 1224-1230.

Verhoeven D, 2019. Immunometabolism and innate immunity in the context of immunological maturation and respiratory pathogens in young children[J]. Journal of Leukocyte Biology, 106(2): 301-308.

Viehmann A, Hertel S, Fuks K, et al, 2015. Long-term residential exposure to urban air pollution, and repeated measures of systemic blood markers of inflammation and coagulation[J]. Occupational and Environmental Medicine, 72（9）: 656-663.

Wang CC, Chen RJ, Cai J, et al, 2016. Personal exposure to fine particulate matter and blood pressure: a role of angiotensin converting enzyme and its DNA methylation[J]. Environment International, 94: 661-666.

Wang SB, Yan QS, Zhang RQ, et al, 2019. Size-fractionated particulate elements in an inland city of China: deposition flux in human respiratory, health risks, source apportionment, and dry deposition[J]. Environmental Pollution, 247: 515-523.

Wu QZ, Li SS, Yang BY, et al, 2020. Ambient airborne particulates of diameter ⩽1μm, a leading contributor to the association between ambient airborne particulates of diameter ⩽2.5μm and children's blood pressure[J]. Hypertension, 75（2）: 347-355.

Wu SW, Deng FR, Hao Y, et al, 2013. Chemical constituents of fine particulate air pollution and pulmonary function in healthy adults: the Healthy Volunteer Natural Relocation study[J]. Journal of Hazardous Materials, 260: 183-191.

Wu SW, Deng FR, Wei HY, et al, 2012. Chemical constituents of ambient particulate air pollution and biomarkers of inflammation, coagulation and homocysteine in healthy adults: a prospective panel study[J]. Particle and Fibre Toxicology, 9: 49.

Xu DD, Zhang Y, Zhou L, et al, 2018. Acute effects of $PM_{2.5}$ on lung function parameters in schoolchildren in Nanjing, China: a panel study[J]. Environmental Science and Pollution Research, 25(15): 14989-14995.

Xu XC, Zhang JN, Yang X, et al, 2020. The role and potential pathogenic mechanism of particulate matter in childhood asthma: a review and perspective[J]. Journal of Immunology Research, 2020: 8254909.

Yan ML, Wilson A, Bell ML, et al, 2019. The shape of the concentration-response association between fine particulate matter pollution and human mortality in Beijing, China, and its implications for health impact assessment[J]. Environmental Health Perspectives, 127(6): 67007.

Yang BY, Qian ZM, Howard SW, et al, 2018. Global association between ambient air pollution and blood pressure: a systematic review and meta-analysis[J]. Environmental Pollution, 235: 576-588.

Yang HH, Yan CX, Li M, et al, 2021. Short term effects of air pollutants on hospital admissions for respiratory diseases among children: a multi-city time-series study in China[J]. International Journal of Hygiene and Environmental Health, 231: 113638.

Yang L, Kelishadi R, Hong YM, et al, 2019. Impact of the 2017 American academy of pediatrics guideline on hypertension prevalence compared with the fourth report in an international cohort[J]. Hypertension, 74(6): 1343-1348.

Yang Y, Ruan ZL, Wang XJ, et al, 2019. Short-term and long-term exposures to fine particulate matter constituents and health: a systematic review and meta-analysis[J]. Environmental Pollution, 247: 874-882.

Yang YR, Chen YM, Chen SY, et al, 2017. Associations between long-term particulate matter exposure and adult renal function in the Taipei metropolis[J]. Environmental Health Perspectives, 125(4): 602-607.

Yin WJ, Hou J, Xu T, et al, 2017. Association of individual-level concentrations and human respiratory tract deposited doses of fine particulate matter with alternation in blood pressure[J]. Environmental Pollution, 230: 621-631.

Yu YJ, Yu ZL, Sun P, et al, 2018. Effects of ambient air pollution from municipal solid waste landfill on children's non-specific immunity and respiratory health[J]. Environmental Pollution, 236: 382-390.

Zhang JS, Cai L, Gui ZH, et al, 2020. Air pollution-associated blood pressure may be modified by diet among children in Guangzhou, China[J]. Journal of Hypertension, 38(11): 2215-2222.

Zhang JW, Feng LH, Hou CC, et al, 2020. How the constituents of fine particulate matter and ozone affect the lung function of children in Tianjin, China[J]. Environmental Geochemistry and Health, 42(10): 3303-3316.

Zhang QL, Niu Y, Xia YJ, et al, 2020. The acute effects of fine particulate matter constituents on circulating inflammatory biomarkers in healthy adults[J]. The Science of the Total Environment, 707: 135989.

Zhang YQ, Dong TY, Hu WY, et al, 2019. Association between exposure to a mixture of phenols, pesticides, and phthalates and obesity: comparison of three statistical models[J]. Environment International, 123: 325-336.

Zhang ZL, Hoek G, Chang LY, et al, 2018. Particulate matter air pollution, physical activity and systemic inflammation in Taiwanese adults[J]. International Journal of Hygiene and Environmental Health, 221 (1): 41-47.

Zheng PW, Wang JB, Zhang ZY, et al, 2017. Air pollution and hospital visits for acute upper and lower respiratory infections among children in Ningbo, China: a time-series analysis[J]. Environmental Science and Pollution Research, 24 (23): 18860-18869.

Zhong J, Trevisi L, Urch B, et al, 2017. B-vitamin supplementation mitigates effects of fine particles on cardiac autonomic dysfunction and inflammation: a pilot human intervention trial[J]. Scientific Reports, 7: 45322.

Zhou MG, He GJ, Liu YN, et al, 2015. The associations between ambient air pollution and adult respiratory mortality in 32 major Chinese cities, 2006-2010[J]. Environmental Research, 137: 278-286.

Zhu LY, Ge XH, Chen YY, et al, 2017. Short-term effects of ambient air pollution and childhood lower respiratory diseases[J]. Scientific Reports, 7: 4414.

第七章　大气污染干预措施对人群急性健康效应暴露-反应关系的影响研究

随着我国工业化和城镇化进程的加快，能源消耗量和交通工具保有量增加，大气污染情况日益严重，已成为造成我国伤残调整生命年（disability-adjusted life years，DALYs）损失最多的危险因素之一。合理有效的干预措施，可以降低大气污染对人群健康的损害。从受众类别上可以将干预措施分为群体干预和个体干预两种。群体干预主要是指政府通过制订相应管控措施，改善相应地区的空气质量，使管控区域内全体人群受益。为切实改善空气质量、保护人群健康，我国制订了《大气污染防治行动计划》（Air Pollution Prevention and Control Action Plan，APPCAP）等一系列大气污染管控措施，使我国空气质量得到了明显改善。个体干预通常指通过一定手段减少个体的大气污染物暴露或降低大气污染暴露对个体产生的健康危害。在短期内无法降低环境颗粒物浓度的情况下，采取有效的个体防护措施是减少污染物暴露所致健康风险的有效手段之一。其中，佩戴口罩和使用室内空气净化器，可以有效阻挡人体与污染物的接触或减少室内空气污染物浓度，又因其获得途径便利、价格相对低廉，得到了广泛认可和应用。

在群体干预方面，已有一些针对地区污染管控措施对人群健康影响的研究。例如，Hedley 等对香港 1990 年 7 月出台的燃料限硫措施引起的心肺疾病死亡率和全死因死亡率的改变进行了评估；Tang 等估算了山西省环境改善政策实施的 10 年间太原市空气质量改善导致的相关 DALYs 变化，以及相应的货币化健康效益的改变；Ding 等对 2010 年亚运会期间空气质量改善所节约的经济成本和避免的过早死亡人数进行了估计。但现有研究大多局限于评价群体性大气污染干预措施对几种类型大气污染物的改善效果，以及对某个特定城市或区域人群的健康效益，并没有研究对长期大气污染管控措施进行全国范围内的较为全面的综合评估。此外，相比于 2008 年北京奥运会和 2010 年广州亚运会时期，2014 年亚太经济合作组织（Asia-Pacific Economic Cooperation，APEC）会议期间所采取的排放控制政策更为严格，而定量评估该严格大气污染管控措施的健康效益和经济健康成本的研究尚为缺乏。

在个体干预方面，目前国内外已有较多关于口罩干预对大气污染所致急性健康效应的研究，但是这些研究大多局限于某个特定城市，且样本量较小，缺乏代表性和外推性。此外，对于在不同污染水平和特征下采取佩戴口罩等个体干预措施所带来的急性健康效益尚不清楚。在空气净化器干预方面，既往研究多集中于探讨其对室内空气的净化效果，而缺乏对不同粒径颗粒物及不同化学组分净化效果的研究，对室内空气净化所产生的健康影响的研究也并不充分。

综合考虑上述存在的问题，本章通过数据收集和文献回顾，梳理总结了不同群体性大气污染干预措施对人群急性健康的影响。此外，本章研究还通过随机交叉设计，在多个城市中研究探讨了不同污染背景和特征下，大气污染对人群的急性健康影响，并评价使用口罩和空气净化器等个体干预措施的效果及其对人群的急性健康效应。本章研究结果可为修订我国大气污染相关标准和政策提供科学依据，为全面提升我国空气质量、保障民众健康提供技术支撑。

7.1 基于群体水平的典型城市大气污染干预措施与人群急性健康效应

7.1.1 概述

随着工业化和城市化进程的加快，我国出现了以 $PM_{2.5}$ 为代表的大气污染问题。在 APEC 会议期间，北京市采取包括私家车牌照单双号限行、控制大货车和外地车辆行驶路线及时间等措施控制移动污染源，以及控制发电厂和其他工厂的生产活动、控制建筑活动等固定污染源的综合措施来提高空气质量。为了解严格管控措施下大气污染的改善情况及颗粒物相关的人群健康和经济成本影响，进行了以下相关研究。

7.1.2 研究方法

7.1.2.1 环境暴露数据收集

收集 2014 年 10 月 20 日至 12 月 1 日北京市不同地区大气颗粒物浓度和气象条件信息。其中，大气 $PM_{2.5}$ 和 PM_{10} 每小时浓度从北京市环境监测中心获得；环境温度、相对湿度、风速和风向及降水等气象条件从中国气象科学数据共享服务网获得。为避免 APEC 会议期间大气质量干预措施对非会议期间环境产生影响，将 10 月 20 日至 11 月 1 日定义为 APEC 会议开始前期，11 月 3 日至 12 日为 APEC 会议进行期间，11 月 19 日至 30 日为 APEC 会议结束后期。

为了解北京市大气污染的综合状况，污染监测点的选择涵盖了市区监测点、郊区监测点、交通监测点和背景监测点四类。其中市区监测点主要分布在东城区、西城区、朝阳区、海淀区；郊区监测点包括距市区较远的顺义新城、昌平区、怀柔区；交通监测点主要在前门东街、永定门内街、西直门北街、南三环西路、东四环北路等主要道路上；而背景监测点设在昌平区十三陵特区定陵，反映北京大气污染背景水平。

7.1.2.2 健康结局数据收集

健康结局的选择原则：①来源于《国际疾病分类》的健康统计数据；②具有暴露-反应关系数据。综合以上原则，最终选择非意外总死亡、心血管疾病死亡和呼吸系统疾病死亡作为本次研究的健康结局。

7.1.2.3 暴露-反应函数

根据既往研究发现，颗粒物和相关健康结局之间的暴露-反应关系大致为线性，且颗粒物引起的死亡事件在人群中是小概率事件，服从泊松分布。因此，本研究采用式（7-1）作为线性暴露-反应模型；采用式（7-2）计算由颗粒物导致的相关死亡事件发生数如下：

$$E = E_0 \times \exp(\beta \times (C - C_0)) \tag{7-1}$$

$$N = P \times (E - E_0) = P \times E \times \left(1 - \frac{1}{\exp(\beta \times (C - C_0))}\right) \tag{7-2}$$

式中，C 表示相应颗粒物的实际浓度（$\mu g/m^3$）；C_0 表示观察到健康有害效应的颗粒物阈值浓度，采用 WHO 设定的年均指导值，即 $PM_{2.5}$ 为 $10\mu g/m^3$，PM_{10} 为 $20\mu g/m^3$；E_0 和 E 分别为污染物浓度达到 C_0 和 C 时的相应死亡率（%）；P 表示暴露人群数，即 2014 年底北京市常住人口数，为 2151.6 万人（数据来源：《2014 年北京市国民经济和社会发展统计公报》）；N 表示特定颗粒物造成的额外死亡人数；β 表示特定健康结局的暴露-反应函数系数。

为更好地评估颗粒物的健康效应，本研究采用我国相关研究的综合结果作为 β。年死亡率来自《北京市统计年鉴》。

7.1.2.4 颗粒物健康成本估计模型

颗粒物污染造成的健康经济成本等于伤残人数乘以统计生命价值（value of a statistical life，VOSL），计算如式（7-3）所示：

$$\text{Cost} = N \times \text{VOSL} \tag{7-3}$$

式中，Cost 表示颗粒物污染造成的健康损害的总价值（元）；N 表示健康结局变化的数量；VOSL 表示健康结局变化所对应的单位价值（元）。

通过调查北京市大气污染减排对暴露人群健康效益的支付意愿（willingnessto-pay，WTP），计算得出北京市大气污染健康风险的 VOSL 为 108 582.4～217 002.0 元。

7.1.2.5　统计方法

通过非参数检验法中的克鲁斯卡尔-沃利斯（Kruskal-Wallis，K-W）检验，比较 APEC 不同时期和不同类型监测点颗粒物日浓度的差异。采用线性混合效应模型，在控制气象因素（温度、相对湿度、风速）和其他混杂因素（如监测日期、1 日中的小时数等）的前提下，以颗粒物小时浓度为因变量，表明排放控制措施效果的时段为自变量，以浓度采集日期为随机效应项，将其他自变量作为固定效应项，分析控制措施对北京市大气颗粒物浓度的影响。

采用暴露-反应函数法评估 $PM_{2.5}$ 和 PM_{10} 暴露所致的非意外、心血管和呼吸系统疾病死亡，并用上述 VOSL 方法评估 APEC 会议和非 APEC 会议期间与颗粒物相关的卫生经济成本。

7.1.3　主要结果

7.1.3.1　采取相应控制措施后北京地区空气质量变化情况

对比 APEC 会议前期（10 月 20 日至 11 月 1 日）、会议进行期间（11 月 3 日至 12 日）和会议之后（11 月 19 日至 30 日）的大气 $PM_{2.5}$ 和大气 PM_{10} 浓度发现，APEC 会议进行期间的相关管控措施确实起到了降低大气颗粒物浓度的作用（表 7-1）。在控制气象学及其他混杂因素后发现，会议进行期间大气 PM_{10} 浓度较会议开始前和结束后均显著降低，但是会议期间大气 $PM_{2.5}$ 浓度仅较结束后显著减低（表 7-2）。这可能是由于 $PM_{2.5}$ 的空气动力学直径较小，可以在空气中长时间悬浮造成的。结果还发现，大气 $PM_{2.5}$ 和 PM_{10} 浓度在会议结束后均大量增加，且超过会议开始前浓度，这可能和北京开始供暖有关。

表 7-1　北京 APEC 会议不同时期的大气颗粒物特征

大气污染物	时期（采样天数）[a]	最小值	第 25 百分位数	中位数	第 75 百分位数	最大值	均数±标准差	P
$PM_{2.5}$（$\mu g/m^3$）	会议开始前期（样本量=13）	36.43	59.22	104.05	191.41	328.47	130.15±87.18	
	会议进行期间（样本量=10）	17.67	32.54	54.26	74.12	114.57	55.91±29.33	0.006
	会议结束后期（样本量=13）	37.27	76.53	90.26	228.38	320.10	145.42±89.58	

续表

大气污染物	时期（采样天数）a	最小值	第25百分位数	中位数	第75百分位数	最大值	均数±标准差	P
PM$_{10}$ ($\mu g/m^3$)	会议开始前期（样本量=13）	60.08	87.98	164.64	208.03	339.59	162.16±81.85	
	会议进行期间（样本量=10）	30.47	57.54	76.61	95.22	157.16	80.05±35.11	0.001
	会议结束后期（样本量=13）	94.98	122.20	165.18	308.88	371.98	207.69±97.43	

a 均是从17个监测点收集的颗粒物浓度

注：APEC，亚太经济合作组织。

表7-2 控制混杂因素后北京APEC会议排放控制措施对大气颗粒物的影响

大气污染物	时段	模型估计系数	标准误	P
PM$_{2.5}$（$\mu g/m^3$）	会议开始前期	50.84	32.16	0.1144
	会议结束后期	107.73	30.33	0.0004
	会议进行期间（对照组）			
PM$_{10}$（$\mu g/m^3$）	会议开始前期	73.19	32.37	0.0242
	会议结束后期	123.53	32.83	0.0002
	会议进行期间（对照组）			

注：混杂因素包括温度、相对湿度、风速及监测日期、1日中的小时数等。

7.1.3.2 会议期间的排放管控措施对健康影响的评估

在3个时段中，PM$_{2.5}$导致的非意外死亡人数在APEC会议期间最低，每日可以减少约8例死亡；PM$_{2.5}$和PM$_{10}$导致的心血管疾病死亡人数、呼吸系统疾病死亡人数均为会议期间最低，相比于其他时间段，均下降了约60%（表7-3）。

表7-3 北京APEC会议不同时段因大气颗粒物污染造成的每日估计死亡人数

健康结局	平均可归因例数（95%CI）		
	会议开始前期	会议进行期间	会议结束后期
PM$_{2.5}$（$\mu g/m^3$）			
非意外死亡	12.9（10.6~15.3）	5.0（4.1~5.9）	14.5（12.4~17.1）
心血管疾病死亡	4.8（3.6~5.8）	1.8（1.4~2.3）	5.3（4.0~6.5）
呼吸系统疾病死亡	2.0（1.2~2.9）	0.8（0.5~1.1）	2.3（1.4~3.2）
PM$_{10}$（$\mu g/m^3$）			
非意外死亡	14.7（12.9~16.0）	7.3（6.4~8.0）	18.6（16.4~20.3）
心血管疾病死亡	6.2（5.4~7.1）	3.1（2.7~3.6）	7.9（6.8~8.9）
呼吸系统疾病死亡	1.7（1.2~2.1）	0.9（0.6~1.1）	2.2（1.6~2.7）

7.1.3.3 不同时间段颗粒物污染相关经济成本比较

根据健康结局和单位经济成本,可以分析特定健康结局的经济成本。如表 7-4 所示,会议进行期间,每日由 $PM_{2.5}$ 引起的非意外死亡的最低经济成本占北京市 2014 年平均每日地区生产总值(gross domestic product, GDP)的 0.06%,与会议开始前和结束后相比分别降低了 61.3%和 66.6%;会议开始前、进行期间和结束后,$PM_{2.5}$ 造成的超额非意外死亡的每日最大经济成本分别占北京市平均每日 GDP 的 0.29%、0.11%和 0.33%。PM_{10} 造成的超额非意外死亡的经济成本,与会议开始前相比,会议进行期间和结束后的平均每日最低经济损失分别下降 50.3%和增加 26.5%。心血管疾病死亡和呼吸系统疾病死亡造成的经济成本的变化趋势与上文类似。总之,低浓度颗粒物可以显著降低死亡风险,节省的经济成本约为北京市平均每日 GDP 的 0.2%。

表 7-4　北京 APEC 会议不同时段大气颗粒物健康影响相关经济成本与相应 GDP 百分比

健康结局	经济成本及其与相应 GDP 的百分比	会议开始前期[a]	会议进行期间[a]	会议结束后期[a]
$PM_{2.5}$($\mu g/m^3$)				
非意外死亡	最低经济成本(美元)	1 400 713	541 912	1 574 445
		(1 150 973~1 661 311)	(445 188~640 636)	(1 346 422~1 856 759)
	最高经济成本(美元)	2 799 326	1 085 010	3 146 529
		(2 300 221~3 320 131)	(889 708~1 280 312)	(2 690 825~3 710 734)
	百分比	0.15%~0.29%	0.057%~0.11%	0.17%~0.33%
心血管疾病死亡	最低经济成本(美元)	521 196	195 448	575 487
		(390 897~629 778)	(152 015~249 740)	(434 330~705 786)
	最高经济成本(美元)	1 041 610	390 604	1 150 111
		(781 207~1 258 612)	(303 803~499 105)	(868 008~1 410 513)
	百分比	0.055%~0.11%	0.021%~0.041%	0.061%~0.12%
呼吸系统疾病死亡	最低经济成本(美元)	217 165	86 866	249 740
		(130 299~314 889)	(54 291~119 441)	(152 015~347 464)
	最高经济成本(美元)	434 004	173 602	499 105
		(260 402~629 306)	(108 501~238 702)	(303 803~694 406)
	百分比	0.023%~0.046%	0.0091%~0.018%	0.026%~0.052%
PM_{10}($\mu g/m^3$)				
非意外死亡	最低经济成本(美元)	1 596 161	792 652	2 019 632
		(1 400 713~1 737 318)	(694 927~868 659)	(1 780 751~2 204 223)
	最高经济成本(美元)	3 189 929	1 584 115	4 036 237
		(2 799 326~3 472 032)	(1 388 881~1 736 016)	(3 558 833~4 405 141)
	百分比	0.17%~0.34%	0.083%~0.17%	0.21%~0.42%

续表

健康结局	经济成本及其与相应GDP的百分比	会议开始前期[a]	会议进行期间[a]	会议结束后期[a]
心血管疾病死亡	最低经济成本（美元）	673 211	336 605	857 801
		（586 345~770 935）	（293 173~390 897）	（738 360~966 383）
	最高经济成本（美元）	1 345 412	672 706	1 714 316
		（1 171 811~1 540 714）	（585 905~781 207）	（1 475 614~1 931 318）
	百分比	0.071%~0.15%	0.035%~0.071%	0.090%~0.18%
呼吸系统病死亡	最低经济成本（美元）	184 590	97 724	238 881
		（130 299~228 023）	（65 149~119 441）	（173 732~293 173）
	最高经济成本（美元）	368 903	195 302	477 404
		（260 402~455 704）	（130 201~238 702）	（347 203~585 905）
	百分比	0.019%~0.039%	0.010%~0.021%	0.025%~0.050%

a 以平均值和95%CI表示。

7.1.4 讨 论

研究发现，APEC期间严格的排放控制措施可以明显降低大气$PM_{2.5}$和大气PM_{10}浓度，会议前后的平均减少率分别为57.0%和50.6%，相较于奥运会期间管控措施所导致的大气PM_{10}浓度下降23.4%，本次干预政策对空气质量的改善效果更为明显。此外，奥运会期间降低的日均个体死亡率为38.3%，节约健康相关经济成本38.2%，而APEC期间降低的颗粒物浓度更高、保护的暴露人群范围更大，且当前的医疗成本不断上涨，因此本次会议期间的管控措施所带来的健康及相关经济收益更为明显。这提示，类似APEC会议期间的严格管控措施可显著改善区域空气质量、提高管控区内人群健康水平，为我国大气污染治理提供良好的参考和借鉴。

7.1.5 小 结

本次研究发现，APEC会议期间实施的严格大气污染防控措施能够有效降低大气$PM_{2.5}$和PM_{10}浓度，显著改善短期空气质量并降低相应的健康风险和经济损失。

7.2 基于群体水平的全国大气污染干预措施与人群急性健康效应

7.2.1 概 述

伴随经济快速增长的城市规划和建设，煤炭燃烧形成的能源消耗、工业废物排放和机动车的使用增加，使我国的大气污染问题日渐严重。2015年，因大气污染，我国有约100万人过早死亡，DALYs估计达到2180万。为减少环境污染、改善人群的健康状况，我国于2013年发布了APPCAP计划，为了解长期空气质量管理措施对人群健康的影响，进行了以下相关研究。

7.2.2 研究方法

7.2.2.1 研究地点

对我国31个省（自治区、直辖市）的74个重点城市（含直辖市）的空气质量监测和死亡率数据进行分析。城市的选择依据为地理分布、数据可获得性和人口规模，并且属于国家2012年第一批开展大气$PM_{2.5}$定期监测的城市。2017年，这些城市的总人口达到5亿，约占全国人口的41.2%。另外，京津冀地区、长三角地区和珠江三角洲地区也被纳入研究，这三大地区是我国大气污染控制重点区域，也是我国最发达的地区之一。

7.2.2.2 暴露评估

本次研究共纳入6种标准大气污染物，即$PM_{2.5}$、PM_{10}、SO_2、NO_2、CO和O_3。从《中国统计年鉴》中获得其中52个城市2013~2016年6种大气污染物年均浓度数据；年鉴中缺失其余22个城市的年均暴露数据，由全国城市空气质量实时发布平台的每小时浓度数据计算而来。由于统计年鉴中的大气污染物浓度是由全国城市空气质量实时发布平台提供的，所以这两种数据收集方法一致。

采用每年324日或更多的日平均浓度数据和每月27日或更多的日平均浓度数据（2月≥25日日平均浓度）验证城市层面大气$PM_{2.5}$、PM_{10}、SO_2、NO_2和CO暴露数据的有效性。采用每年324日或更多日的8小时滑动平均浓度数据和每月27日或更多日的8小时滑动平均浓度数据（2月≥25日日平均浓度）标准来验证城市水平数据的有效性。这6种标准大气污染物的监测按照我国《环境空气质量标准》

（GB 3095—2012）和《环境空气质量评价技术规范》（HJ 663—2013）进行。

7.2.2.3 人口和死亡数据

从《中国统计年鉴》中获取 2013~2016 年年均人口规模数据。不同年龄段的市级（含直辖市）人口比例从 2010 年人口普查中获取。2017 年的人口规模基于联合国人口司的中国人口增长率进行估算；由于人口增长缓慢，估算的误差相对较小。

死亡数据从中国疾病预防控制中心获得。2004 年以来，中国疾病预防控制中心已建立 161 个死亡监测点。在这些死亡监测点的基础上，估计了特定年龄和特定原因的死亡率。不同地区、不同年龄段特定原因死亡比例来自 2013 年《中国死因监测数据集》。

7.2.2.4 风险评估

由于大气污染物间具有高度共线性，因此本次研究根据"全球疾病负担研究"，只选择 $PM_{2.5}$ 和对流层 O_3 作为量化大气污染对健康影响的指标。研究估计了 COPD、缺血性心脏病、肺癌和卒中可归因于 $PM_{2.5}$ 的疾病死亡负担，以及 COPD 可归因于 O_3 的疾病死亡负担。采用综合风险度评估模型（integrated exposure-respones function，IER），评估大气 $PM_{2.5}$ 浓度对不同疾病死亡率的影响，计算如式（7-4）和式（7-5）所示：

$$z < z_{cf}, RR_{IER}(z) = 1 \quad (7\text{-}4)$$

$$z \geq z_{cf}, RR_{IER}(z) = 1 + \alpha \left[1 - \exp(-\gamma(z - z_{cf})^{\delta}) \right] \quad (7\text{-}5)$$

式中，z 表示 $PM_{2.5}$ 浓度（μg/m³）；z_{cf} 表示安全阈值；RR_{IER} 表示综合的相对危险度；α、γ 和 δ 表示通过非线性回归方法估计的系数。

为评估大气 O_3 暴露所导致的 COPD 死亡相对危险度，本研究采用美国研究报告中的呼吸死亡率线性暴露-反应函数。

7.2.2.5 对健康收益的评估

首先，可归因于 $PM_{2.5}$ 和 O_3 的死亡人数计算如式（7-6）所示：

$$\Delta Mort_{\alpha} = \left(\frac{RR_{\alpha} - 1}{RR_{\alpha}} \right) \times \gamma_{0,\alpha} \times Pop_{\alpha} \quad (7\text{-}6)$$

式中，$\Delta Mort_{\alpha}$ 表示特定年龄段中可归因于大气 $PM_{2.5}$ 和 O_3 暴露的超额死亡人数；$\gamma_{0,\alpha}$ 表示特定年龄段特定健康结果的基线死亡率；Pop_{α} 表示特定年龄段的暴露人口数；RR_{α} 表示特定年龄段的相应相对危险度。

在此基础上对相应死亡寿命损失年（years of lost life，YLL）进行计算，如式

（7-7）所示：

$$\Delta YLL_a = \Delta Mort_a \times L_t \quad (7-7)$$

式中，ΔYLL_a 表示特定年龄段中可归因于大气 $PM_{2.5}$ 和 O_3 暴露的 YLL；$\Delta Mort_a$ 表示特定年龄段可归因于大气 $PM_{2.5}$ 和 O_3 暴露的超额死亡人数；L_t 表示特定年龄段的预期寿命。

在这一分析中，采用了《中国居民预期寿命及危险因素研究报告》中的 2013 年中国居民寿命表，而 YLL 是所有年龄段大气 $PM_{2.5}$ 和 O_3 暴露导致的预期寿命和超额死亡率的总和。

7.2.3 主要结果

7.2.3.1 我国 APPCAP 实施 5 年间大气质量改善情况

如表 7-5 和图 7-1 所示，APPCAP 实施期间，大气 $PM_{2.5}$、PM_{10}、SO_2 浓度均大幅下降。5 年间，74 个城市大气 $PM_{2.5}$ 浓度下降 33.3%，74 个城市大气 PM_{10} 浓度年均下降 27.8%。其次，74 个城市年均大气 SO_2 浓度下降了 54.1%，年均大气 CO 浓度下降了 28.2%。此外，74 个城市年均大气 NO_2 浓度下降 9.7%，而年均大气 O_3 浓度反而增高 20.4%，但这两者的变化并不明显（均 $P>0.05$）。

表 7-5 2013～2017 年我国 74 个城市 6 种标准大气污染物的年平均浓度

	均数（标准差）	范围	中位数（四分位数）
$PM_{2.5}$（μg/m³）			
2013 年	72.7（27.8）	26.0～160.0	70.0（53.0～81.0）
2014 年	63.6（23.1）	23.0～130.0	62.5（47.2～73.5）
2015 年	55.2（19.5）	22.0～107.0	54.5（41.0～64.8）
2016 年	49.7（17.4）	21.0～99.0	46.0（37.2～56.8）
2017 年	47.0（15.8）	19.0～86.0	42.5（37.0～56.8）
PM_{10}（μg/m³）			
2013 年	118.4（50.7）	47.0～305.0	108.0（85.0～130.0）
2014 年	105.3（40.8）	42.0～232.0	102.5（73.2～121.8）
2015 年	92.6（34.1）	40.0～175.0	87.5（66.8～107.8）
2016 年	84.9（30.8）	39.0～164.0	79.5（62.2～101.0）
2017 年	83.2（29.8）	37.0～157.0	79.5（60.0～99.0）
NO_2（μg/m³）			
2013 年	43.9（11.1）	17.0～69.0	43.0（36.2～52.0）
2014 年	41.4（10.5）	16.0～62.0	41.0（35.0～49.8）

第七章　大气污染干预措施对人群急性健康效应暴露-反应关系的影响研究

续表

	均数（标准差）	范围	中位数（四分位数）
2015 年	39.1（10.4）	14.0～61.0	39.5（31.0～46.8）
2016 年	39.2（10.4）	16.0～61.0	38.5（32.0～46.0）
2017 年	39.2（10.1）	11.0～59.0	39.5（33.0～47.8）
SO_2（μg/m³）			
2013 年	39.9（24.3）	7.0～114.0	33.0（26.0～47.5）
2014 年	32.1（18.1）	6.0～82.0	26.0（20.2～40.2）
2015 年	25.0（14.6）	5.0～71.0	21.0（15.2～30.8）
2016 年	20.9（12.5）	6.0～68.0	17.0（13.0～25.8）
2017 年	17.0（9.8）	6.0～52.0	14.0（11.0～19.8）
CO（mg/m³）			
2013 年	2.5（1.2）	1.0～5.9	2.1（1.6～3.1）
2014 年	2.0（0.9）	0.9～5.4	1.6（1.5～2.4）
2015 年	2.1（1.0）	0.9～5.8	1.7（1.4～2.7）
2016 年	1.9（0.9）	0.9～4.4	1.6（1.3～2.5）
2017 年	1.7（0.8）	0.8～3.8	1.4（1.2～2.1）
O_3（μg/m³）			
2013 年	139.2（25.9）	72.0～190.0	141.0（122.2～158.8）
2014 年	145.4（26.0）	69.0～200.0	147.0（128.0～165.0）
2015 年	150.6（23.2）	95.0～203.0	149.0（137.8～168.8）
2016 年	154.0（21.1）	102.0～199.0	154.5（141.8～167.8）
2017 年	162.9（24.0）	118.0～211.0	163.5（143.5～183.0）

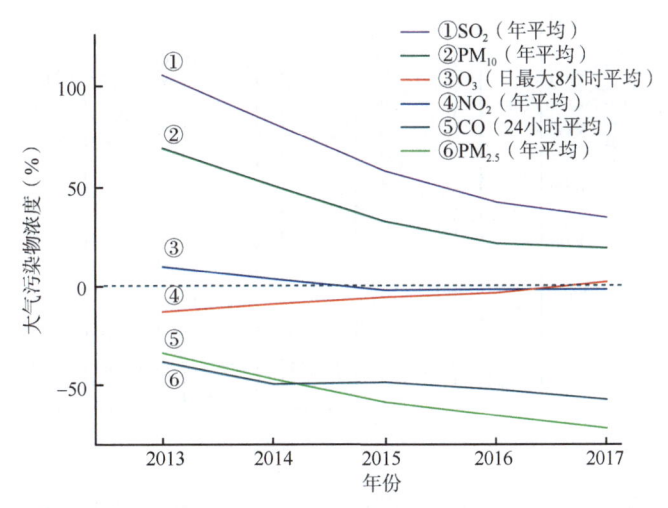

图 7-1　2013～2017 年我国 74 个城市大气污染物的平均浓度变化趋势

虚线为我国《环境空气质量标准》（GB 3095—2012）中的二级浓度限值，图中的值以超过或低于该浓度限值的百分比表示

7.2.3.2　APPCAP 实施 5 年间大气质量改变所致疾病负担变化情况

2013~2017 年，归因于 $PM_{2.5}$ 暴露的过早死亡人数和 YLL 分别降低了 15.21%和 11.94%，但是 74 个城市年均大气 O_3 浓度 5 年间有所增加，由此造成的归因于 COPD 的过早死亡人数和 YLL 分别增加了 15.64%和 15.54%(图 7-2)。虽然 5 年间大气 O_3 浓度有所上升，但总体空气质量有所好转，人群健康状况得到了一定的改善。与 2013 年的基线水平相比，2017 年 74 个城市因空气质量改善可避免的死亡人数和 YLL 分别增加 47 240 人（95%CI：25 870~69 990 人）和 710 020 人年（95%CI：420 230~1 025 460 人年）（表 7-6）。2014~2017 年，

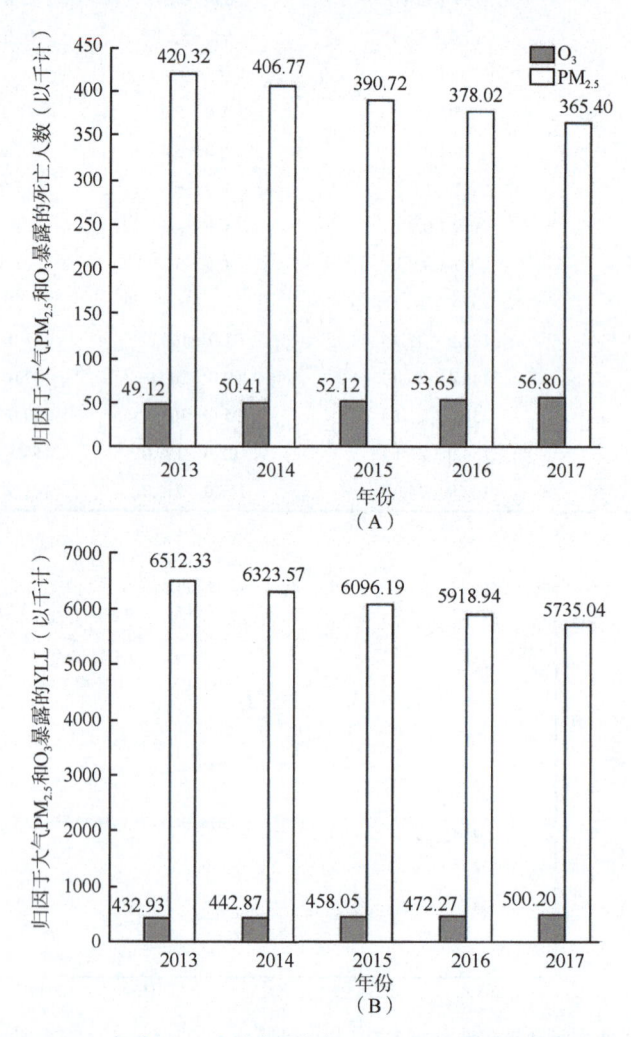

图 7-2　2013~2017 年我国 74 个城市的大气 $PM_{2.5}$ 和 O_3 暴露造成的死亡人数和 YLL
（A）归因于大气 $PM_{2.5}$ 和 O_3 暴露的死亡人数（以千计）；（B）大气 $PM_{2.5}$ 和 O_3 暴露造成的 YLL（以千计）

在京津冀、长三角和珠江三角洲三个地区，因空气质量改善而避免的死亡人数和 YLL 也逐年增加。2017 年，三个重点区域的死亡人数减少 26 210 人（95%CI：540～50 920 人），YLL 减少 389 850 年（95%CI：26 010～737 620 年）（图 7-3），分别占 74 个城市变化情况的 55.5% 和 55.0%。

表 7-6 我国 74 个城市的空气质量改善可避免死亡人数（人）和 YLL（年）

年份	可避免死亡人数（95%CI）	每 100 000 人中可避免的死亡人数（95%CI）	可避免 YLL（95%CI）	每 100 000 人中可避免的 YLL（95%CI）
2014	12 260（-6700～34 090）	2.4（-1.3～6.6）	178 820（-157 850～510 250）	34.7（-30.6～98.9）
2015	26 600（4 880～50 340）	5.1（0.9～9.7）	391 020（73 130～711 410）	75.4（14.1～137.1）
2016	37 770（15 640～60 400）	7.2（3.0～11.6）	554 050（233 510～872 740）	106.1（44.7～167.2）
2017	47 240（25 870～69 990）	9.0（4.9～13.4）	710 020（420 230～1 025 460）	135.5（80.2～195.7）

注：以 2013 年为对照标准。

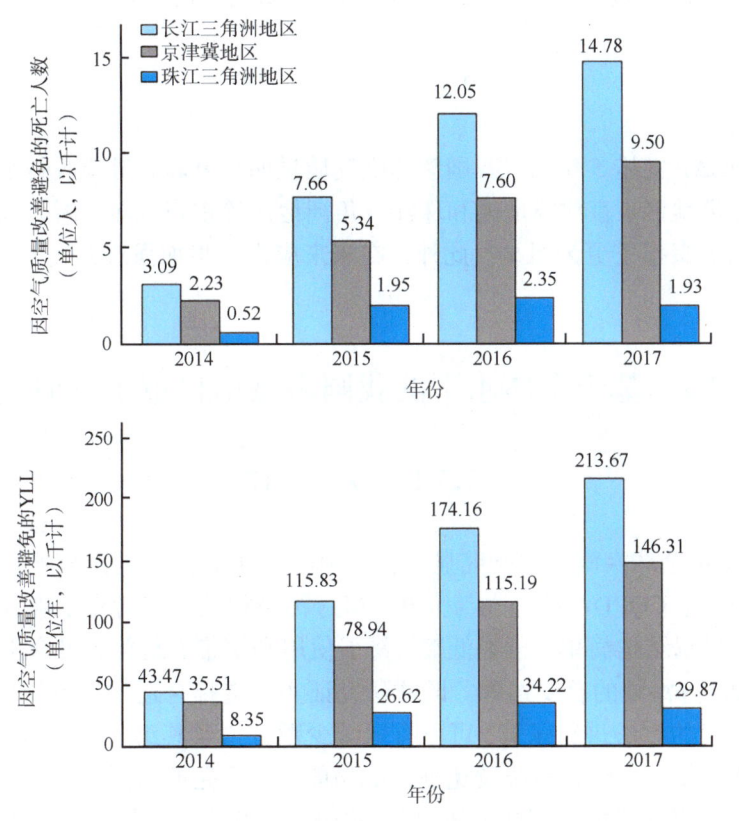

图 7-3 2014 年～2017 年 3 个重点区域因空气质量改善而避免的死亡人数和 YLL（与 2013 年相比）

7.2.4 讨　　论

研究表明，APPCAP 实施的 5 年间，空气质量明显好转，且观察到了明显的健康效益，74 个城市年死亡人数和 YLL 均下降 10%左右，说明我国的大气污染治理政策已经取得了一定成效。同时，在京津冀地区进行的另一项研究也表明，APPCAP 有效降低了该地区 $PM_{2.5}$ 污染程度。APPCAP 所取得的成绩，主要来自能源结构的优化，包括将燃料从煤炭改为天然气或电力、应用煤炭脱硫技术、推广新能源汽车等。综合考虑空气质量改善所带来的健康效益，我国的发展战略应从经济增长转向环境和经济的可持续发展。

但是，O_3 和 NO_2 的排放控制工作仍需进一步关注和加强，尤其应加强对 O_3 形成的调查，探索关键区域挥发性有机物和氮氧化物的最佳比例等。另外，74 个城市的大气 $PM_{2.5}$ 和 PM_{10} 年浓度仍超过了我国环境空气质量标准的二级标准，且大气污染物的下降呈现先快后慢的趋势。这表明，当大气污染物浓度降至一定水平时，长期的空气质量管理将是一项艰巨而复杂的任务。

7.2.5 小　　结

APPCAP 实施 5 年间，我国整体空气质量明显好转，健康收益显著，且在长江三角洲地区、京津冀地区和珠江三角洲地区等重点区域，因大气质量改善而避免的健康损失更为明显。此外，在未来应进一步加强对大气 O_3 和 NO_2 的管控。

7.3　基于个体水平的我国多城市口罩干预研究

7.3.1 概　　述

2010 年全球疾病负担研究显示，我国超过 120 万人的过早死亡（死于冠心病、卒中、COPD、肺癌）与大气 $PM_{2.5}$ 污染相关。在所有正确有效的干预措施中，口罩结构简单、成本低廉、易于使用和携带，是普通民众出门在外防护大气 $PM_{2.5}$ 污染的首要选择。既往研究证实，选择合适的颗粒物防护口罩，并按照正确的方法进行佩戴，可以有效减少颗粒物及其组分的暴露，改善佩戴者的呼吸系统、心血管系统及免疫系统功能。为探究不同污染条件下，口罩干预的防护效果和所能达到的健康效益,本研究选择全国不同污染浓度的城市进行对比。

7.3.2 研究方法

7.3.2.1 研究时间和地点

分别于 2018 年 12 月至 2019 年 1 月、2019 年 3 月至 4 月、2019 年 10 月至 11 月和 2019 年 11 月至 12 月于武汉市、太原市、西安市和上海市进行现场研究。

7.3.2.2 研究设计

本研究采用随机交叉设计，将研究对象随机分为两组，每组干预 2 次，洗脱期至少为 7 天。第一组佩戴装有滤芯的主动式装置的 N95 口罩（真口罩）在城市道路旁步行 2 小时，步行结束后统一在预先安排的实验室中活动，干预前后测量肺功能、心率变异性（HRV）和血压（BP）；经过洗脱期之后，佩戴未带滤芯的主动式装置的 N95 口罩（假口罩）在城市道路旁步行 2 小时，其他流程相同。第二组干预顺序与第一组相反。干预期间同时监测环境大气污染物暴露水平。实验当日流程如图 7-4 所示。

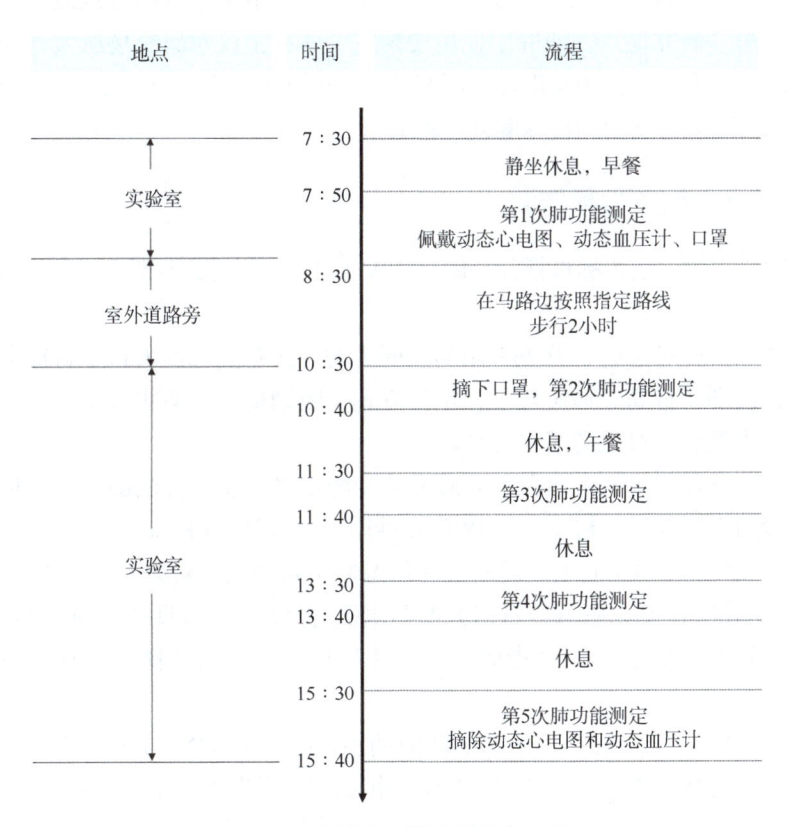

地点	时间	流程
实验室	7：30	静坐休息，早餐
	7：50	第1次肺功能测定 佩戴动态心电图、动态血压计、口罩
室外道路旁	8：30	在马路边按照指定路线 步行2小时
	10：30	摘下口罩，第2次肺功能测定
实验室	10：40	休息，午餐
	11：30	第3次肺功能测定
	11：40	休息
	13：30	第4次肺功能测定
	13：40	休息
	15：30	第5次肺功能测定 摘除动态心电图和动态血压计
	15：40	

图 7-4 多城市口罩干预研究流程

7.3.2.3 研究对象

在本次研究选择的高校中招募研究对象，为减少个体差异和避免混杂，纳入时执行了严格的纳入和排除标准。其中纳入标准：①年龄 18～29 岁；②体重指数在 18.5～24.0kg/m^2；③在研究城市当地居住至少 1 年以上；④愿意配合本次调查。排除标准：①酗酒、经常饮用咖啡、吸烟或戒烟不超过 1 年或有烟草暴露的研究对象；②有心肺慢性疾病或病史，长期服用心脑血管疾病及呼吸系统疾病治疗药物的研究对象；③口罩适合性检验系数小于 100 的研究对象；④测定前 4 周至测定结束有呼吸系统感染症状的研究对象；⑤对研究项目缺乏充分理解的对象。最终每个城市选择了 31～34 名健康大学生。另外，研究对象在研究期间避免服用抗炎药物，避免摄入咖啡因、酒精、高硝酸盐食物。

7.3.2.4 暴露指标测量

本次研究以研究场地所在校区附近的交通主干道为主要研究地点，以校区内实验室为另一研究地点。研究中使用便携式个体粉尘仪对研究场所大气 $PM_{2.5}$ 和 PM_{10} 浓度进行测量，使用噪声计对研究场所环境噪声水平进行测量，使用温湿度仪对研究场所环境温度和相对湿度进行测量。

7.3.2.5 健康指标测量

本次研究的健康指标包括肺功能、HRV 和 BP，同时会对研究对象基本信息进行收集。

在纳入研究对象时，首先采用问卷调查的方式对其基本人口学特征资料（包括年龄、性别、身高、体重等），生活方式（吸烟史、饮酒史等），疾病史等进行调查，收集研究对象的基本信息。

使用肺量计测量研究对象的呼吸系统功能水平，所选择的肺功能指标包括：①第 1 秒用力呼气量（FEV_1）；②第 6 秒用力呼气量（FEV_6）。

使用 12 导联动态心电图监测仪和动态血压监测仪，对研究对象 HRV 和 BP 指标进行测量。监测设备从当日研究开始佩戴直至结束，每日共计约 7 小时。HRV 指标记录间隔为 5 分钟，BP 指标记录间隔为 15 分钟。所选择的 HRV 和 BP 指标如下。

（1）HRV 时域指标：①全部 NN 间期的标准差（SDNN）；②每 5 分钟 NN 间期平均值的标准差（SDANN）；③全部相邻 NN 间期差值的均方根（r-MSSD）；④相邻 NN 间期差值＞50ms 的窦性心律数占总窦性心律数的百分比（pNN50）。

（2）HRV 频域指标：①总功率（total power，TP）；②极低频段功率（VLF）；③低频段功率（LF）；④高频段功率（HF）；⑤低频高频比（LF/HF）。

（3）BP 指标：①收缩压（SBP）；②舒张压（DBP）；③平均动脉压（MAP）；④脉压差（PP），即 SBP 与 DBP 差值。

7.3.2.6 数据统计分析

在分析过程中主要采用的分析方法包括描述性统计分析、相关性分析、线性混合效应模型，检验水准 $α=0.05$（双侧）。

7.3.3 主 要 结 果

7.3.3.1 不同城市污染情况对比

研究期间，武汉的颗粒物污染最为严重，太原最轻。各城市的具体环境参数如表 7-7 所示。

表 7-7 不同城市研究期间环境指标对比

暴露指标	均值（最小值～最大值，标准差）			
	太原	西安	武汉	上海
$PM_{2.5}$（μg/m³）	32.9（2.0～119.0，24.5）	37.3（2.0～131.0，25.0）	55.4（9.0～158.0，31.2）	44.7（6.0～146.0，34.9）
PM_{10}（μg/m³）	41.8（13.0～158.0，26.1）	45.2（13.0～162.0，26.3）	68.7（14.0～199.0，31.7）	50.6（7.0～165.0，40.0）
CO（ppm）	1.17（0.4～2.9，0.45）	1.05（0.3～2.8，0.41）	1.35（0.5～3.2，0.65）	1.11（0.4～2.2，0.52）
O_3（ppb）	34.0（6.0～80.0，21.7）	33.0（7.0～83.0，20.4）	13.1（3.0～37.0，10.8）	34.6（8.0～67.0，17）
SO_2（ppb）	25.1（7.0～58.0，12.1）	24.8（6.8～66.1，11.7）	11.7（4.0～35.0，7.1）	10.6（4.0～21.0，5.6）
NO_2（ppb）	60.0（14.0～113.0，27.7）	55.0（12.6～109.3，26.5）	58.5（28.0～101.0，22.6）	67.6（25.0～121.0，29.6）
噪声（dB）	64.8（35.6～107.1，7.2）	66.1（32.3～108.4，8.1）	65.9（39.2～108.7，6.5）	70.8（36.5～86.4，7.08）
温度（℃）	11.7（5.3～16.5，3.3）	17.1（9.3～23.4，5.2）	10.5（−0.6～25.7，6.2）	13.0（8.2～25.0，3.2）
相对湿度（%）	30.1（19.0～65.0，11.2）	33.1（17.5～58.0，10.9）	64.5（32.3～93.8，14.8）	55.0（29.9～85.8，13.9）

7.3.3.2 不同城市 $PM_{2.5}$ 个体暴露与心肺健康之间的关联

四城市 $PM_{2.5}$ 短期暴露与 BP 的关联如图 7-5 所示。从不同 BP 指标与暴露时间窗来看，武汉、上海和太原这 3 个城市 SBP、DBP 和 MAP 与 $PM_{2.5}$ 暴露多呈显著正关联,且暴露窗大多集中于滞后 5~30 分钟,在滞后 1~6 小时的暴露窗下四城市 PM$_{2.5}$ 浓度与这 3 种 BP 指标之间的关联存在效应值减弱甚至出现少量负向显著关联的情况。在滞后 1~4 小时的暴露窗下观察到武汉、上海和太原这 3 个城

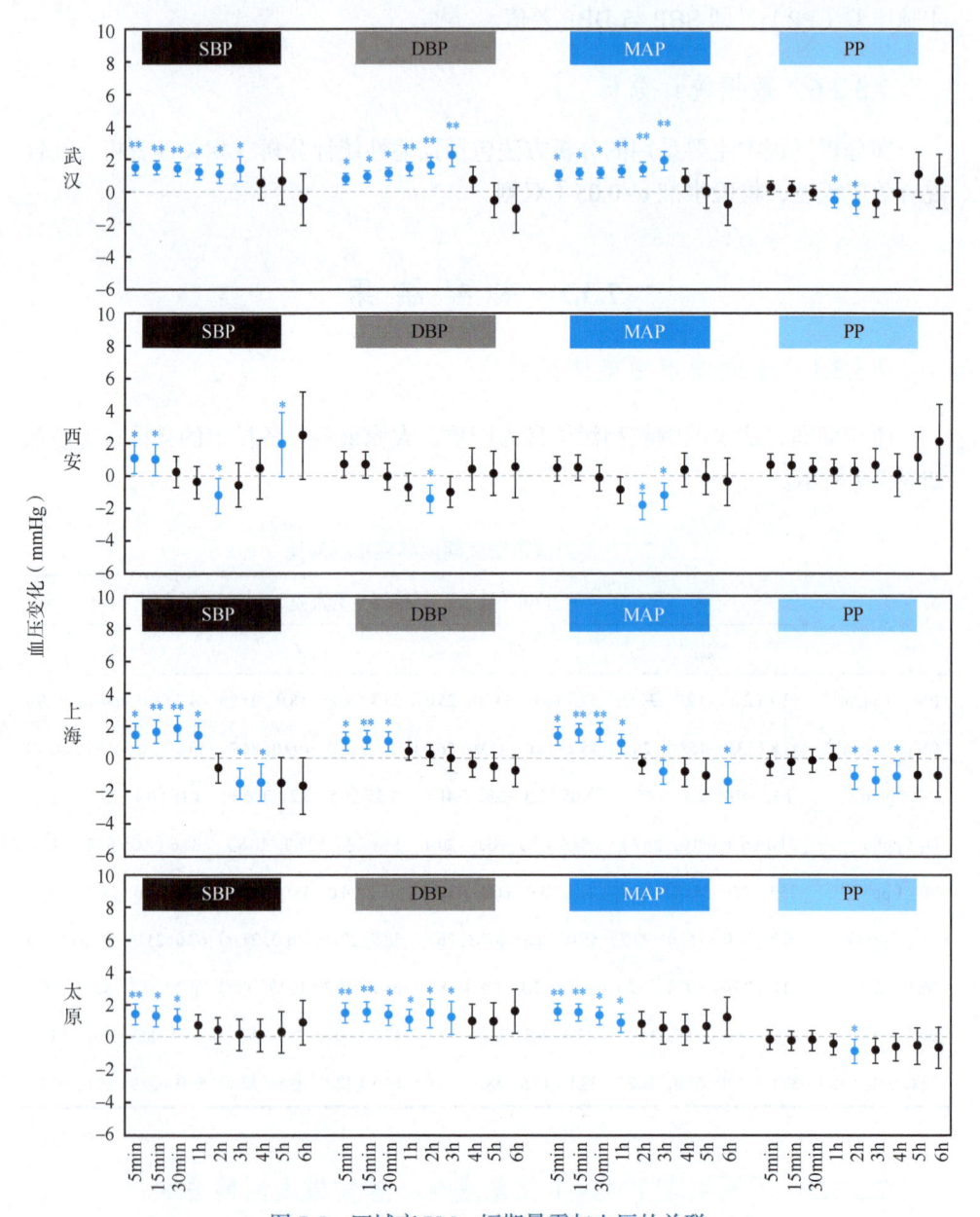

图 7-5 四城市 PM$_{2.5}$ 短期暴露与血压的关联

* $P<0.05$;** $P<0.01$;图中蓝色表示 PM$_{2.5}$ 暴露与 BP 指标关联显著;统计分析使用线性混合效应模型,在模型中控制了性别、年龄、体重指数和温湿度等混杂因素,结果表示为 PM$_{2.5}$ 增加 10μg/m³ 对应的 BP 指标的变化及 95%CI

市 PM$_{2.5}$ 暴露与 PP 之间呈显著负向关联。从四城市之间的比较来看，武汉 PM$_{2.5}$ 暴露对 SBP、DBP 和 MAP 上升有显著关联的窗口期持续时间最长（5 分钟至 3 小时），而西安 PM$_{2.5}$ 暴露与 SBP、DBP 和 MAP 有显著关联的窗口期最短，且并未观察到与 PP 的显著关联。

四城市 PM$_{2.5}$ 短期暴露与肺功能的关联如图 7-6 所示。从不同肺功能指标与暴

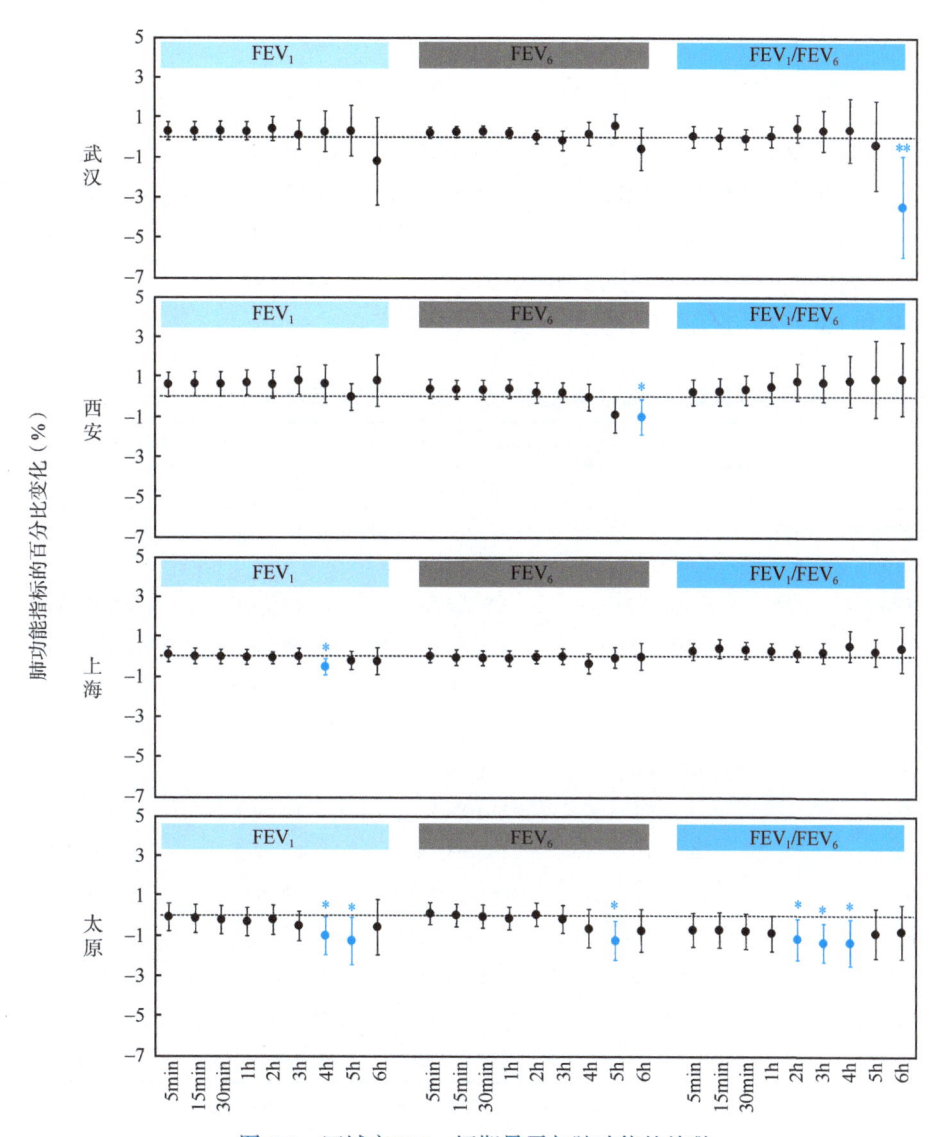

图 7-6 四城市 PM$_{2.5}$ 短期暴露与肺功能的关联

* $P<0.05$；** $P<0.01$；图中蓝色表示 PM$_{2.5}$ 暴露与肺功能关联显著；统计分析使用线性混合效应模型，在模型中控制了性别、年龄、体重指数和温湿度等混杂因素，结果表示为 PM$_{2.5}$ 增加 10μg/m³ 对应的肺功能指标的百分比变化及 95%CI

露窗来看，四城市 PM$_{2.5}$ 浓度在滞后 5 分钟至 3 小时的暴露窗下与 FEV$_1$ 和 FEV$_6$ 均未发现明显关联，而西安、上海、太原这 3 个城市颗粒物浓度在滞后 4~6 小时的暴露窗下与 FEV$_1$ 和 FEV$_6$ 呈显著负向关联。FEV$_1$/FEV$_6$ 方面，在武汉（滞后 6 小时暴露窗）和太原（滞后 2~4 小时暴露窗）发现 PM$_{2.5}$ 浓度与 FEV$_1$/FEV$_6$ 呈显著负向关联。从四城市之间比较来看，太原 PM$_{2.5}$ 短期暴露与肺功能的关联最明显且效应最强。

7.3.3.3 口罩干预对研究对象心肺健康的影响

四城市佩戴口罩降低颗粒物暴露对肺功能、BP 和 HRV 改善效果的合并结果如表 7-8 所示。从整体干预效果来看，步行 2 小时期间，真口罩组的 SBP 明显低于假口罩组，LF 明显高于假口罩组，但在整个随访的 7 小时时间段内未发现真口罩组与假口罩组间的显著差异；相较假口罩组，真口罩组的 FEV$_1$、FEV$_6$、DBP、MAP 和 HF 指标均有改善，但差异无统计学意义。

表 7-8　佩戴口罩降低颗粒物暴露所致肺功能、BP 和 HRV 相对基线变化的四城市合并结果

健康指标	步行 2 小时期间 真口罩组	步行 2 小时期间 假口罩组	随访 7 小时期间 真口罩组	随访 7 小时期间 假口罩组
肺功能指标变化百分比（%）				
FEV$_1$	−1.56±3.48	−1.82±3.55	1.32±4.07	−1.14±3.61
FEV$_6$	−1.02±2.86	−2.73±2.44	0.69±3.33	−2.28±2.72
FEV$_1$/FEV$_6$	−0.26±2.87	1.91±3.20	1.47±3.36	2.18±2.95
BP 变化（mmHg）				
SBP	6.2±4.1*	11.5±4.8	3.0±4.1	6.5±4.4
DBP	9.2±5.1	11.1±4.6	3.0±4.9	6.0±4.9
MAP	6.9±3.9	10.3±3.7	1.9±3.7	5.2±3.7
PP	14.8±13.8	34.1±16.7	21.0±15.7	30.7±17.3
HRV 变化				
LF（ms^2）	44（23~76）*	35（21~68）	66（38~110）	58（32~100）
HF（ms^2）	41（35~53）	40（35~49）	50（39~73）	49（39~71）
LF/HF	0.03（0.02~0.06）	0.03（0.02~0.05）	0.03（0.01~0.05）	0.03（0.01~0.05）

*$P<0.05$，真/假口罩组之间差异明显，统计分析时控制了性别、年龄、体重指数和温湿度等混杂因素。

在四城市中分析佩戴口罩对颗粒物暴露相关肺功能和 BP 变化的影响，结果如图 7-7 所示。在肺功能方面，总体而言，随着暴露时间的推移，假口罩组的肺功能较基线水平降低，而真口罩组的肺功能较基线水平升高。分别在西安和太原

观察到步行开始后 5 小时的 FEV_1 较基线的改变值，和步行开始后 7 小时的 FEV_6 较基线的改变值在真/假口罩组间存在明显差异。在 BP 方面，总体而言，真/假口罩组的 SBP、DBP 和 MAP 均在步行开始后达到峰值，随后呈整体下降趋势，且在大部分监测时点，假口罩组的 BP 水平高于真口罩组，但只在武汉和上海观察到部分监测时点下真/假口罩组间 MAP 和 SBP 较基线改变量的显著差异，两组间 DBP 较基线改变量的差异在 4 个城市中均不明显。

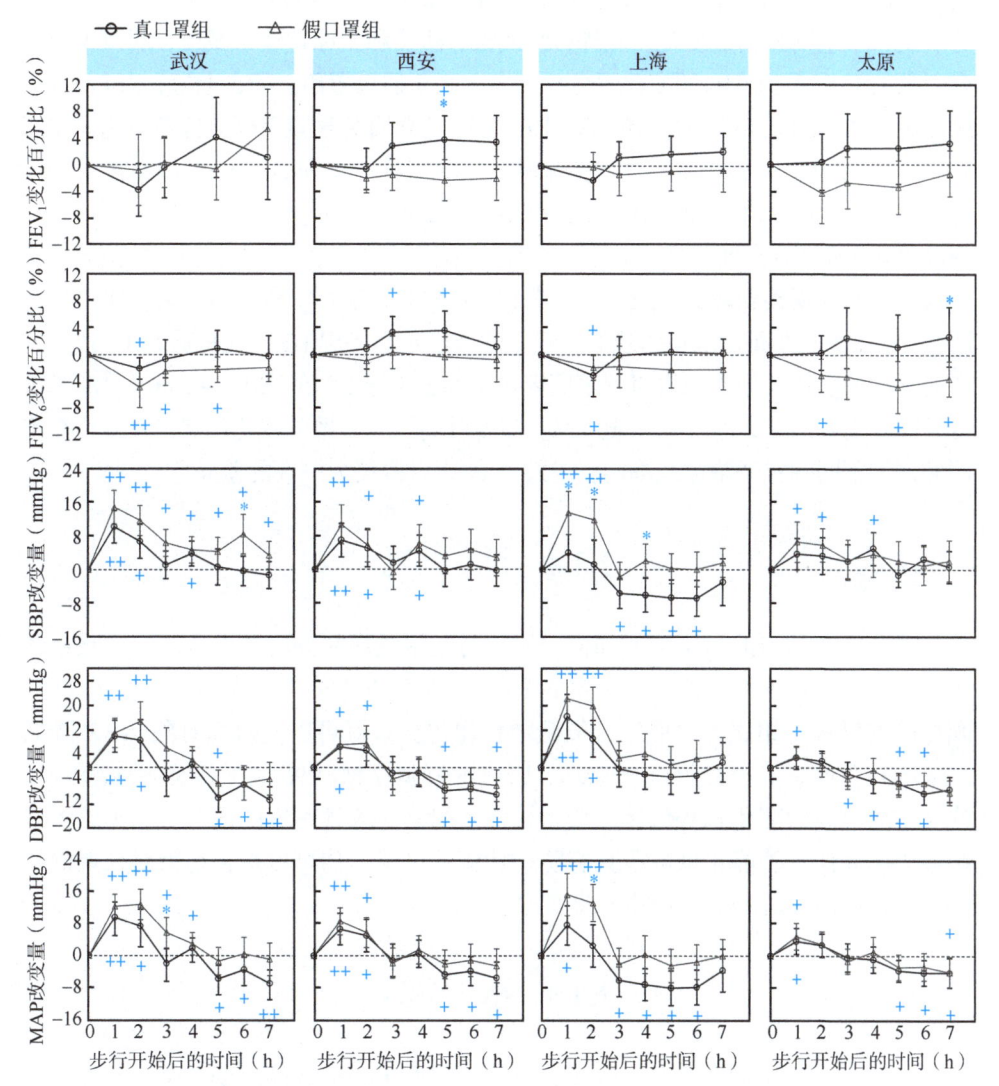

图 7-7 真/假口罩组各监测时点上血压和肺功能相对于基线水平的变化百分比比较

图中*表示真/假口罩组之间差异具有显著性，$P<0.05$。+，++表示与步行前水平比较有明显差异，+，$P<0.05$；++，$P<0.01$。统计分析时控制了性别、年龄、体重指数和温湿度等混杂因素，结果表示为相对于 0 小时的百分比变化及 95%CI

7.3.3.4 真/假口罩组研究对象 PM$_{2.5}$ 个体暴露与心肺健康指标的暴露-反应关系

进一步选用关联效应最强的时间窗研究 PM$_{2.5}$ 与肺功能、BP 和 HRV 的非线性暴露-反应关系。如图 7-8 所示，在肺功能方面，四城市 FEV$_1$ 与 FEV$_6$ 随 PM$_{2.5}$ 浓度的变化趋势并不一致，太原呈现相对明显的 FEV$_1$ 与 FEV$_6$ 随 PM$_{2.5}$ 浓度升高而降低的趋势，西安假口罩组的 FEV$_1$ 与 FEV$_6$ 随 PM$_{2.5}$ 浓度呈先降低后升高的趋势，真口罩组则无明显变化。此外，在武汉、西安和太原这 3 个城市，真口罩组研究对象的 FEV$_1$ 与 FEV$_6$ 的变化百分比基本上高于假口罩组；而在上海，当 PM$_{2.5}$ 浓度较高（约>50μg/m^3）时，真口罩组的 FEV$_1$ 变化百分比显著低于假口罩组。如图 7-9 所示，在 BP 方面，从整体趋势来看，四城市基本呈现 BP 随 PM$_{2.5}$ 浓度升高而升高的趋势。武汉和太原真口罩组研究对象的 BP 在 PM$_{2.5}$ 较高（>75μg/m^3）时呈现随 PM$_{2.5}$ 浓度升高而降低的趋势。在真/假口罩干预效果上，4 个城市的结果并不一致，在西安观察到较为一致的假口罩组 BP 基本高于真口罩组的现象。如图 7-10 所示，在 HRV 方面，从整体趋势来看。四城市基本呈现 HF 与 LF 随 PM$_{2.5}$ 浓度升高而降低的趋势，但太原真口罩组研究对象的 HF 与 LF 在 PM$_{2.5}$>20μg/m^3 时随浓度升高呈上升趋势，而 LF/HF 随 PM$_{2.5}$ 浓度升高没有一致的变化趋势。此外，在不同城市和不同颗粒物浓度范围内，未发现真/假口罩较为一致的差异。

7.3.4 讨 论

无论所在城市的污染情况如何，研究对象佩戴颗粒物防护口罩后，呼吸系统指标和心血管系统指标均得到一定的改善，一定程度上促进了人群心肺功能健康。既往研究发现，相比于对照组，佩戴颗粒物防护口罩可以使研究对象 SBP 降低 2.7mmHg（95%CI：0.1～5.2mmHg）、LH/HF 降低 7.8%（95%CI：3.5%～12.1%），这与本次研究的变化趋势保持一致。综合说明，在大气污染的情况下，不论大气污染程度如何，若能正确佩戴具有防护功能的口罩，均可以减轻污染对人群健康的危害，提高人群的心肺健康水平。

7.3.5 小 结

大气 PM$_{2.5}$ 短期暴露与年轻健康个体心肺健康指标负向改变有关，佩戴口罩能够降低甚至改善大气 PM$_{2.5}$ 暴露相关的心肺健康损害。大气颗粒物与心肺健康指标间的暴露-反应关系和口罩干预效果在不同污染程度城市具有不同模式，并且不存在低浓度限值。

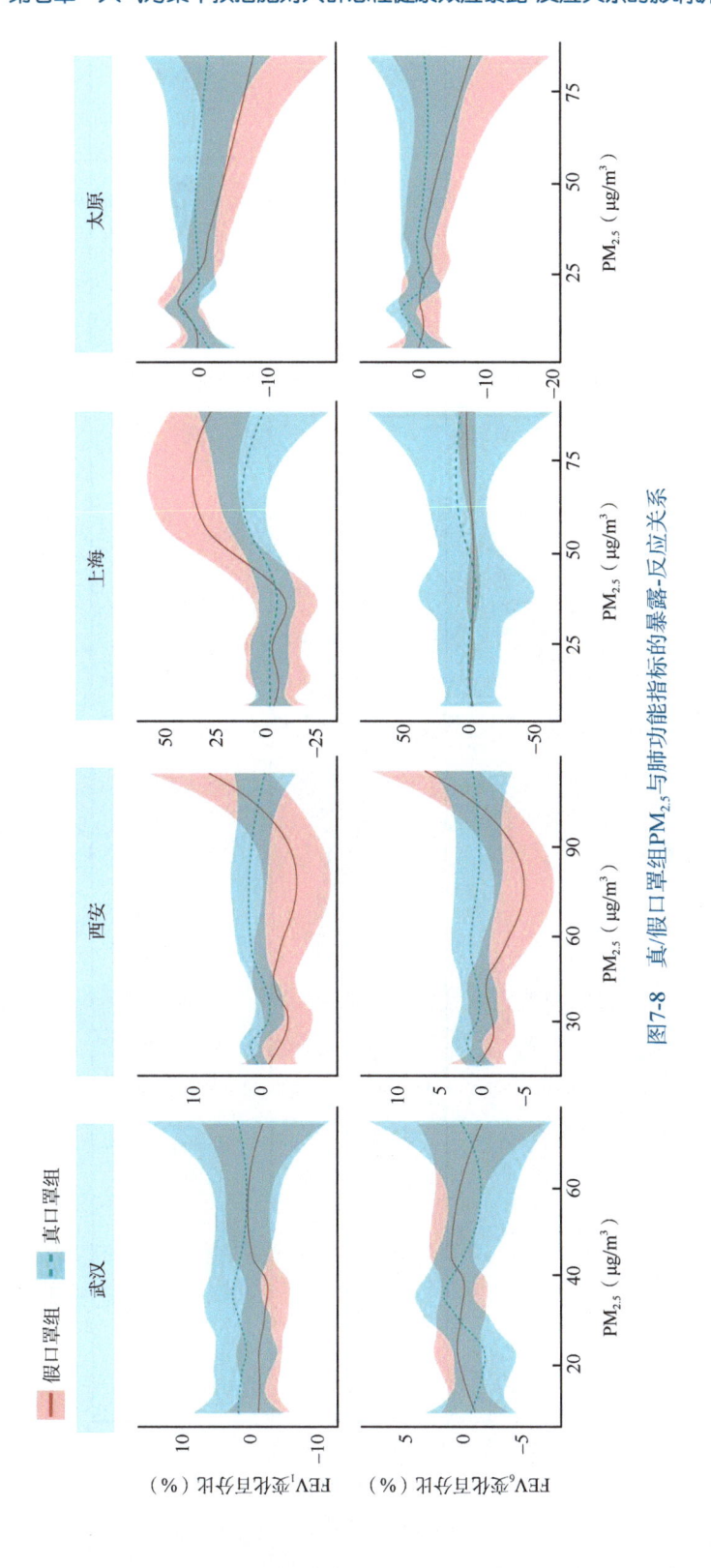

图7-8 真/假口罩组$PM_{2.5}$与肺功能指标的暴露-反应关系

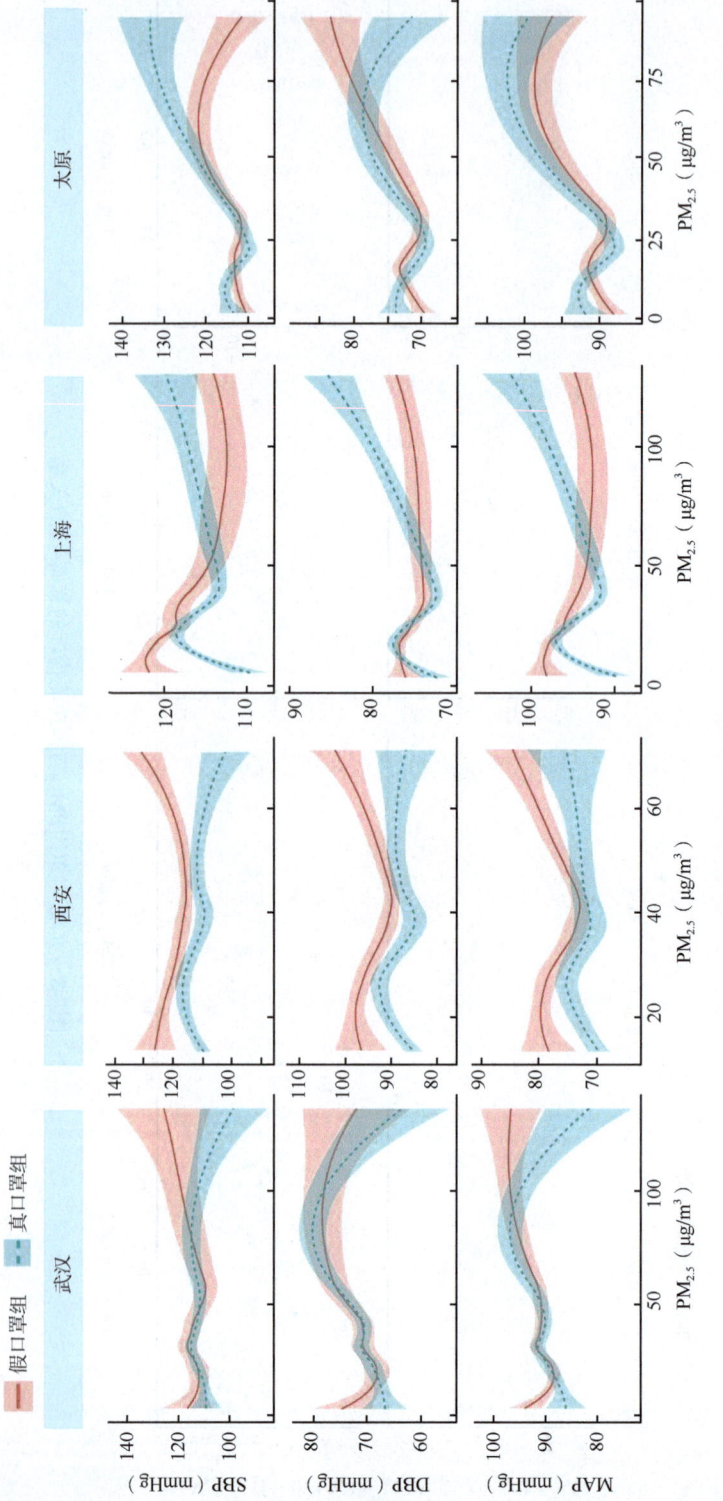

图7-9 真/假口罩组PM$_{2.5}$与BP指标的暴露-反应关系

图7-10 真/假口罩组PM$_{2.5}$与HRV指标的暴露-反应关系

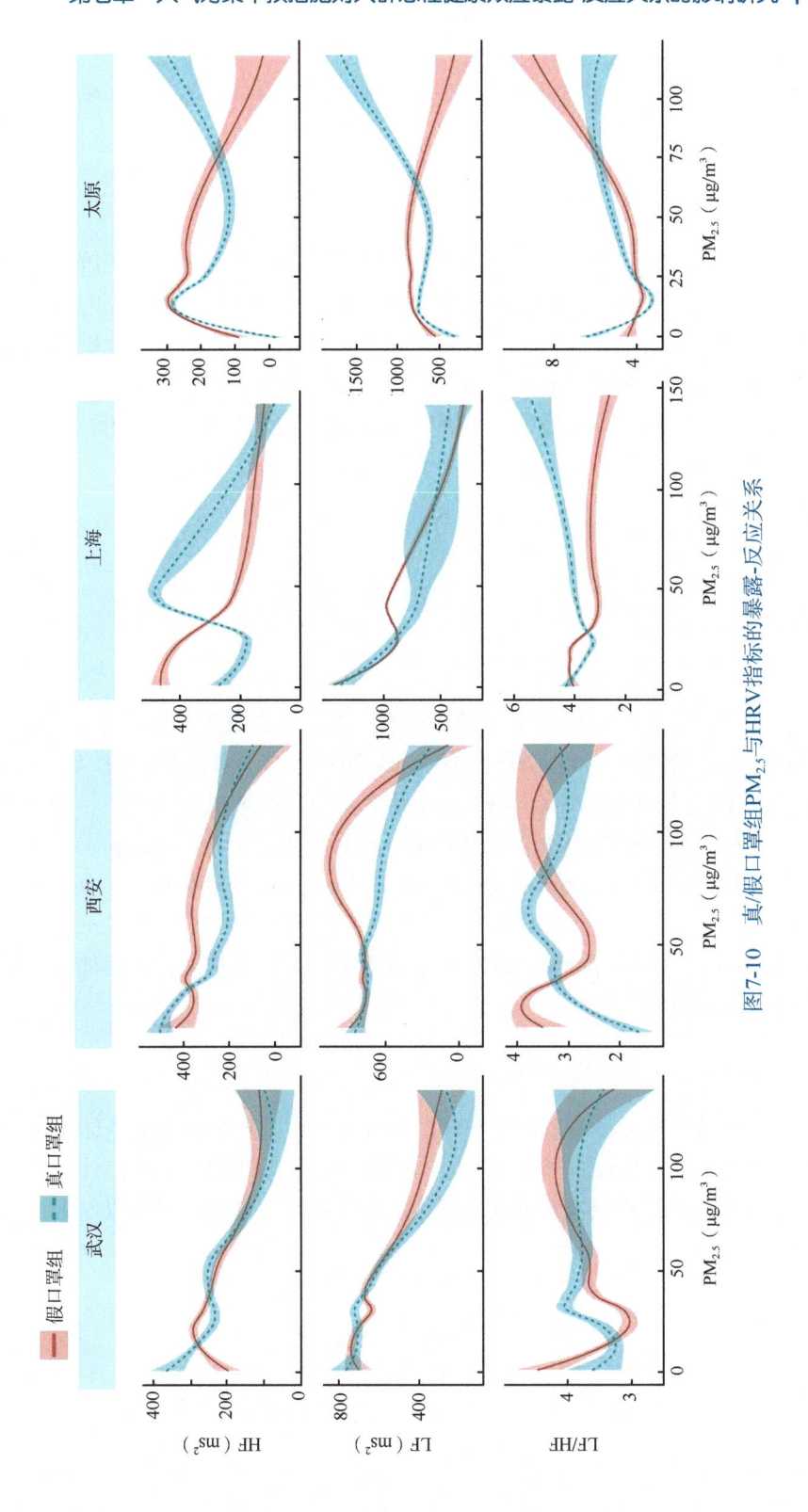

7.4 基于个体水平的城市地铁环境干预研究

7.4.1 概 述

随着城市化速度的加快，有超过 60 个国家通过建设地铁来缓解路面交通压力，如北京有超过 900 万人将地铁作为日常通勤工具。但是地铁同时存在颗粒物和噪声两种污染，使乘客健康受到不同程度的损害。研究表明，地铁环境可以对人群 BP 和 HRV 的相关指标产生负面影响，即对心血管功能产生不良影响。另有研究发现，交通相关颗粒污染物与噪声对心脏自主功能有交互作用，高噪声水平促进了 $PM_{2.5}$ 的心脏不良反应。为明确地铁环境中行之有效的个人防护方法，我们进行了相关研究。

7.4.2 研 究 方 法

7.4.2.1 研究设计及对象

本次共招募大学生 66 名，按照不吸烟，无任何心血管、呼吸系统疾病，目前无服药标准，最终纳入 40 名研究对象。从 2017 年 3 月 11 日至 5 月 28 日，以北京市地铁 10 号线为研究地点，对 40 名研究对象进行随机交叉试验。每个研究对象按照随机的顺序接受 4 种模式的干预：无干预（no intervention phase，NIP）、颗粒物防护口罩干预（respirator intervention phase，RIP）、降噪耳机干预（headphone intervention phase，HIP）、颗粒物防护口罩与降噪耳机综合干预（respirator plus headphone intervention phase，RHIP），每种干预持续 4 小时，每两种干预措施之间有 2 周的洗脱期。

7.4.2.2 地铁环境暴露监测

使用便携式移动设备监测研究期间研究对象在地铁环境中的个体暴露情况。使用实时颗粒物计数仪监测 $PM_{2.5}$ 和 PM_{10} 的浓度，使用便携式噪声计记录噪声水平，使用温/湿度计记录温度和相对湿度，所有的个体暴露数据均以 5 分钟时段进行记录。

7.4.2.3 研究对象健康指标监测

本次研究选择的健康指标为 HRV、HR、心电图 ST 段与 BP。其中，HRV 和 HR 指标使用 12 导联动态心电图监测仪进行监测获得。时域指标包括 SDNN、 rMSSD 和 pNN50；频域指标包括 TP、LF、HF 和 LF/HF；所有 HRV 指标均以 5 分钟时段记录和表示。此外，在 J 点后 60ms，每小时记录 3 个代表性导联（Ⅱ、V_2 和 V_5）的最大 ST 段抬高或压低值。BP 指标通过便携式动态血压监测仪监测，主要监测左臂肱动脉血压，每 15 分钟记录一次。

7.4.2.4 统计学分析

关联分析时对 HRV 数据进行 log10 转换，HR、BP 和 ST 段抬高数据不进行转换。采用线性混合效应模型分析 NIP 组单一污染物与健康指标之间的关联。采用配对 t 检验分析 RIP 组、HIP 组和 RHIP 组的健康指标与 NIP 组的健康指标之间的差异。在控制年龄、性别、体重指数、$PM_{2.5}$ 浓度、噪声、温度和相对湿度的情况下，采用线性混合效应模型分析不同干预模式与健康指标之间的关联。检验水准 $α=0.05$（双侧）。

7.4.3 主要结果

7.4.3.1 地铁内不同干预模式下的污染物暴露水平和心血管健康指标

如表 7-9 所示，地铁环境中 NIP 组、RIP 组、HIP 组和 RHIP 组的 $PM_{2.5}$ 中位暴露水平分别为 79.6μg/m³、72.9μg/m³、76.3μg/m³ 和 75.0μg/m³，噪声的中位暴露水平分别为 75.4dB、75.7dB、76.4dB 和 77.0dB，这 4 种干预状态下的颗粒物/噪声暴露水平差异未达统计学显著性。在健康指标方面，相比于 NIP 组，HIP 组、RIP 组和 RHIP 组中除 LF/HF 外的所有 HRV 指标均有所上升，BP 和 HR 指标轻微下降，ST 段抬高指标均下降，且 V_2 导联差异明显，具体见表 7-10 所示。

表 7-9 地铁环境中研究对象在不同干预模式下环境暴露指标对比

暴露指标	无干预 中位数（IQR）	颗粒物防护口罩干预 中位数（IQR）	降噪耳机干预 中位数（IQR）	综合干预 中位数（IQR）
$PM_{2.5}$(μg/m³)	79.6(60.6～95.1)	72.9(56.5～79.7)	76.3(61.0～82.2)	75.0(66.4～88.8)
PM_{10}(μg/m³)	205(165～235)	176(142～200)	177(149～212)	191(163～220)
噪声(dBA)	75.4(74.9～76.7)	75.7(75.0～76.6)	76.4(75.1～77.3)	77.0(75.4～77.6)
温度(℃)	27.1(26.7～27.7)	27.5(26.1～28.4)	28.3(27.2～29.0)	28.0(27.5～29.0)
相对湿度(%)	29.3(23.5～30.9)	27.4(23.2～30.8)	29.6(24.3～37.7)	28.5(24.3～38.4)

注：IQR 为四分位数间距。

表 7-10　地铁环境中研究对象在不同干预模式下健康指标对比

健康指标	无干预[a] （样本量=39）	颗粒物防护口罩干预[a] （样本量=39）	降噪耳机干预[a] （样本量=38）	综合干预[a] （样本量=38）
HRV				
TP（ms^2）	4263（2180）	4550（2492）	4908（2792）	4578（2119）
LF（ms^2）	1087（607）	1119（524）	1177（617）	1181（591）
HF（ms^2）	476（354）	585（435）*	569（394）*	597（352）*
LF/HF	3.6（1.9）	2.9（1.6）*	3.3（2.2）*	3.0（1.7）*
SDNN（ms）	66.7（18.4）	68.7（19.1）	71.3（21.9）*	70.4（16.9）*
rMSSD（ms）	39.0（15.4）	41.9（16.7）	43.2（17.4）*	42.6（14.5）*
pNN50（%）	19.2（14.0）	21.6（14.4）	22.8（14.1）*	22.4（12.8）*
HR（次/分）	78.1（9.4）	77.2（8.2）	76.0（9.1）	76.3（7.9）
BP				
SBP（mmHg）	117（10.0）	116（10.3）	116（10.9）	117（9.9）
MAP（mmHg）	94.3（8.0）	93.8（8.3）	93.6（8.5）	94.4（7.9）
DBP（mmHg）	74.7（7.6）	74.6（7.8）	74.5（7.4）	75.2（8.1）
PP（mmHg）	42.8（7.1）	41.8（7.2）	41.7（7.3）	41.8（8.6）
ST 段（μV）				
Ⅱ导联	135（128）	129（98）	147（90）	131（121）
V_2导联	241（186）	179（151）*	159（145）**	192（158）*
V_5导联	170（129）	151（116）	154（104）	160（112）

注：采用配对 t 检验比较 3 种干预模式下的健康指标与对照组健康指标的差别。a 以均值（标准差）表示；*P<0.05；**P<0.01。

7.4.3.2　地铁内空气污染与噪声对人体健康的影响

图 7-11 展示了单污染物模型中与地铁环境中 $PM_{2.5}$、PM_{10} 和噪声暴露相关的 3 个代表性 HRV 指标和 HR 的估计变化百分比。地铁环境中 $PM_{2.5}$、PM_{10} 和噪声可以使 HF 和 SDNN 降低而使 LF/HF 增加。此外，该环境中 $PM_{2.5}$、PM_{10} 和噪声暴露与研究对象 HR 变化呈负相关。基于局部多项式回归拟合模型拟合了 3 个代表性 HRV 参数（SDNN、LF 和 HF）的 $PM_{2.5}$ 的 5 分钟和噪声的 1 小时滑动平均暴露响应曲线（图 7-12，图 7-13）。可见随着地铁环境中 $PM_{2.5}$ 的 5 分钟滑动平均浓度增加，研究对象 HRV 指标呈先下降后上升再下降的趋势；随着地铁环境中噪声的 1 小时滑动平均水平的升高，其 HRV 指标呈先下降后上升的趋势。

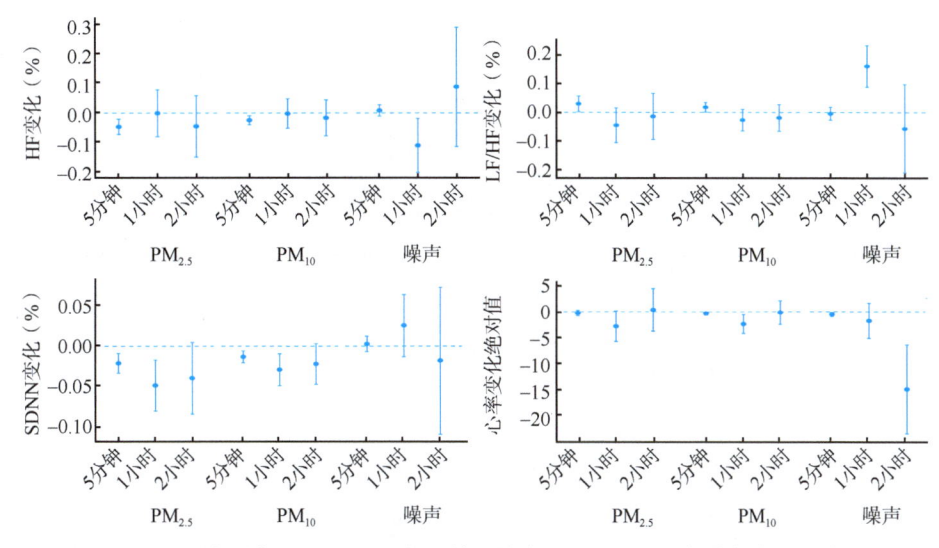

图 7-11　研究对象 HRV 和 HR 与地铁环境中 PM$_{2.5}$、PM$_{10}$ 或噪声水平的关系

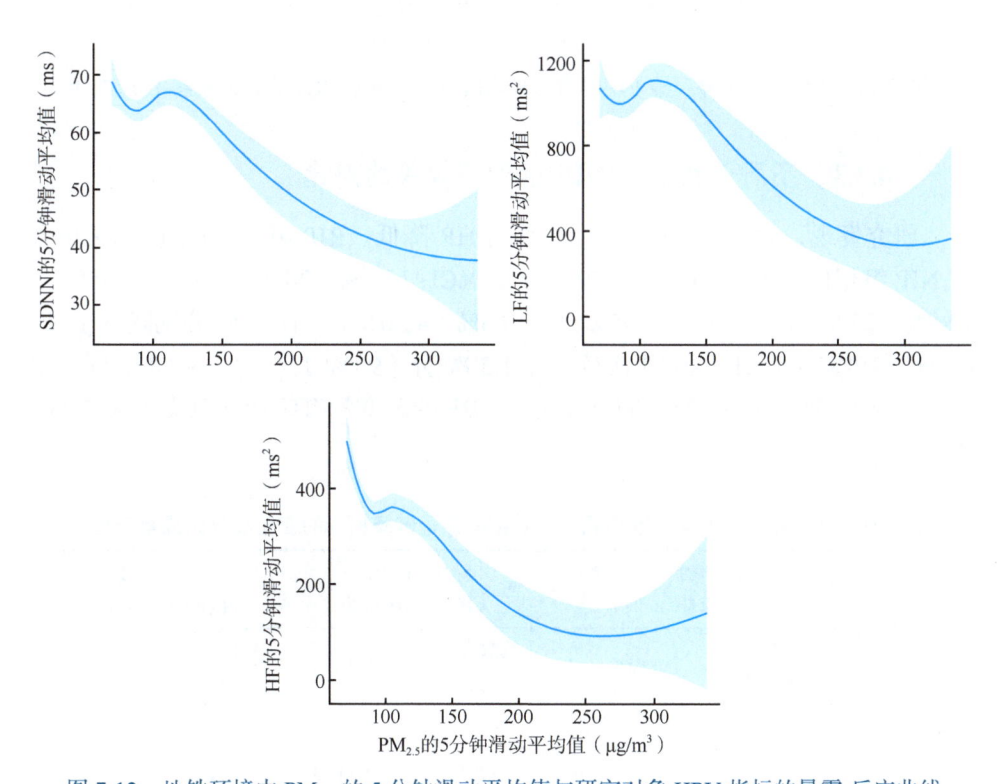

图 7-12　地铁环境中 PM$_{2.5}$ 的 5 分钟滑动平均值与研究对象 HRV 指标的暴露-反应曲线

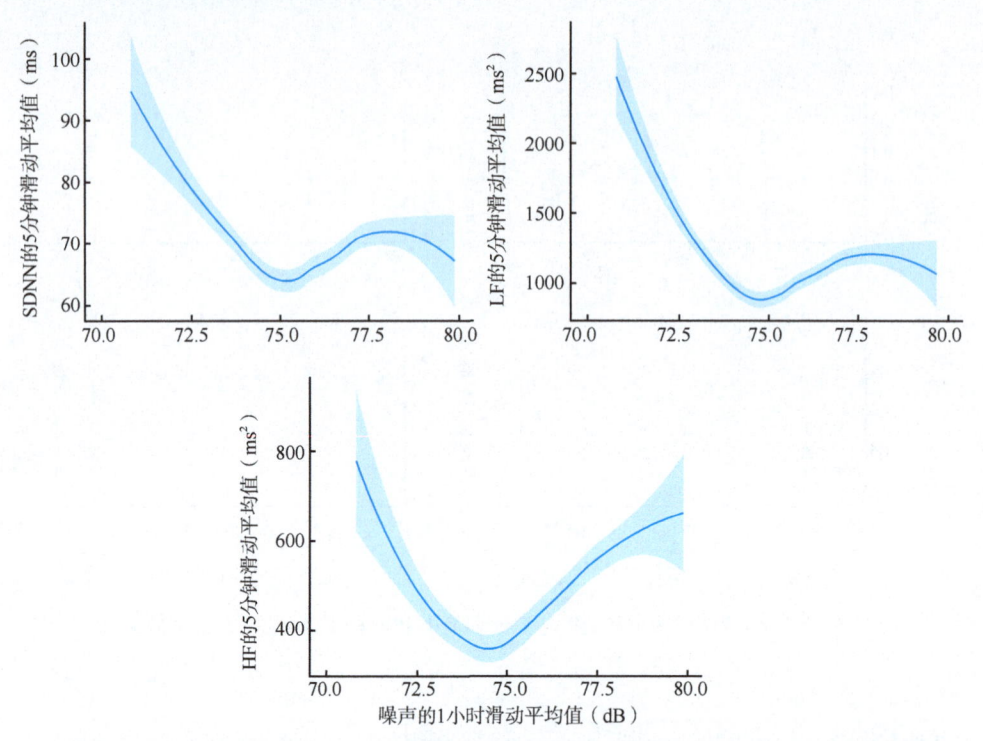

图 7-13　地铁环境中噪声的 1 小时滑动平均值与研究对象 HRV 指标的暴露-反应曲线

7.4.3.3　不同干预组与 NIP 组干预效果的对比

研究发现，大多数 HRV 指标升高而 HR 降低。RIP 组、HIP 组和 RHIP 组与 NIP 组相比，HF 分别升高了 21.1%（95%CI：15.7%～26.9%）、18.2%（95%CI：12.8%～23.9%）和 35.5%（95%CI：29.3%～42.0%），而 HR 分别降低了 0.5 次/分（95%CI：-1.1～-0.03 次/分）、1.3 次/分（95%CI：-1.8～-0.7 次/分）和 1.4 次/分（95%CI：-1.9～-0.9 次/分）；BP 的改变没有统计学意义（表 7-11，图 7-14）。

表 7-11　地铁环境中不同干预模式与对照组心血管健康指标的变化百分比或差异比较

心血管健康指标	颗粒物防护口罩干预（样本量=39 例） 均数变化百分比（%）	95%CI（%）	降噪耳机干预（样本量=38 例） 均数变化百分比（%）	95%CI（%）	综合干预（样本量=38 例） 均数变化百分比（%）	95%CI（%）
HRV						
TP	3.7	-0.5～8.0	8.2**	3.8～12.8	11.0**	6.5～15.6
LF	2.8	-1.2～7.0	3.5	-0.6～7.6	8.4**	4.1～12.8

续表

心血管健康指标	颗粒物防护口罩干预（样本量=39例）		降噪耳机干预（样本量=38例）		综合干预（样本量=38例）	
	均数变化百分比（%）	95%CI（%）	均数变化百分比（%）	95%CI（%）	均数变化百分比（%）	95%CI（%）
HF	21.1**	15.7~26.9	18.2**	12.8~23.9	35.5**	29.3~42.0
LF/HF	−15.1**	−18.9~−11.4	−12.0**	−15.9~−8.0	−19.7**	−23.2~−16.1
SDNN	1.9	−0.0~3.8	3.9**	1.9~5.8	5.7**	3.7~7.7
rMSSD	6.1**	3.9~8.4	7.1**	4.8~9.4	9.9**	7.6~12.3
pNN50	15.0**	9.0~22.6	21.5**	15.0~28.4	25.5**	18.8~32.6
HR[a]	−0.5*	−1.1~−0.03	−1.3**	−1.8~−0.7	−1.4**	−1.9~−0.9
BP[a]						
SBP	0.03	−1.04~1.10	−0.23	−1.32~0.87	0.07	−1.04~1.17
MAP	0.38	−0.34~1.10	−0.04	−0.79~0.71	0.31	−0.44~1.07
DBP	0.61	−0.24~1.46	0.04	−0.83~0.91	0.46	−0.42~1.34
PP	−0.67	−1.92~0.58	−0.32	−1.60~0.95	−0.51	−1.80~0.80

a BP 和 HR 的差异是将各干预组和对照组的绝对值进行比较；*$P<0.05$，**$P<0.01$。

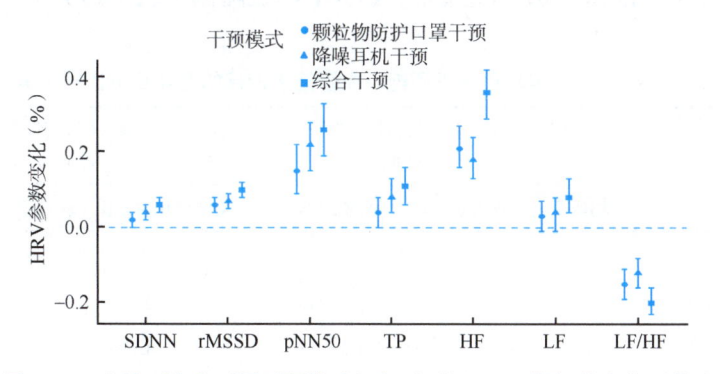

图 7-14 地铁环境中不同干预模式组与对照组 HRV 指标的变化百分比

7.4.3.4 干预效果在实行单一干预两组间的对比

相比于 RIP 组，HIP 组研究对象的 TP 增高 4.4%（95%CI：0.1%~8.8%），而 HR 降低 0.7 次/分（95%CI：−1.2~−0.2 次/分），且结果均具有统计学意义（$P<0.05$）。具体健康指标见表 7-12。

表 7-12 降噪耳机干预组与颗粒物防护口罩干预组心血管健康指标的变化百分比或差异对比

心血管健康指标	降噪耳机干预组对比颗粒物防护口罩干预组（样本量=38 例）	
	均数变化百分比（%）	95%CI（%）
HRV		
TP（ms^2）	4.4*	0.1～8.8
LF（ms^2）	0.7	-3.3～4.9
HF（ms^2）	-2.4	-6.9～2.3
LF/HF	3.2	-1.4～7.9
SDNN（ms）	1.9	0.0～3.9
rMSSD（ms）	0.9	-1.2～3.1
pNN50（%）	5.5	-0.2～11.6
HR（次/分）[a]	-0.7**	-1.2～-0.2

a HR 的差异是降噪耳机干预组相比颗粒物防护口罩干预组的绝对值变化；*$P<0.05$，**$P<0.01$。

7.4.3.5 干预效果在综合干预组和单一干预组间的对比

RHIP 组作为综合干预组，与其他单一干预组相比，研究对象的各项健康指标更好。与 RIP 组对比，HRV 相关指标均明显增加，HR 明显降低；而与 HIP 组相比，仅 LF、HF 和 rMSSD 明显增加，LF/HF 明显降低（表 7-13）。

表 7-13 综合干预组与单一干预组心血管健康指标的变化百分比或差异对比

心血管健康指标	综合干预组对比颗粒物防护口罩干预组（样本量=38 例）		综合干预组对比降噪耳机干预组（样本量=38 例）	
	均数变化百分比（%）	95%CI（%）	均数变化百分比（%）	95%CI（%）
HRV				
TP（ms^2）	7.0**	2.7～11.6	2.5	-1.5～6.7
LF（ms^2）	5.5*	1.3～9.8	4.7*	0.8～8.8
HF（ms^2）	11.9**	6.7～17.3	14.7**	9.6～19.9
LF/HF	-5.7*	-9.9～-1.3	-8.6**	-12.4～-4.6
SDNN（ms）	3.7**	1.8～5.7	1.8	-0.1～3.6
rMSSD（ms）	3.6**	1.4～5.8	2.7*	0.6～4.8
pNN50（%）	9.0**	3.2～15.2	3.3	-2.0～8.9
HR（次/分）[a]	-0.9**	-1.4～-0.4	-0.2	-0.6～0.4

a HR 的差异是综合干预组与单一干预组比较下的绝对值变化；*$P<0.05$，**$P<0.01$。

7.4.4 讨 论

本次研究中观察到使用口罩降低短期暴露下的颗粒物浓度使得大部分 HRV 指标升高，HR 值降低，这与已有研究结果一致，如 Shi 等观察到佩戴口罩与 HF、rMSSD、pNN50 指标升高有关。而降低噪声暴露获得的健康效益，在既往文献中也有相似发现，如 Kraus 等发现低于 65dB 的噪声暴露与研究对象的 HR、LF/HF 值升高及 LF 值降低有关。此外，本次研究还发现，相比于口罩组，耳机组的 TP 升高、HR 降低更为明显，说明噪声污染相比于颗粒物污染可能会对人体心血管健康产生更大的潜在危害。目前，已有一些研究探讨了颗粒物和噪声的共同暴露对心血管健康的影响，既往研究也发现在高噪声水平下，$PM_{2.5}$ 的 5 分钟滑动平均浓度与 HF 呈正相关，而在低噪声水平下这种关联不再明显。

综上，本次研究提示，在地铁等污染物种类众多、构成复杂的环境中，不应仅考虑对单一污染物的防护，而应综合考虑各类污染物的健康危害，并针对主要的几种污染物进行综合防护，以期达到最明显的干预效果。该研究结果可为我国城市居民日常出行过程中有针对性地加强个体防护、保障人群心血管健康提供参考依据。

7.4.5 小 结

本次研究结果提示，佩戴颗粒物防护口罩和降噪耳机对地铁环境颗粒物和噪声暴露相关的心血管健康损害具有一定保护作用，两者的综合干预能够带来更大的健康效益。

7.5 高效过滤型空气净化器净化效果研究

7.5.1 概 述

有研究显示城市居民每日有 80% 左右的时间在室内度过，室内空气质量对健康有很大的影响。以颗粒物为例，因建筑物渗透作用、自然通风，以及室内人员活动、打扫卫生扬尘、烹饪、吸烟等行为，室内颗粒物污染甚至可远高于室外。而空气净化装置可以有效降低室内颗粒物、颗粒物组分、微生物、过敏源等污染物浓度，有效提高室内空气清洁度，减轻室内空气污染的健康危害。国内外相关流行病学研究显示，使用空气净化装置可以降低机体的炎症反应，提高机体免疫力，减少过敏、哮喘症状，有效改善肺及心血管功能。随着公众健康意识的提高，越来越多的人选择使用空气净化器改善室内空气质量。高效空气过滤器（high-efficiency particulate air filter, HEPA filter）是目前使用最为广泛的类型之一。其工作原理是将室内空气抽到净化器内，通过高效过滤膜的滤过作用，将颗粒物等污染物过滤后再输送回室内，通过纯物理方法净化室内空气。为明确其净化效率，本研究设计了两项研究，分别对室内空气颗粒物整体及其组分的净化效果进行了探讨。

7.5.2 研究方法

7.5.2.1 监测地点及时间

本研究初始招募21户北京市海淀区居民，排除非自然通风、靠近建筑工地、室内有吸烟者或饲养宠物的住宅后，其中15户住宅被纳入室内空气颗粒物整体净化效果研究，20户住宅被纳入室内空气颗粒物组分净化效果研究。对全部住宅的监测在2015年11月至2016年1月完成。

7.5.2.2 室内空气颗粒污染物监测

本研究使用的空气净化器为经国家质检机构检验合格并上市的某款过滤颗粒物、洁净空气输出比在200~299的家用HEPA型空气净化器，厂家声明的适用面积为31~40m^2。净化器均置于起居室内，档位开至中档，距离室内监测仪器采样头3m以上。净化器开始运行后3小时内告知住户请勿进行室内打扫并减少走动。叮嘱住户在监测期内勿开窗通风，并尽量减少居室内打扫次数。使用时间活动日志对起居室内打扫活动进行记录，用于比较净化器运行前后打扫的强度是否接近。整个试验过程中保证每台净化器的使用时长一致。

监测仪器方面，本研究使用AM510型粉尘监测仪（简称"粉尘仪"）同步监测住宅室内外环境$PM_{2.5}$及PM_{10}浓度，使用PC3016-IAQ型多通道颗粒物监测仪（简称"多通道仪"）监测净化器运行前后室内不同粒径的颗粒物浓度。监测仪器安装于研究对象的住宅起居室内较开阔、距离地面1m高的位置。在每户住宅室内，使用2台粉尘仪分别实时监测$PM_{2.5}$和PM_{10}质量浓度；并使用1台多通道仪监测其中10户住宅室内不同粒径颗粒物的数量浓度和质量浓度。每户住宅同时使用另外2台粉尘仪对室外$PM_{2.5}$和PM_{10}进行同步监测，开关机时间与室内粉尘仪相同。粉尘仪和多通道仪连续监测净化器运行前后室内外颗粒物浓度各24小时，共48小时。所有监测仪器在测量后均进行维护、调零和校准，监测期间可保证数据准确性。

组分研究使用空气颗粒物采样泵、$PM_{2.5}$采样头和特氟龙膜同步采集住宅室内

和室外的 $PM_{2.5}$ 样本。采样前后，特氟龙膜在相同条件下平衡 24 小时后用微量天平称重。室内采样器放置在所选住宅起居室内人员活动密集处，距空气净化器 5m 以上，采样高度为 1.5m，采样流量为 3L/min，同时监测室内温度、湿度。室外采样头设置在相应住宅同高度的室外平台上，且与住宅建筑墙面相隔 1m 内。使用微波消解系统对采集的 $PM_{2.5}$ 样品进行消解，消解试剂为 UP 级 HNO_3。使用电感耦合等离子体质谱及等离子体发射光谱法测定 $PM_{2.5}$ 中 21 种元素含量，同时测定现场平行样及空白样用于实验室质量控制。

以室内外颗粒物浓度比值（In/Out 值，I/O 值）作为参数，对同一住宅净化器运行前后室内颗粒物污染水平进行分析，计算公式如式（7-8）所示：

$$I/O = C_{in}/C_{out} \tag{7-8}$$

式中，C_{in} 表示室内某粒径颗粒物浓度（$\mu g/m^3$）；C_{out} 表示室外某粒径颗粒物浓度（$\mu g/m^3$）。

当分析净化器对颗粒物整体的短时净化效率时，I/O 值不够灵敏，此时采用颗粒物清除率 η 进行分析，计算公式如式（7-9）所示：

$$\eta = (C_0 - C_1)/C_0 \tag{7-9}$$

式中，C_0 表示净化器开始运行时室内颗粒物浓度（$\mu g/m^3$）；C_1 表示运行 2~3 小时后室内颗粒物降至的稳定浓度（$\mu g/m^3$），该浓度由颗粒物"浓度-时间曲线"获得。

颗粒物组分的污染水平采用 I/O 值进行评价，计算公式同式（7-8）所示，但此时公式中 C_{in} 和 C_{out} 分别对应室内 $PM_{2.5}$ 或某元素组分的质量浓度（$\mu g/m^3$）和室外 $PM_{2.5}$ 或相应组分的质量浓度（$\mu g/m^3$）。以 0 小时组的 I/O 值为基准，计算 24 小时组和 48 小时组中颗粒物各元素组分的 $\Delta I/O$ 比值，以评价 I/O 比值降低幅度大小，即净化器对颗粒物组分的净化效果。

7.5.2.3 统计学分析

根据数据的分布类型，采用中位数和四分位数或均值和标准差描述数据的集中和离散趋势。在颗粒物整体净化效果研究中，以日均值数据计算各户 I/O 值，采用配对样本比较的 Wilcoxon 符号秩检验比较净化前后 I/O 值差异，采用多个相关样本比较的 Friedman-M 检验比较多种粒径颗粒物的清除率，采用 Wilcoxon 符号秩检验比较 $PM_{2.5}$ 和 PM_{10} 的清除率。在颗粒物组分净化效果研究中，对非正态分布的数据进行对数变换后，采用单因素重复测量方差分析法比较空气净化器开启前后不同时间段各元素组分的 I/O 值，采用 Bonferroni 法进行各组间的两两互相比较，采用配对样本比较的 Wilcoxon 符号秩检验法比较各元素组分的 $\Delta I/O$ 值。检验水准 $\alpha=0.05$（双侧）。

7.5.3 主要结果

7.5.3.1 HEPA型空气净化器对室内空气颗粒物整体的净化效果

HEPA型空气净化器可以显著降低室内颗粒物的污染水平，且颗粒物浓度越高，净化效率越高（表7-14），但是其对不同粒径的颗粒物清除效率不同（表7-15）。同时，研究发现，净化开始后约150分钟，室内$PM_{2.5}$平均净化率可达到60%~70%（图7-15），其余粒径颗粒物净化率曲线的趋势与$PM_{2.5}$相似。

表7-14 HEPA型空气净化器运行前后$PM_{2.5}$和PM_{10}室内外日均质量浓度比值和降幅

住宅编号	$PM_{2.5}$ 运行前比值	运行后比值	降幅（%）	PM_{10} 运行前比值	运行后比值	降幅（%）
1	3.19	0.22	93.10	2.63	0.20	92.39
2	4.70	0.41	91.28	1.97	0.31	84.26
3	1.79	0.37	79.33	2.53	0.42	83.40
4	2.49	1.02	59.04	1.37	0.74	45.98
5	3.64	2.44	32.97	2.06	1.59	22.82
6	1.00	0.45	55.00	0.66	0.41	37.88
7	0.60	0.75	−25.00	0.55	0.47	14.55
8	0.45	0.36	20.00	—	—	—
9	4.80	0.80	83.33	3.61	0.79	78.12
10	2.07	0.46	77.78	1.51	0.38	74.83
11	0.56	0.31	44.64	0.46	0.29	36.96
12	0.56	0.41	26.79	0.42	0.23	45.24
13	0.52	0.54	−3.85	0.38	0.38	0.00
14	2.92	0.86	70.55	1.90	1.14	40.00
15	1.56	0.89	42.94	1.36	0.29	78.68
所有住宅 a	1.79（2.63）	0.46（0.49）	—	1.44（1.65）	0.40（0.46）	—

* 第8户监测室内可吸入颗粒物质量浓度的粉尘仪发生故障；a 以中位数（IQR）表示。

注：$PM_{2.5}$净化后室内外颗粒物浓度比值与净化前相比，$P=0.002$；PM_{10}净化后室内外颗粒物浓度比值与净化前相比，$P=0.001$。

表 7-15 HEPA 型空气净化器对 10 户住宅室内不同粒径颗粒物的 3 小时清除率

| 粒径 | 净化前 | | 净化后 | | 平均清除率 |
（μm）	中位数	IQR	中位数	IQR	（%）
≤0.3*	3 128 920	3 361 885	1 077 195	1 338 725	59.03[a]
>0.3～0.5*	345 556	535 941	106 031	150 938	63.08[a]
>0.5～1*	27 733	32 937	7 522	12 439	67.00[a]
≤2.5#	42.15	48.84	12.56	17.12	63.60[b]
≤10#	112.79	74.22	24.21	33.57	71.91[b]

*以数量浓度表示；#质量浓度单位为 μg/m³；a 经 Friedman M 检验比较 3 种粒径颗粒物的平均清除率，$P=0.032$；b 经 Wilcoxon 符号秩检验 $PM_{2.5}$ 和 PM_{10} 的平均清除率，$P=0.028$。

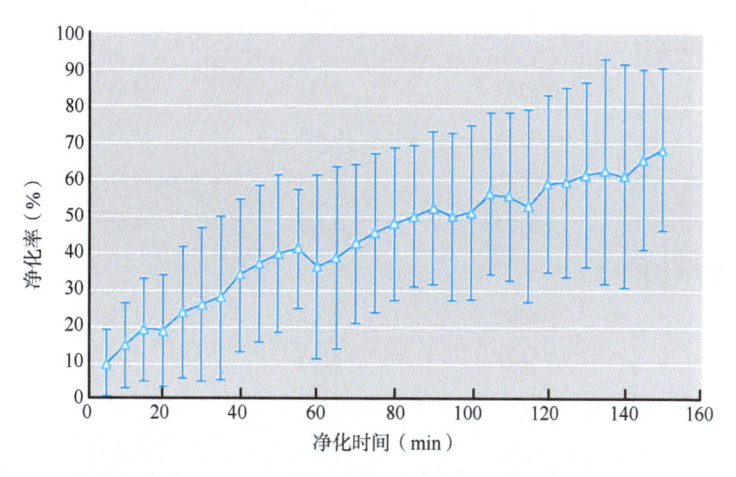

图 7-15 10 户住宅启动 HEPA 型空气净化器后 3 小时内室内空气 $PM_{2.5}$ 平均净化率

7.5.3.2 HEPA 型空气净化器对室内空气颗粒物组分的净化效果

HEPA 型空气净化器对大部分 $PM_{2.5}$ 组分有良好的净化作用，但是不能有效降低室内铝（Al）、铁（Fe）和钛（Ti）的量（表 7-16，图 7-16）。

表 7-16　HEPA 型空气净化器干预 24 小时和 48 小时后室内外 PM$_{2.5}$ 各组分浓度的比较

暴露指标	24 小时室内外浓度变化		48 小时室内外浓度变化	
	均数变化百分比（%）	P	均数变化百分比（%）	P
PM$_{2.5}$（对照）	49.84	—	65.98	—
交通相关来源				
道路尘土（地壳元素）				
Al	26.43	0.035	24.91	0.044
Fe	50.86	0.078	53.91	0.048
Ti	34.06	0.025	40.73	0.006
Ca	34.89	0.145	54.01	0.108
Na	65.06	0.112	69.60	0.526
Mg	8.62	0.053	55.31	0.135
Mn	52.47	0.286	58.75	0.179
交通排放和燃料燃烧				
Pb	62.11	0.557	64.65	0.351
Br	46.68	0.948	58.35	0.263
Ba	49.42	0.184	69.51	0.455
V	42.33	0.267	44.05	0.079
汽车轮胎和发动机润滑油				
Cd	63.47	0.372	61.12	0.411
Zn	26.08	0.528	63.68	0.108
燃煤				
S	54.22	0.396	72.87	0.247
Se	47.30	0.586	60.30	0.478
As	68.10	0.472	67.15	0.455
Co	64.10	0.349	54.40	0.108
生物质燃烧				
K	63.87	0.327	76.43	0.881
其他				
Sb	71.44	0.711	70.78	0.970
Sn	58.56	0.744	71.03	0.823
Sr	47.60	0.372	72.26	0.433

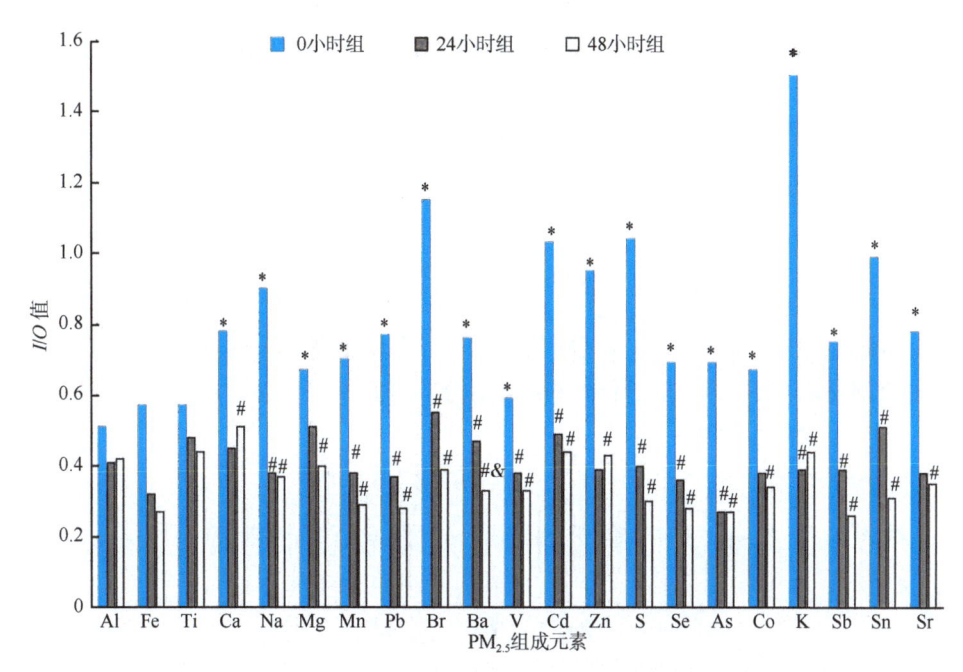

图 7-16 HEPA 型空气净化器运行前后 PM$_{2.5}$ 中各组分的室内外浓度比值
*三组间 $P<0.05$；# 与 0 小时组相比，$P<0.05$；& 24 小时组与 48 小时组比较，$P<0.05$

7.5.4 讨　　论

研究证明，即使在冬季采暖期的高颗粒物污染背景下，HEPA 型空气净化器仍可以显著降低室内空气的颗粒污染物浓度，使室内空气 PM$_{2.5}$ 和 PM$_{10}$ 日均值维持在 100μg/m³ 以下。本次研究中监测的颗粒物最小粒径≤0.3μm，其各户平均短时净化率约 60%，说明 HEPA 型空气净化器能在颗粒物经门窗缝隙向室内不断渗透的情况下，短时间内降低不同粒径颗粒物质量浓度 60% 以上，这与将净化器作为颗粒物暴露干预手段的几项研究结果一致：Chen 等发现使用空气净化器可降低大学生宿舍内 PM$_{2.5}$ 浓度达 57%，Jhun 等发现在面积更大的学校教室中使用空气净化器可使 PM$_{2.5}$ 浓度降低 40%~50%。但也同时发现，随着粒径的减小，净化效率在下降。这说明，HEPA 型空气净化器的净化效果具有一定的限度。此外，HEPA 型空气净化器的工作原理为使用电机抽风后进行物理过滤，电机工作会产生额外的噪声，有可能成为室内噪声污染的来源，而长期的噪声暴露可能对人群健康造成一定影响，尤其是长期居于室内的老年人群。因此，未来仍需进行深入研究，以综合评定 HEPA 型空气净化器的健康效应。对 PM$_{2.5}$ 组分的分析发现，其对 Al、Fe 和 Ti 的净化作用有限，可能是 HEPA 型空气净化器过滤纤维材质、PM$_{2.5}$的空间结构或元素本身特性造成的；也有可能是这些组分来自于交通污染源，对于靠近交通主干道等的住宅，室内该类组分的污染水平高且难以被去除或降低，这与既往研究结论相似。这也提示研究人员，虽然 HEPA 型空气净化器可以显著降低颗粒物的整体浓度，可是对于某些难以去除的组分，仍应特别关注。

7.5.5 小　　结

本研究发现，HEPA 型空气净化器可以显著降低冬季采暖期北京居民室内空气颗粒物整体暴露水平和大部分 PM$_{2.5}$ 组分的暴露水平，但对不同粒径颗粒物和不同元素组分的净化效果不同。

7.6 负离子空气净化器净化效果和心肺健康效应研究

7.6.1 概　　述

负离子空气净化器通过自身产生的空气负离子（negative air ion，NAI）主动出击捕捉空气中的有害物质，进而对空气进行净化、除尘等。由于该类净化器具有无噪声、可悬挂等优点，目前在有些城市越来越多的中小学教室内安装使用，以提高教室内空气质量，维护学生的身体健康。但也有报道称，该类净化器会产生 O$_3$ 等二次污染物，可能对健康产生潜在危害。儿童因尚处在生长发育过程中，更容易受到环境污染的影响，遭受更大的健康损害。此外，代谢组学作为连接外暴露与机体健康效应的有效技术手段，在近年来的科学研究中得到越来越多的应用，尤其是在探讨环境因素暴露的潜在机制方面发挥了巨大的作用。为探究负离子空气净化器对室内环境的真正净化效果及其对儿童心肺健康的影响和潜在机制，进行了以下相关研究。

7.6.2 研 究 方 法

7.6.2.1 研究对象

本研究纳入北京市大兴区某初中一年级 6 个班中的 48 名学生，每班随机选择 4 名男性和 4 名女性研究对象，纳入标准：①年龄 11～14 岁；②在北京连续居住 2 年以上；③无任何健康问题、没有哮喘或胸外科手术史；④周一至周五居住在学校宿舍。

7.6.2.2 研究设计

本次研究采取双盲、随机交叉的研究设计，研究对象以班级为单位进行随机分组。使用负离子空气净化器对干预组和对照组班级分别进行真、假净化连续5天；经过2个月的洗脱期后，两组班级对换（第二阶段中，对照组为第一阶段的干预组，干预组为第一阶段的对照组），进行第二阶段的干预。整个研究过程的流程如图7-17所示。

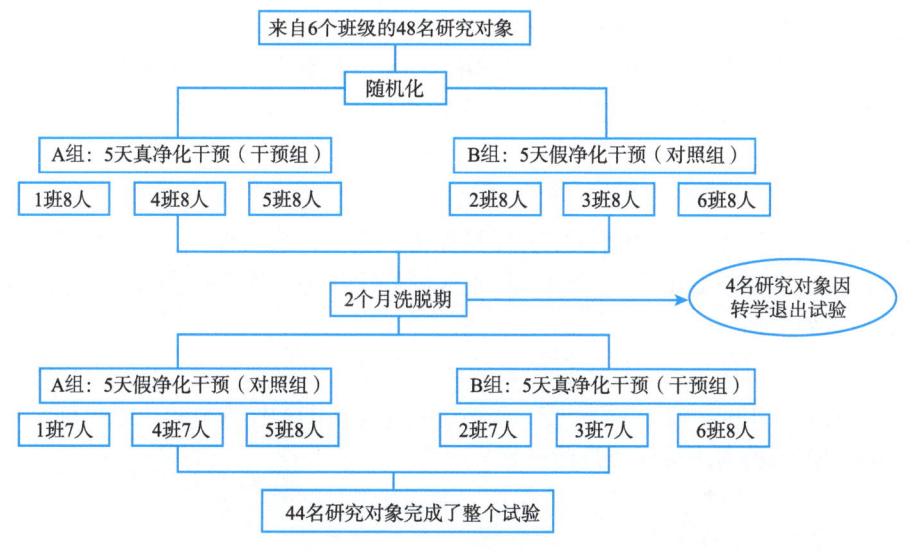

图7-17 负离子空气净化器干预现场研究流程

研究开始前，在每个班级安装一个负离子空气净化器，位于天花板下1.2m。真净化是指净化器开启，假净化是指净化器关闭而无净化功能。为了实现双盲，净化器的指示灯被移除。研究期间，每种干预从早上7：00开始到下午5：00结束（周一至周五），研究对象被告知尽可能待在教室内，并通过自填问卷记录自己的外出地点和时间。

7.6.2.3 研究地点暴露监测

在每间教室的同一个位置（离地面约1.2m，高度位于呼吸带）安装暴露监测装置，污染物监测时间范围是7：00~17：00（周一至周五）。暴露监测包括不同粒径的颗粒物、黑炭（BC）、O_3、NAI、CO_2、噪声、温度和相对湿度。所有暴露监测值以5分钟时段进行记录，并计算1小时均值（对应ST段抬高）和8小时（8：00~16：00）均值（对应其他健康指标）。

7.6.2.4 研究对象健康监测

本研究所选取的健康指标包括呼出气一氧化氮（FeNO）、肺功能指标、BP、HRV、丙二醛（malondialdehyde，MDA）。

使用 FeNO 测定系统检测 FeNO。随后，使用呼吸峰流速仪按照美国胸科协会/欧洲呼吸学会建议检测 FEV_1 和呼气流量峰值（peak expiratory flow，PEF）。FEV_1 和 PEF 检测时每次吹 2 次，进行 2~5 次测量，当 2 次测量结果差异小于 10% 时，取较好的值用于最终的统计分析。

研究对象休息至少 10 分钟后，使用自动血压仪测量上臂 BP 至少 3 次，每次测量间隔至少 3 分钟。计算差值在 5mmHg 内的 BP（从第二次测量到最后一次测量）的平均值并记为最终结果。

使用 12 导联动态心电图监测仪监测研究对象的心电指标。研究对象需要佩戴该心电图监测仪持续 7~8 小时，并尽可能待在室内，记录活动日志。研究对象被告知检测当日及前 1 日不要进食咖啡、茶或酒精饮品等可能影响 HRV 指标的食物，并避免剧烈运动。

呼出气冷凝液按照美国胸科协会/欧洲呼吸学会推荐流程进行采集，所有样品在采集后立刻于–80℃保存。将呼出气冷凝液中的 MDA 作为氧化应激指标。采用高效液相荧光色谱法对样品进行分析。

7.6.2.5 尿液采样和代谢检测

研究期间的周一、周三、周五 17：00 使用无菌管收集研究对象的随机中段尿液样品，于 2 小时内运送至实验室，分析前保存于–80℃环境。参考已有研究，使用超高效液相色谱-质谱联用仪对研究对象的尿液样品进行分析。对处理后的质量特征表进行数据归一化处理，然后引入 SIMCA-P 软件进行进一步分析。

采用按照干预状态分组的偏最小二乘法-判别分析（projections to latent structures-discriminant analysis，PLS-DA）筛选与室内颗粒物、负离子暴露相关的代谢物。通过 PLS-DA 筛选的代谢物需满足以下标准：①变量投影重要性（variable importance in the projection，VIP）值＞2；②刀切法（jackknifing）置信区间＞0；③不同干预状态之间的代谢物相对丰度差异明显（$P<0.05$）。此外，采用双向正交 PLS 模型筛检心肺功能相关的代谢物，以代谢物为 X 轴，以心肺功能参数为 Y 轴。基于双向正交 PLS 模型筛检心肺功能相关代谢物的标准如下：①VIP 值＞2；②代谢物相对丰度与心肺功能参数关联显著（$P<0.05$）。基于物质的质量特征通过人类代谢组数据库（human metabolome database，HMDB） （http://www.hmdb.ca）进一步识别代谢物。此外，为了验证识别出的代谢物，将超高效液相色谱-串联质谱法（ultrahigh-performance liquid chromatography/tandem mass spectrometry, UPLC-MS/MS）产生的代谢物离子谱与HMDB上的质谱图进行匹配。

7.6.2.6 统计学分析

采用配对 t 检验比较两个阶段的暴露水平和健康测量指标。采用Mann-Whitney秩和检验分析每种代谢物的组间差异。采用混合效应模型分析真假空气净化器干预和不同污染物暴露与研究对象心肺健康指标和尿液代谢物相对丰度之间的关联，以及不同污染物和性别的效应修饰作用。除了ST段抬高值，对其余心肺健康指标和代谢物丰度进行log10转换。在探讨室内空气污染物与心肺健康关联时，在混合效应模型中将年龄、性别、体重指数、班级、长期时间趋势等个体特征，以及时间趋势、噪声、温度、相对湿度、CO_2作为协变量进行控制，在探讨潜在代谢机制时，在混合效应模型中将年龄、性别、体重指数、班级、长期时间趋势、温度、相对湿度、噪声作为协变量进行控制。随机项为研究对象编码。采用偏相关分析探索暴露相关代谢物和心肺相关代谢物之间的统计学关联，并调整代谢机制分析时混合效应模型中的协变量。此外，通过生物学相关的代谢途径分析，为暴露相关代谢物和心肺相关代谢物之间的统计学关联提供合理的生物学解释。采用错误发现率（false discovery rate, FDR）对代谢相关结果进行多重比较的调整，采用 q 值对FDR进行估计，$q<0.05$ 为具有统计学意义。检验水准 $\alpha = 0.05$（双侧）。

7.6.3 主 要 结 果

7.6.3.1 负离子空气净化器对室内空气的净化效果

如表7-17所示，经真净化器干预后，室内各种粒径颗粒物和BC质量浓度均显著下降。其中BC的清除效率最高，其质量浓度下降约50%；对颗粒物而言，其粒径越小则清除效率越高，空气动力学直径≤0.5μm的颗粒物（$PM_{0.5}$）、$PM_{2.5}$和PM_{10}清除效率分别为48%、44%和34%。室内空气O_3浓度、温湿度和噪声没有显著改变，但室内NAI的浓度明显升高约1000倍。

表 7-17 真假负离子空气净化器干预后室内暴露指标与健康指标的比较

测量指标	样本量[a]	均数±标准差（假净化）	均数±标准差（真净化）	P
暴露指标				
$PM_{0.5}$（μg/m³）	3097	18.8±13.9	9.8±8.9	<0.05
$PM_{1.0}$（μg/m³）	3097	36.4±21.1	19.2±10.2	<0.05
$PM_{2.5}$（μg/m³）	3097	72.5±30.3	40.8±13.3	<0.05
$PM_{5.0}$（μg/m³）	3097	375.2±180.3	242.8±160.2	<0.01
PM_{10}（μg/m³）	3097	923.6±360.8	608.9±280.6	<0.01
BC（μg/m³）	3097	4.4±2.1	2.2±1.3	<0.01
O_3（μg/m³）	3097	21±6	19±5	0.28
NAI（cm⁻³）	3097	12±10	12997±3814	<0.001
相对湿度（%）	3127	53.3±8.5	54.4±8.2	0.70
温度（℃）	3127	16.7±4.4	15.2±4.3	0.36
噪声（dB）	3127	69.3±2.6	70.1±2.5	0.23
CO_2（mg/m³）	3127	2410±1027	2865±1044	0.29
健康指标				
FEV_1（L）	257	2.19±0.50	2.34±0.45	<0.01
PEF（L/min）	257	343±80	346±85	0.41
FeNO（ppb）	257	17±7	15±8	<0.01
MDA（μmol/L）	257	0.24±0.15	0.20±0.14	0.06
SBP（mmHg）	257	106±7	105±8	0.76
DBP（mmHg）	257	64±6	64±6	0.96
PP（mmHg）	257	40±5	41±6	0.86
HF（ms²）	9100	381.4±346.9	349.6±338.7	<0.001
LF（ms²）	9100	982.8±656.9	950.8±619.3	<0.001
SDNN（ms）	9100	65±23	64±22	<0.001
LF/HF	9100	4.0±3.3	4.3±3.2	<0.001
HR（bpm）	9100	91±13	92±12	<0.001
Ⅱ_ST（mV）	825	0.13±0.10	0.12±0.11	0.49
V_2_ST（mV）	825	0.28±0.16	0.27±0.15	0.57
V_5_ST（mV）	825	0.10±0.11	0.09±0.10	<0.01

a 排除所有缺失和异常后的有效值。

注：Ⅱ_ST，ST 段Ⅱ导联抬高；V_2_ST，ST 段 V_2 导联抬高；V_5_ST，ST 段 V_5 导联抬高。

7.6.3.2 负离子空气净化器干预后相应健康指标变化

调整混杂因素后发现，经过干预后研究对象的如下指标改变有统计学意义：FEV_1上升4.4%，FeNO下降14.7%，HF、LF和SDNN分别下降18.8%、13.4%和5.4%；LF/HF升高14.2%，HR升高3.1%，而V_5_ST降低了0.019mV（均$P<0.05$）；其他相关指标并没有明显改变（$P>0.05$）。

7.6.3.3 降低室内颗粒物浓度对心肺功能的影响

采用混合效应模型评估室内颗粒物和BC浓度变化对相应健康指标的影响，结果发现，研究对象FEV_1的降低幅度随室内$PM_{0.5}$浓度变化最为明显，其每增加一个四分位数间距（IQR），FEV_1降低6.5%；FeNO随$PM_{1.0}$变化最为明显，其每增加一个IQR，FeNO增加23.5%；BC每增加一个IQR，FEV_1降低7.0%，而FeNO增加22.1%。对于ST段的研究发现，仅V_5_ST在室内$PM_{0.5}$和$PM_{1.0}$每增加一个IQR时会明显升高（图7-18）。对HRV而言，以HF为例，颗粒物粒径越小则效应越明显：室内空气$PM_{0.5}$的5分钟滑动平均浓度每增加一个IQR，HF的降低幅度最大，为16.1%；而室内空气BC的3小时滑动平均浓度每增加一个IQR，HF的降低幅度最大，为18.8%（图7-19）。干预后颗粒污染物和健康指标的暴露-反应关系变化与上述相似，与代表性HRV指标的暴露-反应关系如图7-20所示，随着室内空气$PM_{2.5}$、PM_{10}和BC浓度的增加，研究对象HF和SDNN指标大体上均呈下降趋势。

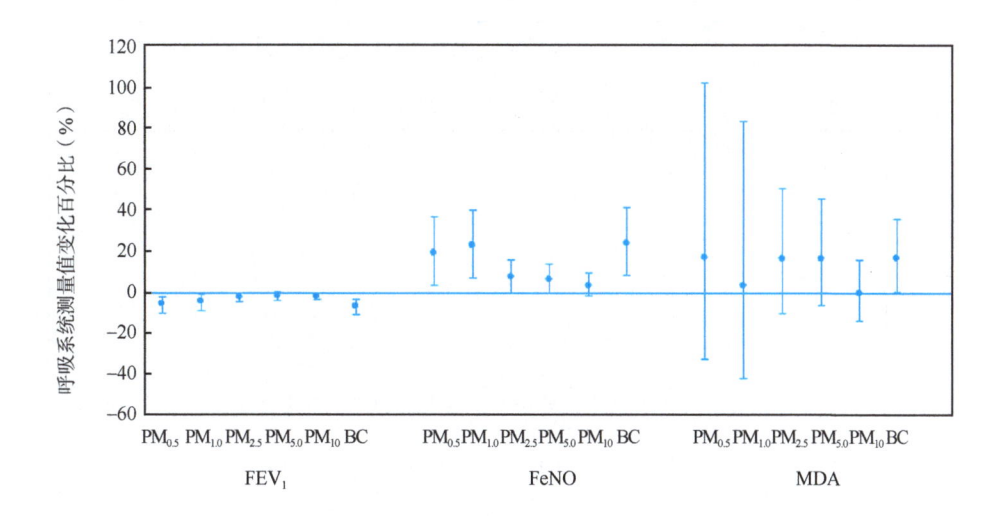

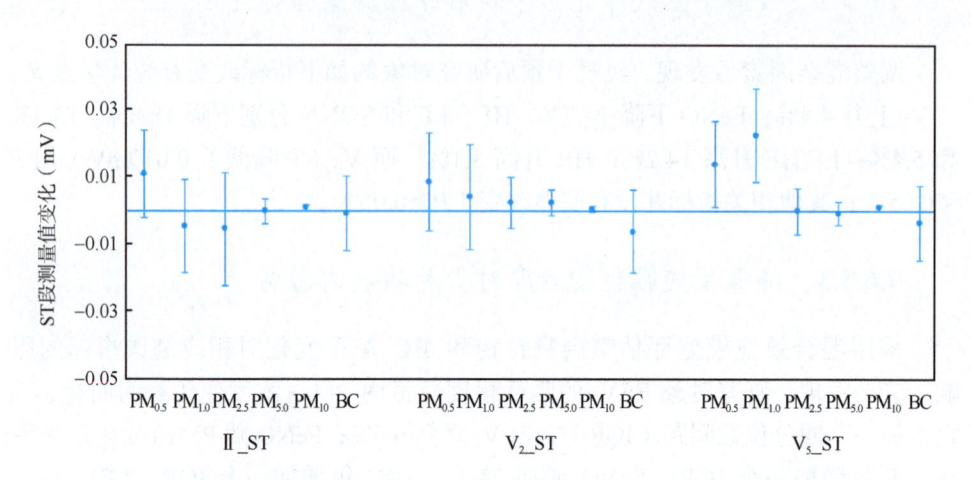

图 7-18 室内颗粒物和 BC 浓度变化对呼吸系统健康指标和 ST 段测量值的影响

室内不同粒径颗粒物和黑炭浓度每变化一个 IQR 时，呼吸系统健康指标和 ST 段测量值的变化百分比和 95%CI

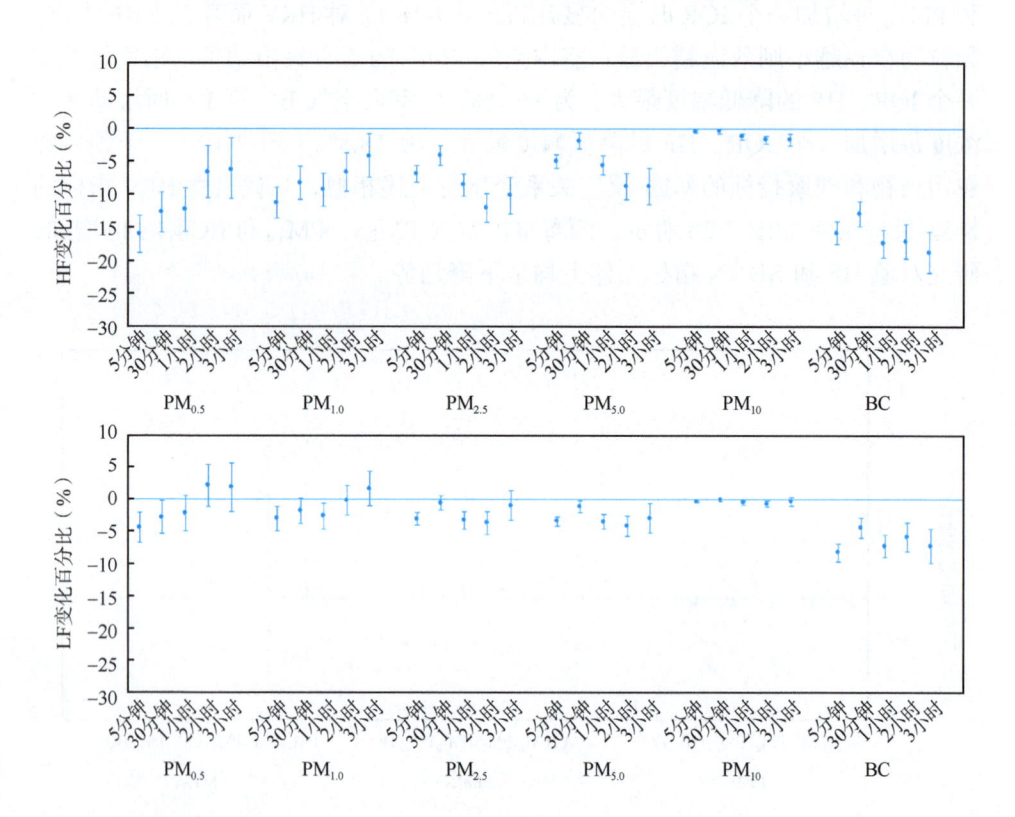

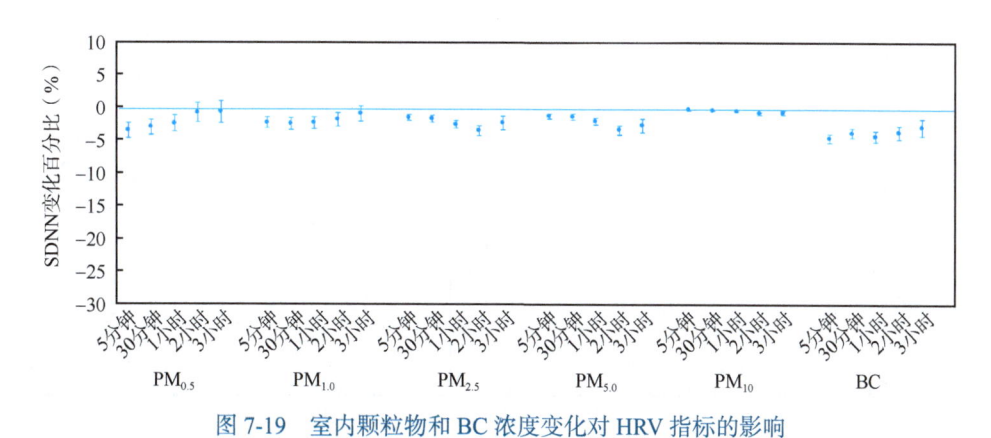

第七章 大气污染干预措施对人群急性健康效应暴露-反应关系的影响研究 | 379

图 7-19 室内颗粒物和 BC 浓度变化对 HRV 指标的影响

室内不同粒径颗粒物和 BC 浓度在不同滑动平均值下每增加一个 IQR 所对应的 HRV 指标的变化百分比和 95%CI

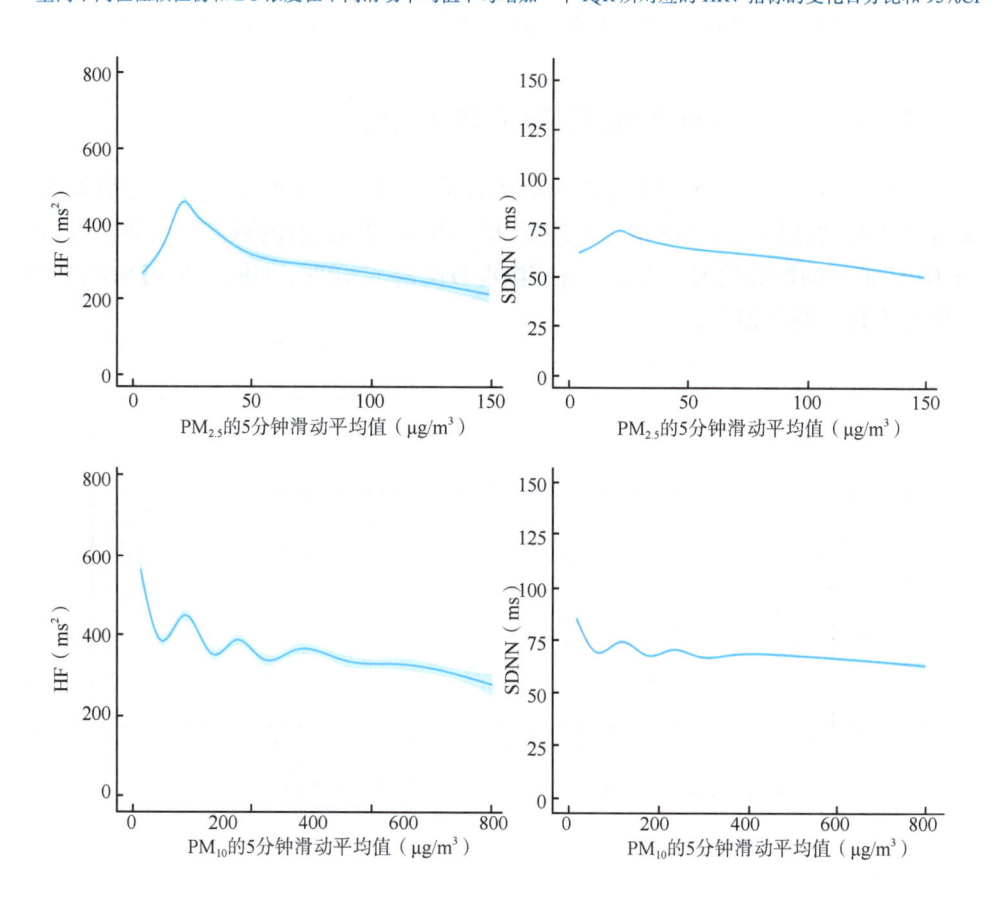

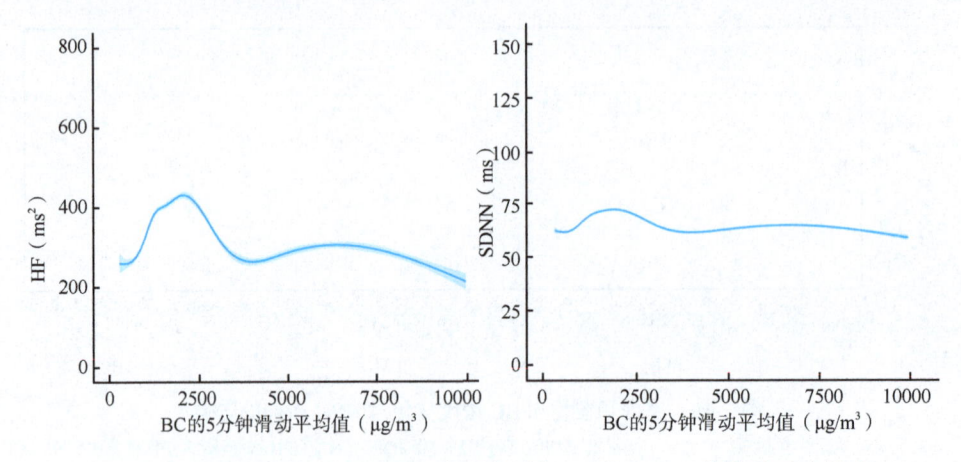

图 7-20　室内 PM$_{2.5}$、PM$_{10}$ 和 BC 与研究对象 HF 及 SDNN 的暴露-反应关系

7.6.3.4　室内 NAI 含量升高对心肺功能的影响

负离子净化器会明显增加室内 NAI 的含量，在考虑到 NAI 的交互作用后发现，研究对象肺功能和气道炎症指标（FEV$_1$ 和 FeNO）及心电图指标未受影响，但其对 HRV 指标的影响较大。当室内含有浓度较高的 NAI 时，HF、LF 和 SDNN 均有明显下降（图 7-21）。

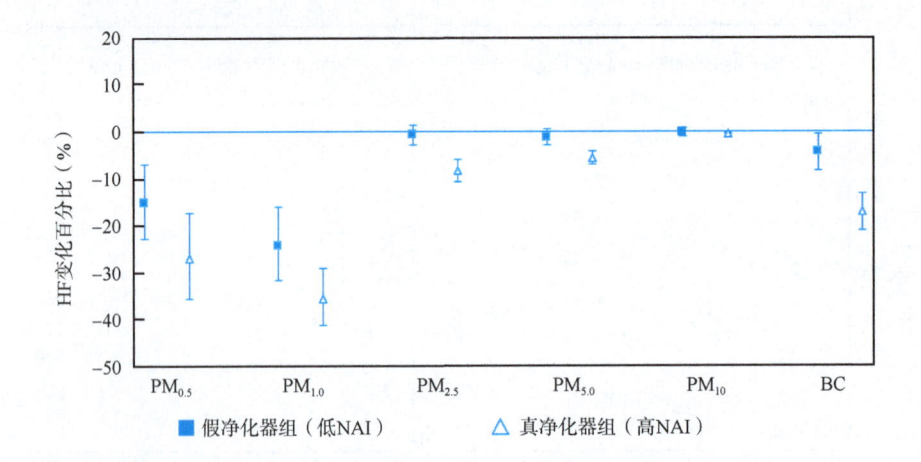

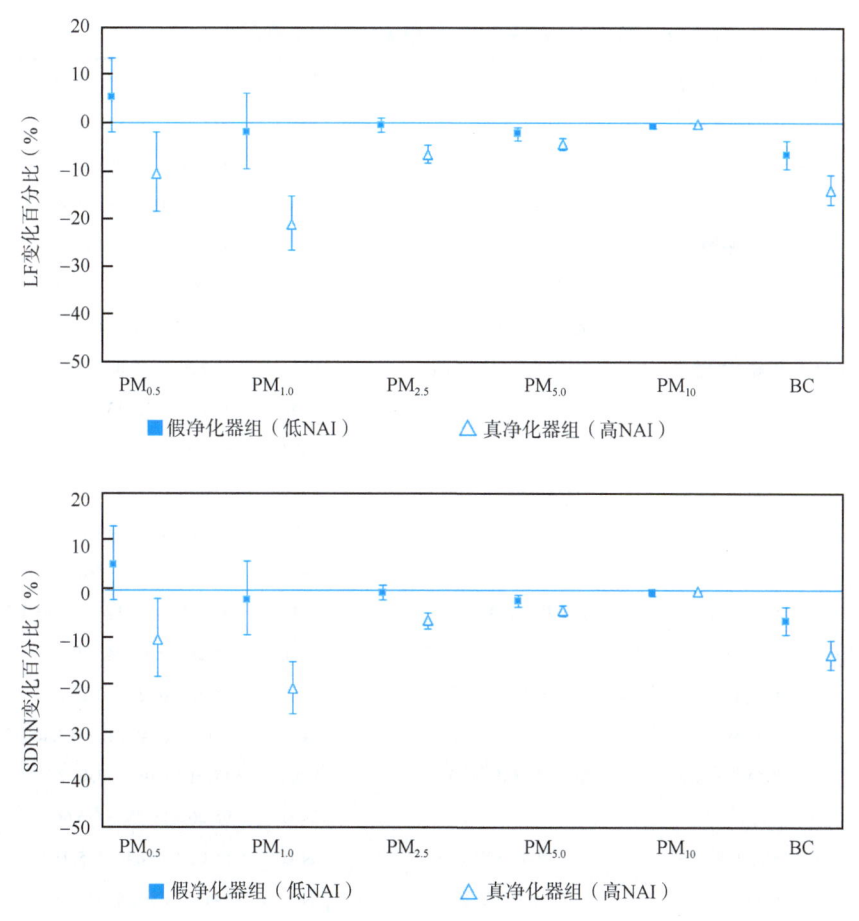

第七章 大气污染干预措施对人群急性健康效应暴露-反应关系的影响研究 | 381

图 7-21 室内 NAI 浓度较高时 HF、LF 和 SDNN 的变化情况

在假净化组和真净化组中，室内不同粒径颗粒物和 BC 的 5 分钟滑动平均值每增加一个 IQR，研究对象心率变异性指数估计的变化百分比

7.6.3.5 与室内空气污染暴露和心肺功能有关的代谢物

按照污染物分类，检测出 14 种与颗粒物相关的代谢物，其可归为六大代谢途径中 12 个具体的代谢途径；28 种与 NAI 相关的代谢物，其可归为八大代谢途径中 21 个特定的代谢途径（表 7-18）。按照心肺功能分类，检测出 8 种与呼吸功能相关的代谢物，其可归为六大代谢途径中 8 个具体的代谢途径；18 种与 HRV 和 HR 有关的代谢物，其可归为九大代谢途径中 14 个特定的代谢途径（表 7-19）。

表 7-18　室内 NAI、颗粒物和相关代谢物之间的主要相关性

代谢类型	代谢通路	代谢物名称	相关污染物	代谢物变化百分比（95%CI）（%）
糖代谢	丙酮酸途径	二氢硫辛酰胺	$PM_{0.5}$	−37.24（−59.81~−2.01）*
			NAI	−39.34（−58.89~−10.48）*
		柠苹酸	NAI	69.57（15.48~148.99）*
	葡萄糖途径	D-葡萄糖	$PM_{2.5}$	44.32（16.52~78.76）*
		脱氧核糖-5-磷酸	NAI	81.98（33.92~147.28）*
		葡萄糖-6-磷酸	NAI	66.72（13.67~144.53）*
氨基酸代谢	甲硫氨酸途径	N-甲酰-L-甲硫氨酸	$PM_{1.0}$	−34.69（−47.09~−19.37）*
			PM_{10}	17.49（3.92~32.84）*
			NAI	−24.03（−39.32~−4.88）*
	谷氨酸途径	L-谷氨酸	$PM_{0.5}$	−37.59（−57.97~−7.31）*
			PM_{10}	23.38（1.86~49.44）*
			NAI	66.72（17.64~136.29）*
	赖氨酸途径	5-羟基赖氨酸	$PM_{1.0}$	−32.43（−47.19~−13.55）*
			PM_{10}	25.28（9.07~43.88）*
	缬氨酸、亮氨酸和异亮氨酸的降解	酮亮氨酸	PM_{10}	14.22（0.18~30.22）*
			NAI	−36.35（−49.81~−19.30）*
	苯丙氨酸途径	N-乳酰-苯丙氨酸	PM_{10}	12.91（0.08~27.40）*
			NAI	98.06（59.08~146.60）*
	天冬氨酸途径	N-乙酰-L-天冬氨酸	NAI	58.01（15.64~115.91）*
	异亮氨酸途径	N-乙酰异亮氨酸	NAI	141.36（39.76~316.80）*
	精氨酸和脯氨酸途径	肌酐	NAI	78.92（27.79~150.50）*
脂代谢	肉碱途径	3-羟基异戊酰肉碱	$PM_{0.5}$	−48.11（−59.98~−32.73）*
			$PM_{1.0}$	−40.09（−52.16~−24.96）*
			PM_{10}	20.21（5.31~37.22）*
		反-2-顺-4-癸二烯酰肉毒碱	PM_{10}	29.46（3.73~61.57）*
		3-羟基辛酰基肉碱	NAI	−44.74（−61.67~−20.32）*
		3-脱羟基肉碱	NAI	−28.74（−41.10~−13.80）*
	脂肪酸途径	3-羟基戊酸	$PM_{0.5}$	177.17（73.22~343.50）*
			$PM_{1.0}$	71.06（13.21~158.46）*
			$PM_{2.5}$	−36.91（−55.38~−10.79）*
			PM_{10}	−30.80（−45.30~−12.46）*
			NAI	−54.00（−70.00~−29.48）*
		N-庚酰甘氨酸	NAI	49.76（12.24~99.82）*

续表

代谢类型	代谢通路	代谢物名称	相关污染物	代谢物变化百分比（95%CI）（%）
	类固醇激素途径	雄烯二酮	NAI	64.38（20.97～123.38）*
		葡萄糖醛酸雌酮	NAI	−41.69（−57.51～−19.97）*
	溶血磷脂途径	溶血磷脂酸（20:2（11Z,14Z）/0:0）	NAI	63.92（2.86～161.24）*
		溶血磷脂酸（18:4（6Z,9Z,12Z,15Z）/0:0）	NAI	67.67（18.30～137.62）*
	辅酶Q生物合成	泛醌-1	NAI	−37.42（−50.49～−20.92）*
	甘油磷脂途径	磷酰胆碱	NAI	−69.20（−77.72～−57.42）*
酚代谢	酚途径	染料木素4'-O-葡糖苷酸	$PM_{0.5}$	−51.14（−70.34～−19.53）*
		对甲酚硫酸盐	$PM_{0.5}$	−40.06（−63.59～−1.33）*
嘌呤代谢	嘌呤途径	脱氧腺苷	$PM_{0.5}$	72.43（24.01～139.75）*
			$PM_{1.0}$	58.12（19.04～110.04）*
			NAI	60.26（18.52～116.69）*
		AICA-核糖核苷酸	NAI	111.36（41.81～215.02）*
微生物代谢	烟酸盐和烟酰胺途径	1-甲基烟酰胺	$PM_{0.5}$	−39.28（−57.19～−13.88）*
			$PM_{1.0}$	−49.42（−62.27～−32.21）*
			PM_{10}	34.70（13.40～60.01）*
	硫胺素途径	硫胺素	NAI	346.72（139.00～734.97）*
	维生素B_6途径	5'-磷酸吡哆胺	NAI	−28.14（−39.67～−14.40）*
蝶啶代谢	四氢生物蝶啶途径	2'-脱氧肾上腺素	NAI	−40.53（−57.00～−17.74）*
嘧啶代谢	嘧啶途径	尿苷	NAI	−37.42（−50.49～−20.92）*
咖啡因代谢	咖啡因途径	1-甲基尿酸	NAI	−36.35（−54.34～−11.28）*

a 百分比变化是指室内颗粒物或NAI浓度每增加一个IQR时，代谢物的变化范围；*$P<0.05$。

注：$PM_{0.5}$的IQR为17.9μg/m³，$PM_{1.0}$的IQR为22.2μg/m³，$PM_{2.5}$的IQR为26.7μg/m³，PM_{10}的IQR为331.7μg/m³，NAI的IQR为12264.7cm⁻³。

表7-19　心肺功能指标与代谢物之间的主要相关性

代谢类型	代谢通路	代谢物名称	VIP值	相关心肺功能指标	代谢物变化百分比（95%CI）（%）
糖代谢	半乳糖途径	半乳糖甘油	2.29	FEV_1	−0.38（−1.59～0.84）
		melibiitol	2.14	TP	−7.55（−12.76～−2.03）*
				LF	−6.04（−10.90～−0.92）*
				HF	−12.07（−19.08～−4.46）*
				SDNN	−3.76（−6.48～−0.96）*
				rMSSD	−6.39（−10.36～−2.24）*
				pNN50	−10.51（−18.33～−1.95）*

续表

代谢类型	代谢通路	代谢物名称	VIP值	相关心肺功能指标	代谢物变化百分比（95%CI）（%）
氨基酸代谢	酪氨酸途径	高香草醛	2.02	FeNO	1.80（-0.73~4.38）
				FEV_1	-0.22（-1.06~0.63）
	精氨酸和脯氨酸途径	高肌肽	2.83	FEV_1	-0.47（-1.76~0.84）
	组氨酸途径	咪唑乳酸	2.04	HF	-8.02（-14.52~-1.02）*
				rMSSD	-3.98（-7.77~-0.04）*
	谷氨酸途径	氨基葡萄糖6-磷酸	2.17	rMSSD	1.98（0.11~3.88）*
	酪氨酸途径	托帕醌	2.19	pNN50	0.58（0.02~1.15）*
脂代谢	肉碱途径	琥珀酰肉碱	2.04	HF	-8.89（-16.88~-0.12）*
				HR	2.07（0.77~3.37）*
		邻己二酰肉碱	2.08	rMSSD	3.95（0.51~7.50）*
				pNN50	10.10（1.37~19.58）*
				LF/HF	-4.06（-7.47~-0.52）*
	脂肪酸途径	2-呋喃甘氨酸	2.20	TP	1.84（0.55~3.15）*
				LF	1.42（0.24~2.61）*
				HF	3.09（1.28~4.94）*
				SDNN	1.01（0.38~1.65）*
				rMSSD	1.55（0.64~2.48）*
				pNN50	3.48（1.54~5.47）*
				LF/HF	-1.04（-2.06~-0.01）*
		N-丙烯酰甘氨酸	2.09	pNN50	1.39（0.16~2.63）*
	类固醇激素途径	硫酸雌酮	2.70	FeNO	2.28（-0.93~5.60）
				FEV_1	-0.07（-1.09~0.96）
		11α-羟基孕酮	2.07	LF	-5.96（-10.55~-1.14）*
				HR	1.29（0.15~2.45）*
	溶血磷脂途径	溶血聚乙烯（18：4（6Z，9Z，12Z，15Z）/0：0）	2.19	FEV_1	1.49（-0.42~3.44）
		溶血磷脂酰胆碱（18：4（6Z，9Z，12Z，15Z））	2.03	rMSSD	3.20（0.06~6.43）*
				LF/HF	-4.05（-7.19~-0.81）*
三羧酸循环	三羧酸循环	α-酮戊二酸	2.10	TP	-4.70（-8.85~-0.37）*
				LF	-5.02（-8.78~-1.11）*
				HF	-9.85（-15.48~-3.85）*
				rMSSD	-5.55（-8.66~-2.34）*
				pNN50	-9.49（-15.64~-2.89）*
				LF/HF	4.97（1.30~8.78）*
				HR	1.17（0.25~2.09）*

续表

代谢类型	代谢通路	代谢物名称	VIP 值	相关心肺功能指标	代谢物变化百分比（95%CI）（%）
		苹果酸	2.20	rMSSD	4.19（0.92~7.56）*
				pNN50	8.57（1.39~16.25）*
				HR	−0.98（−1.87~−0.08）*
		壬酸	2.46	LF/HF	−5.72（−10.65~−0.51）*
嘌呤代谢	嘌呤途径	6-琥珀氨基嘌呤	2.90	FeNO	−0.32（−0.53~−0.12）*
				FEV$_1$	0.05（−0.02~0.12）
嘧啶代谢	嘧啶途径	胞嘧啶	2.03	FEV$_1$	1.61（0.30~2.94）*
		尿苷	2.04	HF	−8.11（−14.64~−1.07）*
				rMSSD	−4.12（−8.00~−0.09）*
维生素代谢	维生素 B$_6$ 途径	吡哆胺	2.40	TP	−8.78（−13.52~−3.77）*
				LF	−8.69（−13.02~−4.15）*
				HF	−12.73（−19.30~−5.62）*
				SDNN	−3.98（−6.50~−1.40）*
				rMSSD	−6.46（−10.19~−2.57）*
				pNN50	−9.03（−16.98~−0.31）*
				LF/HF	4.91（0.39~9.62）*
				HR	2.14（1.01~3.28）*
胺代谢	胺途径	高木酸	2.35	FeNO	−0.38（−0.65~−0.12）*
				FEV$_1$	0.08（−0.01~0.16）
咖啡因代谢	咖啡因途径	1-甲基尿酸	2.09	SDNN	2.00（0.14~3.89）*
				rMSSD	3.43（0.61~6.33）*
				HR	−0.89（−1.65~−0.12）*
胆汁酸生物合成	胆汁酸生物合成	乙醇酸	2.20	HF	8.48（0.63~16.95）*
				LF/HF	−5.26（−9.11~−1.25）*
褪黑素代谢	褪黑素途径	环状褪黑激素	2.00	rMSSD	3.94（0.62~7.36）*

*$P<0.05$。

7.6.3.6 代谢物的统计和生物学网络

与颗粒物有关的代谢物中有 4 对呈正相关，而与 NAI 相关的代谢物中有 49 对存在相关关系，其中 15 对呈负相关。与呼吸功能相关的代谢物中有 4 对呈正相关，与 HRV 相关的代谢物中有 92 对存在相关关系，其中有 9 对呈负相关。5 种颗粒物相关代谢物与 4 种呼吸功能代谢物相关，其中 5 对呈正相关，1 对呈负相关；6 种 NAI 代谢物与 5 种呼吸功能代谢物相关，其中 5 对呈正相关，1 对呈负相关；5 种颗粒物代谢物与 8 种 HRV 代谢物相关，其中 8 对呈正相关，2 对呈负相关；16 种 NAI 代谢物与 16 种 HRV 代谢物相关，其中 5 对呈负相关，其余呈正相关。

通过生物途径分析，上述代谢物中有 57 种整合到了代谢网络中。11 种颗粒物相关代谢物和 7 种呼吸功能相关代谢物被整合到同一路径，此路径涉及脂质、氨基酸、葡萄糖和嘧啶代谢，并与能量产生和抗炎作用的改善相关。15 种颗粒物相关代谢物和 16 种 HRV 相关代谢物被整合到同一路径，其涉及氨基酸、脂质、葡萄糖和嘌呤代谢，并在改善能量产生、抗炎中发挥作用。21 种 NAI 相关代谢物与 11 种呼吸功能相关代谢物被整合到同一路径，其涉及氨基酸、脂质、葡萄糖、嘧啶和嘌呤代谢及能量产生、抗氧化和抗炎等有利过程。此外，17 种 NAI 相关代谢物和 18 种 HRV 相关代谢物被整合到尿苷三磷酸合成、三羧酸循环、氨基酸和脂质代谢中。

7.6.4 讨 论

本次研究结果显示，负离子空气净化器对室内 BC 和颗粒物有较好的清除效果，尤其是对粒径小的颗粒物清除效率更高。既往研究发现，小粒径颗粒物有较大的比表面积，可能吸附更多的有毒物质，对健康具有更大的潜在危害。因此，降低小粒径颗粒物浓度对心肺功能的改善效果可能更为明显，如图 7-17 所示，在同样的暴露时间窗口下，粒径越小的颗粒物浓度每升高一个 IQR 对应的 FEV_1、FeNO、HF、LF、SDNN 的变化百分比越大。此外，净化后研究对象的呼吸系统功能得到改善，气道炎症和氧化应激水平降低，潜在的心肌缺血风险降低。一些既往研究与本次研究结果类似，Zhao 等发现从 $PM_{2.5}$ 低污染时期到高污染时期，假净化组的 FVC 明显下降、FeNO 明显升高，而真净化组的 FVC 下降和 FeNO 升高无统计学意义。另一些以健康成人为对象的研究并未观察到空气净化器的使用与呼吸系统健康指标改善之间的显著关联。这种不一致可能与研究对象的特征有关，相比成人，儿童更易受到空气污染的不良影响。因此，本次研究发现了在易感人群中使用空气净化器的潜在健康效益。此外，本研究中净化后研究对象的心脏自主神经功能受到了不良影响。深入研究发现，该类型净化器对改善呼吸系统健康和降低心肌缺血风险的保护作用，是通过明显降低室内颗粒物和 BC 浓度引起的；然而，该类型净化器产生的大量 NAI 会对心脏的自主神经功能产生潜在不良影响，且该不良影响可能会抵消因净化空气而产生的相关正向作用。

在潜在代谢机制方面，研究发现，NAI 的增加和颗粒物的减少主要通过 8 条途径提高能量产生、抗炎和抗氧化能力，从而改善呼吸功能。颗粒物减少主要通过 6 条途径增加能量生成，提高抗氧化能力，从而改善 HRV；NAI 的增加主要通过 5 条途径减少能量生成，降低抗氧化能力，从而抑制 HRV。NAI 的负向作用可能盖过了颗粒物减少的正向作用，进而导致儿童的心脏自主神经功能有所下降，但是否有其他二次污染物对儿童心血管功能造成了影响，仍需深入研究探讨。

综上，本次研究结果显示，市售负离子空气净化器对室内不同粒径颗粒物和 BC 均有较好的清除效果，且可明显改善学龄儿童呼吸系统健康，但却可能对儿童心脏自主神经功能产生不良影响。室内 NAI 升高和颗粒物浓度降低对儿童心肺功能相关代谢途径也具有不同影响。NAI 升高和颗粒物浓度降低可能通过增加能量产生，增强抗炎和抗氧化能力改善机体呼吸功能，但是 NAI 浓度升高也可能通过减少能量产生和降低抗氧化能力而对心脏自主神经功能产生潜在危害。该研究结果对未来电离空气净化器的工艺改进和发展具有一定的指导意义，并可为我国居民选择适宜的室内空气净化设施，降低人群个体空气污染物暴露水平、保障人群健康提供科学依据。

7.6.5 小　　结

本研究结果显示，负离子空气净化器可显著降低室内空气颗粒物浓度，并且对儿童呼吸系统健康具有显著保护作用，但是其运行时产生的大量 NAI 可能对儿童心脏自主神经功能造成一定负面影响，从而抵消颗粒物净化产生的健康效应。代谢组学结果识别出能量产生、抗炎、抗氧化等代谢途径改变可能是室内 NAI 和空气颗粒物暴露影响儿童心肺健康的潜在机制。

参 考 文 献

高婷，李国星，胥美美，等，2015. 基于支付意愿的大气 PM$_{2.5}$ 健康经济学损失评价[J]. 环境与健康杂志，32（8）：697-700.

李美玲，陈剑波，郭利娜，等，2015. 不同空气净化器对室内甲醛、二氧化硫和 PM$_{2.5}$ 的净化效果比较[J]. 上海环境科学集，（1）：22-26.

李文迪，朱春，余建，等，2015. 空气净化器对室内空气净化效果实测分析[J]. 绿色建筑，7（1）：58-60.

倪沈阳，白莉，陈琬玥，等，2017. 雾霾天气下空气净化器对室内 PM$_{2.5}$ 净化的分析[J]. 吉林建筑大学学报，34（5）：56-60.

汪婷，谢绍东，2010. 北京奥运交通限行前后街道机动车污染的模拟[J]. 环境科学，31（3）：566-572.

吴少伟，邓芙蓉，郭新彪，等，2008. 某社区老年人冬季 PM$_{2.5}$ 和 CO 及 O$_3$ 暴露水平评价[J]. 环境与健康杂志，25（9）：753-756.

张文辉，虞晓芬，曹承建，等，2017. 居室环境 PM$_{2.5}$ 浓度监测及影响因素分析[J]. 中国预防医学杂志, 18（12）: 933-937.

Al-Attabi R, Dumée LF, Schütz JA, et al, 2018. Pore engineering towards highly efficient electrospun nanofibrous membranes for aerosol particle removal[J]. Science of the Total Environment, 625: 706-715.

American Thoracic Society, European Respiratory Society, 2005. ATS/ERS recommendations for standardized procedures for the online and offline measurement of exhaled lower respiratory nitric oxide and nasal nitric oxide, 2005[J]. American Journal of Respiratory and Critical Care Medicine, 171（8）: 912-930.

Babisch W, Wolf K, Petz M, et al, 2014. Associations between traffic noise, particulate air pollution, hypertension, and isolated systolic hypertension in adults: the KORA study[J]. Environmental Health Perspectives, 122（5）: 492-498.

Cai SY, Wang YJ, Zhao B, et al, 2017. The impact of the "Air Pollution Prevention and Control Action Plan" on $PM_{2.5}$ concentrations in Jing-Jin-Ji region during 2012-2020[J]. Science of the Total Environment, 580: 197-209.

Chen C, Zhao B, 2011. Review of relationship between indoor and outdoor particles: I/O ratio, infiltration factor and penetration factor[J]. Atmospheric Environment, 45（2）: 275-288.

Chen RJ, Zhao A, Chen HL, et al, 2015. Cardiopulmonary benefits of reducing indoor particles of outdoor origin: a randomized, double-blind crossover trial of air purifiers[J]. Journal of the American College of Cardiology, 65（21）: 2279-2287.

Chen WJ, Thomas J, Sadatsafavi M, et al, 2015. Risk of cardiovascular comorbidity in patients with chronic obstructive pulmonary disease: a systematic review and meta-analysis[J]. The Lancet Respiratory Medicine, 3（8）: 631-639.

Chen Z, Wang JN, Ma GX, et al, 2013. China tackles the health effects of air pollution[J]. Lancet, 382（9909）: 1959-1960.

Cohen AJ, Brauer M, Burnett R, et al, 2017. Estimates and 25-year trends of the global burden of disease attributable to ambient air pollution: an analysis of data from the Global Burden of Diseases Study 2015[J]. Lancet, 389（10082）: 1907-1918.

Ding D, Zhu Y, Jang C, et al, 2016. Evaluation of health benefit using BenMAP-CE with an integrated scheme of model and monitor data during Guangzhou Asian Games[J]. Journal of Environmental Sciences, 42: 9-18.

Fuks KB, Weinmayr G, Foraster M, et al, 2014. Arterial blood pressure and long-term exposure to traffic-related air pollution: an analysis in the European study of cohorts for air pollution effects (ESCAPE)[J]. Environmental Health Perspectives, 122（9）: 896-905.

Guan TJ, Hu SH, Han YQ, et al, 2018. The effects of facemasks on airway inflammation and endothelial dysfunction in healthy young adults: a double-blind, randomized, controlled crossover study[J]. Particle and Fibre Toxicology, 15（1）: 30.

Han BC, Liu IJ, Chuang HC, et al, 2016. Effect of welding fume on heart rate variability among workers with respirators in a shipyard[J]. Scientific Reports, 6: 34158.

Hedley AJ, Wong CM, Thach TQ, et al, 2002. Cardiorespiratory and all-cause mortality after restrictions on sulphur content of fuel in Hong Kong: an intervention study[J]. Lancet, 360(9346):

1646-1652.

Hoek G, Pattenden S, Willers S, et al, 2012. PM$_{10}$, and children's respiratory symptoms and lung function in the PATY study[J]. European Respiratory Journal, 40（3）: 538-547.

Horváth I, Hunt J, Barnes PJ, et al, 2005. Exhaled breath condensate: methodological recommendations and unresolved questions[J]. The European Respiratory Journal, 26（3）: 523-548.

Hou Q, An XQ, Wang Y, et al, 2010. An evaluation of resident exposure to respirable particulate matter and health economic loss in Beijing during Beijing 2008 Olympic Games[J]. Science of the Total Environment, 408（19）: 4026-4032.

Huang J, Deng FR, Wu SW, et al, 2013. The impacts of short-term exposure to noise and traffic-related air pollution on heart rate variability in young healthy adults[J]. Journal of Exposure Science & Environmental Epidemiology, 23（5）: 559-564.

Huang QY, Hu DY, Wang XF, et al, 2018. The modification of indoor PM$_{2.5}$ exposure to chronic obstructive pulmonary disease in Chinese elderly people: a meet-in-metabolite analysis[J]. Environment International, 121: 1243-1252.

Jerrett M, Burnett RT, Pope CA, et al, 2009. Long-term ozone exposure and mortality[J]. The New England Journal of Medicine, 360（11）: 1085-1095.

Jhun I, Gaffin JM, Coull BA, et al, 2017. School environmental intervention to reduce particulate pollutant exposures for children with asthma[J]. The Journal of Allergy and Clinical Immunology: in Practice, 5（1）: 154-159.e3.

Kraus U, Schneider A, Breitner S, et al, 2013. Individual daytime noise exposure during routine activities and heart rate variability in adults: a repeated measures study[J]. Environmental Health Perspectives, 121（5）: 607-612.

Langrish JP, Li X, Wang SF, et al, 2012. Reducing personal exposure to particulate air pollution improves cardiovascular health in patients with coronary heart disease[J]. Environmental Health Perspectives, 120（3）: 367-372.

Lim SS, Vos T, Flaxman AD, et al, 2012. A comparative risk assessment of burden of disease and injury attributable to 67 risk factors and risk factor clusters in 21 regions, 1990-2010: a systematic analysis for the Global Burden of Disease Study 2010[J]. The Lancet, 380（9859）: 2224-2260.

Miller MR, Hankinson JL, Brusasco V, 2005. Standardisation of spirometry "ATS/ERS task force: standardisation of lung function testing" [J].European Respiratory Journal, 26（2）: 319-338.

Niu JL, Tung TCW, Burnett J, 2001. Quantification of dust removal and ozone emission of ionizer air-cleaners by chamber testing[J]. Journal of Electrostatics, 51/52: 20-24.

Schwartz J, Zanobetti A, 2000. Using meta-smoothing to estimate dose-response trends across multiple studies, with application to air pollution and daily death[J]. Epidemiology, 11（6）: 666-672.

Shang Y, Sun ZW, Cao JJ, et al, 2013. Systematic review of Chinese studies of short-term exposure to air pollution and daily mortality[J]. Environment International, 54: 100-111.

Shi JJ, Lin ZJ, Chen RJ, et al, 2017. Cardiovascular benefits of wearing particulate-filtering respirators: a randomized crossover trial[J]. Environmental Health Perspectives, 125（2）: 175-180.

Sun ZB, An XQ, Tao Y, et al, 2013. Assessment of population exposure to PM$_{10}$ for respiratory disease in Lanzhou (China) and its health-related economic costs based on GIS[J]. BMC Public Health, 13: 891.

Tabacchi M, Pavón I, Ausejo M, et al, 2011. Assessment of noise exposure during commuting in the Madrid subway[J]. Journal of Occupational and Environmental Hygiene, 8(9): 533-539.

Taghvaee S, Sowlat MH, Mousavi A, et al, 2018. Source apportionment of ambient PM$_{2.5}$ in two locations in central Tehran using the Positive Matrix Factorization (PMF) model[J]. Science of the Total Environment, 628/629: 672-686.

Tang DL, Wang CC, Nie JS, et al, 2014. Health benefits of improving air quality in Taiyuan, China[J]. Environment International, 73: 235-242.[PubMed]

Wang XP, Mauzerall DL, 2006. Evaluating impacts of air pollution in China on public health: implications for future air pollution and energy policies[J]. Atmospheric Environment, 40(9): 1706-1721.

Xu Z, Yu D, Jing L, et al, 2000. Air pollution and daily mortality in Shenyang, China[J]. Archives of Environmental Health, 55(2): 115-120.

Yan CQ, Zheng M, Yang QY, et al, 2015. Commuter exposure to particulate matter and particle-bound PAHs in three transportation modes in Beijing, China[J]. Environmental Pollution, 204: 199-206.

Yang GH, Wang Y, Zeng YX, et al, 2013. Rapid health transition in China, 1990-2010: findings from the Global Burden of Disease Study 2010[J]. Lancet, 381(9882): 1987-2015.

Yoda Y, Tamura K, Adachi S, et al, 2020. Effects of the use of air purifier on indoor environment and respiratory system among healthy adults[J]. International Journal of Environmental Research and Public Health, 17(10): 3687.

Zhang MS, Song Y, Cai XH, et al, 2008. Economic assessment of the health effects related to particulate matter pollution in 111 Chinese cities by using economic burden of disease analysis[J]. Journal of Environmental Management, 88(4): 947-954.

Zhao Y, Xue LJ, Chen Q, et al, 2020. Cardiorespiratory responses to fine particles during ambient PM$_{2.5}$ pollution waves: findings from a randomized crossover trial in young healthy adults[J]. Environment International, 139: 105590.

第八章　基于"互联网+"的个体暴露测量信息的采集及风险提示研究

8.1　个体暴露测量技术的应用及信息采集支持服务

8.1.1　引　　言

随着全球工业化的扩大，空气污染日益严重，空气污染暴露可能会产生严重的疾病及经济负担。空气污染被确定为全球疾病负担的主要原因，特别是在低收入和中等收入国家。我国是世界上空气污染严重的地区之一，空气颗粒物（PM）是空气污染物的主要组成部分，与呼吸系统疾病、心血管疾病、记忆障碍和其他疾病相关。空气污染和健康之间的联系大多来自环境流行病学研究，这些研究依赖于参与者的住址及固定地点区域监测仪和（或）卫星获得的气溶胶光学厚度（AOD）计算出的污染暴露量。例如，在近期的一项研究中，Lee 等使用住宅位置、卫星获得的中分辨率成像光谱仪气溶胶光学厚度及新英格兰地区 78 个监测站的地面测量数据来估计参与者的 $PM_{2.5}$ 暴露量。这样的研究设计（如基于社区或住址）只提供了有关致病机制的有限信息，即使生活在同一个区域的个体，其 PM 暴露量也可能会随着活动、位置和通气量而频繁变化。目前，个体携带 PM 收集监测装置被认为是"金标准"。这些装置可以实时测量 PM 浓度，也可以将 PM 收集到膜上供以后分析研究。然而，这些方法在个体水平 PM 暴露的流行病学研究中存在缺陷：①没有考虑受试者吸入的空气量；②相对较重且需要定期维护（如充电），使得难以在长期研究中（如≥1 年）进行部署，对儿童的研究尤其不切实际。如果没有长期的个体水平 PM 暴露量，环境流行病学研究会是粗略的，在统计学上也存在不足，难以得出因果推断。

近年来，下面两种技术的进步使得长期监测个体暴露量成为可能：①智能手机成为人们日常生活所必需的设备。根据皮尤研究中心（Pew Research Center）在 2016 年 11 月进行的一项调查显示，约 77%的美国人拥有智能手机（http：// www.pewresearch.org/fact-tank/2017/01/12/evolution-oftechnology）。智能手机的功能也在迅速发展，其中全球定位系统（GPS）跟踪和运动传感成为标配（https：// www.

gps.gov/technical/ps/#spsps）。②PM 传感器技术取得了明显的进步。低成本的传感器可以放置在个人的生活和工作地点，并以足够的时间和空间精度来采集 PM 浓度数据。最近，笔者用标准化的校准流程对常用的传感器进行了全面评估，所有经过测试的传感器在较宽的浓度范围（0~1000μg/m³）与膜收集方法表现出高度相关性。

本研究的目标是结合上述两种技术，实现一个能够实时监测个体 PM 吸入量的系统——Bio³Air，以完善长期的流行病学研究。该系统的主要功能包括实时测量受试者的位置、运动状态、室内/室外状态及其周围环境中的 PM 浓度。基于这些测量指标，系统能够计算个体实时的 PM 吸入量，如每分钟吸入的 PM 量（μg）。此外，笔者还对系统在数据重复性、分辨率和准确性方面的性能进行了评估。

8.1.2　研究方法

8.1.2.1　系统架构和组件

Bio³Air 系统包括 4 个主要部分（图 8-1）：①智能手机应用程序（Bio³Air），这是该系统的核心部分，现在已经开发了适用于 iOS 和 Android 的应用程序（App）。它实时收集 3 个指标：用户的位置（经度和纬度）、室内/室外状态和用

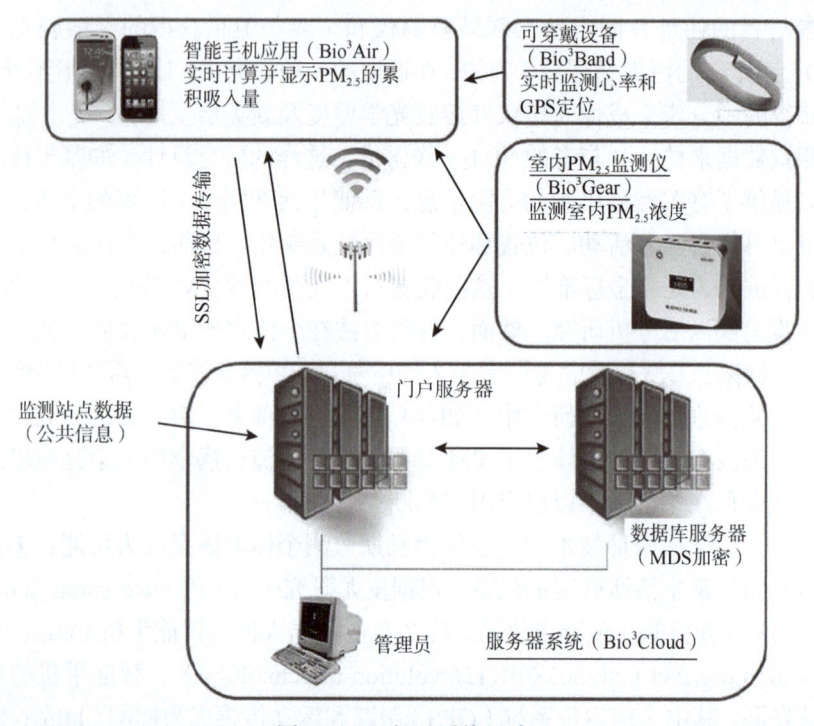

图 8-1　Bio³Air 系统组成

户的运动状态（每分钟的步数）。在通过云服务器来检索用户周围环境的 PM 浓度后，APP 在智能手机上计算并显示暴露水平，并自动将收集和计算的所有信息上传到云服务器。②云服务器和数据库（Bio³Cloud），用于接收和储存来自室内 $PM_{2.5}$ 传感器和智能手机 APP 的数据。它还能响应 APP 的请求，通过用户的室内/室外状态，返回用户周围环境的 PM 浓度。③室内 $PM_{2.5}$ 传感器（Bio³Gear），部署在用户工作或居住地点的室内 $PM_{2.5}$ 传感器。它自动测量 PM 浓度，将该数据显示在设备上并上传到 Bio³Cloud。④可穿戴设备 Bio³Band，实时监测用户的位置和心率，并感知紫外线（UV）光强度。Bio³Band 通过蓝牙与智能手机 APP 通信，是 Bio³Air 系统的可选组件。

8.1.2.2 数据采集

Bio³Air 系统能够量化以下 4 个指标：①用户的位置（经度和纬度），获取方式根据智能手机的类型（苹果系统或安卓系统手机），通过 Apple MapKit（https://developer.apple.com/documentation/mapkit）或百度地图 API（http://api.map.baidu.com/lbsapi/）获取。②室内/室外状态，通过 GPS 信号强度、互联网接入环境和紫外光强度（Bio³Band 内置紫外光传感器）来获取。③用户的运动状态，通过 Apple Health Kit（https://developer.apple.com/healthkit/）或 Google Fit SDK（https://developers.google.com/fit/）进行获取。④PM 浓度通过 Bio³Cloud 和 Bio³Gear，根据不同的途径获取室内/室外的 PM 浓度。每小时室外 PM 浓度来自美国、加拿大和中国的公共数据资源，并储存在 Bio³Cloud 中。数据资源包括 Urban Air（https://www.microsoft.com/en-us/research/project/urban-air/）、PM25.in API（http://pm25.in/api_doc）、AirNow（http://www.airnow.gov/index.cfm?action=topics.about_airnow）和 US EPA（http://www3.epa.gov/airdata/）。室内 PM 浓度由 Bio³Gear 直接测量并上传至 Bio³Cloud。需要注意的是，如果没有直接测量，室内 PM 浓度很难通过现有的数学模型进行准确估计，这主要是因为室内 PM 浓度受到多种因素的影响。当用户处于没有安装 Bio³Gear 的室内环境中时，Bio³Air 将使用渗透率公式，根据室外浓度估算室内的 PM 浓度：在寒冷的月份（11 月至次年 3 月），室内浓度为室外浓度的 1/3；在温暖的月份（4～10 月），室内浓度为室外浓度的 1/2。

8.1.2.3 数据处理流程

Bio³Air 系统每 2 分钟执行一次迭代。每次迭代，APP 首先确定室内/室外状态（图 8-2），如果在室外，APP 获取 GPS 位置（经度和纬度），并通过 Bio³Cloud 获取当前位置的室外 PM 浓度；如果在室内，若用户所在位置没有安装 Bio³Gear，APP 获取 GPS 位置，向 Bio³Cloud 获取该位置的室外 PM 浓度，通过渗透率公式计算室内浓度。如果室内安装有 Bio³Gear，智能手机通过蓝牙、Wi-Fi 或蜂窝网络与 Bio³Gear 进行通信，直接获取室内 PM 浓度。同时，APP 也将获取用户的运行状态（每分钟的步数），并基于已有的公式计算用户的肺通气率。利用以下信息：①个体环境污染物浓度 C_t（μg/m³）；②个体通气率 V_t（L/min），污染物吸入速度为 I（μg/min）$=V_t\times C_t$。个体在 $t0\sim t1$ 时间段内污染物吸入量总和可以表示为 $I=\int_{t0}^{t1}V_t\times C_t\mathrm{d}t$，$\mathrm{d}t$ 为时间 t 的微分。上述信息通过蓝牙协议传输到智能手机，迭代计算个体的肺通气率和室内/室外状态。

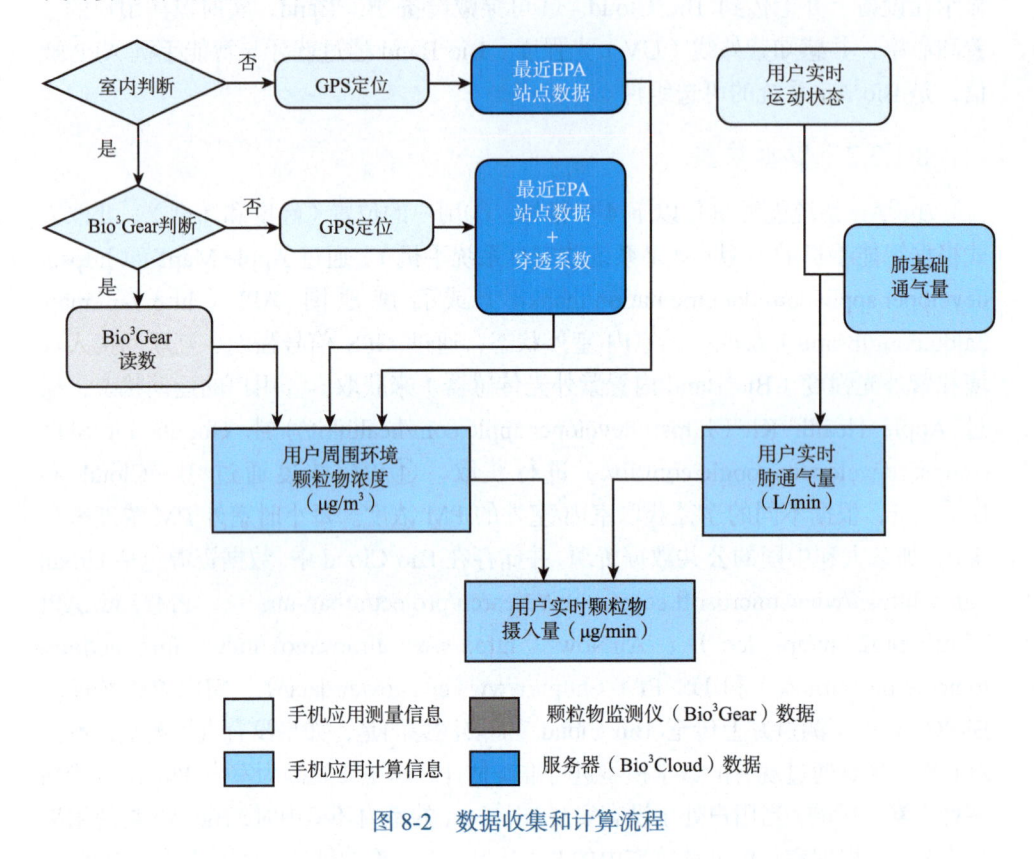

图 8-2 数据收集和计算流程

8.1.2.4 时间和空间分辨率

Bio³Air 系统的时间分辨率≤2 分钟，空间分辨率≤20 米。空间分辨率取决于智能手机、移动通信服务商和 GPS 的准确性，时间精度是系统开发人员所定义的。在权衡了精度、数据粒度和智能手机电池寿命之后，笔者将 2 分钟设置为系统中一次迭代的时间间隔。

8.1.2.5 Bio³Air 测量的可重复性评估

笔者将多个 Bio³Air 系统（每个系统在一个单独的智能手机上运行）部署到

同一研究对象上，在下面几种情况时进行测试：①空气质量优和差的天气；②久坐、行走和跑步的状态；③室内和室外；④使用和不使用 Bio³Gear。该实验由 2 名志愿者于 2016 年 9~12 月在上海同济大学校园内进行，每个实验持续 4 小时并包含 2 次重复。每次实验结束后，从 Bio³Cloud 下载研究对象的 PM 暴露数据进行相关性分析。

8.1.2.6　Bio³Air 测量的准确性评估及与传统方法的比较

膜采集和离线分析方法被认为是测量个体水平 PM 暴露量的"金标准"，在之前的研究中也采用该方法来校准不同类型的 $PM_{2.5}$ 传感器。本研究中也使用 SidePak 膜采集仪器与 Bio³Air 所测量的 $PM_{2.5}$ 暴露量进行了比较。实验于 2017 年 3~4 月在清华大学环境学院楼顶平台进行。在每次实验中，SidePak 膜采集仪器和 Bio³Air 在同一位置同时进行操作，并且因为 SidePak 以恒定的速率采集 $PM_{2.5}$ 且无法感知个体的运动状态，Bio³Air 在实验中也保持静止以保证实验结果的可比性。在不同天气和空气质量不同的日期进行了 6 次实验，每次实验独立运行两个 Bio³Air 系统，一个系统与 Bio³Gear 相连接，另一个不与 Bio³Gear 相连接。没有连接 Bio³Gear 的 Bio³Air 系统通过公共数据资源来计算 $PM_{2.5}$ 的浓度。实验结束后，将 Bio³Air 系统的测量结果从 Bio³Cloud 下载并进行数据分析。

8.1.2.7　Bio³Air 应用场景

2016 年 10 月至 2017 年 10 月，Bio³Air 被部署到上海一项纳入 40 例研究对象的环境健康队列研究中。所有受试者均提供了同济大学附属第十人民医院审查委员会批准的书面知情同意书。该研究采用下面两种方法来量化 $PM_{2.5}$ 暴露量：Bio³Air 数据及距离研究对象住所最近的环境监测站所报告的 $PM_{2.5}$ 浓度数据。

8.1.3　主　要　结　果

8.1.3.1　系统可靠性与分辨率

Bio³Air 系统开发完成后，在中国和北美的多个城市进行了测试。该系统经过长期的应用和实地研究（≥1 年），表现出足够的稳定性。由于当今智能手机在位置量化和运动监测方面的高性能，Bio³Air 系统在测量 PM 暴露和肺通气率方面提供了非常高的灵敏度和时空分辨率。

8.1.3.2　测量值重现性

基于同一研究对象部署的多台智能手机（每台手机独立运行 Bio³Air APP），笔者发现不同手机上的肺通气量与 $PM_{2.5}$ 吸入量均高度相关（$r^2 \geq 0.99$）（图 8-3）。

这些结果表明，由于智能手机能够准确可靠地量化指标（如位置和运动），Bio³Air 的 PM 暴露测量值有很高的可重复性。

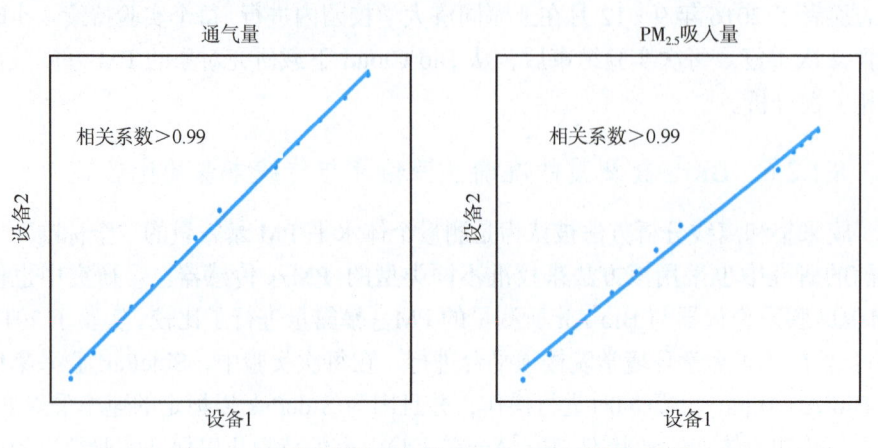

图 8-3　不同手机肺通气量和 PM₂.₅ 吸入量的相关性

8.1.3.3　Bio³Air 与传统方法准确性的比较评估

如前所述，采用 TSI SidePak（"金标准"）和 Bio³Air 在同一日或同一时间、同一实验地点测定 PM₂.₅ 的吸入量。SidePak 与没有连接到 PM₂.₅ 传感器（Bio³Gear）的 Bio³Air 的测量值的皮尔森相关性为 73.68%（图 8-4A）。在这个使用场景中，Bio³Air 计算的 PM₂.₅ 吸入量来源于 UrbanAir 发布的 PM₂.₅ 浓度。在另一个使用场景中，SidePak 和与 Bio³Gear 相连接的 Bio³Air 的测量值有高度的相关性（皮尔森相关性，r^2=91.89%，图 8-4B），显示 Bio³Air 系统的测量值具有很高的精确度。最后，比较了研究中两种 Bio³Air 系统的测量结果（有和没有连接 Bio³Gear），得到相关性 r^2=86.42%（图 8-4C），这反映的是实验现场 PM₂.₅ 传感器与 UrbanAir 公布数据之间的差异。

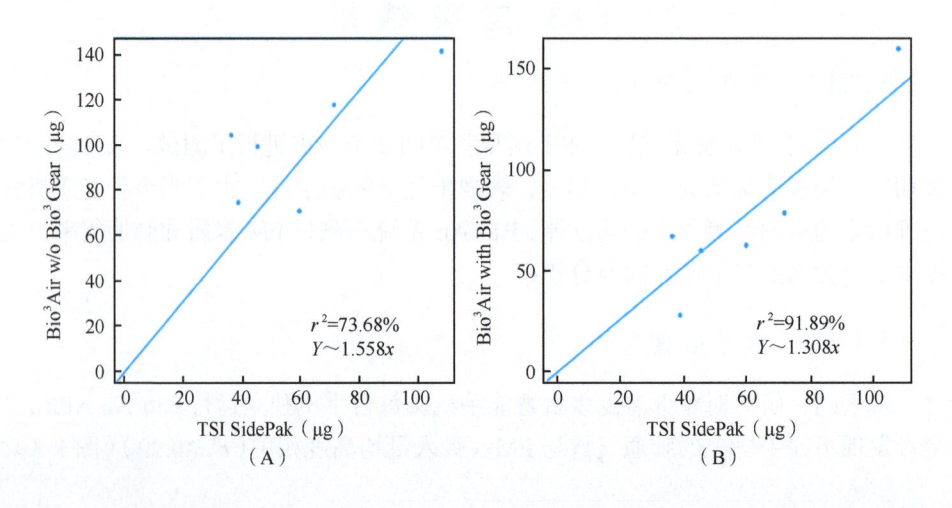

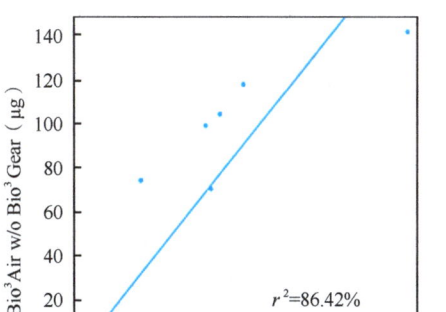

图 8-4　通过与 TSI SidePak 膜收集方法对比分析来评估 Bio³Air 的准确度

w/o 是 without 缩写，表示没有连接到 PM₂.₅ 传感器（Bio³Gear）的 Bio³Air 系统获得的测量值；$Y \sim x$ 指同一时间、同一实验地点以 Y 轴测量方法获得的数据与 X 轴测量方法获得的数据的线性模型关系函数，即图中蓝线的函数

8.1.4　讨　　论

Bio³Air 是一个用于长期监测个体水平 PM 暴露的综合系统，它利用了智能手机和小型 PM 传感器的最新技术。系统的主要创新性在于：实时量化个体的室内/室外状态、地理位置、肺通气率及受试者周围环境的 PM 浓度，并将这些测量值用于计算 PM 暴露量。该系统具有很高的可靠性、分辨率、重复性和准确性，并且成本低，易于使用。大多数环境健康长期研究采用基于地址或社区住址来评估受试者的污染物暴露水平，但同一城市中的各个站点所测量的 PM 浓度往往高度相关，导致参与者的 PM 暴露量差异很小，从而无法进行关联分析。一个典型的折中方案是利用不同城市有不同的 PM 污染水平，在多个城市进行研究。然而，混杂因素（如气候、饮食行为、生活方式、遗传分层等）与城市的暴露水平又高度相关，且无法进行调整，这使得此类研究结果很容易产生偏差。最终的解决方案是在个体水平上测量长期 PM 暴露量，到目前为止，很少有合适的系统应用于监测个体水平的长期 PM 暴露。传统膜采集和离线分析方法，要求定期处理膜/过滤器，研究对象必须携带设备（表 8-1）。虽然在短期（如几日）研究中这种方法是可行的，但对于长期监测来说，这种方法非常昂贵，而且很不方便，参与者的依从性可能非常低。相比之下，Bio³Air 只需要参与者在自己的智能手机后台维持 APP 的运行（表 8-1），使用方便，维护成本低，因此能够达到较高的依从性，更加适用于空气污染的长期健康研究。

表 8-1　个体污染物暴露量测量方法的比较

特征	膜收集和离线分析*	Bio³Air
参与者积极参与	需要（膜处理、充电等）	基本不需要（只需要在智能手机上运行程序）
肺通气率（L/min）	不考虑	测试并进入计算暴露水平

续表

特征	膜收集和离线分析*	Bio³Air
污染物类型	细颗粒物（PM）	任何类型的污染物
自动数据采集	否	是
参与者的合规性	低	高
适合的研究时长	几日	几日至≥1年
研究样本量	<100个	多达数千样本量

*膜收集和离线分析是常规方法，通常被认为是测量个体水平PM暴露的"金标准"。

我们系统地对 Bio³Air 的时间和空间分辨率、数据重复性和准确性进行了测试。结果表明，与"金标准"方法相比，Bio³Air 具有极高的重现性（$r^2>99\%$）和准确性（$r^2=91.89\%$，图 8-4B）。Bio³Air 在很大程度上取决于政府机构公布的 PM 浓度数据，因此公共数据源的质量至关重要。我们有理由期待，未来先进的技术和更密集的监测站会提高政府发布的空气质量数据的准确性和可靠性，从而更有利于 Bio³Air 应用于研究。此外，Bio³Air 并不局限于量化 PM 暴露（表 8-1），而是在多种污染物类型（如 VOC、O_3、NO_x 等）方面具有应用潜力。我们也希望 PM 的实时化学成分和浓度可以被公布和获取，并直接与 Bio³Air 相结合，甚至可以回顾性地计算个体的暴露量。目前室内监测 PM 以外污染物（如 VOC）的传感器或监测仪在市场上是可以买到的，但对于大规模流行病学研究来说价格昂贵，下一步可以将这些传感器加入 Bio³Gear 中，使得 Bio³Air 系统能够广泛用于监测多种个体接触化学污染物。

Bio³Air 有两种获取个体室内环境 PM 浓度的策略：①通过 Bio³Gear 直接测量；②根据室外浓度估算室内 PM 浓度。尽管提出了许多数学模型，但很难基于室外浓度准确估算室内 $PM_{2.5}$ 浓度。这主要是因为在长期流行病学研究中很多影响室内 PM 浓度的因素很难被实时测量，如 PM 的室内产生（如家中烹饪或学校使用粉笔）及使用室内净化器和净化器的有效性。为了应对这一挑战，Bio³Air 集成了室内 $PM_{2.5}$ 监测仪（Bio³Gear，图 8-1），可以实时测量 PM 浓度。测量值被传输到智能手机 APP 中，用来计算个体的暴露水平（图 8-1）。Bio³Gear 可以方便地部署在个体长时间的活动场所（如工作场所和家中），为 Bio³Air 提供准确的数据。当个体处于没有 Bio³Gear 的室内环境中时，我们应用了一个简单的公式来估算室内 PM 浓度。Bio³Gear 的精度对整个系统至关重要，通过与 TSI SidePak 进行比较来评估（图 8-4B）。Bio³Gear 与"金标准"方法测量值的相关性为 91.89%。事实上，在之前的评估中，低成本粒子传感器均表现出良好的线性度和准确性，测试的所有传感器对"金标准"方法的相关性均大于 89.14%。

8.1.5 小　　结

综上所述，本研究发布了一个可以长期监测个体水平的空气污染物暴露系统。该系统可以采集测量个体暴露的相关信息。通过评估验证，Bio³Air 具有高可靠性，时间和空间分辨率、重复性和准确性。Bio³Air 已在我国上海进行了为期一年的小组研究，研究所收集的数据比传统的基于地址的方法更为丰富。作为一项重要的方法学进展，Bio³Air 可以极大地促进环境健康研究，并揭示空气污染物暴露的健康效应。

8.2　基于个体暴露的风险提示研究

8.2.1　引　　言

$PM_{2.5}$ 严重污染期间，预防 $PM_{2.5}$ 危害最根本的方法是及时调整个人行为来避免污染暴露。通过建立人群队列，研究利用受试者携带的 Bio³Air 系统获取其高时间分辨率的行为学数据，匹配研究个体所处时间和空间的污染状况，采用回归模型分析大气污染对人类行为的影响，以观测污染-行为的对应关系。观测变量包括个体室外暴露时间、日常出行时间和轨迹、体育运动状态和时间、单位时间总通气量等，目标是获得大气污染与人类行为之间的关系。笔者分别试制了 Wi-Fi 和物联网两种通信方式的室内 $PM_{2.5}$ 检测仪，用于连续测量用户所处室内环境的污染物浓度。通过设计一系列针对个体的量身定做的、精准的健康提示，通过 Bio³Air 系统发送给用户，使用户能在大气污染期间，调整生活出行方式、减少 $PM_{2.5}$ 的吸入。笔者设计的健康提示方案包括：①大气细颗粒物污染过程预报；②预报大气细颗粒物污染时期，用户可能吸入的 $PM_{2.5}$ 剂量和健康危害；③高污染物浓度时，针对个体的行为方式，给予其减少室外停留、减少大运动量活动的健康提示，并预报如果遵循健康提示，将减少的 $PM_{2.5}$ 吸入量；④和其他个体横向比较，激励用户服从健康提示，提高对 $PM_{2.5}$ 暴露的预防。

8.2.2　研　究　方　法

8.2.2.1　健康志愿者队列的建立

笔者在同济大学附属第十人民医院建立了健康志愿者队列（表 8-2），部署 Bio³Air 进行观测和干预研究（图 8-5）。所有志愿者都在签署知情同意书后，自愿参与研究。上海市第十人民医院伦理委员会批准了本项研究。入选标准：年龄

＞18周岁；无哮喘、慢阻肺等呼吸系统相关疾病；近期无上呼吸道感染及服用抗生素史；无心力衰竭或卒中病史；进入队列研究阶段无妊娠；目前无传染病史；签署知情同意书。

表 8-2　健康志愿者队列的构成（$n=41$）

平均年龄（岁）	性别比例（%）（男）	吸烟比例（%）	经常被动吸烟比例	经常炒菜比例	平均体重（kg）	平均身高（cm）
26	52.5%	5%	20%	2.5%	61	169

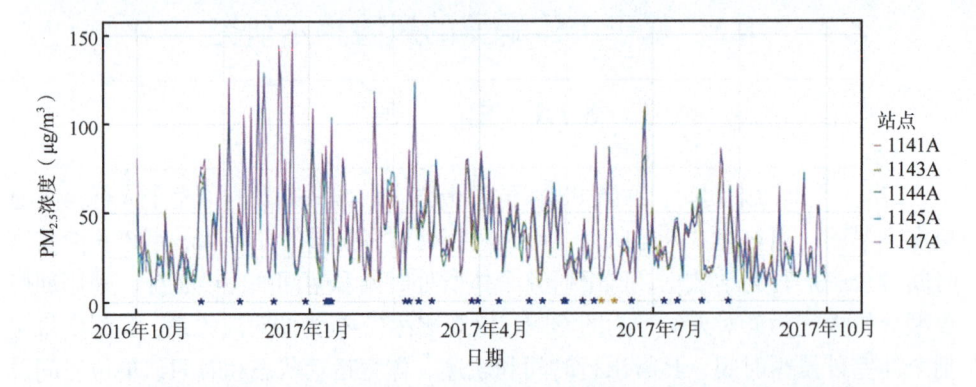

图 8-5　志愿者队列采样日期（蓝色星号）和慢阻肺风险队列采样时间（黄色星号）及 $PM_{2.5}$ 日均浓度

在 1 年的时间内研究团队每月对队列成员进行一次随访，每次随访时指导协助其首先完成一份详细的随访问卷，包括随访近 1 个月平均每日在室外活动时间、在室外活动时是否佩戴口罩、是否经常抽烟，以及被动抽烟、身体状况评分等。同时，每个志愿者手机上均安装了 Bio³Air（课题研究人员会演示安装及使用方法），并保持长期后台运行，采集志愿者队列研究期间大气颗粒物吸入量。

8.2.2.2　中老年人队列的建立和随访

研究依托同济大学附属第十人民医院呼吸科，建立中老年人 COPD 风险队列。入选标准：①45 岁以上；②具有 COPD 危险因素（长期吸烟或被动吸烟）；③肺功能提示 FEV_1＜95%，同时 FEV_1/FVC＞70%。所有志愿者在知情同意后，自愿参与研究。上海市第十人民医院伦理委员会批准了本项研究。排除标准：①哮喘；②研究者判断会导致不可逆气流阻塞的其他肺部疾病；③精神疾病或认知障碍者、恶性肿瘤、危重症患者（表 8-3）。

表 8-3　中老年志愿者队列构成（$n=87$）

平均年龄（岁）	性别比例（男）	吸烟比例	平均体重（kg）	平均身高（cm）	CAT 评分均值	mMRC 评分	CCQ 评分均值
60	36.5%	31%	62	161	11	0～1 级	2.3

中老年人队列样本量为 87 人，每年随访一次（图 8-5）。研究的信息采集主要包括：①基本信息收集，协助指导其首先完成一份详细的问卷；②临床标本收集，包括血清 5ml、诱导痰标本 5ml；③LDCT 检查和图像处理及分析；④肺功能检查。

8.2.3　主 要 结 果

8.2.3.1　使用 Bio^{3}Air 可以获得更高的分辨率用于个体风险提示及流行病学研究

在志愿者队列上，个体水平暴露量的测量试验在 2016 年 10 月至 2017 年 10 月于上海市区实施。笔者用两种方法测量了每个志愿者的 PM$_{2.5}$ 暴露量：第一种方法是根据志愿者的住址，获取其距离最近的环境监测站数据，计算其暴露量。队列中志愿者居住的区域共有 5 个监测站，他们的测量数值高度相关（图 8-6），例如虹口站和杨浦站的相关性（r^2）达到 98%。如果使用居住地址最近监测站的数据估算分别居住在虹口区和杨浦区 2 个志愿者的暴露量，他们的暴露量非常近似（图 8-7，图中深蓝点）。因此通过住址估算的方法，使得研究队列中所有志愿者的暴露量几乎是一样的，从而无法进行暴露量和肺功能或其他生物指标的分析。第二种方法，志愿者部署了 Bio^{3}Air 系统，可以实时获得其地理位置和空气吸入量。研究期间发现，志愿者在上海周边活动，如果使用其实时位置最近的台站的浓度，也可以极大提高暴露量测量值的分辨率（图 8-7，图中浅蓝点）：2 个志愿者的 PM$_{2.5}$ 暴露量的相关性下降到 64%。如果使用 Bio^{3}Air 的监测值（考虑了实时位置、室内/室外状态和肺通气率），2 个研究对象的 PM$_{2.5}$ 暴露量测量值的相关性进一步下降到 36%（图 8-7，图中黑点）。研究表明，Bio^{3}Air 极大提高了 PM$_{2.5}$ 暴露量测量的准确性和分辨率，使暴露量与肺功能等生物学指标间的相关性研究成为可能。

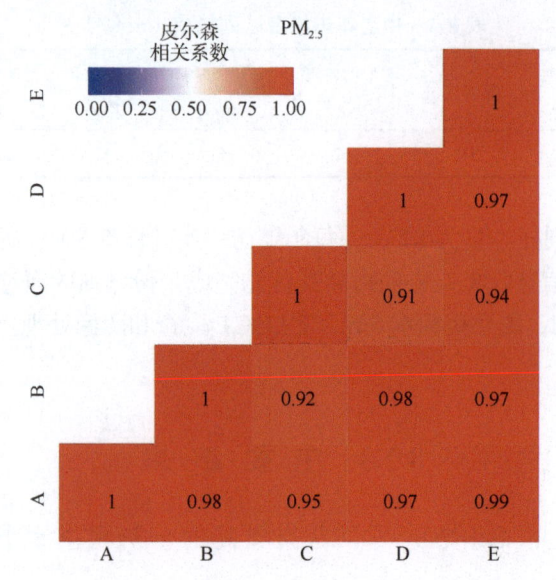

图 8-6 研究中使用的站点及其浓度数据的相关性分析

站点 A，浦东；站点 B，虹口；站点 C，徐汇；站点 D，杨浦；站点 E，静安

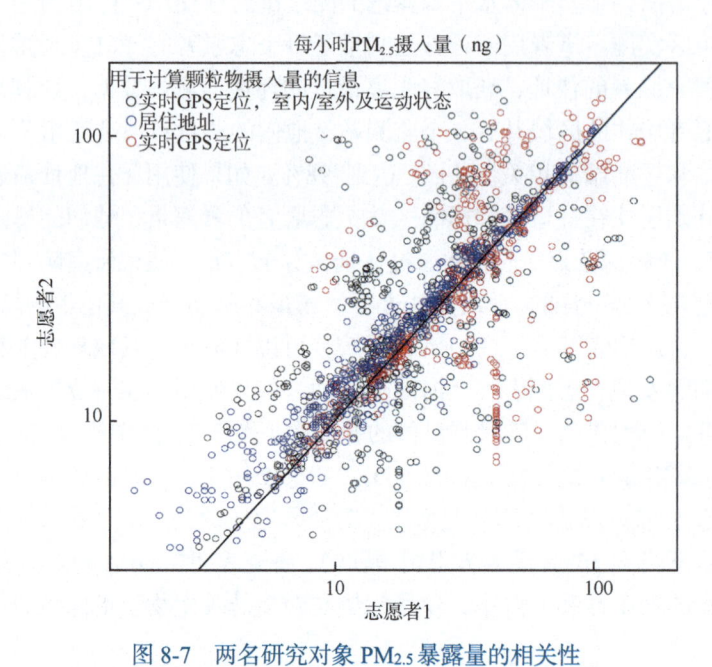

图 8-7 两名研究对象 PM$_{2.5}$ 暴露量的相关性

蓝点，使用志愿者住址最近的监测站的浓度数据估算。红点，使用志愿者实时位置最近的监测站的浓度估算 PM$_{2.5}$ 暴露量。黑点，使用 Bio³Air 检测个体水平暴露量

8.2.3.2 建立数据库和查询界面，用于个体及流行病学队列数据收集

8.2.3.2.1 流行病学队列数据收集的实时监测系统

Bio^{3}Air 系统基于智能手机，用于在高时空分辨率下，全天候长时间在个体水平监测用户的大气污染物吸入量。Bio^{3}Air 下载到队列志愿者的手机后，APP 在手机后台运行，耗电量低、占用内存和流量少，测量数据每小时自动上传到研究服务器。当然，在长期测量期间，用户的手机有可能关机或关闭 Bio^{3}Air。系统将密切监控每个用户数据的上传情况，如果用户手机连续 48 小时不上传数据，研究人员会主动联系该用户，了解情况并提供技术帮助。

8.2.3.2.2 建立数据库和查询界面

用户的数据被加密存储于服务器的数据库中，并建立了 Web 查询界面，授权的研究人员可用多种方式浏览和下载研究队列人员的数据（图 8-8）。

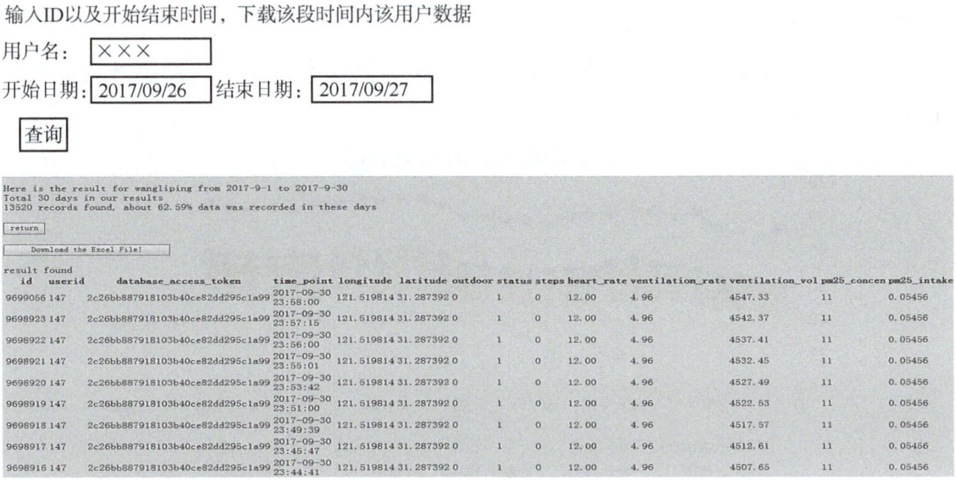
输入ID以及开始结束时间，下载该段时间内该用户数据

用户名： ×××

开始日期：2017/09/26 结束日期：2017/09/27

查询

Here is the result for wangliping from 2017-9-1 to 2017-9-30
Total 30 days in our results
13520 records found, about 62.59% data was recorded in these days

return

Download the Excel File!

result found

id	userid	database_access_token	time_point	longitude	latitude	outdoor	status	steps	heart_rate	ventilation_rate	ventilation_vol	pm25_concen	pm25_intake
9699056	147	2c26bb887918103b40ce82dd295c1a99	2017-09-30 23:58:00	121.519814	31.287392	0	1	0	12.00	4.96	4547.33	11	0.05456
9698923	147	2c26bb887918103b40ce82dd295c1a99	2017-09-30 23:57:15	121.519814	31.287392	0	1	0	12.00	4.96	4542.37	11	0.05456
9698922	147	2c26bb887918103b40ce82dd295c1a99	2017-09-30 23:56:00	121.519814	31.287392	0	1	0	12.00	4.96	4537.41	11	0.05456
9698921	147	2c26bb887918103b40ce82dd295c1a99	2017-09-30 23:55:01	121.519814	31.287392	0	1	0	12.00	4.96	4532.45	11	0.05456
9698920	147	2c26bb887918103b40ce82dd295c1a99	2017-09-30 23:53:42	121.519814	31.287392	0	1	0	12.00	4.96	4527.49	11	0.05456
9698919	147	2c26bb887918103b40ce82dd295c1a99	2017-09-30 23:51:00	121.519814	31.287392	0	1	0	12.00	4.96	4522.53	11	0.05456
9698918	147	2c26bb887918103b40ce82dd295c1a99	2017-09-30 23:49:39	121.519814	31.287392	0	1	0	12.00	4.96	4517.57	11	0.05456
9698917	147	2c26bb887918103b40ce82dd295c1a99	2017-09-30 23:45:47	121.519814	31.287392	0	1	0	12.00	4.96	4512.61	11	0.05456
9698916	147	2c26bb887918103b40ce82dd295c1a99	2017-09-30 23:44:41	121.519814	31.287392	0	1	0	12.00	4.96	4507.65	11	0.05456

图 8-8 数据库和查询界面

8.2.3.3 基于物联网通信的室内空气污染物检测仪：Bio^{3}Gear

Bio^{3}Gear 是由同济大学郝柯课题组开发的 Bio^{3}Air 个体大气污染物暴露检测系统的一个组成部分，目前发布至第二代（Bio^{3}Gear V2），具有如下功能和特点。

（1）Bio^{3}Gear 可实时连续监测室内多种空气污染物，包括 $PM_{2.5}$、PM_{10}、甲醛、CO、CO_2、VOC。监测各个污染物的组件为模块化设计，可以根据实际需求增减。

（2）使用窄带物联网（narrowband internet of things，NB-IoT）通信手段，每

台仪器都插有中国电信的 SIM 卡，仪器利用中国电信遍布全国的基站网络，把测量数据实时发送回同济大学的服务器。

（3）NB-IoT 的通信方式，使得检测仪有"即插即用"性能。研究对象把设备拿回家，插在电源上，室内空气质量数据就被自动监测并传回同济大学的服务器（不必由实验员入户部署）。每台设备传回的数据带有独一无二的设备号标识。

（4）各种污染物，每 5 分钟测量得到浓度数据平均值（5 分钟的平均值），自动上传到同济大学服务器。如果网络不好，发送数据失败，检测仪内部缓存 72 小时，只要 72 小时内网络恢复通畅，即可自动补传数据。

（5）所有检测数据同时存储在仪器内部的存储卡上（容量可以保存 3 年的数据），可以由研究人员导出。

（6）系统具有数据缺失预警功能，如果部署给研究对象的仪器中断数据上传达 12 小时，预警系统会发电邮至实验员，以便及时联系研究对象。

（7）同济大学课题组建立了数据共享系统，获得授权的合作单位，可以浏览和下载各台设备的监测数据。

（8）每台 Bio³Gear 仪器都由清华大学环境学院大气污染与控制教研所利用 dustrak 系统校准（图 8-9）。

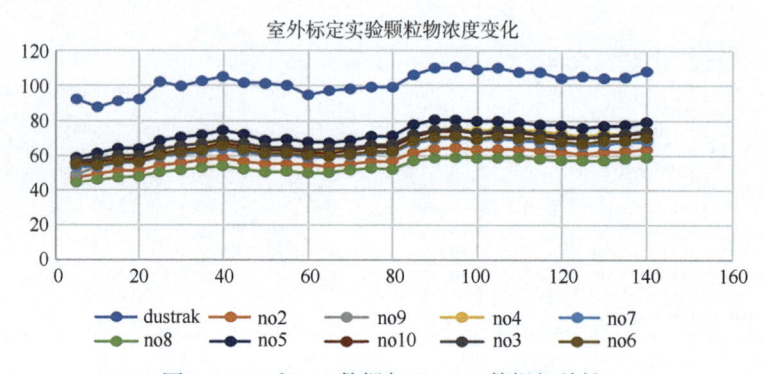

图 8-9　Bio³Gear 数据与 dustrak 数据相关性

Bio³Gear V2 非常适用于研究大气污染暴露的长期健康效应，其方便部署，可以精确测定多种污染物的浓度，自动上传数据，并且在仪器内部存储长期测量的数据。与 Bio³Air 手机 APP 配合使用，研究人员还可以确定研究对象的地理位置和室内/室外状态，计算研究对象所处环境的污染物浓度信息，用于更精准的流行病学研究。

8.2.3.4　量身定做的精准健康提示

笔者设计了针对个体的、量身定做的精准健康提示，利用 Bio³Air 系统"互联网+"平台发送给用户（图 8-10），使用户能在大气细颗粒物污染时期调整生活出行，减少 PM$_{2.5}$ 的吸入。我们在上海建立的健康人群队列中开展观测和干预研究。研究队列主要基于同济大学的本科生、研究生和教师员工，这个群体有较高的知识水平和依从性，在获得知情同意后，每个队列个体配备 Bio^{3}Air 系统，收集个人行为学数据，掌握每个个体生活、出行、运动方式。之后，根据每个人的行为学数据，给予精准的健康提示，并观察效果。

图 8-10　量身定制的精准健康提示

8.2.4　讨　　论

室内 PM$_{2.5}$ 颗粒物已经成为当今社会最大的健康杀手之一，人们每日大部分时间都是在室内度过的。我们研制的室内在线监测仪，能够对室内 PM$_{2.5}$ 颗粒物浓度进行实时、可靠、精确的测量，并且能连续自动地上传数据到研究中心和用户的 Bio^{3}Air，极大方便了大气污染物的环境流行病学研究，同时也帮助用户主动预防和规避污染暴露。大气污染物，除了颗粒物，也有多种其他类型污染物，如 VOC、尘螨、臭氧。室内监测仪也预留了接口，用于加入其他污染物的探测和传感元件，用以更全面地追踪和量化用户的污染物暴露和健康风险。

APP 提供的健康提示是一种主动、有效防范重污染天气暴露的措施，一方面可以提前引导用户做好个人防护，另一方面通过全社会的应急响应，减少大气污染物排放，防范重污染天气，最大限度减轻空气污染对公众身体健康造成的影响。

8.2.5 小　　结

长期全天候地在个体水平精确测定污染物暴露量是迄今环境流行病学研究的难点，也是研究方法学层面的缺失。Bio³Air 系统基于智能手机、后台数据库、室内污染物监测设备，能够长时间在个体水平监测用户的大气污染物吸入量，并达到很高的时间和空间分辨率。如上所述，研究确立了 Bio³Air 极高的数据可重复性，以及与膜收集测量方法的可比性。我们试制并评估了 Wi-Fi 和物联网通信的室内 $PM_{2.5}$ 检测仪，连续测量用户所处室内环境的污染物浓度，并自动上传数据，用于准确获得用户污染物暴露量和行为规律。同时 Bio³Air 系统能够将针对个体量身定做的精准的健康提示发送给用户，使用户在大气细颗粒物污染时期，及时调整生活出行，减少 $PM_{2.5}$ 的吸入，降低人们的健康风险。

参 考 文 献

Baron PA，Willeke K，2001. Aerosol measurement：principles techniques and applications[M]. 2nd ed. New York：John Wiley and Sons.

Beelen R，Raaschou-Nielsen O，Stafoggia M，et al，2014. Effects of long-term exposure to air pollution on natural-cause mortality：an analysis of 22 European cohorts within the multicentre ESCAPE project[J]. The Lancet，383（9919）：785-795.

Cacciottolo M，Wang X，Driscoll I，et al，2017. Particulate air pollutants，APOE alleles and their contributions to cognitive impairment in older women and to amyloidogenesis in experimental models[J]. Translational Psychiatry，7（1）：e1022.

Cohen AJ，Brauer M，Burnett R，et al，2017. Estimates and 25-year trends of the global burden of disease attributable to ambient air pollution：an analysis of data from the Global Burden of Diseases Study 2015[J]. Lancet，389（10082）：1907-1918.

Deng GF，Li ZH，Wang ZC，et al，2017. Indoor/outdoor relationship of $PM_{2.5}$ concentration in typical buildings with and without air cleaning in Beijing[J]. Indoor and Built Environment，26(1)：60-68.

Forouzanfar MH，Afshin A，Alexander LT，et al，2016. Global, regional, and national comparative risk assessment of 79 behavioural, environmental and occupational, and metabolic risks or clusters of risks，1990-2015：a systematic analysis for the Global Burden of Disease Study 2015[J].The Lancet，388（10053）：1659-1724.

Hsu YM，Wang XL，Chow JC，et al，2016. Collocated comparisons of continuous and filter-based $PM_{2.5}$ measurements at Fort McMurray，Alberta，Canada[J]. Journal of the Air & Waste Management Association（1995），66（3）：329-339.

Kaufman JD，Adar SD，Barr RG，2016. Association between air pollution and coronary artery calcification within six metropolitan areas in the USA(the multi-ethnic study of atherosclerosis and air pollution）：a longitudinal cohort study[J]. Journal of Vascular Surgery，64（5）：1526-1527.

Lee A, Leon Hsu HH, Mathilda Chiu YH, et al, 2018. Prenatal fine particulate exposure and early childhood asthma: effect of maternal stress and fetal sex[J]. Journal of Allergy and Clinical Immunology, 141（5）: 1880-1886.

Sloan CD, Philipp TJ, Bradshaw RK, et al, 2016. Applications of GPS-tracked personal and fixed-location $PM_{2.5}$ continuous exposure monitoring[J]. Journal of the Air & Waste Management Association, 66（1）: 53-65.

Tétreault LF, Doucet M, Gamache P, et al, 2016. Childhood exposure to ambient air pollutants and the onset of asthma: an administrative cohort study in québec[J]. Environmental Health Perspectives, 124（8）: 1276-1282.

Wang JD, Zhao B, Wang SX, et al, 2017. Particulate matter pollution over China and the effects of control policies[J]. Science of the Total Environment, 584/585: 426-447.

Wang Y, Li JY, Jing H, et al, 2015. Laboratory evaluation and calibration of three low-cost particle sensors for particulate matter measurement[J]. Aerosol Science and Technology, 49（11）: 1063-1077.

Xu JM, Chang LY, Qu YH, et al, 2016. The meteorological modulation on $PM_{2.5}$ interannual oscillation during 2013 to 2015 in Shanghai, China[J]. Science of the Total Environment, 572: 1138-1149.

Zuurbier M, Hoek G, van den Hazel P, et al, 2009. Minute ventilation of cyclists, car and bus passengers: an experimental study[J]. Environmental Health: A Global Access Science Source, 8: 48.

第九章 基于空气质量健康指数的大气污染物急性健康风险预警研究

9.1 引　言

为了准确量化多种大气污染物复合暴露对人群健康的综合影响，本研究通过大气污染水平及多种大气污染物与人群健康的暴露-反应关系构建空气质量健康指数（AQHI），并依据风险特征划分风险等级和识别敏感人群，进而制订分级健康建议；同时接入大气污染物实时监测及预测数据，利用 AQHI 实现对我国污染典型地区大气污染物人群急性健康风险的分级预警。

9.2　数据与分析方法

9.2.1　数据来源和内容

主要收集数据包括 2013~2018 年全国 87 个区（县）死因数据，根据 ICD-10 划分为非意外疾病（ICD-10：A00~R99）、心脑血管疾病（ICD-10：I00~I99）和呼吸系统疾病（ICD-10：J00~J99）逐日死亡例数；2013~2018 年北京市、天津市 15 所医院分院逐日全因（ICD-10：A00~Z99）门诊数据。此外，笔者收集了 2013~2018 年北京市二级以上医疗机构逐日非意外疾病、心脑血管疾病和呼吸系统疾病住院数据，以及 2013~2018 年山东省 14 个城市逐日冠心病住院数据（ICD-10：I20~I25）。本研究为不同类型健康结局指标匹配了同期大气污染物日均浓度数据，以及温度、湿度日均值数据。为构建适用于全国范围的 AQHI 指数，本研究收集了全国 635 个区（县）$PM_{2.5}$、O_3、NO_2 和 SO_2 共 4 种污染物的逐日均值浓度。

9.2.2　统计分析方法

本研究采用 4 种污染物来构建 AQHI，包括 $PM_{2.5}$、O_3、NO_2 和 SO_2。首先，计算各污染物 2013~2018 年逐日超额死亡风险，具体如式（9-1）所示：

$$\mathrm{ER}_{ijt} = 100 \times [\exp(\beta_i \times x_{ijt}) - 1] \tag{9-1}$$

其中，i 代表某一污染物，包括 $PM_{2.5}$、O_3、NO_2、SO_2，ER_{ijt} 代表在 t 日与 j

区（县）i 污染物相关的超额死亡风险，β_i 是 i 的回归系数，x_{ijt} 是在 t 日 j 县 i 污染物的日均浓度。

在此基础上，本研究通过各污染物逐日超额死亡风险构建 AQHI，分别计算第 t 日 4 种污染物的每日超额死亡风险的总和，在本研究中，笔者将第 99 百分位数的超额死亡风险纳入模型，具体如式（9-3）所示：

$$\mathrm{ER}_{P99} = P99_{\substack{j=1\cdots n \\ t=1\cdots m}} \left[\sum_{i=1\cdots q} (\mathrm{ER}_{ijt}) \right] \tag{9-2}$$

其中，ER_{P99} 为研究期间在研究地区逐日 ER_{ijt} 的第 99 百分位数，q 为纳入污染物的个数，m 为纳入的研究天数，n 为纳入的区（县）数量。本研究需要将 AQHI 划分成不同等级，具体将 AQHI 范围划分成从 1 到 10+ 共 11 个等级，10+ 表示 10 以上，即超过预期健康风险。其方法为将计算获得的每日超额死亡百分比乘以 10，然后除以研究地区超额死亡百分比的第 99 百分位数，具体如式（9-3）所示：

$$\mathrm{AQHI} = \left[\sum_{i=1\cdots q} (\mathrm{ER}_{jt}) \times 10 \right] / \mathrm{ER}_{P99} \tag{9-3}$$

指数评估主要包括 AQHI 描述性分析、与污染物浓度和 AQI 的比较及 AQHI 与健康结局的暴露-反应关系计算。本研究基于我国环境空气质量指数技术规定进行 AQI 的计算。通过广义线性回归模型分析和对比所构建的 AQHI 与 AQI 对于全国范围区（县）尺度三类疾病（非意外疾病、心脑血管疾病、呼吸系统疾病）死因，北京市、天津市全因逐日门诊人数，北京市三类疾病（非意外疾病、心脑血管疾病、呼吸系统疾病）逐日住院人数，以及山东省 14 个城市逐日冠心病住院人数的暴露-反应关系。

9.3 我国空气质量健康指数构建及验证

9.3.1 空气质量健康指数构建

2013~2018 年我国 36 个城市的 AQHI 频数分布如表 9-1 所示。36 个城市的最高 AQHI 等级在 1~3 或 3~6 之间占比最高。如海口和拉萨在 1~3 之间的比例分别为 95.64% 和 87.55%，相比之下，其他级别的比例非常低。郑州市 AQHI 主要集中在 3~6，约占 65.52%（表 9-1）。

表 9-1　2013~2018 年我国 36 个城市 AQHI 频数分布

城市	等级	频数	占比（%）
厦门	[1, 3]	3 808	69.54
	(3, 6]	1 577	28.80
	(6, 10]	89	1.63
	(10, 10+]	2	0.04

续表

城市	等级	频数	占比（%）
深圳	[1, 3]	7 298	63.27
	(3, 6]	4 037	35.00
	(6, 10]	195	1.69
	(10, 10+]	5	0.04
大连	[1, 3]	5 382	47.46
	(3, 6]	5 256	46.35
	(6, 10]	661	5.83
	(10, 10+]	42	0.37
青岛	[1, 3]	6 576	38.16
	(3, 6]	9 443	54.79
	(6, 10]	1 138	6.60
	(10, 10+]	77	0.45
宁波	[1, 3]	4 370	36.91
	(3, 6]	6 844	57.80
	(6, 10]	595	5.03
	(10, 10+]	31	0.26
北京	[1, 3]	5 121	34.93
	(3, 6]	7 570	51.64
	(6, 10]	1 685	11.49
	(10, 10+]	284	1.94
上海	[1, 3]	3 777	26.20
	(3, 6]	9 477	65.75
	(6, 10]	1 102	7.65
	(10, 10+]	58	0.40
天津	[1, 3]	4 997	22.28
	(3, 6]	13 536	60.36
	(6, 10]	3 287	14.66
	(10, 10+]	606	2.70
重庆	[1, 3]	6 339	36.31
	(3, 6]	10 512	60.22
	(6, 10]	605	3.47
	(10, 10+]	0	0.00
合肥	[1, 3]	3 751	38.92
	(3, 6]	5 351	55.52
	(6, 10]	527	5.47
	(10, 10+]	9	0.09

续表

城市	等级	频数	占比（%）
福州	[1，3]	6 712	75.54
	(3，6]	2 149	24.19
	(6，10]	24	0.27
	(10，10+]	0	0.00
兰州	[1，3]	2 585	33.77
	(3，6]	4 327	56.53
	(6，10]	720	9.41
	(10，10+]	23	0.30
广州	[1，3]	7 034	41.90
	(3，6]	8 558	50.98
	(6，10]	1 133	6.75
	(10，10+]	62	0.37
桂林	[1，3]	3 450	69.88
	(3，6]	1 391	28.18
	(6，10]	91	1.84
	(10，10+]	5	0.10
贵阳	[1，3]	6 592	66.09
	(3，6]	3 137	31.45
	(6，10]	240	2.41
	(10，10+]	5	0.05
海口	[1，3]	7 265	95.64
	(3，6]	329	4.33
	(6，10]	2	0.03
	(10，10+]	0	0.00
石家庄	[1，3]	1 733	15.62
	(3，6]	5 834	52.59
	(6，10]	2 579	23.25
	(10，10+]	947	8.54
郑州	[1，3]	1 282	13.11
	(3，6]	6 406	65.52
	(6，10]	1 901	19.44
	(10，10+]	188	1.92
哈尔滨	[1，3]	7 074	42.99
	(3，6]	6 737	40.94
	(6，10]	2 020	12.28
	(10，10+]	623	3.79

续表

城市	等级	频数	占比（%）
武汉	[1, 3]	3 340	25.46
	(3, 6]	7 613	58.03
	(6, 10]	1 986	15.14
	(10, 10+]	180	1.37
长沙	[1, 3]	5 694	41.29
	(3, 6]	7 055	51.16
	(6, 10]	1 011	7.33
	(10, 10+]	31	0.22
长春	[1, 3]	4 185	35.99
	(3, 6]	6 033	51.88
	(6, 10]	1 260	10.84
	(10, 10+]	151	1.30
南京	[1, 3]	3 045	22.75
	(3, 6]	8 638	64.53
	(6, 10]	1 624	12.13
	(10, 10+]	78	0.58
南昌	[1, 3]	4 810	52.24
	(3, 6]	3 996	43.40
	(6, 10]	392	4.26
	(10, 10+]	10	0.11
沈阳	[1, 3]	2 558	20.61
	(3, 6]	6 893	55.53
	(6, 10]	2 114	17.03
	(10, 10+]	849	6.84
呼和浩特	[1, 3]	2 593	28.40
	(3, 6]	5 330	58.39
	(6, 10]	1 095	11.99
	(10, 10+]	111	1.22
银川	[1, 3]	1 575	26.81
	(3, 6]	3 101	52.78
	(6, 10]	907	15.44
	(10, 10+]	292	4.97
西宁	[1, 3]	2 268	39.29
	(3, 6]	3 220	55.78
	(6, 10]	283	4.90
	(10, 10+]	2	0.03

续表

城市	等级	频数	占比（%）
济南	[1，3]	1 149	9.17
	(3，6]	8 244	65.80
	(6，10]	2 582	20.61
	(10，10+]	553	4.41
太原	[1，3]	1 262	16.42
	(3，6]	4 404	57.30
	(6，10]	1 548	20.14
	(10，10+]	472	6.14
西安	[1，3]	3 520	20.85
	(3，6]	10 566	62.58
	(6，10]	2 439	14.45
	(10，10+]	358	2.12
成都	[1，3]	3 029	25.65
	(3，6]	7 559	64.02
	(6，10]	1 135	9.61
	(10，10+]	84	0.71
拉萨	[1，3]	3 516	87.55
	(3，6]	500	12.45
	(6，10]	0	0.00
	(10，10+]	0	0.00
乌鲁木齐	[1，3]	3 246	29.26
	(3，6]	5 951	53.64
	(6，10]	1 641	14.79
	(10，10+]	257	2.32
昆明	[1，3]	4 964	64.86
	(3，6]	2 667	34.85
	(6，10]	22	0.29
	(10，10+]	0	0.00
杭州	[1，3]	6 922	37.46
	(3，6]	10 327	55.89
	(6，10]	1 195	6.47
	(10，10+]	35	0.19

表 9-2 为我国 7 个城市 AQHI 和 AQI 的皮尔森相关系数，两者相关系数范围在 0.48~0.86。

表 9-2　2013~2018 年我国 7 个城市 AQHI 和 AQI 的皮尔森相关系数

AQHI	AQI 皮尔森相关系数	95%CI	P
北京	0.86	0.84，0.87	
成都	0.83	0.82，0.85	
大连	0.75	0.73，0.77	
广州	0.81	0.80，0.83	P<0.05
兰州	0.48	0.45，0.52	
上海	0.84	0.83，0.85	
武汉	0.78	0.76，0.80	

9.3.2　空气质量健康指数验证

我国 7 个地区 7 个城市的 AQHI 和 AQI 频数分布关系见图 9-1。结果表明，AQHI 和 AQI 指数的水平分布不存在矛盾。当 AQHI 为 1~3 时，AQI 约为 1 和 2。相反，当 AQHI 水平为 10+时，AQI 约为 5 和 6。AQI 为 1 时，AQHI 为 1~3。

图 9-2 显示了 AQHI 和 AQI 与健康结局的关联。除东北地区和西北地区外，AQHI 的中心点估计值高于 AQI（图 9-2A）。AQHI 每增加 1 个 IQR，会导致非意外疾病死亡风险和心脑血管疾病死亡风险分别增加 0.7%（95%CI：0.2%~1.3%）和 0.8%（95%CI：0.1%~1.6%）。AQI 每增加 1 个 IQR，会导致非意外疾病死亡风险和心脑血管疾病死亡风险分别增加 0.5%（95%CI：0.2~0.7%）和 0.6%（95%CI：0.2~0.9%），AQI 与呼吸系统疾病死亡风险之间的关联不显著。图 9-2B 为 AQHI 和 AQI 指标与北京市、天津市 13 家医院全因门诊之间的关系，结果表明 AQHI 是反映北京和天津疾病发病风险的一个较好指标。从图 9-2C 和图 9-2D 也可以看出，与 AQI 相比，AQHI 可能是反映北京市非意外疾病、心脑血管疾病、呼吸系统疾病住院风险和山东省冠心病住院风险的一个较好的指标。

第九章 基于空气质量健康指数的大气污染物急性健康风险预警研究 | 415

图9-1 2013～2018年7个城市AQHI和AQI频数分布

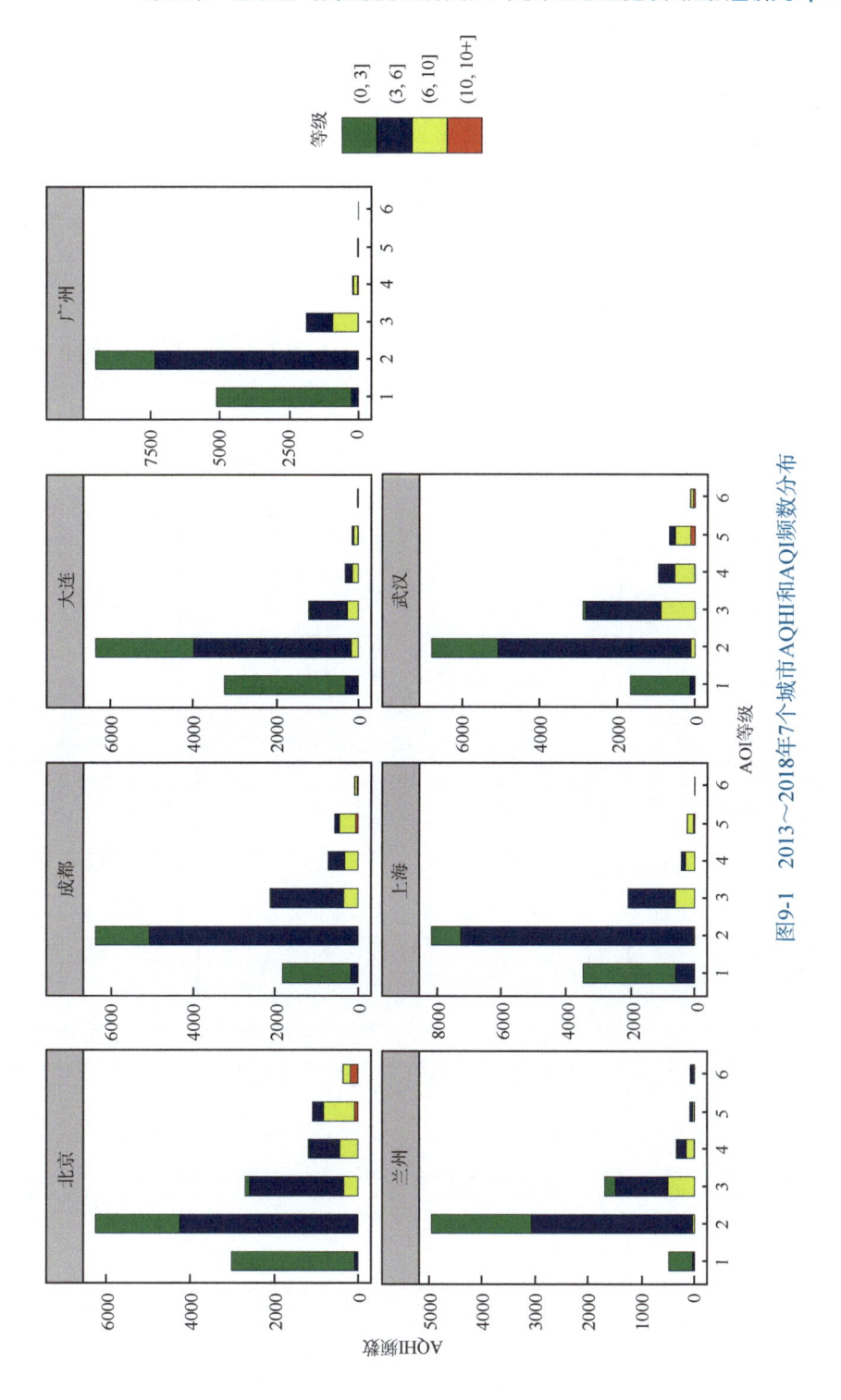

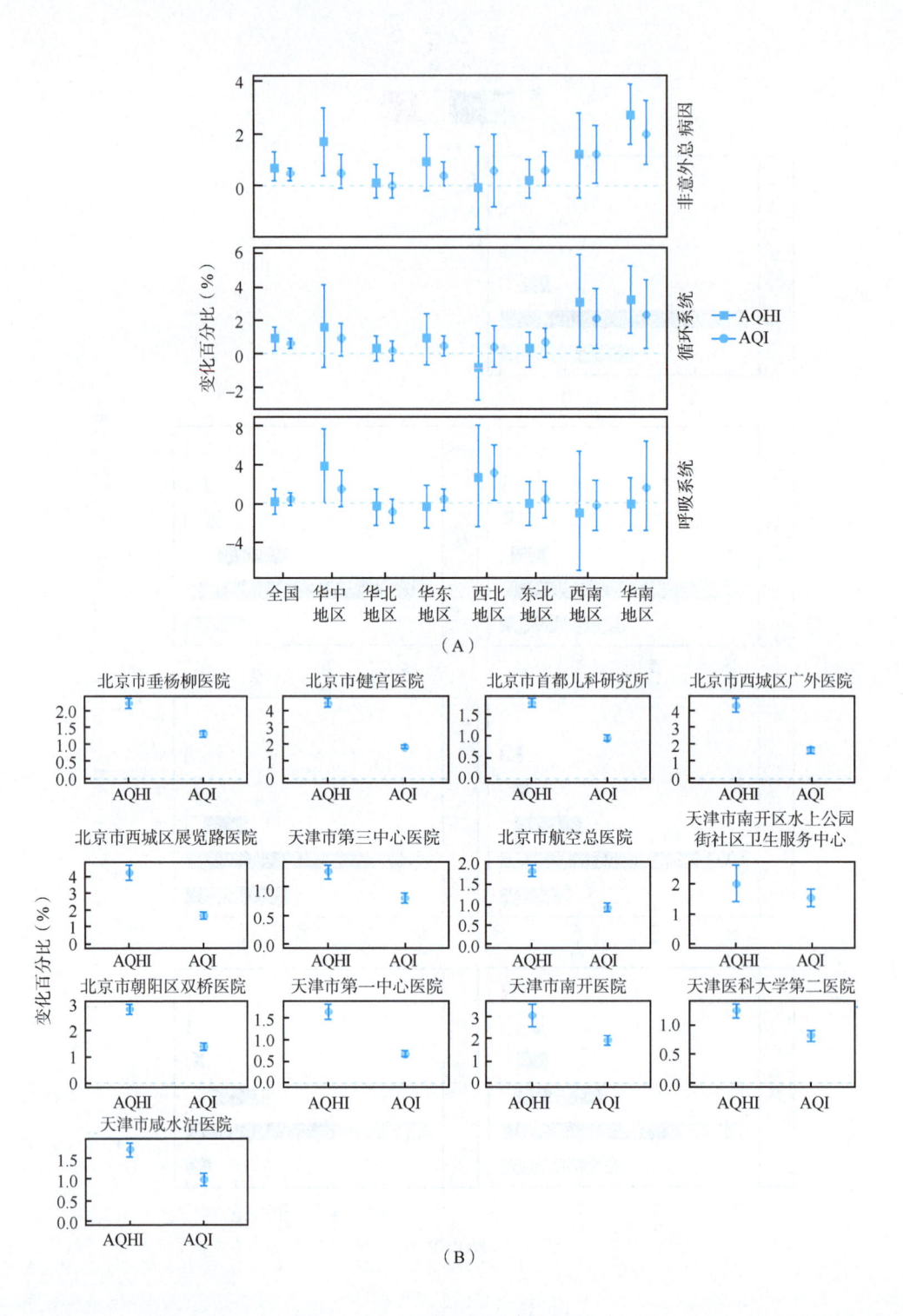

416 | 大气污染的急性健康风险研究

(A)

(B)

第九章　基于空气质量健康指数的大气污染物急性健康风险预警研究 | 417

(C)

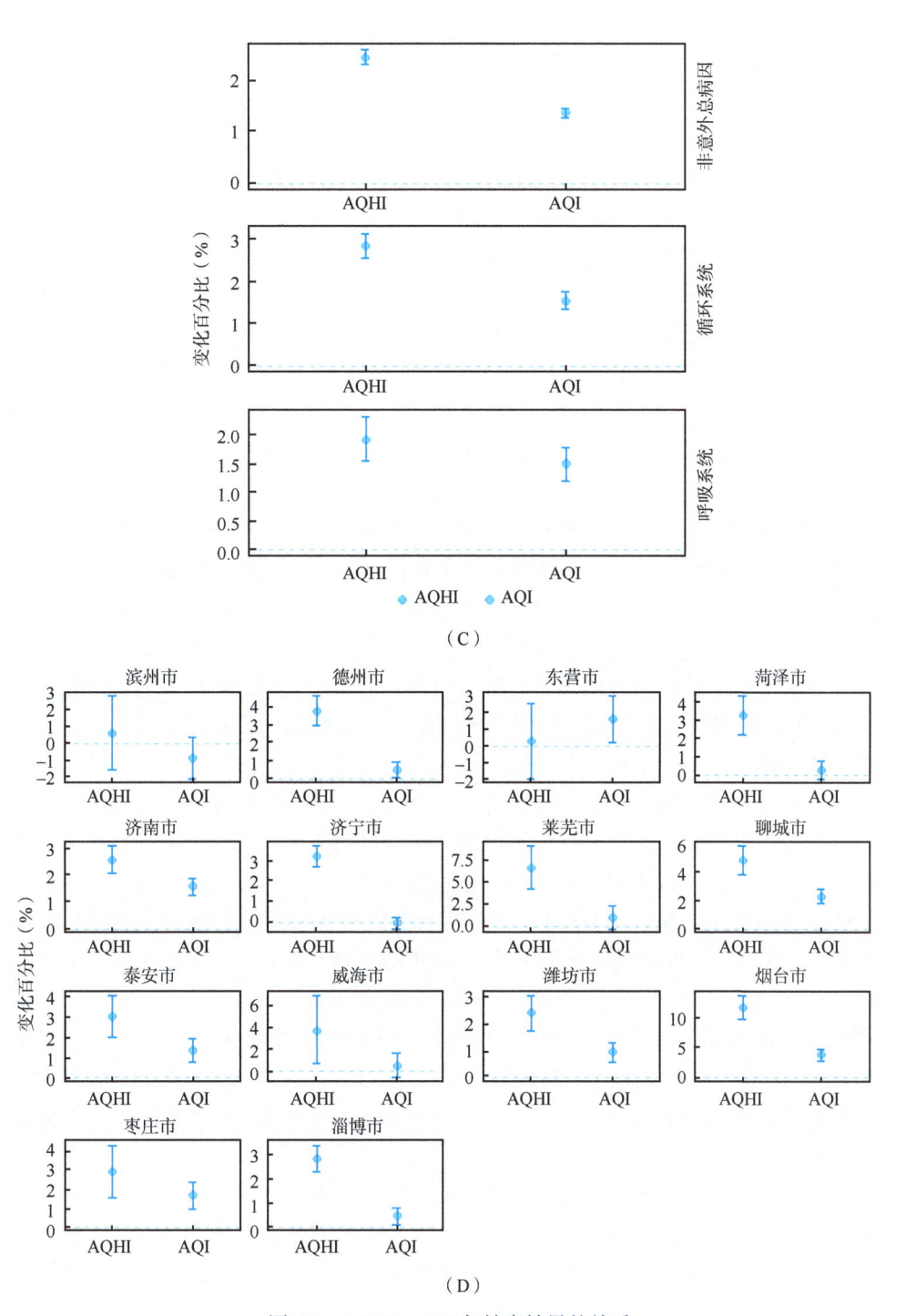

(D)

图 9-2　AQHI、AQI 与健康结果的关系

9.3.3 与国内外研究比较

1976 年,美国环境保护署建议使用污染物标准指数(PSI)来报告每日空气质量指数。自 1999 年起,PSI AQI 取代 PSI,纳入新的 PM$_{2.5}$ 和 O$_3$ 标准。目前,包括我国在内的数百个国家都采用美国的空气质量评估方法。在与公众就空气污染健康风险进行沟通时,AQI 避免了列出各种污染物浓度造成的混乱。然而,AQI 也有其固有的局限性。AQI 根据不同污染物的空气质量限值计算空气质量,而空气质量标准的制定基于多种因素,如技术和经济可达性。因而,AQI 不能反映空气污染物与健康结果之间的非阈值浓度响应关系,也不能反映多种空气污染物对健康的综合影响。为了更好地与公众交流空气污染对健康的危害,加拿大在 2008 年引入了一种新的指数体系,即 AQHI。2013 年,香港特别行政区借鉴加拿大的做法,开发了 AQHI 系统。过去几年我国学者从单一城市、多城市、全国的层面对 AQHI 构建进行了科学的探讨。所有这些研究表明,AQHI 是评价我国空气污染健康风险的较好指标。这些研究促进了我国 AQHI 的发展。但是,由于数据的限制,这些研究纳入的地区较少,或未得到充分的验证。另外,与加拿大和我国香港的研究不同,这些指数并没有通过官方正式发布。

为了更好地描述大气污染对健康的危害,指导公众健康防护。笔者根据 635 个区(县)的空气污染数据和我国空气污染与死亡风险的暴露-反应关系,建立了我国 AQHI。

虽然 AQHI 和 AQI 不适合直接进行比较,但是研究对两者的关系进行了讨论,对两者的健康风险指示能力进行了比较。从两者的关系方面看,AQHI 给出的结果不应与广泛熟知的 AQI 存在矛盾,以避免误导公众。根据位于我国 7 个地理区域的 7 个城市(图 9-1)的结果,各城市 AQHI 和 AQI 的不同风险水平分布不存在矛盾。AQHI 的极高风险水平主要在 AQI 的 5 级和 6 级,AQHI 的低风险水平主要在 AQI 的 1 级和 2 级。从两者的健康风险指示能力方面看,需要明确 AQHI 在健康风险沟通中是否更为有效。在我们的研究中,在我国大部分地区发现了 AQHI 和非意外死亡风险之间的显著相关性,AQHI 和北京市、天津市的各种病因门诊风险,AQHI 和北京市的住院率,AQHI 和山东省的冠心病住院风险,大部分都高于 AQI(图 9-2)。

通过绘制 AQHI 和空气污染物的波动曲线,分析了 AQHI 对污染物指标的敏感度。AQHI 在不同季节的波动主要受特征污染物的驱动,但在其他污染物浓度增加时也能敏感地显示。此外,空气污染物浓度较高时,AQHI 与空气污染的相关性强于 AQI。基于这些证据,在我国目前的空气污染水平下,推广 AQHI 对保护健康是有意义的。本研究在 AQHI 的构建和验证方面均具有一定的优势。在 AQHI 构建时，充分考虑了区域差异性和在实际应用中的可实施性。在 AQHI 验证中，采用多维度验证方法，分析多个指标之间的关系，以及不同健康结果的健康风险指示能力。基于本研究提出的 AQHI 构建方法，本项目组开发了一个 AQHI 实时计算平台和数据传输接口。每小时实时向公众发布区域试点的 AQHI 和相应的健康指南。

9.4 环境空气质量健康指数应用

项目组在全国范围内遴选了 21 个城市开展 AQHI 发布试点工作。通过《环境空气质量健康指数（AQHI）风险评估工作方案》明确工作内容，组织部分试点省、市疾控中心环境健康人员研讨工作方案，随后工作方案下发至各试点单位。为了推动工作的开展和落实，组织各试点单位召开发布实施工作会和技术沟通会，最终完成试点工作的城市为 24 个。2020 年 9 月下旬，各试点陆续完成试点工作方案，并开展试点工作。

9.4.1 试 点 遴 选

试点包括河北省的石家庄、廊坊、保定、唐山，江苏省的苏州、无锡、盐城、徐州，山东省的青岛、济南、淄博、滨州、德州，河南省的郑州、安阳、洛阳、周口，四川省的成都，浙江省的宁波，广东省的深圳，安徽省的合肥，共 21 个城市。

9.4.2 工 作 机 制

建立项目组与各试点的联动机制。本项目组编制并发布《关于做好 2020 年空气质量健康指数发布试点工作的通知》，明确本年度工作内容。各试点根据本地区实际情况制订 2020 年 AQHI 预发布工作方案，并成立由环境健康工作技术骨干、信息中心测试工程师、网页或公众号开发技术人员等相关部门组成的 AQHI 预发布试点工作小组。

通过线上召开 AQHI 预发布工作视频会、技术沟通会和发布实施工作会等形式，促进试点单位对 AQHI 内涵和工作方案的理解，不断优化试点工作方案，从而推动试点工作的开展。同时，环境所与各试点单位逐一对接工作，收集并解决试点工作方案制订、数据对接、发布试运行、正式发布等过程中的问题。

9.4.3　对接形式

根据各试点的实际情况和各地的个性化需求，我国 AQHI 的共享主要采用 2 种方式。

（1）采用本项目组提供的指数数值，试点开发可视化界面的方式：本项目组根据实时抓取的空气质量数据和计算模型，实时计算 AQHI；在此基础上，通过 REST 的方式提供各试点站点水平的 AQHI 时报、日报、月报的当前数据和历史数据接口，内容包括城市、区（县）、站点、更新时间、发布时间、AQHI（小时、日）、AQHI 风险等级（小时、日）、健康建议（小时、日）。各试点由接口取到数据后，进行页面设计展示。数据对接示意图见图 9-3。

（2）采用本项目组提供的技术支持，试点自行计算指数并开发可视化界面的方式：各试点单位与环保部门合作，自行获取空气污染数据，使用项目组提供 AQHI 的计算模型进行指数计算和可视化展示。

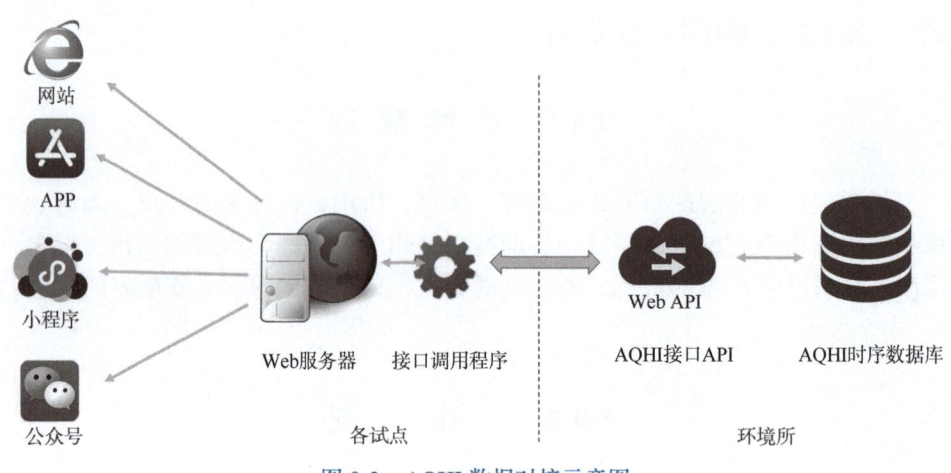

图 9-3　AQHI 数据对接示意图

9.4.4　试点发布情况

各试点主要利用试点单位官方网络平台、微信小程序或微信公众号等媒介实时公布辖区内 AQHI、风险等级及相应的健康建议。已有 2 个省级疾控中心、7 个市级疾控中心在单位官方网站上实时发布当地 AQHI，其中 4 个城市同时使用微信平台发布当地 AQHI。覆盖城市 24 个，覆盖人口达 17 010 万人，具体见表 9-3。另外多地通过微信端同步发布。

第九章 基于空气质量健康指数的大气污染物急性健康风险预警研究 | 421

表 9-3 AQHI 试点发布情况

试点单位	江苏省	河南省	宁波市	深圳市	合肥市	济南市	青岛市	德州市	淄博市
负责部门	环境与健康所	公共卫生研究所	环境与职业卫生所	环境与健康所	环境卫生科	环境健康所	环境卫生科	食品安全与环境卫生科	环境卫生监测所
协助部门			卫生大数据研究所	信息技术部 健康教育所 环境监测站 医学信息中心		信息管理中心 中心办公室			
对接方式	技术方法	数据	数据	数据	数据	数据	数据	数据	数据
发布媒介	单位网站	单位网站	单位网站	单位网站	单位网站 微信公众号	单位网站 手机客户端	单位网站 微信公众号	单位网站 微信公众号	单位网站 微信公众号
发布地区	全省 13 个区市	四市	全市	全市	全市	全市	全市	全市	全市
发布指标	日值 小时值	日值	日值 小时值	日值 小时值	日值	日值 小时值	日值	日值	日值
覆盖人口（万人）	8051	3112.86	—	1343.88	818.9	890.87	949.98	581	407.2

9.5 小　　结

基于空气污染、健康结局、气象等海量历史数据获取的空气污染与健康的暴露-反应关系信息，本课题构建了 AQHI。该指数可结合空气污染物浓度的实时或预报信息，得到实时或预报的 AQHI 信息，提示可能造成的人群健康风险等级。AQHI 不仅考虑了空气污染程度，还考虑了多种大气污染物健康风险的暴露-反应关系，由于定量考虑了大气污染物的健康影响，AQHI 对于政府和公众制订精准的健康风险防控措施更具指导意义，为我国开展大气污染健康风险预警工作提供了重要的科学技术支撑。目前，AQHI 在全国 24 个城市的试点应用显示，AQHI 提升了辖区居民对大气污染健康影响的认识和防护水平，预期将产生良好的社会和经济效益。

参 考 文 献

王文韬, 孙庆华, 覃健, 等, 2017. 中国 5 个城市 2013—2015 年空气质量健康指数模拟研究[J]. 中华流行病学杂志, 38（3）: 314-319.

王砚, 2015. 兰州市空气质量健康指数的构建[D]. 兰州: 兰州大学.

Chen RJ, Wang X, Meng X, et al, 2013. Communicating air pollution-related health risks to the public: an application of the Air Quality Health Index in Shanghai, China[J]. Environment International, 51: 168-173.

Hunt WF, Ott WR, Moran J, et al, 1976. Guideline for public reporting of daily air quality: Pollutant Standards Index(PSI). Final report[R]. Environmental Protection Agency, Research Triangle Park, NC（USA）. Office of Air Quality Planning and Standards.

Li X, Xiao JP, Lin HL, et al, 2017. The construction and validity analysis of AQHI based on mortality risk: a case study in Guangzhou, China[J]. Environmental Pollution, 220: 487-494.

Stieb DM, Burnett RT, Smith-Doiron M, et al, 2008. A new multipollutant, No-threshold air quality health index based on short-term associations observed in daily time-series analyses[J]. Journal of the Air & Waste Management Association, 58（3）: 435-450.

Wong TW, Tam WWS, Yu ITS, et al, 2013. Developing a risk-based air quality health index[J]. Atmospheric Environment, 76: 52-58.

Zeng Q, Fan L, Ni Y, et al, 2020. Construction of AQHI based on the exposure relationship between air pollution and YLL in Northern China[J]. Science of the Total Environment, 710: 136264.

第十章 我国大气污染急性健康风险评估及可视化

10.1 引　　言

基于互联网与大数据管理前沿技术的环境健康基础数据与技术集成平台能够有效整合数据与技术资源，提供高效的环境健康科研系统支持。本研究建立了集成多维度环境与健康相关数据、暴露-反应关系、风险评估和预警工具及可视化分析的大气污染急性健康风险研究数据与技术集成平台，形成了环境健康数据库与技术体系，可支持各地区开展环境健康风险评估及可视化决策。

10.2 大气污染的急性健康风险研究数据与技术集成平台

10.2.1 集成平台概述

围绕大气污染急性健康风险评估与预警的数据和技术需求，项目团队创新研发了大气污染的急性健康风险研究数据与技术集成平台，形成了支撑相关风险评估与预警工作的技术系统。一方面，集成平台基于统一的基础数据信息化标准，针对与大气污染人群急性健康影响研究相关的数据，包括空气质量监测、人群发病、死亡、人口分布等多源异构基础数据建立统一可靠的数据采集与管理系统，实现总体数据整合。另一方面，集成平台建设统一的数据信息管理机制，通过实现数据的自动化审核、清理及对接健康风险评估、预警模型、结果可视化，形成一整套风险评估与预警工具包及风险评估与预警可视化模块。综上，该平台是集成数据多源异构采集、风险评估研判、风险预警分析于一体的综合管理平台，不仅面向科研人员使用，还可以推广至地方业务系统，提高大气污染健康风险评估与预警水平。

平台核心业务包括数据采集与标准化、数据整合应用、系统管理三部分。数据采集与标准化模块主要包括查询文件信息、文件上传、文件解析、数据校验、数据反馈、数据审核、数据导出、查看上传文件、下载模板、审批退回、数据报表、未处理提示框、操作流程图、上传文件详情下载、数据报表导出与标准数据集；数据整合应用模块主要包括可支持大气污染急性健康风险评估与预警的工具包；系统管理模块主要包括用户管理、机构管理、权限管理、角色管理、日志管理、门户网站后台管理。

依据以上业务流程开发形成"我国大气污染的急性健康风险研究平台"（图10-1），平台集成了数据采集、标准数据集、风险评估可视化、风险评估工具包、风险预警可视化、风险预警工具包等功能。该平台涵盖了从数据上报、整合到数据分析、应用等全过程，面向各项目点位开放使用，是项目的重要技术成果之一。其中，数据采集模块涵盖了数据的上传、审核、清理等功能。标准数据集主要提供合格数据的查询及管理等功能。风险评估可视化、风险评估工具包、风险预警可视化、风险预警工具包四个模块提供了风险评估、预警等专业数据分析及可视化决策支持功能。平台为这些分析及展示功能提供了数据及应用接口。

图 10-1　我国大气污染的急性健康风险研究平台功能首页

10.2.2　门户及项目信息管理建设

10.2.2.1　门户信息网站

项目门户网站建设旨在汇总和宣传项目动态信息。门户网站支持项目主要信息的浏览，包括项目简介、最新动态、项目团队介绍、合作交流等内容。同时，网站还提供了项目管理及数据管理系统的入口，支持项目管理人员编辑网页内容及项目主页与项目数据平台间的便捷切换。门户网站分为中文与英文版本，有利于项目的推广和交流。门户信息网站主要实现以下两方面功能。

（1）页面内容浏览功能：用户可以浏览门户网站各页面获取项目相关信息，包括项目基本信息、项目负责人及各合作单位负责人信息、项目新闻、项目管理文件、项目阶段性成果等。各模块涵盖内容如下所述。

1）项目简介：包括项目概况、项目目标、立项依据、科学问题、课题设置。

2）项目团队：包括专家委员会、项目负责人、课题负责人。

3）项目动态：包括通知公告、项目要闻、项目进展。
4）研究成果：包括学术论文、学术著作、专利与著作权、获奖情况。
5）合作交流：包括国际交流、国内交流。
6）项目管理：包括科技部管理文件、项目管理文件。

（2）网站管理功能：具有网站管理和编辑权限的管理员用户，可以对网站内容进行新增、修改、预览及发布等操作。其中一级管理员能够指定和分配所有用户的权限、能够管理维护门户网站、数据字典等统一的基础数据的维护；课题管理员能够修改各自的课题中的二级页面中的内容。

10.2.2.2 官方微信公众号

为更好地采用当前主流媒介扩大项目进展和成果宣传力度，项目组于 2017 年 8 月申请并创建了"空气污染与健康研究平台"微信公众号，主要通过该微信公众号宣传项目的工作动态和阶段性成果。目前微信公众号主要设置"工作动态"、"研究动态"和"SHEAP"三个模块。第一，"工作动态"模块主要宣传项目工作进展，如会议、技术培训、现场调查、历史数据收集等内容。第二，"研究动态"主要搜集、整理和发布空气污染与健康领域的科学研究情况，下设"最新进展"和"科学发现"两个子模块，分别推送本项目研究成果中的重要结论与发现。第三，"SHEAP"是项目英文名称"China Short-term Health Effects of Air Pollution study"的缩写，目前下设"项目简介"、"研究团队"和"研究成果"三个子模块，主要提供项目基本信息与成果汇总信息。自建立至项目结题，该公众号全面报道项目进展信息，长期关注用户 620 余人，累积阅读量近 10 000 人次，起到了很好的宣传推广效果，使更多的科研人员和大众了解项目的动态进展及产出的阶段性成果。

10.2.3 项目数据集成及管理

整体的业务数据采集与审核功能包括模板发布、数据导入、数据解析、数据校验、数据反馈和数据审核等重要环节。具体如下。①模板发布：模板发布指的是通过系统发布采集数据的 Excel 模板，以方便数据的提供者对采集的数据进行统一编辑和整理之后再上传。②数据导入：数据提供者通过浏览器，将编辑好的 Excel 数据文件上传到平台。③数据解析：根据各类数据模板，将数据文件解析成各数据行。④数据校验：利用校验规则对数据文件中的各行进行检查，对于发现的数据问题（如数据重复、数据缺失、数据大小不合适等）等进行记录。⑤数据反馈：将数据文件中发现的问题反馈给用户，用户可以查看发现的问题，并删除此前上传的文件再重新上传。直到数据文件符合校验规则的要求。⑥数据审核：

数据文件通过校验后将进入数据审核阶段，在此阶段，由国家级用户（审核员）对数据进行审核。

（1）数据监测采集功能：本平台主要上报医院数据、急诊数据、死因数据等个案数据。各类数据均采用文件导入的方式进行上传。用户（数据上报人员）通过该模块可以上传 xls、xlsx 或 csv 格式的数据，数据格式需要符合指定的模板，模板也可在该模块中下载。对于不按照模板上传的数据会生成错误报告，上传者需要修改后重新上传。

此外，用户在上报数据之前，需要先选择所上报数据的地区和时间，系统会据此对上传数据中的地区和时间字段做时空校验。若解析和校验成功，将弹出对话框提示文件上传成功；若解析和校验失败，如选择的地区和时间与文件内数据不符或不符合校验规则，则将弹出对话框提示文件上传失败，并生成错误报告对解析和校验过程中的问题数据进行反馈。对于上传失败的文件，上传者需根据错误报告进行修改后重新上传。上传成功的数据会进入审核环节。

（2）数据质量初步自动审核功能：数据文件上传成功后，平台会对数据文件进行快速解析，并对各项关键字段数据质量进行初步审核，自动生成审核报告，供数据审核员评价数据质量。数据审核报告统计各项关键字段的缺失条数、缺失率，重复数据条数，以及各类数据逻辑错误。

审核员根据审核报告进行数据审核，审核员可以对数据文件进行审核通过、退回、重新审核等操作，对于审核通过的数据文件将被系统自动纳入后台数据库，形成标准数据集。被退回的数据将返回至上报用户界面，由上报用户根据审核意见进一步优化数据后再次上报；同时，上报用户也可以在该模块下载审核报告和被审核的数据。

（3）数据报表功能：审核通过的数据可以生成数据报表，主要展示上报数据中的发病与死亡人数的时间分布、人群分布特征等指标的描述性统计分析结果。该模块可以对审核通过的数据进行图表可视化展示，支持对上报数据涵盖样本的概况描述，有利于进一步了解数据质量和分布特征。

（4）数据质量评价功能：平台可以通过内嵌于后台的数据质量系统评价方法对不同机构的上报数据进行质量评价，评价方法包括数据质量综合评分法与粗率对比法。

1）数据质量评价的综合评分法：该模块可以自动统计所有项目参与点位对各类型数据的上传情况、准确性情况和完整性情况，并给出相应的综合评分，评分越高，数据综合质量越高。

数据质量评价主要包括两方面目的：第一是系统采集的不同类型数据质量核查与比较，用于评价所采集的各类数据质量水平，识别系统中质量较好的数据和质量较差的数据，为后续开展分析研究工作奠定基础；第二是各个区（县）点位的各类数据质量核查与比较，用于评价所有监测点位的数据质量水平，从而支持识别各个点位质量较好的数据类别，为针对性开展数据分析工作提供依据。

评分分为三部分：一是上传得分，二是准确性得分，三是完整性得分。上传得分评价数据是否上传，准确性得分评价数据中逻辑错误的多少，完整性得分评价数据中关键字段缺失情况的多少。数据质量评分满分为 10 分，其中上传得分满分 2 分，准确性得分满分 4 分，完整性得分满分 4 分。分数越高，数据质量越好。

评分计算方法如下所述。

A. 上传得分。上传得分=1+x，其中 1 分为基础分，若数据上传且审核通过则 $x=1$，否则 $x=0$。

B. 完整性得分。对于某类数据 i，如某个点位已上传该类数据，则按如下计分：若数据完整率超过 90%，完整性得分=1+3×（y−0.9）/（M1−0.9），其中 1 分为基础分，y 为数据完整率，M1 为同年该数据类型中各区（县）的最高完整率；若数据完整率不超过 90%，则完整性得分=1，1 分为基础分。其中，第 i 类数据的完整率 y 计算公式为：完整率 yi=1−第 i 类数据第 j 个关键字段数据缺失发生总次数/第 i 类数据条数/每条数据的关键字段总数。对于某类数据 i，如某个点位未上传该类数据，则完整性得分为 0。

C. 准确性得分。对于某类数据 i，如某个点位已上传该类数据，则按如下计分：若数据正确率超过 90%，准确性得分=1+3×（y−0.9）/（M1−0.9），其中 1 分为基础分，y 为数据正确率，M1 为同年该数据类型中各区（县）的最高正确率。若数据正确率不超过 90%，则准确性得分=1，1 分为基础分。其中，第 i 类数据的正确率 y 计算公式为：正确率 yi=1−第 i 类数据第 j 个关键字段逻辑错误发生总次数/第 i 类数据条数/校验逻辑错误的关键字段总数。对于某类数据 i，如某个点位未上传该类数据，则准确性得分为 0。最终加和三类得分，并使用 E-charts 堆叠柱状图展示每个点位各种类数据的质量总分及三类质量指标得分的总体结果。

2）数据质量评价的粗率比较法：采用健康结局粗率的计算结果评价数据质量的方法，主要应用于死因数据的质量核查。由于加强研究点位的基本纳入条件之一为年死亡率不小于千分之五，因此基于各点位已上传的死因个案数据与每年的人口数据，计算各点位年死亡率，并将其与千分之五做比较，从而识别死因数据质量较差的点位。

各区（县）历年死亡率计算公式如式（10-1）所示：

当年死亡率（‰）=当年死亡例数（人）/当年常住平均人口（千人）　（10-1）

针对死因和慢性病发病数据，该模块可以根据上报的数据自动计算死亡或发病率，从而为评估数据错报、漏报情况提供依据。

基于已上传数据计算的各点位各年死亡率如表 10-1 所示：由表中结果所示，大多数点位的死亡率在千分之五左右，均为正常数据。而浏阳市 2013 年出现 0.022‰、青秀区 2016 年出现 572.84‰的异常结果。经核查，浏阳市 2013 年上报的死因个案数据条数很少，漏报较多；而青秀区 2016 年上报的人口数据异常，导致结果异常。死亡率粗略估计结果反推数据质量的方法，死因数据与人口数据的质量问题，便于数据质量的再次核查。

表 10-1　2013~2016 年基于已上报数据的死亡率计算结果（‰）

点位名称	2013 年	2014 年	2015 年	2016 年
道里区	6.1576	6.63726	4.78827	6.70218
辛集市	5.28903	6.02696	6.05475	5.87982
斗门区	4.36665	4.60709	4.64272	4.71501
青羊区	3.20213	2.82015	3.2294	3.00206
浏阳市	0.02249	6.65877	6.79751	7.52226
婺城区		9.35883	9.59416	9.90117
青秀区		3.40787	3.60875	572.84029
都江堰市		6.07083	6.85989	6.78645

注：空缺单元格为死因或人口数据未上报而无法计算死亡率所致。

（5）系统数据安全：由于上报数据涉及个人信息等敏感数据，为确保数据安全与平台安全，要求所有健康类型个案数据均需要加密后才可以上传至系统中。项目针对医院数据、急诊数据、慢病发病数据与死因数据分别开发了相应的数据加密与解密工具。数据上报用户在上报数据时，首先通过加密工具对数据中报告卡编号、身份证号与住址等信息进行编码加密，加密后数据将以上字段信息转换为无识别信息，从而确保数据安全。用户在下载数据后，如果需要使用全面信息时，则可以通过使用解密工具对数据进行解密。

10.2.4　标准数据集

为了更好地开展数据汇总与共享，集成项目科研产出，平台开发标准数据集模块，对各类上报数据与项目产出数据进行汇总、清理、整合与多种形式的可视化展示，包括表格、图表、地图等，支持数据查询、查看与下载等。其中，数据查看不仅可以看到脱敏的健康数据（即去掉敏感信息或加密敏感信息后的数据），同时还可以查看所选数据的样本统计、质量统计。

平台将各点位上报的健康数据及项目采集的大气环境因素数据进行整合汇总后，形成大气环境与健康类型标准数据集（图 10-2）。目前，标准数据集模块包括来自于项目上报的健康数据、项目采集的大气环境数据（空气质量数据与气象因素数据、地理位置数据）及与大气污染健康效应相关的风险因素数据（生活方式等公开调查数据）。标准数据集模块可提供各类标准数据的名称及时间范围，同时支持对数据的查询与查看。点击数据集名称或图片可进入该数据集的详细介绍页面。

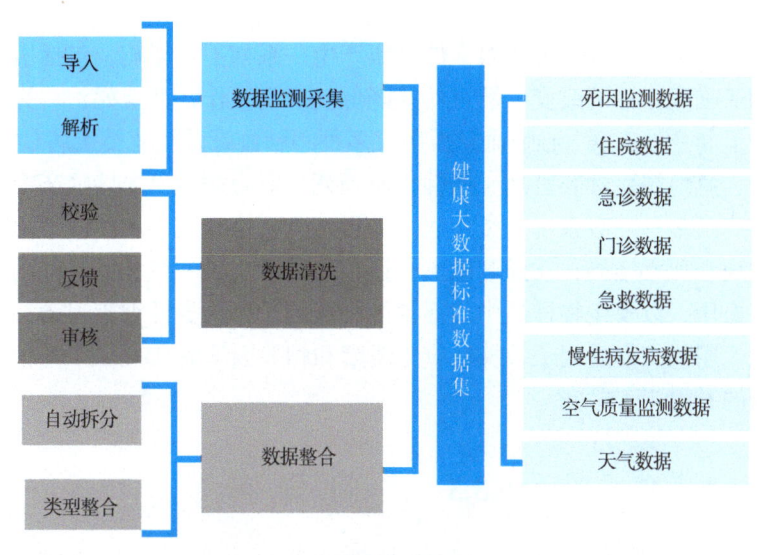

图 10-2　标准数据集架构示意图

10.3　大气污染与人群健康暴露-反应关系体系

项目团队构建的大气污染与人群健康暴露-反应关系体系共计 3847 条暴露-反应关系，整合了项目组在我国 2007～2018 年开展的全国多中心时间序列研究及大气污染重点防治地区横断面调查和定群研究等暴露-反应关系成果，充分利用群体水平和个体水平的多种流行病学研究设计，揭示我国区域性大气复合污染对人群健康的急性影响。为了有利于暴露-反应关系重要参数的汇总与应用，项目团队将暴露-反应关系体系在平台中构建模块进行展示，支持暴露-反应关系数据的查询、查看、下载及风险评估和预警工具的调用。

10.3.1　大气污染物

大气污染与人群健康暴露-反应关系体系囊括 PM_{10}、$PM_{2.5}$、O_3、NO_2、SO_2、CO 等 6 种大气污染物短期暴露相关的暴露-反应关系。同时，该体系还重点纳入了颗粒物不同粒径及其化学组分的暴露-反应关系，包括 $PM_{0.1}$、$PM_{0.2}$、$PM_{0.3}$、

$PM_{0.1-0.3}$、$PM_{0.5}$、$PM_{1.0}$、$PM_{1.0-2.5}$ 等多粒径，以及含碳组分（如有机碳、元素碳等）、盐离子（如硫酸盐、硝酸盐、铵盐等）、地壳元素、金属元素（如镍、锌、铬、砷、铅等）等关键化学组分。

10.3.2 人群健康结局

大气污染物短期暴露可能对人体健康产生一系列不良影响，包括引发早期生物标志和亚临床指标的改变、器官功能降低、疾病发作，甚至死亡。为此，项目团队整合了非意外疾病、心脑血管疾病及多种心脑血管系统亚类疾病（如高血压、心律不齐、急性缺血性心脏病、急性心肌梗死、冠心病、出血性脑卒中等）和呼吸系统疾病及多种呼吸系统亚类疾病（如慢性阻塞性肺疾病和慢性下呼吸道感染等）等发病和死亡结局；在此基础上，还梳理了呼出气一氧化氮、肺功能、心率变异性、血压，以及生物样品中的促炎性细胞因子、抑炎性细胞因子、氧化应激相关酶或代谢物、凝血因子、神经应激激素和相关因子的 DNA 甲基化等多种生物标志物的暴露-反应关系。

10.3.3 空 间 分 布

纳入的暴露-反应关系包括全国区（县）尺度的多中心时间序列研究 Meta 分析结果、七大地理分区和"三区十群"区域性暴露-反应关系，同时覆盖北京市、上海市、天津市、重庆市 4 个直辖市和辽宁省、黑龙江省、吉林省、河北省、河南省、山东省、山西省、陕西省、甘肃省、浙江省、安徽省、江苏省、江西省、湖南省、贵州省、云南省、四川省、广西壮族自治区、福建省、海南省等20余个省（自治区）。

10.3.4 人 群 特 征

项目团队针对不同性别人群（男和女）和不同年龄组人群梳理大气污染相关暴露-反应关系。年龄组主要包括 0～64 岁、65～74 岁和 75 岁及以上人群，还重点收集儿童（0～14 岁）、青年（19～29 岁）和中老年人（40～89 岁）等人群的暴露-反应关系（图 10-3）。

10.3.5 滞 后 效 应

大气污染短期暴露与人群健康暴露-反应关系存在滞后作用。项目团队收集了小时尺度的滞后效应，包括 lag0.5h、lag1h、lag2h、lag0～6h、lag13～24h、lag0～

72h 等，还收集了 2 周内日尺度的滞后效应，包括 lag0d、lag1d、lag3d、lag01、lag02、lag03、lag07 和 lag014 等。

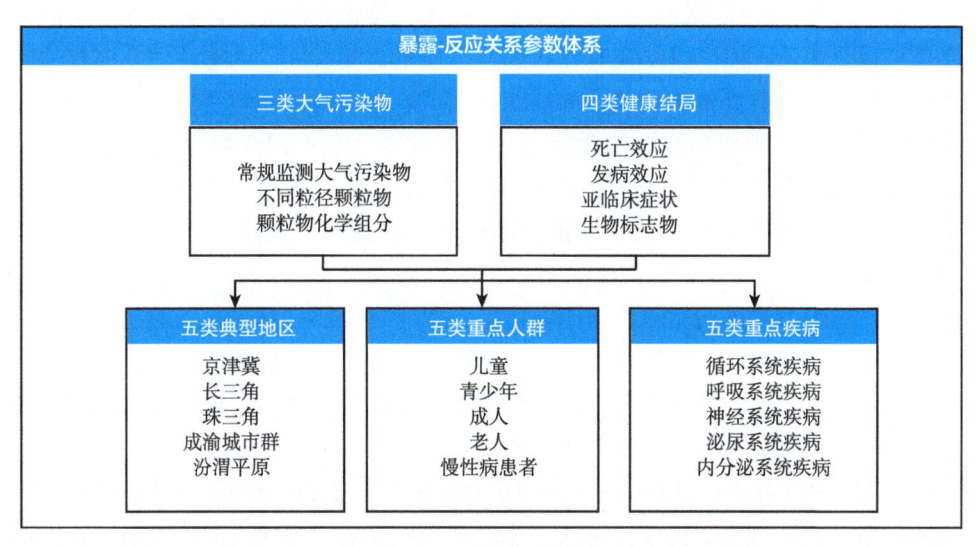

```
暴露-反应关系参数体系
├── 三类大气污染物
│   ├── 常规监测大气污染物
│   ├── 不同粒径颗粒物
│   └── 颗粒物化学组分
├── 四类健康结局
│   ├── 死亡效应
│   ├── 发病效应
│   ├── 亚临床症状
│   └── 生物标志物
├── 五类典型地区
│   ├── 京津冀
│   ├── 长三角
│   ├── 珠三角
│   ├── 成渝城市群
│   └── 汾渭平原
├── 五类重点人群
│   ├── 儿童
│   ├── 青少年
│   ├── 成人
│   ├── 老人
│   └── 慢性病患者
└── 五类重点疾病
    ├── 循环系统疾病
    ├── 呼吸系统疾病
    ├── 神经系统疾病
    ├── 泌尿系统疾病
    └── 内分泌系统疾病
```

图 10-3　大气污染与人群健康暴露-反应关系体系架构

10.4　风险评估及可视化

10.4.1　风险评估工具包

风险评估工具包可以支持各点位用户在调用暴露数据和评估参数的基础上，自动评估 $PM_{2.5}$ 急性暴露所致超额死亡风险，是一项针对地方风险评估技术需求开发的快速风险评估应用型技术工具包。工具包包括风险评估、我的评估、参数设置三个功能，支持用户设定评估区域、评估时段、评估疾病类型、评估人群参数并选择暴露-反应关系参数，支持一键评估及评估结果多元图表化展示。

（1）首页功能：首页展示工具包三大功能按键。点击风险评估板块即可跳转至新建风险评估报告的参数设置界面；点击我的评估板块，则可进入历史评估报告信息管理界面；点击参数设置板块，则可进入暴露-反应关系参数、人口参数、死亡率参数维护界面。

（2）风险评估功能：在此板块新建风险评估报告；本功能可支持页面显示进度条，以提示评估流程进展情况，用户每次需配置完当前页面参数然后点击下一步才能进行下一项参数配置，在所有参数配置完成后，会以表格、折线图、地图三种形式展示超额死亡风险数据。

10.4.2 风险评估可视化功能

基于环境健康风险评估技术与互联网技术开发建立的大气污染急性健康风险评估可视化模块，能够链接实时发布的空气质量监测数据，动态评估全国各地区大气 $PM_{2.5}$ 污染急性健康风险，并追踪健康风险水平时空变化趋势，可为大气污染健康风险管理提供可视化决策支撑。可视化模块包括风险可视化功能板块以及统计分析功能板块，可视化功能板块包含区（县）风险、区域分布、全国分布三个子功能页面，统计分析功能板块包括风险排名、风险对比、统计时段三个子功能页面。

（1）风险可视化功能：该功能模块可支持 $PM_{2.5}$ 污染水平与人群超额死亡风险评估的实时化展示，支持评估条件（如时间、地区、疾病类型）与图表的快速联动；同时，该功能模块支持地图、柱状图、表格等多元化可视化方式，实现风险评估的标准化、智能化。具体功能展示如下。

1）区（县）风险：用 E-charts 空间示意图和柱状图展示超额死亡风险和 $PM_{2.5}$ 浓度数据；通过自定义城市、时间、死因类别可以展示不同时空范围内的各类疾病别超额死亡风险图表。

2）区域分布：根据自定义选择的地域、时间、死因类别可快速展示污染暴露地图与人群风险空间分布图。

3）全国分布：本功能以 E-charts 地图展示超额死亡风险和 $PM_{2.5}$ 浓度水平的空间分布特征，同时以饼图展示不同污染或健康风险水平等级占比情况。用户可以通过自定义设置选择时间，按日或按月显示污染水平与死亡风险，点击按钮即可改变可视化显示数据。

（2）统计分析功能：该功能模块可支持 $PM_{2.5}$ 污染水平与人群超额死亡风险评估结果在多评估地区、评估时段内的对比、排序、均值、加和、变化百分比统计计算等，能够用多元化的图表展示人群健康风险在时空内的变化特征，以及不同区域和时段内风险水平的高低分布。具体功能展示如下。

1）风险排名：本功能包含 4 个子项目，以地图展示全国人群超额死亡风险和 $PM_{2.5}$ 浓度，以散点图展示超额死亡风险及 $PM_{2.5}$ 浓度城市前三名，以表格展示评估时段内超额死亡风险城市前十名，以柱状图展示评估时段内超额死亡风险及 $PM_{2.5}$ 浓度城市前十名。

2）风险对比：本功能以上中下三部分图形（折线图、柱状图、扇形图）来对比选择评估时间段内的两个城市的超额死亡风险。

3）时段统计：本功能分 3 个子功能（按时段统计、按季节统计及同比环比统计），设置切换按钮，点击按钮切换不同的统计功能页面。

10.5 风险预警及可视化

10.5.1 风险预警工具包

风险预警工具包能够支持各点位用户通过调用数据和简单设置参数后一键导出本地 AQHI 指数，有利于为各地方推进落实健康风险评估和预警提供技术支撑。工具包目前包括任务管理模块、文件上传模块、参数设定模块和计算模块。本项目还对于基于系统导出的 AQHI 计算结果与线下人工计算结果进行核对验证，发现系统结果准确、可靠。

（1）任务管理模块可支持查看、删除之前创建的计算任务及创建新的计算任务。

（2）文件上传模块：供用户上传数据。

（3）参数设定模块：供用户输入该城市/地区的 $PM_{2.5}$、O_3 与总死亡暴露-反应关系 β 系数及 i 城市总死亡日死亡数均值。

（4）计算模块，计算模块无界面，按公式完成计算 AQHI 值计算。

（5）结果导出模块，完成计算结果的导出。

10.5.2 风险预警可视化功能

平台能够实现指数监测和趋势分析两类可视化功能。其中指数监测部分主要包括以下 5 个模块：①全国主要城市及城市内监测点 AQHI 的全国分布情况展示模块；②省、区 AQHI 均值的省份分布情况展示模块；③重点城市日 AQHI 变化趋势和分布情况展示模块；④城市/省 AQHI 排名情况展示模块；⑤不同城市 AQHI 日值变化趋势和分布情况对比展示模块。

（1）全国主要城市及城市内监测点 AQHI 的全国分布情况展示模块：本模块可以查询全国范围或指定区域或指定城市在某个指定日期范围内的 AQHI、$PM_{2.5}$、PM_{10}、SO_2、NO_2、O_3 数据并进行可视化展示。还具备动态播放功能。

（2）省、区 AQHI 均值的省份分布情况展示模块：本功能模块依托行政区划图展示各省、区 AQHI 均值的空间分布情况。

（3）重点城市日 AQHI 变化趋势和分布情况展示模块：本功能模块可通过图表展示的方式，展示所选单个城市逐日 AQHI 的变化趋势和分布情况。

（4）城市/省 AQHI 排名情况展示模块：本模块可通过表格展示方式，展示指定月份各城市/省份的 AQHI 排名情况。

（5）不同城市 AQHI 日值变化趋势和分布情况对比展示模块：本功能模块可

通过可视化图表展示的方式，对比所选 2 个城市在所选时段内逐日 AQHI 的变化趋势和分布情况。

10.6　系统安全性管理

10.6.1　平台整体安全保障

平台系统的架构设计考虑了灵活的系统安全策略。在应用层面，提供基于角色配置的安全管理策略，并可以针对不同用户提供不同的数据操作权限，例如部分高权限用户可以查看全部地区数据，而低权限用户则仅可查看所在地区数据。在系统层面，平台系统支持全面的安全策略。在应用层面，如网络访问及无线访问等方面，平台系统也支持安全的数据链接。

在系统中提供了可配置的审计功能，确保记录了关键事件，如对于某些关键数据的变化将记录审计日志。

为了防止用户误操作给软件的运行和内部数据造成破坏，大气污染的急性健康风险研究数据与技术集成平台系统软件采取以下防护措施。

（1）身份验证：用户必须输入合法的用户名、口令才能进入系统进行操作。

（2）输入信息的合法性检查：用户输入的信息都需要进行合法性检查，超出系统要求之外的内容都会被过滤。

（3）误操作防护：对关键数据的删除操作不实行删除，而是建立删除标志，如果出现误操作，可以由系统管理员进行数据恢复。

（4）信息删除警示：在删除任何信息之前，都提示用户是否确实需要删除。

（5）数据库访问权限控制：系统会根据用户名判断用户权限，进而授予该用户可访问的数据范围及开放可操作的功能权限。

10.6.2　平台数据安全保障

大气污染的急性健康风险研究数据与技术集成平台系统软件的内部数据采用文件或数据库的方式存储。文件格式或数据库都采用系统内部自定义格式，只供大气污染的急性健康风险研究数据与技术集成平台系统软件自行读取。

大气污染的急性健康风险研究数据与技术集成平台系统软件对外提供远程接入访问，为了保护数据的安全性，将采用加密数据传输的方法，采用 SSL 安全加密机制实现 Web 浏览器和客户端之间的数据传输安全。

10.7 小　　结

我国大气污染的急性健康风险研究数据与技术集成平台是集成数据采集、风险评估、风险预警的综合管理平台。一方面，该平台针对与大气污染人群急性健康影响研究相关的空气质量监测、发病监测、死因监测、人口数量等多来源基础数据，建立统一的信息化管理标准，形成安全高效的数据采集功能模块，实现总体数据的多源异构集成。另一方面，该平台汇集了多元化大气污染人群急性健康风险评估技术工具，基于互联网数据联用机制，通过数据自动化调用对接，实现人群健康风险评估自动化流程及实时评估信息可视化，形成一整套风险评估工具包及可视化系统；同时，以大气污染人群急性健康影响基础数据和风险评估模型为基础，开展风险预警分析及可视化信息系统建设，形成相应的风险预警工具包与可视化模块，不仅面向科研人员提供技术工具，还可以推广至地方卫生机构业务化信息系统，提高大气污染健康风险预警水平。

参 考 文 献

班婕，杜宗豪，朱鹏飞，等，2016. 环境健康综合数据质量核查与评估初步研究——以某市环境健康数据为例[J]. 环境与健康杂志，33（11）：1015-1019.

Ban J, Du Z, Wang Q, et al, 2019. Environmental health indicators for China: data resources for Chinese environmental public health tracking[J]. Environmental Health Perspectives, 127（4）：044501.

Shi X, 2021. Acute effects of air pollution on human health in China: evidence and prospects[J]. China CDC Weekly, 3（45）：941-942.

第十一章 我国环境空气质量标准修订研究

通过充分了解我国环境空气质量现状、解析大气污染涉及的人群健康主要问题，梳理国内外环境空气质量标准限值，依据"人群健康风险评价"这一范畴，进行大气污染物与人群健康的暴露-反应关系和人群归因风险分析，在全国范围内计算不同标准限值下可避免的疾病负担，继而通过疾病负担量化比较不同标准限值对人群健康保护的能力，以期为我国环境空气质量修订提出科学建议。

11.1 引　言

11.1.1 2012年后我国环境空气质量的变化

2012年我国《环境空气质量标准》（GB 3095—2012）正式发布，该标准新增了$PM_{2.5}$的24小时和年均浓度限值指标，以及O_3的8小时浓度限值指标；2013年，京津冀、长三角、珠三角等大气污染重点区域及直辖市、省会城市和计划单列市共74个城市建成符合空气质量标准的监测网并开始监测；2014年，开展空气质量标准监测的地级及以上城市扩大至161个；到2015年，全国338个地级以上城市全部开展空气质量标准监测。

2013~2017年全国74个重点城市$PM_{2.5}$和O_3的年均浓度变化趋势如图11-1所示。2013年，全国环境空气质量不容乐观，《环境空气质量标准》（GB 3095—2012）第一阶段监测实施的74个城市中，仅海口、舟山和拉萨3个城市空气质量达标，占4.1%。74个主要城市的$PM_{2.5}$年均浓度为72μg/m³，超过《环境空气质量标准》（GB 3095—2012）二级标准限值（年均浓度35μg/m³）的106%。2013年之后，随着《大气污染防治行动计划》（简称《大气十条》）的发布和实施，$PM_{2.5}$污染得到了有效控制。2013~2017年，我国重点城市的空气质量平均达标天数比例从60.5%增至72.7%，重污染天数从32天下降至10天。全国74个主要城市的$PM_{2.5}$年均浓度从2013年的72μg/m³下降到2017年的47μg/m³，下降了34.7%；京津冀、长三角和珠三角重点地区的$PM_{2.5}$年均浓度也分别下降了39.6%、34.3%和27.7%，超额完成了《大气十条》的任务。2018年，全国$PM_{2.5}$污染状况得到进一步改善，全国338个地级以上城市的空气质量平均达标天数比例为79.3%，$PM_{2.5}$年均浓度为 39μg/m³，接近《环境空气质量标准》（GB 3095—2012）二级标准限值。

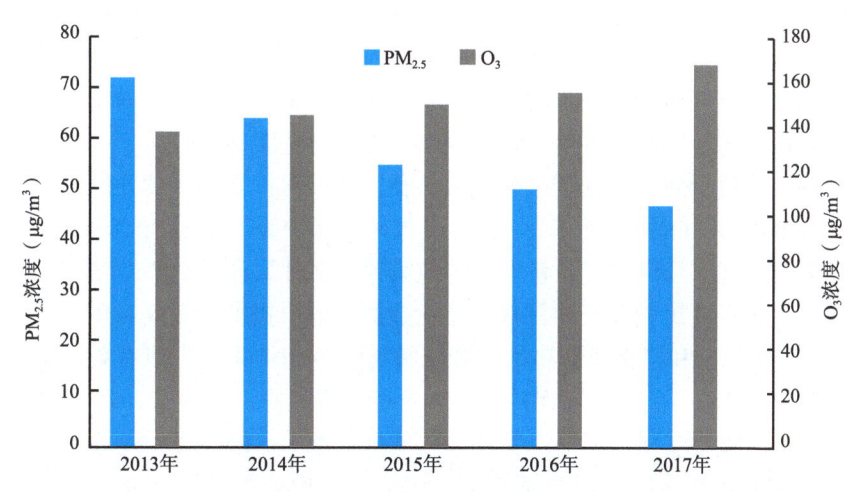

图 11-1　2013～2017 年全国 74 个城市 PM$_{2.5}$ 年均浓度和 O$_3$ 日最大 8 小时平均值第 90 百分位数平均浓度变化趋势

相对于 PM$_{2.5}$，O$_3$ 污染问题逐渐凸显。2013～2017 年我国 74 个主要城市的 O$_3$ 日最大 8 小时平均值第 90 百分位数平均浓度持续上升，从 2013 年的 139μg/m³ 增长至 2017 年的 167μg/m³，涨幅为 21.0%。2018 年，O$_3$ 污染问题进一步加剧，包括京津冀及周边地区、长三角地区、汾渭平原、成渝地区、长江中游、珠三角地区等重点区域以及省会城市和计划单列市在内的 169 个重点城市的 O$_3$ 日最大 8 小时平均值第 90 百分位数平均浓度为 169μg/m³，超过《环境空气质量标准》（GB 3095—2012）二级标准限值；京津冀及周边地区、长三角地区及汾渭平原地区的 O$_3$ 日最大 8 小时平均值第 90 百分位数平均浓度分别为 199μg/m³、167μg/m³ 和 180μg/m³，均超过《环境空气质量标准》（GB 3095—2012）二级标准限值。2018 年，全国 338 个地级及以上城市，以 O$_3$ 为首要污染物的天数占总超标天数的 43.5%，与以 PM$_{2.5}$ 为首要污染物的天数基本持平；在京津冀及周边地区和长三角地区，以 O$_3$ 为首要污染物的天数甚至高于以 PM$_{2.5}$ 为首要污染物的天数。

总之，2012 年以来，全国 PM$_{2.5}$ 污染状况虽得到明显改善，但与《环境空气质量标准》（GB 3095—2012）二级标准限值仍有差距；全国 O$_3$ 污染状况日渐严重，京津冀及周边地区、长三角地区及汾渭平原地区 O$_3$ 污染问题尤为突出。

11.1.2　世界卫生组织和主要国家环境空气质量标准修订的新进展

世界卫生组织（WHO）于 1997 年发布了《空气质量准则》（Air Quality Guidelines，AQG），并于 2005 年发布了全球更新版。根据 WHO 2005 年更新版的 AQG，欧盟委员会在 2008 年制订了《欧盟环境空气质量标准及清洁空气法令》（2008/50/EC），并沿用至今。WHO 于 2016 年开始了室外空气污染 AQG 的修订过程，并于 2021 年发布《全球空气质量准则》（AQG2021），这一标准比大多数国家的环境空气质量标准更为严格，它将为决策者在全球范围内制订有效的空气标准和污染防控目标提供最新建议，以保障公众健康。

随着环境流行病学证据越来越充分，美国环境保护署也持续开展对环境空气质量标准 $PM_{2.5}$ 和 O_3 限值的修订工作。美国环境保护署于 2011 年 4 月颁布了《关于修订颗粒物国家环境空气质量标准的政策评估文件》，认为 2006 年颁布的 $PM_{2.5}$ 标准不能完全避免短期和长期暴露对公众造成的健康损害，提议对现行标准进行修订，结合年标准和避免短期高浓度峰值暴露的 24 小时标准，以有效保护公众健康。依据以上建议，美国环境保护署对现行标准进行修订，并于 2013 年 3 月颁布了新修订的环境空气质量标准。新的空气质量标准中，$PM_{2.5}$ 的 24 小时浓度限值及二级标准年均浓度限值保持不变，一级标准年均浓度限值由 $15\mu g/m^3$ 下调至 $12\mu g/m^3$。除此以外，美国环境保护署对于 O_3 浓度限值也逐步收紧。2008 年 3 月，美国环境保护署将 O_3 的 8 小时平均浓度一级、二级标准限值由 0.08ppm 下调至 0.075ppm；2015 年 10 月，美国环境保护署再次降低 O_3 的 8 小时平均浓度一级、二级标准限值，由 0.075ppm 调整至 0.07ppm。2019 年 10 月，美国环境保护署颁布了新的《关于修订颗粒物国家环境空气质量标准的政策评估文件》和《关于修订臭氧国家环境空气质量标准的政策评估文件》。相信在不久的将来，美国还会继续下调 $PM_{2.5}$ 和 O_3 浓度标准限值。

11.1.3 我国环境空气质量管理的新需求

其一，我国的空气质量在持续改善，尤其是 $PM_{2.5}$ 水平大幅度降低，现行的环境空气质量标准不能适应新的社会经济发展和环境管理需求。其二，大量的流行病学证据提示，在低于现行的环境空气质量标准下，$PM_{2.5}$ 和 O_3 短期暴露依然会引起一系列健康损害，现行的环境空气质量标准不足以保护人群健康。其三，我国现行的环境空气质量标准与 WHO、欧盟及发达国家的环境空气质量标准仍存在一定差距。因此，我们亟须基于我国的最新研究成果制订适应新的社会经济发展和环境管理需求的标准，更好地保护人群健康。

11.1.4 我国环境空气质量标准修订策略

环境空气质量修订过程坚持需求向导和问题向导，充分了解我国大气污染现状、主要污染源和重点污染区域污染特征等，解析大气污染涉及的人群健康问题，有的放矢地进行修订。《环境空气质量标准》（GB 3095—2012）围绕环境保护促成了从"降低污染排放"到"改善环境空气质量"的管控链条，在我国空气污染治理中起到了良好的推动作用，然而《环境空气质量标准》（GB 3095—2012）在制订过程中缺乏我国大气污染人群健康证据作为支撑，致使标准未能有效保护人群健康。因此，建议该标准的修订基于我国最新研究成果，以保护人群健康为落脚点，纳入"人群健康风险"这一范畴，结合数理统计模型获取大气污染物与人群健康的暴露-反应关系、测算人群归因风险，分析污染控制相关的健康收益水平，继而基于大气污染与人群健康的充足证据修订标准，形成环境空气质量超标风险控制屏障。

标准修订还应与国家环境空气质量相关的法律、法规和管理规章相符合，与现行的环境监察、卫生监督执法、环境空气质量监测评价及其他空气质量标准等相协调。同时，注重与国际机构或发达国家的空气质量标准接轨，深入剖析和总结国际在环境空气污染治理过程中的理论、方法和成功经验，比较不同国家环境空气质量标准的异同点和修订过程，确保指标体系和标准限值的制修订有充足的科学依据。

11.2 我国大气细颗粒物标准限值修订研究

现阶段我国环境空气污染以 $PM_{2.5}$ 为代表性污染物，且对人群健康的危害较大，大量流行病学研究证实短期暴露于 $PM_{2.5}$ 会导致人群急性死亡风险明显升高，因此本研究聚焦于 $PM_{2.5}$ 日均标准限值开展环境空气质量标准修订研究。

以 WHO 为代表的大多数组织和欧美等国家通常基于 $PM_{2.5}$ 对人群急性死亡影响的研究证据来研制空气质量标准，为此本研究梳理了国内外环境空气质量标准中规定的限值，采用全国代表性较好的 $PM_{2.5}$ 与人群死亡的暴露-反应关系和人群死亡风险归因分析，在全国范围内计算不同标准限值下可避免的疾病负担，继而通过疾病负担量化比较不同标准限值对人群健康保护的能力。

11.2.1 数据来源和内容

大气 $PM_{2.5}$ 逐日浓度数据来自全国城市空气质量实时公布平台，数据获取的时间范围为 2013 年 1 月 1 日至 2018 年 12 月 31 日，并对城市行政区划范围内的若干个环境保护固定监测站大气 $PM_{2.5}$ 逐日浓度求取算术平均值，以此作为城市尺度的大气 $PM_{2.5}$ 逐日浓度。

大气 $PM_{2.5}$ 短期暴露与人群死亡的暴露-反应关系来源于国家重点研发计划"我国大气污染的急性健康风险研究"项目全国区（县）尺度大气 $PM_{2.5}$ 急性死亡效应的时间序列研究。研究发现 2013~2018 年 24 小时浓度值在 3~807μg/m³ 的污染范围内，PM$_{2.5}$当日暴露（lag0d）对全人群非意外疾病死亡的影响无显著性，当暴露滞后 0～1 日（lag0d～lag1d）时随着污染浓度增加，全人群非意外疾病死亡风险明显增加，滞后 0～2 日（lag0d～lag2d）对全人群非意外疾病死亡的影响达到峰值，滞后 3 日（lag3d）效应开始下降。如图 11-2 所示，以 PM$_{2.5}$ 滞后 0～2 日的滑动平均值（lag02）进行暴露评估，可得当 PM$_{2.5}$ 每增加 10μg/m^3 全人群非意外疾病死亡风险增加 0.14%（95%CI：0.06%～0.21%）。

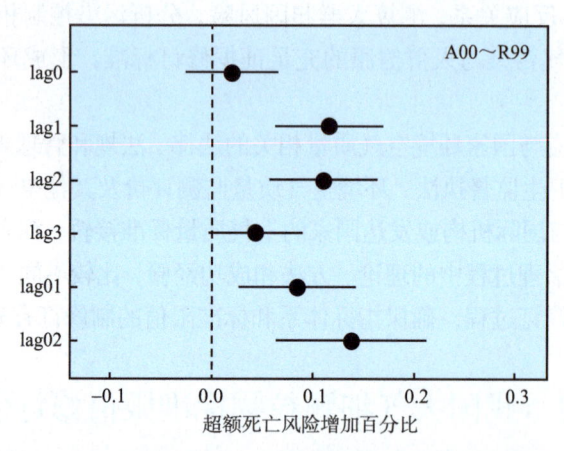

图 11-2　我国区（县）尺度大气 PM$_{2.5}$ 与人群死亡的暴露-反应关系及其滞后模式

11.2.2　分析方法

根据 WHO 推荐的模型，从宏观角度计算不同标准限值建议下可避免的疾病负担。首先，利用公式 RR=exp[$\beta \times (X - X_{ref})$]计算国家重点研发计划"我国大气污染的急性健康风险研究"全国 343 个城市 2013～2018 年 PM$_{2.5}$ 污染短期暴露引起非意外疾病死亡的相对危险度，其中 β 为 PM$_{2.5}$ 与人群非意外疾病死亡的暴露-反应系数，X 为城市尺度实际的 PM$_{2.5}$ 日均浓度；X_{ref} 为假设的 24 小时浓度标准限值。然后，利用公式 PAF = $P \times [(RR-1)/RR]$ 计算 PM$_{2.5}$ 短期暴露导致非意外疾病死亡的人群归因分数，其中 P 为人群暴露于空气污染的比例，为 100%；最后，利用公式 AM = PAF $\times y_0 \times$ Pop 计算 2013～2018 年可避免的非意外疾病死亡人数，其中 y_0 为城市尺度全人群日死亡率，Pop 为城市尺度人口总数。

11.2.3　主要结果

1. 细颗粒物不同标准限值建议下可避免的疾病负担

如表 11-1 所示，计算 PM$_{2.5}$ 24 小时浓度标准限值设定在 5～75μg/m^3，每降低 10μg/m³ 浓度时全国 343 个城市 2013~2018 年间可避免的死亡人数。部分城市由于环境保护固定监测站监测不稳定等问题，引起大气 PM$_{2.5}$ 浓度数据缺失，无法开展疾病负担计算；2013~2018 年平均每个城市大气 PM$_{2.5}$ 浓度数据缺失约 570 日。

以我国现行国家二级浓度限值 PM$_{2.5}$ 24 小时浓度 75μg/m³ 为标准，2013~2018 年全国 343 个城市可避免的非意外疾病死亡人数总计 85 275 人，95%CI 为 39 249~131 310 人。2013 年全国 343 个城市大气 PM$_{2.5}$ 24 小时浓度平均水平为（70.9±58.4）μg/m³，2014 年平均水平为（62.6±8.4）μg/m³，2015 年平均水平为（49.7±8.4）μg/m³，2016 年平均水平为（46.1±8.4）μg/m³，2017 年平均水平为（44.0±8.4）μg/m³，2018 年平均水平为（39.3±8.4）μg/m³。随着全国大气 PM$_{2.5}$ 污染逐年降低，全国 343 个城市可避免的非意外疾病死亡人数呈逐年下降趋势，截至 2018 年末全国 343 个城市可避免的非意外疾病死亡人数减少至 8662 人。

随着限值浓度逐步收紧，2013~2018 年全国 343 个城市可避免的死亡人数呈上升趋势。如果达到一级浓度限值 35μg/m³，2013~2018 年全国 343 个城市可避免的非意外疾病总死亡人数约为 217 132 人；如果达到 25μg/m³，2013~2018 年可避免的非意外疾病死亡人数约为 278 945 人；如果达到 5μg/m³，2013~2018 年可避免的非意外疾病死亡人数上升至 445 967 人。

表 11-1 不同 PM$_{2.5}$ 标准限值下，全国 343 个城市 2013~2018 年间可避免的死亡人数（95%CI）（人）

标准限值（μg/m³）	2013~2018 年	2014 年	2016 年	2018 年
75	85 275（39 249~131 310）	16 595（7 638~25 553）	15 184（6 989~23 381）	8 662（3 987~13 337）
65	106 229（48 894~163 577）	20 378（9 379~31 379）	19 187（8 831~29 545）	11 245（5 176~17 315）
55	133 592（61 488~205 710）	25 136（11 569~38 705）	24 478（11 266~37 692）	14 814（6 818~22 810）
45	169 662（78 090~261 250）	31 069（14 300~47 842）	31 585（14 538~48 636）	19 911（9 164~30 658）
35	217 132（99 940~334 344）	38 331（17 642~59 023）	41 155（18 943~63 371）	27 281（12 557~42 007）
25	278 945（128 391~429 523）	46 964（21 616~72 317）	53 958（24 835~83 084）	37 880（17 435~58 326）
15	356 552（164 112~549 201）	56 799（26 143~87 461）	70 341（32 376~108 311）	52 381（24 110~80 655）
5	445 967（205 267~686 701）	67 290（30 972~103 615）	89 296（41 101~137 498）	70 077（32 255~107 902）

2. WHO 基准值和国内外现行标准的控制水平

表 11-2 展示了部分国家、地区或组织 PM$_{2.5}$ 的环境空气质量浓度限值。各国设置 PM$_{2.5}$ 质量浓度限值通常分为 24 小时平均值和年均值两类，前者用于界定短期污染限值，后者用于界定长期污染限值。

表 11-2　不同国家、地区或组织的 PM$_{2.5}$ 环境空气质量标准比较

国家、地区或组织	24 小时平均值（μg/m³）	年均值（μg/m³）
中国（一级浓度限值）	35	15
中国（二级浓度限值）	75	35
WHO（过渡目标 4）	25	10
WHO（过渡目标 3）	37.5	15
WHO（过渡目标 2）	50	25
WHO（过渡目标 1）	75	35
美国	35	12
日本	35	15
印度	60	40
墨西哥	65	15
澳大利亚	25	8
加拿大	30	8

3. 细颗粒物标准修订建议

综合上述结果可见，以我国现行国家二级浓度限值 PM$_{2.5}$ 24 小时浓度 75μg/m³ 为标准，虽仍有益于保护人群健康，但与国际标准限值存在较大差距，随着《大气十条》全面推进、我国大气 PM$_{2.5}$ 污染浓度逐年下降，现行标准可有效保护的人群死亡数较少，因此建议收紧 PM$_{2.5}$ 24 小时浓度标准限值。

在 5～75μg/m³ 的标准限值范围内，随着浓度限值不断降低，人群死亡收益大幅增加，但投入的污染防控成本也会随着浓度限值的降低而增加。因此建议将我国 PM$_{2.5}$ 24 小时浓度标准限值向 WHO 过渡目标 2 24 小时平均值 50μg/m³ 收紧，同时制订污染防控方案逐步向 WHO 准则值及欧美发达国家标准限值靠近，标准收紧幅度应切实考虑社会经济发展需求和成本效益等因素。

11.2.4　讨　　论

近年来，我国学者广泛开展了 PM$_{2.5}$ 短期暴露与人群死亡关系的研究。研究范围从单个城市到多个城市，乃至全国层面，这些研究基本上回答了我国大气 PM$_{2.5}$ 短期暴露与人群死亡的暴露-反应关系问题。其中，权威性的全国范围的研究证据有：①中国疾病预防控制中心团队在大气污染全国监测地区开展的 2015 年时间序列研究发现，短期暴露于 35μg/m³ 和 75μg/m³ 的 PM$_{2.5}$ 可使人群死亡风险

分别增加 2.6%（95%CI：1.4%～3.8%）和 3.1%（95%CI：2.1%～4.2%）；②复旦大学与中国疾病预防控制中心团队在我国 272 个城市开展的时间序列研究发现，2013～2015 年大气 $PM_{2.5}$ 短期暴露可以增加人群死亡的风险，$PM_{2.5}$ 浓度每升高 $10\mu g/m^3$，可引起非意外疾病死亡、心脑血管疾病、高血压、冠心病、卒中、呼吸系统疾病和慢性阻塞性肺疾病的死亡风险分别增加 0.22%（95%CI：0.15%～0.28%）、0.27%（95%CI：0.18%～0.36%）、0.39%（95%CI：0.13%～0.65%）、0.30%（95%CI：0.19%～0.40%）、0.23%（95%CI：0.13%～0.34%）、0.29%（95%CI：0.17%～0.42%）和 0.38%（95%CI：0.23%～0.53%）。③中国疾病预防控制中心团队对 130 区（县）2013～2018 年大气 $PM_{2.5}$ 短期暴露与每日死亡进行分析，发现 $PM_{2.5}$ 浓度每升高 $10\mu g/m^3$，非意外死亡率增加 0.14%（95%CI：0.06%～0.21%）和心脑血管疾病死亡率增加 0.12%（95%CI：0.02%～0.21%）。

我国学者还开展了 $PM_{2.5}$ 短期暴露与人群发病风险的探索研究，结果包括心脑血管疾病、呼吸系统疾病、急性传染性疾病、慢性传染性疾病及不良出生结局等。研究范围从单个城市到多个城市，乃至全国层面。北京大学团队在全国 26 个主要城市开展的病例-对照研究发现，$PM_{2.5}$ 浓度每增加 $10\mu g/m^3$，可引起总住院人数、心脑血管疾病住院人数和呼吸系统疾病住院人数分别增加 0.19%（95%CI：0.18%～0.20%）、0.23%（95%CI：0.20%～0.26%）和 0.26%（95%CI：0.22%～0.31%）。该团队另一项涵盖 200 个城市的全国性时间序列研究也有类似的发现，$PM_{2.5}$ 浓度每增加 $10\mu g/m^3$，可引起总住院人数增加 0.19%（95%CI：0.07%～0.30%）。这些健康效应在 $PM_{2.5}$ 平均浓度低于《环境空气质量标准》（GB 3095—2012）二级标准限值（日均浓度为 $75\mu g/m^3$）时依然存在显著性。

大多数流行病学研究显示，即使污染物浓度低于现行的空气质量标准限值，依然可导致人体的亚临床指标或生物标志物的改变。例如，$PM_{2.5}$ 短期暴露可引起血压升高、肺功能降低、心脑血管的炎症、凝血、血管收缩、内皮功能和血小板功能相关生物标志物的改变；还可引起表观遗传学改变，如引起全基因组甲基化水平降低、特定位点甲基化水平改变、微小核糖核酸（microRNA）水平改变。除此以外，在上海进行的随机对照研究显示，短期暴露于 $PM_{2.5}$ 可激活人体的神经内分泌系统，进而导致血压升高等一系列亚临床指标改变。

本节应用 2013～2018 年我国大气污染典型城市固定监测站点的大气 $PM_{2.5}$ 日平均浓度数据及既往研究确立的大气 $PM_{2.5}$ 短期暴露与非意外总死亡的暴露-反应关系，以不同的大气 $PM_{2.5}$ 标准限值为参考，估算我国大气 $PM_{2.5}$ 污染相关的非意外疾病死亡负担，为我国 $PM_{2.5}$ 标准限值修订提供科学依据。研究指出，与欧美国家的空气质量标准及 WHO 的推荐值相比，我国目前关于 PM$_{2.5}$ 24 小时平均浓度的标准相对较为宽松；该标准限值虽仍有益于保护人群健康，但随着《大气十条》全面推进、我国大气 PM$_{2.5}$ 污染浓度逐年下降，现行标准可有效保护的人群死亡数较少，因此建议收紧 PM$_{2.5}$ 24 小时浓度标准限值。

11.3　我国大气臭氧标准限值修订研究

现阶段我国局部地区以 O$_3$ 为主要污染问题，大量流行病学研究证实短期暴露于 O$_3$ 会导致人群急性死亡风险显著升高，对人群健康的危害较大。因此本研究聚焦于 O$_3$ 每日 8 小时标准限值开展环境空气质量标准修订研究。

以 WHO 为代表的大多数组织和欧美等国家通常基于 O$_3$ 对人群急性死亡影响的研究证据来研制空气质量标准，为此本研究梳理国内外环境空气质量标准中规定的限值，采用全国代表性较好的 O$_3$ 与人群死亡的暴露-反应关系和人群死亡风险归因分析，在全国范围内计算不同标准限值下可避免的疾病负担，继而通过疾病负担量化比较不同标准限值对人群健康保护的能力。

11.3.1　数据来源和内容

大气 O$_3$ 逐日 8 小时浓度数据来自全国城市空气质量实时公布平台，数据获取的时间范围为 2013 年 1 月 1 日至 2018 年 12 月 31 日，并对城市行政区划范围内的若干个环境保护固定监测站大气 O$_3$ 逐日 8 小时浓度求取算术平均值，以此作为城市尺度的大气 O$_3$ 逐日浓度。

大气 O$_3$ 短期暴露与人群死亡的暴露-反应关系来源于全国 272 城市尺度 O$_3$ 的急性死亡效应的时间序列研究。这项研究发现，2013~2015 年，O$_3$ 与非意外疾病死亡的暴露-反应关系曲线呈非线性，且存在阈值（图 11-3）。在 0~60μg/m^3 的浓度范围，即 O$_3$ 的背景浓度范围内，暴露-反应关系曲线相对平缓，O$_3$ 浓度升高不会增加非意外疾病死亡的风险；在 60~100μg/m^3 的浓度范围内，暴露-反应关系曲线明显上升，O$_3$ 每增加 10μg/m^3，非意外疾病死亡的风险增加 0.29%（95%CI：0.28%~0.31%）；在 100~160μg/m^3 的浓度范围内，暴露-反应关系曲线上升趋于平缓，O$_3$ 每增加 10μg/m^3，非意外疾病死亡的风险增加 0.13%（95%CI：0.11%~0.15%）；在 160μg/m^3 以上的浓度范围内，暴露-反应关系曲线上升幅度加大，O$_3$ 每增加 10μg/m^3，非意外疾病死亡的风险增加 0.45%（95%CI：0.35%~0.55%）。

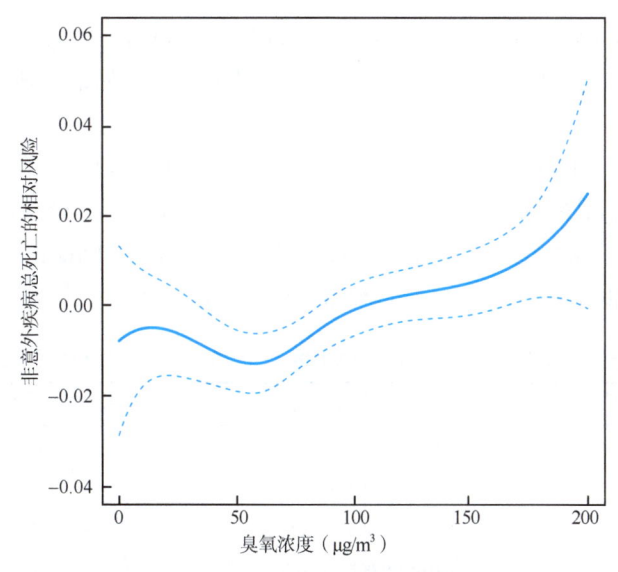

图 11-3　城市尺度 O_3 与人群非意外疾病死亡的暴露-反应关系曲线

实线表示点估计值，虚线表示 95%CI

11.3.2　分 析 方 法

根据 WHO 推荐的模型，从宏观角度计算不同标准限值建议下可避免的疾病负担。首先，利用公式 RR=exp[$\beta \times (X - X_{ref})$] 计算全国 307 个城市在 2017 年间 O_3 污染短期暴露引起非意外疾病死亡的相对危险度，其中 β 为 O_3 与非意外疾病死亡的暴露-反应系数，X 为城市尺度实际的 O_3 浓度，X_{ref} 为不同场景下的 8 小时标准限值；然后，利用公式 PAF = $P \times [(RR-1)/RR]$ 计算不同场景下 O_3 短期暴露导致非意外疾病死亡的归因分数，其中 P 为人群暴露于空气污染的比例，为 100%；最后，利用公式 AM = PAF$\times y_0 \times$Pop 计算全国 307 个城市 2017 年在不同标准限值时，因 O_3 浓度降低可避免的非意外疾病死亡人数，其中 y_0 为人群死亡率，Pop 为人口总数。

11.3.3　主 要 结 果

1. 臭氧不同标准限值建议下可避免的疾病负担

如表 11-3 所示，如果达到现行的二级标准限值（160μg/m³），2017 年全国 307 个城市可避免的非意外疾病死亡人数约为 1163 人；如果达到美国的标准限值（150μg/m³），2017 年全国 307 个城市可避免的非意外疾病死亡人数约为 1433 人；如果达到欧盟的标准限值（120μg/m³），2017 年全国 307 个城市可避免的非意外疾病死亡人数约为 3870 人；如果达到 WHO 的标准限值（100μg/m³），2017 年全国 307 个城市可避免的非意外疾病死亡人数约为 9049 人；如果达到 O_3 的背景值（约 60μg/m³），2017 年全国 307 个城市可避免的非意外疾病死亡人数约为 93 458 人。2017 年 O_3 浓度每降低 10μg/m³ 的边际可避免非意外疾病死亡人数如图 11-4 所示，在 100～160μg/m³ 的浓度范围内，标准限值每降低 10μg/m³，全国可避免的非意外疾病死亡人数呈线性增加，但增长幅度不明显；在 60～100μg/m³ 的浓度范围内，标准限值每降低 10μg/m³，全国可避免的非意外疾病死亡人数明显增加。

表 11-3　不同 O_3 标准限值下，全国监测地区（307 个城市）2017 年可避免的死亡人数

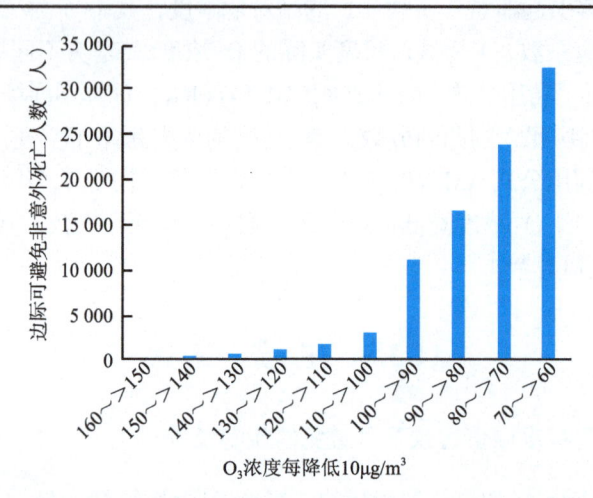

假设标准限值（μg/m³）	人群归因分值（%）	2017 年全国可避免死亡人数（95%CI）（人）
160	0.004（0.003～0.005）	1 163（906～1 421）
150	0.005（0.004～0.007）	1 433（1 135～1 732）
140	0.007（0.006～0.009）	1 897（1 523～2 260）
130	0.010（0.008～0.012）	2 641（2 157～3 125）
120	0.015（0.012～0.017）	3 870（3 197～4 543）
110	0.022（0.019～0.026）	5 857（4 847～6 836）
100	0.035（0.029～0.040）	9 049（7 577～10 519）
90	0.077（0.069～0.085）	20 275（18 198～22 388）
80	0.141（0.130～0.153）	37 035（34 053～40 108）
70	0.232（0.216～0.249）	60 925（56 654～65 366）
60	0.357（0.334～0.381）	93 458（87 432～99 760）

图 11-4　2017 年 O_3 浓度每降低 10μg/m³ 的边际可避免非意外疾病死亡人数

2. WHO 基准值和国内外现行标准的控制水平

表 11-4 展示了部分国家、地区或组织 O_3 的环境空气质量浓度限值。各国设

置 O_3 质量浓度限值的取值时间不同，大致分为 1 小时平均、4 小时平均、8 小时平均和 24 小时平均。WHO 和大多数发达国家采用 8 小时平均限值，部分国家或地区兼顾 1 小时平均和 8 小时平均限值。

表 11-4　不同国家、地区或组织的 O_3 环境空气质量标准比较

国家、地区或组织	平均时间	限值
中国（一级浓度限值）	8 小时平均	100μg/m³
	1 小时平均	160μg/m³
中国（二级浓度限值）	8 小时平均	160μg/m³
	1 小时平均	200μg/m³
WHO 准则值*	8 小时平均	100μg/m³
WHO 过渡目标 1	8 小时平均	160μg/m³
美国	8 小时平均	0.070ppm
欧盟	8 小时平均	120μg/m³
英国	8 小时平均	120μg/m³
法国	8 小时平均	120μg/m³
南非	8 小时平均	120μg/m³
巴西	1 小时平均	160μg/m³
日本	1 小时平均	0.060ppm
韩国	8 小时平均	0.060ppm
	1 小时平均	0.100ppm
印度	8 小时平均	100μg/m³
	1 小时平均	180μg/m³
泰国	8 小时平均	140μg/m³
	1 小时平均	200μg/m³
墨西哥	8 小时平均	0.070ppm
	1 小时平均	0.095ppm
埃及	8 小时平均	120μg/m³
	1 小时平均	200μg/m³
澳大利亚	4 小时平均	0.080ppm
	1 小时平均	0.100ppm
加拿大	24 小时平均	30μg/m³
	1 小时平均	100μg/m³

*WHO 准则值的暖季峰值限值为 60μg/m³，WHO 过渡目标 1 的暖季峰值限值为 80μg/m³。

3. 臭氧标准修订建议

在 100～160μg/m³ 浓度范围内，降低标准限值有益于保护人群健康，但人

群死亡和经济收益都较低；在 60～100μg/m³ 的浓度范围内，降低标准限值可以明显改善人群健康，且经济收益大幅增加，但投入的污染防控成本也会随着浓度限值的降低而增加。因此在将我国 O_3 8 小时浓度标准限值向 WHO 准则值及欧美发达国家标准限值靠近的同时，还应切实考虑社会经济发展需求和成本效益等因素。关于 O_3 每日最大 1 小时平均浓度的健康危害证据缺乏，有待进一步研究。

11.3.4 讨 论

近期有研究发现大气 O_3 短期暴露可对多系统健康造成不良影响。其中，权威性的全国范围的研究证据有：①复旦大学与中国疾病预防控制中心团队在我国 272 个城市开展的时间序列研究发现，2013～2015 年大气 O_3 短期暴露可以增加人群死亡的风险，O_3 最大 8 小时浓度每增加 10μg/m³，可引起非意外疾病死亡、心脑血管疾病、高血压、冠心病和卒中的死亡风险分别增加 0.24%（95%PI：0.13%～0.35%）、0.27%（95%PI：0.10%～0.44%）、0.60%（95%PI：0.08%～1.11%）、0.24%（95%PI：0.02%～0.46%）和 0.29%（95%PI：0.07%～0.50%）。②O_3 在滞后 0～1 日的平均浓度每增加 10μg/m³ 可导致非意外疾病死亡率增加 0.12%（95%CI：0.08%～0.17%）、循环系统疾病死亡率增加 0.11%（95%CI：0.04%～0.17%）、呼吸道疾病死亡率增加 0.09%（95%CI：-0.01%～0.19%）、泌尿系统死亡率增加 0.29%（95%CI：0.13%～0.45%）、神经系统死亡率增加 0.20%（95%CI：0.02%～0.39%）。

武汉的一个出生队列研究发现，母亲孕期暴露于大气污染与早产相关，孕期 O_3 浓度每增加 10μg/m³，早产的风险增加 5%（95%CI：2%～7%）。流行病学研究还显示，暴露于低浓度的 O_3 即使没有引起肺功能的改变，但也可引起人体血压升高和血小板功能激活。这些研究初步回答了我国大气 O_3 污染对发病急性影响的问题。

应用 2013～2015 年我国大气污染典型城市固定监测站点的大气 O_3 最大 8 小时平均浓度数据及既往研究确立的大气 O_3 短期暴露与非意外疾病死亡的暴露-反应关系，以不同的大气 O_3 标准限值为参考，估算了我国大气 O_3 污染相关的非意外疾病死亡负担，为我国 O_3 标准限值修订提供科学依据。与欧美国家的空气质量标准及 WHO 的推荐值相比，我国目前关于 O_3 最大 8 小时平均浓度的标准相对较为宽松。本章节的疾病负担评估结果显示，如果达到我国现行的 O_3 标准限值，全国 307 个城市可避免的非意外死亡人数仅为 1163 人；而随着标准限值的收严，相应的健康收益也随之增加，且边际健康收益呈现指数型上涨趋势，这提示我国目前的 O_3 最大 8 小时平均浓度标准不足以完全保护公众健康。因此，从健康收益的角度出发，有必要开展 O_3 标准限值修订研究工作，提出标准修订的方法路线。

目前，O_3 已成为影响我国环境空气质量的主要污染物之一，归因于室外 O_3 暴露的疾病负担不容小觑。2021 年 11 月，中共中央、国务院印发《关于深入打好污染防治攻坚战的意见》，明确要求到 2025 年，O_3 浓度增长趋势得到有效遏制。因此，O_3 污染治理已成为我国"十四五"期间大气污染防治的一项重要任务。空气质量标准的收严将会是大气污染防治重要的"抓手"，将"倒逼"我国 O_3 污染问题的改善。因此，从大气污染防治的角度出发，也应抓紧开展 O_3 标准限值修订研究工作。

11.4 小　　结

当前我国环境空气质量呈现 $PM_{2.5}$ 污染水平大幅降低、O_3 污染逐渐加重的污染特征，现行的环境空气质量标准不能适应新的环境管理需求；而相关的标准限值依然会引起人们健康损害，且与 WHO、欧盟及发达国家的环境空气质量标准存在差距。因此，我国亟须制订更为严格的环境空气质量标准限值，以保护人群健康。

本研究作为国内首个基于我国大样本人群证据的时间序列研究，采用全国大气 $PM_{2.5}$ 24 小时暴露与人群死亡、O_3 8 小时暴露与人群死亡的急性暴露-反应关系，依据人群归因风险分析技术估算 $PM_{2.5}$ 和 O_3 不同标准限值下可避免的死亡人数，进而获取 $PM_{2.5}$ 与 O_3 短期暴露标准限值修订的建议。

本研究基于人群归因风险的证据，提出 $PM_{2.5}$ 24 小时标准限值向 WHO 过渡目标 2 中 24 小时平均值 $50\mu g/m^3$ 收紧，并制订污染防控方案逐步向 WHO 准则值及发达国家标准限值靠近；以及 O_3 8 小时标准限值向 WHO 准则值中 O_3 8 小时平均不超过 $100\mu g/m^3$ 收紧的修订建议。收紧标准限值可以明显改善人群健康，但投入的污染防控成本也会随着浓度限值的降低而增加。因此，建议标准限值收紧幅度还应贴合我国经济发展形势，综合考虑产能结构及成本效益等因素而确定。

鉴于我国大气污染与人群死亡慢性影响的流行病学证据匮乏，本研究尚未量化大气 $PM_{2.5}$ 和 O_3 在不同标准限值下保护人群健康的能力，因此建议"十四五"期间广泛开展大气污染人群慢性健康效应研究，通过建立大人群队列研究获取大气污染物长期暴露与人群不良健康终点的暴露-反应曲线，为后续环境空气质量标准年均值的标准限值修订提供科学依据。

参 考 文 献

Chen C, Li TT, Sun QH, et al, 2023. Short-term exposure to ozone and cause-specific mortality risks and thresholds in China: evidence from nationally representative data, 2013-2018[J]. Environment International, 171: 107666.

Chen C, Li TT, Wang LJ, et al, 2019. Short-term exposure to fine particles and risk of cause-specific mortality-China, 2013-2018[J]. China CDC Weekly, 1（1）: 8-12.

Chen J, Fang JK, Zhang Y, et al, 2021. Associations of adverse pregnancy outcomes with high ambient air pollution exposure: results from the Project ELEFANT[J]. Science of the Total Environment, 761: 143218.

Chen RJ, Yin P, Meng X, et al, 2017. Fine particulate air pollution and daily mortality. A nationwide analysis in 272 Chinese cities[J]. American Journal of Respiratory and Critical Care Medicine, 196（1）: 73-81.

Day DB, Xiang JB, Mo JH, et al, 2017. Association of ozone exposure with cardiorespiratory pathophysiologic mechanisms in healthy adults[J]. JAMA Internal Medicine, 177（9）: 1344-1353.

Li HC, Cai J, Chen RJ, et al, 2017. Particulate matter exposure and stress hormone levels: a randomized, double-blind, crossover trial of air purification[J]. Circulation, 136（7）: 618-627.

Li TT, Guo YM, Liu Y, et al, 2019. Estimating mortality burden attributable to short-term $PM_{2.5}$ exposure: a national observational study in China[J]. Environment International, 125: 245-251.

Liu H, Tian YH, Xiang X, et al, 2018. Ambient particulate matter concentrations and hospital admissions in 26 of China's largest cities: a case-crossover study[J]. Epidemiology, 29（5）: 649-657.

Qian ZM, Liang SW, Yang SP, et al, 2016. Ambient air pollution and preterm birth: a prospective birth cohort study in Wuhan, China[J]. International Journal of Hygiene and Environmental Health, 219（2）: 195-203.

Tian YH, Liu H, Liang TL, et al, 2019. Fine particulate air pollution and adult hospital admissions in 200 Chinese cities: a time-series analysis[J]. International Journal of Epidemiology, 48（4）: 1142-1151.

Tian YH, Liu H, Wu YQ, et al, 2019. Association between ambient fine particulate pollution and hospital admissions for cause specific cardiovascular disease: time series study in 184 major Chinese cities[J]. BMJ: l6572.

Yin P, Chen RJ, Wang LJ, et al, 2017. Ambient ozone pollution and daily mortality: a nationwide study in 272 Chinese cities[J]. Environmental Health Perspectives, 125（11）: 117006.

第十二章　总结与展望

如本书前言和各章所示，本书内容量化了基于我国大气污染和人群特征的短期暴露对人群死亡、发病的急性效应；筛选了大气颗粒物中对人群健康有影响的关键粒径段和化学组分；研发了大气污染人群健康风险评估整合模型方法，建立了一整套覆盖全国和典型地区、区分重点人群与重点疾病的大气污染物暴露-反应关系参数体系，率先攻克了人群健康风险评估缺乏我国本土参数的重大技术难题；建立了集成多维数据、暴露-反应关系、风险评估和预警技术及可视化工具的我国大气污染的急性健康风险研究数据与技术集成平台；开发了面向专业机构和社会公众的空气质量健康指数产品，实现了预警信息实时更新发布；基于以上研究成果为我国环境空气质量标准的修订提供了关键技术参数依据。

"十三五"以来，大量流行病学研究基本阐明了我国大气污染对人群的健康影响，但大多仅限于关联性研究，直接的因果关系不足，并且尚未建立对大气污染危害人群全生命过程多系统健康的全局认识，对大气污染人群健康风险精准防控支撑不足。$PM_{2.5}$关键组分、效应标志物及其健康影响的生物机制等仍需探索。现有研究存在大气污染暴露评估方法不确定性较大、缺乏基于高精度暴露评估的综合暴露-反应关系参数体系，关注的污染物种类主要集中在细颗粒物，健康效应涵盖人群范围较窄、多系统结局关注不足，大气污染所致健康危害的生物学机制尚不明晰，未构建针对脆弱人群的高精度大气污染健康风险预测预警技术体系等问题。

随着研究的深入及项目的持续推进，将会不断地产生更多的成果。未来可从以下几个方面展开研究：①开展长时间、高时空精度多污染物暴露评估标准化技术研究，以支撑我国居民大气污染暴露高精度评估的需要；针对我国大气复合污染暴露的特点，建立创新性的技术和方法，同时进行复合暴露的健康风险评估。②开展覆盖全生命周期人群和敏感人群健康效应谱的系统性研究，构建大气污染的综合暴露-反应关系模型，以全面、精准评估我国居民全生命周期大气污染暴露的疾病负担。③深入开展生物学机制研究：结合代谢组学、蛋白质组学和转录组学等多组学分析技术，进行生物学机制研究，识别具有关键效应的生物学机制通路，填补$PM_{2.5}$与人群健康因果链生物学机制证据的空白。